Heizung und Lüftung von Gebäuden.

Heizung und Lüftung
von Gebäuden.

Ein Lehrbuch für Architekten, Betriebsleiter und Konstrukteure.

Von

Dr.-Ing. Anton Gramberg,

Dozent an der Königlichen Technischen Hochschule in Danzig-Langfuhr.

Mit 236 Figuren im Text und auf 3 Tafeln.

Berlin.
Verlag von Julius Springer.
1909.

ISBN 978-3-642-50390-0 ISBN 978-3-642-50699-4 (eBook)
DOI 10.1007/978-3-642-50699-4

Softcover reprint of the hardcover 1st edition 1909

Vorwort.

Das im folgenden dargestellte Fach der Heizung und Lüftung ist ein vielseitiges. Es bezeichnet eine Stelle, wo die Interessen des Architekten, des Maschinenbauers und des Hygienikers und bis zu gewissem Grade auch die des großen Publikums zusammentreffen und oft auch zusammenstoßen.

Das Fach hat in den letzten Jahren schnelle Fortschritte gemacht, äußere und innere. Äußerlich sind die Fortschritte des Heizungswesens dadurch gekennzeichnet, daß man vor 20 Jahren Zentralheizung nur selten anwendete, während heute in Deutschland jährlich etwa 80 Mill. Mark darin umgesetzt werden. Begründet sind diese Fortschritte durch die Fortschritte anderer Industriezweige, insbesondere der Rohrfabrikation und des Gießereiwesens; denn der größte Teil der Heizungsanlage besteht aus Rohren und aus Gußeisen. Die Fortschritte der Rohrfabrikation haben zum Ersatz der wenig zuverlässigen Gußeisenrohre durch Stahlrohre geführt. Die Fortschritte des Gießereiwesens bewirkten, daß es heute möglich ist, sehr dünnwandige Hohlkörper herzustellen, ohne befürchten zu müssen, daß die Wandung ungleichmäßig ausfällt und daher stellenweise zu schwach oder undicht wird; sie bewegten sich aber auch in der Richtung der Massenherstellung, insbesondere kleinerer Teile. Durch diese Fortschritte und die dadurch herbeigeführten Ersparnisse an Material sowie an Arbeits- und Transportkosten ist es dahin gekommen, daß die Zentralheizung wirtschaftlich in Frage kommt. Für die Lüftung war es insbesondere die Möglichkeit elektrischen Antriebes von Ventilatoren, die einen grundlegenden Fortschritt bedeutet.

Zu den durch äußere Umstände veranlaßten Fortschritten gesellen sich solche im Fache selbst. Diese darzustellen und den gegenwärtigen Stand der Dinge darzulegen, ist der Zweck dieses Buches. Denn es scheint mir an einer modern und einfach, aber wissenschaftlich geschriebenen kritischen Beschreibung des Faches zu fehlen.

Für den Fachmann freilich, der die in Frage kommenden Bauteile kennt und dem neben Kritik hauptsächlich an den Rechnungsmethoden und den für die Berechnung erforderlichen Zahlenangaben liegt, ist durch den Rietschelschen Leitfaden in trefflichster Weise gesorgt. Aber oft kommen Ingenieure, sei es als Betriebsleiter, sei es als Architekt, in die Lage, sich mit Heizungen und Lüftungen zu befassen, die während des Studiums nicht Gelegenheit nahmen, sich mit diesem entlegenen Fach zu beschäftigen.

Gerade als Einführung in das Fach für solche Fälle ist das vorliegende Buch gedacht. Als Richtschnur für die Bearbeitung war, wie gesagt, der Wunsch maßgebend, bei aller Wissenschaftlichkeit doch möglichste Einfachheit der Darstellung zu erreichen. Allerdings sind die Interessen verschieden. Der Betriebsleiter, meist ein Maschinenbauer, wird die Rechnungsmethoden kennen wollen, wenn er sie auch selten selbst anwendet, so doch zur Prüfung von Angeboten. Dem Architekten darf erfahrungsgemäß weniger an Formeln und Rechnungen zugemutet werden. Die rein theoretischen Besprechungen sind deshalb in besondere Kapitel verwiesen, die zur Not überschlagen werden können.

Die Rechnungsmethoden sind auf bequeme Lesbarkeit und auf die Möglichkeit gelegentlicher Verwendung berechnet; die graphischen Hilfstafeln konnten daher kleiner gehalten werden, als zur dauernden Benutzung erwünscht gewesen wäre; bei dauernder Benutzung sind doch Zahlentafeln für die Augen weniger anstrengend. Die Zahlenangaben sind sorgfältig ausgewählt und sollen einen Begriff von der Größenordnung der einzelnen Werte geben; sie machen aber nicht Anspruch darauf, für alle Fälle der Praxis auszureichen. Für den Bedarf an Zahlenangaben ist anderweitig genügend gesorgt. Übrigens lag im allgemeinen kein Grund vor, die bewährten und der Natur der Dinge entsprechenden Methoden der Berechnung abzuändern, und so ist denn die Berechnung im Grunde dieselbe wie sie anderwärts, insbesondere wieder in Rietschels Leitfaden, gegeben ist, trotz mancher äußerlicher, auf größere Übersichtlichkeit hinzielender und durch die Unsicherheit unserer Kenntnis der wahren Verhältnise gerechtfertigter Vereinfachungen. Die Ergebnisse werden aber fast dieselben sein müssen.

Die Darlegungen über die für eine gute Regelfähigkeit maßgebenden Verhältnisse wuchsen sich bei der Niederschrift zu solchem Umfange aus, daß es mir geraten schien, sie getrennt zu veröffentlichen und nur einen Auszug in das Buch aufzunehmen. Ähnlich ging es mit der Besprechung der neuerdings in Aufnahme gekommenen Druckwasserheizung und der Abdampfverwertung. Für die Erlaubnis, die im Gesundheits-Ingenieur 1908, No. 52, und 1909, No. 1, 2, 6 bis 9 erfolgte ausführliche Veröffentlichung hier auszugsweise wiederzugeben, bin ich der Redaktion jener Zeitschrift zu Dank verpflichtet.

Im übrigen bringt das Buch, mehrfach erweitert, den Stoff, den ich seit einigen Jahren in meinen hauptsächlich für Architekten bestimmten Vorlesungen über Heizung und Lüftung vortrage.

Ich hoffe, daß das Werk, wenn es nicht eine Lücke der Literatur ausfüllt, so doch als eine Bereicherung derselben möge angesehen werden, und daß es zum Verständnis der einschlägigen Verhältnisse in Fach- und vielleicht auch in Laienkreisen beitrage.

Danzig-Langfuhr, im Februar 1909.

Anton Gramberg.

Inhaltsverzeichnis.

Theoretische Grundlagen.

I. Wärmetechnische Eigenschaften der Körper.

II. Berechnung von Rohrleitungen.

III. Erzeugung und Übertragung der Wärme.

Heizung und Lüftung.

IV. Allgemeines über Heizung.

V. Ofenheizung.

VI. Zentralheizung.

VII. Lüftung und Luftheizung.

VIII. Hochdruckdampfheizung.

IX. Fernheizung.

X. Abdampfheizung.

XI. Gebäudearten.

Berichtigungen.

Seite 79, letzte Zeile, lies Ableitung statt Abteilung.
Seite 162, Zeile 7 von unten lies 160000 statt 16000.
Seite 174, unter Fig. 98, lies Regulierventil statt Regulatorventil.

Allgemeine Übersicht.

Heizungs- und Lüftungseinrichtungen sollen den Aufenthalt in den Räumen, die sie belüften und beheizen, zu einem gesunden und angenehmen machen. Dazu gehört, wie allbekannt, daß die Luft in den Räumen rein ist und erhalten bleibt, und daß sie nach Temperatur und Feuchtigkeit denjenigen Grad und diejenige Gleichmäßigkeit innehält, die heutzutage erreichbar und nach dem Gefühl der Bewohner wünschenswert ist. Wie sich Lüftungs- und Heizungseinrichtungen in diese Aufgabe teilen, das wird zunächst zu besprechen sein.

Was die Heizung leistet, ist allgemein bekannt. Wenn im Herbst die Temperatur unter die im Zimmer erwünschte von etwa 20 bis 22° C bedeutend herabgeht, macht die Temperatur in geschlossenen Räumen diese Änderung mit, wenn auch mit einer gewissen Verzögerung. Zum Teil findet nämlich ein Ausgleich zwischen Außen- und Innentemperatur dadurch statt, daß Wärme durch die Mauern, und namentlich durch Fenster und Türen hindurchgeleitet wird, zum Teil findet der nämliche Temperaturausgleich statt, indem warme Luft durch Ritzen an Fenster- und Türrahmen, ja im Mauerwerk selbst aus- und dafür kalte Luft eintritt. Beides wirkt dahin, daß es endlich in den Räumen ebenso kalt sein würde wie außen.

Will man das vermeiden, so muß man den Räumen durch Heizung Wärme zuführen, und zwar ebensoviel, wie die eben besprochenen Wärmeverluste durch Leitung und durch den freiwilligen Luftwechsel ausmachen.

Weniger allgemein bekannt ist der Zweck der Lüftung, die in einer Zuführung frischer Luft zu den betreffenden Räumen und Abführung der Raumluft besteht. Sie hat einen doppelten Zweck und erfüllt bald den einen von beiden, bald beide zugleich. Sie soll allzugroße Erwärmung der Räume verhüten, und soll die Verschlechterung der Luft auf das zulässige Maß herabdrücken. Zu warm wird die Luft im Sommer, wenn es außen warm und namentlich schwül ist; aus ähnlichen Gründen wie im Winter eine Beheizung, wird im Sommer eine Abkühlung der Räume wünschenswert, und diese kann nur dadurch bewirkt werden, daß man den Räumen kühlere Luft zuführt. Wollte man nämlich die Räume selbst durch Kühlkörper kühlen, wie man sie im entgegengesetzten Fall durch Heizkörper beheizt, so würde die Luft feucht und dadurch ungesund und unbehaglich werden. Man muß kühle Luft zuführen und kann dabei, durch künstliche Mittel, für Innehaltung des nötigen Feuchtigkeitsgrades sorgen. Solche Lüftung zum ausgesprochenen Zwecke der Kühlung ist allerdings für Wohnräume zu teuer und nur in den Tropen gelegentlich ausgeführt worden; allgemein ausgeführt wird sie aber in Schlachthäusern und anderen Einrichtungen, bei denen an Innehaltung einer bestimmten Höchsttemperatur mehr gelegen ist als bei Wohnräumen.

Eine viel allgemeinere Aufgabe der Lüftung ist es, in Versammlungsräumen, Theatern, Schulen, kurz überall, wo zahlreiche Menschen sich aufhalten, dafür zu sorgen, daß die Luft brauchbar bleibe. Jeder Mensch erzeugt bedeutende Wärmemengen, und verschlechtert die Luft durch sein Atmen und durch seine Ausdünstungen in nicht geringem Maße. Und beides tun auch die meisten Beleuchtungseinrichtungen, die in denselben Räumen zu gleicher Zeit in Gang zu sein pflegen. Wird also durch Menschen und Lampen die Luft zu sehr erwärmt und zu sehr verschlechtert, so muß man durch Zuführung kühler reiner Luft Erwärmung und Verschlechterung auf das nötige Maß zurückführen.

Die Lüftung ist also in gewissem Sinne der Gegensatz zur Heizung, indem jene für Abkühlung, diese für Erwärmung zu sorgen hat. Doch kann es auch nötig werden, gleichzeitig zu heizen und zu lüften, in solchem Fall hätte die Lüftung *nur* für Verbesserung der Luft zu sorgen.

So leicht es nun ist, Räume zu beheizen und sie zu belüften, so schwierig ist es, beides *gut* zu machen. Es genügt nicht, dem Raum die nötige Wärmemenge, die nötige Luftmenge irgendwie zuzuführen oder zu entziehen, sondern es kommt auch wesentlich darauf an, wie dies geschieht. Es ist fast ein deprimierendes Gefühl für den Ingenieur, zu wissen, daß die beste Heizung wie Lüftung diejenige ist, von der man nichts merkt. Ein eiserner Ofen, vor dessen Glut man sich schützen muß, eine Dampfheizung, die zischt und schlägt, eine Lüftung, die so zieht, daß man nicht unbedeckten Hauptes sein mag — alle solche Einrichtungen sind nicht die richtigen. Und es erfordert sorgfältiges Durchdenken jeder Einzelheit, um diese und andere Fehler zu vermeiden.

Lüftung und Heizung sind physikalische Vorgänge, und wenn auch nur so einfache physikalische Kenntnisse zur Beherrschung des ganzen Heizungswesens nötig sind, daß wir sie fast voraussetzen dürften, so wird es doch gut sein, das, was gerade im folgenden gebraucht werden soll, in Form einer physikalischen Einleitung im Zusammenhang vorauszuschicken; wir ersparen uns auf diese Weise Wiederholungen und Verweisungen. Noch vorher aber soll uns eine kurz zusammenfassende Darstellung des ganzen zu behandelnden Gebietes in die Lage setzen, den Zweck der einzelnen physikalischen Darlegungen zu übersehen.

Eine *Lüftungsanlage* besteht in ihrer vollkommensten Form aus zwei Systemen von meist gemauerten Kanälen. Die Frischluftkanäle haben den zu lüftenden Räumen gute Luft zuzuführen, die Abluftkanäle haben die verbrauchte abzuführen. Man entnimmt die frische Luft meist für das ganze Gebäude gemeinsam an einem staubfreien Ort, und filtriert sie zunächst, indem man sie durch Gewebe hindurchgehen läßt. Die so gereinigte Luft wird nun angewärmt — denn man dürfte sie im Winter nicht etwa ganz kalt in die Räume einführen, ohne ernste Unannehmlichkeit für die Insassen hervorzurufen — und tritt dann in einen Verteilungskanal, der im Kellergeschoß des Gebäudes in solcher Weise geführt ist, daß man von ihm aus alle zu lüftenden Räume durch senkrechte Einzelkanäle erreichen kann. Als Verteilungskanal benutzt man nicht selten den gangartigen Raum, der unter den Korridoren der Obergeschosse naturgemäß entsteht; manchmal braucht man auch nur einen Teil dieses Ganges, und behält den Rest dann für den Verkehr frei. Die senkrechten Einzelkanäle werden meist in der Mauer ausgespart, wie Schornsteine; ihre Weite richtet sich nach dem Luftbedarf des einzelnen Raumes, dem sie zu dienen haben. Durch ebensolche schornsteinartige Kanäle, die in den zu lüftenden Raum ausmünden, wird nun auch die verbrauchte Luft abgeführt; die Abluftkanäle werden entweder je einzeln oder ihrer mehrere vereinigt schornsteinartig über das Dach geführt. Man führt auch wohl die sämtlichen Abluftkanäle senkrecht in den Keller hinab und läßt sie da in einen großen Sammelkanal münden, der ähnlich wie der Verteilungskanal das ganze Gebäude bestreicht und nun die ganze Luft gemeinsam durch einen Schlot über Dach führt.

In einem so ausgeführten Kanalsystem bewegt sich die Luft im allgemeinen schon von selbst, solange sie wärmer ist als die Außenluft. Der durch die Wärme erzeugte Auftrieb bewirkt das. Im Sommer aber kann eine solche natürliche Lüftung leicht versagen, weil es auch außen warm ist, und so ist es denn im allgemeinen rätlicher, da heutzutage elektrische Triebkraft in jedem größeren Gebäude zur Verfügung steht, noch für künstliche Bewegung der Luft durch Ventilatoren zu sorgen.

Dadurch wird die Lüftung zur Pulsionslüftung, und zwar unterscheidet man Drucklüftung und Sauglüftung, je nachdem die Ventilatoren, im Verteilungskanal für Zuluft stehend, die Luft in das Gebäude hineindrücken oder aber, im Sammelkanal für Abluft stehend, sie aus ihm absaugen. Man kann auch in jeden der beiden Hauptkanäle Ventilatoren stellen und dann drücken und saugen lassen.

Drucklüftung und Sauglüftung sind nicht gleichwertig. Drucklüftung wird im allgemeinen — nicht notwendig — einen geringen Überdruck in den zu lüftenden Räumen zur Folge haben, daher wird durch Fenster- und Türritzen Luft von innen nach aussen blasen. Sauglüftung umgekehrt erzeugt einen Unterdruck und bewirkt daher, daß durch jeden Spalt Luft in den Raum hineinbläst. Da also Sauglüftung zur Folge hat, daß nahe dem Fenster Zug im Raume entsteht, ebenso beim Öffnen einer Tür, so ist sie im Allgemeinen unangenehm. Bei Drucklüftung liegt dieser Übelstand nicht vor. Für Küchen, Aborte u. dgl. ist hingegen ein Unterdruck erwünscht, damit nicht Gerüche nach außen treten, hier ist also Absaugen das richtige. Übrigens hat man in der Dimensionierung der Zu- und Abluftkanäle ein Mittel in der Hand, um auch bei Drucklüftung Unterdruck und umgekehrt zu erzielen, wenigstens in einzelnen Räumen. Das wird später zu besprechen sein.

So umständliche Einrichtungen werden nun freilich nur in größeren öffentlichen Gebäuden, gelegentlich wohl auch in feinen Villen getroffen. Meist begnügt man sich mit viel einfacheren Einrichtungen, indem man auf Filter, Vorwärmung, ja die ganze Zuführung von Luft verzichtet; und selbst wenn man von jeder Lüftungseinrichtung absieht, so werden wir sehen, daß dennoch stets eine freiwillige Lüftung durch Tür- und Fensterritzen stattfindet, die zwar etwas Zug ergibt, aber wenigstens die Luft erneuert. Diese freiwillige Lüftung findet statt, sobald ein Raum eine andere Temperatur hat als die Außenluft; sie ist für einfache Wohnräume leidlich ausreichend.

Wenn wir bei einer Lüftungsanlage die Luft anwärmen mußten, um sie nicht ganz kalt in die Zimmer eintreten zu lassen — was unangenehm wäre —, so sollte doch die Luft mit weniger als Zimmertemperatur, meist mit etwa 15° C. in die Räume eintreten. Denn durch Lüftung soll ja die überschüssige Wärme abgeführt werden, die durch Menschen und Lampen in den Räumen entsteht.

Sobald wir hiervon abgehen und die Luft wärmer in die Räume einführen, so entsteht die Luftheizung, deren Hauptzweck es ist, die Räume zu heizen; allerdings ist hiermit dann immer eine Lüftung verbunden und dieser zwangsweise vorhandene Zusammenhang ist nicht immer angenehm. Die Luftheizung arbeitet dabei oft als „natürliche" Lüftung, das heißt nur durch den Auftrieb der auf etwa 50° C. erwärmten Luft.

In der Luftheizung lernten wir also bereits eine Art der Heizung kennen, weil ihr Hauptzweck die Erwärmung des Raumes und die Lüftung nur Nebenzweck ist. Dabei haben wir die Luftheizung — im allgemeinen — der großen Gruppe der Zentralheizungen zuzuzählen. Man unterscheidet nämlich bei den Heizungssystemen zwischen Lokalheizung und Zentralheizung.

Lokalheizung liegt vor, wenn die Wärme direkt in dem zu heizenden Raum und nur für diesen einen Raum allein erzeugt wird. Kachelöfen und eiserne Öfen sind die beiden Hauptrepräsentanten der Lokalheizung; diese beiden Typen unterscheiden sich nicht nur durch die Verwendung verschiedenen Baustoffes, sondern viel mehr durch die Art ihres Betriebes, der beim Kachelofen intermittierend ist, während der eiserne Ofen so lange brennen muß, wie er Wärme liefern soll. Wenn er gar den ganzen Winter über brennt, ohne auszugehen, so wird er zum Dauerbrandofen, auch wohl Füllofen genannt, weil man den Kohlenvorrat für eine längere Zeit in einen besonderen Füllschacht einfüllt.

Bei der Zentralheizung wird ein ganzes Gebäude von einer einzigen, im Keller befindlichen Feuerstelle aus geheizt. Dadurch wird die Bedienung vereinfacht und der Kohlenschmutz aus den zu heizenden Räumen ferngehalten; bei gleichen Ansprüchen stellt sich der Betrieb einer Zentralheizung billiger. Wenn das letztere in Laienkreisen gelegentlich bestritten wird, so vergißt man einfach, daß der Benutzer einer Zentralheizung alle Räume zu heizen pflegt, weil dies so bequem zu machen ist, während man bei Ofenheizung sparsam ist.

Die bereits besprochene Luftheizung, früher sehr gebräuchlich, ist heute bei uns wenig beliebt. Die wichtigsten Heizungssysteme sind die Warmwasser- und die Niederdruckdampfheizung. Bei der ersten ist Wasser von 50—90° C., bei der zweiten dagegen Dampf von ganz geringer Spannung, nur etwa $^1/_{10}$ at. Überdruck, der Wärmeträger. In einem im Keller aufgestellten Kessel wird warmes Wasser oder Dampf mit Hilfe einer Feuerung erzeugt, die ähnlich wie ein eiserner Füllofen zu dauerndem Betrieb und so eingerichtet ist, daß sie auf eine bestimmte Temperatur des Wassers, auf eine bestimmte Spannung des Dampfes selbsttätig einregelt. Vom Kessel aus führt ein Rohrnetz das Wasser oder den Dampf zu den Heizkörpern, die in den einzelnen zu heizenden Räumen stehen. Die Heizkörper, die aus Rohrschlangen, aus Rippenkörpern oder aus sogenannten Radiatoren bestehen, übertragen nun die Wärme auf die Luft des Zimmers; dabei kühlt sich naturgemäß das Wasser bei einer Warmwasserheizung ab und fließt nun, um 20 bis 30° abgekühlt, durch Rücklaufrohre zum Kessel wieder; bei der Dampfheizung entsteht in den Heizkörpern aus dem Dampf wieder Wasser, und dieses fließt durch eine Kondensleitung ebenfalls in den Kessel zurück, damit einen Kreislauf vollendend, der nun von neuem beginnt.

Das sind die einfachen Zentralheizungsarten; die Heißwasserheizung sei nur namentlich aufgeführt. Aus den einfachen Heizungsarten kann man sogenannte kombinierte Systeme bilden. Wenn man z. B. eine Luftheizung einrichtet, dabei aber die Luft nicht direkt durch Feuer erwärmt, sondern zum Anwärmen die Heizkörper einer Dampfheizung benutzt, so entsteht die Dampfluftheizung. Wenn man bei einer Warmwasserheizung das warme Wasser nicht durch Feuer erwärmt, sondern durch Dampfschlangen unmittelbar, so entsteht die Dampfwarmwasserheizung. Solche kombinierte Systeme sind neuerdings für große Anlagen recht beliebt. Dabei erzeugt man den Dampf, meist mit mehreren Atmosphären Spannung, in einem Nebengebäude und leitet ihn in die zu beheizenden Gebäude, wo man nun nach Bedarf Warmwasser-, Luft- oder auch Dampfheizung zur Verfügung hat, ohne in den Gebäuden selbst Feuerstellen einzurichten. Die Sicherheit gegen Feuersgefahr, die man so erreicht, wird für wertvolle öffentliche Gebäude hoch eingeschätzt.

Wird bei solchen Anlagen der Dampf auf weitere Entfernungen fortgeleitet, so spricht man von einer Fernheizung; wird bei einer nach irgend einem System arbeitenden Anlage der Abdampf von Maschinen, der noch beträchtliche Wärmemengen enthält, ausgenutzt, so spricht man von einer Abdampfheizung.

Theoretische Grundlagen.

I. Wärmetechnische Eigenschaften der Körper.

a) Allgemeines.

1. Temperatur. Die Temperatur eines beliebigen Körpers, so auch die der Luft, stellen wir durch unser Gefühl oder genauer mit Hilfe des Thermometers fest. Letzteres zu beschreiben ist überflüssig. Doch werden wir später einige Formen von Temperaturzeigern kennen lernen, die besonderen Zwecken dienen, insbesondere die Ablesung an entfernten Orten gestatten.

In wissenschaftlichen Kreisen, und mehr und mehr auch im praktischen Leben ist nur noch die Celsiusskala üblich. Es ist bekannt, daß sie den Abstand vom Frierpunkt zum Siedepunkt des Wassers bei normalem Barometerstand in hundert Teile teilt und jeden Teil einen Grad nennt; die Skala wird dann über Hundert und unter Null gleichmäßig fortgesetzt.

Als absolute Temperatur bezeichnet man die Angabe der Temperatur nach einer Skala, deren Grade so groß sind wie die Celsiusgrade, deren Nullpunkt aber bei minus 273° C. liegt. Die Gründe für die Einführung gerade dieses Anfangspunktes für die Zählung werden wir kennen lernen: es vereinfachen sich manche Rechnungen durch Angabe der Temperatur nach der absoluten Skala. Man erhält absolute Grade durch Hinzuzählen von 273 zu der Angabe nach Celsius. So sind $+20^0$ C. $= 293^0$ absolut, und -10^0 C. $= 273 - 10 = 263^0$ absolut. Man bezeichnet oft die Temperatur nach Celsius mit dem Buchstaben t und unterscheidet dann davon die absolute Temperatur, indem man den Buchstaben T für sie verwendet. Also $t = +20^0$ entspricht $T = 293^0$. Bei Angabe von Temperaturunterschieden ist es gleichgültig, ob man nach Celsius oder ob man absolut rechnet: es ist $t_1 - t_2 = T_1 - T_2$.

Gelegentlich wird das Wort Temperatur auch wenig schön mit Wärmegrad verdeutscht.

2. Wärmemenge, spezifische Wärme. Von der Temperatur wohl zu unterscheiden ist die Wärmemenge. Es ist ja ohne weiteres einleuchtend, daß man mehr Wärme aufwenden, also etwa mehr Kohle verbrennen muß, um 1 cbm Wasser um nur 10° zu erwärmen, als man hätte daran wenden müssen, um nur 1 l Wasser um 20° zu erwärmen. Und doch ist die Steigerung der Temperatur im zweiten Falle die größere.

Die technische Einheit der Wärmemenge ist diejenige Wärmemenge, die 1 kg Wasser um 1^0 erwärmt. Sie heißt Kalorie oder schlechtweg „Wärmeeinheit“, auch wohl Kilogrammkalorie, zum Unterschied von der physikalischen „Grammkalorie“, die sich auf 1 g Wasser bezieht und also der tausendste Teil der technischen Einheit ist. Man kürzt die technische Wärmeeinheit mit „WE“ ab.

Die zur Erwärmung irgendwelcher Körper erforderliche Wärmemenge ist nun leicht zu berechnen.

Zunächst für Wasser ist sie einfach gleich dem Produkt aus dem Wassergewicht in Kilogrammen und der erzielten Temperaturerhöhung, gemessen in Graden Celsius. Um G kg Wasser von der Temperatur t_1 auf die höhere Temperatur t_2 zu erwärmen, hat man die Wärmemenge

$$W = G \cdot (t_2 - t_1)$$

zuzuführen. Umgekehrt würden G kg Wasser die gleiche Wärmemenge W — und zwar genau die gleiche, ohne jeden Verlust — abgeben, wenn sie sich von t_2 auf t_1 abkühlen. Das ist einfach.

Handelt es sich um Erwärmung anderer Körper als Wasser, so muß man die spezifische Wärme des betreffenden Stoffes kennen. Die spezifische Wärme gibt an, wieviel Wärmeeinheiten man der Mengeneinheit des betreffenden Stoffes zuzuführen hat, um 1^0 Temperaturerhöhung zu erzielen. Versuche haben gelehrt, daß man einem Kilogramm Gußeisen 0,13 WE zuführen muß, um es 1^0 wärmer zu machen, also ist 0,13 WE pro Kilogramm, geschrieben 0,13 WE/kg, die spezifische Wärme des Gußeisens. Bezieht man bei Mauerwerk alle Angaben gewöhnlich auf den Raum statt auf das Gewicht, und zwar meist auf Kubikmeter, so lehrt die Erfahrung, daß man 300—500 WE aufwenden muß, um 1 cbm Mauerwerk um 1^0 zu erwärmen, also ist 300—500 WE/cbm die spezifische Wärme des Mauerwerks. Es ist übrigens augenscheinlich, daß man aus dem Vergleich dieser beiden Angaben nicht etwa den Schluß ziehen dürfte, die spezifische Wärme des Mauerwerks sei größer als die des Wassers, da sich ja beide Angaben auf ganz verschiedene Mengen beziehen.

Ist nun die Menge M eines Stoffes mit der spezifischen Wärme c (die man Tabellen entnimmt) von t_1 auf t_2 zu erwärmen, so hat man

$$W = c \cdot M \cdot (t_2 - t_1)$$

Wärmeeinheiten aufzuwenden oder kann ebensoviel bei der Abkühlung von t_2 auf t_1 daraus entnehmen.

Für uns kommen wohl nur die folgenden Werte von spezifischen Wärmen in Betracht:

Wasser . . . . . $c = 1$ WE/kg oder 1000 WE/cbm.
Schmiedeeisen . . $c = 0{,}115$ WE/kg.
Kupfer . . . . . $c = 0{,}094$ WE/kg.
Holz . . . . . . $c = 0{,}6$ WE/kg.

Backsteinmauerwerk $c = 0{,}19$—$0{,}24$ WE/kg oder 300—500 WE/cbm.
Luft . . . . . . $c = 0{,}238$ WE/kg oder 0,31 WE/cbm (bei unverändertem Druck von 760 mm Quecksilber).
Wasserdampf etwa . $c = 0{,}5$ WE/kg.

Dabei ist zu beachten, daß die auf das Volumen bezogenen Angaben sich auf den sogenannten Normalzustand des Stoffes beziehen, also bei Wasser auf 1 cbm von 4° C, jedenfalls auf kaltes Wasser, bei Luft auf 1 cbm von der Spannung des normalen Barometerstandes, 760 mm Quecksilbersäule, und von 0° C. Wir kommen hierauf noch zurück.

Zwei Beispiele mögen endlich noch Platz finden. Führen wir bei einer Luftheizung einem Raume stündlich diejenige Luftmenge zu, die bei 0° C. und 760 mm Barometerstand gerade 200 cbm ausfüllte, und hat der Raum 20° C, die zugeführte Luft aber 45°, so bringen wir $0{,}31 \cdot 200\ (45 - 20) = 1550$ WE in den Raum hinein, wir heizen ihn mit soviel Wärmeeinheiten. Die verbrauchte Luft geht dabei natürlich mit 20° aus dem Raume weg. Führen wir dagegen im Sommer 300 cbm Luft von 20° in den Raum ein, während die Luft mit 25° entweicht, so ist die Wärmemenge, die wir dem Raume entziehen, um die wir ihn kühlen, $0{,}31 \cdot 300\ (25 - 20) = 465$ WE. — Wenn wir bei einer Warmwasserheizung beobachten — wie, bleibe dahingestellt —, daß durch den Heizkörper eines Raumes stündlich 150 kg Wasser zirkulieren und daß das Wasser mit 85° in den Heizkörper eintritt, mit 65° aus ihm austritt, so folgern wir, daß der Raum zu jener Zeit mit $150 \cdot (85 - 65) = 3000$ WE stündlich beheizt wird.

3. Wärmeinhalt. Es wäre im ersten Beispiel des vorigen Absatzes falsch, zu sagen, daß die behufs Luftheizung dem Raume zugeführten 200 cbm Luft 1550 WE enthalten, weil sie ihm soviel Wärme zuführen. Denn wir sehen leicht, daß dieselben 200 cbm Luft von 45° C Eintrittstemperatur denselben Raum nur mit $0{,}31 \cdot 200 \cdot (45 - 25) = 1240$ WE heizen, sobald der Raum selbst 25° Temperatur hat. Man kann garnicht feststellen, wieviel Wärme ein gewisser Körper enthält, sondern nur, wieviel er mehr enthält als bei einer anderen Temperatur. Die eingeführte Luft von 45° enthält mehr, als sie noch nach ihrer Mischung mit der Raumluft enthält, durch die sie natürlich auf Raumtemperatur kommt; im einen Fall gibt sie 1550, im anderen 1240 WE ab, bis sie die Raumtemperatur angenommen hat, und daher heizt sie den Raum einmal mit dieser, das andere Mal mit jener Wärmemenge.

Wenn man dennoch von einem Wärmeinhalt irgendwelcher Körper spricht, so meint man damit den Mehrgehalt über 0° C. hinaus. Offenbar enthalten die Körper auch schon bei 0° Wärme, da man sie ja unter Null abkühlen kann und da der Nullpunkt selbst ein ganz willkürlicher ist. Aber die Ausdrucksweise, unter Wärmeinhalt schlechtweg den Mehrgehalt über Null hinaus zu verstehen, ist sehr bequem.

Man kann mit Hilfe des Wärmeinhaltes das erste Beispiel des vorigen Paragraphen wie folgt berechnen: Die dort erwähnten 200 cbm Luft haben

bei 45° einen Wärmeinhalt von	0,31 · 200 · 45 =	2790 WE.
bei 20° „ „ „	0,31 · 200 · 20 =	1240 WE,
	sie geben also	1550 WE

ab, wenn sie sich von 45° auf 20° abkühlen.

Wieviel bequemer oft das Rechnen mit dem Wärmeinhalt ist — dann nämlich, wenn man ihn Tabellen oder graphischen Tafeln entnehmen kann —, geht aus diesem Beispiel nicht deutlich hervor, wird aber bald klar werden.

4. Spannung oder Druck, Manometer. Die Spannung oder den spezifischen Druck, auch kurzweg Druck genannt, werden wir oft zu messen haben, und es wird gut sein, uns über die Einheiten, nach denen wir ihn messen, zu verständigen. Auch die Meßinstrumente sollen kurz besprochen werden.

Spannung ist die Kraft, die eine Flüssigkeit oder ein Gas auf jede Flächeneinheit der sie umgebenden Wandung ausübt.

Den Luftdruck mißt man mittels des Barometers, das wir als aus der Physik bekannt voraussetzen dürfen. Man hat Quecksilberbarometer und Metallbarometer. Man drückt das Ergebnis der Messung in Millimetern oder Zentimetern Quecksilbersäule aus — wie bekannt.

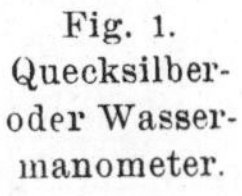

Fig. 1. Quecksilber- oder Wassermanometer.

Barometer sind die einzigen Instrumente, die absoluten Druck anzeigen, d. h. die den herrschenden Druck mit dem absoluten Vakuum vergleichen. Die meist üblichen Druckmesser, Manometer genannt, zeigen Überdruck an, sie geben an, wieviel größer der zu messende Druck ist als der Druck der Umgebung. Handelt es sich um Saugspannungen, so zeigen diese Instrumente Unterdruck an, das heißt wieviel kleiner der zu messende Druck ist als der der Umgebung.

Auch diese Druckunterschiede kann man in Millimetern Quecksilber geben, und tut es gelegentlich. Das in Fig. 1 dargestellte, aus Glas hergestellte Manometer, wenn mit Quecksilber gefüllt, gibt uns das direkt.[1]) Häufig ist diese Einheit unbequem groß oder klein, und man benutzt dann die Atmosphäre, unter der man technisch den Druck von 1 kg auf das Quadratzentimeter versteht, oder den Millimeter Wassersäule, der dasselbe ist wie 1 kg Druck auf das Quadratmeter.

Die Atmosphäre (abgekürzt at) wird als Einheit der Spannung bei Dampfkesseln, Pumpen und überhaupt im Maschinenbetrieb für hohe

[1]) Über Einzelheiten dieser und aller später erwähnten Messungen siehe des Verfassers „Technische Messungen“, Berlin, Julius Springer (2. Aufl. in Vorbereitung).

Spannungen gebraucht. Sie wird definiert als 1 at = 1 kg/qcm. Da Quecksilber das spezifische Gewicht 13,6 hat, so sind 735 mm einer Quecksilbersäule von 1 qcm Querschnitt, die also 73,5 ccm Quecksilber enthalten, 73,5 · 13,6 = 1000 g = 1 kg schwer, also sind 735 mm QuS = 1 kg/qcm = 1 at. Man hat wohl zu beachten, daß die Normalspannung von 760 mm QuS, von den Physikern auch wohl als Atmosphäre bezeichnet, nicht ganz mit der technischen Atmosphäre übereinstimmt; die Abweichung ist über 3 $^0/_0$, denn es sind 760 mm QuS = 1,033 kg/qcm.

Denken wir uns statt Quecksilbers eine Wassersäule von 1 qcm Querschnitt, so müsste diese genau 10 m hoch sein, um 1 cdm = 1 kg Wasser (in kaltem Zustande) zu fassen. Also entsprechen 10 m kaltes Wasser einer technischen Atmosphäre: 10 m WS = 1 kg/qcm.

Die Messung solchen Überdruckes geschieht fast immer mit Federmanometern, wie man sie an jedem Dampfkessel sehen kann. Fig. 2

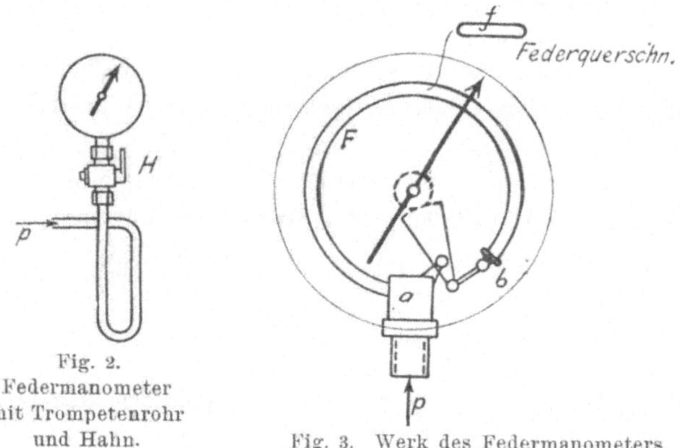

Fig. 2. Federmanometer mit Trompetenrohr und Hahn.

Fig. 3. Werk des Federmanometers.

stellt ein solches dar, Fig. 3 zeigt schematisch das innere Werk, bestehend aus einer Hohlfeder F, in die der zu messende Druck tritt. Die Feder streckt sich unter der Einwirkung des inneren Druckes. Bei a ist sie fest, bei b wird ihre Bewegung durch Zahntrieb auf ein Zeigerwerk übertragen. Um bei Dampfkesseln das Werk vor Hitze zu schützen, wird ein gebogenes Trompetenrohr (Fig. 2) vor das Manometer geschaltet, das voll Wasser sein soll. Ein Hahn H gestattet, das Manometer abzustellen; es kommt dann durch eine Hilfsbohrung des Hahnes mit der Atmosphäre in Verbindung.

An den Dampfkesseln der Niederdruckdampfheizungen findet man auch wohl Quecksilbermanometer. Diese haben den Vorteil, unveränderlich in ihren Angaben zu sein, sind aber, wenn das Glasrohr verschmutzt, oft schlecht abzulesen. Daß aber diese Instrumente nicht den Druck im Kessel, sondern Überdruck über Atmosphärenspannung hinaus angeben, sei nochmals hervorgehoben.

Sehr kleine Druckunterschiede gibt man in Millimeter Wassersäule oder in Kilogramm pro Quadratmeter an. Für kaltes Wasser vom spezifischen Gewicht sehr annähernd gleich Eins (bis 25° C., siehe Fig. 5) ist 1 mm WS = 1 kg/qm; denkt man nämlich 1 qm Fläche mit Wasser 1 mm hoch bedeckt, so hat man da 1 l = 1 kg Wasser. Im übrigen ist $1\ \text{kg/qm} = \frac{1}{10\,000}$ at und 1 mm QuS = 13,6 mm WS, wie leicht zu berechnen ist.

Die Messung der kleinen Druckunterschiede geschieht mit Hilfe von Wassermanometern — Röhren wie die Quecksilbermanometer, nur mit Wasser gefüllt und daher für kleine Spannungen empfindlicher. Doch handelt es sich in den Lüftungsanlagen oft um die Messung von Bruchteilen von Millimetern Wassersäule, und das ist natürlich mittels der einfachen U-Rohre nur mangelhaft möglich. Man benutzt dann Instrumente mit geneigtem Rohr. Durch die Neigung des Rohres und der Skala wird bewirkt, daß sich der Wasserfaden bei gegebenem Druckunterschied

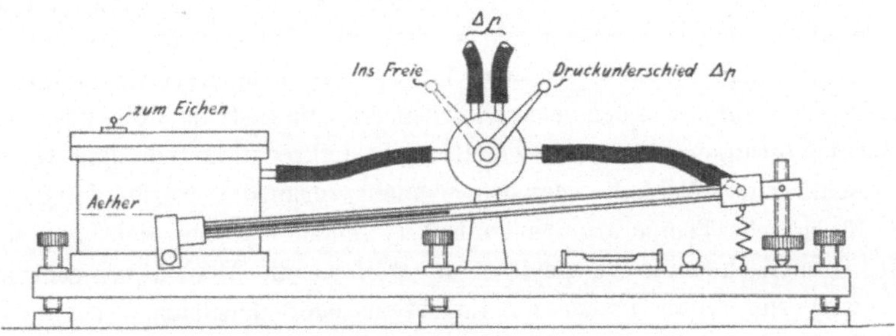

Fig. 4. Recknagelsches Differentialmanometer.

um ein Vielfaches der abzulesenden Wassersäule vorwärts bewegt. Bei einer Neigung 1 : 5 zum Beispiel entsprechen je 5 mm der Skala einem Millimeter Wassersäule, die Genauigkeit ist also verfünffacht.

In dem Recknagelschen Differentialmanometer geht man bis zur Neigung 1 zu 100 und noch weiter. Dieses für die Lüftungstechnik wichtige Instrument ist in Fig. 4 dargestellt: Ein geschlossenes Gefäß von genau bekanntem, lichtem Durchmesser schließt an ein Rohr mit Skala an, dessen Neigung verändert werden kann — bei anderen Ausführungen ist sie auch unveränderlich. Als Füllung dient, weil Wasser in dem engen Glasrohr hängt, am besten Äther, dessen spezifisches Gewicht bekannt sein muß. Ein Umstellhahn gestattet, die beiden Seiten des Instrumentes gleichzeitig mit der Atmosphäre zu verbinden, um den Nullpunkt zu bestimmen, oder beide gleichzeitig mit den Meßstellen zu verbinden, zwischen denen dann ein Druckunterschied Δp aus der Bewegung des Flüssigkeitsfadens abgelesen wird. Bei der Benutzung hat man das Instrument zunächst mittels der beiden Wasserwagen und der drei Stellschrauben auszurichten, und muß dann, namentlich wenn man die Neigung des Rohres verändert hatte, den Wert eines Teilstriches der Skala feststellen — das Instrument eichen. Das geschieht, indem man eine sorgfältig abgemessene Menge Äther durch die Einfüllöffnung in das Gefäß zu dem schon vorhandenen Inhalt hinzutut, und beobachtet, wie weit der Faden im Rohr vorwärtsläuft. Sei etwa der lichte Durchmesser des Gefäßes 100 mm, entsprechend 7854 qmm Fläche. Wir fügen 10 ccm = 10000 cmm Äther hinzu. Der Ätherfaden möge im Rohr um 116 mm vorwärts gelaufen sein. Wenn wir das geringe Volumen des Fadens vernachlässigen, so stieg der Ätherspiegel im Gefäß um $\frac{10\,000}{7854} = 1{,}273$ mm. Also sind 116 mm der Skala gleich 1,273 mm Äthersäule. Wenn das spezifische Gewicht des Äthers mit 0,74 g/ccm bekannt ist, so daß also 0,74 mm Wassersäule = 1 mm Äthersäule ist, so haben wir den Wert der Skala aus 116 mm Skala = 1,273 · 0,74 mm Wassersäule, 100 mm Skala = 0,813 mm WS festgestellt.

Das Arbeiten mit dem Differentialmanometer erfordert viel Vorsicht; Empfindlichkeit eines Instrumentes hinsichtlich der Ablesung hat stets auch Empfindlichkeit gegen Störungen im Gefolge. Insbesondere beachte man: das spezifische Gewicht des Äthers ist von der Temperatur abhängig; ungleiches Gewicht der in den beiden Zuleitungen zum Instrument stehenden Luft bewirkt Störungen, wenn die Zuleitungen senkrecht laufen, man vermeide also senkrechten Verlauf, oder wo er nicht vermieden werden kann, sorge man für gleiche Temperatur beider Rohre, indem man sie dicht zusammenlegt; Gummischläuche vermeide man, weil sie die Wärme schlecht leiten und weil sie, wenn früher zu Leuchtgas oder dergleichen benutzt, die Luft im Innern verändern; Kupferrohr ist besser.

Endlich können wir noch jeden Druck statt in den angegebenen sämtlich gebräuchlichen Einheiten in Metern einer beliebigen Flüssigkeit — derjenigen, mit der wir gerade zu tun haben — messen. Eine Pumpe, die Spiritus fördert, drückt gegen h m Spiritussäule, oder was wichtiger ist, ein Ventilator, der Luft fördert, drükt gegen h m Luftsäule. Wir können also Luft auch wie eine Flüssigkeit behandeln. Stellen wir uns einen Würfel der betreffenden Flüssigkeit von 1 m Seitenlänge vor, der also 1 cbm Inhalt hat, dabei möge 1 cbm der betreffenden Flüssigkeit (auch Luft ist gemeint) γ kg wiegen (spezifisches Gewicht γ kg/cbm, § 5), so übt dieser Würfel auf seine Grundfläche von 1 qm Größe infolge der Schwerkraft den Druck γ kg aus. Er stellt aber auch 1 m Säule der betreffenden Flüssigkeit dar, also ist ganz allgemein:

$$1 \text{ m Fl.S} = \gamma \text{ kg/qm},$$
$$h \text{ m Fl.S} = h \,.\, \gamma \text{ kg/qm}.$$

Überall, wo verschiedene Einheiten des Druckes vorkommen, rechnet man zweckmäßig alles in Kilogramm pro Quadratmeter um. Das ist eine durchaus feststehende Einheit, während beispielsweise die Angabe in Metern Flüssigkeitssäule immer noch des Zusatzes bedarf, bei welcher

Temperatur die Flüssigkeit gemeint sei — da ja das spezifische Gewicht von der Temperatur abhängt, wie wir gleich sehen werden.

Um übrigens Mißverständnisse auszuschließen, sei bemerkt, daß man bei Angaben nach Millimeter Wassersäule stets eine kalte Wassersäule meint, die eben gleich dem Kilogramm pro Quadratmeter ist. Nichts steht im Wege, daß die Luft, deren Druck man mißt, jede beliebige Temperatur habe; man kann natürlich auch den Druck warmer Luft mittels einer kalten Wassersäule messen.

Die Umrechnung von Über- oder Unterdruck in absoluten Druck sei noch kurz erläutert: Sei der Überdruck eines Niederdruckdampfkessels zu 0,12 kg/qcm gemessen worden, bei 750 mm Barometerstand; da der Barometerstand $\frac{750}{735} = 1{,}02$ kg/qcm ausmacht, so ist $1{,}02 + 0{,}12 = 1{,}14$ kg/qcm der absolute Druck im Kessel. — Gerade für Dampf werden wir oft mit absolutem Druck rechnen müssen.

5. Ausdehnung durch die Wärme, spezifisches Gewicht. Unter dem Einfluß von Temperaturschwankungen ändert sich das Volumen aller Körper; fast immer nimmt das Volumen mit zunehmender Temperatur zu, die meisten Körper dehnen sich also bei der Erwärmung aus. Man kann auch sagen, bei den meisten Stoffen nimmt das spezifische Gewicht mit der Erwärmung ab, in warmem Zustande sei also jeder Stoff spezifisch leichter als in kaltem.

Dabei ist Nachdruck zu legen auf die selbstverständliche Tatsache, daß nur das spezifische Gewicht sich ändert. 1 kg Wasser bleibt 1 kg, auch wenn es sich ausdehnt. Aber wenn im kalten Zustande das Kilogramm gerade 1 l einnimmt, so nimmt es bei 95° etwa 1,04 l ein, d. h. 4 % mehr. Daraus folgt, daß nun im Liter nur noch $\frac{1}{1{,}04} = 0{,}96$ kg Wasser enthalten sind, es ist also spezifisch leichter.

Da die Ausdehnung insbesondere von Wasser und von Luft die treibende Kraft für den Umlauf der Warmwasserheizung und der Lüftungen liefert, so wird sie zu besprechen sein.

Bei dieser Gelegenheit sei noch darauf hingewiesen, daß wir unter spezifischem Gewicht das Gewicht der Volumeneinheit verstehen wollen, und zwar, da wir in der Mechanik im allgemeinen alles nach Metern und Kilogrammen rechnen, so wollen wir es in Kilogramm pro Kubikmeter angeben. 1 cbm Wasser wiegt 1000 kg, wenn es kalt ist, oder 956 kg bei 100°, seine spezifischen Gewichte sind also 1000 kg/cbm und 956 kg/cbm.

In der Physik sagt man auch wohl, das spezifische Gewicht sei 1 bei kaltem und 0,956 bei warmem Wasser; korrekter aber pflegt man diese Angaben als Relativgewicht zu bezeichnen (relativ zu oder verglichen mit kaltem Wasser), auch wohl als Dichte. Die Umrechnung in die von uns angewendete Bezeichnungsweise ist einfach.

b) Wasser und Luft.

6. Ausdehnung des Wassers. Die Veränderungen im spezifischen Gewicht des Wassers sind in dem Schaubild (Fig. 5) dargestellt. In ihm sind als Abszissen die Temperaturen von 0—100° aufgetragen, die Ordinaten geben das Gewicht von 1 cbm Wasser, das ist das eben definierte spezifische Gewicht im Sinne der technischen Mechanik.

Es ist bekannt, daß Wasser sich — ausnahmsweise — nicht gleichmäßig ausdehnt, sondern unterhalb von 4° C., wo sein spezifisches Gewicht am größten ist, wieder etwas leichter wird. Freilich ist das so wenig, daß die Figur es nicht erkennen läßt. Doch zeigt sie, wie für kaltes Wasser kaum Änderungen im Wasservolumen eintreten, und erst über etwa 20° C. wird die Ausdehnung des Wassers und damit die Abnahme seines spezifischen Gewichtes merklich. Wenn Wasser bei 70° um etwa 2%, bei 100° um etwa 4% leichter ist als im kalten Zustande, so sind solche Beträge nicht unbedeutend zu nennen und nicht zu vernachlässigen.

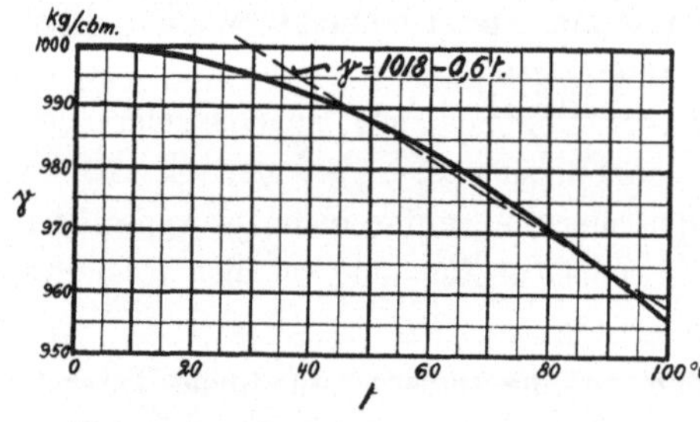

Fig. 5. Spezifisches Gewicht γ des Wassers abhängig von der Temperatur.

Aus der Gestalt der Kurve Fig. 5 ziehen wir eine Folgerung. Die Änderungen des spezifischen Gewichtes sind bei warmem Wasser viel größer als bei kaltem. Wenn daher bei einer Warmwasserheizung das Wasser mit etwa 90° den Kessel verläßt und, nach Erwärmung der Räume, mit etwa 70° zu ihm zurückkehrt, so haben wir eine wirksame Temperaturdifferenz von 20°, die das Wasser in Umlauf setzt. Und diese Temperaturdifferenz wird es in kräftigen Umlauf setzen können, weil sie auch eine große Veränderung des spezifischen Gewichtes zur Folge hat. Wenn dagegen ein anderes Mal das erwärmte Wasser 45° hat, das rücklaufende 25°, so haben wir zwar wieder 20° treibende Temperaturdifferenz, aber die Zirkulation wird diesmal nur mangelhaft sein können, weil wegen der Gestalt der Ausdehnungskurve nur ein geringer Unterschied im spezifischen Gewicht zustande kommt.

Daraus erklärt sich die Tatsache, daß die Zirkulation von Wasserheizungen erst bei einer gewissen Mindesttemperatur des Wassers einsetzt, erfahrungsgemäß bei etwa 40°. Die Sonderheit des Wassers, sich bei niedrigen Temperaturen nur wenig zu dehnen, ist also für Heizungszwecke unbequem. Trotzdem wird man, des Preises wegen, kaum in Versuchung kommen, andere Stoffe als Wasser für die Wärmeübertragung zu benützen, um so mehr, als es von allen Stoffen die größte spezifische Wärme, also die größte Aufnahmefähigkeit für Wärme hat, was natürlich angenehm ist.

Übrigens zeigt die punktierte Gerade in Fig. 5, wie gut die Änderung des spezifischen Gewichtes von Wasser durch die Formel

$$\gamma = 1018 - 0{,}6\,t \text{ kg/cbm} \quad \ldots\ldots\ldots \quad (1)$$

angenähert wird in dem Bereich von $t = 35$ bis 100^0, der für Wasserheizung fast allein in Betracht kommt. In diesem Bereich kann man also den Ausdehnungskoeffizienten des Wassers zu etwa 0,0006 annehmen; bei 1^0 Temperaturzunahme nimmt das spezifische Gewicht um 6/10000 ab, das Volumen um ebensoviel zu.

7. Wärmeausdehnung der Luft. Außer der Wärmeausdehnung des Wassers interessiert uns noch die der Luft; diese ist sehr viel größer als die des Wassers, sie beträgt für jeden Grad Temperaturerhöhung $\frac{1}{273}$ desjenigen Volumens, das die Luft — stets konstanten Druck vorausgesetzt — bei 0^0 einnimmt. Man nennt diese Größe bei Luft wie bei anderen Stoffen den Wärmeausdehnungskoeffizienten und bezeichnet ihn oft mit α; es ist also $\alpha = \frac{1}{273}$ für Luft und für alle Gase.

Für Wasser konnten wir, der ungleichmäßigen Ausdehnung wegen, von einem Ausdehnungskoeffizienten nur mit Vorbehalt sprechen.

Bezeichnen wir also mit V_0 das Volumen einer gewissen Luftmenge bei 0^0, so ist seine Volumenzunahme für jeden Grad Temperaturerhöhung $\frac{1}{273} \cdot V_0$, und für t^0 Temperaturerhöhung $\frac{t}{273} \cdot V_0$. Bei t^0 hat also die gleiche Luftmenge ein Volumen

$$V_t = V_0 + \frac{t}{273} \cdot V_0 = V_0\left(1 + \frac{t}{273}\right) = V_0 \cdot \frac{273 + t}{273};$$

oder in Buchstabenbezeichnung

$$V_t = V_0\,(1 + \alpha\, t).$$

Man sieht daraus, daß sich das Luftvolumen für je $2{,}73^0$, d. h. für je rund 3^0 Temperaturzunahme um 1 % vermehrt, und daß es also bei 27^0 um etwa 10 % größer ist als bei 0^0. Es handelt sich also um ganz bedeutende Beträge.

Um umgekehrt das Volumen bei 0^0 aus jenem bei t^0 zu finden, bedient man sich der Beziehung

$$V_0 = V_t \cdot \frac{273}{273 + t} \quad \ldots\ldots \quad (2a)$$

Da $273 + t = T$ als absolute Temperatur bezeichnet wird, und da $273 = T_0$ der Wert der absoluten Temperatur bei 0^0 C. ist, so ist $\frac{V_0}{V_t} = \frac{T_0}{T}$; die Volumina der Luft sind der absoluten Temperatur proportional. Das macht die Verwendung der absoluten Temperaturskala für Rechnungen sehr bequem.

8. Ausdehnung der Luft bei Druckänderungen, Reduktion auf den Normalzustand. Wir sind mit der letzteren Umrechnung des Luftvolumens auf 0^0 Normaltemperatur auf die sogenannte Reduktion der Luftmenge auf den Normalzustand gekommen, die wir vorher schon erwähnten. Als Normalzustand der Luft gilt laut Übereinkommen eine Temperatur von 0^0 und ein Luftdruck von 760 mm Quecksilbersäule Barometerstand. Nachdem wir die Temperaturreduktion eben besprochen haben, bleibt die Druckreduktion zu erledigen.

Der Druck der uns umgebenden Atmosphäre wird durch das Gewicht der darüber lagernden Luftschichten erzeugt und nimmt daher von oben nach unten hin zu. Er wird gemessen mit Hilfe des Barometers, wie bekannt, und angegeben in mm Quecksilbersäule.

Das Volumen einer bestimmten Luftmenge ist nun seinem absoluten Druck umgekehrt proportional, bei doppeltem Druck nimmt die gleiche Luft nur den halben Raum ein. Wenn wir also ein Luftvolumen V_b beim Barometerstand b haben, so folgt sein auf 760 mm QuS reduziertes Volumen V_{760} aus $V_{760} : V_b = b : 760$ zu

$$V_{760} = V_b \cdot \frac{b}{760} \quad \ldots \ldots \ldots \quad (2\text{b})$$

Da der Barometerstand im Gebirge auf 700 mm Qu. und noch tiefer herabgehen kann, so kann auch diese Reduktion 10 % und mehr ausmachen. Die Unterschiede im Luftdruck freilich, die durch Lüftungsanlagen künstlich hervorgerufen werden, sind so geringfügig, daß man sie stets vernachlässigen kann; sie betragen meist nur wenige Millimeter Wassersäule, wie wir weiter unten sehen werden.

Wenn wir nun beide Reduktionen, auf 0^0 C und auf 760 mm QuS, gleichzeitig auszuführen haben, so ist leicht zu übersehen, was zu machen ist. Wir bezeichnen mit V das bei beliebiger Temperatur und beliebigem Druck gemessene tatsächliche „unreduzierte" Volumen, mit $V_{0,760}$ oder auch kurz mit V_0 das reduzierte Volumen, wie wir das stets im Folgenden unterscheiden werden. Dann reduzieren wir das Volumen V durch Multiplikation mit $\frac{273}{273+t}$ auf normale Temperatur; das erhaltene Volumen entspricht nun dem V_b der Formel (2b) und ist durch weitere Multiplikation mit $\frac{b}{760}$ auf normalen Barometerstand zu reduzieren. Im ganzen ist also das reduzierte Volumen

$$V_0 = V \cdot \frac{273}{273+t} \cdot \frac{b}{760} \quad \ldots \ldots \ldots \quad (2)$$

Führen wir beispielsweise in einem hochgelegenen Gebäude bei 710 mm Barometerstand und bei 20^0 C. einem gewissen Raume 210 cbm Luft stündlich zu — wir haben dieses Volumen direkt gemessen, es ist also unreduziert —, so berechnet sich das reduzierte Volumen zu

$$V_0 = 210 \cdot \frac{273}{293} \cdot \frac{710}{760} = 183 \text{ cbm/st } \left(\begin{smallmatrix}0\\760\end{smallmatrix}\right),$$

also bedeutend geringer.

Wir wollen im folgenden durch den Index 0 bei V und durch den Zusatz $\left(\begin{smallmatrix}0\\760\end{smallmatrix}\right)$ bei der Benennung (im allgemeinen Kubikmeter) andeuten, daß wir das reduzierte Volumen meinen.

9. Bedeutung und Zweck der Reduktion. Nachdem wir die Reduktion auf normale Verhältnisse besprochen haben, erhebt sich die Frage: wozu denn die Unterscheidung zwischen reduziertem und unreduziertem tatsächlichen Volumen gut ist. Weshalb benutzt man nicht immer das eine oder immer das andere, da die Unterscheidung ja lästig ist. Wir werden zu zeigen haben, daß in gewissen Fällen das reduzierte Volumen maßgebend ist, in anderen Fällen die Reduktion auf 0^0 und 760 mm QuS überflüssig und selbst falsch wäre.

Wenn wir zunächst die Luftmenge ermitteln wollen, die einem gewissen Raume zuzuführen ist, um in ihm die Luft gut zu erhalten, so wird hierbei das reduzierte Volumen zu ermitteln sein. Die Aufgabe einer Lüftungsanlage ist es ja, dem Raume je nach der Zahl der Insassen und der brennenden Lampen soviel Sauerstoffteilchen zuzuführen, wie zum Atmungs- und Verbrennungsprozeß nötig sind. Wieviel das ist, hängt von den besonderen Anforderungen ab und wird später zu besprechen sein. Soviel aber können wir schon jetzt sagen, daß es dabei nicht darauf ankommt, ob diese Sauerstoffteilchen sich in einem größeren Volumen befinden, wenn die Luft zufällig warm ist, oder in einem kleineren Volumen im anderen Fall. Wo also 100 cbm kalter Luft gerade genügen, werden 100 cbm warmer Luft unzulänglich sein. Solche Ungleichheiten beseitigt die Reduktion auf normale Verhältnisse, denn bei 0^0 und 760 mm Qu. befindet sich immer eine ganz bestimmte Menge Sauerstoffteilchen in jedem Kubikmeter Luft.

Es bliebe ein Fall zu besprechen, wo die Reduktion falsch ist und wo es auf das unreduzierte Volumen ankommt. Ein solcher ist der folgende:

Wenn sich in einem Kanale vom Querschnitt f Luft bewegt, und zwar mit einer gewissen Geschwindigkeit w, die wir etwa mittels des später zu besprechenden Anemometers (§ 11) feststellen, so kann man aus diesen beiden direkt meßbaren Daten die Luftmenge finden, welche sekundlich und stündlich durch den betreffenden Kanal geht. Hier aber finden wir das einfache Luftvolumen, nicht das reduzierte. Das sekundliche Luftvolumen im Kubikmeter ist nämlich $V^{\text{cbm/sek}} = f^{\text{qm}} \cdot w^{\text{m/sek}}$, wenn wir, wie in der Formel angedeutet, f in Quadratmetern und w in Metern pro Sekunde ausdrücken.

Die Beziehung ist leicht abzuleiten. Wir betrachten ein Stück des Kanals gerade von der Länge w Meter; es wird von den Querschnitten 1 und 2 begrenzt. Da die Luft w Meter in der Sekunde zurücklegt, so wird nach einer Sekunde gerade diejenige Luft bis zum Querschnitt 2 gelangt sein, die am Anfang der Sekunde sich im Querschnitt 1 befand, gerade die ganze zwischen 1 und 2 befindliche Luft wird im Verlaufe einer Sekunde den Querschnitt 2 passieren. Dieses Luftvolumen ist nun $f \cdot w$, woraus die Beziehung $V = f \cdot w$ folgt.

Umgekehrt ist natürlich aus $f = \frac{V}{w}$ derjenige Querschnitt zu berechnen, den man einem Kanal oder Rohr zu geben hat, wenn darin ein Luftvolumen V befördert werden und dabei nur eine gewisse erfahrungsmäßig zweckmäßige Geschwindigkeit w innegehalten werden soll.

Nun ist leicht einzusehen, daß diesmal V nicht das reduzierte Volumen sein muß, sondern das tatsächlich der Temperatur und dem Druck entsprechende. Denn von einer bestimmten Anzahl zuzuführender Sauerstoffteilchen ist hier keine Rede; wenn die gleiche Luftmenge in warmem Zustande mehr Raum einnimmt als im kalten und doch durch den gleichen Querschnitt hindurch muß, so nimmt sie eben eine höhere Geschwindigkeit an; und wenn man eine bestimmte Geschwindigkeit zulassen will, so muß man die Kanäle für ein und dieselbe Luftmenge verschieden bemessen, je nachdem sie an verschiedenen Stellen verschiedene Temperatur und verschiedenen Druck hat.

Denken wir uns beispielsweise zwei Säle von gleichem Inhalte, mit gleich viel Menschen und Flammen besetzt, so brauchen also beide unter allen Umständen die gleiche reduzierte Luftmenge stündlich. Wenn nun aber der eine in der Ebene liegt, wo der Barometerstand mit 760 mm angenommen werden darf, während bei dem anderen höher liegenden nur 685 mm normal sind, d. s. rund 10 % weniger — so wird die Folge davon sein, daß man die Luftkanäle für beide Räume um 10 % verschieden wird wählen müssen, will man beide Mal dieselbe Geschwindigkeit zulassen; oder man muß bei gleichen Kanalquerschnitten mit 10 % größerer Luftgeschwindigkeit rechnen, dadurch werden dann aber die Widerstände, mit dem Quadrat der Geschwindigkeit wachsend, um über 20 % größer werden und das erfordert einen erheblich stärkeren Ventilator.

Es handelt sich, wie man sieht, bei dem allen um Beträge, die man unmöglich vernachlässigen darf, und man wird von Fall zu Fall überlegen müssen, ob reduziertes oder unreduziertes Volumen in eine Rechnung einzuführen sind; nötigenfalls wird man auch in der gleichen Rechnung bald das reduzierte Volumen einsetzen, bald zum unreduzierten übergehen müssen.

10. Spezifisches Gewicht der Luft. Daß auch die Luft ein Gewicht hat, dürfen wir als bekannt voraussetzen; es läßt sich unmittelbar dadurch nachweisen, daß ein luftgefüllter Ballon leichter wird, wenn wir die Luft mit der Luftpumpe absaugen.

Beim Luftdruck von 760 mm Quecksilbersäule und bei 0^0 Temperatur wiegt nun das Kubikmeter Luft 1,293 kg; das spezifische Gewicht der Luft im Normalzustand ist also $\gamma_0 = 1{,}293$ kg/cbm.

Wenn nun bei der Erwärmung auf t^0 und Änderung des Barometerstandes auf b mm QuS das Volumen einer bestimmten Luftmenge auf das $\frac{273+t}{273} \cdot \frac{760}{b}$ fache zunimmt, so wird dabei ihr spezifisches Gewicht auf das $\frac{b}{760} \cdot \frac{273}{273+t}$ fache abnehmen. Mit anderen Worten: es ist das spezifische Gewicht bei der Temperatur t und dem Barometerstand b

$$\gamma_{bt} = \gamma_0 \cdot \frac{273}{273+t} \cdot \frac{b}{760} \quad \ldots \ldots \quad (3)$$

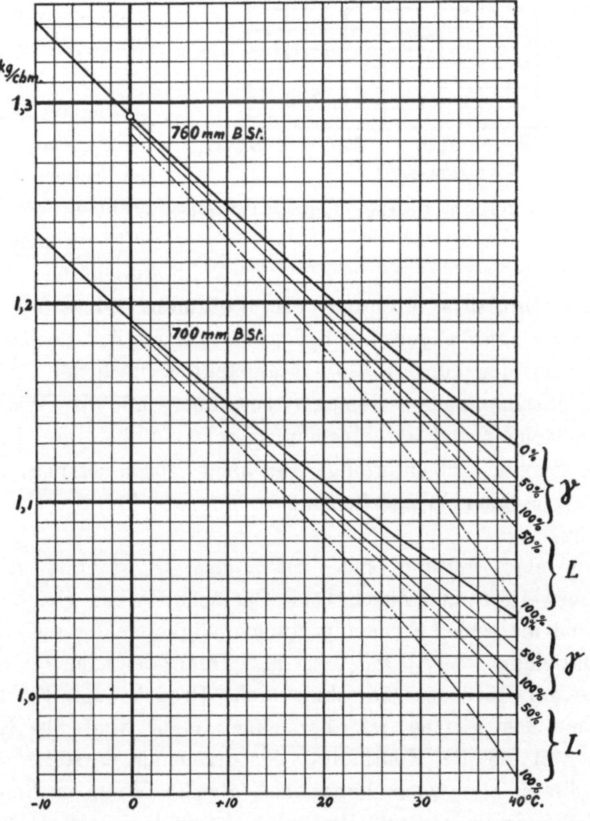

Fig. 6. Spezifisches Gewicht γ und Luftgehalt L trockener und feuchter Luft.

Diese Werte des spezifischen Gewichtes der Luft sind in Fig. 6 in den beiden starken Kurven dargestellt. Für die Barometerstände 760 und 700 mm — andere können wir interpolieren — finden wir für die verschiedenen Temperaturen die Werte des spezifischen Gewichtes angegeben; z. B. für 700 mm und 20° wiegt das Kubikmeter Luft 1,11 kg, in trockenem Zustande, müssen wir hinzufügen. Ist die Luft feucht, so gelten die schwachen Kurven, auf die wir bald eingehen werden. Der kleine Kreis gibt uns das spezifische Gewicht der Luft im Normalzustand, 1,293 kg/cbm, an.

Fig. 7 gibt das spezifische Gewicht der Luft bei höheren Temperaturen, wie sie in Schornsteinen vorkommen. Allerdings hat man in Schornsteinen nicht reine Luft, sondern Rauchgase, die Kohlensäure und Wasserdampf enthalten. Da aber Kohlensäure schwerer, Wasserdampf leichter als Luft ist und beide nur in kleinen Mengen beigemengt sind, so pflegt man bei Schornsteinen so zu rechnen, als ob man es mit trockener Luft zu tun hätte.

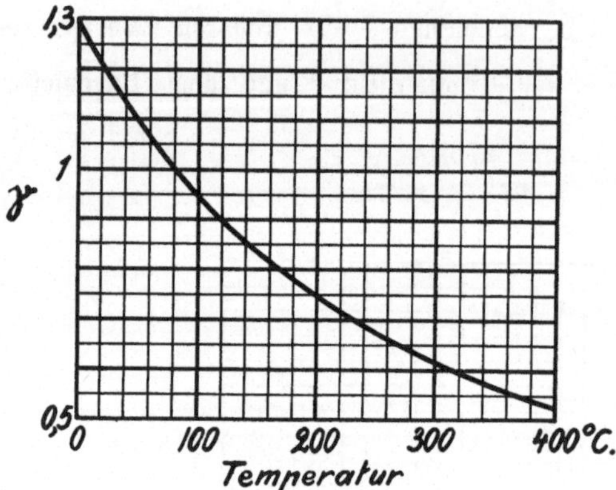

Fig. 7. Spezifisches Gewicht trockener Luft bei höheren Temperaturen.

11. Kontinuitätsgleichung für Volumen. Messung von Luftmengen. Eine ganz allgemeine Bedeutung kommt der Beziehung zu, die wir im § 9 in der Form $V = f \cdot w$ aufstellten, nach der sich das einen Querschnitt durchlaufende Volumen V berechnen läßt als Produkt aus der Querschnittsfläche f und der Strömungsgeschwindigkeit w. Die Ableitung der Formel machte schlechterdings gar keine Voraussetzung, sie gilt also für das Wasser einer Wasserheizung so gut wie für den Dampf in einer Dampfleitung.

Wenn eine Leitung sich von einem Querschnitt f_1 auf einen zweiten f_2 erweitert, und durch beide Querschnitte das gleiche Volumen V fließt, so sind die beiden Strömungsgeschwindigkeiten w_1 und w_2 bestimmt durch die Beziehung $V = f_1 \cdot w_1 = f_2 \cdot w_2$. Diese Gleichung $f_1 \cdot w_1 = f_2 \cdot w_2$, wonach für verschiedene Querschnitte das Produkt aus Fläche und Geschwindigkeit das gleiche ist, bezeichnet man wohl als Kontinuitätsgleichung, weil sie die Kontinuität der Strömung darstellt; sie gibt an, es müßte durch alle Querschnitte das gleiche Volumen hindurch. Sie gilt natürlich nur, wenn das Volumen auch wirklich beide Male das gleiche ist, wenn also zwischendurch keine Leitung sich abgezweigt hatte; außerdem darf bei Luft oder Dampf nicht durch Temperatur- oder Druckänderung eine Veränderung des Volumens herbeigeführt worden sein.

Ferner ist zu beachten, daß im allgemeinen nicht in allen Teilen eines Kanalquerschnitts die gleiche Geschwindigkeit herrscht. Die Reibungswiderstände, die an der Wand wirken, veranlassen, daß in der Nähe der Wand, des Querschnittsumfanges, eine kleinere Geschwindigkeit herrscht als in der Mitte. In solchen Fällen gelten die Formeln

$V = f \cdot w$ und $f_1 w_1 = f_2 w_2$ nur mit dem Vorbehalt, daß die mittleren Geschwindigkeiten gemeint sind.

Die Beziehung $V = f \cdot w$ gibt das gewöhnlichste Mittel an die Hand, um Luftmengen zu messen; man findet das unreduzierte Volumen, indem man Kanalquerschnitt und mittlere Luftgeschwindigkeit feststellt.

Die Feststellung des Kanalquerschnittes ist einfach. Die Luftgeschwindigkeit bestimmt man mittels des Anemometers. Es ist dies (Fig. 8) ein Rädchen mit schräg gestellten Schaufeln, in kleinem Maßstabe ähnlich den Windrädern, die in Gärtnereien das Wasser heben. Je nach der Geschwindigkeit des Luftstroms, in den man das Instrument hält, gerät es in langsamere oder schnellere Bewegung; das Rädchen setzt einen Zeiger in Gang, der zeigt also an, wieviel Meter Wind an dem Instrument vorbeigegangen sind.

So war bei einer Messung das Zeigerwerk von dem Anfangsstand 280645 auf den Endstand 281120 vorwärtsgerückt (siehe Zeigerstellung auf Fig. 8); also waren 475 m Wind am Instrument vorübergegangen.

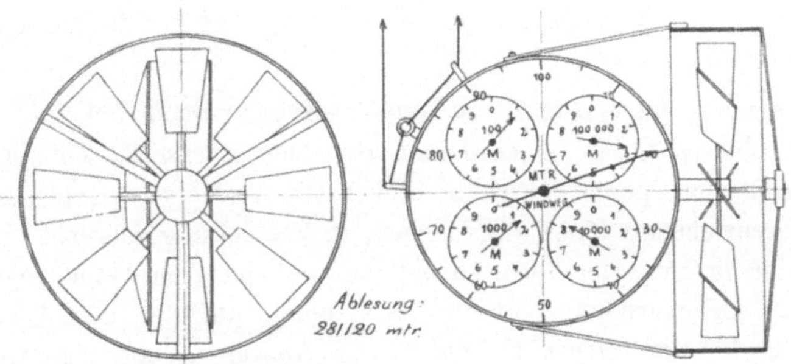

Fig. 8. Flügelrad-Anemometer.

Gleichzeitig hatte man die Uhr abgelesen und festgestellt, daß die Beobachtung 3 Minuten lang gedauert hatte. Also zeigt das Instrument $\frac{475}{3} = 158$ m/min Geschwindigkeit an. Nun war für das fragliche Instrument eine Korrektion von 10 m/min angegeben. Also ist die richtige Geschwindigkeit 168 m/min oder 2,8 m/sek. Der Kanal war 52×27 cm groß, hatte also 0,14 qm Fläche. Durch den Kanal ging daher das Luftvolumen $0{,}14 \cdot 2{,}8 = 0{,}39$ cbm/sek, oder, da man die Luftmenge meist für die Stunde anzugeben pflegt, $0{,}39 \cdot 3600 = 1400$ cbm/st (unreduziert).

Bei dieser Messung hatte man sich bemüht, die mittlere Geschwindigkeit im Kanalquerschnitt dadurch zu erhalten, daß man während der Versuchsdauer das Instrument im Querschnitt hin und her bewegte. Geschieht das etwas planmäßig, so daß alle Querschnittsteile gleichmäßig berücksichtigt werden, so ist dieses Verfahren leidlich genau und dabei sehr zeitsparend. Für genauere Versuche aber zerlegt man den ganzen Querschnitt durch ein Netz von Linien — die man zweckmäßig auch durch kleine Fäden in natura sichtbar macht — in flächengleiche Teile und bringt das Instrument der Reihe nach in die verschiedenen Felder, es in jedem eine bestimmte Zeit lassend. Aus den einzelnen Geschwindigkeiten kann man dann eine mittlere berechnen. Außer dem abgebildeten Flügelanemometer hat man noch Schalenkreuzanemometer — vier hohle Halbkugeln auf einem Achsenkreuz ebenfalls ein Zählwerk antreibend — insbesondere für große Geschwindigkeiten geeignet.

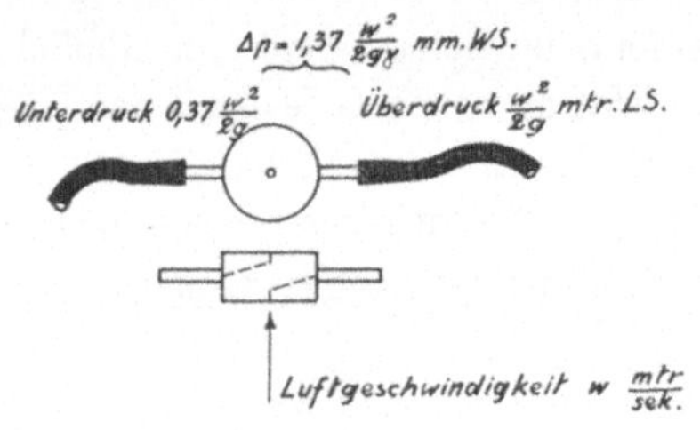

Fig. 9. Stauscheibe.

Ein weiteres, gerade in der Lüftungstechnik übliches Instrument zum Messen von Luftgeschwindigkeiten, ist die Stauscheibe. Sie ist zur Messung sehr kleiner Geschwindigkeiten verwendbar, auf die die Anemometer nicht gut ansprechen; außerdem setzen Anemometer wegen ihrer eigenen Größe eine gewisse Größe des Kanales voraus, in dem man mißt; in kleinen Kanälen sind sie entweder unverwendbar oder stören durch ihre Größe den Luftdurchgang merklich.

Die Stauscheibe (Fig. 9) ist eine kreisrunde flache Scheibe von etwa 1 cm Durchmesser, mit einer feinen Bohrung jederseits; die Bohrungen werden mit einem genügend empfindlichen Differentialmanometer, etwa dem in § 4 beschriebenen Recknagelschen, in Verbindung gebracht. Steht die Stauscheibe in bewegter Luft, so entsteht auf der dem Wind zugekehrten Seite eine Druckerhöhung durch Luftstauung, auf der dem Wind abgekehrten Seite eine Druckabnahme durch Absaugen; aus der Größe des Druckunterschiedes kann man auf die Geschwindigkeit wie folgt schließen.

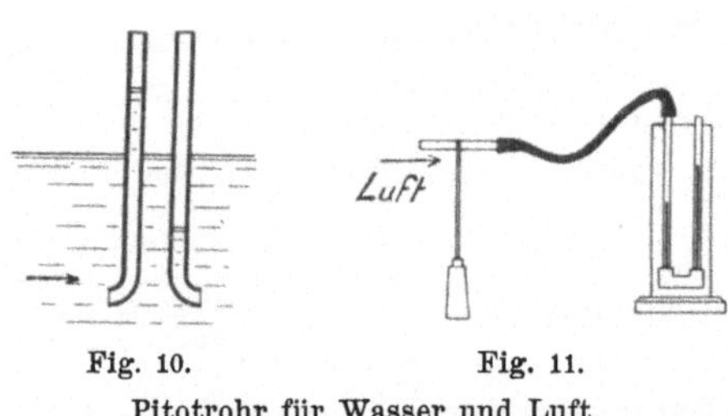

Fig. 10. Fig. 11.
Pitotrohr für Wasser und Luft.

Wenn man zwei Rohre in bewegtes Wasser hält, von denen das eine eine dem Strom zugekehrte, das andere eine ihm abgekehrte Mündung hat (Fig. 10), so steigt erfahrungsgemäß im ersteren das Wasser um h Meter, in letzterem senkt es sich um h Meter, so daß für den Zusammenhang zwischen h und der Wassergeschwindigkeit w die bekannte Beziehung $w^2 = 2gh$, also $h = \frac{w^2}{2g}$ zutrifft. $g = 9{,}81$ m/sek ist die Beschleunigung der irdischen Schwerkraft; es ist aus der Physik bekannt, daß in einer Mündung, aus der eine Flüssigkeit unter dem Druck von h m FlS austritt, die Ausflußgeschwindigkeit $w = \sqrt{2gh}$ sich einstellt; hier geht der umgekehrte Vorgang vonstatten, die Geschwindigkeit setzt sich nach der gleichen Beziehung in Druck um. Eine Einrichtung nach Fig. 11, wo ein einfaches Rohr dem Luftstrom entgegengehalten wird, könnte in der gleichen Weise zur Messung von Luftgeschwindigkeiten dienen; die Luftgeschwindigkeit erzeugt einen Druck, der in dem Wassermanometer als h mm WS $= h$ kg/qm abgelesen werden kann. Daraus folgt (§ 4) ein durch die Luftgeschwindigkeit erzeugter Druck von $\frac{h}{\gamma}$ m Luftsäule von der Luft, deren Geschwindigkeit man eben messen will und die das spezifische Gewicht γ kg/cbm hat. Die Luftgeschwindigkeit ist dann theoretisch $w = \sqrt{\frac{2g}{\gamma} \cdot h}$ m/sek.

Einrichtungen nach Fig. 10 und 11 bezeichnet man als Pitotrohr. Die Stauscheibe ist grundsätzlich ähnlich; es sollte also vor und hinter der kreisrunden Scheibe ein Druckunterschied von der Größe $2 \cdot \frac{w^2}{2g}$ eintreten. Die Erfahrung lehrt, daß der Überdruck in theoretisch zu erwartender Größe eintritt, der Unterdruck an der dem Winde abgekehrten Seite aber wesentlich kleiner wird; er macht nur etwa das 0,37fache des zu erwartenden aus. Insgesamt ist dann der Druckunterschied $1{,}37 \cdot \frac{w^2}{2g}$ m LS oder $1{,}37 \cdot \frac{w^2}{2g\gamma}$ mm WS.

Man verwendet die Stauscheibe auch wohl in Kanäle fest eingebaut zur Kontrolle der jeweiligen Lüftungsmenge; handelt es sich um Luft von stets dem gleichen spezifischen Gewicht, so kann man die Skala des Manometers gleich in Meter Windgeschwindigkeit teilen.

12. Kontinuitätsgleichung für Gewicht. Mit Hilfe des spezifischen Gewichtes können wir die in § 11 abgeleitete Kontinuitätsgleichung erweitern: Hat sich in einem Kanalzug etwa durch Erwärmung das spezifische Gewicht von Luft geändert, von γ_1 auf γ_2, so geht nicht mehr durch zwei Stellen des Kanales vor und hinter der Erwärmungsstelle das gleiche Luftvolumen V, wohl aber noch das gleiche Luftgewicht $G = V \cdot \gamma$. Also ist an der Stelle 1 des Kanales $G = V_1 \gamma_1 = F_1 w_1 \gamma_1$, an der Stelle 2 hingegen ist dasselbe $G = V_2 \gamma_2 = F_2 w_2 \gamma_2$, woraus

$$F_1 w_1 \gamma_1 = F_2 w_2 \gamma_2 \quad \ldots\ldots\ldots \quad (4)$$

folgt. Das ist die Kontinuitätsgleichung für Gewicht. Sie gilt auch bei Erwärmung, überhaupt bei jeder Strömung, was immer für Veränderungen vorkommen, wenn nur nicht Luft entnommen oder zugesetzt wird.

Bei ihrer Anwendung hat man namentlich auf Vermeidung von unbeabsichtigter Luftentnahme durch Undichtheiten zu achten.

c) Wasserdampf.

13. Spannungskurve. Wenn Wasser unter einem Druck von 760 mm QuS erhitzt wird, so siedet und verdampft es bekanntlich bei 100°. Ebenso bekannt ist es, daß diese Siedetemperatur von der Spannung abhängt, bei der die Erwärmung stattfindet. Auf einem Berge oder unter dem Rezipienten der Luftpumpe, d. h. also unter einem Druck von weniger als 760 mm, findet das Sieden schon bei niederer Temperatur statt; im Dampfkessel dagegen, wo etwa ein Druck von 5 at über den atmosphärischen hinaus, d. h. also im ganzen ein „absoluter“ Druck von (etwa) 6 at herrscht, wird ein Sieden erst bei höherer Temperatur von etwa 158° eintreten.

Zu jedem Druck gehört nun e i n e ganz bestimmte Siedetemperatur, und zwar zu höherem Druck eine höhere Siedetemperatur; oder auch umgekehrt: zu jeder Temperatur gehört ein bestimmter, vom Dampf ausgeübter Druck. Diese Beziehung zwischen Druck und Temperatur ist in Fig. 12 zur Darstellung gebracht. Die Ordinaten bei der mit „Temperatur“ bezeichneten Kurve sind Grade Celsius, die Abszissen hingegen sind Kilogramm pro Quadratzentimeter, sogen. technische Atmosphären absoluten Druckes (§ 4). Denn vom a b s o l u t e n Druck hängt die Siedetemperatur ab, nicht von dem Überdruck, den die an einem Dampfkessel angebrachten Manometer anzeigen.

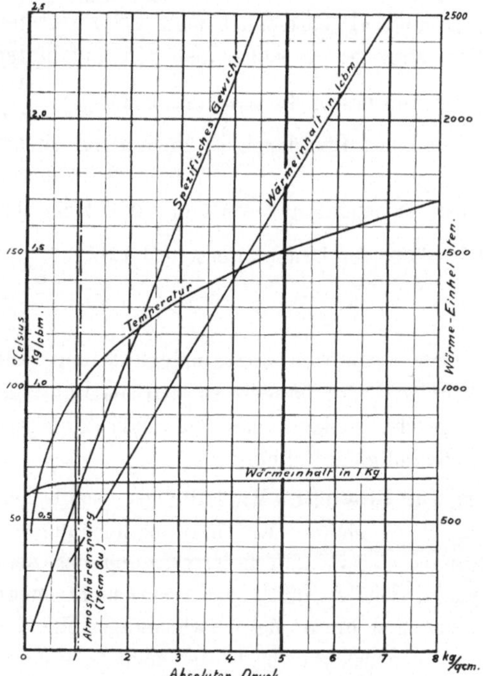

Fig. 12. Gesättigter Wasserdampf bei höheren Drücken.

In Fig. 13 ist die gleiche Beziehung für niedrigere Temperaturen in vergrößertem Maßstab aufgetragen, allerdings diesmal die Temperaturen wagerecht. Auf die anderen Kurven kommen wir sogleich zu sprechen.

Wir können nun aus den Kurven zwei Folgerungen für die Wirksamkeit einer Niederdruckdampfheizung ziehen. Niederdruckdampfheizungen arbeiten mit einem Überdruck von meist etwa 0,05 at = 37 mm QuS; für einen Barometerstand von 760 mm QuS ist also der absolute Druck 797 mm QuS; der erzeugte Dampf hat eine Temperatur von etwa 102°. Wir sehen nun, daß eine Änderung des Überdruckes etwa auf 0,1 at, die wir vornehmen wollten, um dadurch die Heizung des ganzen Gebäudes zu beeinflussen, die Dampftemperatur kaum nennenswert beeinflussen würde.

Wir kommen auf diese Frage später noch ausführlich zurück. — Ähnliche Druckänderungen können durch die Höhenlage eines Ortes entstehen. So beträgt in einer Höhe von 600 m ü. M. der Luftdruck nur etwa 700 mm Quecksilber, das sind etwa 0,95 kg pro Quadratzentimeter absolut; dem entspricht die Temperatur von 97°. In solchen Fällen kann also die Abweichung der Dampftemperatur von 100° nur eine geringe sein und Dampf ist daher immer etwa 100° warm.

14. Spezifisches Gewicht und Wärmeinhalt des Dampfes. Da durch die Temperatur des Dampfes immer auch sein Druck bestimmt ist und umgekehrt, so ist es natürlich, daß bei jeder Temperatur und eben dem zugehörigen Druck ein ganz bestimmtes Dampfgewicht in jedem Kubikmeter Raumes enthalten ist. Denn wovon sollte dieses Gewicht sonst noch abhängig sein?

Wir können also in Fig. 12 und 13 das Dampfgewicht pro Kubikmeter, sein spezifisches Gewicht, darstellen als abhängig vom absoluten Druck. Wir sehen, daß bei steigendem Druck und daher auch steigender Temperatur ein immer größeres Dampfgewicht in gegebenem Raum sich aufhalten kann.

Insbesondere bei 100°, also 760 mm QuS Spannung, ist das spezifische Gewicht des Dampfes 0,606 kg/cbm. Da nun Luft von 100° und 760 mm Barometerstand $1{,}293 \cdot \frac{273}{273 + 100} = 0{,}946$ kg/cbm wiegen würde, so sehen wir, daß Luft unter diesen Umständen wesentlich schwerer ist als Dampf; ihre spezifischen Gewichte verhalten sich wie 1 : 0,64. Wir können hinzufügen, daß, gleicher Druck und gleiche Temperatur vorausgesetzt, Dampf stets nur etwa 0,64 mal so schwer ist wie Luft; doch ist das Verhältnis nicht ganz konstant. — Wenn wir daher bei der Niederdruckdampfheizung Dampf von oben her in einen lufterfüllten Heizkörper einführen, so werden beide sich nicht sogleich mischen, sondern mehr oder weniger getrennt übereinander stehen können. Wir werden das als eine für die Wirksamkeit jener Heizung wichtige Tatsache kennen lernen.

Nun ist zur Verdampfung eines Kilogrammes Wasser eine ganz bestimmte, von Druck und Temperatur nur wenig abhängige Wärmemenge erforderlich. Man bezeichnet als Wärmeinhalt des Dampfes diejenige Wärmemenge, die man einem Kilogramm Wasser von 0° zuführen muß, um es in Dampf von der betreffenden Spannung (und Temperatur) zu überführen. Ein Teil dieses Wärmeinhaltes dient dazu, erst das Wasser von 0° auf diejenige Temperatur zu bringen, die der Verdampfungsspannung entspricht, ein anderer Teil dient dazu, das Kilogramm Wasser bei nun konstanter Temperatur in Dampf zu verwandeln. Der ganze Wärmeinhalt des Dampfes ist dann die Summe aus beiden und heißt auch wohl die Gesamtwärme des Dampfes.

Wir stellen in Fig. 12 und 13 in der mit „Wärmeinhalt in 1 kg“ bezeichneten Kurve die Gesamtwärme des Wasserdampfes dar. — Wünschen wir also zu wissen, wieviel Wärmeinheiten nötig sind, um 1 kg Wasser von 20° in Dampf von Atmosphärenspannung zu verwandeln, so finden wir den Wärmeinhalt des Dampfes 637 WE; das Wasser von 20° enthielt schon 20 WE, (spezifische Wärme des Wassers ist Eins!), also sind 617 WE zur Erzeugung aufzuwenden. — Wollen wir umgekehrt wissen, wie viel Wärme ein mit Hochdruckdampf gespeister Heizkörper abgegeben hat, so messen wir die Menge des dem Körper entströmenden Kondensates — es sei 1,3 kg in 25 Minuten, also 3,1 kg/st; wir messen weiter die Temperatur des Kondenswassers — sie sei im Mittel 60° C; messen endlich den Druck des eintretenden Dampfes — er sei 4 at Über-

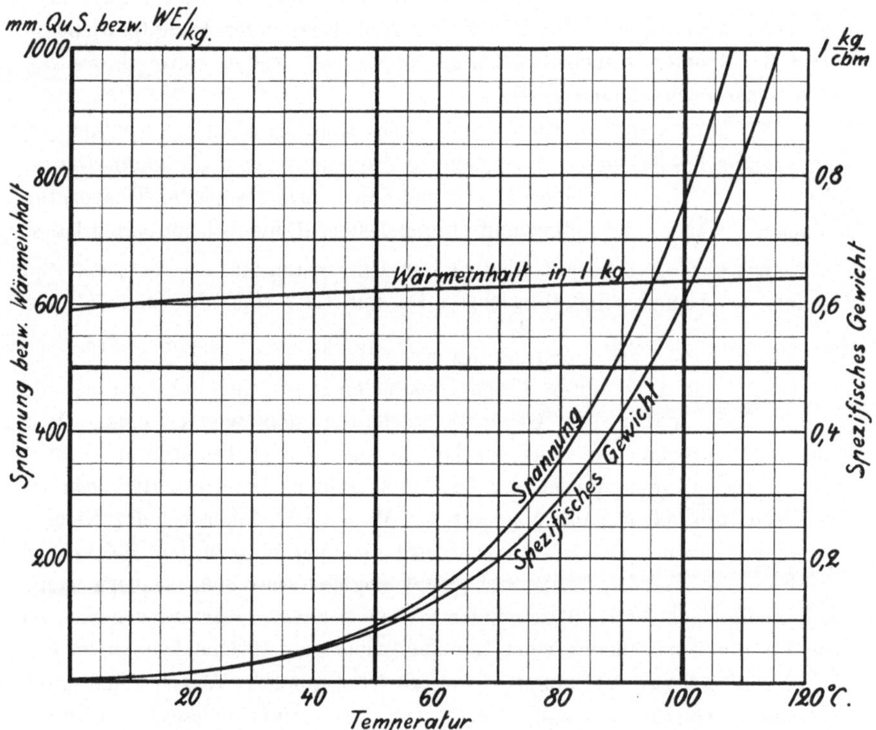

Fig. 13. Gesättigter Wasserdampf bei niedrigen Temperaturen.

druck bei 760 mm BStd, also 5,03 at absolut. Nun entnehmen wir der Fig. 12, daß jedes Kilogramm Dampf 650 WE enthielt; 60 WE bleiben in jedem Kilogramm Kondenswasser, jedes Kilogramm hat also 590 WE nutzbar gemacht, und der Heizkörper in der Stunde $3{,}1 \cdot 590 = 1830$ WE geliefert. Es ist dies in der Tat der Weg, wie man solche Wärmemenge feststellt. Voraussetzung ist, daß der Dampf nicht wasserhaltig und nicht überhitzt war, sonst werden die Resultate nur annähernd gelten.

Bei allen Drucken oder Temperaturen ist, wie man sieht, etwa derselbe Wärmeinhalt in Kilogramm Dampf enthalten — rund 650 WE. Wenn man annimmt, daß 50° die häufigste Temperatur des kondensierten oder aber des Speisewassers ist, so ergibt sich, daß jedes Kilogramm etwa 600 WE übertragen kann — eine Zahl die man für überschlägliche Rechnungen meist einsetzt. Wir wissen dann ohne weiteres, daß wir, um ein Gebäude mit 120000 WE stündlich zu beheizen, ihm etwa $\frac{120000}{600} = 200$ kg/st Dampf zuführen müssen. Für überschlägliche Rechnungen ist das genau genug.

In Fig. 12 ist noch ferner der Wärmeinhalt eines Kubikmeters aufgetragen. Da im Kubikmeter um so mehr Dampfgewicht vorhanden ist, je größer der Druck, so steigt diese Linie schnell an, und zwar etwa proportional dem Druck. Daraus folgt, daß zur Übertragung von Wärme hohe Drucke insofern geeigneter sind, als man geringere Volumina fortzuleiten hat, also engere Rohrleitungen bekommt.

15. Wärmeinhalt überhitzten Dampfes; Beispiel. Die bisherigen Angaben bezogen sich auf gesättigten Dampf, d. h. auf solchen, dessen Temperatur dem Druck so entsprach, wie die Spannungskurve zeigte.

Es ist nicht möglich, den Dampf unter die dem Druck entsprechende Temperatur abzukühlen; eine Wärmeentziehung hätte vielmehr Niederschlagen von Dampf zur Folge. Wenn man dagegen Wärme zuführt, so findet zwar Verdampfung von Wasser statt, ist solches zugegen; ist aber kein Wasser zugegen, so bleibt dem Dampf nichts weiter übrig, als infolge der Wärmezufuhr seine Temperatur zu steigern, im allgemeinen findet das bei unverändertem Druck statt. Der Dampf wird dann überhitzt. Das geschieht beispielsweise, wenn man den in einem Dampfkessel erzeugten und zunächst natürlich gesättigten Dampf vor seiner Verwendung durch Rohrschlangen führt, in denen ihm die Rauchgase der Feuerung noch Wärme zuführen.

Die zur Überhitzung nötige Wärmemenge ist leicht zu ermitteln, sobald man nur die spezifische Wärme des Wasserdampfes kennt, die wir zu $c = 0,5$ WE/kg annehmen wollen. Dann brauchen wir (§ 2) $G \cdot c \cdot (t_u - t_s)$ Wärmeeinheiten, um G kg Dampf von der Sättigungstemperatur t_s auf eine gewisse Überhitzungstemperatur t_u zu bringen.

Ein Beispiel möge den ganzen Rechnungsvorgang erläutern: Durch Versuch sei festgestellt, daß ein mit Überhitzer versehener Dampfkessel stündlich 1200 kg Dampf von 6,2 kg/qcm Überdruck und von 250° erzeugt. Der Barometerstand bei dem Versuch war 700 mm QuS = 0,95 kg/qcm. Die Temperatur des Speisewassers war 25°. Wieviel Wärmeeinheiten hat der Kessel nutzbar gemacht?

Der absolute Druck des erzeugten Dampfes ist 6,2 + 0,95 = 7,15 kg/qcm, dem entspricht eine Sättigungstemperatur von 165° und in gesättigtem Zustande ein Wärmeinhalt von 660 WE pro Kilogramm (Fig. 12). Die Überhitzungswärme für 1 kg ist $0,5 \cdot (250 - 165) = 42$ WE pro Kilogramm, der gesamte Wärmeinhalt von 1 kg überhitztem Dampf rund 700 WE. Da indes das verdampfte Wasser schon einen Wärmeinhalt von

25 WE hatte, so sind nur 700 — 25 = 675 WE in jedes Kilogramm erzeugten Dampfes übergeführt, und der Kessel hat also 1200 . 675 = 810000 WE in der Stunde nutzbar gemacht.

Es sei noch bemerkt, daß die Berechnung des Volumens von 1 kg überhitztem Dampf nicht einfach ist; man begnügt sich meist damit, mit dem natürlich geringeren Volumen des Dampfes im gesättigten Zustande zu rechnen. Berechnet man damit die Dampfgeschwindigkeit, so erhält man zu kleine Werte; da indessen der überhitzte Dampf leichter beweglich ist als der gesättigte, so ist die Vernachlässigung oft zulässig. Besser ist es, für den Dampf wie für Luft (§ 7) die Volumenzunahme beim Überhitzen proportional der Zunahme der absoluten Temperatur zu setzen.

Bei gleichem Druck ist das Volumen überhitzten Dampfes größer als das von gesättigtem. Diese Tatsache kann man auch so ausdrücken: In einem Kubikmeter kann bei einer bestimmten Temperatur soviel Dampf enthalten sein, wie die Kurve des spezifischen Gewichtes uns angab — dann ist der Dampf gesättigt — oder aber weniger, dann ist der Dampf überhitzt. Mehr hingegen kann nicht im Kubikmeter sein, bei einer Verkleinerung des Raumes oder bei einer Verringerung der Temperatur muß sich Dampf niederschlagen.

d) Feuchte Luft.

16. Luft mit Dampf zusammen. Diese letztere Bemerkung gilt nun wörtlich ebenso, wenn nicht Dampf allein vorhanden ist, sondern zugleich noch Luft, das heißt wenn es sich um feuchte Luft handelt.

Für solche Gemische von Luft und Dampf gilt die Regel von Dalton, wonach sich jeder der Bestandteile so verhält, als ob der andere nicht zugegen wäre; die einzelnen Teildrucke aber, die jeder der Bestandteile ausübt, summieren sich zu einem gewissen Gesamtdruck, den beispielsweise in der Atmosphäre das Barometer mißt.

Ein Beispiel wird das klar machen: Luft von 760 mm Barometerstand und von 25° sei mit Feuchtigkeit gesättigt. Dann finden wir aus Fig. 13 (eine für diese Drucke deutlichere folgt sogleich), daß der Dampf einen Druck von 24 mm QuS ausübt. Bei diesem Druck und dieser Temperatur sind 0,023 kg Dampf im Kubikmeter enthalten — bei Anwesenheit von Luft so gut wie sie ohne diese darin enthalten wären. Da Dampf und Luft zusammen 760 mm QuS Druck ausüben (den Barometerstand), so bleiben 760 — 24 = 736 mm Druck für die Luft allein übrig. Die Luft selbst hat also einen Druck von 736 mm QuS und natürlich auch eine Temperatur von 25°.

Man kann das direkt nachweisen. Bringt man gesättigt feuchte Luft von 25° C. und bei 760 mm mit Chlorkalzium zusammen in einen abgeschlossenen Behälter, so wird das Chlorkalzium die Feuchtigkeit absorbieren und die Luft trocknen. Der Raum soll abgeschlossen sein, das Volumen kann sich also nicht ändern. Daher sinkt der Druck auf den der Luft allein zukommenden Betrag — auf 736 mm QuS, wie ein Barometer nachweist.

17. Spezifisches Gewicht und Luftgehalt feuchter Luft. Feuchte Luft ist, gleiche Temperatur und gleichen Druck natürlich vorausgesetzt, leichter als trockene. Das läßt sich ausrechnen. In unserem Beispiel (25°, 760 mm) befanden sich in einem Kubikmeter feuchter Luft 0,023 kg Dampf (§ 16); die neben dem Dampf befindliche Luft hat bei 736 mm Qu. Teildruck und 25° C. Temperatur ein Gewicht von $1{,}293 \cdot \frac{736}{760} \cdot \frac{273}{273 + 25} = 1{,}147$ kg pro Kubikmeter. Daher wird das Kubikmeter feuchte Luft von 760 mm BStd und 25° wiegen: $1{,}147 + 0{,}023 =$ $= 1{,}170$ kg pro Kubikmeter. — Trockene Luft hingegen hätte (§ 10) gewogen $1{,}293 \cdot \frac{273}{273 + 25} = 1{,}185$ kg/cbm, das heißt sie ist schwerer als die feuchte.

Es darf uns das auch nicht sonderbar anmuten. Man könnte auf den Gedanken kommen, zu sagen: wenn zu einem Kubikmeter Luft noch Dampf tritt, so muß es schwerer werden; das ist ja natürlich der Fall, nur nimmt mit dem Hinzutreten des Dampfes auch das Volumen zu, und zwar stärker als das Gewicht, daher wird das spezifische Gewicht kleiner sein. Oder auch: wenn in einen Kubikmeter mit Luft gefüllten Raumes Dampf eintritt, so verdrängt der Dampf einen Teil der in dem Raum vorhandenen Luft und der Teilluftdruck sinkt. An Stelle der verdrängten Luft tritt der Dampf, und da Dampf leichter ist als Luft von gleicher Temperatur und gleichem Druck (§ 14), so wird das Ergebnis wieder sein, daß das Kubikmeter feuchte Luft weniger wiegt als das Kubikmeter trockene.

Wenn wir (§ 9) sahen, daß man bei Angabe der einem Raume zuzuführenden Luftmenge das reduzierte Volumen in Rechnung stellen solle, so gilt das ebenso von feuchter Luft. Singgemäß müßte man unter dem reduzierten Volumen feuchter Luft das Volumen verstehen, welches die in der feuchten Luft vorhandene Luft allein bei 0° und 760 mm Qu. einnehmen würde, also eine Luftmenge mit 1,293 kg Luftgehalt.

Bei unserem Beispiel, Luft von 25° C und 760 mm BStd, hätte also die trockene Luft $\frac{1{,}185}{1{,}293} = 0{,}916$ cbm $\left(\frac{0}{760}\right)$, die feuchte hingegen hätte $\frac{1{,}147}{1{,}293} = 0{,}885$ cbm $\left(\frac{0}{760}\right)$ reduziertes Volumen.

Das reduzierte Volumen hängt danach also direkt von dem eben berechneten Luftgehalt des Kubikmeters ab.

Dagegen wäre für Berechnung der Luftgeschwindigkeit in Kanälen das unreduzierte Volumen einzuführen (§ 9).

18. Wärmeinhalt feuchter Luft. Feuchte Luft hat, gleiche Temperatur und gleichen Druck vorausgesetzt, einen größeren Wärmeinhalt als trockene. Auch das läßt sich leicht ausrechnen. In immer demselben

Beispiel, bei 25° und 760 mm BStd. besteht ein Kubikmeter Luft aus 0,023 kg Dampf und aus 1,147 kg Luft (§ 17). Nun enthalten die 0,023 kg Dampf eine Wärmemenge von $0{,}023 \cdot 611 = 14{,}05$ WE (die 611 ist aus Fig. 13 zu entnehmen); die 1,147 kg Luft enthalten bei 25° eine Wärmemenge von $25 \cdot 1{,}147 \cdot 0{,}238 = 6{,}82$ WE, so daß der ganze Kubikmeter feuchte Luft $14{,}05 + 6{,}82 = 20{,}9$ WE enthält. — In trockenem Zustande hingegen hätte das Kubikmeter Luft, wie oben berechnet, 1,185 kg gewogen und daher bei einer spezifischen Wärme von 0,238 WE pro Kilogramm die Wärmemenge $25 \cdot 1{,}185 \quad 0{,}238 = 7{,}05$ WE enthalten. Wir sehen also, der Unterschied im Wärmeinhalt zwischen feuchter und trockener Luft ist gewaltig, selbst bei kalter Luft. Bei wärmerer aber, wo ja die Aufnahmefähigkeit für Dampf schnell wächst, wird der Unterschied so groß, daß feuchte Luft vielfach so viel Wärme enthält als trockene.

19. Bezugnahme auf gleichen Luftgehalt. Für gewisse Fälle ist es bequemer, die berechneten Werte nicht für 1 cbm anzugeben, sondern für dasjenige Quantum feuchter Luft, dessen Luftgehalt (ohne den Wasserdampf) ein bestimmter ist, entweder für 1 kg Luftgehalt oder für 1 cbm reduziertes Volumen = 1,293 kg Luftgehalt.

Wenn, bei 25° und 760 mm, der Dampfgehalt im Kubikmeter gesättigter Luft zu 0,023 kg sich ergab, der Wärmeinhalt zu 20,9 WE, und wenn im Kubikmeter 1,147 kg eigentlicher Luft waren, so werden auf 1 kg Luftgehalt offenbar $\frac{0{,}023}{1{,}147} = 0{,}020$ kg Dampf und $\frac{20{,}9}{1{,}147} = 18{,}2$ WE kommen.

20. Zusammenstellung; Kurventafeln. Wir stellen nun die Resultate unseres Vergleiches von trockener und von (gesättigt) feuchter Luft wie folgt zusammen.

Luft von 25° C. bei 760 mm BStd.	Trocken	Gesättigt feucht
Dampfdruck	0	24 mm Qu.
Luftdruck	760	736 „ „
Zusammen: Barometerstand	760	760 „ „
Dampfgehalt eines Kubikmeters	0	0,023 kg
Luftgehalt eines Kubikmeters	1,185	1,147 „
Zusammen: Spezifisches Gewicht . . .	1,185	1,170 kg/cbm
Reduziertes Volumen eines Kubikmeters . . .	0,916	0,885 cbm
Wärmeinhalt eines Kubikmeters	7,05	20,9 WE
Dampfgehalt pro Kilogramm Luftgehalt . . .	0	0,020 kg
Wärmeinhalt pro Kilogramm Luftgehalt . . .	5,95	18,2 WE

Tafel I.

Fig. 14 bis 18.

Eigenschaften feuchter Luft.

(Mischung von trockener Luft mit Wasserdampf.)

(Spezifisches Gewicht und Luftgehalt feuchter Luft siehe Fig. 6 auf S. 19.)

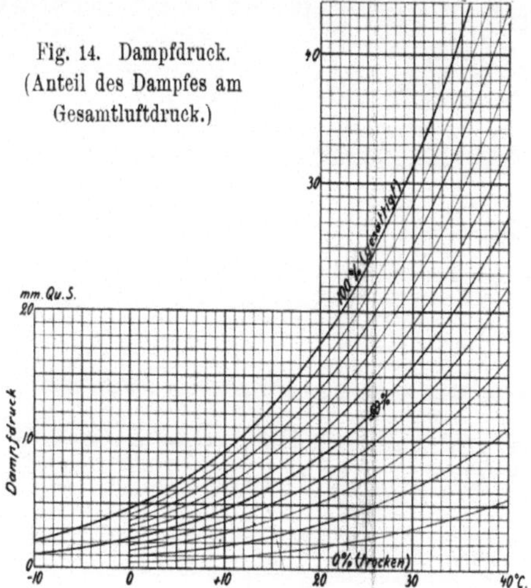

Fig. 14. Dampfdruck. (Anteil des Dampfes am Gesamtluftdruck.)

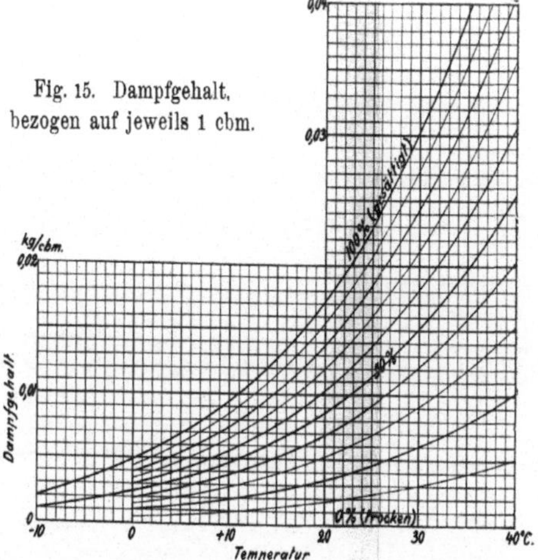

Fig. 15. Dampfgehalt, bezogen auf jeweils 1 cbm.

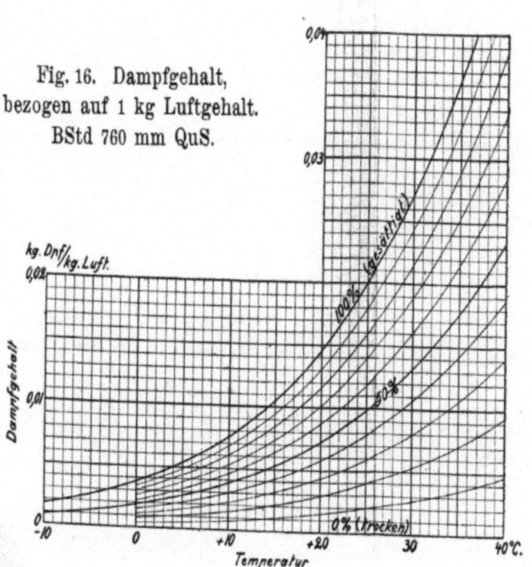

Fig. 16. Dampfgehalt, bezogen auf 1 kg Luftgehalt. BStd 760 mm QuS.

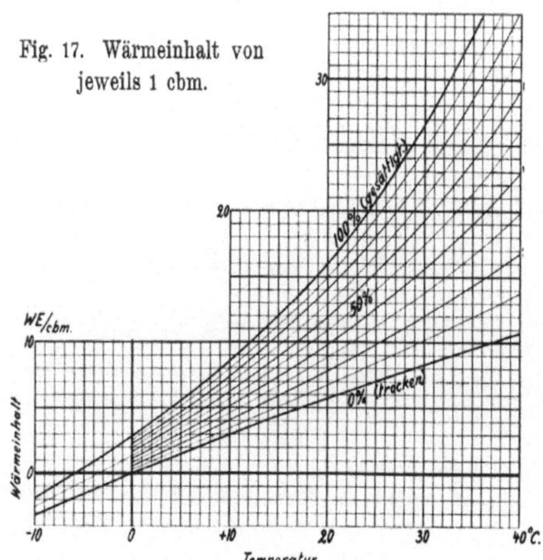

Fig. 17. Wärmeinhalt von jeweils 1 cbm.

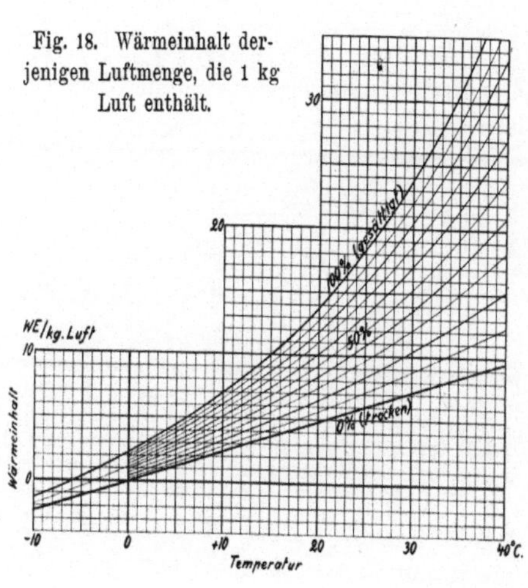

Fig. 18. Wärmeinhalt derjenigen Luftmenge, die 1 kg Luft enthält.

So wie wir für eine bestimmte Temperatur und einen bestimmten Barometerstand die Berechnung der einzelnen Größen ausgeführt haben, so ist das gleiche für jede Lufttemperatur und für jeden Barometerstand möglich.

Die Ergebnisse dieser nicht schwierigen, aber langwierigen Rechnungen werden meist in Tabellen niedergelegt; wir wählen dafür die übersichtliche Form der graphischen Darstellung in Fig. 14 bis 18 (Tafel I); das spezifische Gewicht und den Luftgehalt hatten wir schon in Fig. 6 eingetragen gefunden. Die mit 0 % bezeichneten Kurven beziehen sich auf trockene, die mit 100 % bezeichneten auf gesättigte Luft. Die zwischenliegenden besprechen wir sogleich. Die einzelnen Größen sind hier abhängig von der Temperatur. Wir orientieren uns über die Herkunft der Tafeln und über die Bedeutung der einzelnen Kurven am einfachsten dadurch, daß wir in denselben die eben zusammengestellten Resultate für 25° C und 760 mm Qu. aufsuchen und durch die Kurven richtig wiedergegeben finden.

21. Nicht gesättigte feuchte Luft. Die in den Kurventafeln zwischen den beiden Kurven für trockene und gesättigt feuchte Luft liegenden Zwischenkurven geben die gleichen Werte — Wärmeinhalt, spezifisches Gewicht, Dampfgehalt, Dampfdruck — für nicht gesättigte Luft.

Luft kann nämlich Wasserdampf nur bis zu einer durch die Temperatur gegebenen und mit der Temperatur steigenden Grenze aufnehmen. Enthält sie soviel Feuchtigkeit wie bei ihrer Temperatur möglich, so heißt sie gesättigt. Sie kann aber auch weniger Wasserdampf enthalten; das wird z. B. der Fall sein, wenn garnicht soviel Wasser zum Verdunsten zur Verfügung steht wie die Luft aufnehmen kann. Von solcher nicht gesättigten Luft sagt man beispielsweise, sie enthalte 50 % Feuchtigkeit oder auch ihr Sättigungsgrad sei 0,5; dann enthält sie nämlich halbsoviel Feuchtigkeit im Kubikmeter wie sie bei der Temperatur enthalten könnte. Wenn Luft ein Viertel der möglichen Feuchtigkeit enthält, so nennt man sie „bis zu 25 % gesättigt“ oder ihr Sättigungsgrad ist 0,25.

Man bezeichnet diese Angabe auch wohl als die relative Feuchtigkeit der Luft, während man unter dem absoluten Feuchtigkeitsgehalt die Angabe versteht, wie viele Kilogramm Wasserdampf in dem Kubikmeter Luft enthalten sind.

Gesättigte Luft hat also den Sättigungsgrad Eins, oder sie enthält 100 % Feuchtigkeit; trockene Luft enthält 0 %.

Luft von 25° enthält in gesättigtem Zustande 0,023 kg Wasserdampf im Kubikmeter; das ist also in diesem Fall 100 % relative Feuchtigkeit. Bei 40 % Feuchtigkeit und 25° enthält Luft — unabhängig vom Barometerstand — $0{,}4 \,.\, 0{,}023 = 0{,}0092$ kg Wasserdampf im Kubikmeter.

Luft von 25° enthält im gesättigten Zustande den Wasserdampf bei einem Druck von 24 mm QuS. Bei 40 % Feuchtigkeit würde der Dampfdruck $0{,}4 \cdot 24 = 9{,}6$ mm QuS sein.

In den Kurventafeln sind nun zwischen die Kurven für trockene und für gesättigte Luft (0 und 100 $^0/_0$ Feuchtigkeit) neun Zwischenkurven in gleichen Abständen gelegt, welche sich auf 10, 20, 30 usf. Prozent beziehen und deren Bedeutung man ohne weiteres verstehen wird. In den auf 1 kg Luftgehalt bezogenen Tafeln sind die Zwischenkurven auf etwas anderem Wege erhalten worden, da die einfache Interpolation nicht ganz korrekt wäre. Wir gehen hierauf nicht ein.

22. Anwendungen der Kurventafeln. Messung der Luftfeuchtigkeit. Einige Anwendungen werden die Bedeutung der Kurvenblätter verständlicher machen. Zur Lüftung von Räumen pflegt man in dieselben Luft von etwa 18^0 C. und von rund 50 $^0/_0$ Feuchtigkeit einzuführen. Dazu muß man kalte Luft von außen entnehmen und anwärmen. Im ungünstigsten Fall sei etwa -10^0 Außentemperatur und dabei trockene Luft anzunehmen, bei noch geringerer Temperatur wollen wir die Lüftungsmenge beschränken. Eine Anlage bedürfe 20000 cbm Luft stündlich, das heißt also doch, wie wir ausführten, 20000 cbm „reduziert", also eine Luftmenge, die $20000 \cdot 1{,}293 = 25900$ kg Luft enthält — den Wasserdampf nicht gerechnet. Im angewärmten Zustande hat die Luft dann, zumal ja auch noch der Wasserdampf hinzukommt, ein viel größeres Volumen als 20000 cbm. Wir wollen dieses Volumen, sowie den Dampf- und Wärmebedarf mit Hilfe der Kurventafeln finden.

Das Volumen im fertig angewärmten Zustande ergibt sich aus Fig. 6, der wir den Luftgehalt der Luft von 18^0 und 50 $^0/_0$ mit 1,20 kg/cbm entnehmen; unsere 25900 kg nehmen also $\frac{25900}{1{,}20} = 21600$ cbm ein. Nach Fig. 15 enthält jedes Kubikmeter bei 18^0 und 50 $^0/_0$ das Wasserdampfgewicht 0,0077 kg. Wir müssen also $0{,}0077 \cdot 21600 = 167$ kg/st Wasser zuführen. Der Fig. 18 endlich entnehmen wir, daß auf jedes Kilogramm Luftgehalt der Wärmeinhalt $-2{,}4$ WE im kalten und $+8{,}1$ WE im warmen angefeuchteten Zustand kommt; pro Kilogramm Luftgehalt haben wir also $8{,}1 + 2{,}4 = 10{,}5$ WE aufzuwenden oder im ganzen $10{,}5 . 25900 = 272000$ WE/st. — Es ist besonders darauf zu achten, daß die letzte Rechnung nicht für das Kubikmeter geführt werden darf, da wir ja am Anfang und am Ende verschiedenes Volumen haben; auch das Gewicht bleibt, weil ja Dampf hinzutritt, nicht das gleiche. Nur das Luftgewicht bleibt unverändert.

Es fragt sich, wie die Regelung der Dampfmenge am sichersten zu machen ist. Man verfährt oft wie folgt: Man wärmt die einzuführende Luft auf 8^0 C „vor", spritzt dann reichlich die erforderliche Dampfmenge ein und erwärmt die Luft weiterhin auf die gewünschte Temperatur; sie hat dann 50 $^0/_0$ Sättigung. Wir sehen nämlich aus Fig. 16, daß der Wasserdampfgehalt gesättigter Luft von 8^0 ebenso groß ist, wie der von Luft bei 18^0 Temperatur und 50 $^0/_0$ Feuchtigkeit. Spritzen wir in die 8^0 warme Luft reichlich soviel Feuchtigkeit ein wie nötig, so wird sie doch nur den erforderlichen Betrag aufnehmen können und der überschüssige Dampf wird ausfallen. Tritt bei der weiteren Erwärmung kein Dampf mehr zu, so wird die relative Feuchtigkeit auf 50 % sinken.

Wieviel Wärme braucht man im letzteren Fall für die Vor- und für die Nachwärmung? Bei der Vorwärmung hat man darauf zu rechnen, daß die kalte Luft auf + 8° erwärmt werden muß. Jedes Kilogramm Luft erfordert dann nach Fig. 18 2,4 + 2,0 = 4,4 WE. Die Luft ist weiterhin mit Feuchtigkeit zu sättigen und wird in diesem Zustande 6,0 WE pro Kilogramm Luftgehalt enthalten müssen; wir haben also eine Dampfmenge mit dem Wärmeinhalt 6,0 — 2,0 = 4,0 WE auf jedes Kilogramm Luft zu rechnen und den Dampferzeuger auf diese Wärmeabgabe einzurichten, wie erwähnt, reichlich. Nach beendeter Nachwärmung müssen 8,1 WE pro Kilogramm Luft vorhanden sein, also sind 8,1 — 6,0 = 2,1 WE in der Nachwärmung zuzuführen. Für unsere 25 900 kg Luftgehalt müssen wir also aufwenden:

in der Vorwärmung . .	25900 . 4,4 = 114000	WE,
im Dampferzeuger . . .	25900 . 4,0 = 104000	„
in der Nachwärmung . .	25900 . 2,1 = 54000	„
	insgesamt 272000	WE,

wie wir sie oben auch nötig fanden; es ist ja derselbe Bedarf, nur vereinzelt. — Dabei ist nun der Dampferzeuger reichlich bemessen, da wir ihm das Wasser nicht mit 0° zuführen werden — wie stillschweigend angenommen war —, sondern etwa mit + 10°. — Zu beachten ist auch hier, daß wir die Rechnung auf das Luftgewicht beziehen müssen, denn nur dieses bleibt immer das gleiche.

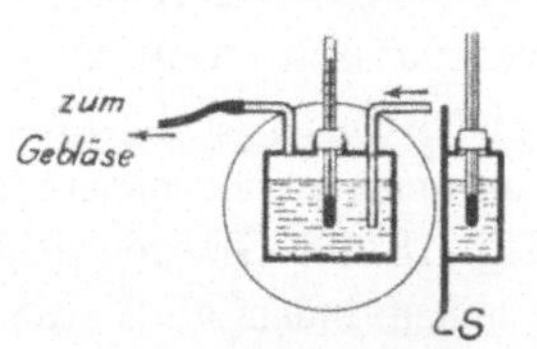

Fig. 19. Taupunktspiegel.

Man kann sich der Kurventafeln auch bei der Messung der **Luftfeuchtigkeit** bedienen, die man in Lüftungsanlagen öfter vorzunehmen hat.

Zur Messung des Feuchtigkeitsgrades dient am einfachsten das Haarhygrometer. Ein entfettetes Frauenhaar dehnt und kürzt sich mit wechselnder relativer Feuchtigkeit. Seine Längenänderungen bewegen einen Zeiger; die Skala ist empirisch in Prozente Feuchtigkeit geteilt. Das Instrument ist recht ungenau, aber seiner Einfachheit wegen viel benutzt und oft ausreichend.

Besser ist der Taupunktsspiegel (Fig. 19). Ein mit Äther gefülltes Gefäß ist außen spiegelnd vernickelt. Durch Einblasen von Luft mittels Gummigebläses verdunstet der Äther und kühlt sich, den Spiegel und die umgebende Luft ab. Durch die Abkühlung wird die Luft an jene Grenze kommen, wo die Luft gesättigt ist, und nun wird der Spiegel beschlagen. Beobachten wir die Äthertemperatur, bei der das Beschlagen stattfindet, so können wir aus diesem „Taupunkt" auf die Feuchtigkeit der Luft schließen. — Sei etwa für Luft von 18° der Taupunkt zu 8° ermittelt, so finden wir in Fig. 14, daß der Dampfdruck gesättigter Luft bei 8° gerade 8 mm Qu. ist. Dieser Dampfdruck muß also auch in unserer Luft von 18° vorgelegen haben. Wir finden aber auch, daß Luft von 18° und mit 8 mm QuS Dampfdruck etwa 52 % relative Feuchtigkeit enthält; soviel hat also unsere Raumluft. — Wir können auch Fig. 16 benutzen und sagen: Bei der Abkühlung wird sich Luft und Dampf gemeinsam im Volumen vermindern; es wird immer die gleiche Dampfmenge auf ein bestimmtes Luftgewicht kommen, solange bis im Taupunkt die Sättigung erreicht ist. Trat diese nun bei 8° ein, so finden wir, daß bei gesättigter Luft von 8° 0,0066 kg Dampf auf 1 kg Luft kommen. Hat aber Luft von 18° auch 0,0066 kg Dampf pro Kilogramm Luft, so hat sie die relaltive Feuchtigkeit von 52 % — wie oben. — Falsch hingegen wäre es, Fig. 15 zu benutzen und zu sagen, wie das oft geschieht, der Taupunkt trete ein, wenn die Luft soweit abgekühlt ist, daß sie im Kubikmeter gerade die Dampfmenge enthält wie die untersuchte. Denn bei der Abkühlung vermindert sich das Volumen der Luft in der Nähe des Spiegels, so daß 1 cbm bei 18° und bei 8° verschiedene Mengen darstellt.

Oft benutzt wird für Feuchtigkeitsmessungen auch das Psychrometer. Zwei Thermometer hängen nebeneinander, das eine offen, die Lufttemperatur anzeigend, das andere mit einem feuchten und feucht gehaltenen Lappen umwickelt und infolge der eintretenden Verdunstung weniger anzeigend. Bei den besseren Aspirationspsychrometern saugt ein kleiner, federgetriebener Ventilator die Luft an den beiden Thermometern vorbei. Finden wir beispielsweise, daß in Luft von 18° (Angabe des trockenen Thermometers) das feuchte Thermometer auf 12,5° zeigt, so ermitteln wir mit Hilfe von Fig. 18 die Luftfeuchtigkeit wie folgt: Die Verdunstung kann nur geschehen, indem die Verdampfungswärme des Wassers von der zu befeuchtenden Luft hergegeben wird. Wärmezufuhr von außen her findet nicht statt. Daher kann die Abkühlung des feuchten Thermometers soweit erfolgen, daß der Wärmeinhalt der gesättigt von ihm fortgehenden Luft gleich dem der hinzukommenden ist, beides auf gleichen Luftgehalt bezogen. Bei 12,5° ist der Wärmeinhalt gesättigter Luft 8,4 WE pro Kilogramm Luftgehalt; so hat auch unsere Raumluft von 18° den Wärmeinhalt 8,4 WE pro Kilogramm Luftgehalt; sie hat also 52 % Feuchtigkeit; es ist dieselbe Luft wie vorher. Meist bedient man sich statt dieses Verfahrens besonderer Psychrometertabellen, die für alle Temperaturen der beiden Thermometer die Feuchtigkeit direkt angeben.

Wir haben in allen Fällen Luft von 18° und 52 % relativ vor uns gehabt. Fig. 15 zeigt uns, daß diese Luft 0,0080 kg Dampf im Kubikmeter enthält.

Da gesättigte Luft von 18° 0,0152 kg Dampf enthält, so könnte unsere Raumluft noch 0,0152 — 0,0080 = 0,0072 kg Luft ins Kubikmeter aufnehmen; diese Größe bezeichnet man wohl als Sättigungsdefizit.

II. Berechnung von Rohrleitungen.

23. Übersicht. Die Berechnung der Leitungen für Wasser, für Luft und für Dampf ist im Grunde die gleiche. In jedem Fall ist es erforderlich, eine vorgeschriebene Menge des betreffenden Stoffes von einem Ende der Leitung zum anderen zu schaffen. Für den Zweck steht ein bestimmtes Druckgefälle zur Verfügung; dieses kann in Druckunterschieden bestehen, erzeugt von Ventilatoren oder Pumpen oder durch die Spannkraft des Dampfes; oder es besteht in geodätischen Höhenunterschieden, die insbesondere das Wasser abwärts fließen lassen; oder endlich kann ein Druckgefälle erzeugt sein durch den Auftrieb von Wasser oder Luft, hervorgerufen insbesondere durch Verschiedenheiten der Temperatur des Mediums in verschiedenen Teilen der Leitung. Es können auch mehrere dieser Ursachen zusammenwirken, wobei sich dann die einzelnen Druckgefälle aufsummieren. Das insgesamt verfügbare Druckgefälle wird dazu verwendet, erstens die Flüssigkeit — worunter wir auch Luft oder Dampf verstehen wollen — in Bewegung zu setzen, ihr eine der Geschwindigkeit entsprechende kinetische Energie zu erteilen, und zweitens die Widerstände zu überwinden, die die Rohrleitung der Bewegung der Flüssigkeit entgegenstellt in Form von Reibung an der Rohrwand, die sowohl in geraden Rohrstrecken als auch namentlich in Krümmungen und ähnlichen Hindernissen zu erwarten sind. Im Beharrungszustand wird sich die Geschwindigkeit so einstellen, daß das verfügbare Druckgefälle gerade durch Überwindung der Widerstände und Erzeugung der kinetischen Energie aufgezehrt wird.

Bei vorgeschriebener zu transportierender Flüssigkeitsmenge wird die Geschwindigkeit um so kleiner ausfallen, je weiter das Rohr gewählt wird, um so kleiner werden also auch kinetische Energie und Widerstände ausfallen. Durch Verwendung genügend weiter Rohrleitungen kann man es also dahin bringen, daß ein bestimmtes vorhandenes Druckgefälle zum Hindurchdrücken der erforderten Flüssigkeitsmenge genügt. Umgekehrt muß sich, wo die Rohrweite festliegt, das erforderliche Druckgefälle finden lassen, das um so größer ausfallen wird, je enger das Rohr ist.

Wo es sich um verzweigte Rohrleitungen handelt, da wird für jedes unverzweigte Teilstück die gleiche Betrachtung Stich halten. Wenn meist nur das gesamte Druckgefälle gegeben sein wird, so kann man es auf die einzelnen Teilstücke beliebig verteilen — wie wir sehen werden.

Bei Dampf und Wasser kommen für unsere Zwecke nur kreisrunde Rohre in Betracht; offene Gerinne für Wasser interessieren uns nicht. Für Luft kommen kreisrunde Rohre oder auch runde oder rechteckige gemauerte Kanäle in Frage.

a) Leitungen für Wasser und Luft.

24. Wirksames Druckgefälle. Der Druck nimmt in Wasser sowohl wie in Luft von oben nach unten hin zu, ist also in jeder tiefer gelegenen Horizontalebene größer als in einer höher gelegenen. Die Zunahme ist direkt durch das spezifische Gewicht des Körpers gegeben; das Gewicht der überlagernden Luftschichten veranlaßt den Luftdruck. Ein Quadratmeter Grundfläche hat, wenn es 1 m tiefer liegt, 1 cbm Luft mehr über sich und deren Gewicht γ drückt noch auf das Quadratmeter. Wenn in einer gewissen Höhe der Druck p ist, so wird er 1 m drunter $p + \gamma$ kg/qm sein.

Haben wir daher zwei Stoffe von verschiedenem spezifischen Gewicht — oder den gleichen Stoff bei verschiedener Temperatur —, so wird in dem einen Stoff vom spezifischen Gewicht γ_1 kg/cbm die Druckzunahme γ_1 kg/qm sein, in dem andern vom spezifischen Gewichte γ_2 kg/cbm wird die Druckzunahme γ_2 kg/qm für jedes Meter Höhe sein.

Herrscht also in einem senkrechten Kanal an der oberen offenen Mündung innen und außen

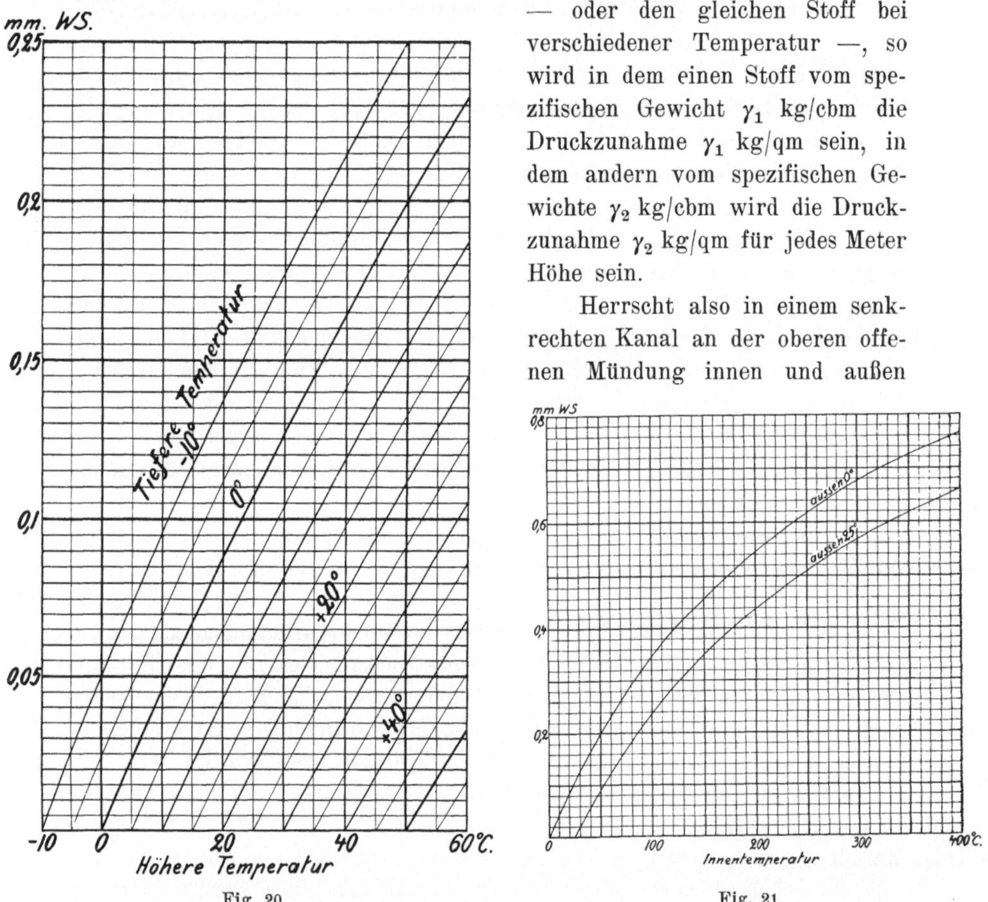

Fig. 20. Fig. 21.

Spezifisches Druckgefälle des Auftriebes bei Luft; Standhöhe 1 m.

gleicher Druck, so wird sich, wenn der im Kanale befindliche Stoff das spezifische Gewicht γ_1 hat, der außerhalb befindliche Stoff das spezifische Gewicht γ_2 hat, 1 m unter der Mündung des Kanals eine Druckdifferenz von $(\gamma_2 - \gamma_1)$ kg/qm ausgebildet haben. Eine solche Druckdifferenz wird Auftrieb genannt; sie ist eine treibende Kraft in den Wasserheizungs- und Lüftungsanlagen.

Wir bezeichnen den Unterschied $\gamma_2 - \gamma_1 = a$ auch als das spezifische Druckgefälle, d. h. als das von einem Meter Standhöhe erzeugte Druckgefälle; dann ist $a \cdot H = H \cdot (\gamma_2 - \gamma_1)$ das durch eine Standhöhe H insgesamt erzeugte Druckgefälle, eben der Auftrieb. Wir messen den Auftrieb also in Kilogramm pro Quadratmeter oder, was dasselbe ist, in Millimeter Wassersäule. Zu beachten ist jedoch, daß bei der Messung in Millimeter Wassersäule das Wasser kalt sein muß, denn warmes Wasser ist, wie Fig. 5 zeigte, bis zu 4 %₀ leichter.

Um den Wert des Auftriebes für bestimmte gegebene Fälle leicht ermitteln zu können, sollen uns Fig. 20 bis 22 dienen. In ihnen finden wir — zunächst in Fig. 20 und 21 für Luft — die Differenzen $\gamma_2 - \gamma_1$ gleich fertig gebildet. Hat Luft von 0° das spezifische Gewicht 1,293 kg/cbm, Luft von 2 0° das spezifische Gewicht 1,205 kg/cbm (Fig. 6), so wird ein Temperaturunterschied von 0 bis 20° ein spezifisches Druckgefälle von 0,088 kg/qm oder 0,088 mm WS liefern für jedes Meter Standhöhe. Das können wir aus Fig. 20 direkt entnehmen. Gehen wir von der unten angeschriebenen Temperatur 20° senkrecht in die Höhe, bis wir die Kurve von 0° schneiden, so findet dieses Schneiden bei 0,088 mm WS statt. Ähnlich finden wir für einen Schornstein, wenn dessen Innentemperatur 200° ist, außen aber eine Temperatur von 25° herrscht, nach Fig. 21, daß jedes Meter Schornsteinhöhe ein wirksames spezifisches Druckgefälle von 0,439 mm WS liefert (bei 760 mm BStd, worüber nachher).

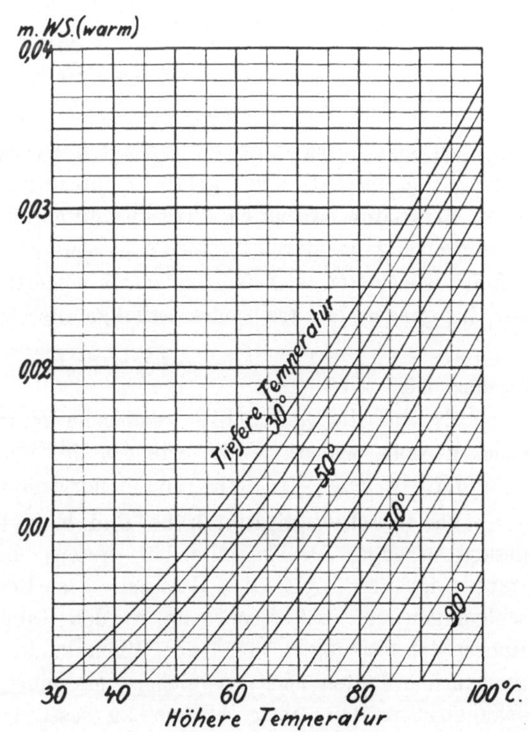

Fig. 22. Spezifisches Druckgefälle des Auftriebes bei Wasser; Standhöhe 1 m.

In Fig. 22 werden ähnliche Angaben für Wasserheizung gemacht, doch sind die Werte $\gamma_2 - \gamma_1$ noch mit $\frac{1}{2}(\gamma_1 + \gamma_2)$ dividiert worden, so daß also die Größen $a = \dfrac{\gamma_2 - \gamma_1}{\frac{1}{2}(\gamma_1 + \gamma_2)}$ graphisch dargestellt sind. Dadurch erreichen wir, daß das spezifische Druckgefälle, welches übrigens ebenso zu entnehmen ist, wie in den beiden früheren Figuren, nicht mehr in Kilogramm pro Quadratmeter oder in Millimeter kalter Wassersäule gemessen ist, sondern in Metern einer „warmen“ Wassersäule des mittleren spezifischen Gewichtes — Mittel aus den spezifischen Gewichten des wärmeren und des kälteren Wassers, also einer Wassersäule vom spezifischen Gewicht $^1/_2\ (\gamma_1 + \gamma_2)$. Denn offenbar ist jedes Meter Flüssigkeitssäule vom spezifischen Gewicht γ gleichbedeutend mit einem Druck von γ kg/qm oder von γ mm WS (§ 4).

Soweit man übrigens nach § 6 das spezifische Gewicht des Wassers mit $\gamma = 1018 - 0{,}6\ t$ einführen kann, soweit kann man als Näherungswert für das durch Abtrieb erzeugte Druckgefälle die Werte

$$0{,}6 \cdot (t_2 - t_1) \text{ kg/qm}$$

oder

$$0{,}0006 \cdot (t_2 - t_1) \text{ m WS}$$

annehmen. Die Werte treffen also etwa von 35° C. ab zu.

Zu den durch Auftrieb erzeugten Druckgefällen können irgendwie anderweitig erzeugte Druckgefälle P hinzutreten, beispielsweise die durch einen Ventilator erzeugten Pressungsdifferenzen, oder bei einer Warmwasserheizung das durch Pumpen oder sonstwie erzeugte zusätzliche Druckgefälle; sie lassen sich mit einem Manometer direkt messen. So haben wir im ganzen ein treibendes Druckgefälle, welches durch den Ausdruck

$$H \cdot a + P \quad \text{(5a)}$$

gegeben ist.

Es ist selbstverständlich, daß man P in der gleichen Einheit ausdrücken muß wie a. Wir erinnern für die Umrechnung daran, daß 1 kg/qm = 1 mm WS (kalt) und 1 kg/qcm = 10000 kg/qm ist (§ 4).

25. Geschwindigkeitshöhe und Einzelwiderstände. Dieses insgesamt erzeugte Druckgefälle hat erstens die Flüssigkeit — wir verstehen darunter Luft oder Wasser — in Bewegung zu setzen, zu beschleunigen; es soll ferner die in den Kanälen der Lüftung oder den Rohren der Heizung vorhandenen Widerstände überwinden; es soll endlich in manchen Fällen noch ausreichen, um eine gewisse Saug- oder Druckspannung nutzbar übrig bleiben zu lassen; das ist beispielsweise bei Schornsteinen der Fall, die noch einen gewissen Zug erzeugen sollen, oder bei Lüftungsanlagen, wenn wir in den zu belüftenden Räumen einen Über- oder Unterdruck zu erzeugen wünschen.

Aus einer Mündung, über der h m irgend einer Flüssigkeitssäule stehen, die Flüssigkeit herausdrückend, fließt bekanntlich die Flüssigkeit mit einer Geschwindigkeit w aus, die mit der Druckhöhe durch die Beziehung $w^2 = 2 g h$ zusammenhängt.

Die Beschleunigung erfordert also theoretisch einen Aufwand von Druckhöhe, der durch den Bruch $\frac{w^2}{2g} = \frac{w^2}{2 \cdot 9{,}81}$ gegeben ist und den man als Geschwindigkeitshöhe, das heißt als zur Erzeugung von Geschwindigkeit erforderliche Druckhöhe, zu bezeichnen pflegt. Man erhält die Geschwindigkeitshöhe in Metern einer Säule derjenigen Flüssigkeit, deren Geschwindigkeit w wir eingeführt hatten; bei warmem Wasser erhalten wir sie in Metern warmer Wassersäule, bei Luft in Metern Luftsäule.

Nicht immer ist die Beschleunigung nur einmal aufzuwenden. In einem Stromkreise einer Warmwasserheizung etwa, wie Fig. 23 ihn darstellt, ist die Beschleunigung einmal hinter dem Heizkörper und einmal hinter dem Kessel zu leisten, wir haben also zwei Beschleunigungen des Wassers aufzubringen und daher $2 \cdot \frac{w^2}{2g}$ für Beschleunigung in Ansatz zu bringen. —

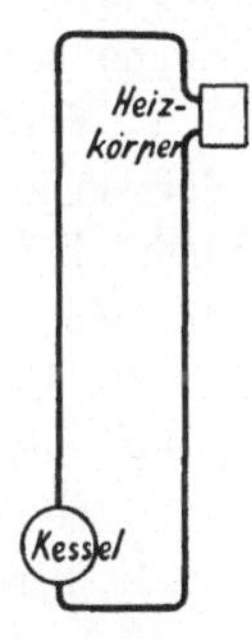

Fig. 23.

Einzelwiderstände sind solche, die nur an einzelnen bestimmten Stellen entstehen, im Gegensatz zu den Rohrwiderständen, die über die ganze Länge des betreffenden Rohres hin wirksam sind. Beide gehen erfahrungsgemäß ungefähr proportional mit dem Quadrat der Geschwindigkeit, oder auch, was ja dasselbe ist, mit der Geschwindigkeitshöhe $\frac{w^2}{2g}$.

Die Einzelwiderstände werden beispielsweise durch plötzliche Richtungsänderungen gebildet, und zwar wirkt ein rechtwinkliges scharfes Knie bei Wasser etwa derart, als ob die betreffende Geschwindigkeitshöhe $\frac{w^2}{2g}$ gerade noch einmal geleistet werden müsse. Zur Überwindung einer rechtwinkligen scharfen Richtungsänderung ist also $1 \cdot \frac{w^2}{2g}$ aufzuwenden. Zur Überwindung eines scharfen Knies von 135° Richtungsänderung ist nur 0,3 mal soviel aufzuwenden, also $0{,}3 \cdot \frac{w^2}{2g}$, für ein etwas abgerundetes Knie von 90° ist etwa $0{,}5 \cdot \frac{w^2}{2g}$ aufzuwenden. Diese Koeffizienten 1, 0,3, 0,5 bezeichnet man oft mit ζ; sie geben die Größe einmaliger Widerstände in Vielfachen der Geschwindigkeitshöhe an; durch Multiplizieren der Koeffizienten mit der an jener Stelle giltigen Geschwindigkeitshöhe erhält man die einmaligen Widerstände in Metern Flüssigkeitssäule, sowie die Geschwindigkeitshöhe selbst ausgedrückt ist.

Einige Werte dieser Koeffizienten gibt folgende Zusammenstellung:

	Luft	Wasser
Rechtwinkliges Knie	1,5	1
Rechtwinkliger Bogen	1,0	0,5
135°-Knie	0,6	—
Retourbogen	—	0,8
Hähne, Schieber, Klappen	0	0,1—0,3
Gitter	0,75—2	—
Gitter aus Drahtgaze	0,3—0,6	—
Querschnittsänderungen (bezogen auf w)	$\left[\frac{f}{f_1} - 1\right]^2$	—

Haben wir also n Beschleunigungen aufzubringen und außerdem Einzelwiderstände von dem Gesamtbetrage ζ zu überwinden, so haben wir für diese beiden Dinge zusammen

$$(n + \zeta) \cdot \frac{w^2}{2g} \quad \ldots\ldots\ldots \quad (5\,\mathrm{b})$$

an aufzuwendender Druckhöhe in Ansatz zu bringen.

Es ist dies die Geschwindigkeitshöhe vermehrt, um die „Widerstandshöhe" der Einzelwiderstände.

Zu beachten ist, daß man Geschwindigkeitshöhe und Widerstandshöhe in Metern Flüssigkeitssäule vom Gewicht γ erhält, für Wasser also in derselben Einheit, in der wir den Auftrieb maßen. Für Luft ist die Einheit eine andere als für Auftrieb, und wir müssen gegebenenfalls eine in die andere umrechnen, am besten alles in kg/qm ausdrücken.

26. Leitungswiderstand. Nach allem bleibt noch die Reibung des Wassers oder der Luft an den Wandungen der Leitung zu besprechen. Ihre Größe ist in Fig. 24 bis 33, Tafel II und III, graphisch dargestellt.

In diesen Diagrammen, welche in der Einrichtung sämtlich gleichartig sind, sind wagerecht die stündlichen Wasser- oder Luftmengen in Kubikmetern und senkrecht die Druckverluste aufgetragen, letztere in Metern Wassersäule bezw. in Metern Luftsäule, beide „warm", das heißt von der Temperatur des bewegten Mittels gedacht. In jedem der Diagramme finden wir zwei Scharen von Kurven; die einen stärker gezeichneten entsprechen jede einer Rohr- oder Kanalweite, die anderen schwächer gezeichneten entsprechen jede einer bestimmten Geschwindigkeit der fließenden Luft oder des fließenden Wassers. Die vier Größen: stündliche Wassermenge, Druckverlust, Geschwindigkeit und Kanal- oder Rohrweite, stehen ja in einem festen Zusammenhang miteinander; sind zwei von ihnen vorgeschrieben, so kann man die beiden anderen berechnen; diesen Zusammenhang eben stellen die sämtlichen Diagramme für die verschiedenen, in der Praxis meist vorkommenden Verhältnisse dar. Die Druckverluste beziehen sich auf 1 m Rohrlänge; wir nennen sie deshalb „spezifische Druckverluste"; man kann auch die Verluste an Druckhöhe, die durch Reibung eintreten, als Widerstandshöhe der Reibung oder als Reibungshöhe bezeichnen.

Beispielsweise entnehmen wir der Fig. 28, wenn wir 2 cbm/Std. mit einem Druckverlust von 0,00029 m WS durch ein Rohr treiben wollen, daß wir hierzu ein Rohr von 82,5 mm l. W. zu wählen haben und daß in diesem Rohr eine Wassergeschwindigkeit von 0,103 m/sek eintreten wird; oder aber wir entnehmen der Fig. 31, wenn wir durch einen runden Schornstein 20000 cbm/st mit der Geschwindigkeit von 4 m/sek treiben wollen, daß wir hierzu etwa 1,4 qm Querschnitt nötig haben und daß der Druckverlust für jedes Meter der Höhe des betreffenden Schornsteines 0,0162 m LS (Luft von dem betreffenden Zustand) ist.

Diese Anwendungsweise der Diagramme vorausgeschickt, wollen wir über ihre Herkunft folgendes bemerken:

Tafel II.

Fig. 24 bis 28.

Druckverlust von Wasser in Rohrleitungen.

(Beziehung zwischen Wassermenge, Druckverlust für 1 m Rohrlänge, Rohrweite und Wassergeschwindigkeit.)

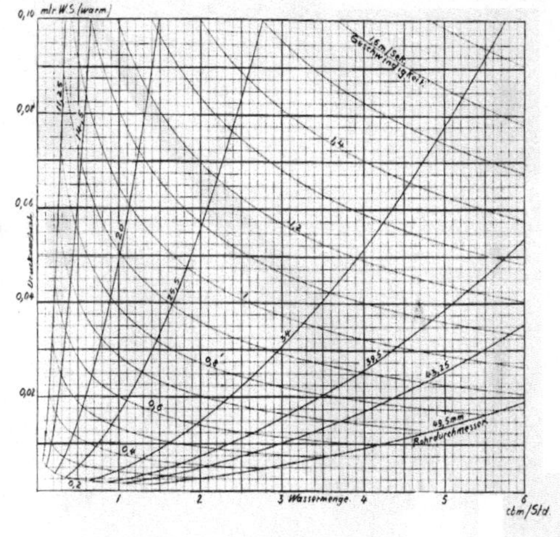

Fig. 26.

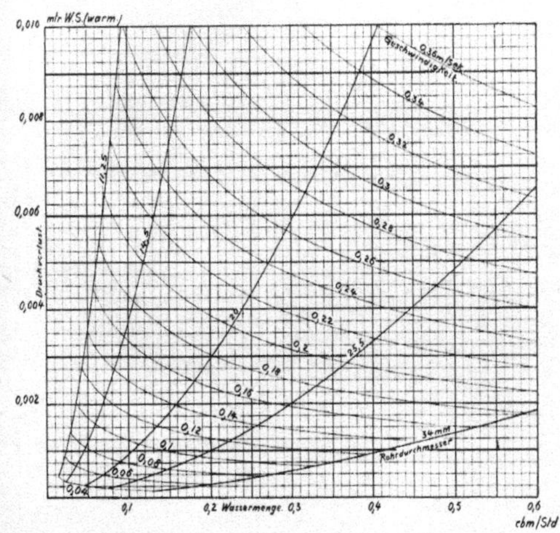

Fig. 24.

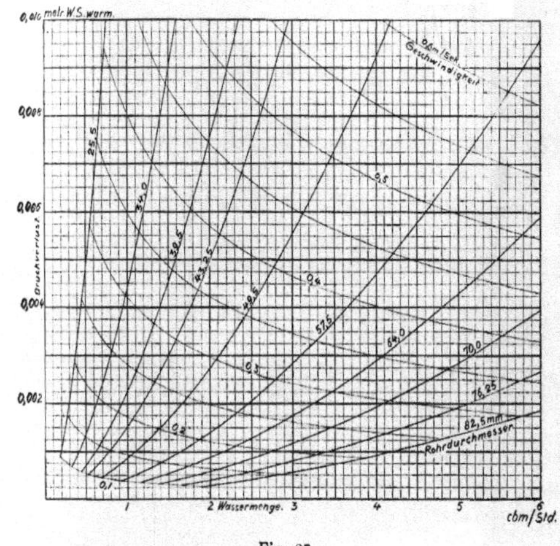

Fig. 27.

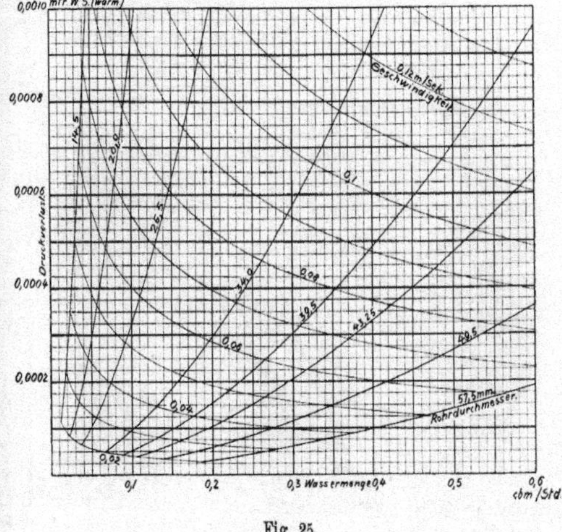

Fig. 25.

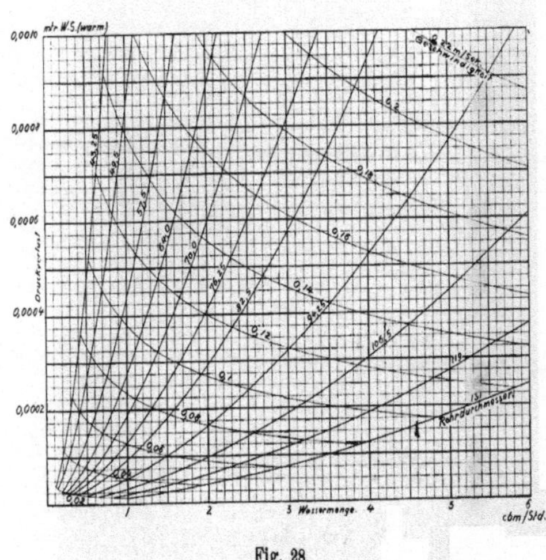

Fig. 28.

Auch die Reibung von Luft oder Wasser an den Wandungen ist erfahrungsgemäß dem Quadrat der Geschwindigkeit oder auch der Geschwindigkeitshöhe $\frac{w^2}{2g}$ einigermaßen proportional. Man setzt sie ferner proportional dem Werte $\frac{u}{f}$, Umfang durch Fläche des Querschnitts. Dieser Faktor ist leicht zu berechnen; er ist für runden Querschnitt $\frac{3,55}{\sqrt{f}}$, für quadratischen ist er $\frac{4}{\sqrt{f}}$, für rechteckigen Querschnitt mit den Seitenverhältnissen 1 : 2 wird $\frac{u}{f} = \frac{4,24}{\sqrt{f}}$, kurz, er läßt die Reibung um so größer werden, je kleiner der Querschnitt ist, aber auch, je mehr er von der runden Form als der günstigsten abweicht. Endlich ist die Reibung proportional dem durch Versuche ermittelten Reibungskoeffizienten ϱ.

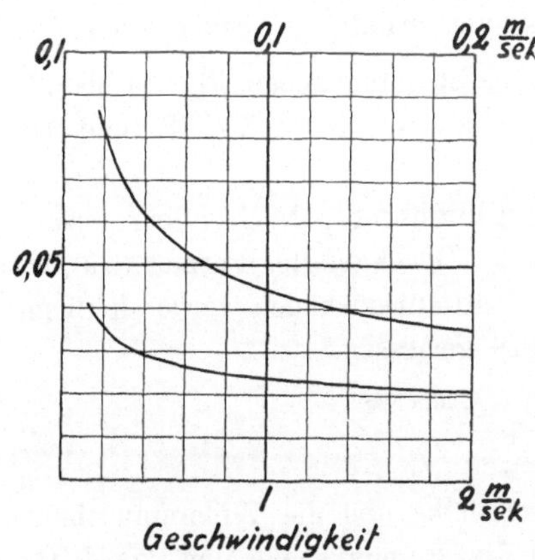

Fig. 34. Reibungskoeffizient für Wasser.

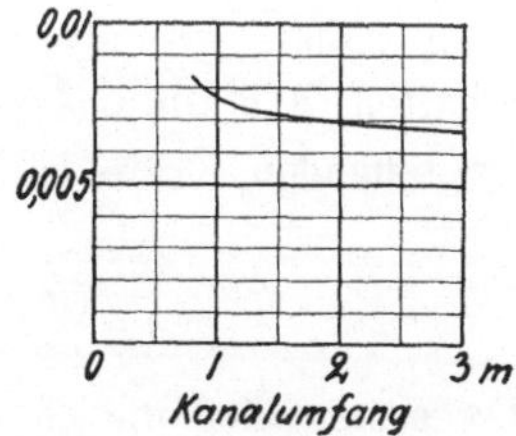

Fig. 35. Reibungskoeffizient für Luft in gemauerten Kanälen.

Für Wasser kommen nur kreisrunde Querschnitte in Frage. Dann ist $\frac{u}{f} = \frac{4}{d}$, unter d den Rohrdurchmesser verstanden. Man setzt also die Reibung für 1 m Rohrlänge

$$r_1 = \varrho' \cdot \frac{4}{d} \cdot \frac{w^2}{2g} = \varrho \cdot \frac{1}{d} \cdot \frac{w^2}{2g};$$

und der Reibungskoeffizient ist nach Weisbach anzunehmen zu

$$\varrho = 0,0144 + \frac{0,0095}{\sqrt{w}}.$$

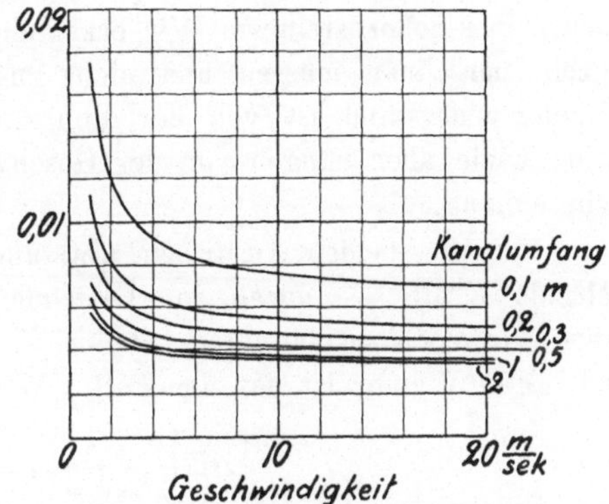

Fig. 36. Reibungskoeffizient für Luft in Blechkanälen.

Die 4 ist gleich in diesen Weisbachschen Reibungskoeffizienten ϱ einbezogen, was nicht übersehen werden darf!

Für Luft setzt man wieder

$$r_1 = \varrho \cdot \frac{u}{f} \cdot \frac{w^2}{2g},$$

und hierin soll nach Rietschel sein:

für Luft in gemauerten Kanälen

$$\varrho = 0{,}0065 + \frac{0{,}0006}{u - 0{,}48},$$

für Luft in Rohren aus Eisenblech

$$\varrho = 0{,}00309 + \frac{0{,}00209}{w} + \frac{0{,}000337}{u} + \frac{0{,}000878}{w \cdot u}.$$

Alles ist in Metern zu messen, worauf man den Druckverlust für 1 m Rohrlänge in Metern Flüssigkeitssäule erhält, in denen auch $\frac{w^2}{2g}$ gegeben war. Die Werte des Reibungskoeffizienten geben Fig. 34 bis 36; die mit ihnen folgenden Druckverluste sind es, die in Taf. II und III dargestellt sind.

27. Aufstellung der Bewegungsgleichung. Nach allem Vorangegangenen haben wir also das wirksame Druckgefälle, Formel (5a), so groß zu halten, daß alle widerstehenden Kräfte überwunden werden können. Die widerstehenden Kräfte sind, in m FlS gemessen.

$$\frac{w^2}{2g}(n + \zeta) + r_1 l + \frac{S^{\text{mm WS}}}{\gamma} \quad \text{. . . . . (5c)}$$

worin das erste Glied die Geschwindigkeitshöhe und die Widerstandshöhe der Einzelwiderstände, das zweite Glied die Reibungshöhe und das dritte Glied irgendwelche sonstigen Widerstände darstellt, welche nicht von der Geschwindigkeit abhängen, beispielsweise den vorgeschriebenen Zug am Fuchs eines Schornsteines. Wir erkennen, daß wir diese einzelnen Glieder einzeln berechnen müssen und nicht zusammenfassen können; denn der Reibungswiderstand ist von der Rohrlänge l abhängig, das erste Glied nicht; beide aber hängen von der Geschwindigkeit ab, von der wieder S nicht abhängt.

Um die beiden Ausdrücke (5a) und (5c) — treibende und widerstehende Kräfte — durch das Gleichheitszeichen verbinden zu können, haben wir noch zu beachten, ob sie in denselben Einheiten ausgedrückt sind. Für Wasser ist das der Fall. Wir haben also ohne weiteres

$$\frac{w^2}{2g}(n + \zeta) + r_1 l = H \, . \, h_1, \quad \text{. . . . . (5)}$$

alles gemessen in Metern warmer Wassersäule; P und S sind selten vorhanden.

Für Luft haben wir zu schreiben

$$\frac{w^2}{2g}(n + \zeta) + r_1 \, . \, l + \frac{S}{\gamma} = \frac{h_1 H + P}{\gamma}, \quad \text{. . . . . (6)}$$

Tafel III.

Fig. 29 bis 33.

Druckverlust von Luft in gemauerten Kanälen verschiedenen Querschnitts.

(Beziehung zwischen Luftmenge, Druckverlust für 1 m Kanallänge, Kanalweite und Luftgeschwindigkeit.)

Anmerkung: Für Luft vom spezifischen Gewicht kg/cbm (Fig. 6 und 7) ist

$$h \text{ m LS} = h \cdot \gamma \text{ mm WS}.$$

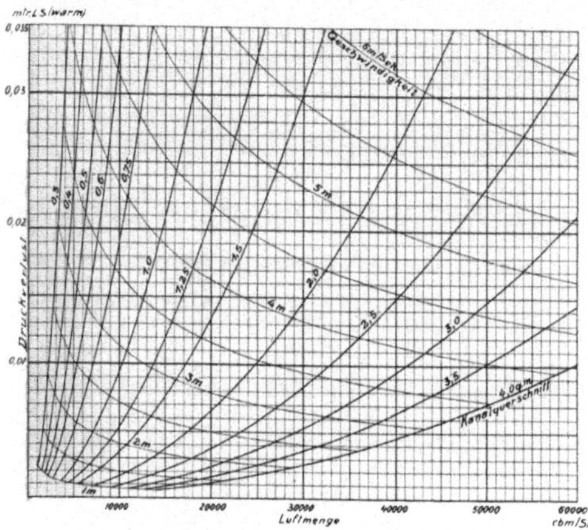

Fig. 31. Runder Querschnitt.

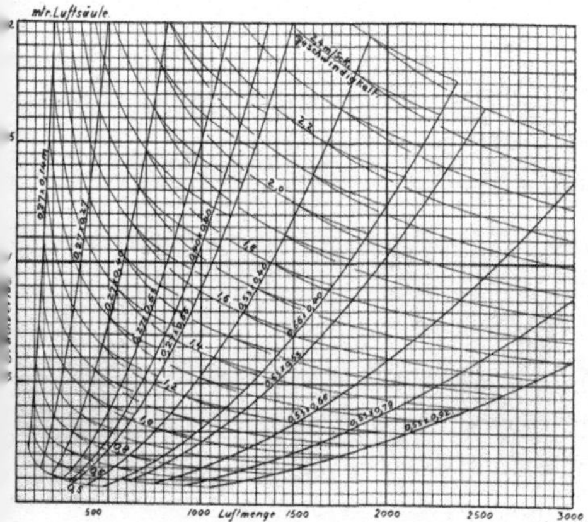

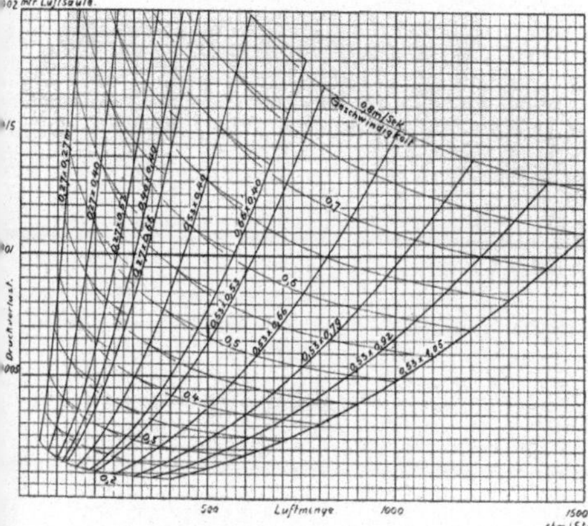

Fig. 29 und 30. Rechteckige Querschnitte.

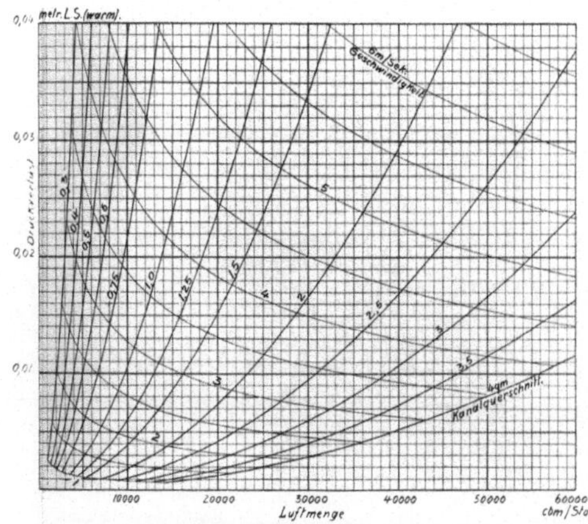

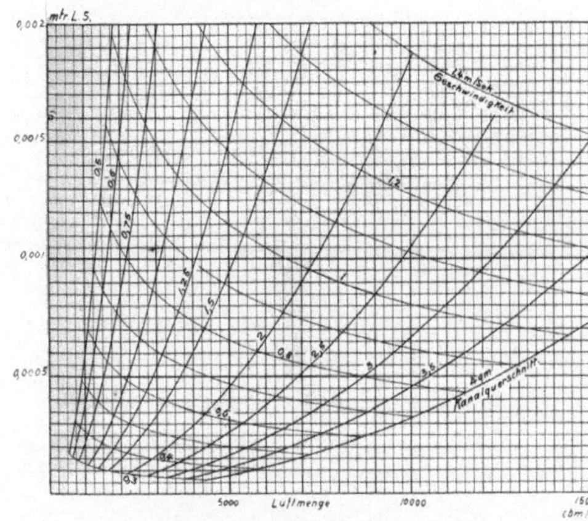

Fig. 32 und 33. Quadratische Querschnitte.

Für rechteckige Kanäle gleichen Querschnitts ist der Druckverlust beim Seitenverhältnis 1 : 1,5 das 1,02 fache,

„ „ 1 : 2 „ 1,06 „

„ „ 1 : 3 „ 1,15 „

des für quadratische angegebenen.

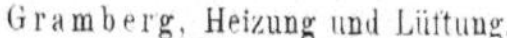

Gramberg, Heizung und Lüftung.

Zu S. 42.

wobei nun alle Glieder Meter warmer Luftsäule darstellen; oder aber auch

$$\gamma \cdot \frac{w^2}{2g}(n+\zeta)+\gamma \cdot r_1 l + S = h_1 H + P, \quad . \quad . \quad . \quad . \qquad (6\,a)$$

wobei nun jedes Glied auf Millimeter Wassersäule (kalt) oder auf Kilogramm pro Quadratmeter gebracht ist. Die letztere Form ist besser. Denn wo Luft an verschiedenen Stellen verschiedene Temperaturen hat, also auch verschiedene Werte von γ auftreten, gibt es leicht Verwechselungen, wenn man von Metern Luftsäule redet; einige Beispiele werden das sogleich zeigen.

28. Beispiele.

Beispiel 1. (Fig. 37.) Einfachste Warmwasserheizung mit nur einem Kreislauf. Verlangt: 26000 WE zu übertragen vom Kessel auf den Heizkörper; senkrechter Abstand beider 7,5 m, Länge von Hin- und Rückleitung 11 + + 12 = 23 m.

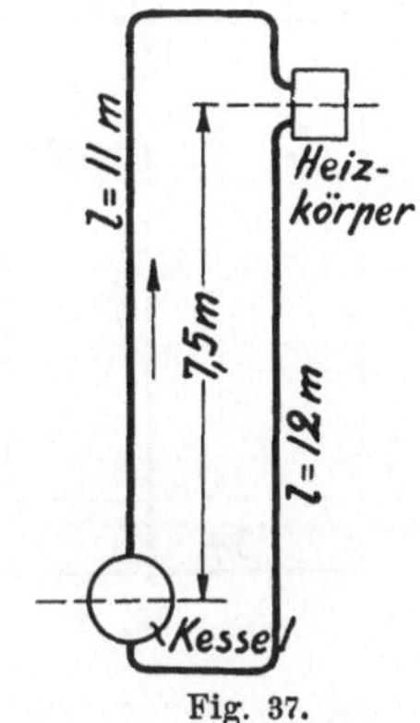

Fig. 37.

Angenommen: Zulauftemperatur 90°, Rücklauftemperatur 70°, Temperaturdifferenz 20°; also müssen $\frac{26000}{20} = 1300$ kg Wasser stündlich umlaufen; spezifisches Gewicht des Wassers bei diesen Temperaturen etwa 970 kg/cbm (Fig. 5); also müßten etwa 1,34 cbm/st umlaufen. Spezifisches Druckgefälle zwischen 90° und 70° ist 0,0128 m WS (warm) (Fig. 22). Gesamtes Druckgefälle $7{,}5 \cdot 0{,}0128 = 0{,}096$ m WS. Da erfahrungsgemäß die Geschwindigkeitshöhe bei verhältnismäßig so langer Leitung wenig Einfluß hat, so vernachlässigen wir sie zunächst und haben bei 23 m Länge der Leitung ein Druckgefälle von $\frac{0{,}096}{23} = 0{,}00417$ m WS pro Meter Länge des Rohres zur Verfügung. Fig. 27 zeigt uns ohne weiteres, daß wir ein 39,5 mm weites Rohr zu wählen haben und daß in diesem bei dem geforderten Wasserumlauf von 1,34 cbm stündlich eine Geschwindigkeit von 0,31 m/sek eintritt, bei einem Druckverlust durch die Reibung von 0,0038 m WS (warm) auf jedes Meter Länge der Rohrleitung. Wir hoffen, daß der geringe Überschuß, den die gewählte Rohrleitung bietet, für die Überwindung der Beschleunigung ausreicht und haben dies noch zu kontrollieren. Kontrolle: Reibung $0{,}0038 \,.\, 23 = 0{,}087$ m WS; Geschwindigkeitshöhe zu $w = 0{,}31$ m/sek ist 0,0049 m; erforderlich zwei Beschleunigungen, einmalige Widerstände nicht vorhanden, also Geschwindigkeitshöhe $2 \cdot 0{,}005 = 0{,}01$ m WS. Im ganzen erforderlich $0{,}087 + 0{,}010 = 0{,}097$ m WS; zur Verfügung 0,096 m WS, also gerade genügend.

Beispiel 2. Zusammengesetztere Warmwasserheizung mit einer Verzweigung nach Fig. 38. Verlangt: jeder der Heizkörper II und III soll 10000 WE erhalten, der Kessel also 20000 WE liefern. Wir bezeichnen als Teilstrecken 1, 2 und 3 die mit diesen Ziffern besetzten Rohrstücke, und zwar von Knotenpunkt a zu Knotenpunkt b, gleichgültig, ob Heizkörper darin sind oder ob nicht. Jede Teilstrecke ist also dadurch gekennzeichnet, daß über ihre ganze Länge hin ein und dieselbe Wassermenge sie durchfließt. Die Rohrlängen der Teilstrecken sind eingetragen, ebenso sieht man aus der Figur, daß Heizkörper III mit einer Standhöhe von 4 m über dem Kessel, Heizkörper II mit der Standhöhe 7 m über dem Kessel arbeitet.

Angenommen: die gleichen Temperaturen wie im ersten Beispiel, also müssen 0,515 cbm durch jeden der Heizkörper und 1,03 cbm durch den Kessel gehen. Wir wählen für Teilstrecke 1 die Rohrweite 57,5 mm und finden aus Diagramm I, daß wir $w = 0{,}112$ m/sek bei 0,00047 m WS spezifischem Druckverlust erhalten werden. Wir verbrauchen also in der Teilstrecke 1: für Reibung $0{,}00047 \cdot 14 = 0{,}0066$ m WS, für Geschwindigkeit $2 \cdot 0{,}00064 = 0{,}0013$ m WS, im ganzen 0,0079 m WS.

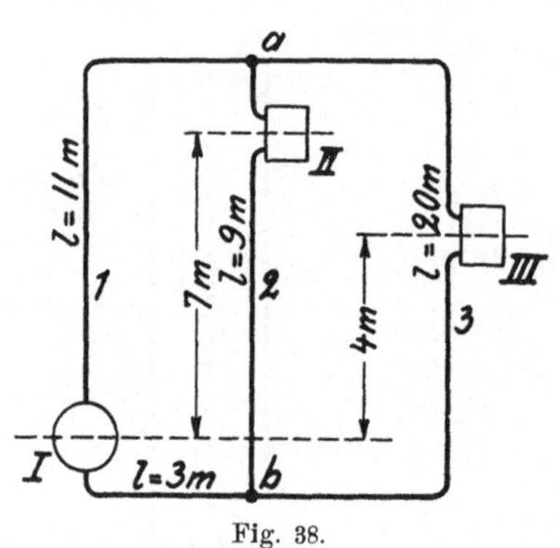

Fig. 38.

Es bleiben uns daher für Teilstrecke 3, die ein Druckgefälle $4 \cdot 0{,}0128 = 0{,}0512$ m WS zur Verfügung hat, $0{,}0512 - 0{,}0079 = 0{,}0433$ m WS übrig, oder bei 20 m Leitungslänge 0,00216 m zulässige spezifische Reibungshöhe. Fig. 27 gibt uns bei 0,515 cbm/st eine Rohrweite von 34 mm als reichlich an; in ihm wird $w = 0{,}16$ m/sek. — Kontrolle: Reibung $0{,}00135 . 20 = 0{,}0270$ m WS; Beschleunigung $0{,}0013 . 3 = 0{,}0039$ m WS (ein Ventil mit $\zeta = 1$, außerdem zwei Beschleunigungen). Im ganzen nötig 0,0309 m WS, vorhanden 0,0438 m WS, also reichlicher Überschuß.

Entsprechend bleiben uns für Teilstrecke 2 mit dem Druckgefälle $7 . 0{,}0128 = 0{,}0896$ m WS noch zur Verfügung 0,0817 m WS oder 0,009 m WS für jedes Meter Rohrlänge. Nötiger Durchmesser 25,5 mm; $w = 0{,}275$ m/sek.; Kontrolle ergibt reichlichen Überschuß.

Im Anschluß an das zweite Beispiel sei noch folgendes erwähnt: Bei Warmwasserheizungen ist es zweckmäßig, nicht an einen durch den Kessel erzeugten Auftrieb, sondern umgekehrt, an einen von jedem Heizkörper in seinem Rücklauf erzeugten Abtrieb zu denken. Das Rohrnetz ist mit warmem Wasser gefüllt; die kühlende Wirkung eines Heizkörpers bewirkt ein Herabsinken des kälteren Wassers im Rücklauf. Bei dieser Darstellungsweise leuchtet es besser ein, daß der Abtrieb in den verschiedenen Heizstromkreisen ein verschiedener sein kann.

Beispiel 3: Berechnung eines Schornsteines. Verlangt: Abführung von 10000 cbm Rauchgas (reduziert), entsprechend etwa 700 kg stündlich verbrannter Kohle, bei 200° Temperatur; der Schornstein soll dabei einen Zug von 15 mm WS erzeugen.

$$10000 \text{ cbm } \left(^{0}_{760}\right) = 10000 \cdot \frac{473}{273} = 17300 \text{ cbm von } 200^{0}.$$

Angenommen: $w = 4$ m/sek; Fig. 31 ergibt erforderlichen Querschnitt 1,2 qm, also 1,25 m Durchmesser: Reibungsverlust pro Meter Höhe 0,0175 m LS = 0,0175 . 0,75 = 0,0131 mm WS, wobei 0,75 das spezifische Gewicht von Rauchgas bei 200° ist (siehe Fig. 7). Luft und Rauchgas sind etwa gleich schwer.

Bei 4 m/sek ist $\frac{w^2}{2g} = 0{,}81$ m LS = 0,607 mm WS; soll also der Schornstein noch 15 mm WS nutzbar übrig lassen, so muß das durch Auftrieb erzeugte Druckgefälle die Reibungswiderstände decken und noch 15,6 mm WS übrig lassen.

Druckgefälle pro Meter Höhe bei 200° innen und 25° außen, ist 0,439 mm WS (Fig. 21). Von diesen 0,439 mm gehen durch Reibung verloren 0,0131 mm, also erzeugt der Schornstein nutzbar 0,439 — 0,0131 = = 0,426 mm WS durch jedes Meter seiner Höhe, also erforderliche Höhe $\frac{15{,}6}{0{,}426} = 37$ m.

Nötig sind also 37 m Höhe bei 1,25 m Durchmesser; Annahme einer geringeren Geschwindigkeit hätte zu einem größeren Durchmesser und dementsprechend zu einer kleineren Höhe geführt. Aus den verschiedenen Möglichkeiten für die Abmessungen des Schornsteines wäre diejenige auszuwählen, für welche die Kosten am geringsten ausfallen.

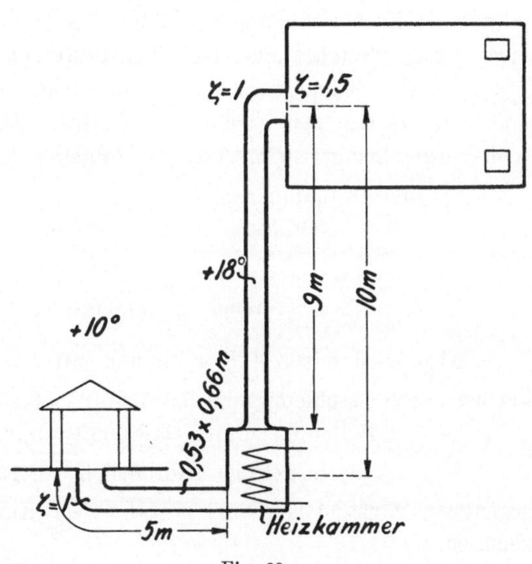

Fig. 39.

Beispiel 4: Berechnung eines Zuluftkanales (Fig. 39). Zimmer von 500 cbm Inhalt soll zweifachen Luftwechsel erhalten. Zuführung der Luft durch Auftrieb im Zuführungskanal mittels Erwärmung durch Dampfschlange. Zulässig Erwärmung auf 18°; bei außen 10° soll der Luftwechsel noch erreicht werden. Überdruck nicht verlangt; von Berechnung der Abluftkanäle soll hier abgesehen werden.

Auftrieb 10 · 0,035 = 0,35 mm WS (Fig. 20 und 39).

Wagerechter Kanal, mit 0,53 · 0,66 m l. W. projektiert, hat $1000 \cdot \frac{273 + 10}{273 + 18} = 972$ cbm/st zu fördern, also nach Figur 30 $w = 0{,}77$ m/sek, $r_1 = 0{,}0014$ m LS; ferner ist $\frac{w^2}{2g} = 0{,}030$ m LS. Daher wird in dem wagerechten Kanal mit $n + \zeta = 2$ verbraucht

für Beschleunigung 2 . 0,030 = 0,060
„ Reibung . . . 5 . 0,0014 = 0,007
0,067 m LS von 10°,

oder mit $\gamma = 1{,}25$ kg/cbm wird der Druckverlust im wagerechten Kanalzug 0,067 . 1,25 = 0,084 mm WS. Dies ist auch der während des Betriebes in der Heizkammer herrschende Unterdruck, den wir messen könnten.

Es bleiben für den senkrechten Kanal 0,350 — 0,084 = 0,266 mm WS übrig. Die Luft von 18° hat $\gamma = 1{,}213$ kg/cbm, also bleiben $\frac{0{,}266}{1{,}213} = 0{,}22$ m LS (von 18°) im senkrechten Kanal aufzubrauchen. Dem entspricht etwa $\frac{w^2}{2g} = \frac{0{,}2}{3{,}5} \sim 0{,}055$ m LS und $w = 1{,}04$ m/sek. So beginnen wir die Rechnung diesmal, da erfahrungsgemäß bei den vorliegenden Verhältnissen die Geschwindigkeitshöhe den Hauptanteil an Verlusten haben wird. Fig. 29 lehrt uns, daß, um 1000 cbm/st mit $w = 1{,}04$ m/sek zu fördern, der Kanalquerschnitt 0,66 · 0,40 m knapp, der Querschnitt 0,53 0,53 m dagegen reichlich sein wird. Sind uns beide gleich bequem in der Ausführung, so machen wir folgende Kontrolle:

für den Kanalquerschnitt	0,66 · 0,40	0,53 · 0,53 m
nach Fig. 29	$r_1 = 0{,}0030$	0,0025 m LS
	$w = 1{,}06$	0,99 m/sek,
daher	$\frac{w^2}{2g} = 0{,}057$	0,050 m LS.

Also wird mit $n + \zeta = 3{,}5$ und mit $l = 9$ m (Fig. 39)

Verlust durch Beschleunigung	3,5 . 0,050 = 0,175	3,5 . 0,057 = 0,20
„ „ Reibung . . .	9 . 0,0025 = 0,022	9 . 0,003 = 0,027
insgesamt erforderlich	0,197	0,227 m LS

gegenüber vorhandenen 0,22 m LS. Der Kanal 0,53 . 0,53 m wird also genügen.

Män erkennt die große Unsicherheit, die für die Berechnung in dem Überwiegen der einmaligen Widerstände liegt. Die Angabe $n + \zeta = 3{,}5$ wird nie mehr als eine Art Schätzung sein können; diese Schätzung aber beeinflußt das Ergebnis gewaltig.

29. **Verhalten von Schornsteinen bei verschiedener Beanspruchung.** Zur weiteren Erläuterung für die Anwendung der im vorstehenden dargestellten Berechnungsweise wollen wir noch ausrechnen, wie sich ein zur Abführnng von Abluft dienender Lockschornstein unter verschiedenen Betriebsbedingungen verhält.

Ein solcher Schornstein sei quadratisch, von 1 qm Querschnitt und 10 m Höhe. In ihm erzeugen wir eine saugende Wirkung, indem wir durch Aufstellung eines Heizkörpers in seinem unteren Teil eine Temperatur erzeugen, die wir in beliebiger Höhe auf 20°, 40°, oder 60° halten wollen. Außen sei 0° Temperatur vorhanden.

Für eine bestimmte Innentemperatur, sagen wir für 40°, wird der Schornstein wechselnde Luftmengen fördern, um so kleinere, je größer die Saugspannung ist, die er an seinem unteren Ende zu überwinden hat und deren Überwindung — oder Erzeugung — eben seine Aufgabe ist.

Bei 0° Außen- und 40° Innentemperatur erzeugt jedes Meter Standhöhe ein Druckgefälle zwischen innen und außen von der Größe 0,1645 mm WS. Denken wir uns zunächst den Schornstein unten ganz abgesperrt, so wird also die Geschwindigkeit der Luft im Schornstein $w = 0$ und die geförderte Luftmenge ebenfalls $L = 0$ sein. Der geförderten Luftmenge $L = 0$ entspricht eine Saugspannung, die der Schornstein erzeugen kann, von 10 0,1645 = 1,645 mm WS (Punkt A, Fig. 40).

Wollen wir dagegen den Fall betrachten, wo die Geschwindigkeit der Luft im Schornstein 2 m beträgt, so daß also die stündliche Luftförderung 7200 cbm ist, so wird bei dieser Luftförderung nur ein Teil der insgesamt erzeugten Druckhöhe, die wieder mit 1,645 mm WS anzusetzen ist, am Fuße des Schornsteines nutzbar übrig bleiben, während ein anderer Teil zur Erzeugung der Geschwindigkeit und zur Überwindung der Reibungswiderstände im Schornstein dient. Geschwindigkeits- und Reibungshöhe können wir berechnen. Nach Figur 32 gehört zu der Luftförderung 7200 cbm/st im Schornstein von 1 qm Querschnitt ein Druckverlust von 0,0055 m LS für jedes Meter seiner Höhe, also insgesamt ein Druckverlust von 0,055 m LS. Zur Erzeugung von 2 m Geschwindigkeit ist eine Druckhöhe von 0,204 m LS nötig, sodaß also insgesamt 0,259 m LS im Schornstein selbst wieder verbraucht werden. Wegen des spezifischen Gewichtes der Luft ist nun bei 40° 1 m LS = 1,128 mm WS, also 0,259 m LS = 0,292 mm WS; daraus folgt, daß 1,645 — 0,292 = = 1,353 mm WS am Fuße des Schornsteines nutzbar übrig bleiben, wenn der Schornstein 7200 cbm stündlich fördert (Punkt B, Fig. 40).

Man kann das so darstellen, daß bei gegebener Außen- und Innentemperatur stets die gleiche Druckhöhe insgesamt erzeugt wird, daß jedoch von dieser Druckhöhe, sobald der Schornstein Luft fördert, nur ein Teil am Fuße des Schornsteines meßbar in die Erscheinung tritt, während der übrige Teil latent bleibt und im Entstehen sogleich für die Erzeugung von Geschwindigkeit und Überwindung von Widerständen verbraucht wird.

Berechnen wir in gleicher Weise eine Reihe von Punkten, die wir in ein Schaubild eintragen, so ergibt sich eine Kurve (Fig. 40), die deswegen eine Parabel ist, weil der eben als latent bezeichnete, nicht meßbare Teil der Druckhöhe mit dem Quadrat der Geschwindigkeit, also auch mit dem Quadrat der Luftmenge zunimmt.

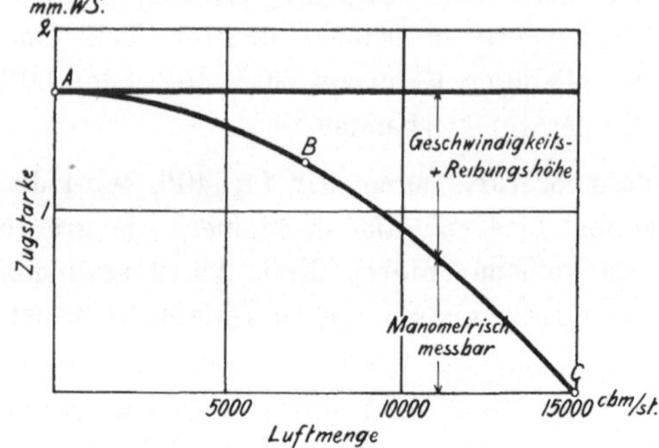

Dehnen wir die Rechnung auf andere Innentemperaturen aus, so erhalten wir Ergebnisse, die durch Fig. 41 dargestellt werden. Je höher die Innentemperatur, desto höher natürlich die Luftmenge einerseits, der Druck andererseits.

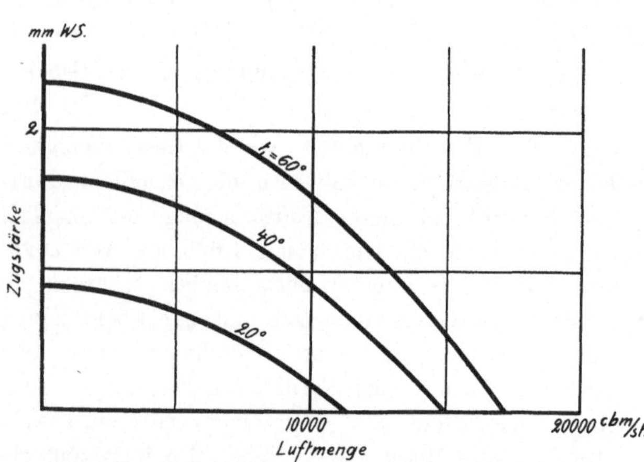

Fig. 40 und 41. Beziehung zwischen verlangter Zugstärke und geförderter Luftmenge bei einem Lockschornstein. Höhe 10 m, Querschnitt 1 qm, quadratisch, außen $t_a = 0^0$ C.

Wir können dieselbe Rechnung für höhere Temperaturen ausführen, wie sie nicht in dem Lockschornstein der Lüftungsanlage, wohl aber in dem Schornstein einer Kesselanlage auftreten. Für die Innentemperaturen 100 °, 200 °, 300° und 400° wollen wir ebenso die Luftförderung, diesmal eines runden Schornsteines von 1 qm Fläche bei 50 m Höhe, diskutieren. Die Ergebnisse der Berechnung, die ganz so zu machen ist, wie in dem eben genannten Beispiel, finden sich in Fig. 42 wieder gegeben. Es zeigt sich darnach die auffallende Erscheinung, daß bei wachsender Temperatur die Luftförderung des Schornsteines nicht immer weiter zunimmt, sondern

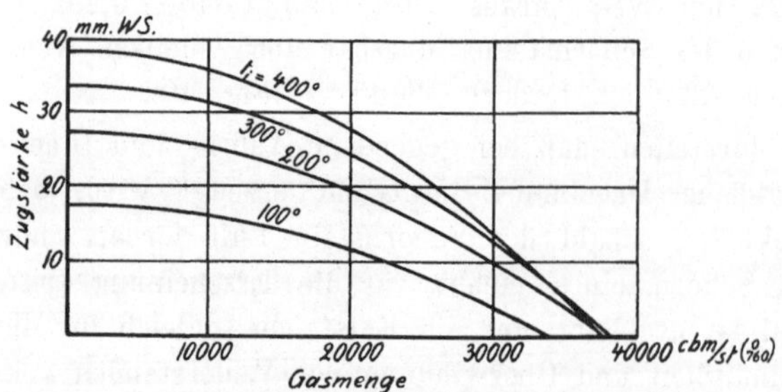

Fig. 42. Beziehung zwischen Zugstärke und Gasmenge bei einem Schlot. Höhe 50 m, Querschnitt 1 qm, rund, außen $t_a = 0^0$ C.

daß sie bei 400° wieder kleiner ist als bei 300°, wenn der Schornstein geringen Druck zu erzeugen hat. Allerdings haben wir in Fig. 42 nicht das absolute Luftvolumen, sondern das auf 0° reduzierte Luftvolumen, gewissermaßen also das Luftgewicht als Ordinate aufgetragen.

Die Luftförderung eines Schornsteines dem Gewichte nach nimmt also nur bis gegen 300° zu und bei noch höherer Innentemperatur des Schornsteines wieder ab. Die Ursache dieser Erscheinung erkennen wir leicht daran, daß die Geschwindigkeit und der Auftrieb bei wachsender Temperatur zunehmen, daß aber mit wachsender Temperatur zugleich eine Verminderung des spezifischen Gewichtes der Luft eintritt. Bei Temperaturen über 300° wird die Verminderung des spezifischen Gewichts, die Verdünnung der Rauchgase, einflußreicher, als die Vermehrung des Auftriebes.

Im Verlauf der Kurven Fig. 41 und 42 ist der obere, fast senkrecht auf die Ordinatenachse auftreffende Ast interessant; innerhalb gewisser Grenzen, d. h. bei nicht zu starker Beanspruchung des Schornsteines hinsichtlich der Luftmenge, ist der erzeugte Druck annähernd unabhängig von der vom Schornstein geförderten Luftmenge. In diesem Bereich, aber auch nur da, wird beim Verstellen des Rauchschiebers eines von mehreren Kesseln, die an einen Schornstein angeschlossen sind, die Saughöhe für die übrigen Kessel nicht verändert; Veränderungen an einem Kessel wirken dann also nicht auf die übrigen zurück.

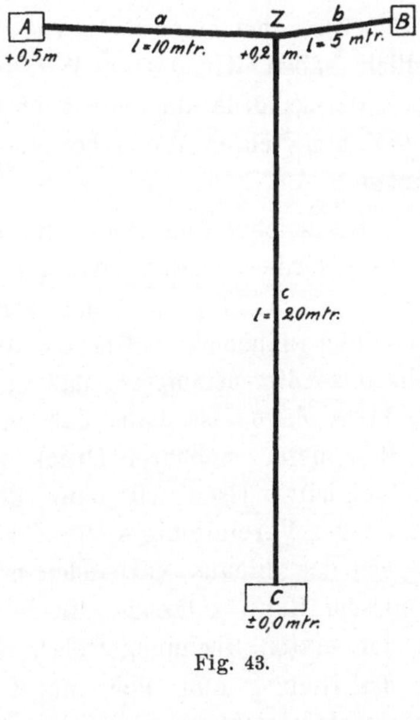

Wir werden der gleichen Kurvenform wieder bei den Zentrifugalventilatoren und bei den Zentrifugalpumpen begegnen und dabei auf die besprochene Eigenschaft besonderen Wert legen. Für den Kesselbetrieb ist sie weniger von Bedeutung, immerhin ist sie erwünscht.

Fig. 43.

30. Verzweigungen. Ein weiteres Beispiel möge noch besonders die Rechnungsweise bei verzweigten Rohrleitungen begründen (Fig. 43).

Aus zwei Behältern A und B soll Wasser durch eigenes Gefälle zurücklaufen nach einem Sammelbehälter in dem Gebäude C. Die Behälter A und B müssen gleich hoch stehen, damit nicht gelegentlich das aus einem von ihnen kommende Wasser den andern überschwemmt. Sie stehen, wie die Höhenkoten angeben, auf + 0,5 m über dem Wasserspiegel des tiefer gelegenen Sammelgefässes. Die Leitung von A aus ist 10 m, die von B aus 5 m lang, dann vereinigen sich beide bei Z und gehen gemeinsam durch eine noch 20 m lange Leitung nach dem Behälter C. A soll 3 cbm stündlich, B 2 cbm stündlich liefern, so daß also die gemeinsame Leitung 5 cbm/st fördern muß. Die Geländeverhältnisse endlich bedingen, daß der Verzweigungspunkt Z auf der Höhenkote + 0,2 liegt. Es fragt sich, wie stark die Rohrleitungen sein müssen, damit das natürliche Gefälle zur Überwindung der Bewegungswiderstände ausreicht und damit die gewünschten Wassermengen gefördert werden. Bei den Kondensleitungen der Hochdruckdampf-Fernheizungen kommen Verhältnisse vor, die den geschilderten gleichen.

Für Rohr a steht bei 10 m Rohrlänge 0,3 m wirksame Druckhöhe zur Verfügung, es darf also ein spezifischer Druckverlust von 0,03 m WS auftreten. Um mit diesem spezifischen Druckverlust 3 cbm stündlich zu fördern, ist nach Fig. 26 ein Rohr von 34 mm lichtem Durchmesser erforderlich. Es ist so reichlich, daß es sicher genügt, um auch die Geschwindigkeitshöhe zu decken. Die entsprechende Rechnung ergibt für das Rohr b einen zulässigen Druckverlust von 0,06 m WS bei einer Wasserförderung von 2 cbm stündlich; das leistet ein Rohr von 25 mm Durchmesser bei einer Wassergeschwindigkeit von 1,1 m/sek. Für Rohr c endlich haben wir 0,01 m WS spezifischen Druckverlust anzusetzen bei einer Wasserförderung von 5 cbm stündlich; wir können dafür ein Rohr von 57 mm lichter Weite bei einer Wassergeschwindigkeit von 0,54 m/sek wählen.

Bei solcher Bemessung der drei Rohre wird die gewünschte Wassermenge gefördert werden, wir können aber die Rohre auch anders bemessen. Denn es ist nicht gesagt, daß wir für das Rohr a die vollen, in ihm zur Verfügung stehenden 0,3 m WS aufbrauchen müssen, wir können auch das Rohr a so dimensionieren, daß nur 0,2 m WS in ihm aufgebraucht werden. Die Folge davon ist dann, daß im Verzweigungspunkte Z noch ein durch ein Manometer meßbarer Druck von 0,1 m WS übrig sein wird. Selbstverständlich müssen wir dann für das Rohr b ebenfalls darauf rechnen, daß an der Vereinigungsstelle Z dieser Druck von 0,1 m über den Atmosphärendruck hinaus vorhanden ist, dürfen also nur 0,2 m Druckverlust in diesem Rohr zulassen. Beide Rohre werden daher weiter werden als bei der ersten Rechnungsweise. Dafür haben wir den Vorteil, daß uns für das Rohr c nun nicht nur 0,2, sondern noch der in Z herrschende Überdruck zur Verfügung steht, so daß wir in diesem längsten Rohr eine größere Geschwindigkeit erreichen können. Es ist nicht ausgeschlossen, daß die dadurch mögliche Verschwächung gerade des längsten Rohres die Gesamtanlage billiger gestaltet.

Die Rechnung ergibt in diesem Falle folgendes: Rohr a: 0,02 m spezifischer Druckverlust, 3 cbm/st entspricht 39,5 mm Φ bei $w =$ 0,7 m/sek. Rohr b: 0,04 m spezifischer Druckverlust, bei 2 cbm/st entspricht 34 mm Φ bei $w = 0{,}6$ m/sek. Rohr c: 0,015 m spezifischer Druckverlust und 5 cbm/st entspricht 49,5 mm Φ bei $w = 0{,}73$ m/sek.

Man hätte zu untersuchen, vorausgesetzt, daß es bei der kurzen Leitung der Mühe wert ist, welche von beiden Anordnungen billiger wird; man könnte dazu die später in Fig. 99 angegebenen Rohrpreise zugrunde legen.

Wenn wir, wie in früheren Fällen, nachprüfen, ob durch die Wahl des nächst höheren im Handel befindlichen Rohrdurchmessers genügend Überschuß vorhanden ist, um auch die bisher vernachlässigte Geschwindigkeitshöhe zu decken, so machen wir eine Kontrolle, die folgende Ergebnisse liefert: Das Rohr a wird verbrauchen für Reibung 0,155 und für Geschwindigkeit 0,025, im ganzen 0,180 m WS. — In Rohr b wird verbraucht für Reibung 0,075, für Geschwindigkeit 0,018, im ganzen 0,093 m WS. — In Rohr c wird verbraucht für Reibung 0,280, für Geschwindigkeit 0,027, im ganzen 0,307 m WS.

Die Kontrolle ergibt also, daß zwar bei Rohr c die vorhandene Druckhöhe ein klein wenig überschritten worden ist, daß aber dafür sowohl a als auch b so viel weniger verbrauchen, daß der Überschuß noch gedeckt bleiben dürfte. Immerhin ist die Reserve bei dem Rohr a nur knapp, indem a und c zusammen $0{,}180 + 0{,}307 = 0{,}487$ m WS verbrauchen, also fast das insgesamt vorhandene. Rohr b allerdings wird gedrosselt werden müssen, doch wäre das nächstschwächere Rohr nicht mehr für die Wasserförderung ausreichend.

Es hätte aber auch kommen können, daß der Druckverlust in a und c zusammen etwas größer gewesen wäre als die zur Verfügung stehende Druckhöhe und dann wäre eine Frage akut geworden, derentwillen wir die Rechnung durchführen.

Man kann nämlich im Zweifel sein, ob es richtig ist, die Geschwindigkeitshöhe, die im Rohr a 0,025, im Rohr c 0,027 m WS ausmacht, für jedes dieser beiden Rohre einzuführen. Das Wasser, das in dem einen Rohr mit 0,7, in dem anderen mit 0,73 m/sek fließt, braucht ja bei Z nicht von neuem beschleunigt werden, sondern behält seine Geschwindigkeit fast genau bei. Man pflegt trotzdem die Geschwindigkeitshöhe für jeden einzelnen der aufeinander folgenden Rohrabschnitte einzuführen, indem man annimmt, daß an der Verzweigungsstelle, wo die beiden Wasserströme von entgegengesetzten Seiten aufeinander stoßen, ihre Geschwindigkeit durch Stoß vernichtet wird, und daher Geschwindigkeit von neuem erzeugt werden muß. Man hat versucht, durch Anwendung außergewöhnlicher Formstücke die Wasserströme so ineinander überzuführen, daß an der Verzweigungsstelle ein Stoßverlust nicht auftritt. Man hat dazu beispielsweise anstelle der gewöhnlichen T-Stücke Verzweigungen nach Fig. 44 verwendet. Doch ist durch solche Formstücke kaum viel zu erreichen. Einerseits wird auch trotz der anderweiten Wasserführung ein Verlust in ihnen durch Wirbelung stattfinden, andererseits ist ja bei fast allen Wasserrohrleitungen die Geschwindigkeitshöhe ihrer Größe nach gegenüber den Reibungsverlusten so klein, daß wenig dadurch geholfen ist, daß man sie erspart. Auch in unserm Beispiel wäre nicht viel durch ein derartiges Formstück zu erreichen, selbst vorausgesetzt, daß die Geschwindigkeit voll erhalten bliebe. — Die Einführung jener Formstücke wird auch mit besserem Aussehen begründet, eine Frage, die hier nicht zur Diskussion steht.

Richtig ist es offenbar, weder an Verzweigungen die Geschwindigkeit ganz als vernichtet anzunehmen, noch sie als verlustlos in den nächsten Abschnitt übergehend anzusehen. Wo, wie in unserm Beispiel, Rohre ungefähr gleichen Durchmessers zusammenstoßen und sich zu einem Rohr etwas größerem Durchmessers vereinigen, da werden ohne Zweifel Wirbelungen von solcher Größe auftreten, daß man unbedenklich die ganze Geschwindigkeit als vernichtet ansehen und damit der Verzweigungsstelle einen Widerstand $\zeta = 1$ zuschreiben darf. Wo aber andererseits von einem sehr weiten Rohr eine kleine Leitung abzweigt, da wird durch diese kleine Abzweigung der Wasserfluß in dem Hauptrohr nicht so nennenswert gestört werden, daß man in seiner Fortsetzung die Geschwindigkeitshöhe von neuem einführen müßte. Für den einen, wie für den anderen äußersten Fall kommt man nicht leicht in Verlegenheit, wie man zu rechnen habe. Aber wo ist die Grenze zwischen beiden? Diese Frage wird man nur von Fall zu Fall nach dem Gefühl entscheiden müssen.

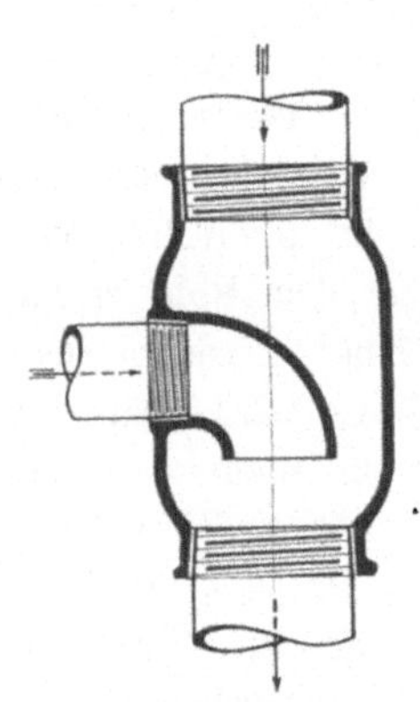

Fig. 44.
Goebel-Abzweigstück.

Für die Rohrleitungen von Wasserheizungen ist, wie schon erwähnt, die Frage wegen der Geringfügigkeit der Geschwindigkeitshöhe im ganzen nicht von großem Einfluß. Anders für Lüftungen, bei denen es sich um größere Geschwindigkeiten und dabei im Verhältnis zur Länge um viel weitere Kanäle handelt. Da wird man nach dem angegebenen Gesichtspunkt von Fall zu Fall entscheiden müssen.

31. Einfluß des Barometerstandes. Wir kommen nun auf den Punkt, den wir früher mehrfach streiften, nämlich den Einfluß anderen Barometerstandes als des normalen von 760 mm QuS auf die Berechnung. Für die Wasserheizung spielt, weil Wasser bei so kleinen Druckschwankungen sein Volumen nicht wesentlich ändert, der Barometerstand gar keine Rolle. Anders bei Luft, also für Lüftungsanlagen, Luftheizungen und Schlote.

Für die einzelnen in den Gleichungen (6) und (6a), S. 42, vorkommenden Größen und die ihnen entsprechenden Kurventafeln können wir folgende Abhängigkeit vom Barometerstand feststellen.

Was zunächst das spezifische Gewicht anlangt, so gelten die Angaben der Fig. 7 nur für 760 mm BStd. Bei einem anderen Barometerstande b ist das spezifische Gewicht nur $\frac{b}{760}$ mal so groß. Die Angaben der Fig. 7 und die entsprechenden der Fig. 6 sind also mit $\frac{b}{760}$, d. h. an Orten, wo der normale Barometerstand ist

730 mm QuS mit 0,960 zu multiplizieren
700 „ „ „ 0,921 „ „
670 „ „ „ 0,882 „ „ .

Diese Tatsache ist die Ursache davon, daß man, wenn man ein bestimmtes Luftgewicht oder was dem entspricht, ein bestimmtes reduziertes Luftvolumen durch einen Kanal, in einen Raum, durch einen Ventilator o. dgl. fördern will, das tatsächlich zu fördernde Volumen größer ist als es bei normalem Barometerstand wäre. Es ist größer an Orten, wo der normale Barometerstand ist

730 mm QuS im Verhältnis 1 : 1,04
700 „ „ „ „ 1 : 1,08
670 „ „ „ „ 1 : 1,13,

es ist also größer im Verhältnis $\frac{760}{b}$.

Wenn nun z. B. München, in einer Meereshöhe von etwa 540 m liegend, einen normalen Barometerstand von nur etwa 710 mm QuS hat, so bedeutet das, daß dort gegenüber einem tiefliegenden Orte in jeder Lüftungsanlage oder in anderen Kanalzügen ein etwa 8 % größeres Volumen zu fördern sein wird; man sieht also, daß es sich nicht nur um kleine Unterschiede handelt.

Dementsprechend müssen auch die Angaben der Fig. 20 bis 22, die das spezifische Druckgefälle oder den Auftrieb wiedergeben, bei kleinerem Barometerstande in demselben Verhältnis $\frac{b}{760}$ kleiner werden, wie das spezifische Gewicht.

Die Geschwindigkeitshöhe $\frac{w^2}{2g}$ und infolgedessen auch die Reibungshöhen, Taf. III, bleiben, weil in m LS gegeben, für alle Barometerstände brauchbar.

Für die Berechnung der Lüftungsanlagen folgt aus alledem, daß man an hochgelegenen Orten alle Teile — Kanäle, Ventilatoren usw. — soviel größer zu halten hat, wie dem größeren Volumen entspricht, das die Luft in dem dünneren Zustande einnimmt, sofern es sich nämlich um Förderung eines bestimmten Luftgewichtes handelt; das ist meist der Fall, so jedenfalls bei Schornsteinen und auch bei Lüftungen, die nach der Zahl der Insassen bemessen sind. Sollen da 20 cbm auf den Kopf gerechnet werden, so sind (§ 9) 20 cbm im Normalzustand (0° C und 760 mm BStd) gemeint, das ist eben ein bestimmtes Luftgewicht von 20 · 1,293 kg. In den soviel weiteren Kanälen wird die Geschwindigkeit die gleiche wie sonst, daher wird auch die vom Ventilator aufzuwendende Arbeit, trotzdem er größer ist, dieselbe bleiben. Nur wo der stündliche Luftwechsel in Vielfachen des Rauminhaltes angenommen worden ist, wird man sinngemäß ein bestimmtes tatsächliches Volumen als erforderlich ansehen müssen.

Man wird gegen diese Ausführungen vielleicht einwenden, die Unsicherheit in den verschiedenen, bei Berechnung von Lüftungsanlagen anzuwendenden Koeffizienten sei größer als die wegen Nichtbeachtung des wechselnden Barometerstandes auftretenden Fehler. Das wäre richtig; es braucht aber nicht zu verhindern, daß man den richtigen Zusammenhang wenigstens kennt; man möge dann bewußt vernachlässigen, was man will. Und weiterhin: wo etwa ein Sachverständiger zu entscheiden hätte, ob eine ausgeführte Anlage den geforderten Ansprüchen entspricht, wird er oft Einflüsse in Höhe von 8 % nicht unbeachtet lassen dürfen.

Dies zur Rechtfertigung, wenn in den vorangegangenen Darlegungen und im folgenden manche theoretische Frage prinzipiell erörtert wird, an der die ausführende Praxis meist vorübergeht.

b) Dampfleitungen.

32. Schilderung der Verhältnisse. Wir erinnern uns zunächst der Tatsachen, daß für trocken gesättigten Wasserdampf Druck und Temperatur stets eindeutig zusammenhängen, und zwar derart, daß bei bestimmtem Druck die Temperatur des Dampfes nicht unter den Wert sinken kann, der durch die früher in Fig. 12 gegebene Spannungskurve festgelegt ist. Findet Wärmeentziehung in zu großem Maße statt, so wird also nicht die Temperatur herabgesetzt, sondern eine entsprechende Dampfmenge als Wasser niedergeschlagen.

Wir erinnern uns weiter, daß der Wärmeinhalt von einem Kilogramm hochgespannten Dampfes etwas, aber nur wenig, größer ist als der von niedrig gespanntem — beide Male trockene Sättigung vorausgesetzt. Fig. 12 zeigte uns auch das.

Bei der Fortleitung des Dampfes in einer Rohrleitung wird nun einerseits die Spannung des Dampfes durch die Reibungsverluste vermindert, ähnlich wie ja das Druckgefälle einer Luft- oder Wasserleitung aufgebraucht wird zur Überwindung der Widerstände. Andererseits ist mit der Fortleitung des Dampfes in einer Rohrleitung auch bei bester Umhüllung mit Isolierstoffen ein Wärmeverlust verbunden.

Es kann nun zufällig kommen, daß die Wärmeentziehung genau so viel ausmacht, wie der Wärmeinhalt gesättigten Dampfes von der Spannung am Ende der Leitung geringer ist als der Wärmeinhalt des ursprünglichen, als trocken gesättigt vorausgesetzten Dampfes von höherer Spannung. Dann wird der Dampf am Ende der Leitung gerade trocken gesättigt ankommen. War er am Anfang der Leitung etwas feucht, so wird er am Ende der Leitung mit dem gleichen Feuchtigkeitsgehalt ankommen.

Es kann auch sein, daß die Wärmeentziehung kleiner ist als eben beschrieben war. Dann ist am Ende der Leitung der Wärmeinhalt des Dampfes größer als der Spannung entspricht; dann ist der Überschuß über den Wärmeinhalt gesättigten Dampfes hinaus verfügbar geblieben. Er bewirkt, wenn der Dampf zuerst trocken gesättigt war, nun eine Überhitzung; war der Dampf ursprünglich etwas mit Feuchtigkeit beladen, wie er es praktisch immer ist, so wird der Wärmeüberschuß zunächst zum Verdampfen der Feuchtigkeit, also zum Trocknen des Dampfes verwendet, und ein etwa noch bleibender Wärmeüberschuß bewirkt eine entsprechend geringere Überhitzung. — Um Mißverständnisse über das Eintreten der Überhitzung auszuschließen, sei bemerkt, daß der Dampf am Ende der Rohrleitung nicht etwa höhere Temperatur hat als beim Eintritt in sie. Vielmehr ist ja bei vermindertem Druck auch die Sättigungstemperatur niedriger, und so kann der Dampf zum Schluß überhitzt sein, obwohl seine Temperatur abgenommen hat. Sie hat abgenommen, nur nicht so stark wie der Druckverminderung entspricht.

Der Fall der Überhitzung wird selten eintreten, weil der Dampf meist anfangs zuviel Feuchtigkeit enthält. Aber auch die Verminderung des Feuchtigkeitsgehaltes, das Trocknen des Dampfes also, wird selten eintreten, weil fast immer die Wärmeverluste größer sind als der Druckabnahme entspricht. Sie tritt wohl ein, wenn in einer kurzen Leitung ein starker Druckabfall erzielt wird, weil die Leitung dann verhältnismäßig eng wird, also kleine Oberfläche und kleine Wärmeverluste hat. Sie tritt jedenfalls ein, wo der Dampfdruck in Ventilen herabgedrosselt wird.

Der weitaus häufigste Fall ist aber der, daß die Wärmeverluste mehr ausmachen als dem Druckabfall entspricht, und daß sich, da ein Herabgehen der Temperatur unter die der Sättigung undenkbar ist, Wasser niederschlägt. Das niedergeschlagene Wasser haftet an den Wänden und macht die Dampfbewegung nicht mit, wird auch wohl bei längeren Leitungen durch Wasserabscheider ganz aus der Leitung genommen. Jedenfalls braucht es für die Dampfbewegung nicht beachtet zu werden; wir haben es daher mit einem über die Länge der Leitung hin abnehmenden Dampfgewicht zu tun. Da gleichzeitig die Abnahme der Spannung eine Vermehrung des Dampfvolumens, je mehr wir uns vom Rohranfang entfernen, erstrebt, so kann sich im ganzen eine Zu- oder Abnahme des die Leitung durchströmenden Dampfvolumens ergeben. Entsprechend wird die Geschwindigkeit des Dampfes in einem Rohrstrang von überall gleichem Durchmesser je nach Umständen zu- oder abnehmen, gelegentlich auch einmal überall die gleiche bleiben können.

Besondere Betrachtung verdient noch der Fall, wo die ganze, in ein Rohr eintretende Dampfmenge in dem Rohr durch Wärmeabgabe der Rohrwand kondensiert wird und nichts davon am Ende des Rohres austritt. Jedes unter Dampf stehende, aber augenblicklich nicht weiter ausgenutzte Rohr ist in dieser Lage. Namentlich aber sind die Heizkörper in Form von Rohren oder Rohrschlangen, sowie Kupferschlangen zum Wärmen von Wasser mittels Dampf als eine solche Leitung mit sehr großen Wärmeverlusten und ohne Dampfabgabe am Ende anzusehen. Bei ihnen ist also das Niederschlagen nicht als ein Dampfverlust anzusehen, sondern es ist das, was man wünscht.

Man könnte in Versuchung kommen, den Zustand des Dampfes in solcher Schlange als einen ruhenden anzusehen und dem Dampf in allen Teilen des Rohres denselben Druck wie am Eintritt zuzuschreiben. Das wäre aber falsch. Denn offenbar muß der Dampf, der sich in den letzten Teilen des Rohres niederschlägt, immer durch die ersten Teile desselben hindurch ersetzt werden. Nur ganz am Ende des Rohres ist der Dampf also in Ruhe, durch jeden der vorderen Querschnitte strömt Dampf in solcher Menge, wie die dahinterliegenden Rohrteile niederschlagen. Die Strömung des Dampfes aber hat Druckunterschiede zur Voraussetzung. Am Ende eines unter Dampf gehaltenen Rohres ist der Druck also auch dann geringer als am Anfang, wenn gar kein Dampf am Ende entnommen wird. Und da die erwähnten Heizkörper und Rohrschlangen das niedergeschlagene Wasser am Ende meist in die Atmosphäre entlassen, so daß am Ende des Rohres Atmosphärendruck herrscht, so ist am Anfang ein Überdruck nötig, um den Dampf überhaupt in den Heizkörper oder in die Schlange hineinzutreiben. Ist der für die betreffende Schlange notwendige Überdruck nicht vorhanden, so ist der zu geringe Überdruck schon vor dem Ende des Rohres durch Wärmeabfuhr aufgebraucht, der Dampf kommt gar nicht bis ans Ende der Schlange und nur ein Teil der Heizfläche tritt in Wirksamkeit. Die Heizwirkung ist dann entsprechend geringer. Ist bei in kaltem Wasser liegenden Kupferschlangen die Kühlwirkung sehr energisch, so kann unter Umständen ein Druck von vielen Atmosphären in das Rohr eingelassen werden, während am Ende das Kondenswasser einfach unter Atmosphärendruck abläuft.

Diese, wie man sieht, von den Verhältnissen in Wasser- und Luftleitungen recht verschiedenen Zusammenhänge sind nun zahlenmäßig zu belegen.

33. Sonderfall: Keine Wärmeverluste, geringer Druckabfall. Grundsätzlich gleichartig ist die Berechnung der Dampfleitungen mit denen der bisher besprochenen Leitungen für Warmwasser und der Kanäle von Lüftungsanlagen, solange man von der Änderung der Dampfdichte — des spezifischen Gewichtes — wegen der Geringfügigkeit der gesamten Druckabnahme und solange man von der Änderung des Dampfgewichtes durch niederfallendes Kondenswasser wegen der Geringfügigkeit der Wärmeverluste absehen kann. Die Geschwindigkeit des Dampfes ist dann in allen Teilen des Rohres die gleiche.

Man setzt auch bei Dampfleitungen den Druckverlust proportional der Geschwindigkeitshöhe; man nimmt ihn also auch hier als proportional mit dem Quadrat der Geschwindigkeit an. Für den Reibungskoeffizienten

ϱ kann man erfahrungsgemäß den Wert 0,03 einführen, und somit wird der auf 1 m Rohrlänge entstehende Druckverlust ausgedrückt sein durch die Gleichung

$$r_1 = 0{,}03 \cdot \frac{1}{d} \cdot \frac{w^2}{2g} \text{ m Dampfsäule,}$$

ganz analog wie wir es in § 26 für Wasserleitungen erhielten.

Durch Multiplizieren der rechten Seite mit dem spezifischen Gewicht γ des Dampfes an der betreffenden Stelle erhalten wir den Druckverlust in Kilogramm pro Quadratmeter, und wenn wir ihn lieber in Kilogramm-Quadratzentimeter haben, da das die für Dampfleitungen übliche Einheit ist, so haben wir die rechte Seite noch durch 10000 zu teilen. Dann wird

$$r_1 = \frac{0{,}03}{10\,000} \cdot \frac{\gamma}{d} \cdot \frac{w^2}{2g} \text{ kg/qcm.}$$

Diese Gleichung kann ohne weiteres zur Berechnung der Dampfleitungen in der Weise wie bei Rohrleitungen für Wasser oder für Luft gebraucht werden, wenn die oben genannten Bedingungen erfüllt sind.

Da das Dampfvolumen $V = 3600 \cdot w \cdot \frac{d^2 \pi}{4}$ gesetzt werden kann (nach § 11, wenn man die Dampfmenge auf die Stunde, die Geschwindigkeit aber auf die Sekunde bezieht), so ist das durch das Rohr gehende Dampfgewicht

$$G = V \cdot \gamma = 3600 \cdot w \cdot \frac{d^2 \pi}{4} \cdot \gamma \text{ kg/st,}$$

und es entsteht durch Einsetzen von

$$w = \frac{G}{3600 \cdot \gamma \cdot \frac{d^2 \pi}{4}} = 0{,}000354 \cdot \frac{G}{\gamma d^2}$$

der Spannungsabfall pro Meter Rohrlänge:

$$r_1 = \frac{0{,}03}{10\,000} \cdot \frac{\gamma}{d} \cdot \frac{G^2}{3600^2 \cdot \gamma^2 \cdot \left(\frac{d^2 \pi}{4}\right)^2 \cdot 2g} =$$

$$= \frac{0{,}03 \,.\, 4^2}{10000 \,.\, 3600^2 \,.\, \pi^2 \,.\, 2 \,.\, 9{,}81} \cdot \frac{G^2}{\gamma} \cdot \frac{1}{d^5}$$

oder

$$r_1 = 0{,}0_{13}192 \cdot \frac{G^2}{\gamma} \cdot \frac{1}{d^5} \text{ kg/qcm.}^{1)} \quad \ldots \ldots \quad (7)$$

Meist ist es bequemer, an Stelle des spezifischen Gewichtes den Dampfdruck in der Formel zu haben. Wenn wir zunächst an einen im

---

[1]) $0{,}0_{13}192$ ist eine bequemere Schreibweise für 0,0000000000000192. Die kleine 13 gibt an, daß hinter dem Komma noch 13 Nullen folgen sollen. In Brüchen kann man die kleinen Zahlen einfach voneinander abziehen, zum Beispiel ist $\frac{0{,}0_{13}192}{0{,}0_6 96} = 0{,}0_7 2$.

ganzen nur geringen Druckabfall denken, so können wir für die ganze Leitung den mittleren Druck einführen. Das spezifische Gewicht γ gesättigten Dampfes ist vom absoluten Druck abhängig, und zwar sind nach Fig. 12 näherungsweise beide einander proportional; wir setzen $\gamma = 0{,}55 \cdot p$. Der Unterschied in Prozenten ist bei kleinen Drucken nicht unbedeutend, doch gibt die Annahme sehr einfache Ergebnisse, und die entstehenden Fehler dürften immerhin klein sein gegenüber anderen Näherungsannahmen. Schon die Annahme eines unter allen Umständen gleich großen Reibungskoeffizienten $\varrho = 0{,}03$ weicht ohne Zweifel viel weiter von der Wirklichkeit ab.

Mit diesem Wert des spezifischen Gewichtes wird

$$r_1 = 0{,}0_{13}35 \cdot \frac{G^2}{p} \cdot \frac{1}{d^5} \text{ kg/qcm.} \quad \ldots\ldots \quad (7\,\text{a})$$

Danach ist also der Druckverlust, in Atmosphären ausgedrückt, proportional der Leitungslänge — das ist natürlich. Er ist umgekehrt proportional der fünften Potenz aus dem Rohrdurchmesser. Er ist ferner umgekehrt proportional dem Druck, bei dem der Dampf übertragen wird. Alles das wird auch in den folgenden Fällen, wo Wärmeverluste auftreten, so bleiben.

Außerdem wächst der Druckverlust mit dem Quadrat des zu übertragenden Dampfgewichtes. Auch das bleibt in den folgenden Fällen einigermaßen so — wenn allerdings wegen auftretender Wärmeverluste das Dampfgewicht in der Leitung sich ändert, so wird an Stelle von G^2 ein analoger anderer Ausdruck treten müssen, den wir bald kennen lernen.

34. Sonderfall: Keine Wärmeverluste, großer Druckabfall. Kann man in einer kurzen Leitung einen großen Spannungsabfall zulassen, weil man nicht den vollen Kesseldruck am Ende braucht, so wird die Leitung eng, und deswegen und wegen ihrer geringen Länge werden die Wärmeverluste klein. Sieht man von ihnen ab, so ist zwar das Dampfgewicht über die Länge der Leitung hin das gleiche, nicht aber, des abnehmenden Druckes wegen, das Dampfvolumen.

Gleichung (7a) gilt dann zunächst nur für ein unendlich kleines Stück der Leitung von der Länge dl, das l m vom Ende der Leitung entfernt ist, in dem der Druck p kg/qcm herrscht und in dem der Druck um dp abnimmt. Die Druckabnahme in diesem Stück ist dann

$$dp = 0{,}0_{13}35 \cdot \frac{G^2}{p} \cdot \frac{dl}{d^5}.$$

Danach ist also $p \cdot \frac{dp}{dl} = 0{,}0_{13}35 \cdot \frac{G^2}{d^5}$, also für alle Teile des Rohres konstant. $\frac{dp}{dl}$ ist gleich dem Neigungswinkel tg α der Kurve Fig. 45, die uns den Verlauf der Spannung angibt für ein Rohr, in dem die Spannung von 3 at. Überdruck = 4 at. abs. bis auf Atmosphärenspannung herabsinkt. Nun ist aber $p\,.\,\operatorname{tg}\alpha = x_1 = x_2$, die Subnormalen der Spannungskurve sind überall gleich lang, das heißt nach bekannten geometrischen Regeln, die Spannung nimmt nach einem Parabelbogen ab. Danach ist also die Spannungsabnahme, sobald es sich um große Druckunterschiede handelt, nicht mehr proportional dem Abstand vom Ende der Leitung; zuerst ist der Druck höher, also die Dampfgeschwindigkeit geringer als später; daher nimmt der Druck zuerst langsam ab und nachher schneller. Man kann also nicht den Spannungsabfall pro Meter Rohrlänge, den spezifischen Druckverlust, angeben.

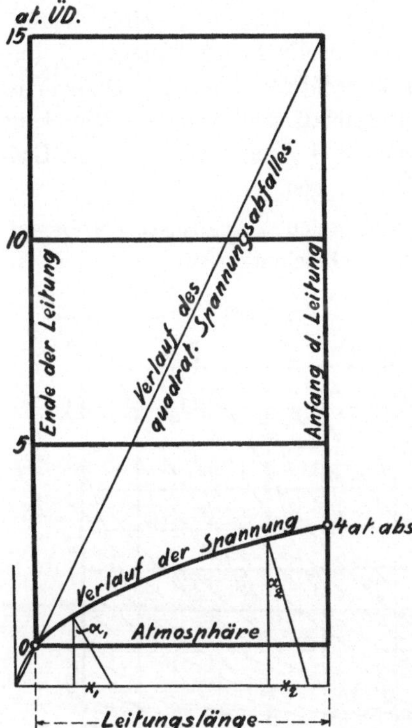

Fig. 45. Verteilung der Spannung in einer Dampfleitung.

Wir schreiben

$$p\,.\,d\,p = 0{,}0_{13}35 \cdot \frac{G^2}{d^5} \cdot d\,l$$

und integrieren links zwischen den Drucken p_1 am Anfang und p_2 am Ende der Leitung, rechts über die Länge der Leitung hin, vom Anfang der Leitung, $l = l$, bis zu ihrem Ende, wo $l = 0$ ist. Das ergibt

$$\int_{p_2}^{p_1} p\,.\,d\,p = 0{,}0_{13}35 \cdot \frac{G^2}{d^5} \int_0^l d\,l,$$

$$1/2\,(p_1^2 - p_2^2) = 0{,}0_{13}35 \cdot G^2 \cdot \frac{l}{d^5}.$$

Diese Gleichung können wir entweder, da $p_1^2 - p_2^2 = (p_1 + p_2) \cdot (p_1 - p_2)$ ist, schreiben

$$p_1 - p_2 = 0{,}0_{13}35 \cdot \frac{G^2}{1/2\,(p_1 + p_2)} \cdot \frac{l}{d^5} \quad . \; . \; . \; . \; . \quad (8)$$

und sehen also, daß die frühere Gleichung (7a) auch für größeren Spannungsabfall gilt — nur die Wärmeverluste müssen gering sein und als Druck ist das Mittel zwischen Anfang und Ende einzuführen. Oder wir schreiben

$$p_1^2 - p_2^2 = 0{,}0_{13}70 \cdot G^2 \cdot \frac{l}{d^5} \quad . \; . \; . \; . \; . \; . \quad (8a)$$

Diese Gleichung für den „quadratischen Spannungsabfall" ist deshalb oft bequemer, weil rechts der mittlere Druck nicht vorkommt, den man ja doch bei größeren Spannungsabfällen meist nicht vorher kennt.

Es wohnt dem quadratischen Spannungsabfall eine gewisse physikalische Bedeutung inne. In einer Leitung von gleichbleibendem Durchmesser ist, wie wir sahen, der Druckabfall selbst kein gleichmäßiger; wohl aber der quadratische, der ja unabhängig von der Höhe des Druckes ist. Fig. 45 zeigt, wie der quadratische Druckabfall linear verläuft, was einfach daraus folgt, daß die Druckabnahme parabolisch verläuft. Wir können daher den gesamten quadratischen Druckabfall in einer Leitung finden als Produkt aus dem spezifischen quadratischen Druckabfall (pro Meter Rohrlänge) und der Länge der betrachteten Leitung. Deshalb ist das Rechnen mit dem quadratischen Druckabfall sehr bequem. Man kann aus ihm durch Dividieren mit der Summe $p_1 + p_2$ aus Anfangs- und Enddruck den Spannungsabfall selbst jederzeit finden.

Zur Orientierung über die zu erwartenden Verhältnisse bei Dampfleitungen kann Fig. 46 dienen, die nach Gleichung (8a) entworfen ist.

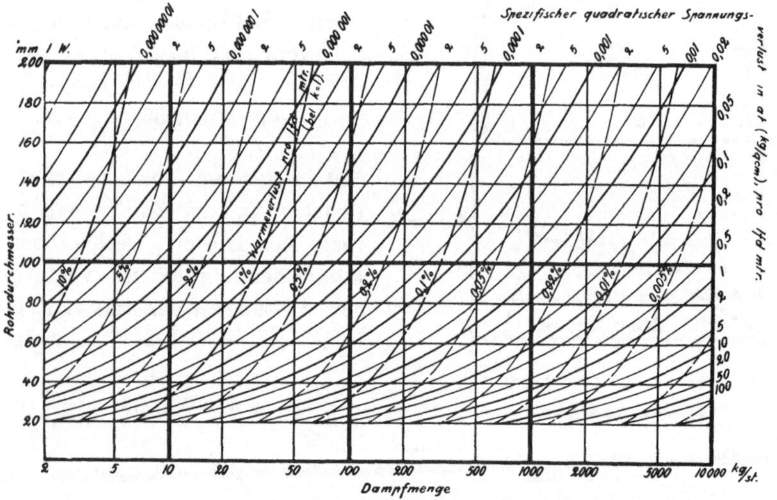

Fig. 46. Spannungsverlust und Wärmeverlust in Dampfleitungen.

Wir entnehmen ihr beispielsweise, daß wir, wenn 500 kg Dampf, entsprechend rund 500 . 600 = 300000 WE stündlich, durch eine Rohrleitung von 0,05 m = 50 mm lichtem Durchmesser gehen, auf einen quadratischen Spannungsverlust von 0,05 at zu rechnen haben, für jedes Meter Länge der Leitung. Ist die Leitung 25 m lang und die Kesselspannung am Anfang 3 at Überdruck = 4 at absolut, so können wir den Enddruck aus $4^2 - p_2^2 = 25 \cdot 0{,}05 = 1{,}25$ berechnen zu $p_2 = 3{,}84$ at. Übrigens zeigt uns noch eine zweite in Fig. 46 eingetragene Kurvenschar, daß wir in dieser Leitung, wenn sie gut isoliert ist, auf etwa 0,03 % Dampfverlust durch Kondensation pro Meter Rohrlänge zu rechnen haben, insgesamt also auf $25 \cdot 0{,}03 = 0{,}75$ % Dampfverlust. Die Vernachlässigung des Kondensationsverlustes ist also angängig. Woher diese zweiten Kurven stammen, und wie man den Kondensationsverlust berücksichtigt in Fällen, wo er nicht vernachlässigt werden darf, wird gleich zu besprechen sein.

Für Niederdruckdampfheizungen gilt insbesondere der linke Teil von Fig. 46. Wir können bei ihnen annähernd $p_1 = p_2 = 1$ at. absolut, also $p_1 + p_2 = 2$ setzen (§ 37); der Spannungsverlust ist also die Hälfte des quadratischen.

35. Sonderfall: Aller eintretende Dampf dient zur Deckung der Wärmeverluste. Man führt den Dampfverlust durch Niederschlagen in der Rohrleitung in einfachster Form in der Weise ein, daß man eine gewisse durch Versuche zu bestimmende Kondensatmenge als von jedem Quadratmeter der Rohrinnenfläche niedergeschlagen annimmt. Die Innenfläche eines Rohres von der Länge l und dem Durchmesser d, alles in Metern zu messen, ist $l \cdot d \cdot \pi$; bezeichnen wir die auf jedem Quadratmeter niedergeschlagene Kondenswassermenge mit k, zu messen in Kilogramm pro Stunde, so schlagen sich im Rohr von der Länge l stündlich $k \cdot d \cdot \pi \cdot l$ kg Wasser nieder.

Um von der Größe der Werte k eine Anschauung zu geben, sei angeführt, daß 1 qm gut isolierten Dampfrohres etwa 1 kg Dampf stündlich niederschlägt, entsprechend einem Wärmeverlust von stündlich 550 WE. Es ist also

für ein gut isoliertes Rohr . . . . $k = 1$

zu setzen. Nackte Rohre, in Luft liegend, geben etwa den vierfachen Dampf- oder Wärmeverlust, also ist

für ein nacktes Eisenrohr in Luft . . . . $k = 4$.

In beiden Fällen ist angenommen, daß Dampf von 2—3 at. Spannung in einem einzelnen Rohr und außerhalb desselben ruhende Luft von meist etwa 30—40° Temperatur sich befindet. Für Dampfheizkörper aus hin und her gehenden Eisenrohren ist die Wärmeabgabe kleiner. Man kann wohl setzen

für einen Niederdruckdampf-Heizkörper aus Röhren . . $k = 2$.

Viel größer sind die Wärmeverluste, die ein in Wasser liegendes Kupfer- oder Messingrohr erfährt. Solchen Rohren oder Rohrschlangen pflegt man eine Wärmeabgabe von 500 bis 600 WE/qm zuzuschreiben für jeden Grad Temperaturunterschied zwischen dem einerseits befindlichen Dampf und dem auf der anderen Seite befindlichen ruhenden Wasser. Da 550 WE etwa von 1 kg Dampf hergegeben werden, so können wir auch annehmen, es würden von jedem Quadratmeter Rohr so viel Kilogramm Dampf niedergeschlagen, wie der erwähnte Temperaturunterschied Δt beträgt. Wir können also setzen

für ein Kupfer- oder Messingrohr in ruhendem Wasser $k = \Delta t$.

Wenn das zu erwärmende Wasser schnell strömt, so wird die Wärmeabgabe um das Mehrfache erhöht. Bei 1 m/sek Wassergeschwindigkeit ist sie etwa das Dreifache der an ruhendes Wasser abgegebenen Wärmemenge, und wir können setzen für ein Kupfer- oder Messingrohr in bewegtem Wasser . . . . $k = 3 \cdot \Delta t$,

ja man kommt gelegentlich herauf bis zu . . . $k = 10 \cdot \Delta t$.

Wie groß man in diesen Fällen Δt anzunehmen hat, bedarf der Erwägung von Fall zu Fall.

Der Druckverlust in einem Rohr, in das nur der zur Deckung der Abkühlungsverluste nötige Dampf eintritt, aber keiner am Ende abgegeben werden soll, läßt sich nun wie folgt berechnen. In einer Entfernung l m vom Ende der Leitung, deren Durchmesser d (in Metern) überall der gleiche sei, muß das Dampfgewicht $k \pi d l$ die Leitung durchlaufen; je mehr wir uns dem Ende der Leitung $l = 0$ nähern, desto kleiner wird dieses Dampfgewicht. In jener Gegend, l m vom Ende, nimmt in dem unendlich kleinen Rohrstück $d l$ der Druck p diesmal ab um

$$d p = 0{,}0_{13}35 \cdot \frac{(k \pi d l)^2}{p} \cdot \frac{d l}{d^5}.$$

Wir integrieren zwischen denselben Grenzen wie früher, nur ist diesmal das Dampfgewicht von l abhängig. Wir haben

$$\int_{p_1}^{p_2} p \,.\, d p = 0{,}0_{13}35 \cdot \frac{(k \pi d)^2}{d^5} \int_0^l l^2 \, d l,$$

$$\frac{p_1^2}{2} - \frac{p_2^2}{2} = 0{,}0_{13}35 \cdot \frac{(k \pi a)^2}{d^5} \cdot \frac{l^3}{3}.$$

Ganz wie früher erhalten wir den Spannungsabfall

$$p_1 - p_2 = 0{,}0_{13}35 \cdot {}^1/_3 \cdot \frac{(k d \pi l)^2}{{}^1/_2 (p_1 + p_2)} \cdot \frac{l}{d^5} \quad . \quad . \quad . \quad . \qquad (9)$$

oder den quadratischen Spannungsabfall

$$p_1^2 - p_2^2 = 0{,}0_{13}70 \cdot {}^1/_3 \cdot (k d \pi l)^2 \cdot \frac{l}{d^5} \quad . \quad . \quad . \quad . \qquad (9\text{a})$$

Diese Gleichungen sind gleichartig mit Gleichung (8) und (8a); war dort das Dampfgewicht G in die Leitung eingetreten, so ist jetzt das Gewicht $k d \pi l$ in die Leitung eingetreten und steht an Stelle von G in der Gleichung. Der Faktor $^1/_3$ indessen zeigt noch an, daß der Spannungsunterschied, wenn der Dampf in der Leitung aufgezehrt wird, nur ein Drittel so groß ist als wenn er sie ganz durchläuft — beide Male gleiche eintretende Menge vorausgesetzt. Das ist durchaus natürlich, eben weil die meisten Dampfteile nur einen Teil der ganzen Leitung durchlaufen.

Schreiben wir

$$p_1^2 - p_2^2 = 0{,}0_{12}23 \,.\, k^2 \cdot \left(\frac{l}{d}\right)^3, \quad . \quad . \quad . \quad . \quad . \qquad (9\text{b})$$

so sehen wir, daß aus dem verfügbaren Spannungsabfall, gegeben durch

$p_1^2 - p_2^2$, und aus der zu erwartenden Wärmeentziehung, gegeben durch k, ein gewisses erforderliches Verhältnis $\frac{l}{d}$ der Rohrabmessungen sich berechnen läßt — während andererseits $l \cdot d$ aus der zu übertragenden Wärmemenge folgt, die eine bestimmte Rohroberfläche verlangt.

Fig. 47 veranschaulicht die nach Formel (9b) zu erwartenden Ergebnisse; sie zeigt beispielsweise, daß zu $p_1^2 - p_2^2 = 2$ und $k = 100$ ein Wert $\frac{l}{d} \sim 1000$ gehört — das betreffende Rohr darf eine Länge gleich dem 1000fachen Durchmesser haben.

Es soll etwa die kupferne Rohrspirale eines mit Hochdruckdampf zu betreibenden Wasserwärmers berechnet werden, bei der wir wegen der großen Wassergeschwindigkeit und bei den zu erwartenden Temperaturverhältnissen auf einen Wärmedurchgang von 90 000 WE/qm rechnen

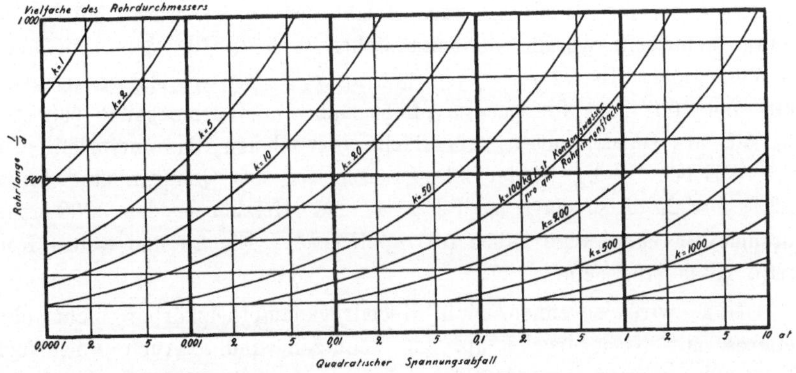

Fig. 47. Spannungsverlust in Dampfrohren ohne Endentnahme (Heizschlangen).

können; nun pflegt man aber die Angabe des Wärmedurchganges auf den Quadratmeter Außenfläche des Rohres zu beziehen, während sich k auf die Innenfläche beziehen sollte. Das Rohr ist mit 12 mm innerem und 14 mm äußerem Durchmesser in Aussicht genommen. Also wird $k = \frac{90\,000}{530} \cdot \frac{14}{12} = 200$ kg/qm. Zur Verfügung steht Dampf von 1 at Überdruck = 2 at. absolut. Am Ende der Spirale muß das Kondenswasser fortfließen, dort wird also auf Atmosphärenspannung $p_2 = 1$ at absolut zu rechnen sein. Also ist $p_1^2 - p_2^2 = 1$. Nach Fig. 47 muß also $\frac{l}{d} \leq 480$ sein. Die Spirale darf also $0{,}012 \cdot 480 = 5{,}8$ m lang sein. Wäre sie länger, so hätte das gar keinen Zweck, da der Anfangsdruck von 1 at den Dampf doch nur 5,8 m hineintreiben könnte; der letzte Teil des Rohres stände dann voll Luft und bliebe von der Heizwirkung ausgeschlossen. Je nach der erforderlichen Heizfläche könnte man das Rohr kürzer halten, müßte dann aber den Dampf vor dem Eintritt soweit abdrosseln, daß kein Dampf am Ende austritt. Die größte Heizfläche, nun wieder auf den äußeren Durchmesser bezogen, die man unter den gedachten Umständen erreichen könnte, wäre $0{,}044 \cdot 5{,}8 = 0{,}25$ qm, entsprechend einer Heizleistung von $0{,}25 \cdot 90\,000 = 22\,5000$ WE/st. Um größere Heizleistungen zu erzielen, müßte man mehrere Rohre parallel schalten — oder ein weiteres Rohr wählen, so daß man bei Aufrechthaltung von $\frac{l}{d} = 480$ größere Oberflächen bekommt.

Bei Niederdruckdampf sind die Rohrlängen sehr beschränkt, die der geringe Dampfdruck von weniger als 0,1 at. überwinden kann, sobald energische Wärmeentziehung zu erwarten ist. Heizkörper in Luft gestatten freilich ziemlich große Rohrlängen. Auch das zeigt Fig. 47, und zwar ist wieder $p_1 + p_2 = 2$ zu setzen, so daß die Spannungsabfälle selbst gleich der Hälfte der quadratischen sind (S. 61 oben). Es möge eine Niederdruckdampfheizung mit 0,1 at Kesseldruck arbeiten; von diesem Überdruck sei die Zuleitung zum Heizkörper so bemessen, daß 0,05 at in ihr verbraucht werden — dann stehen 0,05 at für den Heizkörper zur Verfügung. Es ist $p_1 - p_2 = 0{,}05$ at, $p_1^2 - p_2^2 = 0{,}025$ at. Bei 20^0 Luft- und 100^0 Dampftemperatur pflegt man eine Wärmeabgabe von etwa 900 WE pro Quadratmeter Außenfläche anzunehmen; das entspricht etwa 1100 WE oder 2 kg Niederschlagswasser auf das Quadratmeter Innenfläche; $k = 2$. Also darf nach Fig. 47 der Heizkörper den 3000fachen Durchmesser zur Länge haben (extrapolieren!). Ein 25 mm weites Rohr dürfte 75 m lang sein.

Man wird erkennen, daß Hochdruckdampfheizkörper nicht ohne weiteres mit Niederdruckdampf zu benutzen sind. Auch Hochdruck-Wasserwärmer müssen anders bemessen werden als Niederdruck-Wasserwärmer.

36. Allgemeiner Fall: Endabgabe und Wärmeverluste gleichzeitig. Der allgemeine Fall ist endlich der, wo ein Teil des in das Rohrstück eintretenden Dampfes durch die Wärmeverluste verflüssigt wird, während der Rest am Ende austritt, um irgendwie verwendet zu werden.

Wir betrachten wieder eine Stelle des Rohres, die um l m von dem Ende des Rohres entfernt ist. Das Rohr solle an seinem Ende eine Dampfmenge von G kg abliefern. Dann muß an der betrachteten Stelle ein Dampfgewicht

$$G + k\,d\,\pi\,l \text{ kg}$$

durch das Rohr gehen.

In einem unendlich kleinen Rohrstück von der Länge dl nimmt der Druck p um den unendlich kleinen Betrag dp ab; für die Spannungsabnahme haben wir die Differentialgleichung

$$dp = 0{,}0_{13}35 \cdot \frac{(G + k\,d\,\pi\,l)^2}{p} \cdot \frac{dl}{d^5}$$

oder auch

$$p \cdot dp = 0{,}0_{13}35 \cdot (G + k d \pi l)^2 \cdot \frac{dl}{d^5} \cdot$$

Wir lösen die quadratische Klammer auf und integrieren jeden Summanden einzeln über die Rohrstrecke vom Rohrende, $l = 0$, bis an die gedachte Stelle, $l = l$; gleichzeitig haben wir die rechte Seite zwischen den entsprechenden Druckgrenzen zu integrieren, der am Rohrende $p = p_2$ betrage, während an der gedachten Stelle $p = p_1$ ist. Wir erhalten

$$\int_{p_2}^{p_1} p \cdot dp = 0{,}0_{13}35 \cdot \frac{G^2}{d^5} \int_0^l dl + 0{,}0_{13}35 \cdot \frac{2G \,.\, k d \pi}{d^5} \int_0^l l \,.\, dl + $$

$$+ 0{,}0_{13}35 \cdot \frac{(k d \pi)^2}{d^5} \int_0^l l^2 \,.\, dl,$$

und die Integrationen ausgeführt:

$$^1/_2 (p_1^2 - p_2^2) = 0{,}0_{13}35 \cdot G^2 \cdot \frac{l}{d^5} + 0{,}0_{13}35 \cdot G \cdot k d \pi \cdot \frac{l^2}{d^5} +$$

$$+ 0{,}0_{13}35 \cdot {}^1/_3 (k d \pi)^2 \cdot \frac{l^3}{d^5} =$$

$$= 0{,}0_{13}35 \cdot \frac{l}{d^5} \cdot [G^2 + G \cdot k d \pi l + {}^1/_3 (k d \pi l)^2] .$$

Die linke Seite ist gleichbedeutend mit $^1/_2 (p_1 + p_2) \cdot (p_1 - p_2)$, also wird der Spannungsabfall

$$p_1 - p_2 = 0{,}0_{13}35 \cdot \frac{l}{^1/_2 (p_1 + p_2) \cdot d^5} \cdot [G^2 + G \cdot k d \pi l + {}^1/_3 (k d \pi l)^2] \quad (10)$$

und das, was wir den quadratischen Spannungsabfall nennen, wird

$$p_1^2 - p_2^2 = 0{,}0_{13}70 \cdot \frac{l}{d^5} \cdot [G^2 + G \cdot k d \pi l + {}^1/_3 (k d \pi l)^2] . \quad (10a)$$

Auch diese Gleichungen sind gleichartig gebaut mit den Gleichungen (8) und (8a) für das Rohr ohne Wärmeverluste und mit den Gleichungen (9) und (9a) für das Rohr ohne Dampfabgabe am Ende.

Der gesamte in einer Rohrleitung unter Berücksichtigung von Reibungs- und Wärmeverlusten auftretende Druckverlust setzt sich also aus drei Teilen zusammen, die als Summanden in der Klammer der Gleichung (10) auftreten. Der erste Summand

$$0{,}0_{13}35 \cdot G^2 \cdot \frac{1}{^1/_2 (p_1 + p_2)} \cdot \frac{l}{d^5}$$

bleibt übrig, wenn wir $k d \pi l = 0$ setzen, stellt also den Druckverlust eines Rohres dar, das gar keine Wärmeverluste hat. Man sieht leicht, daß er mit der rechten Seite von Gleichung (8) identisch ist.

Der dritte Summand lautet

$$0{,}0_{13}35 \cdot {}^1/_3 \cdot (k\,d\,\pi\,l)^2 \cdot \frac{1}{{}^1/_2\,(p_1 + p_2)} \cdot \frac{l}{d^5};$$

er bleibt übrig, wenn wir $G = 0$ setzen, und stellt also den Druckverlust in einem Rohr dar, das am Ende gar keinen Dampf abzugeben hat, sondern in welches Dampf nur eintritt, um die Wärmeabgabe des Rohres selbst zu decken. Er ist mit der rechten Seite von Gleichung (9) identisch.

Zu beiden tritt ein Summand in der Größe

$$0{,}0_{13}35 \cdot G \cdot k\,d\,\pi\,l\,\frac{1}{{}^1/_2\,(p_1 + p_2)} \cdot \frac{l}{d^5}$$

hinzu. Der gesamte Spannungsabfall in einem Rohr ist also nicht nur gleich der Summe der Spannungsabfälle aus den Wärmeverlusten allein und aus der Reibung allein, sondern er ist größer. Das ist auch natürlich, da der Druckverlust von dem Quadrat der Geschwindigkeit abhängt. Wenn also die Dampfmengen und damit die Geschwindigkeiten sich einfach addieren, so müssen die Druckverluste schneller zunehmen.

Will man, wo eine große Endabgabe G von Dampf und ein verhältnismäßig kleiner Dampfverlust $k\,d\,\pi\,l$ vorliegt, eine Vereinfachung vornehmen, so kann man übrigens viel eher das dritte Glied, das dem Dampfverlust allein entspricht, fortlassen als das zweite. Kommt doch im dritten die kleine Größe im Quadrat und überdies noch durch 3 geteilt vor. Man kann dann die Näherungsformel verwenden

$$p_1^2 - p_2^2 = 0{,}0_{13}70 \cdot (G^2 + G \cdot k\,d\,\pi\,l) \cdot \frac{l}{d^5} =$$

$$= 0{,}0_{13}70 \cdot G \cdot (G + k\,d\,\pi\,l) \cdot \frac{l}{d^5} \quad \ldots\ldots \quad (10b)$$

Das heißt also, man kann mit der die Wärmeverluste nicht beachtenden Gleichung (8) oder (8a) rechnen, aber statt des Quadrates der austretenden Dampfmenge lieber das Produkt aus ein- und austretender Dampfmenge in dieselbe einführen.

Wir können also auch die früher für den Fall verschwindend kleiner Dampfverluste aufgestellte Fig. 46 zur Berechnung des Spannungsabfalles in solchen Fällen verwenden, wo der Dampfverlust erheblich ist, haben aber als das Dampfgewicht den Wert $\sqrt{G \cdot (G + k\,d\,\pi\,l)}$ einzuführen, den sogenannten geometrischen Mittelwert aus der Dampfmenge am Ende und der am Anfang. Wo der Dampfverlust nicht allzugroß ist, weicht der geometrische Mittelwert auch kaum von dem arithmetischen Mittelwert $G + {}^1/_2\,k\,d\,\pi\,l$ ab, und man kann mit dem rechnen.

Um den Betrag der Dampfverluste leicht einschätzen zu können, sind in Fig. 46 noch Kurven gleichen prozentualen Dampfverlustes, bezogen auf 1 m Rohrlänge, eingetragen. Nimmt man nämlich die auf dem Quadratmeter Rohrinnenfläche niedergeschlagene Wassermenge zu 1 kg/st

— es ist das eine für gut isolierte Leitungen übliche Annahme — an, so schlagen sich im Rohr vom lichten Durchmesser d m stündlich $d\pi$ kg nieder, beispielsweise im Rohr von 0,1 m Durchmesser stündlich 0,314 kg. Das bedeutet dann 1 % Dampfverlust auf den laufenden Meter Rohr, wenn durch das Rohr 31,4 kg Dampf gehen — wie man auch der Fig. 46 entnehmen kann.

Lehrreich ist es nun, zu verfolgen, wie der Druckverlust einerseits, der Dampfverlust andererseits verschieden ausfallen, wenn wir eine Rohrleitung, die eine gegebene Dampfmenge zu bewältigen hat, enger oder weiter ausführen. Die Kurven gleichen Druckverlustes und die gleichen prozentualen Dampfverlustes haben zwar einen untereinander ähnlichen Verlauf, aber der Druckverlust wird um so größer, je weiter nach rechts die betreffende Kurve im Bilde liegt, der Dampfverlust hingegen wird um so größer, je weiter nach links im Bilde die Kurve verläuft. Es seien beispielsweise 100 kg/st Dampf fortzuleiten. Wählen wir ein Rohr von 40 mm Durchmesser, so haben wir nach Fig. 46 einen quadratischen Druckverlust 0,008 at bei einem Dampfverlust von reichlich $^1/_{10}$ % auf den laufenden Meter Rohr. Wählen wir aber ein Rohr von 80 mm Durchmesser, so sinkt der quadratische Druckverlust auf 0,0002 at, der Dampfverlust steigt auf 0,25 %.

Die Anwendung einer weiteren Rohrleitung bringt zwar eine Abnahme des Druckverlustes, aber auf Kosten der Dampfverluste mit sich. Da nun Dampfverluste gleichbedeutend mit Wärmeverlusten sind — sie werden ja durch solche hervorgerufen — so ist das weitere Rohr ungünstiger als das enge. Ein Druckverlust schadet nichts, soweit die Kesselanlage doch einmal einen Druck erzeugt größer als den erforderlichen. Wo freilich der Kesseldruck erst festgesetzt werden soll, da wird man zu erwägen haben, was vorteilhafter ist — ihn gering zu wählen, um die Kesselanlage entsprechend zu verbilligen oder ihn hoch zu wählen, um im Betriebe geringe Wärmeverluste zu erhalten. Zwischen der Rücksicht auf die Beschaffungs- und der auf die Betriebskosten wird zu vermitteln sein.

37. Ausführung der Berechnung. Die Berechnung von Dampfleitungen, insbesondere von verzweigten, geschieht nach diesen Grundlagen in ganz gleicher Weise wie bei Leitungen für Luft oder Wasser. Den Druck in jedem Verzweigungspunkt kann man innerhalb der überhaupt in Frage kommenden Druckgrenzen beliebig annehmen; je nach der gemachten Annahme werden die Leitungen vor oder die hinter dem Verzweigungspunkt enger oder weiter ausfallen. Selbstverständlich ist bei Berechnung aller Zweige derselbe Druck in dem Knotenpunkt einzuführen. Bei Leitungen mit großem Spannungsabfall rechnet man zweckmäßig überall mit dem quadratischen Druckverlust; bei Niederdruckleitungen und bei solchen, bei denen der Spannungsabfall klein ist gegenüber der Höhe des absoluten Druckes, kann man auch mit dem Druckverlust selbst rechnen.

Die einmaligen Widerstände, verursacht durch Kniestücke, Wasserabscheider, Ventile und ähnliche Hindernisse, pflegt man unbeachtet zu lassen oder einfach durch einen Zuschlag nach Gutdünken zu berücksichtigen. Eine Berücksichtigung der einmaligen Widerstände in der Form wie bei Wasser und Luft üblich, indem man ihren Widerstand in vielfachen der Geschwindigkeitshöhe einführt, wäre zu umständlich, zumal man die Dampfgeschwindigkeit nicht zu ermitteln pflegt.

Man kann die Einzelwiderstände in Form eines Zuschlages zur Rohrlänge einführen (§ 39) und hierbei die Zuschläge so bemessen, wie für Wasser in § 25 angegeben. Ob diese Werte für Dampf zutreffen, ist zweifelhaft; es fehlt dafür bisher an Versuchsgrundlagen, die überhaupt für die Berechnung der Dampfleitungen noch spärlicher sind, als für die der Wasserleitungen.

Über die Bemessung der Rohrleitungen von Niederdruck-Dampfheizungen wäre noch folgendes zu bemerken: Wir setzten bei ihnen $p_1 + p_2 = 2$ at. und waren dadurch in der Lage, den Spannungsabfall als die Hälfte des quadratischen anzusehen, um Fig. 46 und 47 zu benutzen. Eigentlich hätte man p_2 gleich dem augenblicklichen Barometerstand zu setzen und p_1 um den Kesselüberdruck höher. In die Rohrleitungen tritt der Dampf mit Kesselspannung, und er hat am Ende der Heizkörper Atmosphärenspannung. Häufig wird nun mit $p_1 = 1{,}033$ at gerechnet, das ist der normale Barometerstand am Meeresspiegel in Höhe von 760 mm Quecksilbersäule. Ist dann der Kesselüberdruck vielleicht 1 m WS $= 0{,}1$ at., also $p_2 = 1{,}033 + 0{,}1 = 1{,}133$ at., so würde $p_1 + p_2 =$ $= 2{,}166$ at. Es ist aber nicht nur einfacher, sondern auch richtiger, $p_1 + p_2 = 2$ at zu setzen. Denn die Anlage arbeitet nicht immer beim normalen, sondern oft bei geringerem Barometerstand. Unsere Rechnungsweise entspräche nun einem Barometerstand von 0,95 at = 700 mm QuS $= p_1$, wo dann $p_2 = 0{,}95 + 0{,}1 = 1{,}05$ at und $p_1 + p_2 = 2$ at. würde. Der Barometerstand von 700 mm Qu. kommt zwar am Meeresspiegel kaum vor, wohl aber schon an Orten, die nur 100 bis 200 m über dem Meere liegen. Da nun offenbar die Leistungsfähigkeit einer Niederdruckdampfheizung mit sinkendem Barometerstand abnimmt, weil nämlich der Dampf dann ein größeres Volumen einnimmt, der Kesselüberdruck aber stets durch die Höhe des Standrohrs oder die Einmündung der Entlüftung beschränkt ist —, so ist es richtig, den tiefsten vorkommenden Barometerstand in die Rechnung einzuführen. Dem entspricht für normale Fälle die Annahme $p_1 + p_2 = 2$ at. Für besonders hochgelegene Orte aber hätte man noch niedrigere Werte einzuführen.

c) Allgemeines.

38. Genauigkeit der Koeffizienten. Die Genauigkeit bei der Berechnung von Rohrleitungen ist begrenzt durch die Genauigkeit, mit der die anzuwendenden Widerstandskoeffizienten bestimmt worden sind. Außerdem wiesen wir schon auf die Unsicherheit in der Berücksichtigung der Geschwindigkeitshöhe bei Verzweigungen hin.

Unsere Kenntnis der Reibungskoeffizienten ist nur eine mangelhafte. Teils liegt das in der Natur der Sache, teils in dem Fehlen von Versuchen. Eine große Unsicherheit von jedenfalls mehreren Prozenten wird niemals zu vermeiden sein, wegen des Einflusses, den verschiedene Rauhigkeit der Rohrwand auf die Reibung ausübt. Auch wächst der Widerstand der Leitungen, wenn eine bestimmte Wassermenge durch sie hindurchgeht, etwa mit der fünften Potenz des Rohrdurchmessers. Kleine, bei der Herstellung unvermeidliche Abweichungen des wahren Rohrdurchmessers vom Sollwert ergeben daher Abweichungen in dem wirklich entstehenden Druckverlust gegenüber dem zu erwartenden von etwa fünffachen prozentualen Betrage.

Diese Unsicherheiten werden sich nie ausschalten lassen, aber darüber hinaus ist doch unsere Kenntnis der Reibungskoeffizienten für die gebräuchlichen Fälle noch mangelhafter als sie zu sein brauchte. Für Dampfleitungen ist die Annahme eines und desselben Reibungskoeffizienten $\varrho = 0{,}03$ für alle Drucke und für alle Dampfgeschwindigkeiten eine ganz rohe Annäherung. Für Fortleitung des Wassers in Rohren pflegt, wie angegeben der Weisbachsche Wert $\varrho = 0{,}0144 + \frac{0{,}0095}{\sqrt{w}}$ angenommen zu werden. Er beruht nun auf Versuchen aus den 40er Jahren des vorigen Jahrhunderts, und ein so geschickter Experimentator Weisbach auch war, so ist doch gegen die Ergebnisse einzuwenden, daß die Methoden der Rohrherstellung sich inzwischen ganz geändert haben, und daß die Versuche nur mit kaltem Wasser angestellt sind, während für unsere Zwecke hauptsächlich warmes Wasser in Betracht kommt. Andererseits haben Versuche von mehreren Seiten, die jedoch zur Abgabe endgiltigen Urteils nicht ausreichen, wahrscheinlich gemacht, daß die Druckverluste in den Fällen der Praxis etwa 10 bis 20 Prozent größer sind, als die Weisbachschen Werte angeben. Eine ähnliche Unsicherheit liegt in den auch von Weisbach herrührenden Angaben für die Einzelwiderstände. Nach Weisbach liefern die Einzelwiderstände Druckverluste genau proportional der Geschwindigkeitshöhe, bei der Rohrreibung aber besteht, wegen der Abhängigkeit des Reibungskoeffizienten von der Geschwindigkeit, jene Proportionalität nicht genau. Man hat darauf gelegentlich Schlüsse aufgebaut über verschiedenes Verhalten von Heizungsanlagen, je nachdem die eine oder die andere Art des Widerstandes in der Rohrleitung überwiegt. Das ist natürlich bei den erwähnten Unsicherheiten nicht statthaft. Genauere Versuche würden vielleicht für die einmaligen Widerstände ähnliche Verhältnisse ergeben, wie für die anderen.

Es erscheint wünschenswert, durch Versuche, die besonders auf die Verhältnisse des Heizungsfaches zugeschnitten sind, diese Fragen zu klären. Die Frage nach dem wahren Wert der Druckverluste ist nämlich in neuerer Zeit dadurch dringender geworden, daß man in Warmwasserheizungen das Wasser gelegentlich durch Pumpen umtreiben läßt, statt früher stets durch den eigenen Abtrieb. Für reine Abtriebheizung nun ist die Kenntnis der Reibungskoeffizienten von geringerem Einfluß, weil, sobald weniger Wasser als rechnungsmäßig angenommen durch die Leitungen geht, dieses mehr ausgekühlt wird und dadurch der Abtrieb verstärkt wird, so daß allzu starkes Sinken des Wasserumlaufes verhindert wird. Bei Druckwasserheizung mit gegebenem Umtrieb liegen die Verhältnisse ungünstiger. — Die mangelhafte Kenntnis der Reibungskoeffizienten würde sich überhaupt stärker fühlbar machen, wenn es nicht bei der Berechnung der Rohrleitungen weniger auf die absolute Größe der Druckverluste, als viel mehr auf eine richtige Verteilung derselben ankäme, die für entsprechende Verteilung der Wassermenge zu sorgen hat. Durch Begehen eines gleichmäßigen Fehlers in den verschiedenen Leitungen braucht sich in der gegenseitigen Bemessung der Leitungen noch kein empfindlicher Fehler einzustellen.

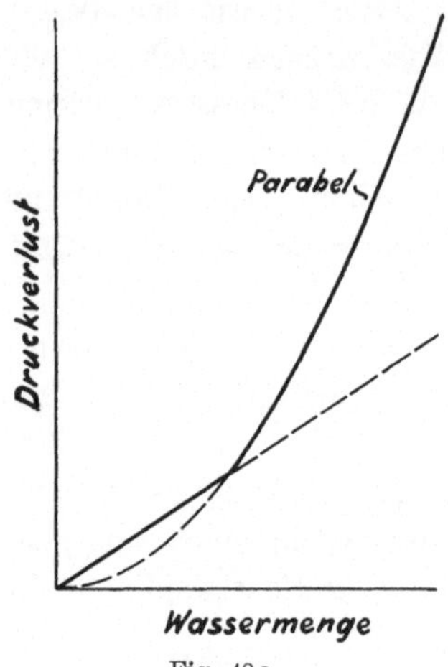

Fig. 48a.

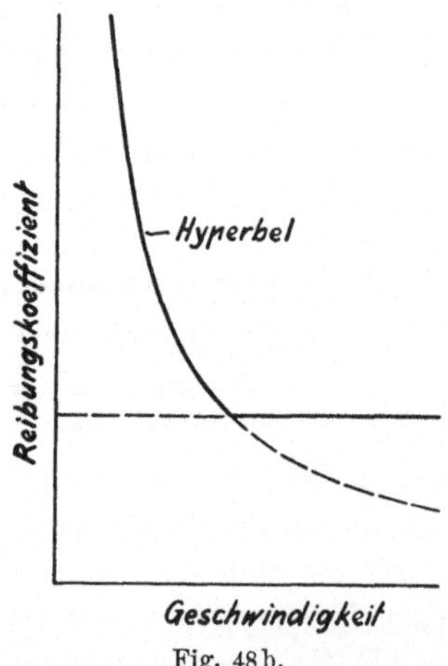

Fig. 48b.

Erwähnt sei noch, daß neuere Versuche im kleinen es wahrscheinlich machen, daß die Weisbachschen Grundannahmen falsche sind. Es ist wahrscheinlich geworden, daß für kleine Wassergeschwindigkeiten der Druckverlust der Geschwindigkeit selbst proportional ausfällt, für höhere Wassergeschwindigkeiten aber dem Quadrat der Wassergeschwindigkeit proportional ist (Fig. 48a). Will man bei diesem Verhalten den Reibungskoeffizienten für alle Fälle in eine Formel einführen, die das Quadrat der Geschwindigkeit enthält, so fällt der Reibungskoeffizient für größere Geschwindigkeiten konstant aus, für kleinere geht er in einen Hyperbelbogen über (Fig. 48b). Der Übergang findet bei einer sogenannten kritischen Geschwindigkeit statt, die theoretisch eine bestimmte Bedeutung hat. Man erkennt, daß die Weisbachschen Reibungskoeffizienten diesen Verlauf nachahmen (Fig. 34).

39. Widerstand der Rohrleitung. Es ist manchmal bequem, von dem Widerstand einer Rohrleitung sprechen zu können.

Mit Hilfe der bisher gemachten Angaben geht das nicht ohne weiteres, denn der Druckverlust in der Rohrleitung hängt nicht allein von den Abmessungen der Leitung, sondern auch von der Wassergeschwindigkeit ab. Um den Widerstand als eine Eigenschaft der Leitung allein zu haben, muß man ihn nicht in Gestalt einer Druckhöhe, sondern mit der Geschwindigkeitshöhe als Einheit angeben. Man gibt dann den Widerstand als Vielfaches der Geschwindigkeitshöhe $\frac{w^2}{2g}$. Er ist, nach der Bezeichnungsweise des § 26, $R = \varrho' \cdot l \cdot \frac{u}{f} = \varrho \cdot \frac{l}{d}$ Geschwindigkeitshöhen zuzüglich der Einzelwiderstände ζ.

Für Wasser steht dieser Form der Angabe allerdings im Wege, daß der Reibungskoeffizient seinerseits noch von der Geschwindigkeit abhängt, also wäre der Widerstand des Rohres auch davon abhängig. Es genügt aber für viele Zwecke, den Reibungskoeffizienten als konstant einzusetzen, um Rechnungen durchzuführen, die sonst wegen des Zeitaufwandes ganz unterbleiben müßten. Die Unsicherheit in der Kenntnis des Reibungskoeffizienten berechtigt, so zu verfahren. Wir wollen dann für Wasser $\varrho = 0{,}03$ setzen, um den gleichen Wert wie für Dampf zu haben.

Es ist leicht zu berechnen, wieviel Geschwindigkeitshöhen Widerstand 1 m Rohr einer gewissen Weite hat, oder umgekehrt, wie lang ein Rohr sein darf, damit sein Widerstand gerade den Wert 1 habe, also soviel Druckverlust verursache wie eine Beschleunigung. Für Wasser und für Dampf, $\varrho = 0{,}03$, ergeben sich die Einheitslängen der gebräuchlichen Rohrweiten wie folgt:

Lichter Rohrdurchmesser d in Metern	Widerstand $\frac{\varrho}{d}$ von 1 lfd. Meter in Geschw.-Höhen	Einheitslänge $\frac{d}{\varrho}$ (Länge eines Rohres vom Widerstand 1 in Metern)
0,0145	2,07	0,48
0,020	1,50	0,67
0,0255	1,17	0,85
0,034	0,88	1,13
0,0395	0,76	1,32
0,04325	0.69	1,44
0,0495	0,60	1,65

Wir können von der Angabe Gebrauch machen, um einmalige Widerstände zu berücksichtigen, die wir bisher bei der Dampfleitung ganz vernachlässigt hatten. Wollen wir für einen Krümmer $\zeta = 1$ setzen (§ 25), so brauchen wir nur die Rohrleitung, um eine Einheitslänge länger anzusetzen, als sie in Wahrheit ist, und haben den Widerstand des Krümmers berücksichtigt.

Wo Rohrleitungen verschiedenen Durchmessers aneinander anschließen, herrschen in den verschiedenen Teilen verschiedene Geschwindigkeiten; wir müssen dann die Angabe auf Geschwindigkeitshöhe eines der Durchmesser reduzieren, zweckmäßig auf den engsten Durchmesser, da, wie einige Beispiele zeigen werden, die Widerstände weiterer Rohre vergleichsweise klein zu sein pflegen. Wo man Rohre verschiedener Weite hat, tut man gut, den Durchmesser zu vermerken, auf den der Widerstand bezogen ist, etwa durch die Angabe in der Form, der Widerstand sei 12 Geschw. $H_{(20)}$, wenn nämlich die Angabe auf 20 mm Rohrdurchmesser bezogen war.

Für die Umrechnung ergibt sich folgendes: Die Geschwindigkeiten in den verschiedenen Rohrabschnitten verhalten sich umgekehrt wie die Quadrate der Rohrdurchmesser, $\frac{w_1}{w_2} = \frac{d_2^2}{d_1^2}$; die Geschwindigkeits h ö h e n verhalten sich wie die Quadrate der Geschwindigkeiten, $\frac{h_1}{h_2} = \frac{w_1^2}{w_2^2}$; also verhalten sich die Geschwindigkeitshöhen bei verschiedenen Rohrweiten zu einander umgekehrt wie die vierten Potenzen der Durchmesser: $\frac{h_1}{h_2} = \frac{d_2^4}{d_1^4}$.

Wir können nun den Widerstand einer Rohrschlange nach Fig. 49 berechnen, deren Zuleitungen 20,0 mm lichten Durchmesser haben, während die Schlange selbst, wie ersichtlich, einen Durchmesser von 39,5 mm aufweist. Die $2 \cdot 1{,}5 = 3{,}0$ m Zuführung haben $3 \cdot 1{,}50 = 4{,}5$ Geschw. $H_{(20)}$ Widerstand, dazu je eine Beschleunigung und ein Ventil, macht $n + \zeta = 3$ Geschw. $H_{(20)}$. Die Schlange selbst hat eine Länge $4 \cdot 5 = 20$ m; drei Umkehrbogen und eine Beschleunigung, $n + \zeta = 4$, sind einer Rohrlänge von $4 \cdot 1{,}32 = 5{,}28$ m gleichwertig. Wir können also der Schlange eine gerade Länge von 25,3 m zuschreiben — eine Zahl, die wir später nochmals brauchen werden. Der Widerstand der Schlange ist mit $25{,}3 \cdot 0{,}76 = 19{,}2$ Geschw. $H_{(39)}$ anzunehmen, entsprechend $19{,}2 \cdot \frac{0{,}020^4}{0{,}0395^4} = 1{,}3$ Geschw. $H_{(20)}$. Die Zusammenstellung von Schlange und Zuführungen hat also $4{,}5 + 3 + 1{,}3 = 8{,}8$ Geschw. $H_{(20)}$ Widerstand. Stände etwa zwischen Vor- und Rücklauf ein Druckunterschied von 0,5 m Wassersäule zur Verfügung, so würde sich in den 20 mm weiten Zuführungen eine Geschwindigkeit einstellen, folgend aus $8{,}8 \cdot \frac{w^2}{2g} = 0{,}5$; $w = 1{,}06$ m/sek.

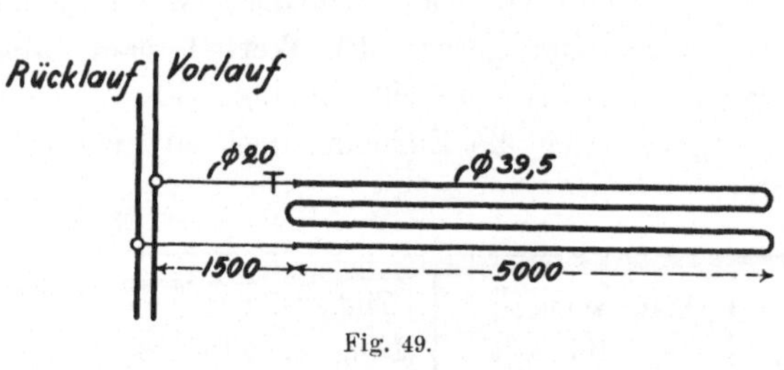

Fig. 49.

Der Wasserdurchgang wäre 1,2 cbm/st. — Statt dessen hätten wir auch beide Widerstände auf 39,5 mm Weite reduzieren können. Die Zuleitungen hätten dann $7{,}5 \cdot \frac{0{,}0395^4}{0{,}020^4} = 114$ Geschw. $H_{(39)}$ gehabt; dazu die 19,2 Geschw. $H_{(39)}$ der Schlange selbst, ergibt den Gesamtwiderstand mit 133 Geschw. $H_{(39)}$. Aus $133 \cdot \frac{w^2}{2g} = 0{,}5$ wäre diesmal die Geschwindigkeit $w = 0{,}27$ m/sek in der Schlange gefolgt. Der Wasserdurchgang ergibt sich natürlich wieder zu 1,20 cbm/st.

In dieser Weise läßt sich der Widerstand irgendwelcher Rohrleitung berechnen. Wozu aber ist die Angabe in dieser Form bequem? Von der Einführung einmaliger Widerstände durch Ansetzen größerer Leitungslänge sprachen wir schon. Außerdem ist die Rechnung mit Rohrwiderständen die schnellste Art, wie man in Verzweigungen die Verteilung der Flüssigkeit auf die beiden Zweige feststellen kann. Steht für beide Zweige, die wir mit 1 und 2 bezeichnen wollen, dasselbe Druckgefälle zur Verfügung, so muß sein $R_1 \cdot \frac{w_1^2}{2g} = R_2 \cdot \frac{w_2^2}{2g}$, also $\frac{w_1}{w_2} = \sqrt{\frac{R_2}{R_1}}$. Waren die beiden Widerstände R_1 und R_2 in Geschwindigkeitshöhen, bezogen auf die gleiche Rohrweite, ausgedrückt, so sind die Wasservolumina V den in dieser Rohrweite erzielbaren Geschwindigkeiten proportional, also

$$\frac{V_1}{V_2} = \sqrt{\frac{R_2}{R_1}} \quad \text{. . . . . (11a)}$$

Unwesentlich ist dabei, ob beide Zweige gleichen Durchmesser haben; nur müssen die Widerstände auf gleichen Durchmesser bezogen sein. — Ist übrigens in den Zweigen eine verschiedene Druckhöhe verfügbar, so gilt

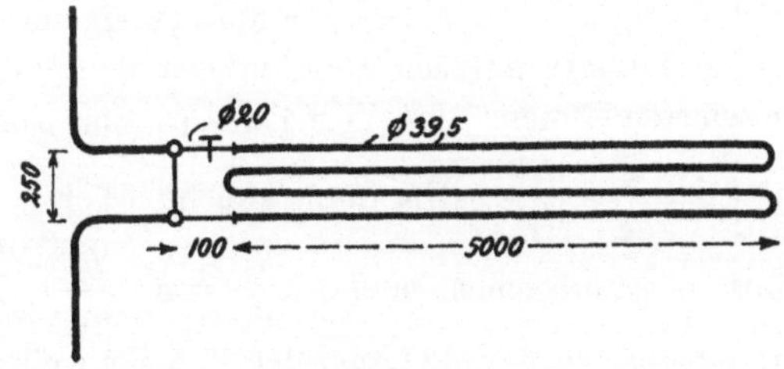

Fig. 50

$$h_1 = R_1 \cdot \frac{w_1^2}{2g}; \; h_2 = R_2 \cdot \frac{w_2^2}{2g}; \; \frac{R_1}{h_1} \cdot \frac{w_1^2}{2g} = 1 = \frac{R_2}{h_2} \cdot \frac{w_2^2}{2g};$$

also wird

$$\frac{V_1}{V_2} = \sqrt{\frac{R_2}{R_1} \cdot \frac{h_1}{h_2}} \quad \text{. . . . . (11)}$$

Die Schlange, deren Widerstand wir eben berechneten, sei nach Fig. 50 als Heizkörper nach dem Einrohrsystem eingebaut. Das von oben kommende Wasser soll sich auf den Heizkörper und den Kurzschluß in einem bestimmten Verhältnis verteilen. Welche Verhältnisse erwünscht sind, werden wir in § 123 erfahren. Hier handelt es sich um die Frage, wie man die vorgeschriebene Verteilung verwirklicht. Es solle etwa ein

Drittel durch den Heizkörper, zwei Drittel durch den Kurzschluß gehen. Man könnte irgendwelche Rohrweiten annehmen, den Widerstand jedes Zweiges zu berechnen, und dann prüfen, ob sich die Widerstände zueinander wie 1 zu 4 verhalten; auch den in der Schlange durch Auskühlung des Wassers wirksamen Abtrieb könnte man berücksichtigen, wenn es nötig erscheint.

Im allgemeinen wird man sich die Sache aber bequemer machen. Man kann nämlich die beiden Zweige, Heizkörperanschluß und Kurzschluß, von gleicher Weite nehmen. Dann braucht man die Widerstände selbst nicht zu berechnen, sondern nur zu bedenken, daß die Widerstände den Längen der Leitungen proportional sind. In erster Annäherung müßte also die Länge unserer Anschlußleitungen die vierfache der Kurzschlußlänge sein. Dabei hätte man zweierlei nicht berücksichtigt, nämlich einerseits den geringen, immerhin vorhandenen Widerstand der Heizkörperschlange, andererseits den im Heizkörper tätigen Abtrieb. Der eine wirkt auf Verkleinerung, der andere auf Vergrößerung der den Heizkörper durchlaufenden Wassermenge; beider Einfluß wird sich also zum Teil aufheben. Man könnte aber auch das Hinzukommen der Schlange durch Verkürzen der Zuleitung um ein äquivalentes Stück berücksichtigen. Äquivalent hinsichtlich des Widerstandes sind Rohrlängen, die sich zueinander wie die fünften Potenzen der Rohrweiten verhalten. Ist nämlich $R_1 = \varrho \cdot \frac{l_1}{d_1}$ der Widerstand der einen, $R_2 = \varrho \cdot \frac{l_2}{d_2}$ der der anderen Leitung, jede in Geschwindigkeitshöhen bezogen auf den eigenen Durchmesser, so reduzieren wir die letztere auf den Durchmesser der ersten durch Vervielfachen mit der vierten Potenz des Verhältnisses der Durchmesser. Es wird dann $R_2 = \varrho \cdot \frac{l_2}{d_2} \cdot \frac{d_1^4}{d_2^4}$. Um nun gleiche Werte von R — Äquivalenz der Rohre — zu erreichen, muß $\varrho \cdot \frac{l_1}{d_1} = \varrho \cdot \frac{l_2}{d_2} \cdot \frac{d_1^4}{d_2^4}$, also $\frac{l_1}{l_2} = \frac{d_1^5}{d_2^5}$ sein. Wir hatten früher die gerade Länge der 39,5 mm weiten Schlange zu 25,3 m berechnet, dem entspricht ein $25{,}3 \cdot \frac{0{,}020^5}{0{,}0395^5} = 0{,}84$ m langes Rohr von 20 mm lichter Weite. Wir könnten also den Kurzschluß 250 mm lang sein lassen, und müßten die Zuleitungen $250 \cdot 4 = 1$ m lang machen, abzüglich jener 0,84 m. Die Zuleitungen müßten also recht kurz ausfallen (Fig. 50).

In dieser Weise wäre nun der Schlangenwiderstand, nicht aber der im Heizkörper wirksame Abtrieb berücksichtigt. Es macht keine Schwierigkeit, auch ihn zu berücksichtigen, indem man die Zuleitung wieder um eine solche Länge vermehrt, daß in ihr gerade der Abtrieb aufgezehrt wird. Doch wird man bei Schnellumlaufheizungen oft den Abtrieb unbeachtet lassen können gegenüber dem sonstigen Umtrieb.

Bemerkt sei zum Schluß, daß solche Rechnungen nur roh sind und zweckmäßig durch Versuche an fertigen Kombinationen von Heizkörper mit Kurzschluß ergänzt werden. Immerhin können sie einen gewissen Anhalt geben für die Bemessung der Teile.

40. Rücksichtnahme auf gute Regelung. Nach den Erörterungen der §§ 23 bis 37 scheint es ganz gleichgültig zu sein, wie man die Widerstände auf die verschiedenen Teile eines Rohrnetzes verteilt, und in welchen Teilen man demnach das verfügbare Druckgefälle aufzehren läßt; nur der gesamte Widerstand muß gerade das gesamt verfügbare Druckgefälle aufzehren. Das folgende soll einige Gesichtspunkte an die Hand geben, wie man die Widerstände am besten verteilen kann.

Wo Rohrleitungen mehrfach verzweigt sind, da wird im allgemeinen jeder einzelne der Abzweige mit einer Regeleinrichtung versehen, deren Einstellung es gestattet, mehr oder weniger der Flüssigkeit — Wasser, Dampf oder Luft — in den betreffenden Zweig zu übernehmen. Diese Regeleinrichtungen sind Hähne, Ventile, Schieber oder Drosselklappen; ihre Wirksamkeit beruht darauf, dass sie den Querschnitt zu vermindern gestatten, was dann eine Erhöhung des Widerstandes des betreffenden Abzweiges zur Folge hat. Es fragt sich, welche Bedingungen in der Bemessung der Rohrleitung und in der Bemessung des Regelorganes zu erfüllen sind, damit die Regelung eine möglichst gute werde.

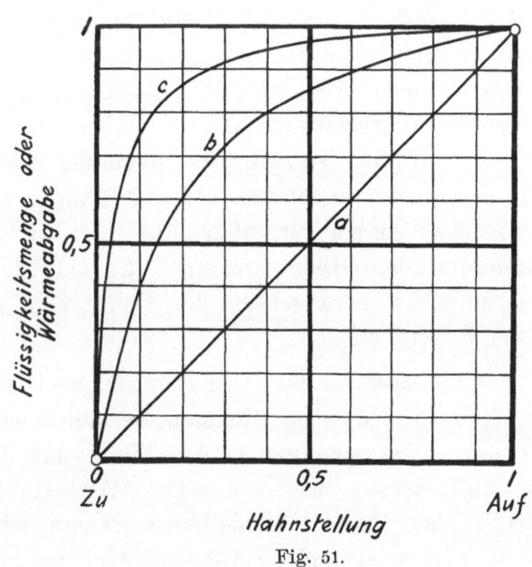

Fig. 51.

Der Anforderungen, die man an die Regelung stellen kann, sind zwei: der Zweig, an welchem man regelt, soll gerade die gewünschte Änderung erfahren; die übrigen Zweige sollen durch die Änderung der Einstellung eines Zweiges nicht berührt werden. Es sind die Bedingungen der proportionalen Regelung und der Unabhängigkeit.

Hinsichtlich der Unabhängigkeit ist es klar, was man verlangt. Hinsichtlich der anderen Forderung aber sei noch folgendes erläutert.

Wir wollen an einen Hahn als Regelorgan denken und dessen Handgriff von der Auf-Stellung, die mit 1 bezeichnet werde, bis zur Zu-Stellung, die 0 heißen soll, verändern. Die Mittelstellung wird also durch 0,5 gekennzeichnet. Durch Veränderung der Hahnstellung soll die in den betreffenden Zweig gehende Wasser- oder Dampfmenge oder bei Heizkörpern die von dem betreffenden Heizkörper abgegebene Wärmemenge verändert werden, und zwar von einem Höchstwert, der bei offenem Hahn eintritt und den wir wieder mit 1 bezeichnen wollen, bis herab auf 0. 0,5 bedeutet also die halbe Wasser- oder Dampfmenge oder die halbe Wärmeabgabe. Wir stellen dann (Fig. 51) den Wasserdurchgang oder die Wärmeabgabe, oder was wir eben verändern wollen, als abhängig von der Hahnstellung dar.

Die Beziehung der beiden Größen kann durch die Gerade *a* oder aber durch irgendwelche Kurven, etwa durch *b* oder *c*, dargestellt werden. Welche dieser Beziehungen ist erwünscht?

Im allgemeinen wird die Gerade *a* das Erwünschte sein. Dann sind nämlich Hahnstellung und zu regelnde Größe einander proportional. Bei halber Hahnstellung wird die halbe Wärmemenge abgeben oder die halbe Wassermenge durchgelassen, bei Drittelstellung des Hahnes ein Drittel und so fort. Gelegentlich kann der Verlauf nach *b* ganz erwünscht sein. Dann würde nämlich das Herabregeln anfangs etwas langsamer, und erst zum Schluß schneller erfolgen; da man nun bei Heizkörpern öfter in die Lage kommen wird, ein geringes Übermaß an Wärme abzustellen, seltener aber die Wärmeabgabe auf die Hälfte oder ein Viertel der höchsten wird bringen wollen, so wäre die Regelung, wenn sie nach Kurve *b* verliefe, in dem meist benutzten Teil feinfühliger als beim Verlauf nach *a*. Unbrauchbar ist ein Verlauf nach *c*; erst würde nämlich fast gar keine Veränderung der Größe eintreten, die man ändern will, zum Schluß würde sie plötzlich herabgehen; der Hahn wäre also nur zum Abstellen, nicht zum Regeln gut.

Ist also an sich der Verlauf nach *b* nicht so übel, so sollte man doch stets den proportionalen Verlauf nach *a* möglichst vollkommen erstreben. Abweichungen in dem Sinne, daß die Regelung schließlich nach *b* verläuft, treten, wie wir sehen werden, ohnehin stets auf und würden den Verlauf nach *c* herbeiführen, wenn wir den nach *b* erstrebt hätten. Wir wollen also die Forderung nach proportionaler Regelung festhalten.

41. Unabhängigkeit der Leitungen. Wie die Unabhängigkeit mehrerer Rohrzweige voneinander zu sichern ist, darüber gibt folgende Betrachtung Aufschluß. Für die Bewegung der Flüssigkeit stehe ein Umtrieb von der Größe h zur Verfügung, der die Flüssigkeit durch eine Leitung und später, von einem Zweigpunkt an, durch zwei Einzelleitungen drückt, deren jede durch einen Hahn absperrbar ist. Wir wissen, daß wir dem Umtrieb entweder in dem gemeinsamen Rohr oder in den Abzweigen aufzehren können, oder daß wir ihn beliebig auf beide verteilen können. Die Leitungen werden so berechnet, dass der Umtrieb gerade aufgezehrt wird, wenn beide Abzweige voll angestellt sind. Wird nun eine der Einzelleitungen abgestellt, so läuft durch die den beiden gemeinsame Leitung weniger Flüssigkeit. Dem entspricht ein geringerer Spannungsabfall in diesem Rohr, also bleibt mehr für den nicht abgestellten Abzweig verfügbar; er erhält mehr Flüssigkeit als vorher. Unverändert kann der Druckverlust in der gemeinsamen Leitung auch nach Abstellen des einen Zweiges nur dann bleiben, wenn er Null ist.

Ähnliche Betrachtungen lassen sich für alle anderen Verhältnisse, insbesondere auch dann machen, wenn es sich nicht um die Verteilung der Flüssigkeit in einer allmählich sich verästelnden Leitung handelt, sondern um ein Sammeln der Flüssigkeit von mehreren Einzelleitungen in eine Hauptleitung hinein. Und sie lassen sich auch anstellen, wenn in einer Warmwasserheizung ein Hauptvorlauf das Wasser an zahlreiche Einzelzweige abgibt, damit es nach Durchlaufen der Heizkörper in einem Hauptrücklauf wieder gesammelt wird. In jedem Fall wird man die Richtigkeit der Regel übersehen können: Unabhängigkeit der Zweigleitungen voneinander ist nur vorhanden, wenn in den gemeinsamen Leitungen der Druckverlust Null ist. Praktisch heißt das, man solle den Druckverlust in den mehreren Zweigen gemeinsamen Leitungen gering halten — je geringer er ist, desto besser ist die Unabhängigkeit erreicht. Der Widerstand aber ist in die Zweigleitungen zu verlegen.

Diese Forderung scheint nun in weitverzweigten Rohrnetzen unerfüllbar zu sein. Sie läßt sich aber für die Bedürfnisse der Praxis bedeutend einschränken. Die Hauptleitungen nämlich, die sehr vielen Abzweigen gemeinsam sind, können unbedenklich mit großem Widerstand ausgeführt werden. Die Verstellung eines Einzelzweiges verändert die Durchflußmenge der Hauptleitungen nur wenig; es werden dann zahlreiche Abzweige, aber jeder derselben nur so wenig beeinflußt, daß es praktisch belanglos ist.

Wo also Unabhängigkeit der Abzweige voneinander erwünscht ist, da hat man alle rechnungsmäßig erforderlichen Widerstände auf die Einzelleitungen und auf die sehr vielen Abzweigen gemeinsamen Hauptleitungen zu verteilen; Leitungen, die nur zwei oder wenigen Abzweigen gemeinsam sind, dürfen keine nennenswerten Widerstände aufweisen.

42. Proportionale Regelung. Der Widerstand eines Hahnes oder Ventiles kann als Vielfaches derjenigen Geschwindigkeitshöhe $\frac{w^2}{2g}$ angegeben werden, die zu der Geschwindigkeit w der Leitung gehört, in die der Hahn eingeschaltet ist. Hat der Hahn geraden Durchgang, so daß Widerstände durch Ablenkung der Flüssigkeit nicht eintreten, so ist der Widerstand des Hahnes abhängig davon, den wievielten Teil des Rohrquerschnittes sein freier Durchtritt bei der Stellung ausmacht, die sein Küken eben einnimmt. Ist der Durchtritt $\frac{1}{x}$ des Rohrquerschnittes, so muß die Flüssigkeit in ihm das x-fache der Geschwindigkeit w im Rohr annehmen; seine Geschwindigkeit steigt im Durchtritt von w auf $x \cdot w$ m pro Sekunde.

Um das Wasser so zu beschleunigen, ist $\frac{(x \cdot w)^2}{2g} - \frac{w^2}{2g}$ an Druckhöhe aufzuwenden, das ist $(x^2 - 1) \cdot \frac{w^2}{2g}$ ausgedrückt in Metern Flüssigkeitssäule, oder $x^2 - 1$, ausgedrückt in Vielfachen der Geschwindigkeitshöhe $\frac{w^2}{2g}$.

Gibt der Hahn im offenen Zustande den vollen Rohrquerschnitt frei, so stellt er daher bei Zwischenstellungen diejenigen Werte des Widerstandes dar, die Figg. 52 andeuten, und die auch einigermaßen mit Werten übereinstimmen, die Weisbach als Versuchsergebnisse angibt. Zu einer Stellung des Handgriffes auf $\frac{1}{m}$ gehört die Öffnung $\frac{1}{m}$ und der Widerstand $m^2 - 1$. Dabei bezeichnen wir mit 0 die geschlossene Stellung des Hahnes und mit 1 die ganz geöffnete. Wir erkennen, daß ein Hahn, der den vollen Querschnitt der Leitung hat, für die Regelung nicht

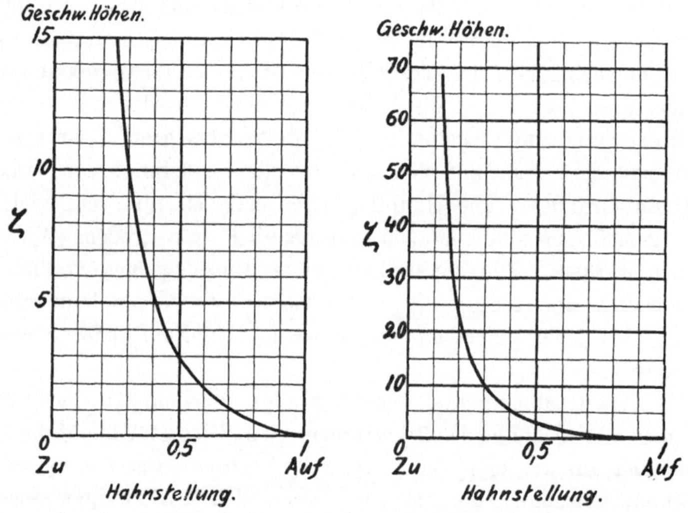

Fig. 52a und b. Widerstand ζ eines Hahnes, abhängig von der Hahnstellung.

sehr günstig ist; bei Halbstellung — $x = 2$ — stellt er erst einen Widerstand von drei Geschwindigkeitshöhen dar. Das ist nicht viel, wenn man bedenkt, daß doch auch im offenen Zustand des Hahnes schon ein Widerstand in dem Abzweig vorhanden ist, der nicht vom Hahn, wohl aber von der Rohrleitung herrührt. Für die Regelung kommt es aber nicht darauf an, einen Widerstand von bestimmter Größe zu dem vorhandenen zuzuschalten, sondern darauf, den Widerstand des Abzweiges auf ein gewisses Vielfaches des Anfangswiderstandes zu bringen. Nicht der Unterschied, sondern das Verhältnis der Widerstände ist maßgebend dafür, wie sehr die Geschwindigkeit und damit die Flüssigkeitsmenge herabgesetzt wird. Das geht aus Gleichung (11) hervor. Ein in eine Leitung eingebauter Hahn, dessen Durchflußquerschnitt im offenen Zustand gleich dem vollen Rohrquerschnitt ist, ist deshalb zum Regeln ungeeignet, wird auch in der Tat nicht verwendet.

Wie stark ist aber die Widerstandsvermehrung bei Hähnen mit kleinerem Höchstdurchgang? Den wievielten Teil des Rohrquerschnittes soll der geöffnete Hahn für den Durchgang darbieten, damit er gut regelt? Wir nennen seinen größten Querschnitt den $\frac{1}{q}$ ten Teil des Rohrquerschnittes; bei einer Handgriffstellung m zwischen 0 und 1 ist dann die Öffnung $\frac{1}{x} = \frac{1}{m} \cdot \frac{1}{q}$ für die Flüssigkeit frei, die Geschwindigkeit im Hahn wird das $x = m \,.\, q$ fache der im Rohr vorhandenen, und der Widerstand des Hahnes ist das $x^2 - 1 = m^2 \cdot q^2 - 1$ fache der Geschwindigkeitshöhe im glatten Rohr.

Der Gesamtwiderstand der Rohrleitung, in die der Hahn eingebaut ist, besteht aus dem Widerstand des Hahnes — $q^2 - 1$ im offenen, $m^2 \cdot q^2 - 1$ im teilweise geschlossenen Zustand — und dem Widerstand W der übrigen Leitung. Bei geöffnetem Hahne haben wir den Anfangswiderstand

$$W + q^2 - 1.$$

Er liegt fest der Gesamtgröße nach, da man die Leitung bei gegebenem Druckgefälle für eine bestimmte Durchflußmenge berechnet. Man hat aber noch freie Hand, W und q beliebig zu wählen, wenn nur die Summe stimmt. Bei einer Hahnstellung $\frac{1}{m}$ zwischen 0 und 1 ist der Gesamtwiderstand

$$W + m^2 \cdot q^2 - 1.$$

Bei jener Hahnstellung $\frac{1}{m}$ ist also der Gesamtwiderstand das $\frac{W + m^2 \cdot q^2 - 1}{W + q^2 - 1}$ fache des Anfangswiderstandes. Das war es, was wir wissen wollten.

Da die in einem Abzweig bei gegebener Druckhöhe auftretende Geschwindigkeit und damit die durch ihn gehende Flüssigkeitsmenge der Wurzel aus dem Widerstand des Abzweiges umgekehrt proportional ist, Formel (11a), so kann man die durch die Hahnverstellung eintretende Veränderung der Flüssigkeitsmenge als durch den Ausdruck $\sqrt{\frac{W + q^2 - 1}{W + m^2 q^2 - 1}}$ oder durch

$$Q = \sqrt{\frac{\frac{q^2}{W-1} + 1}{\frac{q^2}{W-1} \cdot m^2 + 1}} \quad \ldots \ldots \quad (12)^{1)}$$

gegeben ansehen, ausgedrückt in Bruchteilen der bei offenem Hahn durch den Abzweig gehenden.

Wir wünschen, daß sich die Flüssigkeitsmenge bei einer Veränderung der Hahnstellung m stark verändert. Dazu muß im Nenner das Glied mit m nicht zu geringfügig sein gegenüber der Eins. Das wird

[1]) Ausführlichere Abteilung: Gesundheits-Ingenieur 1909, No. 3.

erreicht, wenn $\frac{q^2}{W-1}$ genügend groß, das heißt wenn die anfängliche Hahnöffnung q nicht zu gering gegenüber dem Widerstand W der übrigen Rohrleitung ist. Das ist auch an sich klar. Einen großen Leitungswiderstand kann der Hahn schwerer vervielfachen als einen geringen.

Von Interesse sind die numerischen Verhältnisse. Für verschiedene Werte von $\frac{q^2}{W-1}$ gibt die Formel (12) Werte, die in Fig. 53 dargestellt sind.

Man sieht, wie in allen Fällen natürlich beim Schließen des Hahnes die den Zweig durchlaufende Flüssigkeitsmenge abnimmt; die Abnahme erfolgt aber in wechselndem Maße. Ist nämlich $\frac{q^2}{W-1}$ klein, so ist die Abnahme der Flüssigkeitsmenge zunächst eine träge und findet später ziemlich plötzlich statt. Je größer $\frac{q^2}{W-1}$ wird, desto mehr nähern wir uns dem günstigsten Fall, wo die Flüssigkeitsmenge der Hahnstellung proportional ist.

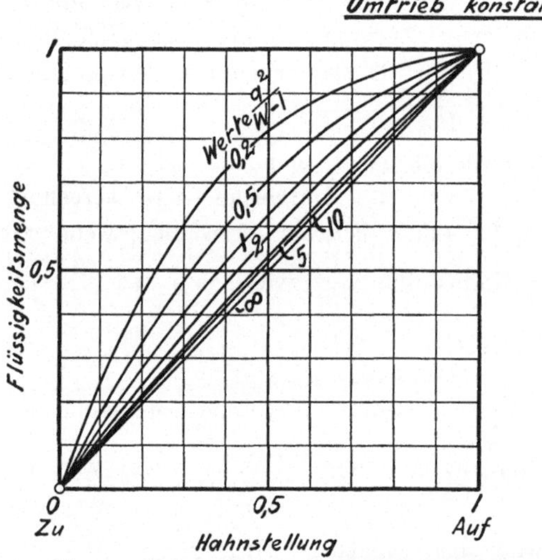

Fig. 53. Hahnstellung und Flüssigkeitsmenge bei konstantem Umtrieb.

Der Wert $\frac{q^2}{W-1}$ soll also, wie wir hieran nochmals sehen, nicht zu klein sein. Seine Vergrößerung über ein gewisses Maß hinaus hat aber auch keinen Zweck, denn zwischen dem Verhalten bei $\frac{q^2}{W-1} = 5$ und $\frac{q^2}{W-1} = 10$ oder gar $\frac{q^2}{W-1} = \infty$, wo der geradlinige Verlauf eintreten würde, besteht kaum ein Unterschied. Da man nun, um $\frac{q^2}{W-1}$ groß zu erhalten, während doch $q^2 + R - 1$ vorgeschrieben ist, weite Rohrleitungen nehmen muß, die teuer werden, so wird man mit der Vergrößerung des Bruches nicht weiter gehen als eben nötig ist. Fig. 53 läßt erkennen, daß man hinreichend gute Verhältnisse bekommt, wenn man etwa $\frac{q^2}{W-1} = 1$ sein läßt, wenn also

$$q \gtreqless \sqrt{W-1} \quad \ldots \ldots \ldots \quad (13)$$

gewählt wird. Hiernach kann man zu jedem Widerstand W der Leitung einen Wert q berechnen, der angibt, daß behufs Erreichung guter Regelung der Hahn im offenen Zustand höchstens $\frac{1}{q}$ desjenigen Rohrquerschnittes ausmacht, auf den man die Geschwindigkeitshöhen bei der Angabe von W bezogen hatte.

Meist wird W wesentlich größer als Eins sein. Dann wird man auch, da es sich doch nur um eine Faustregel handelt, annähernd

$$q^2 \gtreqless W+1; \quad q^2-1 \gtreqless W \quad . \quad . \quad . \quad . \quad . \quad . \quad (13\,\mathrm{a})$$

setzen können. Der Hahn soll im offenen Zustand einen Widerstand q^2-1 ungefähr gleich dem Widerstand W der übrigen Leitung haben; von der gesamten für den Abzweig verfügbaren Druckhöhe soll bei geöffnetem Regelorgan mindestens die Hälfte in dem Regelorgan, und zwar insbesondere in dem regelnden Querschnitt desselben, aufgezehrt werden, und nur die andere Hälfte darf in den übrigen Teilen des Abzweiges aufgezehrt werden. Wegen der Annäherung in Beziehung (13a) ist diese Konstruktionsregel etwas zu scharf, wenn es sich um Abzweige mit kleinem Widerstand handelt.

Einige Worte wären noch über die Frage zu sagen, was man unter dem Wert W zu verstehen hat. Wir faßten unter diesem Buchstaben alle Widerstände zusammen, die an irgend welcher Stelle des Heizkörperanschlusses auftreten außerhalb des eigentlichen verstellbaren Drosselquerschnittes des Hahnes, der die Regelung bewirkt. Der Widerstand, den das Hahngehäuse oder namentlich ein Ventilgehäuse mit seinen verschlungenen Wegen bietet, gehört dazu.

Auch jeder Widerstand gehört dazu, den irgend eine zweite Vorrichtung zur Einregelung des Abzweiges bietet, die nicht den gleichen Querschnitt verändert (§ 97). Jede solche Einrichtung, wie sie zur erstmaligen Einregelung der Heizkörperanschlüsse üblich war und wohl auch noch ausgeführt wird, verschlechtert die örtliche Regelung und ist zu verwerfen.

Man sollte aber in den Wert W, genau genommen, nicht nur den Widerstand des Einzelabzweiges einbegreifen; auch die ihm mit anderen Einzelabzweigen gemeinsamen Leitungen wären, wenn auch nur mit einem Teil ihres Widerstandes, zu berücksichtigen. Je ferner eine Leitung ist, d. h. je mehr Einzelabzweigen sie gemeinsam ist, desto weniger wird sie für die Regelung eines einzelnen Körpers noch in Betracht kommen. Aber die Leitungen, die nur wenigen Heizkörpern gemeinsam sind, könnten wohl merklichen Einfluß üben.

Es erschiene nicht aussichtslos, auch diesen Einfluß rechnerisch klar zu legen, aber es ist überflüssig. Denn einerseits kann man sich ja stets dadurch helfen, daß man den Hahn noch etwas kleiner macht als Gleichung (13) fordert. Andererseits greift für die wenigen Heizkörpern gemeinsamen Leitungen die andere Überlegung Platz, die wir schon anstellten: Die Forderung der Unabhängigkeit führt dazu, diejenigen Leitungen reichlich zu bemessen, die einigen Heizkörpern angehören, und deren Widerstand klein zu halten. Damit erübrigen sich Erörterungen über den Einfluß solchen Widerstandes.

43. Sekundäre Einflüsse; Verhältnisse an Dampfleitungen. Die ganz allgemein und für jede Art von Rohrleitungen gültigen Forderungen der beiden letzten Paragraphen sollten an dieser Stelle besprochen werden, weil sie erst die Berechnung der Rohrleitungen in einer den jeweiligen Verhältnissen entsprechenden Weise möglich machen. Was man mit ihrer Hilfe bei den Heizungen erreichen kann, werden wir später sehen (§ 117 ff.). Die Beachtung der Regeln ist für Erreichung von Unabhängigkeit und Proportionalität erforderlich, aber die Regeln reichen nicht immer allein aus. Vielmehr können noch andere Vorgänge störend eingreifen.

Insbesondere wird die Proportionalität und die Unabhängigkeit gestört werden, wenn beim Drosseln oder Abstellen einer Leitung das verfügbare Druckgefälle nicht unverändert bleibt, sondern anwächst. In gewissem Maße wird solch Anwachsen immer stattfinden; manchmal ist es erheblich. Das hat zur Folge, daß die Beziehung zwischen Flüssigkeitsmenge und Hahnstellung (Fig. 51) in dem Sinne von a nach b und nach c verschoben wird. Auch das soll für die einzelnen Heizungssysteme später erörtert werden.

Für Dampf gelten die Betrachtungen in unveränderter Form nur unter der Bedingung, daß der Dampf in dem Durchflußquerschnitt keine wesentliche Änderung seiner Dichte erfährt; sie gelten also für Niederdruckdampfheizung; für andere Verhältnisse interessieren sie auch wenig. Übrigens wird man bei Niederdruckdampfheizung zu bedenken haben, daß der Druckverlust der Leitungen auch von den Abkühlungsverlusten abhängt. Um Unabhängigkeit der Einzelzweige voneinander zu erreichen, brauchen indessen nur die der Endentnahme entsprechenden Druckverluste in der gemeinsamen Leitung klein zu sein; die Abkühlungsverluste bleiben ja in der gemeinsamen Leitung auch nach Abstellen eines Heizkörpers dieselben — wenigstens nimmt man das so an. Wenn andererseits für den Einzelabzweig mindestens die Hälfte des Anfangswiderstandes im Hahn liegen soll, so ist diesmal in dem Widerstand offenbar der der Abkühlung entsprechende Druckverlust mitgemeint. Ob es bei Dampfheizung ratsam ist, die Hälfte des Druckverlustes in den Hahn zu legen, bleibt zweifelhaft, wenn Geräusche vermieden werden müssen.

III. Erzeugung und Übertragung der Wärme.

a) Erzeugung der Wärme.

44. Verbrennung; Brennstoffe. Die für die Heizung eines Gebäudes nötige Wärmemenge wird fast ausschließlich durch die Verbrennung von Brennstoffen erzeugt, von denen Steinkohle, Braunkohle und Koks die bei weitem wichtigsten sind; nur in wenigen Fällen wird die Heizung durch Verbrennung von Gas, noch seltener durch Elektrizität bewirkt.

Steinkohle und Braunkohle bestehen aus einer Reihe komplizierter Verbindungen, namentlich der Elemente Kohlenstoff C, Wasserstoff H, Sauerstoff O. Diese Elemente sind nicht frei, d. h. als Elemente, in der Kohle vorhanden, sondern sie sind darin zu chemischen Verbindungen vereinigt, unter denen die aus C und H bestehenden sog. Kohlenwasserstoffe die wichtigsten sind. Der brennende Bestandteil des Koks ist ziemlich reiner Kohlenstoff C.

Außer den brennbaren Bestandteilen enthalten die Brennstoffe wechselnde Mengen unverbrennbare, nämlich Wasser und außerdem alle diejenigen Bestandteile, welche beim Verbrennen als Asche zurückbleiben. Im Koks ist die Asche entsprechend dem Verschwinden der Leuchtgas und Teer liefernden Bestandteile nicht unbedeutend angereichert.

Die prozentuale Zusammensetzung den Elementen nach wechselt ziemlich stark; Durchschnittswerte gibt die folgende Tabelle wieder.

Zusammensetzung von Brennstoffen, in Prozenten.

	Steinkohle	Braunkohle	Braunkohlenbriketts	Gaskoks
Kohlenstoff C	70—80	40	52	84
Wasserstoff H	4	3	4	1
Sauerstoff O und Stickstoff N	6—10	11	16	3
Schwefel S	1—2	2	2	1
Zusammen verbrennbar .	80—92	56	74	89
Wasser	1—5	37	17	2
Asche	6—15	7	9	9

45. Heizwert. Für die Beurteilung von Brennstoffen kommt es auf ihren Heizwert, sowie auf ihr Verhalten bei der Verbrennung in mechanischer (§ 46) und chemischer Hinsicht (§ 47 bis 49) an.

Unter dem Heizwert des Brennstoffes versteht man diejenige Wärmemenge, die frei wird, wenn 1 kg des betreffenden Brennstoffes sich mit Sauerstoff verbindet und so vollkommen verbrennt, daß in den Verbrennungsprodukten keinerlei verbrennbare Bestandteile mehr zu finden sind; insbesondere darf sich kein CO in ihnen finden.

Es wird gut sein hervorzuheben, daß der Heizwert der Kohle nur von dieser selbst abhängt. Es wird ein und dieselbe Wärmemenge frei, gleichgültig, ob die Verbrennung der Kohle in schwacher Rotglut oder im hellsten Feuer stattfindet, unabhängig also von der Temperatur, bei der die Verbrennung stattfindet. Die bei der Verbrennung von 1 kg Kohle frei werdende Wärmemenge ist auch unabhängig von der Luftmenge, mit der die Verbrennung erfolgt. Es ist also gleichgültig, ob man nur eben die notwendige, oder ob man eine viel größere Luftmenge zuführt. Die einzige Bedingung ist, daß die zugeführte Luftmenge für eine vollkommene Verbrennung genügt, und daß die Verbrennung auch vollkommen erfolgt.

Den Heizwert von Kohlen stellt man im Bomben-Kalorimeter fest. In diesem wird eine Durchschnittsprobe der Kohle, etwa 1 g schwer, in reinem Sauerstoff verbrannt. Die von dieser sorgfältig abgewogenen Kohle erzeugte Wärmemenge wird dadurch festgestellt, daß man die aus Stahl angefertigte Bombe, in der die Verbrennung stattfindet, vor Einleitung der Verbrennung in ein Wasserbad stellt, dessen Gewicht bekannt ist und dessen Temperatur-Erhöhung man beobachtet. Aus Gewicht und Temperaturerhöhung des Wasserbades ergibt sich die von dem Kohlepröbchen gelieferte Wärmemenge. Man kann die von 1 kg des Brennstoffes erzeugte berechnen. Auf die Einzelheiten dieser recht umständlichen Untersuchung gehen wir nicht ein.[1])

Wenn es sich für uns ganz überwiegend um die Verbrennung von Koks handelt, so können wir dessen Heizwert, trockenen Zustand vorausgesetzt, zu 7000 WE annehmen. Größeren Schwankungen ist der Heizwert der Steinkohle ausgesetzt, der von 6500 bis 7500 WE, erzeugt aus 1 kg Brennstoff, schwanken kann. Noch größeren Schwankungen unterliegt der Heizwert von Braunkohle, insbesondere wegen des sehr verschieden großen Wassergehaltes. Braunkohlenbriketts pflegen bis 5000 WE Heizwert zu haben.

46. Mechanische Eigenschaften der Kohle. Was das Verhalten des Brennstoffes bei der Verbrennung anlangt, so kommt es für Steinkohlen darauf an, ob die Kohle bei der Verbrennung zu Pulver zerfällt, eine sogenannte Sandkohle ist, oder ob sie bei der Verbrennung, meist sich aufblähend, zusammenbackt und dabei ein festes Stück, den Koks bildet. Zerfallende Kohlen kann man auf Flachrosten nicht verbrennen. Allzustark backende Kohle ist ebenfalls für die Verbrennung auf gewöhnlichen Planrosten nicht gut geeignet, weil sie leicht durch Zusammenbacken eine große, den Luftdurchlaß hindernde Brücke bildet. Insbesondere sind aber beide Arten Steinkohle, sie möge zerfallen oder sie möge backen, nicht geeignet für die Verwendung in Füllöfen oder in Zentralheizungskesseln mit Füllschacht, denn sie wird in beiden Fällen den Luftdurchgang verhindern und wird in beiden Fällen nicht mit Sicherheit so von oben nach unten nachrücken, daß durch Wirkung der Schwerkraft die unten abbrennende Kohle aus dem Füllschacht ersetzt wird. Zur Verwendung in Füllschächten muß der Brennstoff bis zum Schluß der Verbrennung seinen stückigen Charakter bewahren; dieser Bedingung entsprechen mit Sicherheit nur Anthrazit und Koks. Nur sie werden deshalb in Füllöfen

[1]) Gramberg, Technische Messungen, 2. Aufl. in Vorbereitung.

verwendet. Dabei ist Anthrazit der seltener verwendete Brennstoff, weil er teurer ist und weil er andererseits noch besondere Vorkehrungen erfordert, die ein allzu schnelles Verbrennen des ganzen Inhaltes unmöglich macht.

Man bezeichnet als Gaskoks den in Gasanstalten als Nebenprodukt gewonnenen Koks; Hüttenkoks hingegen ist Koks, der um seiner selbst willen, insbesondere für die Zwecke des Hüttenbetriebes, hergestellt worden ist, und bei dessen Herstellung umgekehrt die entweichenden Gase als Nebenprodukt betrachtet wurden. Es ist naheliegend, daß unter diesen Umständen Hüttenkoks ein besserer Brennstoff ist als Gaskoks, insbesondere zeichnet er sich vor Gaskoks dadurch aus, daß er noch weniger Neigung zum Zusammensintern hat, und daß er zufolge großer Festigkeit nicht durch das Gewicht der darüber liegenden Schichten zermalmt wird, so daß er auch in verhältnismäßig hohen Schächten mit Sicherheit verwendet werden kann.

47. Luftmenge, Rauchgasanalyse, Luftüberschuß. Die Verbrennung der Kohle besteht in einer Verbindung der einzelnen Bestandteile mit dem Sauerstoff der Luft. Es muß deshalb Luft in genügendem Maße zugeführt werden, damit die Verbrennung erfolgen kann.

Der Kohlenstoff der Kohle verbindet sich mit dem Sauerstoff der Luft zu Kohlensäure CO_2, einem farblosen Gase; der Wasserstoff der Kohle verbindet sich mit dem Sauerstoff der Luft zu Wasser H_2O. Das Wasser geht, nebst dem schon hygroskopisch in der Kohle vorhanden gewesenen, in Form von Dampf durch den Schornstein. Die Verbrennungsgase enthalten also Kohlensäure und Wasserdampf; außerdem ist in ihnen der Stickstoff der Luft, der unverändert durch den Prozeß hindurchgeht, den wir aber wegen der einmal gegebenen Zusammensetzung der Luft zusammen mit dem Sauerstoff einführen mußten; endlich werden die Rauchgase Sauerstoff enthalten, sobald zur Verbrennung mehr Luft zugeführt wurde als nötig war; im entgegengesetzten Fall, bei Luftmangel, verbrennt ein Teil des Kohlenstoffes nur zu dem sauerstoffärmeren Kohlenoxyd CO (unvollkommene Verbrennung, § 49).

Zur Verbrennung von 1 kg einer bestimmten Kohlensorte von bestimmter Zusammensetzung wird eine ganz bestimmte, theoretisch berechenbare Luftmenge nötig sein. So erfolgt, wie wir als aus der Chemie bekannt voraussetzen dürfen, die Verbrennung des Kohlenstoffes nach der Formel

$$C + 2O = CO_2,$$

und zwar bedeutet diese Formel zugleich das Mengenverhältnis, in dem die Verbindung stattfindet. C hat das Atomgewicht 12, O hat das Atomgewicht 16; so zeigt uns also jene Formel, daß sich 2×16 Gewichtsteile O mit 12 Gewichtsteilen C zu 44 Gewichtsteilen CO_2 verbinden. Verbrennen wir also 1 kg einer Kohle, die 75 % C enthält, so ist zur Verbrennung der 0,75 kg C eine Gewichtsmenge von $0{,}75 \times \frac{32}{12}$ kg $=$

$= 2{,}0$ kg Sauerstoff nötig, d. h. also, weil der Sauerstoff seinerseits 23 Gewichtsprozente der zur Verbrennung zugeführten Luft ausmacht: es sind $2{,}0 \times \frac{100}{23} = 8{,}7$ kg oder $\frac{8{,}7}{1{,}293} = 6{,}72$ cbm $\left(\frac{0}{760}\right)$ Luft nötig, um den in 1 kg jener Kohle vorhandenen Kohlenstoff zu verbrennen. Ähnlich können wir berechnen, wieviel Luft zur Verbrennung des in jenem Kilogramm Kohle enthaltenen Wasserstoffes nötig sein werde. Und wenn noch andere brennbare Elemente in der Kohle enthalten sind, etwa Schwefel, so können wir auch für sie eine bestimmte erforderliche Luftmenge finden. Wenn die Kohle Sauerstoff enthält, so haben wir allerdings noch zu bedenken, daß dann soviel Luft weniger zugeführt zu werden braucht, wie der schon vorhandenen Sauerstoffmenge entspricht.

Die Rechnung an sich ist für uns nicht wichtig; durch unsere Betrachtung wollen wir die Tatsache erörtern, daß eben 1 kg einer bestimmten Kohle eine durchaus bestimmte Menge Luft zur Verbrennung nötig hat. Ist gerade diese Luftmenge zur Verbrennung zugeführt worden, so sagen wir, die Verbrennung sei ohne Luftüberschuß erfolgt.

Im allgemeinen will die Verbrennung ohne Luftüberschuß nicht gut gelingen; es entsteht, wenn man sie zu erreichen sucht, leicht Kohlenoxyd CO an Stelle von CO_2 und das bedeutet, wie wir noch sehen werden, einen großen Verlust; man führt deshalb etwas mehr Luft zu, als theoretisch notwendig ist. Hat man etwa das Doppelte der notwendigen Luftmenge zugeführt, so sagt man, die Verbrennung sei mit zweifachem Luftüberschuß geschehen. Man bezeichnet wohl als Luftüberschußzahl l das Verhältnis der wirklich angewendeten zur notwendigen Luftmenge; in unserem Beispiel wäre also $l = 2$. Ein Luftüberschuß macht sich durch Anwesenheit von Sauerstoff in den Verbrennungsgasen kenntlich, welcher Bestandteil bei der Verbrennung ohne Luftüberschuß vollständig aufgebraucht worden wäre und daher fehlen würde.

Man kann also die Luftüberschußzahl, deren Kenntnis für die Beurteilung des Verbrennungsvorganges wichtig ist, durch Untersuchung der Zusammensetzung der Rauchgase finden. Es bliebe in Kürze zu besprechen, wie man diese Zusammensetzung feststellt. Man bedient sich dazu des Orsat-Apparates, den Fig. 54 schematisch darstellt. Durch Senken und Heben der Niveauflasche N kann man im Meßgefäß M zunächst 100 ccm der Rauchgase durch ein Filter W hindurch ansaugen; dazu befindet sich in M und N und in dem beide verbindenden Gummischlauch eine genügende Wassermenge, die je nach Stellung von N im einen oder anderen Sinn sich bewegt. Diese 100 ccm kann man dann, nach Umstellen des Dreiwegehahnes H und unter Bedienung der Hähne a, b und c der Reihe nach in die Absorptionsgefäße A, B und C drücken, und aus ihnen wieder nach M zurückholen. Diese sind mit Kalilauge, Pyrogallussäure und Kupferchlorürlösung gefüllt und halten daher der Reihe nach CO_2, O und CO zurück; die Absorption wird dadurch befördert, daß in den Gefäßen A, B und C Glasröhrchen eingeschmolzen sind, die den eintretenden Gasen eine große, mit der Absorptionsflüssigkeit benetzte Oberfläche bieten. Die von den Gasen verdrängte Absorptionsflüssigkeit tritt in Gefäße A_1 (entsprechend B_1 und C_1) über, die ihrerseits durch elastischen Gummibeutel von der Atmosphäre getrennt sind. Man drückt nun die zunächst angesaugten 100 cm Rauchgas nach A, spült behufs sicherer Absorption mehrfach von M nach A und zurück, und saugt schließlich alles wieder nach M, das Gefäß A bis an die Marke füllend. Kommen dann nur 89 ccm nach M zurück, so enthielt das Rauchgas 11 % CO_2. Man drückt die verbleibenden 89 ccm nach B, spült mehrfach, und findet zum Schluß, daß noch 80,5 ccm verblieben sind: das Rauchgas enthielt 89—80,5 = 8,5 % O. Entsprechende Behandlung des Restes im Gefäß C habe ein negatives Ergebnis: es kommen die ganzen 80,5 ccm wieder nach M zurück, CO ist also nicht vorhanden, und man sieht die verbleibenden 80,5 ccm als N an. — Bei den verschiedenen Messungen im Meßgefäß M muß jedesmal die gleiche Temperatur — dazu ein Wassermantel um M herum — und der gleiche Druck herrschen — dazu achte man darauf, daß beim Ablesen das Wasserniveau in M und N gleich hoch steht, was man durch Bewegen von N erreichen kann.

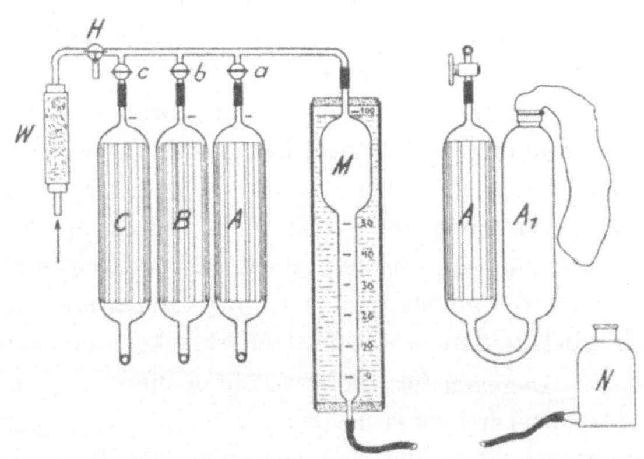

Fig. 54. Orsat-Apparat zum Analysieren von Rauchgas.

Der bei einem Verbrennungsvorgang verwendete Luftüberschuß ist zu berechnen, wenn man die Zusammensetzung der Verbrennungsgase kennt. Bezeichnen wir mit k, o, n, den prozentualen Gehalt der trockenen Rauchgase an Kohlensäure, Sauerstoff und Stickstoff, so folgt die Luftüberschußzahl aus der Formel

$$l = \frac{n}{n - \frac{79}{21} \cdot o} \qquad (14)$$

Die Ableitung der Formel ist einfach. n stellt nämlich, prozentual gemessen, den gesamten zur Verbrennung zugeführten Stickstoff dar, der ja unverändert durch die Feuerung hindurchgegangen ist. o hingegen ist der überschüssig zugeführte Sauerstoff, denn was im Schornstein noch an Sauerstoff vorhanden ist, war eben zur Verbrennung nicht nötig. Da nun Stickstoff und Sauerstoff dem Volumen nach im Verhältnis 79 zu 21 in der Luft gemischt sind, so ist $\frac{79}{21} \cdot o$ der überschüssig zugeführte Stickstoff, d. h. diejenige Stickstoffmenge, welche bei der einmal vorhandenen Zusammensetzung der Luft einzuführen nicht nötig gewesen wäre. Der Nenner unseres Bruches zeigt also die Differenz von gesamtem und überschüssigem, das ist den notwendigen Stickstoff — notwendig nach der einmal vorliegenden Zusammensetzung der Luft. Der ganze Bruch gibt daher das Verhältnis des gesamten zum notwendigen Stickstoff, das ist eben die Luftüberschußzahl, an.

48. Abgasverluste. Die Luftüberschußzahl ist für die Beurteilung jedes Verbrennungsvorganges wesentlich; denn je größer die Luftmenge ist, die zur Verbrennung zugeführt wurde, auf eine desto größere Rauchgasmenge muß sich die Wärme verteilen, die von 1 kg Kohle geliefert wurde und die, wie wir sahen, in jedem Falle, unabhängig vom Luftüberschuß ein und dieselbe ist. Daraus folgt zunächst, daß bei weniger großem Luftüberschuß die Temperatur, die die Rauchgase zuerst bei der Verbrennung selbst annehmen, eine geringere ist; daß man daher zur Erzielung hoher Verbrennungstemperaturen eine möglichst kleine Luftmenge zuführen soll. Nun ist allerdings die Erzielung sehr hoher Temperaturen für die Heizung nicht besonders wesentlich, und so ist auch von diesem Gesichtspunkte aus, was Heizzwecke anbelangt, auf Verwendung möglichst kleinen Luftüberschusses kein besonderer Wert zu legen.

Dagegen ist die Vermeidung eines großen Luftüberschusses auch bei der Feuerung einer Heizung wünschenswert zur Verminderung der Abgasverluste. Von der Wärmemenge, die 1 kg Kohle bei der Verbrennung erzeugt hat, wird ein Teil in dem Ofen oder in dem Kessel, in dem die Verbrennung stattfand, nutzbar gemacht, indem er durch die Heizfläche hindurchtritt. Dabei vermindert sich die Temperatur der Rauchgase, während sich der auf der anderen Seite der Heizfläche umlaufende Stoff erwärmt. Würde man die Auskühlung der Heizgase so weit treiben, daß sie mit der Temperatur der umgebenden Luft entweichen, so hätten die Rauchgase alle Wärme abgegeben. So weit kann man es niemals bringen; dazu wäre eine unverhältnismäßig große Heizfläche erforderlich, weil die letzten Teile der Heizfläche nur sehr wenig Wärme übertragen, wegen des geringen Temperaturunterschiedes beiderseits; bei Dampfkesseln ist die Temperatur des Kesselinhaltes ohnehin die untere Grenze, bis zu der man die Rauchgase nur abkühlen kann, will man nicht zu kostspieligen Speisewasser-Vorwärmern greifen; endlich pflegt man die Temperatur der Heizgase beim Verlassen des Kessels noch zur Erzeugung des Schornsteinzuges zu brauchen.

Sobald die Rauchgase aber mit einer Temperatur über der der Umgebung entweichen, entführen sie Wärme. Diesen Verlust der bei jeder Feuerung auftritt, bezeichnet man als Abgasverlust, auch wohl als Rauchgas- oder als Essenverlust. Der Essenverlust ist bis zu einem gewissen

Grade unvermeidlich, bis zu dem Betrage nämlich, den er ausmacht, wenn die Verbrennung gerade mit der notwendigen Luftmenge erfolgte, und dabei die Rauchgase mit eben nur derjenigen Temperatur entweichen, die zur Erzeugung des Schornsteinzuges notwendig ist. Der Essenverlust wird vermehrt dadurch, daß entweder die Temperatur der Abgase höher ist als nötig, oder auch dadurch, daß neben der notwendigen Luftmenge noch eine gewisse überschüssige Luftmenge zur Verbrennung zugeführt worden ist, mit dem Erfolge, daß auch diese überschüssige Luftmenge auf die Temperatur des Schornsteines erwärmt werden muß und infolgedessen Wärme entführt, ohne irgend etwas geleistet zu haben. Erst recht wird der Essenverlust groß werden, wenn die Verbrennung mit verhältnismäßig großem Luftüberschuß stattfand und gleichzeitig eine unnötig hohe Temperatur im Schornstein auftritt.

Für eine niedrige Temperatur der Heizgase sorgt man, indem man die Heizfläche genügend groß wählt, und indem man durch passende Anordnung der Züge dafür sorgt, daß die Heizfläche in ihrer ganzen Länge von heißen Heizgasen bestrichen werde; es kommt also darauf an, daß die Heizfläche den Heizgasen die erzeugte Wärme möglichst vollständig entzieht. In einem gegebenen Kessel oder Ofen hat man auf die Bemessung der Abgastemperatur keinen Einfluß, es sei denn durch Vergrößerung des Luftüberschusses, der aber seinerseits schädlich wirkt. Umso mehr Einfluß hat der Heizer auf die Einhaltung der notwendigen Luftmenge und auf die Vermeidung unnötig großer Luftzufuhr. Besonders zu vermeiden ist die Luftzufuhr an Stellen, wo die Verbrennung bereits beendet ist; durch Undichtheiten des Mauerwerkes tritt sie häufig auf. Sie vergrößert dann den Essenverlust, und setzt andererseits durch Herabdrücken der Temperatur in den Zügen die Wärmeaufnahme der Heizfläche herab. Man soll also auf gute Abdichtung der Züge bedacht sein. Glasierte Außenflächen und Ausschmieren der Fugen dienen nicht nur der Schönheit, sondern auch der Ökonomie der Feuerung.

Aus Luftüberschuß und Temperatur der Abgase berechnet sich der Abgasverlust annähernd, aber in für uns ausreichender Weise wie folgt: Ein Brennstoff brauche zur vollkommenen Verbrennung ein Luftvolumen L_0. Der Luftüberschuß bei der Verbrennung sei l, es wurde also das l-fache des Luftbedarfs zugeführt. Dann ist also $L = l \cdot L_0$ die bei der Verbrennung tatsächlich zugeführte Luftmenge, und also auch die Menge der durch den Schornstein gehenden Abgase. Kennen wir die spezifische Wärme c der Abgase und ihre Temperatur t, so ist die durch den Schornstein verloren gehende Wärmemenge $L \cdot c \cdot t$ Wärmeeinheiten, oder wenn wir als verloren nur das ansehen, was über 20^0 hinaus liegt, so ist die verlorene Wärmemenge

$$W_v = L \cdot c \cdot (t - 20) = l \cdot L_0 \cdot c \cdot (t - 20).$$

Den Luftüberschußkoeffizienten l bestimmen wir mit Hilfe der Rauchgasanalyse (§ 47). Die notwendige Luftmenge L_0 ist für jeden Brennstoff nach ihrer Zusammensetzung berechenbar (§ 47). Da man selten die Zusammensetzung der Kohle kennt, so genügt es auch wohl, mit Überschlagswerten zu rechnen, da erfahrungsgemäß der Luftbedarf für Kohlen gleicher Art nur wenig wechselt. Er ist im Durchschnitt durch folgende Zahlen gegeben, die für die in § 44 angeführte Zusammensetzung der Brennstoffe gelten:

1 kg Steinkohle erfordert durchschnittlich 7,1 bis 7,9 cbm $\left(\frac{0}{760}\right)$;
1 „ Braunkohle „ „ 4,1 „ $\left(\frac{0}{760}\right)$.

Am sichersten ist die notwendige Luftmenge für Koks zu bestimmen, da dieser ziemlich reinen Kohlenstoff darstellt, und demnach in seiner Beschaffenheit am gleichmäßigsten ist. 1 kg reiner Kohlenstoff erfordert zu seiner Verbrennung 8,9 cbm $\left(\frac{0}{760}\right)$ Luft. Da Koks Asche und Wasser zu enthalten pflegt, so vermindert sich für ihn die notwendige Luftmenge:

1 kg Koks erfordert durchschnittlich 7,7 cbm $\left(\frac{0}{760}\right)$.

Es bliebe die spezifische Wärme der Rauchgase zu besprechen. Sie hängt nur ab vom Kohlensäuregehalt der Rauchgase, da die übrigen Bestandteile, Sauerstoff, Stickstoff und eventl. Kohlenoxyd, ein und dieselbe spezifische Wärme 0,307 WE/cbm haben. Die Kohlensäure hat die spezifische Wärme 0,393 WE/cbm, die spezifische Wärme des Gemisches aus Kohlensäure und anderen Gasen folgt aus der Mischungsregel und ist auf diese Weise so berechnet, wie Fig. 55 es darstellt. Sie schwankt für Rauchgase zwischen 0,31 und 0,33 nach der Größe des Luftüberschusses.

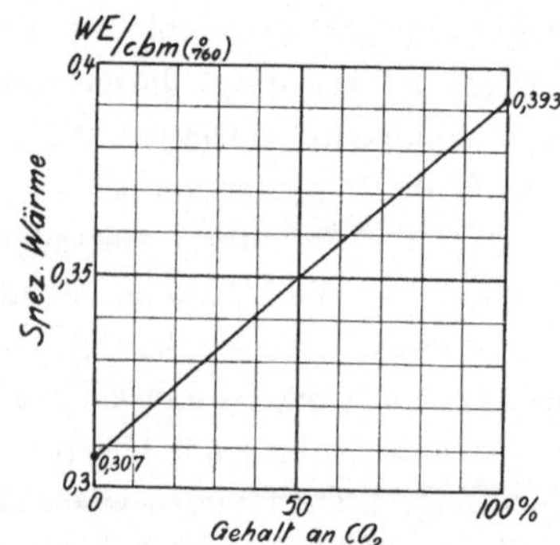

Fig. 55. Spezifische Wärme von Rauchgasen.

Die Temperatur der Abgase einer Feuerung kann stets direkt gemessen werden mit Hilfe von Thermometern, die man für alle in Frage kommenden Temperaturen heutzutage beziehen kann. Man hat Quecksilberthermometer bis herauf zu 550° C. Darüber hinaus müßte man thermoelektrische Instrumente verwenden, auf deren Besprechung hier nicht eingegangen werden soll.

Ein Beispiel zeige die Berechnung der Abgasverluste. Bei der Verbrennung von Koks hat man einen Kohlensäuregehalt von 11 % und einen Sauerstoffgehalt von 8,5 % gefunden, der Rest von 80,5 % wird als Stickstoff angesehen; die Temperatur der Abgase war 300° C. Dann ist der Luftüberschußkoeffizient $l = \frac{80,5}{80,5 - \frac{79}{21} \cdot 8,5} = 1,66$, und daher die zur Verbrennung verwendete Luftmenge oder auch die Abgasmenge 7,7 · 1,66 =

$= 12{,}8$ cbm $\left(\frac{0}{760}\right)$ für das Kilogramm verbrannten Koks; spezifische Wärme der Abgase 0,32 WE/cbm, also die verlorene Wärmemenge $12{,}8 \cdot 0{,}32 \cdot (300 - 20) = 1150$ WE für jedes Kilogramm Koks. Der Verlust macht daher $\frac{1150}{7000} \cdot 100 = 16\,\%$ vom Heizwert des Koks aus.

Zu bemerken wäre zu dieser Berechnung, daß die angegebenen Zahlen der Rauchgasmenge sich auf ein Rauchgas beziehen, das bei 0^0 C und 760 mm BSt gedacht ist. Beim Passieren des Fuchses indessen hat wegen der höheren Temperatur ein viel größeres Gasvolumen durch ihn hindurchzugehen.

49. Unvollkommene Verbrennung; Rauchverhütung. Wo in den Abgasen einer Feuerung Kohlenoxyd CO auftritt, also die Verbrennung eine unvollkommene gewesen ist, finden Wärmeverluste, außer den eben besprochenen durch die spezifische Wärme der Abgase, noch dadurch statt, daß nicht eigentlich Wärme verloren geht, vielmehr Wärme, die noch hätte erzeugt werden können, nicht erzeugt worden ist. Auch dieser Verlust ist, wo es interessiert, leicht zu berechnen, doch sollte er im normalen Betriebe nicht auftreten.

Der Verlust ist zu berechnen, sobald man die Menge des auftretenden Kohlenoxydes und seinen Heizwert kennt. Die Menge des Kohlenoxydes ergibt sich, sobald man den Prozentgehalt der Rauchgase und ihre Gesamtmenge kennt. Die Berechnung der Gesamtmenge haben wir eben angegeben. Es bleibt also nur noch diese Gesamtmenge mit dem Prozentgehalt zu multiplizieren, um zu finden, wieviel Kohlenoxyd aus 1 kg Kohle entstanden ist. Dabei kann die Berechnung der Gesamtmenge so wie eben, unter Außerachtlassung des CO-Gehaltes erfolgen, der ja immer klein sein wird.

Hat bei der Verbrennung von Koks die Rauchgasanalyse $11\,\%$ CO_2, $8\,\%$ O und $1\,\%$ CO ergeben, also $80\,\%$ N als Rest, so folgt aus ihr der Luftüberschuß $l = \dfrac{80}{80 - \frac{79}{21} \cdot 8} = 1{,}6$, allerdings nur annähernd, da bei Anwesenheit von CO die angewendete Formel nicht genau gilt. Die Rauchgasmenge ist also $1{,}6 \cdot 7{,}7 = 12{,}3$ cbm aus 1 kg Koks. Es sind also $0{,}01 \cdot 12{,}3 = 0{,}123$ cbm CO aus 1 kg Koks gebildet, und diese hätten, wegen des Heizwertes des Kohlenoxydes von 3050 WE/cbm $\left(\frac{0}{760}\right)$, noch eine Wärmemenge von $0{,}123 \cdot 3050 = 376$ WE entwickeln können. Sie haben also bei einem Gesamtheizwert des Koks von 7000 WE/kg einen Verlust von $\frac{376}{7000} \cdot 100 = 5{,}4\,\%$ bedingt. Daraus folgt, daß der Wärmeverlust durch Bildung von CO ein Vielfaches des Prozentgehaltes der Rauchgase an CO ist. Der Wärmeverlust ist prozentual durchschnittlich das fünffache davon.

Auch die Rauchentwicklung kann man als unvollkommene Verbrennung bezeichnen. Der Rauch von Steinkohlen oder Braunkohlen besteht nämlich aus unverbranntem Kohlenstoff, zum Teil auch aus teerigen Bestandteilen, die dann eine schmierige Beschaffenheit der Rauchpartikelchen bedingen. Kohlenstoff wie auch Teerbestandteile hätten noch verbrennen können, wenn die Bedingungen dafür günstig gewesen wären. Sie hätten dann Wärme geliefert, und die Erzeugung von Rauch bedingt daher einen Wärmeverlust. Doch pflegt der Wärmeverlust selbst dann unerheblich zu sein, wenn es sich um dichten Qualm handelt. Messungen des Gesamtgewichtes der festen Rauchbestandteile sowie ihres Heizwertes haben ergeben, daß der Verlust kaum jemals über 2 $^0/_0$ des Heizwertes der Kohle hinausgeht, und jedenfalls gegenüber den übrigen Essenverlusten gering ist. Die Schädlichkeit des Rauches liegt nicht in der Größe der Wärmeverluste, sondern in den hygienischen Bedenken, die gegen die zunehmende Verqualmung der großen Städte zu erheben sind.

Um die Mittel zu verstehen, die man zur Verhütung des Rauches anwendet, müssen wir uns die Ursachen seiner Entstehung vergegenwärtigen. Der Rauch entsteht beim Aufschütten der meisten Stein- und Braunkohlenarten, aus denen sich bei der Erwärmung durch das schon vorhandene Feuer Schwelgase entwickeln, die in ihrer gelblich-grünen Farbe wohl bekannt sind. Diese Schwelgase bestehen aus den verschiedensten Verbindungen von Kohlenstoff und Wasserstoff, und sind sehr schwer vollständig zu verbrennen. Sie erfordern nämlich zu ihrer Verbrennung eine hohe Temperatur von etwa 700 bis 800^0 C. Daraus folgt, daß ihre Verbrennung nur in dem Verbrennungsraum selbst stattfinden kann, weil in dem späteren Verlauf der Feuerzüge die nötige Temperatur nicht mehr vorhanden ist. Außer einer Mindesttemperatur muß zur Verbrennung naturgemäß auch der erforderliche Sauerstoff vorhanden sein, und zwar schon im Feuerraum selbst, wo noch die erforderliche Temperatur besteht. Eine spätere Beimengung ist zwecklos, und verdünnt den Rauch höchstens, ohne ihn zu vermindern.

Die beiden Forderungen nach einer bestimmten Temperatur und einer bestimmten Luftmenge widersprechen nun einander in gewissem Sinne. Allzu reichliche Luftzufuhr wird nämlich, weil die Luft kalt ist, auf Herabsetzung der Temperatur des Feuerraumes hinwirken und kann daher ebenso gut zur Rauchbildung Anlaß geben, wie Luftmangel. Wenn große Mengen aufgeworfener Kohle plötzlich entgast werden, so daß die Zuführung großer Luftmengen erforderlich ist, so wird die Aufrechterhaltung der genügenden Temperatur nicht zu erwarten sein.

Besonders schwierig wird die rauchfreie Verbrennung bei verhältnismäßig armen und dabei stark schwelenden Kohlen zu erreichen sein, etwa bei Braunkohle. Die Mittel zur Erreichung rauchfreier Verbrennung, neben genügender Luftzufuhr, die ja immer auf die eine oder andere Weise möglich ist, bestehen in der Erhöhung der Temperatur des Verbrennungsraumes oder in der Vermeidung jeder Abkühlung. Vorteilhaft ist also Aufgeben des Brennstoffes in kleinen Mengen, damit nicht eine plötzliche Entwickelung großer Schwelgasmengen die Zuführung großer Luftmengen notwendig macht; womöglich soll die Zuführung der Kohlen ununterbrochen stattfinden (Füllfeuerung, § 70 und 82; selbsttätige Beschickung, § 173). Auch ist Vorwärmung der Verbrennungsluft vorteilhaft, doch darf die vorgewärmte Luft nicht zu spät, das heißt nicht zu fern vom Rost zugeführt werden, damit die erforderliche Temperatur vorhanden ist. Für ärmere Brennstoffe sind diejenigen Formen der Feuerung vorzuziehen, bei denen der Feuerraum nicht zu stark gekühlt wird; die im Wasser liegende Innenfeuerung der Flammrohrkessel neigt eher zur Rauchbildung als eine Feuerung, deren Feuerraum allseits aus Schamottsteinen besteht. Endlich ist als Mittel gegen die Rauchentwicklung die Führung des Verbrennungsprozesses oder der Rauchgase in solcher Weise zu erwähnen, daß die Schwelgase, mit Luft genügend durchgemischt noch über die glühenden bereits durchgebrannten Kohlen der vorigen Beschickung gehen müssen, die dann mit Sicherheit die erforderliche Temperatur zu liefern imstande sind. Das kann bei dem einfachen Planrost durch richtige Bedienung seitens des Heizers, sonst aber auch durch besondere Anordnungen der Feuerung erzielt werden.

Hinsichtlich der Ausgestaltung größerer Feuerungen nach diesen Gesichtspunkten verweisen wir auf § 173; für die kleinen Feuerungen gewöhnlicher Zentralheizung kommt fast nur Koks als Brennstoff in Frage, der ohnehin kaum Rauch gibt.

50. Wirkungsgrad der Heizung. Es verdient hervorgehoben zu werden, daß der Abgasverlust bei jeder Verbrennung der einzig wesentliche Verlust ist. Kennt man ihn, so kennt man auch den Wirkungsgrad der Feuerung: Wo die Abgasverluste 20 % betragen, da ist jener Wirkungsgrad 80 %, das heißt 80 % vom Heizwert der Kohle werden nutzbar. Denn alle Wärme, die nicht zum Schornstein hinausgeht, bleibt in dem zu beheizenden Gebäude. Sie wird dem Wasser oder dem Dampf des Kessels oder bei Ofenheizung direkt der Raumluft mitgeteilt; jedenfalls kommt sie dem Gebäude zugute. Da mit der Übertragung von Wärme durch Heizflächen hindurch keine Verluste an Wärmemenge verbunden sind, so kommt die dem Rauchgas einmal entzogene Wärmemenge unvermindert dem Gebäude zu, und der Wirkungsgrad der Gesamt-Heizungsanlage ist durch eine Bestimmung der Essenverluste vollständig festgelegt.

Die Frage kann höchstens sein, ob die Wärme dem Gebäude an der richtigen Stelle zukommt; ein Verlust ist es im gewissen Sinne, wenn ein Raum des Gebäudes etwa durch eine hindurchgeführte Rohrleitung mehr beheizt wird als nötig ist, und ein Verlust ist es im gewissen Sinne, wenn der Kessel Wärme in den Kesselraum abgibt, und diesen dadurch überflüssig oder übermäßig erwärmt. Aber selbst diese Wärme ist für die Beheizung des Gebäudes nicht ganz verloren, da sie zum Teil durch die Decke des Kellergeschosses hindurch dem bewohnten Geschoß zugute kommt; nur der Teil, der durch Fenster und Türen oder auch durch die Wände hindurch ins Freie geht, ist als verloren anzusehen.

Wenn es sich um Beantwortung der bei Ablieferung von Heizungsanlagen häufig vorkommenden Frage handelt, ob die Heizungsanlage unnütz viel Kohlen verbraucht, so ist diese Frage im wesentlichen durch eine Untersuchung der Abgase und Feststellung ihrer Temperatur zu erledigen.

b) Übertragung der Wärme.

51. Wärmedurchgang; Leitung und Strahlung. Wo die durch Verbrennung von Kohle entstehende Wärme zum Heizen nutzbar gemacht werden soll, muß sie fast immer durch Heizflächen hindurchgehen, von denen sie einerseits aus den Heizgasen entnommen, andererseits an die Raumluft abgegeben wird. Bei Wasser- oder Dampfkesseln wird sie von der Kesselheizfläche zunächst auf Wasser übertragen; dieses gibt sie dann in den zu beheizenden Räumen durch die dort aufgestellten sekundären Heizflächen hindurch an die zu heizenden Räume ab. Aus den Räumen entweicht in jedem Falle die Wärme, indem die Umfassungswände sie aufnehmen, durch sich hindurchleiten, und an die kältere Außenluft abgeben.

In jedem dieser Fälle handelt es sich um den Wärmedurchgang durch Flächen — dieses Wort nicht im mathematischen Sinne gebraucht — oder durch Wände. Der Wärmedurchgang ist eine komplizierte Erscheinung, insofern, als er sich jedenfalls aus den drei Vorgängen: Wärmeaufnahme, Fortleitung der Wärme durch die Dicke der Wand hindurch und Wärmeabgabe auf der anderen Seite, zusammensetzt. Von diesen dreien ist nur die Wärmefortleitung ein bei undurchsichtigen Körpern einigermaßen eindeutiger Vorgang. Wärmeaufnahme und -abgabe hingegen geschehen teilweise durch Überleitung der Wärme von einem Stoff auf den anderen, teilweise durch Aus- oder Einstrahlung von Wärme; sie sind also in sich abermals zusammengesetzte Vorgänge.

Die verschiedenen Einzelbestandteile des Wärmedurchganges sind der Reihe nach zu besprechen.

52. Leitung. Der Wärmedurchgang durch eine Wand setzt sich also aus den drei Teilen: Aufnahme der Wärme seitens der Wand, Fortleitung durch die Wand hindurch, und endlich Abgabe der Wärme auf der anderen Seite zusammen. Die aufgenommene, fortgeleitete und abgegebene Wärmemenge sind im Beharrungszustand natürlich einander gleich; außerdem hat man noch für jeden der drei Vorgänge als Erfahrungsgrundlage anzunehmen, daß ein gewisses Temperaturgefälle erforderlich ist, um das Fortschreiten der Wärme zu veranlassen, die nämlich immer vom Ort höherer zu dem niederer Temperatur geht. Die Temperaturverteilung beim Durchgang wird also so sein, wie Fig. 56 andeutet; im Innern der Wand findet ein stetiger Temperaturabfall, an den Begrenzungen der Wand je ein Temperatursprung statt, und wir können die Temperaturen t_1 auf einer Seite der Wand, t_2 an der zugehörigen Wandfläche, t_3 an der anderen Wandfläche und t_4 an der anderen Seite der Wand messen, wenn wir geeignete Thermometer anbringen. Die Temperatursprünge sollen mit Δt_1 und Δt_3, der Abfall im Wandinnern mit Δt_2 bezeichnet werden.

Dann pflegt man für jeden der drei Vorgänge anzunehmen, daß die übergehende Wärmemenge dem vorhandenen Temperatursprung bezw. -abfall, oder umgekehrt, daß der sich ausbildende Temperatursprung oder -abfall der übergehenden Wärmemenge proportional ist. Es ist dies offenbar die einfachste Annahme, die man machen kann. Außerdem ist die stündlich übergehende Wärmemenge selbstverständlich proportional der Durchgangsfläche.

Diejenige Wärmemenge, die das Quadratmeter Oberfläche bei 1^0 Temperaturunterschied stündlich aufnimmt, ist ein Maßstab für die Aufnahmefähigkeit der betreffenden Oberfläche, man kann ihn als Wärmeaufnahme-Koeffizienten bezeichnen. Kennt man diesen Koeffizienten k_1, so ist die von einer Wandfläche aufgenommene Wärmemenge W gleich dem Produkt aus ihrer Größe F in Quadratmetern, aus dem Temperaturunterschied Δt_1 seiner Oberfläche gegen die Umgebung, und eben jenem Wärmeaufnahme-Koeffizienten: $W = k_1 \cdot F \cdot \Delta t_1$.

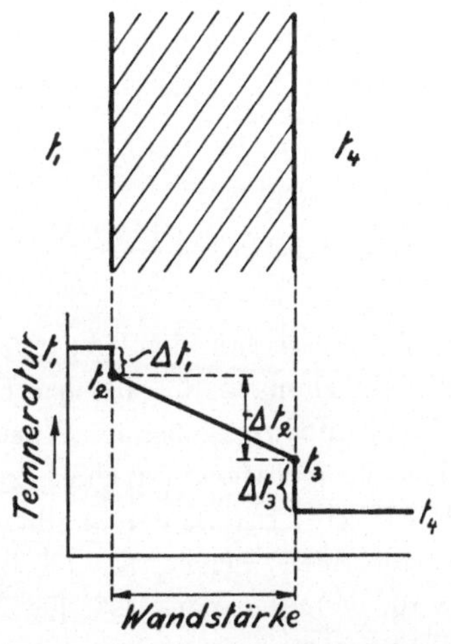

Fig. 56. Temperaturverhältnisse in einer Mauer.

Der Wärmeaufnahme entspricht genau die Wärmeabgabe einer Fläche an ein kälteres Medium. Es ist die stündlich abgegebene Wärmemenge gegeben durch das Produkt, aus einem Wärmeabgabe-Koeffizienten k_3, aus dem Temperaturunterschied Δt_3 zwischen umgebendem Mittel und Oberfläche, und endlich aus der Größe F der wärmeabgebenden Fläche. Es ist $W = k_3 \cdot F \cdot \Delta t_3$.

Im Innern der Wand findet einfache Fortleitung statt. Für sie ist zum Vorwärtstreiben der im Quadratmeter Wandfläche durchgehenden Wärmemenge das sogenannte spezifische Temperaturgefälle $\frac{\Delta t_2}{d}$ maßgebend, das den Temperaturabfall pro Meter der Wanddicke d angibt; es ist in Fig. 56 durch die Neigung der den Abfall angebenden Geraden gegeben. Die übergehende Wärmemenge ist dann $W = k_2 \cdot F \cdot \frac{\Delta t_2}{d}$, worin k_2 der (sogenannte innere) Wärmeleitungskoeffizient ist.

Spielen sich nun die drei Vorgänge der Wärmeaufnahme, Überleitung und Wärmeabgabe an einer einzigen Wand und zugleich ab, so müssen im Beharrungszustand aufgenommene, übergeleitete und abgegebene Wärmemenge einander gleich sein. Dann ist also

$$W = F \cdot k_1 \cdot \Delta t_1 = F \cdot \frac{k_2}{d} \cdot \Delta t_2 = F \cdot k_3 \cdot \Delta t_3,$$

denn auch die Durchgangsfläche F ist für ebene Wände überall die gleiche. Vereinzeln wir nun die Gleichungen wieder in der Form

$$\frac{1}{k_1} = \frac{F}{W} \cdot \Delta t_1; \quad \frac{d}{k_2} = \frac{F}{W} \cdot \Delta t_2; \quad \frac{1}{k_3} = \frac{F}{W} \cdot \Delta t_3$$

und addieren sie, so kommt

$$\frac{1}{k_1} + \frac{d}{k_2} + \frac{1}{k_3} = \frac{F}{W} (\Delta t_1 + \Delta t_2 + \Delta t_3).$$

Nun ist aber die Klammer rechts das gesamte Temperaturgefälle zwischen den beiden Seiten der übertragenden Wandung; das ist das für den Wärmedurchgang als ganzes in Rechnung zu stellende Temperaturgefälle. Bezeichnen wir es mit Δt und führen wir für die linke Seite $\frac{1}{k}$ ein, so erhalten wir in

$$\frac{1}{k} = \frac{F}{W} \cdot \Delta t \text{ oder } W = k \cdot F \cdot \Delta t.$$

Gleichungen für den gesamten Wärmedurchgang, die in ihrem Aufbau den Gleichungen für die drei Einzelvorgänge entsprechen. Die durch eine Wand hindurchgehende Wärmemenge ist also proportional der Fläche, dem Temperaturunterschied zu beiden Seiten, und einem Durchgangskoeffizienten k, der angibt, wieviel Wärme durch ein Quadratmeter der betreffenden Fläche bei 1^0 Temperaturunterschied beiderseits übertragen wird. Vorstehendes ist der Beweis dafür, daß die Proportionalität der Wärmemenge mit dem Temperaturunterschied für den Gesamtvorgang gelten muß, wenn man sie für die drei Einzelvorgänge annimmt. Dieser Satz läßt sich auch für nicht ebene Wände beweisen.

Da k der Durchgangskoeffizient ist, so ist $\frac{1}{k}$ der Widerstand, den die ganze Fläche dem Wärmedurchgang bietet. Entsprechend kann man $\frac{1}{k_1}$, $\frac{1}{k_2}$ und $\frac{1}{k_3}$ als die Widerstände der Aufnahme, der Überleitung und der Abgabe bezeichnen; bei dieser Auffassung wäre es dann einleuchtend, daß der Gesamtwiderstand $\frac{1}{k} = \frac{1}{k_1} + \frac{d}{k_2} + \frac{1}{k_3}$ sein muß. Und ebenso einleuchtend ist es, daß die Beziehung zutreffen muß, wenn man bedenkt, daß für $W = 1$ und $F = 1$ aus den Gleichungen entsteht $\frac{1}{k} = \Delta t$. Der Widerstand gegen Wärmedurchgang ist also gleich dem Temperaturgefälle, das zum Hindurchtreiben einer Wärmeeinheit stündlich durch ein Quadratmeter Fläche nötig ist. Da ist es selbstverständlich, daß das gesamte Temperaturgefälle gleich der Summe der Temperaturgefälle der drei Einzelvorgänge ist.

Wozu braucht man überhaupt die Vereinzelung, da man doch bei praktischen Rechnungen immer nur den Durchgang als Ganzes ins Auge zu fassen hätte?

Der Zweck der scheinbar unnütz umständlichen Trennung in die Einzelbestandteile ist der, daß man ohne sie eine gewaltige Zahl von Durchgangskoeffizienten brauchte, je einen anderen nämlich nach Stoff und Dicke der Wand, sowie nach der Beschaffenheit ihrer Oberfläche, ferner nach der Art der beiderseits umgebenden Mittel, ob Wasser, Dampf oder Luft, von denen eines oder beide sich überdies in Ruhe oder in Bewegung befinden können. Diese verschiedenen Verhältnisse in allen erdenklichen Kombinationen zusammengestellt, lieferten ein Heer von verschiedenen Durchgangskoeffizienten.

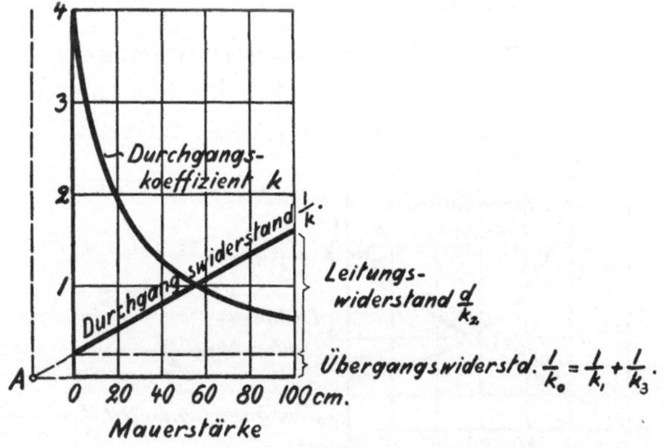

Fig. 57. Wärmeleitung von Mauern ohne Luftschicht.

Statt dessen bedürfen wir nun nur der drei Einzelkoeffizienten, um den Gesamtkoeffizienten zu berechnen. Für die üblichsten Fälle gibt man aber natürlich auch unmittelbar den letzteren an.

Über die Bedeutung der Koeffizienten k, die die Durchlässigkeit für Wärme, und ihrer reziproken Werte $\frac{1}{k}$, die den Widerstand gegen Wärmedurchgang darstellen, machen wir uns ein Bild, indem wir die Verhältnisse an Backsteinwänden verschiedener Stärke betrachten. Für Wände von der Stärke

$^1/_2$ Stein	1 Stein	2 Steine	4 Steine
ca. 0,12 m	ca. 0,25 m	ca. 0,5 m	ca. 1 m

gibt man wohl die Durchgangskoeffizienten an zu

$$k = 2{,}4 \qquad 1{,}7 \qquad 1{,}1 \qquad 0{,}63,$$

daraus folgen die Durchgangswiderstände

$$\frac{1}{k} = 0{,}42 \qquad 0{,}59 \qquad 0{,}91 \qquad 1{,}59.$$

Tragen wir beides abhängig von der Wandstärke auf, so erhalten wir Fig. 57; der Widerstand nimmt linear mit der Wandstärke zu, doch schneidet die Gerade eine Strecke von etwa 0,25° C/WE ab; dieser Temperaturunterschied zu beiden Seiten der Wand wäre nötig, um 1 WE stündlich durch eine Wand von der Stärke 0 — von sehr geringer Stärke — zu treiben. Dann wäre nur der Eintritts- und der Austrittswiderstand zu überwinden.

Wir wollen diese beiden Widerstände unter dem Namen des Übergangswiderstandes zusammenfassen, und ihn, da er den Widerstand bei der Wandstärke $d = 0$ bedeutet, mit $\frac{1}{k_0}$ bezeichnen. Es ist $\frac{1}{k_0} = \frac{1}{k_1} + \frac{1}{k_2}$, und es ist $\frac{1}{k} = \frac{1}{k_0} + \frac{d}{k_2}$.

In dieser graphischen Weise ist es möglich, die Größe des Leitungswiderstandes und die des Übergangswiderstandes zu trennen. Man erkennt, daß im Fall der Backsteinmauer keiner von beiden Teilen gegen den anderen vernachlässigt werden kann. Wir werden Fälle kennen lernen, wo das anders ist.

Wenn wir die Gerade des Durchgangswiderstandes rückwärts bis A verlängern, so finden wir, daß der Übergangswiderstand gleichwertig ist mit dem Leitungswiderstand einer 18 cm starken Backsteinschicht. Die Kurve der Durchgangskoeffizienten ist eine gleichseitige Hyperbel mit A als Mittelpunkt. In Fig. 58 sind die gleichen Verhältnisse für eine Backsteinwand mit Luftschicht gegeben. Für diese gibt man wohl die Durchgangskoeffizienten, bezogen auf die gemauerte Wandstärke, also nach Abzug des Luftraumes, wie folgt:

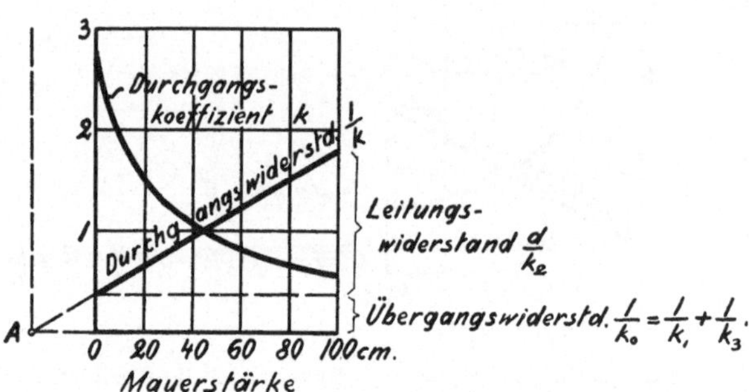

Fig. 58. Wärmeleitung von Mauern mit Luftschicht.

Wandstärke	$2 \times {}^1/_2$ Stein	2×1 Stein	2×2 Steine
	0,25 m	0,5 m	1 m
$k =$	1,37	0,91	0,55.

Fig. 58 zeigt, daß diesmal der Übergangswiderstand größer ist — nicht soviel, wie man wohl erwarten würde, zumal in ihm diesmal noch der Leitungswiderstand der Luftschicht enthalten ist. Die Gerade des Durchgangswiderstandes hat nicht ganz dieselbe Neigung wie die in Fig. 7 — Unstimmigkeiten, die in der Unsicherheit der Koeffizienten ihre natürliche Erklärung finden. Der Übergangswiderstand entspricht diesmal 27 cm Wanddicke (Punkt A).

53. Wärmeleitungskoeffizient; Einfluß der Wandstärke. Der Wärmeleitungskoeffizient k_2 ist die Wärmemenge, die stündlich in einem Würfel von 1 m Seitenlänge von einer Fläche zur gegenüberliegenden geht, wenn sich diese beiden einander gegenüberliegenden Flächen in der Temperatur um 1^0 C unterscheiden, und wenn die vier anderen Flächen, die Seitenflächen des Würfels, wärmedicht eingehüllt sind. Er wird angegeben in $\frac{\text{WE}}{\text{st} \cdot \frac{{}^0\text{C}}{\text{m}} \cdot \text{qm}}$; also in $\frac{\text{WE}}{\text{st} \cdot {}^0\text{C} \cdot \text{m}}$. Er ist eine Eigenschaft des betreffenden Materials, wechselt aber, wie es scheint, sehr stark bei selbst nur kleinen Unterschieden in der Zusammensetzung.

Im Mittel kann man etwa setzen:[1])

für Kupfer	$k_2 = 300$	$\frac{\text{WE}}{\text{st} \cdot {}^0\text{C} \cdot \text{m}}$
für Messing	$k_2 = 80$	„
für Eisen	$k_2 = 40$	„
für Ziegelmauerwerk . . .	$k_2 = 1{,}5$	„
für Wärmeschutzmittel . .	$k_2 = 0{,}03$ bis $0{,}09$	„

Bei der Anwendung von Wärmeschutzmitteln, hat die Leitfähigkeit der Substanz, die möglichst gering sein soll, den Haupteinfluß auf die Beurteilung der verschiedenen Stoffe. Die Koeffizienten der Aufnahme und Abgabe treten an Wichtigkeit zurück, weil der gesamte Temperaturabfall im wesentlichen im Innern des Wärmeschutzes stattfindet. Über die Leitfähigkeit verschiedener Wärmeschutzmittel, werden noch anderwärts einige Angaben gemacht werden (§ 101).

Bei Metallwänden indessen, wie sie bei den Heizkörpern der Heizung, bei den Dampfschlangen der Wasserwärmer und in anderen Fällen vorhanden sind, spielt die Leitfähigkeit der Substanz — die diesmal möglichst groß erwünscht ist — eine weniger wichtige Rolle, weil es sich meist um sehr kleine Wandstärken handelt. Den wesentlichen Einfluß auf die Größe des gesamten Wärmedurchganges haben hier der Aufnahme- und der Abgabekoeffizient; im Innern der Wand ist nur ein geringer Temperaturabfall vorhanden. Immerhin hat auch in den letzteren Fällen der Wärmedurchgang durch die Wand einen merklichen Einfluß; bei gegebenem gesamten Temperaturunterschied zu beiden Seiten wird die durchgehende Wärmemenge kleiner, wenn die Wandstärke zunimmt.

Das zeigt folgende Rechnung: Ein unbekleidetes, in Luft liegendes Dampfrohr verliert bis zu 2000 WE pro qm und Stunde. Die Wandstärke der Rohre pflegt etwa 3 mm = 0,003 m zu sein. Mit $k_2 = 40$ erhalten wir $\frac{2000 \cdot 0{,}003}{40} = 0{,}15^0$ Temperaturabfall in der Wand des Rohres, während der gesamte Temperaturabfall mit $100 - 30 = 70^0$ anzunehmen wäre — wenn nämlich 30^0 die Temperatur der Luft in der Nähe des Heizkörpers ist. Der Einfluß der Leitfähigkeit des Materiales ist also verschwindend. Es böte keine wesentlichen Vorteile, den kleinen Widerstand der Wandung — für ihn ist ja der Temperaturabfall ein Maß —

[1]) Mollier, Zeitschr. d. Ver. d. Ing. 1897.

durch Anwendung von Kupfer noch weiter herabzuziehen. Alles käme vielmehr darauf an, den Wärmeabgabekoeffizienten hoch zu halten, wovon später.

Etwas anders liegt die Sache bei Schlangen, die in Wasser liegen. Solche Schlange überträgt, wenn dünnwandig, etwa das 500fache des beiderseitigen Temperaturunterschiedes an Wärme. Sei also bei einer Warmwasserbereitung kaltes Wasser von 10^0 auf 50^0 zu erwärmen, so daß wir auf 30^0 mittlerer Wassertemperatur rechnen können, so hätten wir wieder $100 - 30 = 70^0$ Temperaturunterschied zu beiden Seiten. Die Wandstärke der Messingrohre pflegt 1 mm = 0,001 m zu betragen. Dann haben wir, so wie eben rechnend, einen Temperaturabfall von $\frac{35000 \cdot 0{,}001}{80} = 0{,}44^0$ in der Wand selbst. Der Widerstand der 1 mm starken Messingwand ist also $\frac{0{,}44}{70} \cdot 100 \sim {}^1/_2{}^0/_0$ des gesamten Durchgangswiderstandes; er würde sich auf $1^0/_0$ erhöhen bei 2 mm Wandstärke und auf $1^1/_2{}^0/_0$ bei 3 mm Wandstärke, während er andererseits durch Anwendung von Kupfer statt Messings, $k_2 = 300$ statt $k_2 = 80$, auf je etwa den vierten Teil dieser Werte herabzudrücken wäre. Hier hat also. weil der Wärmedurchgang ein viel energischerer ist, die Leitfähigkeit des Materiales einen zwar nicht großen, aber doch merklichen Einfluß. Die Anwendung von Messing oder gar Kupfer kommt daher wohl in Frage, weil die billigeren Eisenrohre nicht nur einen geringeren Leitungskoeffizienten haben, sondern auch wegen des Abrostens starkwandiger genommen werden müssen.

Für Wärmeschutzstoffe liegen die Verhältnisse ganz anders. Man pflegt wohl anzugeben, daß ein gut umhülltes Dampfrohr bis zu 1 kg Dampf stündlich kondensiert auf jedem Quadratmeter seiner Innenfläche. Das entspräche einem Wärmeverlust von etwa 500 WE/st. Ist nun eine 20 mm = 0,02 m starke Umhüllung aus einem Stoff vorhanden, für welches der Leitungskoeffizient $k_2 = 0{,}1$ wäre — also aus einem verhältnismäßig geringwertigen Wärmeschutz — so betrüge der Temperaturabfall im Wärmeschutzmittel allein schon $\frac{500 \cdot 0{,}02}{0{,}1} = 100^0$. Das ist aber bereits der ganze etwa vorhandene Temperaturabfall, so daß also für die Temperatursprünge an den Grenzflächen nichts bliebe. Diesmal macht also jedenfalls der Abfall im Innern des Materiales das meiste aus.

Mittlere Verhältnisse endlich liegen bei den Umfassungswänden von Räumen vor, bei denen keiner von beiden Teilen der allein maßgebende ist, wie wir schon aus dem vorigen Paragraphen wissen.

Man darf den numerischen Ergebnissen solcher Rechnungen natürlich nicht zu viel Gewicht beilegen, da die Zahlenunterlagen durchweg unsicher und je nach Verhältnissen wechselnd sind. Aber die Größenordnung für den Einfluß der Einzelkoeffizienten auf den gesamten Wärmedurchgang durch Flächen geht doch daraus hervor. Im allgemeinen wird man etwa sagen können: Wo Metall-Heizflächen Wärme an Luft übertragen, hat die Leitfähigkeit der Wand fast keinen, wo sie Wärme an Wasser übertragen, hat sie geringen Einfluß auf den gesamten Widerstand. Für die Durchlässigkeit von Wärmeschutzstoffen ist hingegen die Leitfähigkeit des Materiales von überwiegendem, für die Durchlässigkeit von Mauern von wesentlichem Einfluß.

54. Übergangskoeffizienten; Einfluß der Geschwindigkeit; Oberflächentemperatur. Der Wärmeaufnahmekoeffizient gibt an, welche Wärmemenge vom umgebenden Medium stündlich in ein Quadratmeter einer Wand übergeht, wenn der Temperaturunterschied zwischen dem Medium und der Oberfläche der Wand 1° C beträgt. Der Wärmeabgabekoeffizient k_3 gibt dasselbe für die Abgabe der Wand an das andererseits vorhandene Medium an. Mit gemeinsamem Namen nennt man die beiden einander analogen Werte Übergangskoeffizienten.

Die reziproken Werte $\frac{1}{k_1}$ und $\frac{1}{k_3}$ sind die Übergangswiderstände; sie geben an, welcher Temperaturunterschied zwischen Wandoberfläche und Medium vorhanden sein muß, um 1 WE stündlich durch das Quadratmeter Oberfläche ein- oder austreten zu lassen.

Für unsere Zwecke kommen die Aufnahmekoeffizienten von kondensierendem Dampf oder von warmem Wasser in Metallwände hinein, und die Abgabekoeffizienten von Metallwänden an Luft sowie an siedendes oder an anzuwärmendes Wasser in Betracht.

Direkt bestimmen läßt sich eigentlich nur die Summe der beiden Übergangswiderstände, wenn man nämlich den Wärmedurchgang für verschiedene Wandstärken beobachtet und dann graphisch den Durchgangswiderstand ermittelt, der für die Wandstärke $d = 0$ zu erwarten wäre. Wir haben ihn (S. 98) mit $\frac{1}{k_0}$ bezeichnet; es war $\frac{1}{k_0} = \frac{1}{k_1} + \frac{1}{k_3}$. Nun kann man aber mit einigem Recht annehmen, es sei bei Wärmeübertragung von Wasser durch Metall an Wasser, gleiche Verhältnisse beiderseits vorausgesetzt, $k_1 = k_3$ — woraus dann die Größe von k_1 und k_3 in diesem Fall folgen würde. Beim Wärmeübergang von kondensierendem Dampf an anzuwärmendes Wasser durch eine sehr dünne Wand hindurch kennt man nun k_3, kann also k_1 finden. Wenn man so fortschreitet und einige Unstimmigkeiten ausgleicht,[1]) kommt man etwa zu folgenden Werten für den Wärmeübergang:

von kondensierendem (meist etwas lufthaltigem) Dampf an Metall . . . . . . $k_1 = 5000$,
von Metall an siedendes Wasser . . . . $k_3 = 10000$,
" " " anzuwärmendes Wasser . . $k_1 = k_3 = 300 + 1800 \sqrt{w}$,
oder umgekehrt bei ruhendem Wasser . . $k_1 = k_3 = 550$,
von Metall an Luft . . . . $k_3 = 2 + 10 \sqrt{w}$,
bei ruhender Luft . . . . $k_3 = 7$.

[1]) Mollier, Zeitschr. d. Ver. d. Ing. 1897.

Die Erfahrung hat also gelehrt, daß bei Wasser und bei Luft eine starke Zunahme der Wärmeaufnahme oder -abgabe eintritt, wenn das Medium sich bewegt; es rührt das daher, daß dann die ganze Flüssigkeit oder Luft in lebhafter Wirbelung ist und daher die der Wand zunächstliegenden Teile schnell wieder durch andere ersetzt werden, wenn sie Wärme aufgenommen oder abgegeben haben. Daß man für ruhendes Medium nicht einfach $w = 0$ zu setzen hat, leuchtet ein; es wird ja auch ohne künstliche Bewegung durch die Erwärmung ein spontaner Umlauf des Mediums mit einer gewissen mäßigen Geschwindigkeit eingeleitet. Daß für Dampf die Geschwindigkeit weniger wesentlich ist, leuchtet ein, weil die Kondensation für stetige Erneuerung der Dampfteilchen sorgt; dafür ist Fernhalten von Luft und schnelles Abführen des gebildeten Kondenswassers wesentlich.

Die Zahlen lehren nun zweierlei. Erstens gestatten sie, paarweise vereinigt, die Berechnung der Wärmedurchgangskoeffizienten bei sehr dünner Wand; da wir schon wissen, daß in der Wand in allen jetzt zu betrachtenden Fällen nur ein kleiner Bruchteil des Temperaturabfalles verbraucht wird, sind das zugleich die Durchgangskoeffizienten überhaupt. Man gibt wohl an, für den Wärmedurchgang

von kondensierendem Dampf durch Metall an siedendes Wasser . . . . $k_0 = 3500$

von kondensierendem Dampf durch Metall an nicht siedendes Wasser:

bei nur spontaner Bewegung des Wassers . $k_0 = 500$

wo Rührwerke vorhanden sind . . . . . $k_0 = 2000$ bis 4000

wo das Wasser strömt . . . . $k_0 = 1750 \sqrt[3]{w}$

von kondensierendem Dampf oder von Wasser an Luft . . . . $k_0 = 2 + 10\sqrt{w}$

Zweitens gestattet die Vereinzelung der beiden Übergangsziffern einen Schluß auf die Temperatur der Wandung zu ziehen, insbesondere auf die Temperatur ihrer Oberfläche, die uns bei Heizkörpern interessiert (§ 66). Es zeigt sich, daß beim Wärmedurchgang durch Metallflächen von Dampf oder Wasser an Luft der Übergang der Wärme vom Eisen an die Luft das allein maßgebende ist. Wir finden keinen Unterschied verzeichnet, zwischen dem Werte des Durchgangskoeffizienten k_0 von Dampf oder Wasser an Luft, und dem Übergangskoeffizienten k_3 von Eisen an Luft; der Unterschied ist zu klein, als daß er sich in der Formel bemerkbar machte. Der Übergangskoeffizient Metall—Luft ist so klein, der Übergangswiderstand Metall—Luft ist so groß gegenüber dem entsprechenden Werten Dampf—Metall oder Wasser—Metall, daß sie allein für den Durchgang maßgebend sind.

Daraus folgt aber auch, daß der gesamte Temperaturabfall beim Wärmeübergang Dampf oder Wasser—Metall—Luft fast allein durch den

Temperatursprung Metall—Luft bestritten wird; der Temperaturabfall im Metall ist klein dagegen (§ 53), und der Temperatursprung auf der anderen Wandseite ebenfalls. Mit anderen Worten: die Temperatur der Metallwand und ihrer Oberfläche ist fast dieselbe, wie die des heizenden Dampfes oder Wassers. Das wird uns noch interessieren, ist aber nicht selbstverständlich, sondern mußte besonders erörtert werden.

Aus den Erörterungen dieses und der vorhergehenden Paragraphen folgt noch die Richtigkeit der Fig. 59, die uns die verschiedenartigen Verhältnisse beim Wärmedurchgang durch verschiedene Wände anzeigt. Die Figur deutet an, wie sich ein zu beiden Seiten der Wand vorhandener Temperaturunterschied ausgleicht, auf welchen Temperaturen sich in den verschiedenen Fällen die Wandung befindet. Sie zeigt, wie in einigen Fällen fast nur die Temperatursprünge, in anderen fast nur der Leitungswiderstand den gesamten Abfall herbeiführen.

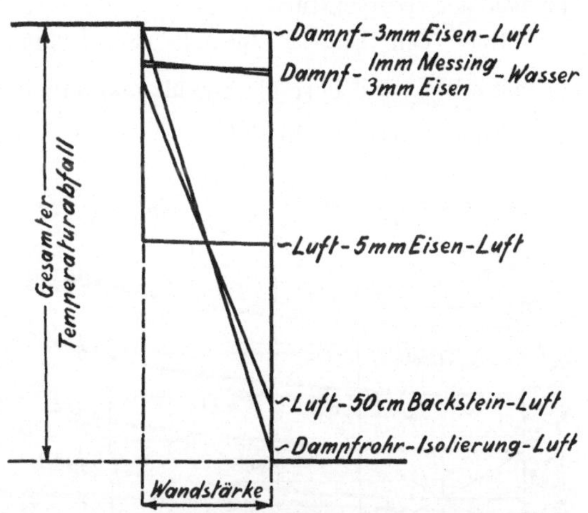

Fig. 59. Temperaturverhältnisse in wärmeübertragenden Wänden.

55. Veränderlichkeit der Koeffizienten; Strahlung. In Wahrheit trifft nun die Proportionalität der übertragenen Wärmemenge mit der Temperaturdifferenz nicht genau zu. Infolgedessen kann man für die Koeffizienten k_1, k_2, k_3 und daher auch für den Durchgangskoeffizienten k nicht konstante Werte einführen, sondern muß ihre Größe von Fall zu Fall verschieden wählen.

Die erwähnte Proportionalität trifft, so viel sich übersehen läßt, leidlich gut zu, soweit es sich um die Fortleitung der Wärme handelt. Reine Fortleitung haben wir im Innern undurchsichtiger Wände. Die Wärmeaufnahme und -abgabe findet nur zum Teil durch Leitung statt, und für diesen Teil mag die Konstanz der Koeffizienten ja wohl auch vorhanden sein. Zum anderen Teil aber findet die Wärmeaufnahme und -abgabe der Wandung durch Strahlung statt, und für diesen Teil trifft die Proportionalität zwischen Wärmemenge und Temperaturunterschied gar nicht zu. Vielmehr lehrt die neuere Physik, daß die Ausstrahlung eines jeden Körpers der vierten Potenz seiner absoluten Temperatur proportional ist, so daß also zwei Körper verschiedener Temperatur Wärmemengen austauschen, die proportional sind dem Unterschied der vierten Potenzen ihrer absoluten Temperaturen. Danach nimmt die

Strahlung mit höheren Temperaturen sehr rasch zu, in welchem Maße etwa, zeigt Fig. 60. Dort sind Strahlungskoeffizienten k_s aufgetragen, die analog den Wärmeabgabekoeffizienten die Berechnung der durch Strahlung ausgetauschten Wärmemenge nach der Gleichung $W = k_s \cdot F \cdot (t_1 - t_2)$ gestatten — allerdings in einem willkürlichen Maßstab. Als Einheit des Strahlungskoeffizienten ist der bei 0° C geltende aufgetragen worden, die anderen sind als Vielfache davon gegeben. Doch hängt der Gesamtwert der Strahlung noch von anderen bald zu besprechenden Faktoren ab, nicht nur von der Temperatur.

Über den Einfluß speziell der Temperaturen lehrt uns Fig. 60 folgendes. Es sind dort die Strahlungskoeffizienten $\frac{T_1^4 - T_2^4}{T_1 - T_2}$ als abhängig vom Temperaturunterschied $T_1 - T_2 = t_1 - t_2$ aufgetragen. Der Strahlungskoeffizient eines 500° C warmen Körpers gegen einen anderen auf 100° C befindlichen ergibt sich danach als Schnittpunkt der beiden entsprechenden Kurven als das zehnfache des bei 0° C gültigen Strahlungskoeffizienten. Der betreffende Schnittpunkt liegt aber auch einerseits auf der Ordinate $t_1 - t_2 = 400°$ C, andererseits noch auf einer stark ausgezogenen Kurve, die alle Punkte gleicher mittlerer Temperatur, in diesem Fall 300° C, miteinander verbindet. Diese stark ausgezogenen Kurven zeigen nun, daß der Strahlungskoeffizient für wechselnde Temperaturunterschiede etwa konstant ist, wenn nur die mittlere Temperatur erhalten bleibt. Wohlverstanden, nicht die ausgetauschte Wärmemenge bleibt bei zunehmender Temperaturdifferenz unverändert, sondern der Strahlungs**koeffizient**; dann nimmt also die ausgetauschte Wärmemenge proportional dem Temperaturunterschied zu. Dagegen nimmt der Strahlungskoeffizient schnell zu, und die ausgetauschte Wärmemenge noch schneller, wenn die mittlere Temperatur größer wird. Der Strahlungskoeffizient geht bei kleinen Temperaturunterschieden mit der dritten Potenz der mittleren (absoluten) Temperatur.

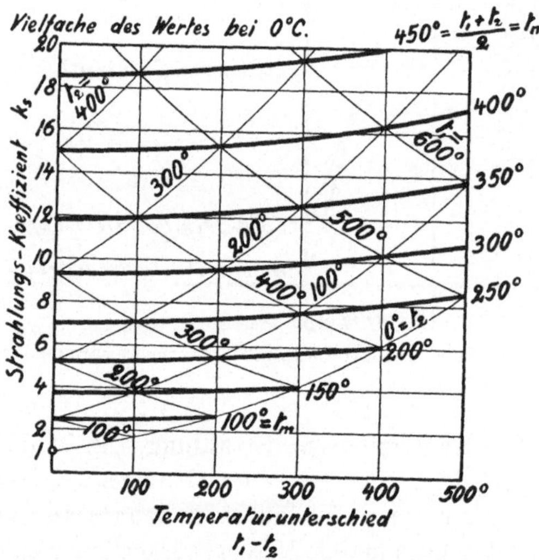

Fig. 60. Strahlungskoeffizienten bei verschiedenen Temperaturen, als Vielfache dessen bei 0° C.

Diese Darlegung wird es begreiflich machen, daß in den Wärmeabgabe- und -aufnahmekoeffizienten die Strahlung eine um so größere

Rolle spielt, und daß sie einen um so größeren Bruchteil der gesamten Wärmeabgabe oder -aufnahme ausmacht, je höher die mittlere Temperatur ist, und zwar nimmt sie sehr schnell zu, wenn es sich um Temperaturen von vielleicht mehreren hundert Grad handelt. Erwähnt sei übrigens, daß der Begriff des Strahlungskoeffizienten nicht besonders handlich ist, und daß er hier nur eingeführt wurde, um zu zeigen, wie wegen der Strahlung eine Zunahme der Aufnahme- und abgabekoeffizienten mit der Temperatur zu erwarten ist.

Es wird hier der Ort sein, noch einige weitere Worte über den Unterschied zwischen Fortpflanzung der Wärme durch Leitung und der durch Strahlung zu sagen. Derselbe liegt nicht nur darin, daß beide verschiedenen Gesetzen hinsichtlich der Temperatur folgen.

Äußerlich gekennzeichnet ist die Fortpflanzung der Wärme durch Leitung dadurch, daß alle zwischenliegenden Körper mit erwärmt werden, derart, daß ein kontinuierlicher Abfall der Temperatur von dem wärmenden Körper zu dem erwärmten hin stattfindet. Jeder Punkt einer Wand, die die Trennungsfläche zwischen dem warmen Zimmer und der kalten Außenluft bildet, befindet sich auf einer Temperatur, die zwischen der inneren und der äußeren liegt, wobei natürlich die mehr nach außen gelegenen Teile der Mauer kälter sind, als die mehr nach innen gelegenen.

Die Strahlung ist hingegen dadurch gekennzeichnet, daß sie die zwischenliegenden, für Wärmestrahlen durchlässigen Teile, insbesondere also Luft, nicht erwärmt, sondern nur durch sie hindurchgeht und erst zu fühlbarer Wärme wird, wenn sie auf einen sie absorbierenden Körper auftritt, der sie als Strahlung vernichtet und dadurch in fühlbare Wärme umsetzt. Sie wird am stärksten von dunkeln Körpern absorbiert. Daher erwärmen sich dunkle Körper unter dem Einfluß der Strahlung mehr als helle, die die Strahlung zurückwerfen, statt sie zu absorbieren. Es ist daher möglich, daß man in einem dunkeln Anzug neben einem glühenden Ofen sitzend ein deutliches Wärmegefühl auf der dem Ofen zugekehrten Seite hat, während ein zwischen uns und den Ofen gehaltenes Thermometer, dessen blanke Kugel die Strahlen zurückwirft, uns anzeigt, daß die zwischenliegende Luft verhältnismäßig kalt ist.

Hierin liegt bereits angedeutet, daß die Aufnahmefähigkeit für auftreffende Strahlen wesentlich von der Oberfläche des betreffenden Körpers abhängt. Die Wärmestrahlen sind wesensgleich mit Lichtstrahlen, und zwar setzen sie das Spektrum der Lichtstrahlen über das rote Ende hinaus fort; die ultraroten unsichtbaren Strahlen unterscheiden sich von Lichtstrahlen grundsätzlich nur dadurch, daß sie den Augennerv nicht reizen und daher keine Lichtempfindung in unserem Auge auslösen. Der Unterschied liegt also mehr in uns als in den Strahlen. Hinsichtlich der fühlbaren Wärmewirkung sind sie den sichtbaren, insbesondere den roten Strahlen verwandt, die auch bedeutende Wärmemengen in sich darstellen, während die Strahlen am blauen Ende des Spektrums geringere Wärmewirkung ausüben.

Daraus folgt nun folgendes: helle oder gar blanke Flächen werfen die Lichtstrahlen und daher im allgemeinen auch die gleichartigen Wärmestrahlen zurück, nehmen sie also nicht auf und erwärmen sich daher wenig durch Strahlung. Rote Flächen werfen gerade die warmen Strahlen des Spektrums zurück und erwärmen sich daher auch nur schwach. Dunkle oder auch blaue Flächen hingegen absorbieren die Wärmestrahlen zusammen mit den betreffenden Lichtstrahlen, vernichten sie, verwandeln sie in fühlbare Wärme und erwärmen sich daher selbst. Die Wärmeaufnahmefähigkeit ist also wesentlich von Helligkeit und Färbung der Fläche abhängig. Vollständiges Zurückwerfen oder vollständiges Absorbieren der Strahlen findet allerdings nirgends statt.

Nun bleibt das Gesetz zu erwähnen, wonach erfahrungsgemäß die Absorptionsfähigkeit für Strahlung und das Ausstrahlungsvermögen stets miteinander einhergehen — man sagt wohl: Einstrahlungs- und Ausstrahlungsvermögen (Absorptions- und Emissionsvermögen) jedes Körpers seien einander gleich — und es folgt sofort, daß helle oder gar blanke. ebenso auch rotgefärbte Flächen weniger Wärme durch Strahlung aussenden als dunkle oder blaugefärbte Flächen, natürlich bei diesem Vergleich gleiche Temperaturverhältnisse vorausgesetzt.

Die Wärmeabgabe von Heizkörpern wird also durch eine matte, dunkle Oberfläche verstärkt — immerhin nicht gerade wesentlich, solange die Strahlung überhaupt nur einen kleinen Bruchteil der gesamten abgegebenen Wärmemenge ausmacht.

Man könnte auf den Gedanken kommen, daß auch eine dunkelfarbige Tapete vorteilhaft für die Heizwirkung sein müsse, weil sie die Wärmestrahlung besser in fühlbare Wärme umsetzt. Dabei würde man aber übersehen, daß ja die beim ersten Auftreffen auf eine helle Wand zurückgeworfene Strahlung nicht verloren ist: sie wird auf die gegenüberliegende Wand treffen, die dann einen weiteren Bruchteil in fühlbare Wärme umsetzt — und das geht so lange, bis schließlich doch alle Strahlung vernichtet ist und als fühlbare Wärme dem Zimmer zugute kommt. Höchstens der durch die strahlungsdurchlässigen Fenster entweichende Bruchteil wäre bei hellen Wänden etwas höher einzuschätzen.

Man findet es häufig als einen besonderen Nachteil der strahlenden Wärme für die Beheizung eines Raumes hingestellt, daß sie mit dem Quadrat der Entfernung abnehme. Diese Angabe ist nun sehr mit Vorsicht aufzunehmen. Denn sie trifft nur für einen punktförmigen Körper zu, nicht aber für Heizflächen, die eine im Verhältnis zu der Raumgröße erhebliche Flächenausdehnung haben. Die Abnahme hängt nämlich in jedem Falle von dem Maß der Zerstreuung ab, die die Strahlung bei ihrem Fortschreiten erfährt. Der Gesamtbetrag der Strahlung bleibt in jedem Fall beim Fortschreiten unverändert, abgesehen von dem geringen Betrag, den die Luft absorbiert und in fühlbare Wärme umsetzt. Wo die Strahlung von einem freiligenden Punkt ausgeht, wird die gesamte Strahlung sich jederzeit auf eine Kugelfläche verteilen müssen, die den strahlenden Punkt in dem eben betrachteten Abstand umgibt. Da die Größe der Kugelflächen mit dem Quadrat des Halbmessers zunimmt, so nimmt die auf die Flächeneinheit kommende Strahlung mit dem Quadrat der Entfernung ab. Wo indessen ein Dampfrohr senkrecht durch einen Raum geht, der oben und unten durch Decke und Fußboden begrenzt ist, da hat sich die gesamte, von dem Rohr entsendete Strahlung zu jeder Zeit auf eine das Rohr umgebende kreiszylindrische Fläche von Raumhöhe zu verteilen; und da diese Fläche nur mit dem Abstand vom Rohr, nicht mit dem Quadrat des Abstandes zunimmt, so wird auch die Intensität der Strahlung nur umgekehrt mit dem Abstand abnehmen. Dabei wäre übrigens noch zu beachten, daß die Verteilung über die Raumhöhe hin keine gleichmäßige bleiben würde, wenn das Rohr gleichmäßig strahlt; die Mitte der Raumhöhe würde mehr erhalten, als die oberen und unteren Partien. Durchschnittlich aber nimmt die Intensität umgekehrt mit der Entfernung ab. Wo ein rechteckiger Raum durch Bestrahlung von einer seiner Umfassungswände in voller Fläche beheizt werden würde, könnte man auf eine von der Entfernung unabhängige Intensität der Bestrahlung rechnen. Im allgemeinen aber wird man auf Abnahme mit der Entfernung von der Wärmequelle zu rechnen haben — wenn auch niemals mit quadratischer Abnahme. Die Abhängigkeit der Intensität der Erwärmung vom Ort ist aber jedenfalls nicht das erwünschte, wo es sich um Beheizung von Räumen handelt, und deshalb ist die Strahlung tunlichst auszuschalten.

Lästig an der Beheizung der Räume durch Strahlung ist es auch, daß die Wärmeübertragung durch Strahlung an die Richtung gebunden ist. Die Strahlung schreitet im Raume nur geradlinig fort, bis sie einen Körper trifft, von dem sie zurückgeworfen oder absorbiert wird. Das bedingt die einseitige Erwärmung des Körpers am strahlenden Ofen und andererseits die bekannte Tatsache, daß ein Körper gar nicht bestrahlt wird, sobald ein Schirm die Strahlung hindert, geradlinig zu ihm zu gelangen. Damit soll nicht gesagt sein, daß der Schirm die Beheizung des Raumes vermindere; vielmehr wird der Schirm, der ja im allgemeinen kälter ist als der strahlende Körper, seinerseits durch die Strahlung erwärmt und gibt im Beharrungszustand die gleiche Wärmemenge durch Leitung an die ihn umgebende Luft wieder ab.

Endlich wäre noch zu erwähnen, daß die gesamte von einem Punkt ausgestrahlte Wärmemenge auch davon abhängt, nach welchen Richtungen hin kältere und strahlungsaufnahmefähige Körper — Luft gehört nicht dazu — dem strahlenden Körper gegenüberstehen. Der günstigste Fall ist der, daß ein isolierter Punkt nach allen Richtungen hin strahlen kann. Eine um den Punkt herumgelegte Kugel wird dann in ihrer ganzen Oberfläche von Strahlung getroffen. Bei einem in einer ebenen Fläche liegenden Punkt findet die Strahlung nicht nach allen Seiten hin, sondern nur nach den einer Halbkugel entsprechenden Richtungen hin statt; so wird die ausgestrahlte Wärmemenge unter sonst gleichen Umständen nur die Hälfte jener größten sein. Im allgemeinen wird es darauf ankommen ein wie großer Teil einer um den Punkt herumgelegt gedachten Kugeloberfläche für die Strahlung in Betracht kommt. Man bezeichnet das als die Öffnung, über die hin die Strahlung sich erstreckt. Die Öffnung der Vollkugel ist gleich der Kugeloberfläche, also $4\,R^2\,\pi$ oder, wenn wir an eine Kugel vom Radius $R = 1$ denken, so ist die Öffnung $4\,\pi$. Die Halbkugel hätte dann die Öffnung $2\,\pi$, und jede andere Öffnung ist nach der Größe der ausgeschnittenen Kugeloberfläche zu benennen. Die Rippen eines Rippenheizkörpers werden nur sehr wenig Wärme durch Strahlung abgeben, denn für die meisten Punkte ihrer Oberfläche gibt es nur wenige Richtungen, in denen nicht eine gleich warme Rippe — die ja wegen fehlender Temperaturdifferenz keine Wärme aufnimmt —, sondern ein kälterer Körper der Strahlung zugänglich ist. Die Luft aber, als für Strahlung durchlässig, wird nicht durch sie erwärmt.

Abhängigkeit der Erwärmung von der Oberflächenbeschaffenheit, vom Ort und von der Richtung sind die Eigenschaften der Strahlung, die sie als zur Beheizung der Räume wenig geeignet erscheinen lassen. Diese drei Eigenschaften sowie die starke Zunahme der Ausstrahlung mit der Temperatur und das Kaltbleiben des zwischenliegenden Raumes kennzeichnen die Strahlung als eine von der Leitung durchaus verschiedene Art der Wärmeübertragung.

Die Strahlung ist zwar für unsere Zwecke von viel geringerer Bedeutung als die Übertragung der Wärme durch Leitung. Doch bestehen so viele irrige Ansichten über die Eigenschaften der Strahlung, und namentlich in Reklameheften wird so vielfach die Strahlung zur Stützung von Behauptungen herangezogen, auch wo sie garnichts mit der Sache zu tun hat, daß es sich zu lohnen schien, einige Eigenschaften der Strahlung kurz zu erläutern. —

Da nun neben der Wärmeaufnahme und -abgabe durch Leitung stets solche durch Strahlung einhergeht, so sind auch die in die Rechnung einzuführenden Wärmedurchgangskoeffizienten nicht konstant, sondern sie hängen von den gleichen Umständen ab, von denen die Strahlung abhängt. Bei kleineren Temperaturunterschieden pflegt der Anteil der Strahlung am gesamten Wärmeübergang gering zu sein, wenngleich sie immer vorhanden ist. Bei größeren Temperaturunterschieden wird mehr und mehr die Strahlung die vorherrschende Art der Übertragung, so daß dann die Zunahme der Durchgangskoeffizienten eine sehr schnelle ist.

Wie groß die Schwankungen der Durchgangskoeffizienten unter dem Einfluß der Strahlung sind, darüber mögen folgende Angaben einen Anhalt bieten.

Für die Wärmeabgabe von Wasserheizkörpern an Raumluft, die nur durch den Auftrieb an ihnen vorbeigeht, kann man etwa setzen:

bei 40° Temperaturunterschied innen gegen außen $k = 7$ bis 9

bei 80° „ „ „ „ $k = 8$ bis 10,5.

Für den Wärmeübergang durch die Heizflächen von Flammrohrkesseln setzt man wohl

für die Züge . . . . . $k = 20$

für das Flammrohr . . . . $k > 100$.

In allen Fällen also sehen wir eine Zunahme des Durchgangskoeffizienten mit dem Temperaturunterschied, und daher eine Zunahme der Wärmeübertragung nicht nur proportional dem Temperaturunterschied, sondern schneller.

56. Wärmeübertragung durch Wärmeträger. Außer durch Leitung und durch Strahlung kann die Übertragung von Wärme noch dadurch stattfinden, daß sie sich zusammen mit einem mechanischen Träger fortbewegt.

Die Wärmeübertragung durch Bewegung von Gas- oder Wassermengen — durch Wärmeträger können wir einfach sagen — geht überall da vor sich, wo in einem Raum ein Ofen die Luft erwärmt und aufwärts treibt, während in der anderen, an der Außenwand sich abkühlenden Raumhälfte ein Luftstrom abwärts geht. Ofen und Außenwand zusammen bewirken also einen Umlauf der Luft in dem betreffenden Raum, und vermitteln den Übergang der Wärme vom Ofen nach der Außenwand hin, wohin die Wärme wegen der schlechten Leitfähigkeit der Luft und der geringen Wärmestrahlung eines guten Kachelofens ohnedies nur langsam den Weg finden würde. Die Größe der übertragenen Wärmemenge hängt überwiegend von sekundären Verhältnissen, Rauhheit der Raumwände, Höhe des Raumes und anderem ab. Sie ist gesetzmäßig kaum darzustellen. In ähnlicher Weise sorgen Wärmeträger für die Übertragung der Wärme bei der Luftheizung, sowie bei der Warmwasserheizung und der Dampfheizung. Charakteristisch für diese Art der Wärmeübertragung ist es, daß die Wärme den Weg nach oben sucht, soweit man nicht künstliche Umtriebmittel anwendet.

Die Wärmeüberführung durch Wärmeträger tritt als sekundäre Erscheinung insbesondere neben der Wärmeleitung auf, und hat dann gelegentlich zur Folge, daß auch die Wärmeleitung leichter von unten nach oben als im umgekehrten Sinne vor sich geht. Befindet sich ein warmes Zimmer unter dem kalten Dachboden, so wird Wärme durch die Decke hindurchgehend die unterste Luftschicht des Dachbodens erwärmen; diese warme Luftschicht steigt sofort auf und wird durch neue kalte ersetzt, die der Decke neue Wärmemengen entziehen kann. Andererseits sinkt die an der Zimmerdecke abgekühlte Luft sofort durch das Zimmer herab und wird durch frische warme Luft ersetzt. Ein energischer Austausch der Wärme zwischen Zimmer und Bodenraum ist die Folge. Befindet sich dagegen umgekehrt ein warmes Zimmer über dem kalten Keller, so wird wieder durch die Zwischendecke hindurch Wärme übertragen, diesmal aber von oben nach unten. Der untersten Luftschicht des Zimmers wird Wärme entzogen; die kalte Luft bleibt am Fußboden liegen und wird nicht durch wärmere ersetzt. Die oberste Luftschicht des Kellers wird durch den Wärmedurchgang erwärmt; diese warme Luftschicht aber bleibt an der Kellerdecke hängen und wird nicht durch frische kalte Luft ersetzt. In diesem Falle wird also der Wärmedurchgang nicht durch die Bewegung der Luft unterstützt, sondern vielmehr durch die beiderseits an der Zwischendecke hängende Luftschicht erschwert. Daher ist die im letzteren Falle übertragene Wärmemenge wesentlich kleiner als die in dem erst besprochenen Fall übergehende. Wir werden diese Tatsache bei der Besprechung der Wärmedurchgangskoeffizienten berücksichtigt finden. Doch sei schon jetzt erwähnt, daß trotz des größeren Wärmeaustausches ein unter dem Dachboden befindlicher Raum leichter einwandfrei zu beheizen ist als ein über dem Keller befindlicher. Letzterer wird fußkalt sein, und der unteren kalten Luftschicht ist durch Heizen kaum beizukommen. In dem erstgenannten Raum aber kann man durch etwas stärkeres Heizen leicht die Abkühlungsverluste ausgleichen. Nicht die Größe der zu erzeugenden Wärmemenge, sondern die gleichmäßige Verteilung der Temperatur bildet eine Schwierigkeit bei der Beheizung von Räumen.

So, wie wir hier die Leitung der Wärme mit der Übertragung durch Wärmeträger vereinigt sehen, so treten fast überall die drei besprochenen Übertragungsarten nebeneinander auf, ihre Eigenschaft miteinander vermischend.

Heizung und Lüftung.

IV. Allgemeines über Heizung.

57. Wärmebedarf der Räume. Für die Berechnung des Wärmebedarfes von Räumen hat man zu unterscheiden, ob im Beharrungszustande nur die nach außen verlorengehende Wärmemenge ersetzt werden soll, um ein Sinken der Temperatur zu verhüten und die Temperatur auf ihrer Höhe zu halten, oder ob es sich darum handelt, einen Raum hochzuheizen, das heißt ihn auf die gewünschte Temperatur zu bringen, nachdem seine Temperatur durch mehr oder weniger langes Aussetzen der Beheizung unter das gewünschte Maß gesunken war. Im ersten Fall handelt es sich um ein Warmhalten, im zweiten Fall um ein Wärmen.

Im Beharrungszustande ist die durch die Umfassungswände bei konstanter Innen- und konstanter Außentemperatur, also bei einem bestimmten Temperaturunterschied hindurchgehende Wärmemenge durch Wärmezuführung wieder zu ersetzen. Es kommt also für die Berechnung des Wärmebedarfes nicht auf den Rauminhalt, sondern auf Art und Größe der Raumoberfläche an. Die den Raum erfüllende Luftmenge soll ja ebenso wie die Umfassungswände in ihrer Temperatur nicht verändert werden; man will nur Temperaturänderungen vorbeugen.

Beim Anheizen scheint es eher auf den Rauminhalt anzukommen. Muß ja doch die ganze Raumluft erwärmt werden. Tatsächlich tritt die Wärmekapazität der Raumluft meist zurück gegenüber den Wärmemengen, die zum Erwärmen der Mauern nötig sind, von denen die inneren Schichten und bei langsamem Hochheizen auch die äußeren Wärme aufnehmen werden.

Wenn man den Wärmebedarf nach dem Rauminhalt angibt und schätzt, so ist das grundsätzlich falsch. Praktisch kann es immerhin bequem sein, mit dem Rauminhalt zu rechnen; doch muß man, um richtige Ergebnisse zu erhalten, den Wärmebedarf des Kubikmeters je nach Raumgröße, Art und Dicke der Umfassungswände verschieden wählen, worin denn versteckt die richtige Rechnung nach der Raumoberfläche zur Geltung kommt. Für mehr als für einen rohen Überschlag kann man die Rechnung nach dem Rauminhalt jedenfalls nicht ansehen.

58. Beharrungszustand. Wärmedurchgangskoeffizienten. Im Beharrungszustand geht durch jede Umfassungswand eine Wärmemenge verloren, die durch den Ausdruck $W = F \cdot k \cdot (t_i - t_a)$ gegeben ist. Dabei ist F die Größe der betrachteten Fläche in Quadratmeter, die der Bauzeichnung zu entnehmen ist. t_i und t_a sind die Temperaturen im Inneren und außen, anzusetzen nach Gesichtspunkten, die wir bald besprechen

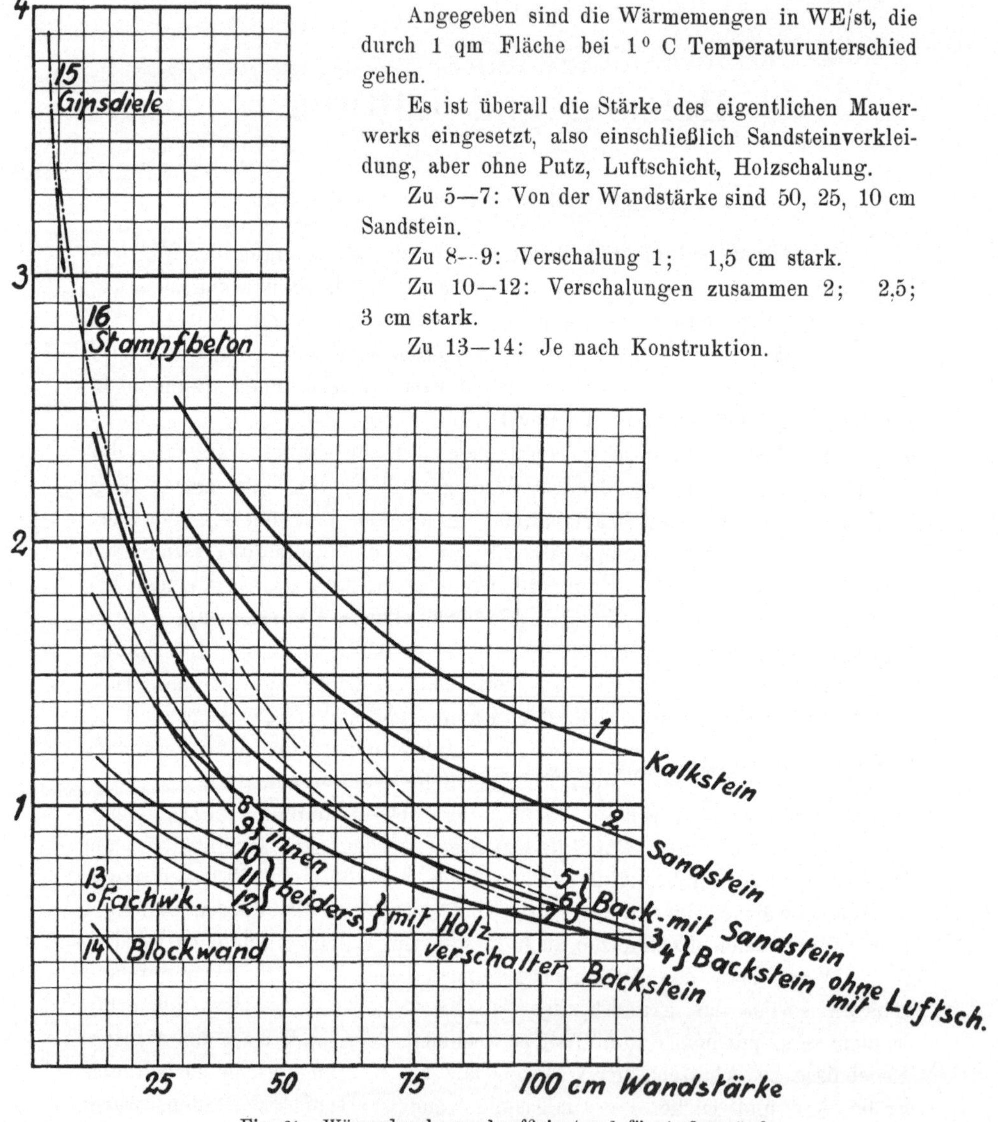

Angegeben sind die Wärmemengen in WE/st, die durch 1 qm Fläche bei 1° C Temperaturunterschied gehen.

Es ist überall die Stärke des eigentlichen Mauerwerks eingesetzt, also einschließlich Sandsteinverkleidung, aber ohne Putz, Luftschicht, Holzschalung.

Zu 5—7: Von der Wandstärke sind 50, 25, 10 cm Sandstein.

Zu 8—9: Verschalung 1; 1,5 cm stark.

Zu 10—12: Verschalungen zusammen 2; 2,5; 3 cm stark.

Zu 13—14: Je nach Konstruktion.

Fig. 61. Wärmedurchgangskoeffizienten k für Außenwände.

werden (§ 59). k sind die Wärmedurchgangs- oder Transmissionskoeffizienten, die von der Art der Wand abhängen.

Die wichtigsten Durchgangskoeffizienten nach Angaben von Rietschel sind in den Schaubildern Fig. 61 bis 63 zusammengestellt. Die ersten beiden zeigen wagerecht die Wandstärke und senkrecht die Durchgangskoeffizienten verzeichnet, die zu der betreffenden Wandstärke gehören. Die einzelnen Kurven haben sämtlich einen einander ähnlichen, rechts abfallenden Verlauf. Naturgemäß wird der Wärmedurchgang kleiner mit größerer Wandstärke. Diejenige Kurve ist als die günstigere anzusprechen, die in ihrem Verlauf tiefer liegt als eine andere, denn sie läßt durch 1 qm bei gegebenem Temperaturunterschied die kleinere Wärmemenge verloren gehen.

Wir sehen, daß Mauerwerk, aus Ziegeln aufgeführt, hinsichtlich der Wärmedurchlässigkeit etwas vorteilhafter ist als Mauerwerk aus Werkstein. Wir sehen ferner, daß durch eine Luftschicht, die man in dem Ziegelmauerwerk läßt, die Wärmedurchlässigkeit nicht unwesentlich herabgesetzt werden kann; dabei sind die Kurven so gezeichnet, daß sich die Abszissen nur auf die gemauerte Wandstärke abzüglich Luftraum beziehen, so daß also die übereinander liegenden Werte, etwa die für 50 cm abzulesenden Werte, sich auf zwei Mauern beziehen, die aus gleichviel Material hergestellt sind, von denen aber die eine äußerlich um den Luftraum stärker erscheint; die Luftschicht vermindert danach die Wärmeverluste um 15 bis 20%. Man erkennt weiter, daß durch eine einfache oder gar doppelseitige Verschalung wesentliche Vorteile für den Wärmehaushalt zu erreichen sind. Günstig ist auch eine Fachwerkwand und noch günstiger die ganz aus Holz hergestellte Wand eines Blockhauses, alles aus dem Grunde, weil Holz einer der schlechtesten Wärmeleiter ist.

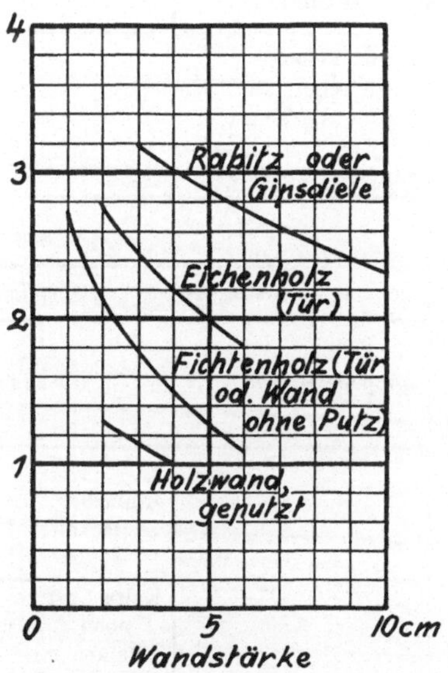

Fig. 62. Wärmedurchgangskoeffizienten k für Innenwände. Im übrigen sind die Werte der Außenwände abzüglich 10% anzunehmen.

Die in Fig. 61 gegebenen Werte beziehen sich auf Außenmauern. Für Innenmauern pflegt man etwas geringere Werte anzunehmen mit Rücksicht darauf, daß die Außenmauern vom Winde bestrichen werden, während die Innenmauern sich in ruhender Luft befinden; wir wissen aber, daß eine Bewegung der Luft die Wärmeabgabe vermehrt. Dementsprechend pflegt man die für Innenmauern anzunehmenden Wärmedurchgangsziffern um 10% niedriger als für Außenmauern zu wählen. Außerdem finden wir in Fig. 62 einige Angaben für schwache Wände verzeichnet, wie sie für Innenmauern wohl verwendet werden, Wände aus Gips, aus Holz mit Putz u. a. m. Auch sind in dieser Figur Türen verschiedener Holzstärke berücksichtigt.

In Fig. 63 endlich finden wir Angaben zusammengestellt für die Wärmedurchlässigkeit von Fenstern, von Decken und von Dächern. Wir sehen, um wieviel die Durchlässigkeit eines Doppelfensters kleiner ist als die eines einfachen Fensters: eine Erscheinung, die nicht in erster Linie von der bei Doppelfenstern vorhandenen doppelten Glasdicke herrührt, sondern die der Luftschicht zuzuschreiben ist, die zwischen den beiden Fenstern ruht, und zum Teil auch den mehrfachen Übergangswiderständen von Luft an Glas und umgekehrt. Außerdem sehen wir den bedeutenden Unterschied, der in der Wärmedurchlässigkeit verschiedener Deckenarten

	Wärmedurchgangskoeffizienten für:		
	Fenster	**Decken**	**Dächer**
10	Große Fenster (Kirche) .... 5,3 Dgl. v. starkem Glas, Einfache Fenst. } 5,0		Wellblech ohne Schalung .... 10 Oberlicht einfach 5,1
5			Ziegel, dicht, ohne Schalung 4,8
4	Doppelglasfenster 3,4	Oberlicht einfach 3,6	
3	Doppelfenster... 2,2	Oberlicht doppelt 2,1	Oberlicht doppelt 2,4 2,5 cm Schalung m. Pappe, Zink, Schiefer, Kupfer 2,1
2		Einfache Decke... 1,6 **12 cm Gewölbe mit:** Fließen, Linoleum 1,7; Asphalt, Terrazzo 1,6; Stabboden i. Asph 1,4	Holzzement 1,3
1		Kalte Luft oben.... 0,5 { Balken mit Fichtendielg. und Koks } Kalte Luft unten ... 0,25 **Gewölbe mit:** Fichtenholzdielg. 0,35; Parkettdielg. auf Lagerhölzern 0,3	

Fig. 63.

besteht und finden hier, daß die ohne Holzfußboden gewölbten Decken sehr viel wärmedurchlässiger sind, als die gleichen Decken mit Holzfußboden; auch ein Linoleumbelag ändert nicht viel an diesem Verhältnis. Infolgedessen sind Räume mit gewölbten Decken und Linoleumbelag immer fußkalt und deshalb minderwertig, wo nicht das darunterliegende Stockwerk beheizt wird.

Unter den Decken finden wir Oberlichter verzeichnet und zwar einfache und doppelte. Auch hier gibt wieder das einfache Oberlicht mehr Wärme ab. Außerdem finden wir aber bei einigen Decken einen Unterschied gemacht, je nachdem der wärmere Raum unterhalb oder oberhalb der Decke sich befindet, so daß also der Wärmedurchgang von unten nach oben oder umgekehrt stattfindet. Wo die Wärme von unten nach oben geht, ist der Wärmedurchgangskoeffizient wesentlich größer. Die Ursache dieser Erscheinung haben wir schon in § 56 besprochen.

Was endlich die Dächer anlangt, so ist ihre Wärmedurchlässigkeit im wesentlichen von der Dicke der Holzunterlage unter dem eigentlichen Dachmaterial abhängig. Das Ziegeldach ohne jede Holzunterlage ist ungünstig; das Papp-, das Zink-, und selbst das Kupferdach sind ihrer Holzschalung wegen wesentlich vorteilhafter. Einen außergewöhnlich hohen Transmissionskoeffizienten hat das Wellblechdach, wie zu erwarten ist.

Zur Wertschätzung der verschiedenen Wände ist noch zu bemerken, daß ein hoher Transmissionskoeffizient eine größere Wärmezufuhr und daher einen größeren Kohlenverbrauch bedingt. Es wäre von Fall zu Fall zu erwägen, ob die stärkere oder schwächere Wand das ökonomisch Richtige ist. Die eine bedingt höhere Bau-, die andere höhere Betriebskosten. Außerdem aber bleibt zu erwägen, daß sich in Räumen mit großen Wärmeverlusten niemals die Gleichmäßigkeit der Temperatur erreichen läßt wie in solchen Räumen, deren Wände gut isolieren. Wände mit großen Wärmeverlusten lassen einen kalten Luftstrom zu Boden sinken, und die Räume werden fußkalt und zugig (§ 161). Luftschichten in den Wänden und Doppelfenster, sowie auch Fürsorge für gute Abdichtung der Fenster und Türen sind nicht nur vom Standpunkt der Wirtschaftlichkeit aus, sondern insbesondere deshalb zu empfehlen, weil ohne sie eine gleich angenehme Beheizung überhaupt nicht zu erzielen ist. Luftschichten sind allerdings nur dann unbedingt zu empfehlen, wenn keiner von beiden Teilen der Doppelmauer weniger als 1 Stein stark wird; schwächere Mauern werden leicht mit undichten Fugen gemauert.

59. Temperaturannahmen. Die Innentemperatur der Räume ist bei der Transmissionsberechnung verschieden anzunehmen, je nach ihrer Benutzung. Die Außentemperatur ist ebenfalls verschieden anzunehmen, je nach der Gegend, in der das Gebäude liegt, und je nach seinem Zweck und seiner Bauart.

Für die Innentemperatur ist die Annahme von 20° C als erforderlicher Temperatur die bei weitem üblichste. Auf diese Temperatur pflegt man alle Wohnräume, sowie alle diejenigen andersartigen Räume zu berechnen, in denen sich Menschen dauernd aufhalten, wie Büroräume, Schulräume und dergleichen.

Etwas geringer pflegt man Flure, Treppenhäuser und andere Nebenräume zu temperieren, für die man häufig die Temperatur von 15° annimmt. Nur schwach zu temperieren pflegt man Kirchen, Turnhallen und manches ähnliche; 12° ist hier ausreichend. Hoch temperiert müssen sein die Operationsräume von Krankenhäusern (25 bis 30°), Warmluftbäder, manche Gewächshäuser und anderes.

Es ist nicht zweckmäßig, die gewünschte Innentemperatur sehr weitgehend zu differenzieren, so daß man etwa Treppenhäuser mit 15°, Flure und Baderäume mit 18°, die übrigen Räume mit 20° C in Ansatz bringt. Durch solche Annahme wird die Transmissionsberechnung viel umständlicher gemacht, weil man die von den verschieden temperierten Räumen an einander ausgetauschten Wärmemengen zu berechnen hat. Die in dieser Weise ausgetauschten Wärmemengen pflegen gering zu sein, so daß sich wesentliche Unterschiede aus der verschiedenen Annahme der Temperatur für die Bemessung der Heizkörper garnicht ergeben. Und im späteren Betriebe wird doch meist die vorher angenommene Temperatur nicht innegehalten, sondern es werden alle Räume gleichmäßig temperiert. Man kann oft auf eine rechnungsmäßige Ermittelung des Wärmeaustausches der verschiedenen Gattungen von Räumen untereinander verzichten und sich einfach helfen, indem man die ohnedies ermittelten Heizkörpergrößen in dem einen Raum aufrundet, in dem anderen abrundet.

Für die Annahme der Außentemperatur hat man mit dem ungünstigsten Fall, also mit der größten an dem Ort zu erwartenden Kälte zu rechnen. Grundsätzlich ist aber zu unterscheiden, ob man die größte augenblickliche Kälte einführen muß, die vielleicht nur wenige Stunden einer Winternacht vorhanden ist, oder ob es genügt, den ungünstigsten Tagesdurchschnitt anzusetzen — eine natürlich weniger scharfe Bedingung. Im allgemeinen wird letzteres genügen. Denn wenn die Kälte nur wenige Stunden der Nacht unter den Tagesdurchschnitt sinkt, so kommt die natürliche Wärmespeicherung der Gebäudewände zu Hilfe und läßt die Innentemperatur nicht allzuweit sinken (§ 61). Auch schadet in Wohnräumen ein vorübergehendes Sinken der Temperatur nur wenig. Die schärfere Bedingung gilt aber insbesondere für Gewächshäuser. Ihre schwachen Glaswände haben wenig Speicherungsvermögen, und so wird die Innentemperatur den Schwankungen der äußeren rasch folgen. Dazu kommt, daß ein kurzes Sinken der Innentemperatur großen Schaden anrichten kann, indem empfindliche Pflanzen eingehen.

Man pflegt im nördlichen und östlichen Deutschland eine tiefste Außentemperatur von —20° C der Berechnung zugrunde zu legen. Mit dieser Annahme wären dann die meisten Räumlichkeiten für eine Temperaturdifferenz von +20 auf —20° C, also für 40° Temperaturunterschied zu berechnen. Das Seeklima des westlichen Deutschland gestattet teilweise die Annahme geringerer Mindesttemperaturen von —10° oder —15°, während für Rußland naturgemäß auf tiefere Außentemperaturen zu rechnen wäre. Diese Zahlen stellen die tiefsten Tagesdurchschnitte dar; wo die Augenblickstemperatur maßgebend ist, wird man gut tun, sie um 5° zu erniedrigen.

Neben der Annahme der Außentemperatur sind noch Annahmen zu machen über die Temperatur solcher Räume, die neben beheizten liegen, selbst aber unbeheizt bleiben, so daß die zu beheizenden Räume an sie

Wärme abgeben. Keller-, Dach- und Bodenräume, Durchfahrten und Treppenhäuser bleiben häufig in dieser Weise unbeheizt. Das korrekte Verfahren wäre es, die Temperatur zu berechnen, die diese Räumlichkeiten unter dem Einfluß der Wärmezufuhr von den geheizten Räumen aus einerseits, und andererseits unter dem Einfluß der Wärmeabfuhr durch die Außenflächen hindurch annehmen werden. Die Temperatur in den Räumen nämlich wird sich im Beharrungszustande so einstellen, daß die durch nebenliegende beheizte Räume hereinkommende Wärmemenge stündlich gleich ist der durch Außenwände an kältere Räume abgegebenen Wärmemenge. Kennt man die Transmissionskoeffizienten der umgebenen Wände, so ist die Berechnung der Temperatur des Beharrungszustandes offenbar möglich. Solche Rechnung würde indessen umständlich und man begnügt sich infolgedessen meist mit folgenden einfachen Annahmen, die wohl besonderer Begründung nicht bedürfen. Man pflegt anzunehmen für

ungeheizte oder unregelmäßig beheizte abgeschlossene Räume . . . . 0^0 C,

unbeheizte, gelegentlich von der Außenluft durchstrichene Räume, wie Durchfahrten, sowie die Räume unmittelbar unter den dichteren Bedachungsarten . . . . -5^0 C,

Räume unmittelbar unter Metall- und Schieferdach . . -10^0 C.

Man könnte übrigens auch in manchen Fällen wie folgt verfahren. Wo ein Gebäude ohne Dachboden ausgeführt wird, derart, daß über der Decke der Räume ein niedriger, höchstens bekriechbarer Luftraum bleibt und darüber das Dach kommt, da wäre die Berechnungsweise anwendbar, daß man für den Luftraum zwischen Decke und Dach die Temperatur von 0^0 C als Außentemperatur bei Berechnung der Wärmeverluste des darunter liegenden Raumes einführt. Statt dessen kann man die Kombination von Decke und Dach als einheitliches Ganzes betrachten und den Transmissionskoeffizienten in passender Höhe in die Rechnung einführen. Man könnte sich dazu der Regel bedienen, wonach der Transmissionskoeffizient beider Konstruktionsteile zusammen, den wir mit k bezeichnen wollen, aus dem Transmissionskoeffizienten der Decke k' und des Daches k'' durch die Beziehung $\frac{1}{k} = \frac{1}{k'} + \frac{1}{k''}$ gegeben wird. Wäre also nach Fig. 63 für die Decke mit Koksfüllung $k' = 0{,}5$ und für das Pappdach $k'' = 2{,}1$ anzusetzen, so hätte für beides zusammen etwa $k = 0{,}4$ eingesetzt werden müssen.

60. Zuschläge. Bei den Angaben über Transmissionskoeffizienten ist eine große Unsicherheit nicht zu vermeiden; je nach der Sorgfalt der Ausführung weisen Fenster und Türen Undichtheiten von wechselnder Größe auf. Der hierdurch bedingte Wärmeverlust ist in normaler Größe in den gemachten Angaben enthalten; wo er ungewöhnlich groß wird, entzieht er sich jeder Berechnung. Ebenso wird eine Ziegelwand recht verschiedene Wärmemengen durchlassen, je nachdem sie im Rohbau ausgeführt oder verputzt, je nachdem sie inwendig gestrichen oder tapeziert ist;

Spalten im Mauerwerk sind auch keine seltenen Erscheinungen. So verschiedene Verhältnisse aber lassen sich natürlich zahlenmäßig nicht fassen, und die Durchlässigkeit jeder bestimmten Art von Wand oder von Decken wird in weiten Grenzen schwanken können. Die Zahlen, die man in der Praxis annimmt und die etwa durch die früheren Angaben gegeben sind. sind so gewählt, daß sie ungünstigen mittleren Verhältnissen entsprechen.

Großen Einfluß auf die Größe des Wärmebedarfes hat aber in jedem Falle der Wind. Die Erfahrung lehrt, daß Räume auf der Windseite durch Hereinziehen kalter Luft schwerer heizbar sind, als die auf der anderen Seite liegenden. Diese Tatsache pflegt man in roher Weise dadurch zu berücksichtigen, daß man den dem Wind besonders exponierten Wänden einen Zuschlag gibt. Man erhöht die für diese Wände berechneten Wärmeverluste um einen gewissen Prozentsatz. Es ist üblich, für Nord- und Ostwände einen Zuschlag von 10 % für Windanfall zu machen; mitunter fügt man den Wänden westlicher Lage einen Zuschlag von 5 % hinzu, die Südwände pflegt man von diesem Zuschlage freizulassen. Bei besonders freier Lage eines Gebäudes auf Bergen oder nahe der See, oder bei Räumen, die beiderseits frei liegen, so daß der Wind leicht durch sie gewissermaßen hindurchbläst, pflegt man noch einen Zuschlag unabhängig von der Himmelsrichtung in Höhe von 5 oder 10 % über die genannten hinaus zu machen. Alle diese Zuschläge werden aber natürlich nur auf die Transmission der Außenwände gegeben.

Mit diesen Zuschlägen, die der Erfahrung entsprungen sind, daß ohne sie die in der betreffenden Lage befindlichen Räume ungenügend erwärmt werden, ist nun freilich der Willkür ein weiter Spielraum gelassen.

61. Betriebspausen; Tages- oder Dauerbetrieb. Wenn ein Gebäude nicht dauernd, sondern mit Pausen während der Nacht geheizt werden soll, so muß in den Morgenstunden verstärkt geheizt werden, um das Gebäude von der Temperatur, auf die es während der Betriebspause herabgegangen war, zunächst auf die normale Temperatur zu bringen. Es fragt sich, wie viel die Anlage größer gehalten werden muß, um dem Bedarf beim Hochheizen gerecht zu werden; auch soll bei der Gelegenheit gleich die Frage erörtert werden, ob und wann der Betrieb mit Unterbrechungen vorteilhafter erscheinen kann als ein Dauerbetrieb.

In Fig. 64 sind senkrecht die Temperaturen aufgetragen, die das Gebäude zu den verschiedenen Zeiten des Tages hat. Wagerecht ist die Zeit aufgetragen, und zwar im ganzen die Zeit eines vollen Tages von 12 Uhr mittags bis wieder 12 Uhr mittags. Die Außentemperatur ist zu 0^{0} C angenommen, die normale Innentemperatur zu 20^{0}.

Die stündlichen Wärmeverluste des Gebäudes setzt man dem jeweiligen Temperaturunterschied zwischen Innen- und Außentemperatur proportional; er hängt außerdem von der Oberfläche des Bauwerks und seiner Bauart ab. Möge etwa die für -20^{0} C ausgeführte Transmissionsberechnung einen stündlichen Wärmeverlust des Gebäudes von 80000 WE ergeben haben, so haben wir bei 0° Außentemperatur auf den halben Wärmeverlust, auf 40000 WE/st zu rechnen. Die Höhenlage der Temperaturlinie im Beharrungszustande, der bis 4 Uhr nachmittags aufrecht erhalten wird, versinnlicht uns zugleich diesen stündlichen Wärmeverlust. Da nun aber der gesamte Wärmeverlust während einer beliebigen Zeitdauer gleich dem Produkt aus dem stündlichen und aus der Anzahl von Stunden ist, während der er stattfand, so wird der gesamte Wärmeverlust in der Zeit von 12 bis 4 Uhr durch die Größe des Rechteckes I dargestellt. Er ist also 40000 WE/st mal 4 st gleich 160000 WE; so viel hat in dieser Zeit auch die Heizung geliefert.

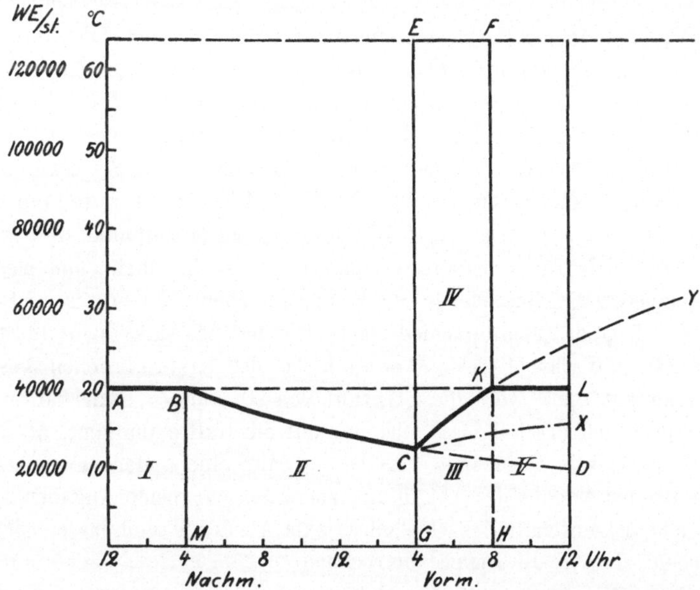

Fig. 64. Temperaturverhältnisse eines Gebäudes während einer Betriebspause.

Um 4 Uhr nachmittags wird der Heizbetrieb eingestellt und das Gebäude sich selbst überlassen. Seine Innentemperatur sinkt nun nach einer Kurve BC. Das Herabgehen der Temperatur findet dadurch statt, daß die Masse des Gebäudes, teils der Luftinhalt, namentlich aber die Wände, ihren Wärmeinhalt abgeben; der Wärmeinhalt geht durch die Außenwände hindurch ins Freie. Die Temperaturabnahme ist daher um so langsamer, je größer der Wärmeinhalt der Mauern im Verhältnis zu ihrer Wärmedurchlässigkeit ist; er ist um so schneller, je größer die Wärmedurchlässigkeit der Mauern im Verhältnis zum Wärmeinhalt des Gebäudes ist. In der Figur ist angenommen, daß in der ersten Stunde $^1/_{30}$ des Temperaturunterschiedes zwischen innen und außen am Anfang der Stunde verloren geht, so daß sich der Temperaturunterschied von anfänglich 20° am Ende der Stunde noch auf $20 \cdot (1 - ^1/_{30})$ Grad beläuft. In der zweiten Stunde wird der Temperaturverlust ein etwas geringerer sein; der Anfangstemperatur der zweiten Stunde von $20 \cdot (1 - {}^1/_{30})$ Grad entspricht ein Temperaturverlust während der zweiten Stunde von ${}^1/_{30}$ dieses Unterschiedes; um 6 Uhr wird der Temperaturunterschied $20 \cdot (1 - {}^1/_{30}) \cdot (1 - {}^1/_{30}) = 20 \ (1 - {}^1/_{30})^2$ Grad betragen. Die Annahme, daß stündlich immer ein bestimmter Bruchteil des anfänglichen Temperaturunterschiedes der betreffenden Stunde verloren gehe, daß also die Temperatur immer langsamer sinke, entspricht der Tatsache, daß zu 1 Grad Temperaturverlust immer eine bestimmte Wärmemenge nach außen entsandt werden muß, daß dazu aber allmählich immer kleinere Temperaturunterschiede zur Verfügung stehen. Man kann dies Gesetz als eine durch zahlreiche Versuche insbesondere im kleinen festgelegte Tatsache ansehen.

In allgemeinerer Form: bei einem anfänglichen Temperaturunterschied $t_i - t_a$ sei der Temperaturverlust der ersten Stunde gegeben durch den Ausdruck $\beta \cdot (t_i - t_a)$, wobei β der Abkühlungskoeffizient des Gebäudes ist: im Beispiel ist $\beta = {}^1/_{30}$. Dann wird der nach z Stunden noch vorhandene Temperaturunterschied zwischen innen und außen $(t_i - t_a) \cdot (1 - \beta)^z$ betragen. Der Ausdruck entspricht, wie Fig. 64 das zur Darstellung bringt, dem Ast BC einer gleichseitigen Hyperbel, deren Mittelpunkt weit links im Bilde liegt. Die Innentemperatur nähert sich rechts mehr und mehr der Außentemperatur, ohne sie je ganz zu erreichen. In unserem Beispiel würde der Temperaturunterschied um 12 Uhr mittags, also nach 20 Stunden (Punkt D), auf das $(1 - {}^1/_{30})^{20} = 0{,}5$ fache des ursprünglichen gesunken sein. Man hat auch wohl diese Anzahl von 20 Stunden, innerhalb welcher der Temperaturüberschuß des Gebäudes auf die Hälfte abnimmt, als die Abkühlungskonstante bezeichnet. Es ist das nur eine andere Form der Angabe statt der Angabe des Abkühlungskoeffizienten; beide Angaben bringen die gleiche Eigenschaft des Gebäudes zum Ausdruck und lassen sich, wie angegeben, eine in die andere umrechnen.

Um 4 Uhr früh soll der Heizbetrieb wieder aufgenommen werden. Zu dieser Zeit, also nach 12 Stunden, würde der Temperaturunterschied zwischen innen und außen nur noch das $(1 - {}^1/_{30})^{12} = 0{,}664$ fache des anfänglichen betragen, die Temperatur würde dann also noch $20 \cdot 0{,}664 = 13{,}3^0$ sein. Würde man jetzt nur normal heizen, das heißt dem Gebäude durch Heizung 40000 WE/st zuführen, so würde die Temperatur des Gebäudes sich dem Beharrungszustande, der ja bei 20^0 liegt, erst nach unendlich langer Zeit nähern und ihn nie erreichen. Kurve Cx stellt das dar, sie ist wieder ein flach verlaufender Hyperbelast. Nun wird aber verlangt, daß das Gebäude bereits um 8 Uhr seine normale Temperatur erreicht habe. Man muß also während der Anheizdauer von 4 bis 8 Uhr verstärkt heizen; um wieviel stärker, zeigt folgende Überlegung.

Wir wollen die Wärmelieferung der Heizung während des Anheizens in der Weise zum Ausdruck bringen, daß wir sagen, wir heizen so stark, daß bei fortgesetztem Heizen in dieser Weise die Temperatur im Beharrungszustande sich auf eine Höhe einstellen würde, die durch die

Gerade EF gegeben ist. Die während der Anheizdauer von der Heizung gelieferte Wärmemenge hat eine doppelte Aufgabe: erstens muß sie zu jeder Zeit die Transmissionsverluste decken, die das Gebäude auch während der Anheizdauer erleidet. Diese sind aber durch die Fläche unter der Temperaturkurve des Gebäudes gegeben. Von der ingesamt während der Anheizdauer zugeführten Wärme $EFHG$ wird also der Teil III unter der Kurve CK zu diesem Zweck verbraucht werden. Der Überschuß der Wärmelieferung über die Transmissionsverluste hinaus wird zum Hochheizen der Gebäudemassen verwendet. Bis zum Eintreten des Beharrungszustandes ist den Gebäuden ebensoviel Wärme im ganzen wieder zuzuführen, wie sie während der Betriebspause abgegeben hatten. War die abgegebene Wärmemenge durch Fläche II dargestellt, so muß also die Höhenlage EF so gewählt werden, daß die Flächen II und IV einander gleich werden. Unter den Verhältnissen, die wir für unser Bild wählten, hätte man also während der Anheizdauer so stark zu heizen, wie der Beharrungstemperatur von 64^0 C entspricht; man hätte dem Gebäude 128000 WE/st zuzuführen, das ist etwa das Dreifache des im normalen Betriebe Erforderlichen. Nun wird allerdings die ganze Anlage auf -20^0 Außentemperatur und daher auf 40^0 Temperaturunterschied ohnehin berechnet sein; immerhin müßte man sie rund $1^1/_2$ mal so groß machen, wie die Transmissionsberechnung ergab, um zu erreichen, daß bis zu 0^0 Außentemperatur Betriebspausen möglich sind; bei noch kälterem Wetter müßte man selbst dann noch die Betriebspause abkürzen oder weglassen.

Die Betriebsunterbrechung bedingt also unter den angeführten Umständen eine unverhältnismäßige Vergrößerung der Anlage. Nun hofft man durch die Betriebspause Ersparnisse an Kohlen zu machen. Sehen wir zu, wie es damit steht. Die gesamte Kohlenersparnis wird, im Verhältnis zum gesamten Kohlenverbrauch, durch die Dreieckfläche BCK dargestellt. Im Dauerbetrieb nämlich hätte man den gleichmäßigen Wärmebedarf von 40000 WE/st, entsprechend dem geradlinigen, teilweise punktierten Linienzug. Statt dessen ist die Wärmeabgabe des Gebäudes nach außen hin, die doch im ganzen durch die Verbrennung zu decken ist, jetzt durch den stark gezeichneten gebrochenen Linienzug $ABCKL$ gegeben. Man erspart also, wie man sich durch Ausmessen der Flächen überzeugen kann, 13 $^0/_0$ dessen, was der Dauerbetrieb erforderte. Dafür sind nun die Betriebsverhältnisse des Kessels ungünstige geworden. Die Feuerung geht nicht gleichmäßig, sondern so wie der Linienzug $ABMGEFKL$ angibt. Während der Anheizdauer wird der Kessel überanstrengt werden und hat dann einen schlechten Wirkungsgrad (§ 91). Der Gewinn von 13 $^0/_0$ wird also noch herabgesetzt werden.

Günstiger lägen die Verhältnisse, wenn die tiefste Temperatur des Gebäudes, Punkt C, tiefer gelegen hätte, etwa nach Fig. 65. Diesmal ist Fläche II kleiner geworden, daher wird auch IV kleiner, und die Anlage braucht nicht so hoch über das Normale hinaus bemessen zu werden.

Andererseits ist die Fläche BCK größer geworden, das heißt die prozentuale Kohlenersparnis macht mehr aus als im ersten Beispiel; sie beträgt jetzt 39 %.

Man wird übersehen, daß Fig. 65 Verhältnisse darstellt, wo das Gebäude eine schnelle Abkühlung erfährt, wo also die Transmission groß ist im Verhältnis zur Masse des Gebäudes. Fig. 64 stellte den entgegengesetzten Fall dar. Fig. 64 entsprach einem Schulgebäude ($\beta = {}^1/_{30}$), Fig. 65 entspricht einem Gewächshaus ($\beta = {}^1/_5$, nach Krell, Gesundheits-Ingenieur 1907, S. 12). Ersparnisse an Brennstoff werden nicht schon dadurch erzielt. daß man den Betrieb unterbricht, sondern nur, wenn die Innentemperatur des Gebäudes auch wirklich heruntergeht, denn von ihr hängen die Temperaturverluste ab, die ja immer im Laufe des ganzen Tages durch die Heizung gedeckt werden müssen. Bei Gebäuden mit großem Wärmeinhalt und geringer Transmission bietet also die Betriebsunterbrechung

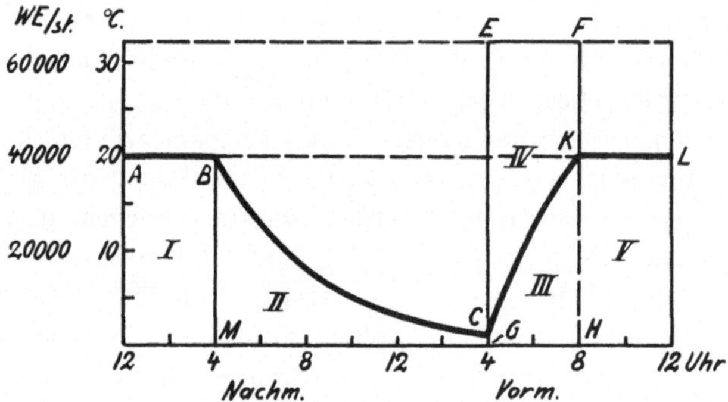

Fig. 65. Temperaturverhältnisse eines Gebäudes von geringer Masse während einer Betriebspause.

keine Vorteile, unter den entgegengesetzten Umständen bietet sie Vorteile. Für ein Gewächshaus freilich würde wieder das Herabgehen der Temperatur unzulässig sein.

Für einen Fall könnte die Betrachtung anders gefaßt werden. Wenn nämlich sehr große Gebäudemassen vorhanden sind, so wird eine Betriebsunterbrechung, insbesondere wenn sie nicht 12 Stunden dauert, sondern etwas beschränkt wird, kein wesentliches Herabgehen der Temperatur zur Folge haben. Dann ist man auch nicht genötigt, den geringen Temperaturverlust in kurzer Zeit wieder einzubringen. Eine besondere Anheizdauer könnte man fortfallen lassen, und den Betrieb, roh gesprochen, so führen, daß das Gebäude statt dauernd 20°, am Beginn der Betriebspause etwa 21° hat und am Ende der Betriebspause 18°. Dieser Verlust wäre dann, da selbst 18° noch nicht unerträglich sind, langsam wieder einzuholen; einer besonderen Vergrößerung der Anlage bedarf es dazu nicht, und auch besondere Überanstrengung des Kessels wird nicht eintreten. Allerdings würde ein Diagramm nach Fig. 64 und 65 auch keine Kohlenersparnisse zeigen. Trotzdem können Ersparnisse eintreten, an Stellen, die bei Aufstellung der Figuren unbeachtet blieben. Vielleicht kann Personal gespart werden; wo es sich um eine Dampffernheizung handelt, kann durch Abstellen der Hauptleitung für eine gewisse Zeit der Wärmeverlust der Leitung in eben dieser Zeit vermieden werden, und dadurch an Kohlen gespart werden, wenn auch nicht in den Gebäuden, die große Beharrung haben, so doch in den Leitungen, die geringe Beharrung haben, also nach Fig. 65 zu betrachten sind.

62. Unbeheizte Räume. Ersparnisse dadurch. Die gleiche Betrachtung läßt sich ohne weiteres auf solche Räume anwenden, die unbeheizt bleiben. Eine Ersparnis wird nicht dadurch erzielt, daß der Raum keinen Heizkörper hat, oder der vorhandene Heizkörper unbenutzt bleibt, sondern nur insoweit, als die Temperatur des nicht beheizten Raumes auch wirklich hinter der von beheizten zurückbleibt. Da wo zwei Räume nur durch eine schwache Wand getrennt sind, oder die Tür zwischen ihnen oft geöffnet wird, hätte das Fortlassen der Beheizung eines der Räume zur Folge, daß man den anderen um so stärker heizen muß. Die Ersparnis ist also oft nur klein. Handelt es sich aber um Ofenheizung, so ist noch überdies zu bedenken, daß jede Feuerung um so ungünstiger arbeitet, je mehr man sie anstrengt. Es ist also nicht ausgeschlossen, daß der eine Ofen, der gewissermaßen zwei Räume zu heizen hat, mehr Brennstoff verbraucht als die zwei Öfen verbraucht hätten.

Für die Frage, ob Ersparnisse zu erzielen sind, kommt es auf die verhältnismäßige Stärke der Innen- und der Außenwände des nicht zu beheizenden Raumes an. Durch Nichtbeheizung eines Zimmers werden nur kleine, durch Nichtbeheizung einer Glasveranda werden größere Ersparnisse zu machen sein. Oft pflegen die Ersparnisse in keinem Verhältnis zu stehen zu der Annehmlichkeit, die die gleichmäßige Beheizung aller Räume bietet. Von diesem Gesichtspunkte aus ist auch die Frage zu erörtern, ob man bei Zentralheizungen auch die Nebenräume, wie Flur, Küche, Mädchenzimmer, mit Heizkörpern ausrüsten solle.

63. Voraussichtlicher Kohlenbedarf einer Heizung. Die Transmissionsberechnung ergibt den Wärmebedarf bei der niedrigsten Außentemperatur, für unsere Gegenden also bei -20^0. Man pflegt anzunehmen, daß bei anderen Außentemperaturen der Wärmebedarf ungefähr dem Temperaturunterschied zwischen innen und außen proportional ist. Tatsächlich wächst der Wärmeverlust bei großen Temperaturunterschieden verhältnismäßig schneller, weil der Luftaustausch des Raumes mit der Außenluft lebhafter wird (§ 156); er dürfte bei 0^0 nur etwa ein Drittel dessen bei -20^0 ausmachen. Die Wärmeverluste verschiedener Räumlichkeiten eines Gebäudes bleiben daher bei Änderungen der Außentemperatur nicht einander proportional, so weit es sich um Räume von verschiedener Innentemperatur handelt.

Der gesamte Wärmebedarf eines Jahres läßt sich finden, wenn man die mittlere Außentemperatur während der Heizperiode kennt. Es ist besonders hervorzuheben, daß nicht die mittlere Temperatur des Jahres, sondern der Heizperiode maßgebend ist. Für die Ermittelung des gesamten jährlichen Wärmebedarfes ist nicht die Übergangszeit mitzurechnen, während der zwar die Außentemperatur unter + 20° ist, während der aber doch der Unterschied zwischen der gewünschten Innentemperatur von 20° gegen die Außentemperatur so gering ist, daß die Beheizung unterbleibt. Man pflegt erst mit der Heizung zu beginnen, wenn die durchschnittliche Tagestemperatur außen unter etwa 15° C sinkt. Ebenso sind auch die höheren Sommertemperaturen bei Berechnung des mittleren Wärmebedarfes außer acht zu lassen. Mangels besserer Unterlagen rechnet man meist im nördlichen und östlichen Deutschland mit der mittleren Temperatur von 0° C und mit einer Heizdauer von fünf bis sieben Monaten, je nach dem Ort.

Daraus läßt sich der mittlere Wärmebedarf oder der Gesamtwärmebedarf und daher der mittlere oder der gesamte Kohlenbedarf eines Gebäudes einigermaßen berechnen. Ein Gebäude habe nach der für — 20° C ausgeführten Transmissionsberechnung einen stündlichen Wärmebedarf von 240000 WE. Dann ist der durchschnittliche Wärmebedarf der Heizperiode halb so groß, also 120000 WE/st, wenn wir die mittlere Temperatur zu 0° C annehmen, und wenn die wesentlichen Räumlichkeiten auf + 20° C zu halten sind. Nimmt man den Heizwert des Koks zu 7000 WE/kg an, so wären durchschnittlich stündlich $\frac{120000}{7000} = 17$ kg oder täglich $17 \cdot 24 =$ $= 408$ kg oder, in 6 Monaten = 180 Tagen Betriebszeit, etwa $408 \cdot 180 =$ $= 73440$ kg Koks theoretisch nötig. Rechnet man auf einen Wirkungsgrad des Kessels von 60%, also 40% Essenverluste, so würden wir einen tatsächlichen Koksverbrauch von $\frac{73440}{0{,}60} = 122400$ kg jährlich zu erwarten haben; sei der Kokspreis 250 M. pro Eisenbahnwagen zu 10000 kg, dann wären $12{,}2 \cdot 250 = 3000$ M. Ausgaben für Beschaffung des Brennstoffes zu erwarten.

Es bedarf kaum des Hinweises, daß diese Rechnung ein roher Überschlag ist; doch wird sie häufig in dieser oder ähnlicher Form gemacht. Von der Annahme des Kesselwirkungsgrades hängt das Meiste ab. Oft wird noch der in den Leitungen zu erwartende Wärmeverlust mit irgend einem Prozentsatz in Rechnung gestellt; doch schweben die Annahmen, die man nach beiden Richtungen machen kann, ziemlich in der Luft. Auch wissen wir schon, daß die Verluste der Rohrleitungen eigentlich nicht verloren sind, sondern mittelbar oder unmittelbar den zu beheizenden Räumen zugute kommen; oft wird auch ein Abzug für die über Nacht eintretende Abschwächung des Betriebes gemacht, oft zu hoch, denn wir wissen, daß ein verminderter Nachtbetrieb nur geringe Ersparnis bringt, da dafür am Morgen stärker geheizt werden muß (§ 61).

Worauf wir aber hinweisen wollten, ist, daß der Kohlenbedarf, er möge nun berechnet sein wie er wolle, eigentlich keine Eigenschaft der Heizungsanlage ist, sondern in erster Linie eine Eigenschaft des Gebäudes.

Nur durch den Wirkungsgrad der Feuerung hat die Heizungsanlage einen Einfluß auf den Kohlenverbrauch. Wenn daher nicht selten dem Erbauer der Heizungsanlage zugemutet wird, er solle einen Kohlenverbrauch, meist dann bei 0^0 Außentemperatur, gewährleisten, so ist dazu grundsätzlich zu sagen, daß diese Forderung verfehlt ist. Der Architekt hat durch bauliche Maßnahmen eine Herabsetzung des Kohlenverbrauches viel mehr in der Hand als der Heiztechniker. Kein Heiztechniker würde auch so leicht auf solch Verlangen eingehen, wäre er nicht sicher, daß man ihm kaum je eine Nichterfüllung der Garantie wird nachweisen können. Denn einwandsfreie Versuche darüber, wieviel Brennstoff die Heizung — besser gesagt das Gebäude — verbraucht, sind kaum ausführbar. Es müßte die vorgeschriebene Außentemperatur vorhanden sein, und zwar schon genügend lange vor Beginn des Versuches, um Beharrungszustand annehmen zu können. Die Versuchsdauer darf nicht zu kurz sein, sonst spielen kleine Unterschiede im Wärmeinhalt der Gebäudemassen bei Anfang und am Ende des Versuches eine zu große Rolle. Mit Rücksicht auf die ungleichmäßigen Verhältnisse zu verschiedenen Tageszeiten ist es ratsam, den Versuch über 24 Stunden auszudehnen. Dann ist man aber nie vor einem Wetterumschlag sicher, der im Verlauf des Versuches eintreten kann; tritt er ein, so wären die Vorbereitungen vergebens getroffen worden. Kurzum, der Vorsichtsmaßregeln für solchen Versuch sind viele; bleiben sie unbeachtet, dann erhält man reine Zufallsergebnisse ohne jeden Wert. Mit Sicherheit kann man den Einfluß der Gebäudemassen nur durch wochenlange Beobachtungen aller Verhältnisse ausschalten.

Das Gesagte läuft darauf hinaus, daß zur Vornahme solcher Versuche nicht zu raten ist.

64. Unterlagen für die Berechnung des Wärmebedarfes. Aus dem bisher Gesagten geht hervor, daß bei Ausschreibung eines Heizungsprojektes der Architekt dem Heizungs-Ingenieur die für die Ausführung der Transmissionsberechnung notwendigen Unterlagen zu geben hat. Es ist also erforderlich die Einlieferung vollständiger Grundrisse und Aufrisse mit allen Maßen, es ist wünschenswert, um von verschiedenen Firmen miteinander vergleichbare Projekte zu erhalten, die anzunehmende Innentemperatur vorzuschreiben, sowie Vorschriften über die Art der Berechnung zu machen, etwa darauf hinzuweisen, daß die Anweisung des preußischen Ministeriums der öffentlichen Arbeiten[1]) zugrunde zu legen ist. Auch die Außentemperatur, für welche die Berechnung zu erfolgen hat, ist festzusetzen. Endlich sind Angaben über die beabsichtigte Bauweise zu machen; es muß angegeben werden, ob die Mauern mit oder ohne Luftschicht ausgeführt werden, in welcher Weise die Decken und die Dächer hergestellt werden sollen; bestimmte Vorschriften über die Zuschläge sind wünschenswert. Die Lage der Gebäude nach den Himmelsrichtungen muß aus dem Plan ersichtlich sein.

---

[1]) Im Buchhandel zu haben; siehe Literaturverzeichnis.

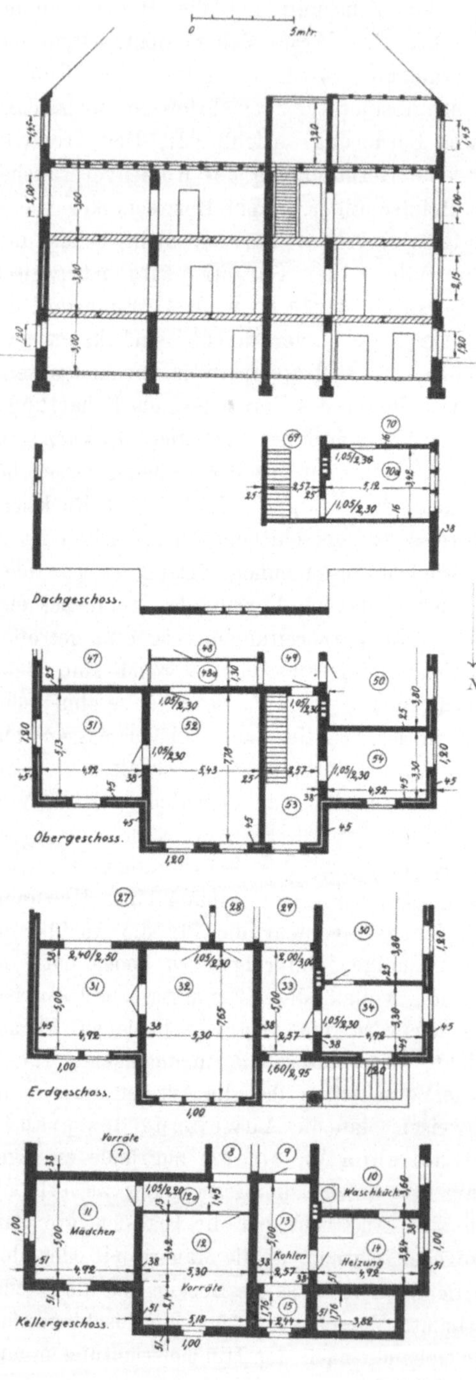

Fig. 66.

Wo bei größeren Projekten mehrere Firmen zum Wettbewerb aufgefordert werden, da erscheint es billig, ihnen die Ausführung der Transmissionsberechnung abzunehmen, dieselbe vorweg ausführen zu lassen und ihnen die fertigen Wärmebedarfsziffern der einzelnen Räume zu geben. Denn ohnedies wird die an sich einfache, aber umständliche und zeitraubende Transmissionsberechnung so viel mal ausgeführt wie Firmen aufgefordert sind, und das ist zwecklos. Gibt man in der Zusammenstellung des Wärmebedarfes die Ergebnisse der eigentlichen Transmissionsberechnung getrennt von den Zuschlägen an, und macht man über die Art, wie die Rechnung ausgeführt ist, die nötigen Angaben, so kann man die Gewährleistung für genügende Erwärmung wohl der ausführenden Firma zumuten, die sich ja durch Stichproben von der Ausführung der Berechnung überzeugen kann.

65. Ausführung der Berechnung. Beispiel. Bei der praktischen Ausführung der Wärmeverlustberechnung ist es zweckmäßig, zunächst die in einer Wand befindlichen Fenster und Türen auszurechnen, und zum Schluß die Wand selbst zu nehmen. Die Transmissionsberechnung erstreckt sich der Reihe nach auf alle Umfassungswände des betreffenden Raumes, soweit auf der anderen Seite der betreffenden Wand eine andere Temperatur als im Raume selbst herrscht; je nachdem diese Temperatur höher oder niedriger ist, ergibt sich für den betreffenden Raum ein Verlust oder Gewinn an Wärme. Die Rechnung wird einfacher als sie auf den ersten Blick erscheint, weil in den verschiedenen Fenstern, Türen, Flächen oft die gleichen Maße aufzutreten pflegen, so daß auch die Wärmeverluste die gleichen werden.

In Fig. 66 ist ein Teil eines Grundrisses und Aufrisses eines Gebäudes gegeben, für den die Wärmeverluste einiger Räume sich etwa wie folgt berechneten:

	Transmission WE/st	Zuschlag WE/st
Raum No. 11. Mädchenzimmer: $5{,}00 \cdot 4{,}92 \cdot 3{,}00 = 74{,}0$ cbm Inhalt; $t = 20^0$.		
Doppelfenster nach O.: 1,2 m lang × 1,0 m breit = 1,2 qm, innen $+20^0$, außen -20^0, $\Delta t = 40^0$; Transmissionskoeffizient $k = 2{,}2$.		
$1{,}2 \cdot 40 \cdot 2{,}2 = 106$ WE	106	16
Außenwand nach O. (Teil über der Erde): 5,0 m lang × × 2,0 m hoch = 10,0 qm; ab vorstehendes Doppelfenster, bleibt 8,8 qm; $\Delta t = 40^0$; Wandstärke 0,51 m (keine Luftschicht); $k = 1{,}1$.		
$8{,}8 \cdot 40 \cdot 1{,}1 = 387$ WE	387	58
Dieselbe (Teil unter der Erde): $5{,}0 \cdot 1{,}0 = 5{,}0$ qm, innen $+20^0$, außen -10^0, $\Delta t = 30^0$; $k = 1{,}1$.		
$5{,}0 \cdot 30 \cdot 1{,}1 = 165$ WE	165	—
Doppelfenster nach N., wie oben	106	11
Außenwand nach N.:		
Teil über der Erde 9,8 qm; Doppelfenster = 8,6 qm; $\Delta t = 40^0$; $k = 1{,}1$	380	38
Teil unter der Erde 4,9 qm; $\Delta t = 30^0$; $k = 1{,}1$ . . .	162	—
Innentür nach Raum 12a: 2,3 qm, innen $+20^0$, außen (das heißt in Raum 12a) 0^0; $\Delta t = 20^0$; $k = 2{,}0$ . .	92	—
Innenwand gegen Raum 12 und 12a: 15 qm Fläche, ab vorstehende Innentür, bleiben 12,7 qm; $\Delta t = 20^0$; Wandstärke 0,38; $k = 1{,}2$	305	—
Innenwand gegen Raum 7: 14,8 qm Fläche; $\Delta t = 20^0$; $k = 1{,}2$	355	—
Fußboden 24,6 qm, außen 0^0, $\Delta t = 20^0$; Holz in Asphalt; $k = 1{,}4$	688	—
	2746 +	123

Gesamtverlust für Raum 11: 2869 WE/st.

	Transmission	Zuschlag
Raum No. 31. Zimmer: 5,00 · 4,92 · 3,80 = 93,5 cbm Inhalt; $t = 20^0$.	WE/st	WE/st
Außenwand nach O.: 19,0 qm Fläche; $\Delta t = 40^0$; Wandstärke 0,38 m + Luftschicht = 0,45 m; $k = 1,1$ . . .	836	126
Doppelfenster nach N.: 4,3 qm; $\Delta t = 40^0$; $k = 2,2$ . .	378	38
Außenwand nach N.: 18,7 — 4,3 = 14,4 qm; $\Delta t = 40^0$; $k = 1,1$	634	63
Bei den übrigen Wänden ist $\Delta t = 0^0$	—	—
	1848 +	227
Gesamtverlust für Raum 31:	2075	WE/st.

Raum No. 51. Zimmer: 5,13 · 4,92 · 3,60 = 90,9 cbm Inhalt; $t = 20^0$.		
Doppelfenster nach O.: 2,4 qm; $\Delta t = 40^0$; $k = 2,2$ . .	211	32
Außenwand nach O.: 18,5 — 2,4 = 16,1 qm; $\Delta t = 40^0$; $k = 1,1$	708	106
Doppelfenster nach N., wie das frühere.	211	21
Außenwand nach N.: 17,7 — 2,4 = 15,3 qm; $\Delta t = 40^0$; $k = 1,1$	673	67
Bei den Innenwänden ist $\Delta t = 0^0$	—	—
Decke: 25,2 qm; außen (auf dem Dachboden) — 5^0 C; $\Delta t = 25^0$; Balkenlage mit Koksfüllung usw.; $k = 0,48$	302	—
	2105	226
Gesamtverlust für Raum 51:	2331	WE/st.

Wir sehen, wie in diesem Fall für die Ostseite 15 %, für die Nordseite 10 % Zuschlag angesetzt ist, und zwar deswegen, weil die Ostseite des Gebäudes besonders exponiert liegt.

Mannigfache Unsicherheiten in der Rechnung sind leicht zu erkennen. und bedingen, daß es keinen Zweck hat, die Rechnung mit großer Stellenzahl durchzuführen, wie wohl geschieht. Die Abrundung auf volle Wärmeeinheiten oder gar auf je zehn Wärmeeinheiten — die Abrundung der Flächen auf zehntel Quadratmeter sollte stets mindestens in dem Maße vorgenommen werden, wie wir es taten. Größere Genauigkeit ist doch nur scheinbar. Unsicherheiten bestehen namentlich im Ansatz der Größe der Flächen — soll man sie von Mitte zu Mitte Wand oder soll man Lichtmaße anwenden, und was dergleichen Fragen mehr sind. An den Knotenpunkten von Wänden treten ja offenbar recht verzwickte Verhältnisse auf. Man pflegt, so wie wir es taten, für die Grundrißabmessungen Lichtmaße, für die Höhen aber volle Geschosshöhen, also einschließlich der Deckendicke, einzuführen.

66. Allgemeine Anforderungen an die Heizflächen. Der in der eben besprochenen Weise berechnete Wärmebedarf eines Raumes wird demselben — außer bei der Luftheizung — zugeführt, indem man wärmeabgebende Flächen in ihm anbringt; der Name Ofen ist mehr für die örtliche Beheizung, der Name Heizkörper mehr für die Zentralheizung üblich, ohne daß doch streng unterschieden wird.

Die Größe der erforderlichen Heizfläche findet man leicht, wenn man die stündliche Wärmeabgabe eines Quadratmeters derselben kennt. Dafür liegen Erfahrungszahlen vor, von denen wir bei Besprechung der einzelnen Heizkörperformen eine Auswahl kennen lernen werden. Im Augenblick aber interessieren uns einige allgemeine Anforderungen, die man an Form und Aufstellung der Heizkörper stellt.

Die Wärmezufuhr soll möglichst nahe dem Fußboden, also möglichst tief stattfinden. Die oberen Teile des Raumes werden, weil warme Luft aufsteigt, ohnehin warm, ja leicht überheizt. Steht aber die wärmezuführende Fläche hoch, so wird sich der Luftumlauf im Raum auf die obere Hälfte desselben beschränken, während unten kalte Luft stagniert. In Luft findet die Verbreitung der Wärme nach obenhin schnell, durch Luftumlauf, statt, nach untenhin ist sie auf das geringe Leitungsvermögen der Luft angewiesen. Die Heizflächen sollen also geringe Höhe haben und auch niedrig aufgestellt sein, sonst wird der Raum fußkalt. Bei hoch aufgestellten Heizflächen kann man nach Fig. 67 durch eine Verkleidung Abhilfe schaffen.

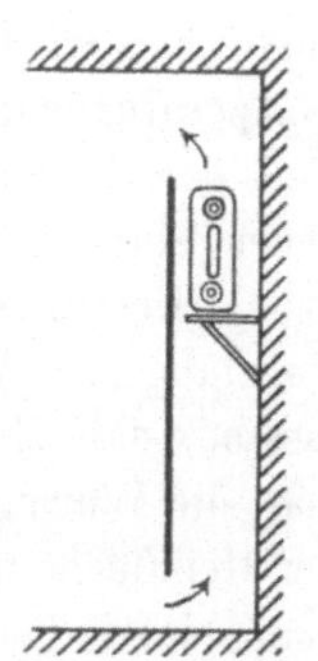
Fig. 67. Abhilfe gegen Fußkälte.

Die Wärmezufuhr soll, dem Grundriss nach, möglichst an den Stellen grösster Wärmeverluste stattfinden. Der gesamte Gang der Wärme ist der, daß sie vom Heizkörper schließlich an die Außenluft abgegeben werden muß. Die Raumluft vermittelt den Übergang. Steht die Heizfläche an der den Wärmeverlusten abgekehrten Seite des Raumes, so muß die Wärme den ganzen Raum passieren; das ist nicht möglich ohne Temperaturunterschiede in den verschiedenen Teilen des Raumes; nur Temperaturunterschiede können Ursache der Luftbewegung sein, die die Wärme überträgt. In der inneren Hälfte des Raumes wird ein wärmerer Luftstrom hochgehen, in der äußeren ein kühlerer niedergehen. Steht dagegen die Heizfläche nahe der abkühlenden Fläche, so deckt sie unmittelbar den Wärmeverlust, und der Raum bleibt mehr oder weniger unberührt von dem ganzen Vorgang. Das ist das Bessere, denn weder die Temperaturunterschiede noch die Luftströmungen sind erwünscht. Im allgemeinen ist also die Stellung der Heizkörper unter den Fenstern als den wichtigsten Abkühlungsflächen zu wählen — soweit das möglich ist. Falsch ist auch die Laienansicht, die Aufstellung der Heizkörper am Fenster sei unwirtschaftlich, weil ein Teil der gelieferten Wärme gleich ins Freie gehe, statt erst den Raum zu erwärmen. Wir wissen, daß der Raum gar nicht erwärmt, sondern nur vor Wärmeverlusten geschützt werden soll.

Die Zufuhr einer durch die Verhältnisse des Raumes festgelegten Wärmemenge kann unter sonst gleichen Umständen entweder durch niedrig temperierte Heizflächen von entsprechender Größe, oder durch kleinere Heizflächen geschehen, die sich dann auf einer entsprechend höheren Temperatur befinden müssen. Ersteres ist offenbar teurer, aber zweifellos besser. Zur Vermeidung von Luftströmungen sollte sich die Wärmezufuhr über alle abkühlenden Flächen erstrecken, jeder Stelle gerade die Wärme zuführend, die an ihr verloren geht; da sich eine große Heizfläche über einen längeren Teil der Umfassungswand hinziehen kann als eine kleine, so kann sie diesem Ideal näher kommen als jene Außerdem nimmt, wie wir wissen, mit zunehmender Oberflächentemperatur der Anteil der Strahlung an der gesamten Wärmeabgabe schnell zu; wir wissen aber auch (§ 55), daß die Strahlung nicht die erwünschte Art der Wärmezufuhr ist. Endlich werden hygienische Gründe für die Verwendung großer und mäßig temperierter Heizflächen ins Feld geführt. Der auf den Heizkörpern sich ablagernde Staub, meist organischen Ursprunges und in Städten größtenteils aus zerstäubtem Pferdemist bestehend, erzeugt unangenehm riechende und selbst schädliche Gase, wenn er bei höheren Temperaturen einer trockenen Destillation unterworfen wird. Da nun angegeben wird, daß die trockene Destillation erst bei Überschreitung der Temperatur von 65 bis 70° einsetzt, so ist es wünschenswert, daß kein Teil der Heizkörperoberfläche, insbesondere nicht die oberen Teile, auf denen Staub sich ablagert, diese Temperaturen überschreite.

Hieraus pflegt man einen Schluss hinsichtlich der besten Art der Regelung der Wärmeabgabe zu ziehen. Die Heizkörper werden so bemessen, daß sie für strengste Kälte ausreichen; bei mildem Wetter kann man die Wärmeabgabe herabmindern, entweder indem man die Temperatur der Heizfläche mehr oder weniger gleichmäßig herabsetzt, oder aber indem man einen Teil der Heizfläche abschaltet, den Rest auf der früheren Temperatur beläßt. Beide Arten sind in Übung (§ 106, 112, 119), erstere aber ist die bessere, denn bei ihr wird nur bei strengem Frost eine Temperatur erreicht, die zu den erwähnten Destillationsvorgängen Anlaß gibt.

Hinsichtlich des Äußeren von Heizkörpern (oder Öfen) werden folgende Forderungen nach allem Gesagten ohne weiteres einleuchten: Die Oberfläche soll glatt und überall zugänglich sein, behufs bequemer Reinigung; wagerechte Flächen sollen möglichst vermieden werden, um die Ablagerung von Staub zu verhüten. Helle und glänzende Oberfläche wirkt auf Verminderung der Strahlung — allerdings auch etwas auf Verminderung der Gesamtabgabe (§ 55) — und ist deshalb zu bevorzugen.

V. Ofenheizung.

67. Ofenarten. Als örtliche Heizung oder Lokalheizung bezeichnet man im Gegensatz zur Zentralheizung die Beheizung jedes einzelnen Raumes unabhängig vom anderen durch einen in ihn gestellten Ofen, in dem durch Verbrennung die erforderliche Wärme erzeugt wird. Für die Lokalheizung kommen Kachel- und eiserne Öfen in Frage. Eine wichtigere Unterscheidung als die nach dem Material, aus dem die Öfen hergestellt sind, im einen Fall Eisen, im anderen Fall Ton, ist die Unterscheidung nach der Betriebsart: die Kachelöfen werden im allgemeinen intermittierend betrieben, nach dem Heizen zugeschraubt. In eisernen Öfen dagegen brennt das Feuer, solange der Ofen heizen soll. Bei den besseren Arten von eisernen Öfen ist es möglich und üblich, das Feuer den ganzen Winter über nicht ausgehen zu lassen: es brennt Tag und Nacht; man spricht dann von Dauerbrandöfen.

Die Dauerbrandöfen bestehen im allgemeinen aus Gußeisen mit einer Einlage von Schamottsteinen; nicht selten werden in neuerer Zeit auch aus Kacheln hergestellte Öfen mit einem Fülleinsatz versehen und dann als Dauerbrandöfen betrieben.

68. Kachelöfen. (Fig. 68.) Die äußere Umkleidung des Kachelofens besteht aus Kacheln von glasiertem Ton; die Glasur dient neben der Schönheit insbesondere noch dem Zweck, den Ofen luftdicht zu machen, damit nicht Luft, die durch die Poren und Fugen von Tonsteinen leicht hindurchgeht. in den Ofen eingesaugt wird: denn im Inneren des Ofens herrscht infolge des Schornsteinzuges Unterdruck. Das Einsaugen von Luft hätte Wärmeverluste zur Folge, da es die Essenverluste unnütz vergrößert; auch wird durch Nebenluft der Schornsteinzug verschlechtert. Natürlich ist es wesentlich, daß auch nicht zwischen den einzelnen Kacheln hindurch Luft in den Ofen eindringen kann. Das jährlich übliche Verstreichen der Ofenfugen dient also nicht der Schönheit, sondern der Ökonomie der Verbrennung und der Sicherung genügenden Zuges für die Verbrennung. Die gleichen Rücksichten erklären auch, warum die nicht sichtbaren Hinterflächen des Ofens ebenfalls aus gut glasiertem, wenn auch nicht rein weißem Material hergestellt werden sollen.

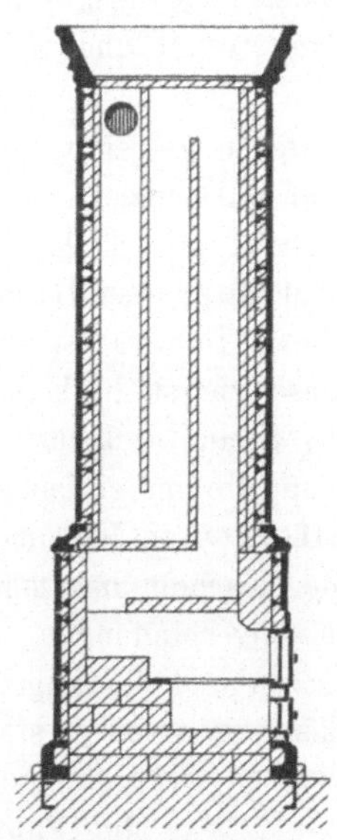

Fig. 68. Kachelofen für Steinkohlen.

Der untere Teil des Kachelofens dient der Verbrennung der Kohle, der obere soll die Wärme aufspeichern und allmählich an den zu heizenden Raum abgeben. Dazu befindet sich unten der Verbrennungsraum, in den die Kohle eingebracht wird; sie liegt auf dem aus Gußeisen hergestellten Rost, unterhalb des Rostes tritt durch Aschenfall und Aschentür die Verbrennungsluft ein. Bei Braunkohlenfeuerung kann Rost und Aschentür fehlen, weil Braunkohle auch dann fortbrennt, wenn sie auf den flachen Boden gelegt wird. Die Aschentür wie die Feuertür sollen gut luftdicht abschließen, will man nicht viel Kohle vergeuden. Die Wände des Verbrennungsraumes und der massive Teil unter dem Aschenfall sind aus Ziegelsteinen mit Lehm aufgemauert. Der Ofen stützt sich auf die Balkenlage oder aber auf einen in die Wand hinter dem Ofen eingelassenen Rahmen aus U-Eisen, wie man solche für freitragende Balkons anwendet. Letztere Anordnung ist etwas teurer, jedoch immer vorzuziehen. Wenn sonst die stützende Balkenlage große Spannweite hat, so ist Schwanken des Fußbodens zu befürchten; der Verband des Ofens wird bald gelockert, wenn jeder Fußtritt ihn in Bewegung versetzt. Bei kleineren Spannweiten der Balkenlagen stellt sich nicht selten durch ungleichmäßiges Senken der Mauern der Fußboden etwas schräg. Das ist an sich ohne Bedenken; macht aber der Ofen die Schrägstellung mit, so sieht das mindestens schlecht aus, macht es aber auch wohl nötig, den Ofen neu zu setzen. Beide Schwierigkeiten umgeht man, indem man den Ofen von der Balkenlage trennt und auf die erwähnten U-Eisen setzt.

Der obere Teil des Ofens, oft durch einen Absatz äußerlich vom unteren getrennt, enthält die Züge. Der Innenraum dieses Oberteiles ist durch Dachziegel so abgeteilt, daß die Feuergase mehrfach hin- und hergehend alle Teile der Außenwand bestreichen müssen. Die Kacheln der Außenwand sind auf der Innenseite mit Ziegelsteinen belegt, die Stärke dieses Futters ist da am größten — häufig $^1/_4$ Stein — wo die Rauchgase zuerst hinkommen; sie nimmt nach dem Schornstein hin ab, auf $^1/_8$ Stein — dazu werden die Ziegelsteine flach aufgespalten — und auf doppelte und einfache Dachziegellagen. Den Verband bewirkt Lehm, unterstützt durch Klammern aus Eisenblech, die um Wulste auf der Rückseite der Kacheln herumgelegt werden, und durch Einlagen aus Draht. Diese Eisenverbindungen sollen indessen nur so stark sein, daß sie eher nachgeben und die Fugen auseinander gehen lassen, als daß Kacheln springen könnten, wenn zu starkes Feuer den Ofen auseinandertreibt. Von manchen werden Drahteinlagen ganz verworfen.

Was die Führung der Züge im einzelnen anlangt, so ist sie für die Ausnutzung der Heizgase ziemlich unwesentlich. Senkrechte Anordnung der Züge nach Fig. 68 hat jedoch vor wagerechten Zügen den Vorteil, daß sich Flugasche nicht in ihnen festsetzt und daß die Züge nachgesehen werden können, indem man nur Deckensteine, nicht aber Kacheln entfernt. Die Züge dürfen nicht zu eng sein, sonst werden die Widerstände in ihnen zu groß und der Schornsteinzug genügt nicht. Sie dürfen in unteren Stockwerken des besseren Zuges wegen enger sein als in den oberen.

Im übrigen ist die Konstruktion der Öfen, was Aufbau, Bemessung der Wandstärken und der Ofengrößen anlangt, wesentlich Erfahrungssache des Handwerks. Und da der Ofen in weiten Grenzen forziert betrieben, nötigenfalls bei strengem Frost mehrmals täglich geheizt werden kann, so sind schon starke Versehen möglich, ohne daß schwere Unzuträglichkeiten eintreten. Eine Transmissionsberechnung für Räume zu machen, die mit Kachelöfen beheizt werden sollen, ist daher nicht üblich. Man pflegt wohl anzunehmen, daß ein Kachelofen etwa den Wärmebedarf von 500 WE stündlich decken kann für jedes Quadratmeter seiner Oberfläche. Dabei ist bereits berücksichtigt, daß er in den ersten Stunden nach dem Heizen mehr Wärme als den Durchschnitt abgeben kann, und auch abgeben muß, weil das Zimmer ausgekühlt war, daß aber weiterhin, meist gegen Abend, seine Wärmeabgabe unter dem Durchschnitt bleiben darf, weil die Wärmeabgabe der Beleuchtungskörper ihm zu Hilfe kommt. In dieser Hinsicht entspricht die an sich ungünstige Ungleichmäßigkeit der Wärmeabgabe, eine Folge des intermittierenden Betriebes, zum Glück gerade den Verhältnissen, die in Wohnräumen vorliegen. Bei Auswahl der Ofengröße denke man an die allgemeine Regel, auf die wir noch öfter hinweisen werden, daß nämlich eine reichlich bemessene Heizfläche die Beschaffungskosten etwas steigert, die Unterhaltungskosten aber stark herabdrückt.

69. Heizkraft und Speicherungsvermögen. Man hat beim Kachelofen wohl zu unterscheiden zwischen seiner stündlichen Wärmeabgabe oder seiner Heizkraft, von der es abhängt, ob ein Ofen imstande ist, den zu heizenden Raum auf der gewünschten Temperatur zu halten, und andererseits zwischen seinem Speicherungsvermögen, von dem es abhängt, wie lange der Ofen imstande ist, jene ausreichende Temperatur zu erhalten. Heizkraft und Speicherungsvermögen sind bei übrigens gleichen Öfen abhängig von der Stärke des Futters. Wenn von zwei Öfen mit gleich grossem Feuerraum, in denen also in der üblichen Zeit von etwa dreiviertel Stunden eine bestimmte Wärmemenge erzeugt werden kann, und mit gleich großer Heizfläche, auch innerlich gleichem Aufbau, nur die Wandstärke verschieden gewählt wird, so wird die Folge die sein, daß bei dem Ofen geringer Wandstärke die äußere Oberfläche heißer wird als bei dem anderen; daher gibt er seine Wärme schneller ab, seine Heizkraft ist also größer. Bei dem Ofen größerer Wandstärke ist der Wärmedurchgang ein langsamerer; da die gleiche Wärmemenge erzeugt wird, so bleibt die nicht sogleich nach außen hin abgegebene Wärme in der Wand gespeichert, wozu ja eben die größere Tonmasse zur Verfügung steht.

Eine Verstärkung des Futters hat also eine Vergrößerung der Speicherung, aber eine Verminderung der Heizkraft zur Folge. Handelt es sich darum, einen Ofen, der den Raum zwar genügend, aber nicht nachhaltig genug erwärmt, zu ersetzen, so ist es nicht mit der Verstärkung des Futters allein getan; es könnte sonst kommen, daß der Raum nicht genügend warm wird. Man muß vielmehr mit der Verstärkung des Futters eine Vergrößerung der Heizfläche einhergehen lassen; außerdem müssen natürlich auch Feuerraum und Rost vergrößert werden, da die Vermehrung der Speicherung bei gleichbleibender Heizkraft es bedingt, daß eine größere Kohlenmenge eingeführt werden muß.

Für einen Raum von gegebenem Wärmebedarf hat man also die Wahl zwischen Öfen verschiedener Futterstärke und entsprechend verschiedener Heizfläche. Mit wachsender Futterstärke und wachsender Heizfläche wächst das Speicherungsvermögen. Ist nun im allgemeinen ein großes Speicherungsvermögen angenehm, so steht doch dagegen zu bedenken, daß neben dem Preis des Ofens auch der Raum wächst, den der Ofen für sich in Anspruch nimmt, und daß es bei allzu großer Wandstärke lange dauert, bis nach dem Anheizen der Ofen seine wärmende Wirkung entfaltet. Umgekehrt ist bei plötzlich in die Höhe gehender Außentemperatur die große Speicherkraft oft lästig, da sie zu einer Überheizung des Raumes führt. Man geht meist in der Vergrößerung des Ofens so weit, daß der Ofen einen ganzen Tag aushält. In manchen Fällen kann man sich aber gut mit weniger begnügen. Insbesondere in Schulen ist es bei Kachelofenheizung leicht ein Übelstand, daß morgens bei Beginn des Unterrichts die richtige Temperatur noch nicht erreicht ist, daß aber später, wenn zu der Heizwirkung des Ofens noch die Wärmeabgabe der Kinder kommt, der Raum zu warm wird. Der Ofen mit schwächerem Futter wird morgens schneller anheizen, später dafür in der Heizwirkung nachlassen, und nachmittags nach Schulschluß bereits ziemlich kalt sein.

Man sollte sich also auch bei den Abmessungen der Kachelöfen nach den Verhältnissen richten.

70. Eiserne Öfen; Einteilung. Von eisernen Öfen verlangt man neben ausreichender Heizwirkung, die ja immer von der Wahl der richtigen Größe des einmal gewählten Modells abhängt, insbesondere noch, daß die Regelung des Verbrennungsvorganges eine sichere und bequeme sei; Öfen bei denen das, wirklich oder angeblich, erreicht ist, werden dann wohl als Regulieröfen bezeichnet.

Da das fast völlige Fehlen des Aufspeicherungsvermögens das wesentlich kennzeichnende Merkmal der eisernen Öfen ist, so ist es wünschenswert, die fortwährende Bedienung des Ofens und die häufige Beschickung mit Kohle zu vermeiden; man ordnet dazu einen Kohlenbehälter an, aus dem der Brennstoff dem Rost von selbst zufällt, und der so groß ist, daß er den Bedarf eines Tages oder einer Nacht decken kann; die Beschickung ist dann nur zweimal täglich erforderlich. Öfen solcher Einrichtung bezeichnet man als Dauerbrandöfen oder als Füllöfen.

Wird für einen Füllofen gleichzeitig gute Regelung in Anspruch genommen, so spricht man auch von einem Regulierfüllofen.

Andere Bezeichnungen, wie Kanonenofen, irischer Ofen, amerikanischer Ofen beziehen sich nicht auf die Eigenschaften, sondern auf Konstruktionseinzelheiten, die oft genug sehr zufälliger Natur sind; wir wollen diese Namen im folgenden nicht weiter erläutern.

71. Schachtöfen. Bei dem in Fig. 69 dargestellten eisernen Ofen findet die Verbrennung der Kohle in der Weise statt, daß die Luft von unten, teils auch von der Seite durch den Rost zu dem Koks gelangt, für dessen Benutzung diese Art Öfen hauptsächlich eingerichtet ist. Sie durchzieht den ganzen Füllraum und entweicht oben in den Schornstein. Weil der Brennstoff im Verbrennungsraum herabgleitet, wie in den Schachtöfen industrieller Betriebe, so wollen wir solche Ofenarten, die dieses Merkmal haben, unter dem Namen Schachtöfen zusammenfassen; die irischen, amerikanischen, Meidinger-Öfen und andere gehören in diese Gattung. Das Ofeninnere ist mit einer Ausfütterung von Schamottsteinen versehen, dessen Zweck es ist, die Wärmestrahlung des Ofens zu vermindern, die trotzdem bei den einfachen eisernen Öfen lästig genug zu sein pflegt. Von der Stärke des Schamottfutters hängt in hohem Grade die Annehmlichkeit ab, die der Aufenthalt im Zimmer bietet; andererseits wächst mit dessen Stärke auch der Preis des Ofens, und zwar nicht nur entsprechend der Futterstärke, sondern namentlich weil mit zunehmender Futterstärke die Oberflächentemperatur des Ofens sinkt und weil daher für gleiche Heizkraft des Ofens ein größeres Modell erforderlich ist. Die Verhältnisse liegen hier in mancher Hinsicht ähnlich wie beim Kachelofen.

Zum Regeln der Verbrennung dient eine kleine Rosette, die ein Einstellen der zum Rost kommenden Luft gestattet. Es dient weiter dazu eine Drosselklappe, die sich in dem Abzugskanal befindet; sie ist mit einer Öffnung versehen, so daß der Schornsteinzug auch dann nicht ganz abgestellt wird, wenn die Klappe ganz geschlossen ist; diese Einrichtung ist wünschenswert und auch wohl polizeilich vorgeschrieben, weil bei ganz abgesperrtem Schornstein der in dem heißen Ofenschacht wirkende Auftrieb Rauchgase — und gerade nach dem Abstellen des Zuges vermutlich auch das sehr giftige Kohlenoxyd (§ 49), von dem schon 0,1 $^0/_0$, der Luft beigemischt, tötlich wirken kann — in das Zimmer drücken könnte. Es dient ferner zum Regulieren eine Rosette in der Einfüllöffnung, die durch Einlassen von Nebenluft den Schornsteinzug schwächt.

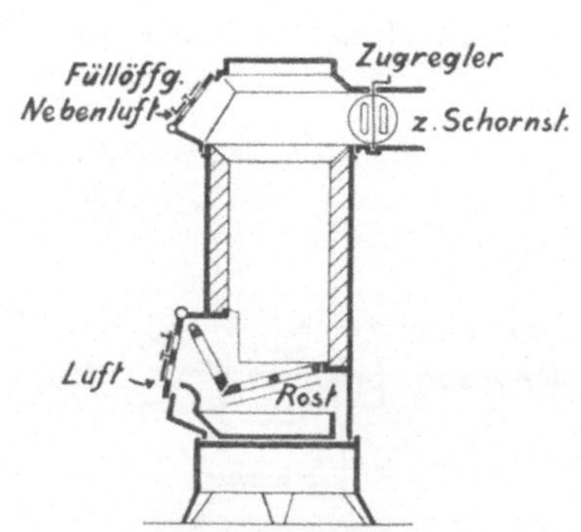

Fig. 69. Schachtofen.

Öfen der in Rede stehenden Gattung werden in gewaltiger Anzahl und auch in sehr mannigfaltigen Modellen hergestellt, die einzeln zu besprechen zu weit führen würde. Eine große Reihe von Spezialvorkehrungen, vielfach patentiert, sollen angeblich die Sicherheit der Regelung, die Bequemlichkeit der Bedienung und die Sparsamkeit erhöhen. In der äußeren Ausstattung findet man alle Abstufungen, von dem einfachen schwarz grafitierten Gußeisenofen bis zu vornehm und teuer, selten auch geschmackvoll emaillierten Salonöfen. Daß man aber allen Anpreisungen gegenüber, soweit sie sich auf Sparsamkeit im Kohlenverbrauch infolge besonderer Einrichtungen beziehen, vorsichtig sein muß, wird aus folgenden Überlegungen hervorgehen.

72. Bessere Ofenformen. Der einfache Schachtofen Fig. 69 hat zweierlei Nachteile: die Regelbarkeit des Verbrennungsvorganges ist beschränkt, und es fehlt die zur richtigen Ausnutzung der Wärme notwendige Heizfläche.

Für die Regelbarkeit ist es als Nachteil zu bezeichnen, daß immer die ganze Koksfüllung des Ofens von der Luft durchstrichen wird und sich in Glut befindet. Es dauert daher eine geraume Zeit, bis nach Änderung der Luftzufuhr auch die Verbrennung sich entsprechend ändert. Denn der Verbrennungsvorgang ist seinem Wesen nach einer guten Regelung abhold; jedes Feuer neigt dazu, wenn es einmal ordentlich in Gang gekommen ist, nun noch stärker zu brennen; ist es aber schwach in Glut, so neigt es dazu ganz auszugehen, und eine Vermehrung der Luftzufuhr hat nur zu leicht die Wirkung, das Feuer auszublasen, statt es anzufachen. Es ist nun klar, daß insbesondere das Herunterregeln schwieriger sein wird, wenn große Koksmassen in Brand sind, als wenn nur wenig Brennstoff zurzeit glüht, der bald verzehrt ist und durch anderen ersetzt wird, den man gar nicht erst so sehr in Glut kommen läßt.

In dieser Hinsicht ist eine Anordnung nach Fig. 70 ein Fortschritt. Die Luft tritt vorne durch die senkrechte gitterartige Fläche in den Brennstoff ein, und hinten durch eine ähnliche Fläche aus ihm aus, ihn wagerecht durchstreichend. Nur eine dünne Schicht des Brennstoffes wird von der Luft durchstrichen und daher in Glut gesetzt; der Vorrat an Brennstoff befindet sich oberhalb, wo ein luftdicht aufsitzender Deckel dafür sorgt, daß keine Luft angesaugt wird, so daß das Feuer nicht aufwärts steigen kann. Die Regulierung des Feuers erfolgt zum Teil durch Einstellen der Luftzufuhr, zum Teil dadurch, daß eine andere Klappe Nebenluft eintreten läßt und dadurch den Zug schwächt. Endlich kann man auch durch Ansammeln von Schlacke, das heißt durch nicht vollständiges Abziehen derselben, einen Teil des Feuerraumes von Kohle frei halten, so daß nur eine kleinere Kohlenmasse in Brand ist. Die besonderen Einrichtungen zum Abnehmen der Schlacke übergehen wir.

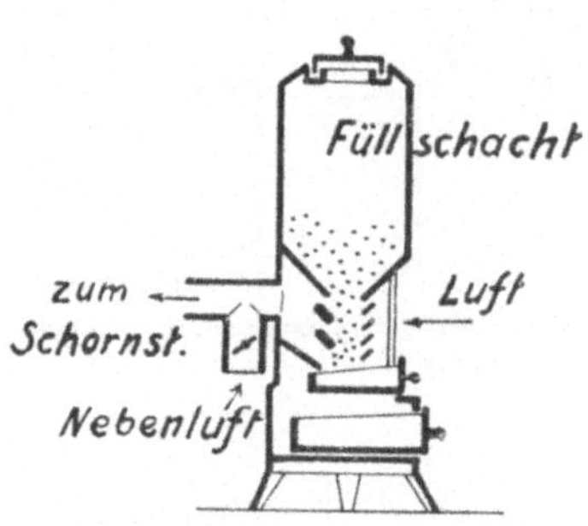

Fig. 70. Cadé-Ofen.

Bei Öfen solcher und ähnlicher Art hat man die Regelung in hohem Maße in der Hand. Man kann sie daher über Nacht brennen lassen, und ist sicher, daß sie nicht am anderen Tag ausgegangen sind; sie würden aber ausgehen, sowohl bei zu schwacher Glut durch Erlöschen des Feuers, als auch bei zu starker Glut, weil dann der Kohlenvorrat nicht aushält. Um übrigens das gleichmäßige Herabfallen der Kohle aus dem Magazin zu sichern, darf man nur eine Kohlenart verwenden, die gar nicht zum Backen neigt; andererseits muß der Brennstoff genügend leicht anbrennen, damit kein Abreißen des Feuers eintritt, was bei der kleinen Berührungsfläche des glühenden mit dem noch nicht glühenden Brennstoff eintreten könnte. Man verwendet daher meist Anthrazit, dessen auch im Vergleich zur Heizkraft hoher Preis den Betrieb solcher Öfen nicht billig sein läßt.

Ein Nachteil der beiden beschriebenen Ofenarten ist das Fehlen einer eigentlichen Heizfläche. Die Rauchgase verlassen die Kohle je nach dem Grade des Glühens jedenfalls mit nicht weniger als 700°. Gehen sie nun fast direkt in den Schornstein, so ist ihr Wärmeinhalt für die Heizung verloren. Der ist aber nicht unbeträchtlich, weil diese Art Öfen wie jede kleinere Feuerungseinrichtung mit ziemlichem Luft-

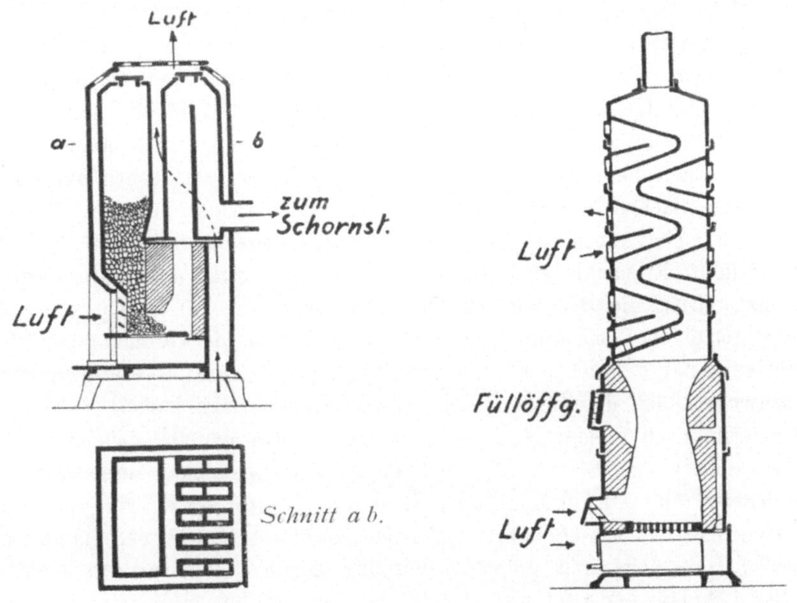

Fig. 71. Stauß-Ofen.

Fig. 72. Werkstätten-Ofen.

überschuß arbeitet. Im Gegensatz zu den genannten Öfen zeigt der in Fig. 71 dargestellte eine sehr ausgebildete Heizfläche.

Bei ihm sehen wir, wie unter dem großen Füllraum durch ein senkrechtes Gitter und einen passend angebrachten Schamottstein gehalten, die Kohle in schmaler Schicht herabfällt und wagerecht von der Luft durchstrichen wird. Die Rauchgase gehen nun, bevor sie in den Schornstein gelangen, durch einen besonderen Heizkörper. Dieser besteht aus einer Reihe von Eisenplatten, zwischen denen immer abwechselnd die Rauchgase, und dann wieder in dem nächsten Zwischenraum Raumluft zirkuliert. Diese Luft tritt in den Mantel, der den ganzen Ofen umgibt, von unten ein und umspült den eigentlichen Ofen vollständig. Die Luft durchstreicht dann zum Teil auch die Lamellen des Heizkörpers, und tritt durch die durchbrochene Decke des Mantels wieder aus. Bei diesem Ofen findet an der großen Heizfläche, die einerseits von warmen Rauchgasen, andererseits von zu erwärmender Luft bestrichen wird, eine lebhafte Wärmeabgabe des Rauchgases an die Luft statt, die Rauchgase werden den Ofen mit geringerer Temperatur verlassen, und die Ausnutzung der Kohle kann eine gute werden, um so besser, je größer die Heizfläche ist.

Fig. 72 zeigt, daß auch der Schachtofen mit größerer Heizfläche ausgebildet werden kann. Es lassen sich beliebig viele kranzförmige Teile aufeinandersetzen. Die Rauchgase gehen im Zickzack hin und her, die Luft wird in die Taschen hineingezogen. Solche Öfen dienen für Fabriken, Bahnhofswarteräume und ähnliches.

73. Vergleichende Kritik. Trotzdem die eben dargelegte Überlegung einwandsfrei ist, zeigt sich doch in der Praxis, daß Öfen der letztbeschriebenen Art mit wohl ausgebildeter Heizfläche und zweifellos geringerem Kohlenverbrauch nicht so marktgängig sind wie die einfacheren Öfen der beiden erstbeschriebenen Gattungen. Der Grund davon ist un schwer einzusehen. Zunächst sind Öfen der letztbeschriebenen Art teurer als die einfachen erstbeschriebenen. Sie erfordern sowohl mehr Material als auch mehr Arbeit zu ihrer Herstellung. Dagegen ist die an sich unzweifelhafte Ersparnis an Brennstoff in jedem Einzelfall nicht ohne weiteres nachzuweisen; die Bestimmung der Abgasverluste (§ 48) erfreut sich nicht so allgemeiner Verbreitung für diesen Zweck, wie sie verdient; der Ofenfabrikant hat es leicht, Klagen über zu hohen Brennstoffverbrauch damit abzuweisen, daß das Zimmer sich schwer heize. Dazu kommt ein zweites, was wohl noch wesentlicher ist: hohe Temperatur der abziehenden Rauchgase sichert dem Schornstein und damit dem Ofen einen guten Zug. Je schlechter die Ausnutzung der Wärme ist, desto besser sind die Zugverhältnisse, und umgekehrt. Öfen der zuletzt beschriebenen Bauart mit großer Heizfläche und guter Ausnutzung der Kohle geben also leicht zu Klagen Anlaß, der Ofen ziehe nicht, es mache Schwierigkeiten, das Feuer in Gang zu bringen oder zu halten. Solche Schwierigkeiten treten um so leichter auf, wenn der Ofen von nicht sachkundigen Händen bedient wird, wie es ja die Regel ist. Nun sind aber solche Klagen sehr lästig, gerade weil sich die beregten Übelstände ohne weiteres nachweisen lassen, während die Kohlenersparnis bei besseren Öfen zwar vorhanden, aber schwer nachweisbar ist. Auch nützt der theoretisch sparsamste Ofen nichts, wenn er nicht brennt. Das richtige wird sein, darauf zu sehen, daß ein eiserner Ofen die Mittelstraße inne hält, das heißt bei mittelgroßer Heizfläche eine leidliche Wärmeausnutzung und noch genügenden Zug hat.

Solche Umstände haben dazu geführt, daß in der Praxis die mangelhafteren Bauarten der Öfen viel mehr bevorzugt werden, als ihnen gebührt. In vielen Fällen hilft man der schlechten Wärmeausnutzung dadurch ab, daß man den Ofen mit einem genügend langen, aus dünnem Eisenblech hergestellten und lang durch den Raum geführten Rauchrohr versieht; dieses Rauchrohr bildet dann die fehlende Heizfläche. Doch gibt solch dünnes Rohr wegen der hohen Temperatur, die es annimmt, zu manchen Unannehmlichkeiten Anlaß, darauf fallender Schmutz verbrennt und verschlechtert die Luft, und über ihm pflegt sich ein schwarzer Anflug an der Wand zu bilden; auch brennt das Rohr bald durch. Ein solches Rohr ist daher hygienisch und technisch mangelhaft, und nur ein Notbehelf.

Man setzt wohl einfache Öfen vor einen vorhandenen Kachelofen, so daß die Heizgase dessen Züge durchlaufen müssen, bevor sie in den Schornstein gelangen. Der Kachelofen bildet dann eine vorzügliche Heizfläche, und wenn er die Rauchgase nicht zu weit abkühlt, so wird der Zug noch befriedigend sein. Nur ist im Grunde genommen nicht mehr der eiserne Ofen der heizende Teil. In Reklameschriften wird es wohl als ein Vorzug eines eisernen Ofens hervorgehoben, der Ofen sei so vorzüglich, daß die Baupolizei gestatte, ihn einem Kachelofen vorzubauen; das ist nämlich nicht bei allen Konstruktionen eiserner Öfen gestattet, weil bei zu weit gehender Auskühlung der Rauchgase der Zug zu gering wird und unter Umständen Kohlenoxyd aus dem Ofen in den Raum austritt. Die Möglichkeit, den Ofen an einen Kachelofen anzuschließen, bedeutet durchaus keinen Vorzug des betreffenden eisernen Ofens; besagt sie doch, daß der Ofen die Rauchgase so schlecht ausnutze, daß trotz des Kachelofens noch der nötige Zug übrig bleibt. Diese Reklame ist also verfehlt, mag aber im nicht sachverständigen Publikum gute Dienste tun.

74. Mantelöfen. Als Mantelöfen bezeichnet man diejenigen eisernen Öfen, bei denen der eigentliche Ofenkörper von einem Mantel aus Blech und tragender Eisenkonstruktion in einigem Abstand umgeben ist. Der Stauß-Ofen Fig. 71 gehörte bereits zu den Mantelöfen. In dem Zwischenraum zwischen Ofen und Mantel zirkuliert Luft, die unten dem Raum entnommen wird und oben erwärmt wieder in den Raum austritt. Der Mantel vermindert die Wärmestrahlung des Ofens in den Raum, und dient also dem gleichen Zweck wie die Schamottausfütterung.

Man hat Mantelöfen so eingerichet, daß sie zur Erneuerung der Raumluft dienen können. Eine Einrichtung dieser Art zeigt Fig. 73 in einer Form, wie man sie wohl für Barackenbauten anwendet. Die Räume 1 und 2 werden durch je einen Mantelofen geheizt und gleichzeitig gelüftet. Die Zuluft wird von außen entnommen, tritt durch eine Rosette, die nötigenfalls zum Absperren dient, in den Mantel und durch den durchbrochenen Deckel in den Raum aus. Im Mantel wärmt sie sich an und gewinnt dadurch den erforderlichen Auftrieb. Zur Luftabfuhr dienen zunächst die Öfen selbst, die ihre Verbrennungsluft dem Raume entnehmen. Außerdem wird durch den Luftschacht um den Schornstein herum Luft abgesaugt, sobald das Gitter am Fuß desselben geöffnet ist; die Wärmeabgabe des Schornsteins liefert den Auftrieb zum Absaugen der Luft. Bei kaltem Wetter und zum Anheizen der Räume kann man die Rosetten, durch die hindurch Frischluft zuströmt, verschließen und dafür die Gitter öffnen, die den Fuß der Öfen umgeben. Dann wirkt der Ofen wie ein einfacher Mantelofen ohne Lüftung, er wärmt nicht Frischluft, sondern Umlaufluft an.

In ähnlicher Weise führt man auch wohl von einem Ofen warme Luft in einen benachbarten Raum. Das ist dann der Übergang zur Luftheizung.

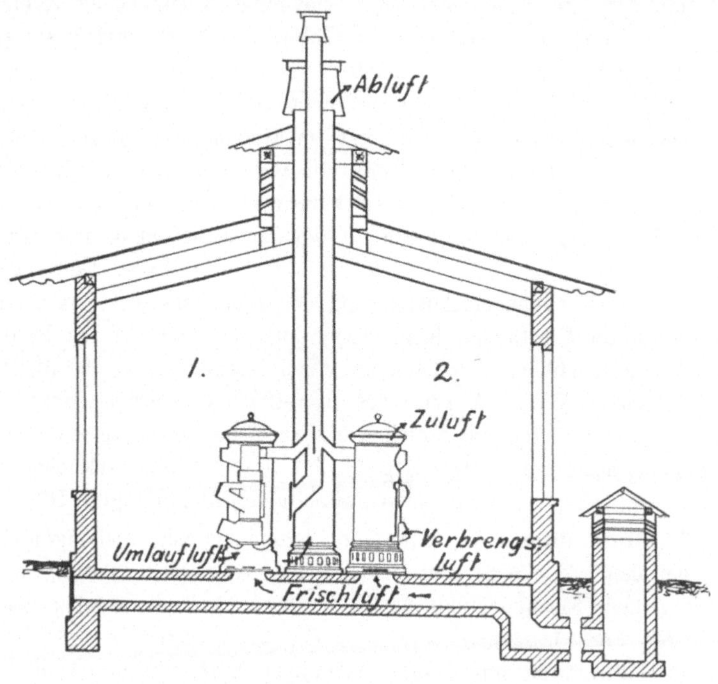

Fig. 73. Lüftungs-Heizung einer Baracke.

75. Kachelöfen mit Fülleinsatz. Schon früher haben wir die Verbindung eines eisernen Ofens mit dem Kachelofen als vorzüglich bezeichnet; die sichere Regelung eines guten eisernen Ofens läßt sich dadurch mit der milden Wärmeabgabe der Kachelheizfläche verbinden. Nur ist es zweckmäßig, die unschöne und Platz raubende Anordnung des eisernen Ofens vor dem Kachelofen zu vermeiden. So gelangt man zur Konstruktion von Einsatzöfen, das sind Öfen, die im oberen Teil aus Ton gebildete Züge, ähnlich gewöhnlichen Kachelöfen, haben, auch mit Kacheln bekleidet sind, während im unteren Teil nicht die Feuer- und Aschfalltür des letzteren, sondern ein eiserner Fülleinsatz sich befindet. Dieser Fülleinsatz enthält das Kohlenmagazin, von dem aus die Kohle zum Rost herabfällt; die Anordnung sollte auch hier im Interesse der Regelung so getroffen sein, daß nicht der ganze Kohlenvorrat glüht. Kurzum, der Fülleinsatz ist ein eiserner Ofen ohne diejenigen Teile, die sonst dem Ofen das äußere Ansehen geben sollen, also in roher Arbeit. Der die Heizfläche bildende obere Teil unterscheidet sich andererseits von dem entsprechenden Teil eines Kachelofens nur dadurch, daß sein Futter schwach ist; soll er ja doch nicht zur Speicherung der Wärme dienen.

76. Vergleich der Ofenformen. Kachelöfen zeichnen sich bei richtiger Bemessung durch ihre sehr milde Wärmeabgabe aus, die sie unseres Dafürhaltens noch immer zu der angenehmsten Wärmequelle macht; in dieser Hinsicht können es selbst gute Zentralheizungen kaum mit ihnen aufnehmen. Kachelöfen ergeben eine Lüftung des betreffenden Raumes nur solange Feuer in ihnen ist, also während des größten Teiles des Tages nicht. Bei Witterungswechseln leidet man gelegentlich unter der Langsamkeit, mit der sich ihre Wärmeabgabe regeln läßt.

Im Gegensatz dazu ergeben Dauerbrandöfen eine mäßige dauernde Lufterneuerung in dem beheizten Raume; das ist beispielsweise in Speisezimmern ein hoch zu schätzender Vorteil.

Im besonderen ist bei gut gebauten Einsatzöfen die Wärmeabgabe so milde wie bei den eigentlichen Kachelöfen, und da sie neben der dauernden Lüftung auch noch den Vorteil einer besseren Regelung der Wärme bieten, so wird man sie für das Vollkommenste auf dem Gebiet der Ofenheizung ansehen dürfen. Der einzige Einwand gegen ihre Anwendung ist ihr Preis, der den gewöhnlicher Kachelöfen auch dann nicht unwesentlich übertrifft, wenn die Einsatzöfen äußerlich prunklos ausgestattet werden. Immerhin erfordert die Ausstattung eines Gebäudes selbst mit vornehmeren Einsatzöfen wohl nie mehr als halb so viel Kostenaufwand, wie eine Zentralheizung erfordern würde. Bei Kachelofenheizung kann man — in allen Fällen einfache aber solide Ausführung vorausgesetzt — auf etwa $^1/_4$ der Anlagekosten einer Zentralheizung rechnen.

Wesentlich billiger wird die Ausstattung der Räume mit eisernen Öfen; es ist möglich, sie mit dem halben Preise von Kachelöfen und noch billiger durchzuführen. Dafür kann sich diese Beheizungsart auch mit keiner der anderen Heizungsarten messen. Selbst gute Mantelöfen erreichen nicht die milde und gleichmäßige Wärmeabgabe des Kachelofens. Dabei ist die Beheizung mit den billigen eisernen Öfen, an denen wir das Fehlen einer Heizfläche tadelten, nichts weniger als sparsam. Die von uns als Schachtöfen bezeichneten Öfen üben zwar sehr energische Heizwirkung aus, sind aber auch richtige Kohlenfresser.

Jedenfalls ist es vom Standpunkt der Annehmlichkeit und der wahren Sparsamkeit — die Beschaffungs- und Betriebskosten in Betracht zieht — zu empfehlen, nur gute, sparsam brennende Öfen zu verwenden, wo ein Ofen im regelmäßigen Betriebe sein soll und nicht etwa nur gelegentlich und an untergeordnetem Ort brennt. Um einen Kostenüberschlag zu machen, darf man insbesondere nie vergessen, daß die Lebensdauer der billigen Ofenarten, zumal wenn sie in der Größe knapp gewählt werden und dann im Betriebe angestrengt werden, so wesentlich kürzer ist als die von guten Öfen, insbesondere von Kachelöfen, daß im Laufe der Jahre nicht einmal die Beschaffungskosten zu ihren Gunsten sprechen.

77. Gasöfen. Gasheizung wird gelegentlich verwendet, weil sie sehr bequem zu bedienen ist, und weil sie sehr geringe Anlagekosten erfordert, wo Gasleitung einmal vorhanden ist. Die Gasöfen bestehen aus einem Gasbrenner mit angesetzter Heizfläche, die man in neuerer Zeit gerne in Form von Radiatoren ausführt, wie wir sie noch bei der Niederdruckdampfheizung und Warmwasserheizung kennen lernen werden.

Gasöfen ermöglichen eine sehr vollkommene Ausnutzung der dem Gase innewohnenden Heizkraft. Denn da Gas fast ohne jeden Zug brennt, so kann man die Heizgase vollständig abgekühlt in den Schornstein gehen lassen. Man kann sie also sehr gut ausnutzen. Der Schornstein dient bei der Gasheizung nicht um Zug zu erzeugen, sondern um die Verbrennungsprodukte abzuführen, ohne daß die Raumluft verschlechtert wird.

Trotz der guten Ausnutzung der Gase ist die von dem Gas gelieferte Wärme verhältnismäßig teuer. Das Kubikmeter Gas liefert etwa 5000 WE, und wird wohl mit 12 Pfg. bezahlt; so kosten 1000 WE 2,4 Pfg. Dagegen ist der Heizwert mittlerer Steinkohle 7000 WE/kg, und wenn wir annehmen, daß ihre Heizkraft zur Hälfte ausgenutzt wird, was allerdings für manchen Ofen noch zu hoch gerechnet ist, so macht das Kilogramm Kohle 3500 WE nutzbar. Kostet nun das Kilogramm Kohle etwa 2,5 Pfg., so haben wir bei Kohlenheizung nur etwa 0,7 Pfg. für 1000 WE zu zahlen. Die Gasheizung ist also nach dieser Rechnung fast viermal so teuer. Trotzdem kann sie in Frage kommen, wenn der Ofen sehr selten gebraucht wird, wie in Sitzungssälen, wo nur selten eine Sitzung stattfindet. Sie kann dann wirtschaftlicher sein als die Kohlenheizung, weil es möglich ist, die Wärmeerzeugung in dem Augenblick abzubrechen, wo sie nicht mehr gebraucht wird, und sie überhaupt stets genau auf das notwendigste Maß zu beschränken; auch sind bei Kohlenheizung immer außer dem eigentlichen Kohlenverbrauch Kosten für Brennholz und Bedienung beim Anheizen des Ofens anzusetzen. Außerdem fällt bei seltener Benutzung der geringe Anschaffungspreis des Gasofens ins Gewicht.

Gasheizung kommt insbesondere in solchen Fällen, wenn auch nicht gerade für eigentliche Dauerheizung, in Frage, wenn der Gaskonsument zugleich die Gasanstalt besitzt, besonders also bei städtischen Gebäuden. Fällt in solchem Falle der Heizbedarf in die Tagesstunden, wo das Rohrnetz und die Anstalt schwach belastet ist und eine Mehrbelastung ohne weiteres hergeben kann, so hat man als Gaspreis nur den reinen Erzeugungspreis des Gases anzusetzen, der nicht mehr als etwa 3 Pfg. für das Kubikmeter Gas beträgt. In solchem Falle kann also die Gasheizung auch für Dauerbetrieb billiger sein als eine Ofenheizung. Der Fall liegt besonders bei städtischen Schulen vor.

Ein Gasofen enthält einen Brenner, die Heizgase gehen durch Züge, die aus genietetem Eisenblech hergestellt sind und um die herum Luft spielen kann; sie übertragen ihre Wärme an die Raumluft. Zum Schluß gehen sie in den Schornstein. Recht häufig findet man unterhalb der Flamme einen gekrümmten, aus blankem Kupfer hergestellten Reflektor angebracht, der die Strahlung der Flamme durch Spiegelung in den Raum werfen soll. Hervorzuheben ist aber, daß solcher Reflektor außer dem schönen Aussehen keinen Vorteil bietet. Auch ohne ihn würde die strahlende Wärme der Flammen vollständig dem Raum zugute kommen, indem sie irgendwo auf eine Wand treffend sich in fühlbare Wärme umsetzte; daß die Strahlung auch nicht angenehmer ist als fühlbare Wärme, haben wir anderwärts besprochen (§ 55). Der Reflektor kann also, vom reinen Nützlichkeitsstandpunkt aus betrachtet, ruhig fortbleiben.

78. Petroleumöfen. Petroleumöfen dienen dem Bedarf nach transportablen Öfen, die man leicht an einen Ort bringen kann, wo Heizung nicht vorgesehen ist, um einen vorübergehenden Wärmebedarf zu befriedigen. Es wird sich meist um vorübergehende Benutzung handeln, denn die durch Petroleum erzeugte Wärme ist teuer; das Liter Petroleum kostet etwa 18 Pfennig und liefert etwa 8000 WE, so daß also 1000 WE 2,3 Pfg. kosten und ebenso teuer werden wie bei Gasheizung.

Ein Petroleumofen ist nichts weiter als eine große Petroleumlampe, deren Lichtwirkung man durch eine undurchsichtige Wandung abfängt. Zur Heizwirkung tut diese Wand nichts, und eine offen brennende Petroleumlampe heizt, gleichen Petroleumverbrauch vorausgesetzt, genau so stark wie ein Petroleumofen. Man darf nicht einmal einwenden, bei der zur Beleuchtung dienenden Lampe werde ja ein Teil der Wärme in Licht verwandelt; denn erstens ist die in Licht verwandelte Energiemenge äußerst geringfügig, es handelt sich um einen kleinen Bruchteil eines Prozentes; außerdem aber wird ja das Licht an den Wänden des Raumes absorbiert, an dunklen sofort, an hellen nach mehrfacher Hin- und Rückstrahlung, so daß also doch immer die ganze Wärmemenge im Raume bleibt — außer dem, was etwa durch ein Fenster nach außen gelangt.

Für die Heizwirkung ist daher der Ofen belanglos, und die Kunst bei der Konstruktion eines Petroleumofens ist lediglich die, einen Brenner von ungewöhnlicher Größe zum geruchfreien Brennen zu bringen; diese Aufgabe kann als vollkommen gelöst gelten.

Die Abgase des Petroleumofens pflegen in den Raum auszutreten; bei Verwendung eines Schornsteins wäre der Ofen kaum transportabel. Der Ofen trägt also, auch wenn er geruchlos brennt, zur Verschlechterung der Luft durch Kohlensäure bei. Zweck jedes Ofens ist es eigentlich, die Rauchgase aus dem Raum fern zu halten; für die Wärmewirkung allein wäre es am vorteilhaftesten, auch Kohle oder Holz so zu verbrennen, daß die Rauchgase im Zimmer bleiben und daher die Essenverluste vermieden werden. Die allerprimitivste Form der Heizung ist wärmetechnisch die beste, nur nicht hygienisch; nur die Rücksicht auf gute Luft führt zur Verwendung von Öfen. Insofern hat der Petroleumofen seinen Zweck verfehlt.

Noch auf einen Irrtum sei aufmerksam gemacht. Man verwendet häufig rote Scheiben zur Verglasung des Ofens, teils des guten Aussehens wegen, dann aber auch, weil die roten Strahlen die wärmsten sind und dadurch also angeblich die Heizwirkung gesteigert werde. Daß die roten Strahlen die wärmsten sind, ist richtig, der erwähnte Schluß aber falsch. Denn die roten Strahlen, die durch das rote Glas hindurchgehen, sind auch in dem weißen Licht der Lampe enthalten, und nur mit andersfarbigen Strahlen zu weißem Licht gemischt. Die andersfarbigen Strahlen werden durch rotes Glas zurückgehalten, das heißt aus strahlender in fühlbare Wärme verwandelt. Die gesamte Wärmewirkung des Ofens bleibt unter allen Umständen die gleiche.

Danach kann man also alle besonderen Einrichtungen des Petroleumofens, soweit sie nicht der geruchfreien Verbrennung dienen, als Aufmachung bezeichnen.

79. Elektrische Heizung. Zur elektrischen Beheizung von Räumen wird der elektrische Strom durch Widerstände irgendwelcher Art — es ist für die Heizwirkung ganz gleichgültig, welcher Art sie sind — geschickt. Der Strom setzt sich dabei in Wärme um, und zwar ergibt in jedem Fall die Kilowattstunde 860 WE, oder, zur Erzeugung von 1000 WE sind 1,16 KW·st aufzuwenden.

Da man meist 40 Pfg. für die Kilowattstunde bezahlt, so kosten 1000 WE etwa 47 Pfg. Die elektrische Heizung ist sehr teuer. Billiger wird sie unter solchen Umständen, die wir schon als für die Gasheizung günstig erkannten — wo man den Strom selbst erzeugt und nicht gerade in den Stunden zu heizen braucht, wo der Stromverbrauch schon ohnehin groß ist. Immerhin wird man kaum weniger als 5 Pfg. als unmittelbare Erzeugungskosten ansetzen dürfen, und die elektrische Heizung bleibt auch dann noch sehr teuer.

VI. Zentralheizung.

80. Übersicht; Vergleich mit Ofenheizung. Der örtlichen Heizung durch Öfen steht die Zentralheizung gegenüber, bei der die Wärme für ein ganzes Gebäude oder selbst für mehrere Gebäude an einem Ort erzeugt und durch Wärmeträger den zu beheizenden Räumen zugeführt wird. Als Wärmeträger kommen insbesondere Wasser, Dampf und Luft in Frage. Bei Dampf macht man noch den Unterschied, ob es sich um niedrig gespannten Dampf von wenig über Atmosphärenspannung, oder ob es sich um hoch gespannten Dampf handelt, dessen Spannung mehrere Atmosphären Überdruck beträgt. Man unterscheidet danach die

Warmwasserheizung, die Niederdruckdampfheizung, die Hochdruckdampfheizung und die Luftheizung.

Zu erwähnen wäre auch die Heißwasserheizung, bei der ebenfalls Wasser der Wärmeträger ist; während aber bei der Warmwasserheizung der Wasserinhalt mit einem offenen Gefäß in Verbindung steht, so daß der Wasserinhalt stets unter Atmosphärendruck steht und nicht über 100 Grad erwärmt werden darf, ist bei der Heißwasserheizung der Wasserinhalt so eingeschlossen, daß er nicht entweichen kann. Er darf dann auf höhere Temperaturen erhitzt werden, vorausgesetzt, daß die Leitungen den entstehenden hohen Druck aushalten. Die Heißwasserheizung wird heute wenig angewendet, und sie möge daher mit ihrer Erwähnung an dieser Stelle abgetan sein.

Auch die Luftheizung ist in ihrer Verwendung zurückgegangen, seit Warmwasserheizung und Niederdruckdampfheizung in früher ungeahnter Weise vervollkommnet sind. Wo man daher landläufig von Zentralheizung spricht, denkt man an die beiden letztgenannten Systeme. Ihre Vorteile gegenüber der Beheizung durch Öfen wollen wir im folgenden hauptsächlich darlegen.

Durch zentrale Beheizung der Gebäude sind Ersparnisse an Brennstoff möglich. Große Feuerungen lassen sich ökonomischer betreiben, als die kleinen Feuerungen der Einzelöfen. Wir erinnern uns aber, daß mit der Übertragung der Wärme durch Wärmeträger Verluste an Wärme nicht verbunden sind, so daß die volle in der Feuerung nutzbar gewordene Wärmemenge auch den zu beheizenden Räumen zugute kommt.

Die Erfahrung scheint der Behauptung, der Betrieb einer Zentralheizung sei ökonomischer als der von Einzelöfen, oft zu widersprechen. Klagen über unerwartet hohen Brennstoffverbrauch im Vergleich zu dem in ähnlichen Gebäuden mit Einzelöfen erzielten sind oft zu hören. Demgegenüber ist zu erwidern, daß Vergleiche nur bei gleicher Benutzung der Heizungsanlage gezogen werden dürfen. Es ist selbst in besseren Kreisen vielfach üblich, bei Ofenheizung einige Räume ungeheizt zu lassen, oder sie nur bei Bedarf, vielleicht Feiertags, zu heizen. Ist bei Zentralheizungen nur das Öffnen eines Hahnes erforderlich, so entschließt man sich leicht zum Heizen aller Räume. Weiterhin wird kaum jemals die Treppe und der Flur, die Küche, das Mädchenzimmer und das Badezimmer mit Öfen ausgestattet; der Brauch, Zentralheizungskörper in diese Räume zu legen, ist ziemlich allgemein. Bei solcher stark erweiterten Beheizung sind Ersparnisse an Brennstoff kaum zu erwarten. Man hätte die Verhältnisse nicht so darzustellen, daß die Zentralheizung das gleiche zu geringerem Preise liefert, sondern sie liefert wesentlich mehr zu gleichem oder wenig höherem Preise. Darüber aber, daß die Ausstattung der genannten Räume mit Heizkörpern eine Verbesserung ist, bedarf es wohl nicht vieler Worte.

Die Zentralheizung ergibt eine bessere Ausnutzung der Grundfläche der Räume. Die Heizkörper der Zentralheizung sind meist kleiner als entsprechende Öfen. Sind sie nicht kleiner, so sind sie doch jedenfalls genügsamer. Der Ofen erfordert im allgemeinen eine Ecke des Raumes und er verlangt um sich herum einen freien Platz; insbesondere der eiserne Ofen, der selbst wenig Platz beansprucht, verlangt doch freien Platz um sich herum. Demgegenüber sind die Heizkörper der Zentralheizung anspruchsloser, insbesondere dann, wenn man ihnen einen Platz in der Fensternische anweist; das ist, wie wir sahen (§ 66), auch aus anderen Gründen die gegebene Aufstellung. Allerdings verlangt die Zentralheizung im Keller einen Kesselraum; der fällt aber als weniger wertvoll nicht so ins Gewicht.

Die Zentralheizung bringt eine Arbeitsersparnis; das Beschicken einer Feuerung ist bequemer als das Bedienen zahlreicher Einzelöfen, zumal wenn die Einzelfeuerung im Keller neben dem Kohlenvorrat ist. Die Zentralheizung ergibt auch größere Reinlichkeit, weil Kohle und Asche nicht durch die zu beheizenden Räume getragen zu werden brauchen. Beides bedeutet zugleich eine Ersparnis an Arbeitslöhnen für Bedienung; dadurch kann selbst einiger Mehraufwand an Betriebskosten und der Mehraufwand an Beschaffungskosten teilweise wieder wett gemacht werden — ein Ausgleich, der sich freilich schwer in Mark und Pfennigen nachweisen läßt.

Die genannten Umstände führen dazu, daß sich Wohnungen mit Zentralheizung günstiger vermieten als Wohnungen ohne diese Neuerung. Ein Vorteil für den Vermieter bleibt auch dann bestehen, wenn man selbstverständlich die Kosten des Brennstoffes von der erzielten Miete abrechnet, weil sie bei Zentralheizungen meist dem Vermieter, bei Ofenheizung regelmäßig dem Mieter zur Last fallen.

Zur besseren Vermietung der mit Zentralheizung ausgestatteten Wohnungen trägt wesentlich der Umstand bei, daß Dienstboten erfahrungsgemäß lieber in Wohnungen mit Zentralheizung gehen, weil sie dort ein geheiztes Zimmer zur Verfügung haben und weil eine recht lästige und zeitraubende Arbeit für sie entweder ganz fortfällt oder doch wesentlich vereinfacht ist. Bei dem gegenwärtigen Mangel an Dienstboten fällt dieser Gesichtspunkt schwer für die Zentralheizung in die Wage; auch entspricht eine Beheizung der zum Aufenthalt des Dienstpersonals dienenden Räume dem gegenwärtigen sozialen Empfinden.

Den zahlreichen Vorteilen gegenüber ist als Nachteil anzuführen, daß die Einrichtungskosten einer Zentralheizung nicht unwesentlich höher ausfallen als die der Beheizung des gleichen Gebäudes mit Öfen. Kachelöfen kosten 100 bis 150 M., bei feiner Ausstattung auch wohl mehr. Eiserne Öfen sind in den einfachsten Ausführungsformen für weniger als 100 M. zu haben. Bei einem Landhaus mit 8 Räumen würde für die Ausstattung mit Öfen überschläglich etwa 800 bis 1000 M. anzusetzen sein. Eine Zentralheizung für ein solches Landhaus wird man nicht unter 3000 bis 4000 M. einschätzen dürfen.

Die Einrichtung einer Zentralheizung erfordert im Durchschnitt etwa 10 %, die von Kachelöfen etwa 3 % der gesamten Baukosten eines solchen Landhauses, und ähnliche Sätze pflegen sich auch für andere Gebäudearten zu ergeben.

Als ein Nachteil der Zentralheizung ist weiterhin die Notwendigkeit zu bezeichnen, die Zentralheizung dauernd zu betreiben, solange es friert; sie kann sonst einfrieren, die Bauteile zerfrieren dann infolge der Ausdehnung des Wassers beim Gefrieren. Die Dampfheizung kann zwar nicht einfrieren, solange sie außer Betrieb ist, wohl aber beim Inbetriebsetzen, wenn Dampf in die sehr kalten Heizkörper kommt. Bei ihr liegt also nicht so sehr die Notwendigkeit der Beheizung, als vielmehr die Unmöglichkeit der Ingangsetzung während einer Frostperiode vor.

Einige weitere Gesichtspunkte nichttechnischer Natur, die für Miethäuser für und gegen die Zentralheizung sprechen, werden wir in § 192 kennen lernen.

a) Die gewöhnliche Warmwasser- und Niederdruckdampf-Heizung.

81. Allgemeine Anordnung. Die Niederdruckdampf- und die Warmwasserheizung sind heutigen Tages die weitaus meist angewandten Arten der Zentralheizung. Die allgemeine Anordnung und die meisten Einzelteile für beide Heizungsarten sind soweit dieselben, daß wir sie gemeinsam besprechen können.

In beiden Fällen steht im Keller der Heizkessel, von dem aus ein System von Röhren, die Verteilungsleitungen, zu den einzelnen Heizkörpern führt. Der Kessel muß Einrichtungen zum Aufnehmen der Kohle und zum Regeln des Verbrennungsvorganges — selbsttätig oder durch Bedienung — erhalten sowie eine Heizfläche, durch die hindurch die Wärme auf das Wasser übertragen wird. Die verteilenden Rohrleitungen können in beiden Fällen im Keller oder aber im Dachgeschoß des Gebäudes liegen — untere oder obere Verteilung. Von den Hauptverteilungsleitungen führen Stränge zu den einzelnen Heizkörpern, deren jeder für sich durch ein regelbares Absperrorgan, einen Hahn oder ein Ventil, abgesperrt oder der Witterung entsprechend eingestellt werden kann. — Von den Heizkörpern muß das abgekühlte Wasser oder bei der Dampfheizung das aus dem Dampf entstandene Kondenswasser zum Kessel zurückgeführt werden. Das geschieht durch Rückleitungen, die naturgemäß fast immer im Keller unterzubringen sind.

In beiden Fällen vollführt demnach der Wärmeträger einen Kreislauf, bei dem er im Kessel Wärme aufnimmt, zu den Heizkörpern strömt, in ihnen die Wärme abgibt und nun dem Kessel wieder zufällt. Eine Speisung mit Wasser ist also an sich nicht nötig; um indessen Verluste durch Undichtheit zu ersetzen, ist eine Fülleinrichtung erforderlich, und um Reparaturen unbehindert vornehmen zu können, eine Entleerungseinrichtung. Ferner bedarf man bei der Warmwasserheizung unter Umständen besonderer Einrichtungen, Luft aus den Leitungen oder Heizkörpern zu entfernen. Bei der Niederdruckdampfheizung sind Einrichtungen vorzusehen, die den Dampf von dem aus dem Kessel mitgerissenen oder in den Leitungen sich bildenden Wasser befreien, ferner findet man gelegentlich Einrichtungen, die das Übertreten von Dampf in die Rückleitungen, das sogenannte Durchschlagen hindern, weil nämlich hierdurch der Betrieb anderer Heizkörper gestört werden würde.

Alle diese Einrichtungen sind der Reihe nach einzeln und in ihrem Zusammenbau zu einer Heizungsanlage zu besprechen.

82. Kessel. Bei den Niederdruckdampf- und Warmwasserheizungen werden im wesentlichen drei Arten von Kesseln verwendet; es sind das die gußeisernen Gliederkessel, die aus Schmiedeeisenblech hergestellten freistehenden, meist runden Kessel, und endlich für größere Anlagen eingemauerte Kessel, ebenfalls aus Schmiedeeisen, die je nach der Größe mehr oder weniger den für Maschinenbetrieb üblichen Dampfkesseln ähneln.

Die gußeisernen Gliederkessel bestehen aus einer Reihe einzelner Glieder, deren jedes so gestaltet ist, daß es einerseits einen gewissen Wasserinhalt, andererseits einen gewissen freien Raum als Weg für die Heizgase bietet. Meist hat das betreffende Glied auch gleich ein Stück des Rostes angegossen und ein Stück des Verbrennungsraumes ausgespart. Durch Aneinanderbauen einer größeren oder kleineren Anzahl solcher Glieder lassen sich Kessel verschiedener Größe herstellen, die beiden Stirnenden werden durch abweichend konstruierte Glieder gebildet.

Fig. 74 läßt die Einrichtung eines Gliederkessels erkennen. Sie zeigt Anfangs- und Endglied und eines der Zwischenglieder, während die übrigen Zwischenglieder fehlen; alle Teile bestehen aus Gußeisen. Die Verbrennungsluft tritt durch den Aschenraum A, insbesondere durch seine vordere durch eine verstellbare Klappe verschlossene Tür, hinzu. Die Kohle wird durch die Füllöffnung T_1 in den Verbrennungsraum F geworfen, der sich, wenn lauter Glieder von der Art des Mittelgliedes aneinander gereiht sind, über die ganze Länge des Kessels erstreckt. Die im Magazin f liegende Kohle soll noch nicht anbrennen, wie beim Füllofen. Sie liegt auf dem Rost R, durch den die Verbrennungsluft zu ihr gelangt. Die Rauchgase gehen in den mit Z bezeichneten Zügen erst aufwärts und dann wieder durch Z_1 abwärts und verlassen den Kessel durch einen Kanal Rk, der sich beim Aneinanderbau der Glieder unterhalb des Aschenraumes bildet und der hinten mit dem Schornstein in Verbindung steht. Die Züge werden dadurch gebildet, daß auf der Fläche der Glieder Rippen $b\,b$ angeordnet sind, und daß am zusammengebauten Kessel nur die Rippen, nicht aber die Flächen der Glieder aufeinander liegen. Am Oberende der Züge entstehen beim Zusammenbau

Öffnungen, die zum Reinigen dienen und beim Betriebe verschlossen sind. — Jedes einzelne der Glieder ist hohl ausgeführt, so daß in dem Hohlraum die Wasserfüllung erwärmt wird. Die Hohlräume sind oben und unten miteinander verbunden, und zwar durch die Sammler S_1 und S_2,

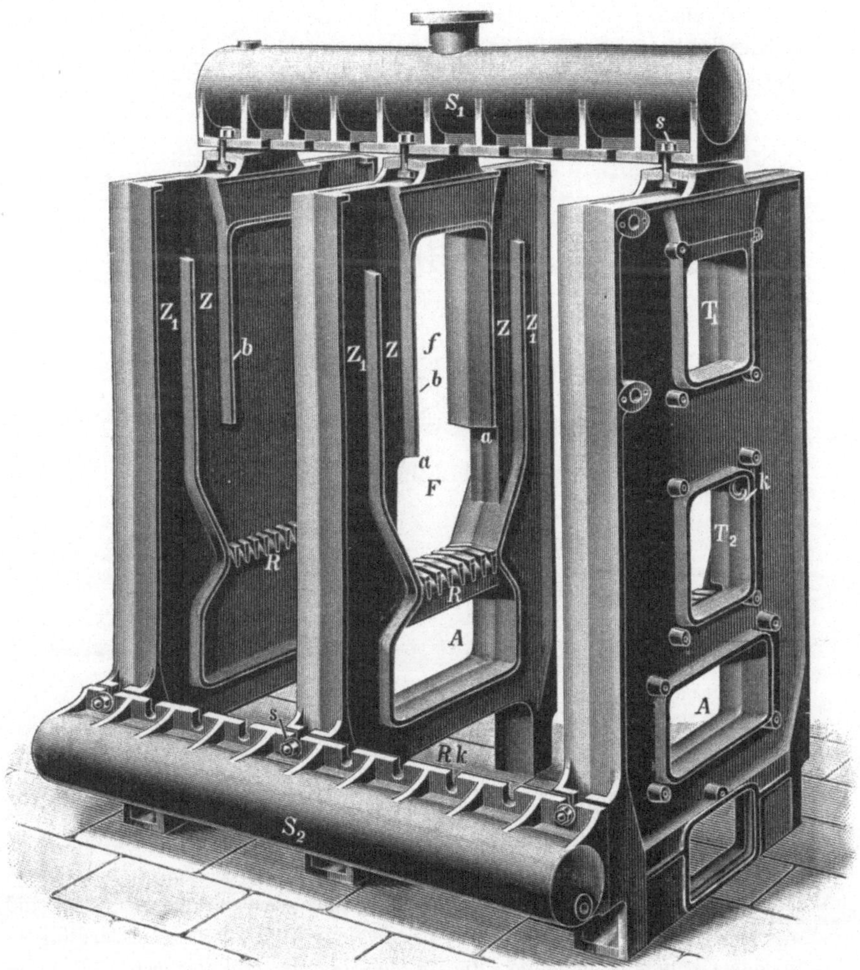

Fig. 74. Gußeiserner Gliederkessel für Warmwasserheizung.

die durch Schraubenbolzen *s s* an jedes der Glieder unter Verwendung einer Abdichtung angeschlossen sind. An diese Sammler werden die Rohrleitungen angeschlossen.

Ein anders gebauter Gliederkessel ist in Fig. 75 dargestellt. Bei ihm werden mehr voneinander verschiedene Glieder gebraucht. Die Glieder *A*, *C* und *D* finden sich nur je einmal, während *B* und *E* nach

Bedarf vermehrt werden können. Unterteil und Rost werden nach Bedarf in verschiedener Größe eingebaut.

Die freistehenden Blechkessel bestehen aus Schmiedeisenblech und sind ohne jede Einmauerung vollständig frei und allerseits zugänglich aufzustellen — ein Vorzug, den sie mit den Gliederkesseln teilen. Nur erhalten sie ebenso wie die Gliederkessel außen eine isolierende Schicht, etwa Kieselguhr, von mehreren Zentimetern Stärke, um die Wärmeverluste zu vermindern und den Heizraum nicht zu warm werden zu lassen.

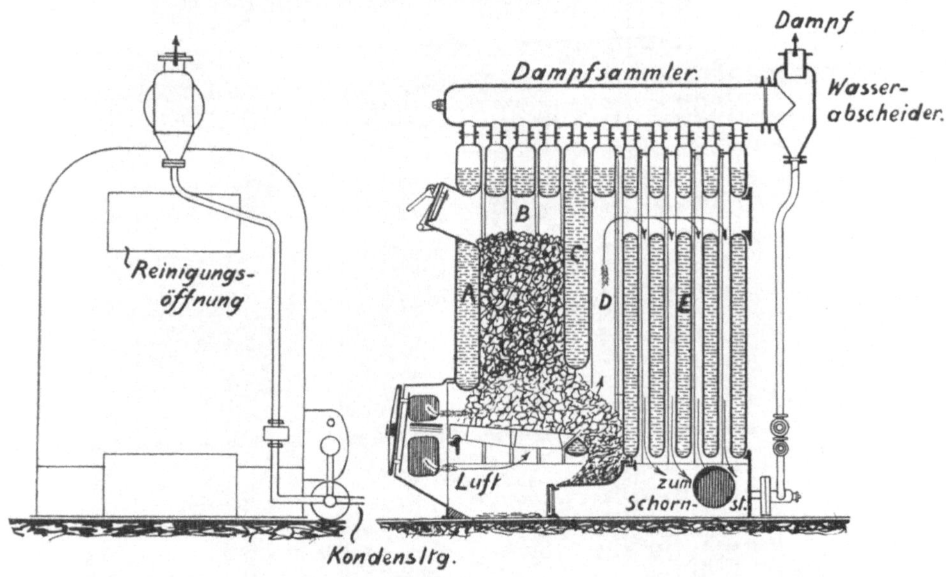

Fig. 75. Gußeiserner Gliederkessel für Niederdruckdampfheizung.

Der in Fig. 76 dargestellte Kessel hat in der Mitte einen weiten Füllschacht zur Aufnahme eines genügenden Kohlenvorrates; zu ihm liegt konzentrisch der äußere Kesselmantel. Der zwischen beiden sich bildende Wasserraum wird von einer Reihe von Heizröhren durchzogen, das sind schwächere, ebenfalls schmiedeiserne Rohre, an Zahl zwanzig bis dreißig in passender Grundrißanordnung, die in den oberen und unteren Boden des Kessels eingewalzt sind. Das innere Bündel dieser Rohre wird von den Verbrennungsgasen aufwärts, das äußere abwärts durchzogen, und so gelangen die Gase vom Rost in den Fuchs und weiter in den Schornstein. Der Rost und die Wände des Feuerraumes sind bei dem gezeichneten Kessel aus Gußeisen hergestellt, und zwar mit Hohlräumen, in denen sich Wasser befindet; dieser Wasserinhalt steht durch passend angeordnete Stutzen mit dem Kesselinhalt in Verbindung. Dadurch erreicht man eine sehr kräftige Heizwirkung, andererseits eine Kühlung der Roststäbe, die etwas vor Verbrennen geschützt werden. Häufig wird indessen der Feuerraum aus Schamotteplatten mit oder ohne Blechmantel hergestellt, unter Verwendung eines gewöhnlichen, nicht wassergefüllten Rostes. Das Wasser tritt in den gußeisernen Unterteil ein; oben wird der Dampf entnommen. Der Deckel des Füllschachtes fällt in eine Rinne ein, die mit Sand gefüllt wird, um luftdichten Abschluß zu erzielen; sonst gerät leicht der Inhalt des Füllschachtes in Brand. —

Wenn wir uns weiterhin den Kesseln mit Einmauerung zuwenden, so treffen wir hier eine große Mannigfaltigkeit von Formen, je nach der

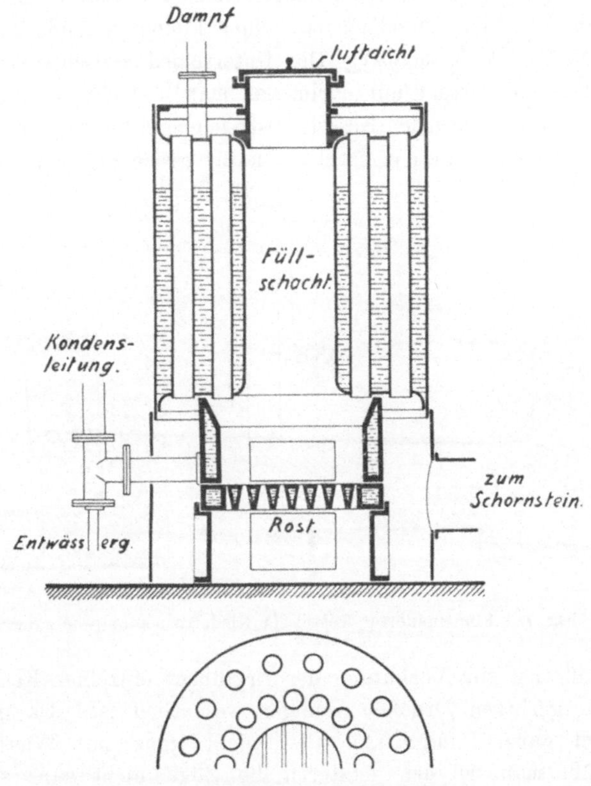

Fig. 76. Freistehender Blechkessel für Niederdruckdampfheizung.

Größe des Kessels und dem Geschmack des Herstellers. Der in Fig. 77 dargestellte Kessel zeigt eine Form, die für kleinere Kessel recht charakteristisch ist. Die größeren Kessel haben mehr oder weniger Formen wie sie im Maschinenbau üblich sind.

In Fig. 77 sehen wir zunächst wieder den Füllschacht, aus dem die Kohle auf den Rost fällt. Der Weg der Rauchgase ist durch Ziffern 1—2—3—4 angedeutet; sie gehen durch eine Längsfalte des Kessels nach hinten, sie kehren durch die diesmal wagerecht liegenden Heizröhren zurück, und gehen durch die beiden seitlichen Züge abermals nach hinten. Dieser

Weg wird ihnen durch passende Anordnung der Ummauerung vorgeschrieben. Am Ende der Seitenzüge werden die Seitenzüge durch die Öffnung 4 in den Schornstein übergeführt. — Diese Kesselform mit ihren ebenen Wandungen wäre für Erzeugung hohen Druckes ganz ungeeignet; die Wandungen würden sich ausbeulen. Für unsere Zwecke wird indessen diese Kofferform häufig angewendet.

83. Unterschied zwischen Niederdruckdampf- und Warmwasserkesseln. Zubehör. Die in den Fig. 74 bis 77 dargestellten Kessel sind teils als Niederdruckdampf-, teils als Warmwasserkessel gedacht; doch ist jeder derselben mit einer kleineren Änderung auch für den anderen Zweck brauchbar. Der Unterschied zwischen Warmwasser- und Dampfkesseln besteht nur darin, daß man bestrebt ist, die Rauchgase nur solche Teile des eisernen Kessels bestreichen zu lassen, die andererseits vom Wasser berührt sind; es ist das eine für große Kessel vorgeschriebene

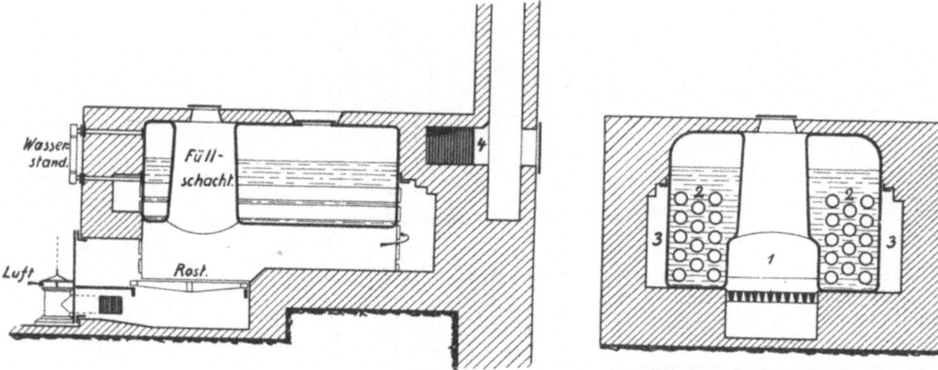

Fig. 77. Eingemauerter Kessel für Niederdruckdampfheizung.

Vorsichtsmaßregel zur Verhütung des Erglühens einzelner Kesselteile, die bei unseren geringen Drucken weniger wesentlich ist. Da nun Warmwasserkessel ganz, Dampfkessel aber nicht ganz mit Wasser, gefüllt sind, so läßt man bei den letzteren die Züge nicht ganz soweit nach oben gehen wie bei Wasserkesseln.

Wenn man bei dem Kessel Fig. 77 die Heizröhren auch über den oberen Teil des Kessels ausdehnt und gleichzeitig die Seitenzüge entsprechend erhöht, so ist derselbe Kessel ein Warmwasserkessel; wollte man ihn, so wie er ist, für Warmwasser benutzen, so hätte das den Nachteil, daß die Heizfläche nicht so groß ist wie die Kesselgröße es zuläßt. Andererseits gehen bei dem in Fig. 74 dargestellten Kessel die Züge bis obenhin, er ist also ein Warmwasserkessel; für Dampf wäre er brauchbar, sobald man die Züge etwas tiefer umkehren läßt und dadurch den Dampfraum vor der Berührung der Feuergase schützt, wie in Fig. 75. Wenn bei dem Kessel Fig. 76 der obere Teil der Heizröhren von Dampf umspült ist, so ist das, wie erwähnt, nur für kleine und auch nur für schmiedeiserne Kessel zulässig; allerdings führt man als Vorteil solcher Kessel an, daß in dem oberen Raum der Dampf etwas getrocknet wird, der Kessel also weniger nassen Dampf erzeugt.

Warmwasser- und Niederdruckdampfkessel unterscheiden sich ferner wesentlich voneinander durch den Zubehör, der in den folgenden Paragraphen zu besprechen ist. Die Zugregler sind zwar bei beiden vorhanden, aber verschieden eingerichtet. Der Dampfkessel bedarf einer Standrohreinrichtung, eines Wasserstandglases, eines Manometers; der Wasserkessel bedarf eines Thermometers. Beiden gemeinsam sind Füll- und Entleerungseinrichtungen, sowie die äußere Isolierung durch Wärmeschutz, ferner Absperrvorrichtungen für die einzelnen Kessel in allen Fällen, wo mehrere derselben zu einer Kesselbatterie vereinigt sind.

84. Vergleich der Kesselarten. Für kleine Kessel nimmt die Ummauerung verhältnismäßig viel Platz fort, auch sind bei kleineren Kesseln die Instandsetzungsarbeiten lästig, die das Mauerwerk stets erfordert; denn durch Temperaturwechsel entstehen Fugen im Mauerwerk, und durch sie tritt Nebenluft ein und bedingt Wärmeverluste. Überhaupt neigen die eingemauerten Kessel wegen ihrer bei kleineren Modellen relativ großen Oberfläche zu großen Wärmeverlusten. Die freistehenden Kessel hingegen, Glieder- oder schmiedeiserne Kessel, bauen sich sehr eng und infolgedessen mit geringer Oberfläche. In der Stadt kommt insbesondere auch in Betracht, daß ihr Bedarf an kostbarer Grundfläche gering ist. Da die Zirkulation der Rauchgase ganz oder fast ganz im Innern des Wasserraumes stattfindet, so hat also die Außenfläche der Kessel eine verhältnismäßig geringe Temperatur, nämlich höchstens die des Wassers, so daß auch dadurch die Wärmeverluste des Kessels nach außen hin gering ausfallen. Bemerkt sei, daß die Wärmeverluste ins Kesselhaus hinein nicht so sehr wegen des Mehraufwandes an Kohlen zu vermeiden sind, sondern hauptsächlich deswegen, weil sie in dem meist engen Heizraum eine unerträgliche Hitze erzeugen und dadurch die Bedienung erschweren.

Ein weiterer Nachteil der ummauerten Kessel ist die Wärmeaufspeicherung des Mauerwerkes, eine Eigenschaft durch die die schnelle Regelung beeinträchtigt wird (§ 87).

Was den Unterschied zwischen den freistehenden schmiedeisernen und den gußeisernen Gliederkesseln angeht, so fallen bei gleicher Heizwirkung die Gliederkessel nicht unerheblich teurer aus; dafür ist ihre Lebensdauer eine größere, da Gußeisen nicht rostet. Die Verbindung der Heizröhren schmiedeiserner Kessel mit der Kesselwand neigt zum Lecken, andererseits kommt es allerdings vor, daß einzelne Glieder gußeiserner Kessel springen; dazu neigen insbesondere Glieder von der Art wie das Glied C der Fig. 75, deren beide Seiten ungleich erwärmt werden. Nun sagt man zwar, ein gesprungenes Glied sei leicht auszuwechseln und mache nicht eine Erneuerung des ganzen Kessels nötig. Das stimmt wohl;

immerhin kann, bis ein Ersatzglied beschafft und eingesetzt ist, eine empfindliche Störung des Heizbetriebes eintreten, wenn eine kleinere Anlage nur einen oder zwei Kessel hat, denn das Springen des Gußeisens geschieht plötzlich und unvorhergesehen. Bei Niederdruckdampfkesseln pflegt Wassermangel die Ursache des Springens zu sein; der Druck in ihnen ist ja so gering, daß er die Glieder nicht zersprengen kann. Bei Warmwasserheizung hingegen, wo der Kessel einen Druck entsprechend der Gebäudehöhe, also von 1 bis 2 at auszuhalten hat, kann der Innendruck Ursache des Bruches sein. Es ist ja fast ein Verstoß gegen die allgemeinen Regeln der Technik, größere ebene gußeiserne Wände mit solchem Druck zu belasten. Das Springen eines Gliedes macht aber den Kessel dann meist unbrauchbar; eine provisorische Instandsetzung ist ausgeschlossen. Dagegen treten Undichtheiten an schmiedeisernen Kesseln allmählich auf, machen meist nicht gleich den Betrieb unmöglich, sondern gestatten seine provisorische Fortführung; auch ist eine provisorische Dichtung meist möglich. Dazu kommt noch: dichte Feuerzüge sind wesentlich für sparsames Arbeiten und für sichere Verbrennungsregelung. Der freistehende schmiedeiserne Kessel vermeidet nun die zahlreichen, schwer dicht zu haltenden Fugen des Gliederkessels.

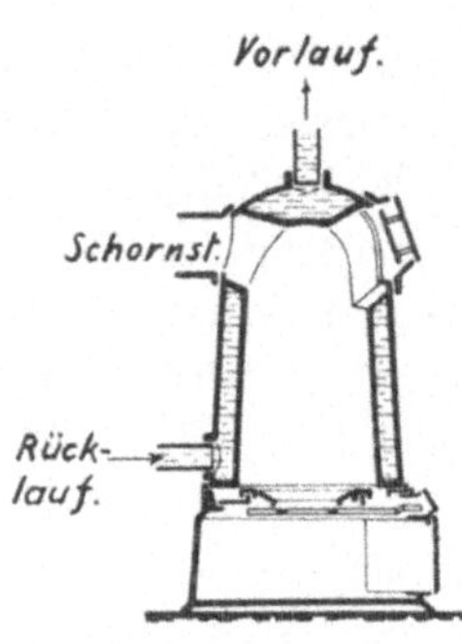

Fig. 78. Kleinkessel.

Es ist daher mindestens fraglich, ob die gegenwärtig herrschende Vorliebe für Gliederkessel, deren Vorzüge wir übrigens anerkennen wollen, berechtigt ist und ob nicht auf die Dauer gut gebaute schmiedeiserne Kessel das Feld behaupten. Bisher werden leider die freistehenden schmiedeisernen Kessel vielfach in mäßiger Ausführung hergestellt, während die Gliederkessel in vorzüglicher Ware auf dem Markt sind. Mehr Modesache scheint es namentlich zu sein, wenn man bei großen Heizanlagen Batterien von 10 oder 20 Gliederkesseln findet, statt 2 oder 3 eingemauerte Kessel zu verwenden; die Gliederkessel lassen sich nämlich nur in mäßig großen Einheiten herstellen.

Für ganz kleine Anlagen hat man auch gußeiserne Kessel aus einem Stück hergestellt, wie Fig. 78 zeigt. Die Einfachheit dieser Kessel ist unübertrefflich, andererseits wird für sie das gelten, was wir über die eisernen Öfen mit ungenügend ausgebildeter Heizfläche sagten: ihre Heizwirkung wird zwar bedeutend, ihr Wirkungsgrad aber mangelhaft sein.

85. Regelung des Feuers. Um das allzu häufige Nachfüllen von Brennstoff zu vermeiden, dient der Füllschacht, den wir an allen Kesseln bemerken. Sein Inhalt an Kohlen soll so groß sein, daß er unter normalen Verhältnissen das Nachfüllen über Nacht überflüssig macht, sagen wir also etwa, er müsse von abends 10 Uhr bis morgens 6 Uhr reichen.

Soll dieser Zweck erreicht werden, so sind auch noch gute Regelungsvorrichtungen für den Verbrennungsvorgang notwendig. Zum Regeln der

Verbrennung hat man eine Drosselklappe in dem zum Schornstein führenden Rohr; dieses Rohr wird Fuchs genannt, wenn es tief am Fußboden verlaufend aus Mauersteinen hergestellt wird; an die Stelle der Drosselklappe tritt dann wohl ein Rauchschieber. Durch teilweises Abschließen dieser Organe kann man den Schornsteinzug abschwächen. Ihre Bedienung geschieht meist von Hand.

Außerdem haben die Kessel kleinerer Heizanlagen regelmäßig selbsttätige Zugregler, die es gestatten, das Feuer verhältnismäßig lange ohne Aufsicht zu lassen. Sie wirken bei Überschreitung der gewünschten Wassertemperatur oder des gewünschten Dampfdruckes auf Verminderuug der zum Rost gehenden Luftmenge durch Absperren des Kanales, der die Luft zum Rost führt, manchmal auch noch nebenbei durch Einlassen von Nebenluft in den Schornstein, wodurch der Schornsteinzug geschwächt wird. Man kann an jedem Zugregler die Verstelleinrichtung als treibenden Teil des Reglers und das Absperrorgan unterscheiden, das von der ersteren betätigt wird. Ihre Konstruktion wird etwa aus folgendem erhellen.

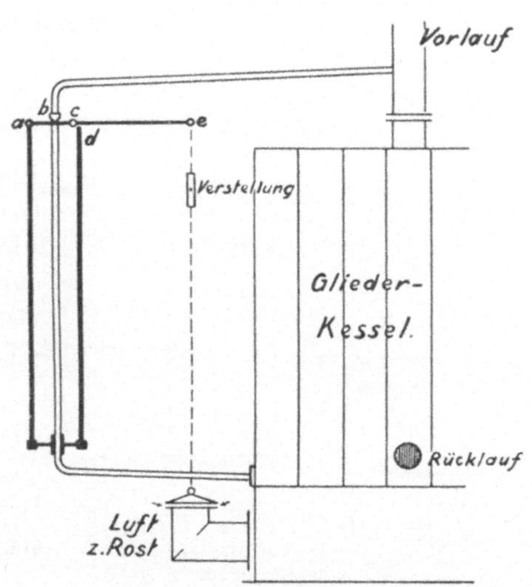

Fig. 79. Zugregler für Warmwasserheizung.

86. Zugregler. Für Warmwasserheizung kann man den Zugregler Fig. 79 anwenden. Bei diesem Zugregler sind zu beiden Seiten eines von Heizwasser durchflossenen Rohres parallel zu ihm zwei Stangen angebracht. Beide Stangen sind unten in einem auf das Rohr aufgeklemmten Querhaupt befestigt. Wenn die Temperatur des Heizwassers im Rohre steigt, so dehnt sich das Rohr aus, während die Länge der Stangen unverändert bleibt. Die Folge davon ist, daß das rechte Ende des Hebels $a\,c$, das Gelenk c, in die Höhe gehoben wird, weil nämlich $a\,c$ links fest gelagert und bei b mit dem Rohr gelenkig verbunden ist. Hebt sich c, so wird offenbar das freie Ende e des Hebels $c\,e$ sich scharf nach unten bewegen; dadurch senkt sich der Deckel und sperrt der Kohle die Luft ab. Bei steigender Temperatur des Heizwassers wird die Verbrennung gemäßigt, und umgekehrt.

Die Verbindungskette des Hebelendes e mit dem Abschlußdeckel des Luftkanales hat noch eine Verstellungseinrichtung, mittels deren man sie verlängern oder verkürzen kann, meist einen Haken der über verschiedene Knöpfe gehängt werden kann, oder einen Schieber; wir wollen sie als die Haupteinstellung bezeichnen. Man wird leicht erkennen, daß ein Verlängern der Kette die Wirkung hat, den Zug früher abzudrosseln. Die Verlängerung der Kette wirkt also auf geringere Wassertemperatur hin und damit auf sanftere Beheizung des ganzen Gebäudes. Man ist daher in der Lage, durch Bedienen der Haupteinstellung die Beheizung des Gebäudes von der Zentrale aus einzuregeln. Man bezeichnet das als die generelle Regelung der Heizung, im Gegensatz zu der örtlichen Regelung, die man mit Hilfe der Einstellventile an jedem Heizkörper einzeln vornimmt. Die Haupteinstellung ist mit einer Skala versehen, auf der die verschiedenen Außentemperaturen verzeichnet sind. Man stellt sie auf die gerade herrschende Außentemperatur ein. Wieweit die generelle Regelung durch Bedienung der Haupteinstellung wirklich zu erzielen ist, werden wir anderen Ortes erfahren (§ 118).

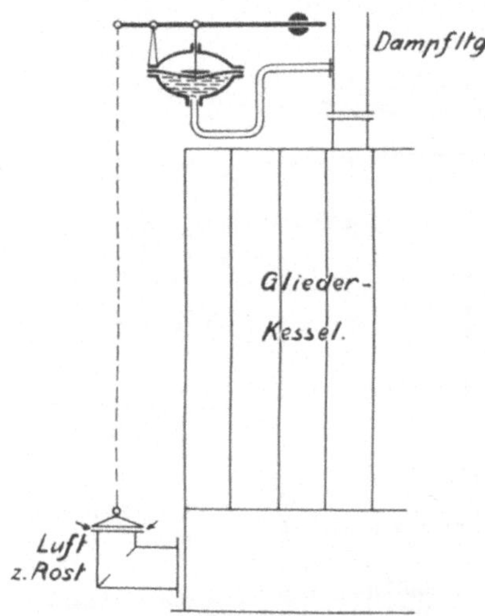

Fig. 80. Zugregler für Niederdruckdampfheizung.

An Stelle der in Fig. 79 skizzierten werden zahlreiche andere Zugregler für Warmwasserheizung verwendet, bei denen aber das Prinzip meist das gleiche ist. Meist ist die Ausdehnung eines Rohres oder Stabes durch die Wärme das Wirksame. Sehr viel seltener verwendet man Einrichtungen, bei denen die Temperatur des Heizwassers auf Äther wirkt und einen mehr oder weniger hohen Druck des Äthers zur Folge hat — welcher Druck dann zur Bewegung eines Absperrorganes benutzt wird.

Für Niederdruckdampfheizungen sind verschiedene Arten von Zugreglern im Gebrauch. In jedem Fall muß die Luftklappe durch eine Steigerung des Dampfdruckes abgesperrt werden, und umgekehrt. Die wirksame Kraft ist also der Dampfdruck; er wirkt entweder auf eine Gummimembran oder auf eine Füllung von Quecksilber oder Wasser.

Es ist schwer über die Güte dieser drei Reglerarten etwas auszusagen; sie arbeiten alle gut bei passender Bauart und richtiger Behandlung; Fälle, wo das Quecksilber eines Quecksilberreglers durch die Wärme des Dampfes verflüchtigt wurde und zu Vergiftungserscheinungen Anlaß gab, dürften sehr vereinzelt sein.

Einen Membranregler zeigt Fig. 80. Der in dem Dampfrohr herrschende Druck wirkt auf die in dem U-Rohr vorhandene Wasserfüllung. Steigt er, so geht die rechte Hebelhälfte von der Gummimembran getrieben nach oben und dadurch wird die Kette veranlaßt, den Zug abzusperren.

Einen durch Wasser betriebenen Regler werden wir später kennen lernen (Fig. 85).

Bei allen Zugreglern für Niederdruckdampfheizung finden wir ein Laufgewicht, das man verschieben kann, um den Dampfdruck dadurch auf die gewünschte Höhe zu bringen. In gewisser Hinsicht ersetzt dieses Laufgewicht die Haupteinstellung des Warmwasserreglers (Fig. 79), die der generellen Regelung dienen sollte; man könnte eine Einrichtung zur Änderung der Kettenlänge natürlich außerdem anbringen. Aber eine generelle Regelung der Niederdruckdampfheizung läßt sich durch die Einstellung des Dampfdruckes doch nur weniger vollkommen erzielen, als bei der Wasserheizung durch Ändern der Temperatur.

87. Zugregelungsorgan. Durch die beschriebenen Einrichtungen wird die Verstellung einer Klappe oder eines Deckels bewirkt, die übrigens verschiedenartig ausgeführt sein kann. Der einfache Deckel der Fig. 80 hat den Nachteil, daß der Zug selbst ihn herabzieht, was unter Umständen störend auf den eigentlichen Verstellapparat zurückwirkt. Im Gegensatz dazu hat eine drehbare Drosselklappe, wie sie in Fig. 82 für einen anderen Zweck angedeutet ist, den Vorteil, daß die Zugstärke keine Rückwirkung auf den Verstellappart ausüben kann, weil sie die eine Hälfte der Klappe im einen, die andere Hälfte im anderen Sinne zu drehen trachtet: die Klappe ist entlastet. Man kann aber auch den Deckel der Fig. 80 so ausbilden, daß er entlastet ist; das ergibt die Form der Fig. 81. Die Luft geht, wie die Pfeile andeuten, durch und um den Deckel, der eine ventilartige Gestalt angenommen hat, aber auch wieder einfach an einer Kette hängt. Die Luft hat also zwei Wege zur Verfügung; der Zug aber zieht die obere Hälfte abwärts, die untere aufwärts; beide Wirkungen heben sich (beinahe) auf.

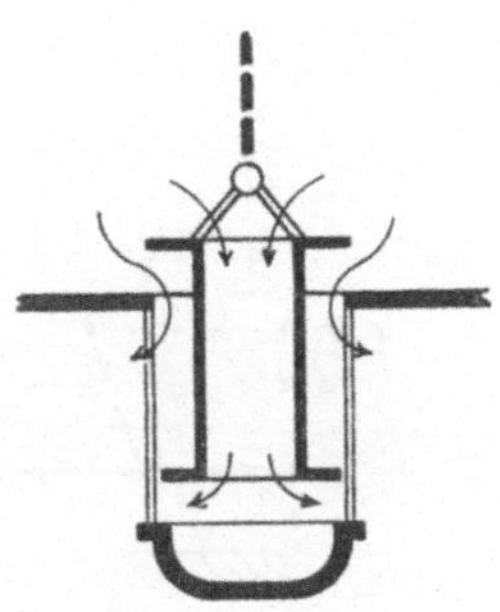

Fig. 81.
Entlastetes Regelorgan.

Eine nicht entlastete Regelungsvorrichtung neigt wegen der Saugwirkung des Schornsteinzuges zum Kleben, sobald sie einmal geschlossen ist. Eine entlastete Vorrichtung ist deshalb vorzuziehen, wenn man auch nicht gerade Wert auf vollkommene Entlastung zu legen braucht.

Um dem Zugregler das schnelle Herabmindern des Feuers zu erleichtern, läßt man ihn wohl außer auf die Verbrennungsluft noch auf eine Klappe wirken, die Nebenluft zum Schornstein führt. Der Schornsteinzug wird geschwächt, wenn diese Klappe sich öffnet. Die beiden Klappen kann man nach Fig. 85 miteinander verbinden. Die Kette vom Verstellapparat wirkt auf einen zweiarmigen Hebel, dessen einer Arm die Verbrennungsluft abstellt, dessen anderer Arm die Nebenluft zuläßt, wenn die Kette sich hebt; die abschließenden Deckel sind aber in solcher Weise beweglich mit dem Hebel verbunden, daß die Nebenluft erst zugelassen wird, nachdem die Verbrennungsluft ganz abgeschnitten ist, also nur dann, wenn das noch nicht genügt hat, weil vielleicht sehr viele Heizkörper auf einmal abgestellt worden sind.

Die Nebenluftklappe ist insbesondere bei eingemauerten Kesseln fast notwendig, um die Wärmespeicherung des Mauerwerks unschädlich zu machen. Die Wärmeabgabe des heißen Mauerwerkes macht das Abstellen des Zuges und damit des Feuers einflußlos, wenn man nicht gleichzeitig Luft durch die Feuerzüge läßt, um sie zu kühlen. Die Wärme geht dann freilich verloren.

88. Rauchschieber oder -klappe. Außer dem selbsttätigen Zugregler pflegt, wie erwähnt, noch eine von Hand einstellbare Absperrvorrichtung im Fuchs vorhanden zu sein, eine drehbare Drosselklappe nach Fig. 82 oder ein Rauchschieber nach Fig. 83, der durch einen Seilzug senkrecht auf und ab bewegt wird; mit Hilfe des Seiles kann man die Bedienung von irgend einer bequem gelegenen Stelle aus bewirken. Der

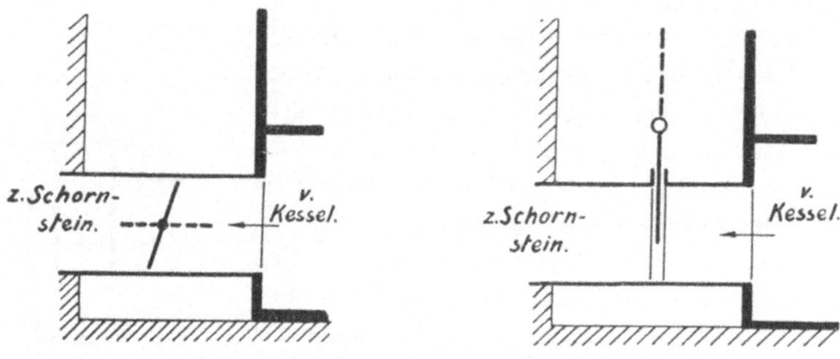

Fig. 82. Drosselklappe. Fig. 83. Rauchschieber.

Rauchschiebers schwächt durch Einlassen von Nebenluft zum Schornstein den Zug und verursacht Wärmeverluste, wenn er lose in seinen Schlitz paßt. Man sollte die Drosselklappe anwenden, bei der nur ein Drehzapfen mit wenig Spiel nach außen zu führen braucht; man kann nötigenfalls auch sie zur Verstellung von bequemer Stelle einrichten.

Was für ein Abschlußorgan man aber auch wählt, jedenfalls muß es so eingerichtet sein, daß es im ganz geschlossenen Zustande nicht jede Verbindung des Kessels mit dem Schornstein absperrt, damit etwa sich bildendes Kohlenoxyd sicher zum Schornstein genommen wird. Es ist also eine Aussparung anzubringen. Diese muß so sein, daß sie nicht durch Flugasche zugesetzt werden kann, soll also nicht in der unteren, sondern in der oberen Hälfte des Kanales den Weg freilassen. Bei Rauchschiebern hat man wohl die Einrichtung so getroffen, daß der Rauchschieber nicht bis zum Abschluß herabgelassen werden kann. Diese einfachste Einrichtung genügt nicht, da beim Versagen der Sperrvorrichtung, etwa beim Reißen des Seiles, der Schieber doch herabfällt, und auch der Flugasche wegen; der Rauchschieber soll ein Loch haben.

Die Größe des freibleibenden Mindestquerschnittes ist schwer allgemein festzulegen; man nimmt wohl ein Fünftel des Kanalquerschnittes an. Der Querschnitt soll genügen, das Austreten von Rauchgasen in den Heizraum zu hindern, solange die Fülltür geschlossen ist; er braucht nicht auszureichen, es auch bei offener Fülltür zu hindern; vielmehr ist es eine wichtige Heizerregel, vor dem Öffnen der Feuertür oder Fülltür den Fuchs ganz zu öffnen.

Verfehlungen des Heizers gegen diese Regel und Verfehlungen des Konstrukteurs in Anbringung der Aussparung haben Todesfälle durch Kohlenoxyd zur Folge gehabt.

Deshalb wäre es eigentlich wünschenswert, den Abschluß im Fuchs ganz zu vermeiden.

89. Standrohreinrichtung. Ein wesentlicher Teil des Niederdruckdampfkessels ist die Standrohreinrichtung.

Ein Standrohr in einfachster Form ist ein in das Wasser des Kessels hinabreichendes, unten und oben offenes Rohr; in das Standrohr tritt Wasser aus dem Kessel, und steigt darin, sobald Druck entsteht, bis zu einer dem Druck entsprechenden Standhöhe, etwa 1 m hoch für je 0,1 at oder für je 1000 kg/qm Spannung. Ein Standrohr ist bei genügender Weite das sicherste Mittel gegen Überschreitung eines durch seine Höhe festgelegten Höchstdruckes, da bei Überschreitung des Höchstdruckes der Wasserinhalt des Kessels ins Freie geblasen wird (Überkochen). Man hat sogar versucht, das Wasser beim Überkochen auf das Feuer zu leiten und so das Feuer zum Verlöschen zu bringen. Kessel, die mit einem Standrohr von höchstens 5 m Höhe versehen sind, und die also keinesfalls über 0,5 at Druck erzeugen können, sind konzessionsfrei, wenn das Standrohr die vorgeschriebene Weite (in Deutschland 8 cm, in Österreich 10 cm) hat. Man erspart also durch die Anbringung des Standrohres die umständliche und kostspielige Beaufsichtigung des Kessels durch den Gewerbeaufsichtsbeamten.

Da Niederdruckdampfkessel selten mehr als 0,05 bis 0,1 at Druck erzeugen sollen, so genügt die Anordnung eines Standrohres mit nur reichlich 1 m Standhöhe; höhere lassen sich nicht gut im Keller unterbringen. Dagegen erfordert das Standrohr besondere Einrichtungen für den Fall des Überkochens, das auch durch den besten Zugregler nicht sicher verhindert wird, wenn plötzlich eine größere Anzahl Heizkörper abgestellt wird und gerade starkes Feuer war. Wenn nämlich dann das Wasser aus dem Kessel auskocht, so entsteht die Gefahr, daß der Kessel zu heiß wird; ein gußeiserner Kessel kann dann springen, ein schmiedeeiserner in der Nietung leck werden.

Man verwendet wohl die Einrichtung nach Fig. 84. Der Dampfdruck drückt auf die Wasserfüllung einer an die Hauptdampfleitung angeschlossenen U-förmigen Schleife; in dem U-Rohr entsteht ein Niveau-Unterschied entsprechend dem Dampfdruck. Steigt der Druck zu hoch, so wird der Wasserinhalt der Schleife in den Wasserfang geworfen. Dann steht der Kessel mit der Atmosphäre in Verbindung, und der Druck kann abblasen, ohne daß Wasser aus dem Kessel verloren geht. Aber auch das Wasser des Standrohres entweicht nicht ganz, sondern läuft, wie man erkennen wird, durch einen Rücklauf mit Rückschlagventil in die Schleife zurück, sobald der Dampfdruck weit genug gesunken ist. Schon bevor das Standrohr in Wirksamkeit tritt, ertönt übrigens eine Signalpfeife und ruft den Wärter herbei. Diese Standrohreinrichtung ist im wesentlichen aus Gasrohren und deren Zubehör zusammenzubauen.

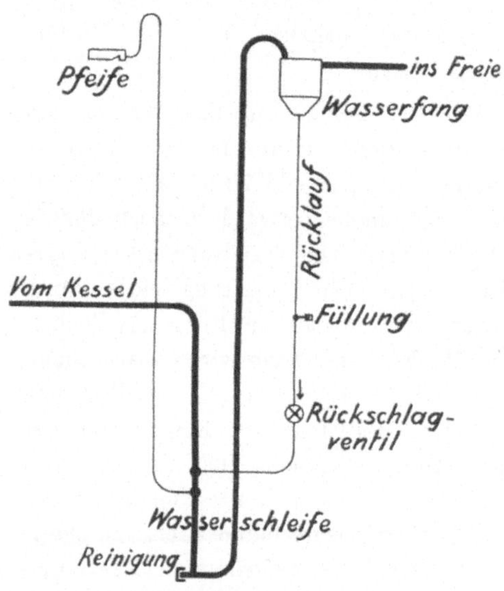

Fig. 84. Standrohreinrichtung für Niederdruckdampfheizung.

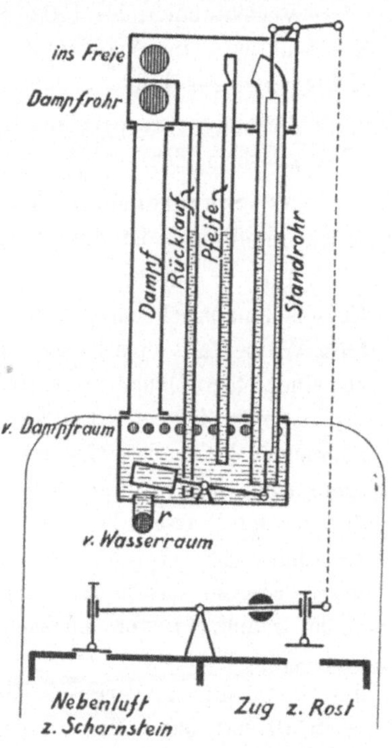

Fig. 85. Zugregler und Standrohreinrichtung vereinigt.

In recht geschickter Weise ist in Fig. 85 die Standrohreinrichtung mit dem Zugregler vereinigt. Zugleich vermeidet diese Konstruktion einen Fehler der vorigen, nämlich, daß man gelegentlich die Einfüllung der richtigen Wassermenge in die Schleife vergessen kann, die sich allerdings im Lauf der Zeit durch überdestillierendes Wasser ergänzt. Der untere Kasten steht durch das Rohr r mit dem Wasserinhalt, durch eine Anzahl von Öffnungen mit dem Dampfraum des Kessels in Vesbindung. Der obere Kasten ist mit dem unteren durch das Dampfentnahmerohr und das Standrohr sehr stabil verbunden; auch Rücklauf und Pfeife verbinden beide Kästen. Im Standrohr befindet sich ein Schwimmer in Form eines langen Rohres, der bei zu hoch steigendem Druck den Zug abstellt. Im Notfalle indessen entleert sich das Standrohr in den oberen Kasten, von wo das

Wasser wieder zurücklaufen kann. Es ist aber Vorsorge getroffen, daß nicht viel vom Kesselinhalt bei dieser Gelegenheit verloren geht, indem nämlich das Gegengewicht des Schwimmers bei steigendem Schwimmer die Verbindung r mit dem Wasserraum des Kessels absperrt. Die Signalpfeife ertönt, wenn zu wenig Wasser im Kessel ist, aber auch bei zu hohem Druck.

90. Weiterer Zubehör. Weitere Zubehörteile zum Warmwasserkessel sind zwei Thermometer im Vorlauf und im Rücklauf, oder auch nur eines im Vorlauf; außerdem muß der Kessel einen Anschluß an die Wasserleitung zum Nachfüllen von Wasser, sowie einen Ablaßhahn am tiefsten Punkt haben für den Fall, daß Entleerung nötig wird.

Beim Niederdruckdampfkessel sind Füll- und Entleerungseinrichtungen ebenso erforderlich; ein Wasserstandsglas muß den jeweiligen Wasserstand erkennen lassen; durch passende Anordnung von Hähnen muß man sich stets davon überzeugen können, ob der Wasserstand wirklich noch in Verbindung mit dem Kessel steht. Ein Manometer läßt den Druck erkennen; Federrohr-Manometer sind bei so kleinen Drucken etwas empfindlich für schlechte Behandlung und büßen mit der Zeit an Genauigkeit ein, Quecksilbermanometer hingegen werden leicht unkenntlich, weil das Quecksilber im Rohr Schmutz absetzt.

Die Füll- und Entleerungseinrichtung pflegt einfach aus einem durch Hahn verschließbaren Anschlußstutzen zu bestehen, der am tiefsten Punkt der ganzen Anlage von dem Rücklauf abzweigt. Ihn verbindet man durch einen Schlauch entweder mit der Wasserleitung oder mit der Entwässerung. Ein fester Anschluß an die Wasserleitung pflegt nicht gestattet zu sein, wegen der Gefahr des Rücktritts von verunreinigtem Wasser.

91. Einfluß der Kesselbelastung. Unter dem Wirkungsgrad des Dampfkessels versteht man den Quotienten aus der im entwickelten Dampf oder im warmen Wasser nutzbar gemachten Wärmemenge und der von der verbrannten Kohle nach Maßgabe ihres Heizwertes zur Verfügung gestellten Wärme (§ 45). Durch Bestimmung der Abgasverluste kann man sich hier wie immer von der Größe der wesentlichen Verlustquelle überzeugen; man wird sich dabei erinnern, daß diese den einzigen wahren Verlust darstellen, daß selbst die Ausstrahlung des Kessels immerhin dazu beiträgt, die über dem Heizraum liegenden Räume zu heizen und nur der Teil davon wirklich als Verlust anzusetzen ist, der vom Heizraum aus durch Außenwände transmittiert wird.

Man hat den Wirkungsgrad von Gliederkesseln gelegentlich zu 0,8, ja zu 0,85 ermittelt, so daß also nur 15 bis 20 % der erzeugten Wärme verloren gehen. Versuche im praktischen Betriebe sind aber kaum gemacht worden. Sie würden sonst ohne Zweifel ungünstigere Ergebnisse liefern und man wird den Kesseln der Zentralheizungen kaum Unrecht tun, wenn man ihren Wirkungsgrad im allgemeinen mit 0,6 bis 0,7 ansetzt.

Wichtiger als die Kenntnis des absoluten Wertes des Wirkungsgrades ist die Feststellung der Tatsache; daß jeder Kessel im angestrengten Betriebe mit schlechterem Wirkungsgrad arbeitet als bei mäßiger Beanspruchung. Im angestrengten Betriebe gehen die Rauchgase schneller durch die Züge und werden ganz naturgemäß weniger weit ausgekühlt, die Fuchstemperatur steigt. Man kann auch sagen: da eine reichlich bemessene Heizfläche wesentlich ist für die Ausnutzung der Heizgase, so ist diese Ausnutzung eine schlechtere, wenn bei angestrengtem Betriebe die Heizfläche knapp zu werden beginnt.

Daraus folgt die Regel, bei der Erstellung der Anlage den Kessel nicht zu knapp zu wählen, damit nicht das, was man an Anfangskosten erspart, im Laufe der Zeit mehrfach an Kohlen daraufgeht. Im ganzen wirkt ja die Tatsache, daß jede Anlage nur selten, nämlich bei größter Kälte, in ihrer vollen Leistungsfähigkeit gebraucht wird, günstig in diesem Sinne. Immerhin sollte man bedenken, was wir in § 50 feststellten, daß nämlich der Kessel das einzige Glied der Heizungsanlage ist, in dem Wärme in Gestalt der Abgasverluste wirklich verloren geht. Ein reichlich bemessener Kessel ist Vorbedingung für sparsames Arbeiten der Anlage. Sparsamkeit bei Beschaffung des Kessels rächt sich.

Es folgt daraus weiter die Regel, daß man da, wo mehrere Kessel vorhanden sind, nicht möglichst wenige, sondern — innerhalb gewisser Grenzen — möglichst viele Kessel im Betrieb haben soll. Nicht zwei Kessel brauchen mehr Kohlen als einer, sondern umgekehrt, in Fällen nämlich, wo der gesamte Dampfbedarf durch den Wärmebedarf der Räume festgelegt ist.

Die gleiche Überlegung wird auch gelegentlich ein schiefes Urteil beim Vergleich verschiedener Kesseltypen verhüten. Wo der erstmals gewählte Kessel sich als zu klein erweist, wird ein zweiter Kessel daneben gestellt, und natürlich aus Mißtrauen gegen die Kesselform, mit der man solche Erfahrungen machte, eine andere Bauart gewählt. Und dann hört man sagen: Der neue Kessel sei so viel besser als der alte, daß jetzt beide zusammen weniger Kohlen verbrauchen als früher der eine — eine Beobachtung, die sich natürlich anders erklärt.

92. Kesselbatterien; Absperrorgane. Wo der gewählte Kesseltypus in der erforderlichen Größe nicht hergestellt wird, hat man mehrere Kessel aufzustellen; die Größe von Gliederkesseln insbesondere läßt sich nicht über mäßige Grenzen (etwa 20 qm Heizfläche, 16000 WE/st Wärmeerzeugung) hinaus steigern, wegen der in großen Gußstücken auftretenden Gußspannungen und der Schwierigkeit, große Stücke dünnwandig zu gießen. Gerade bei Verwendung von Gliederkesseln findet man daher zahlreiche Kessel zu Kesselbatterien vereinigt.

Die Aufstellung mehrerer Kessel geschieht auch schon, wenn noch ein Kessel genügender Größe zu beschaffen wäre, weil mit der Anzahl der Kessel, von denen voraussichtlich immer nur einer zurzeit versagen wird, die Betriebssicherheit der Anlage wächst.

Bei Aufstellung von Kesselbatterien muß man für ungestörtes Zusammenarbeiten der einzelnen Kessel, sowie für Abschaltbarkeit jedes einzelnen Kessels sorgen; letztere kann einer Reparatur wegen, aber auch bei mildem Wetter nötig werden.

Was die Abschaltbarkeit anlangt, so ist zu erwägen, ob man sowohl die Rohre für Rückführung des Wassers zum Kessel, als auch die Dampf- bezw. Warmwasserentnahmerohre von den gemeinsamen Sammelrohren absperrbar macht, oder ob nur die einen oder die anderen Rohre absperrbar zu sein brauchen.

Die Anbringung einer Absperreinrichtung in beiden Rohren hat stets den Vorteil, daß man den betreffenden Kessel nach Abschluß der Rohre entleeren und ausbessern, ja abnehmen kann. Abgesehen hiervon, genügt bei der Warmwasserheizung der Abschluß nur eines der Rohre, um die Zirkulation aufzuheben; allerdings finden dann gelegentlich

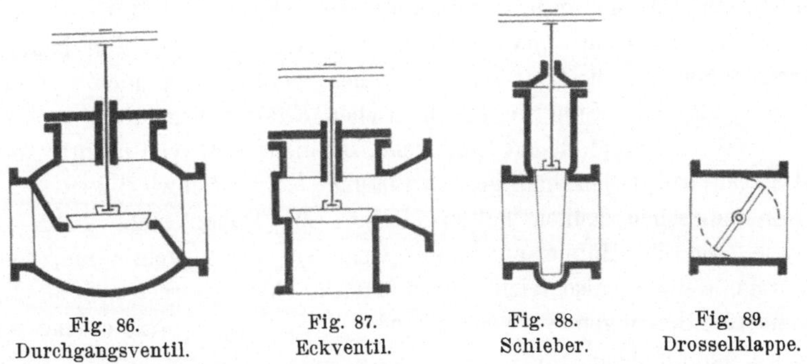

Fig. 86. Durchgangsventil. Fig. 87. Eckventil. Fig. 88. Schieber. Fig. 89. Drosselklappe.

sekundäre Wasserströmungen hin und zurück durch das offene Rohr statt, die Wärmeverluste zur Folge haben; besser ist also der Abschluß an beiden Stellen; nur darf man das Öffnen vor Wiedererwärmen nicht vergessen. Bei der Dampfheizung ist der Abschluß der Dampfleitung eines nicht betriebenen Kessels nötig, da sonst Dampf aus der Leitung in den kalten Kessel überdestilliert. Das Wiederöffnen geschieht aus dem gleichen Grunde erst wenn der Kessel schon wieder dicht vor der Dampferzeugung steht, natürlich aber nicht zu spät. Das Absperren der engen Kondensleitung eines Dampfkessels ist unnötig.

Als Absperr-Organe in den eben besprochenen und anderen Fällen kommen Ventile, Schieber oder Hähne in Frage. Ein Ventil zeigt Fig. 86 und 87 schematisch, das eine ist ein Durchgangsventil, das andere ein Eckventil. Durch Drehen des Handrades steigt bei beiden die Schraubenspindel in die Höhe, hebt den Ventilteller von seinem Sitz und öffnet das Ventil. Schieber, in Fig. 88 dargestellt, bestehen aus einer meist etwas konischen Abschlußplatte, die durch Handrad und Schraubenspindel auf und ab bewegt wird, dadurch den Wasserweg verschließend oder öffnend. Hähne endlich sind zu bekannt, als daß es nötig wäre, sie abzubilden. Ein drehbares Küken, häufig konisch, gibt je nach seiner Stellung im Gehäuse den Weg frei oder versperrt ihn.

Über die Brauchbarkeit dieser drei Organe wäre folgendes zu bemerken. Schieber haben den Vorteil, daß ihre Baulänge sehr gering ist, sowie den des geraden Wasserdurchganges. Sie bieten daher in geöffnetem Zustande gar keinen Widerstand für die Bewegung dar. Sie sind empfehlenswert, wo es sich nur darum handelt, ein Rohr entweder auf- oder zuzumachen. Für die halbe Stellung hat der Schieber keine gute Führung, wird daher hin und her geschleudert und ist dann später undicht. — Ventile gestatten auch jede halbe Stellung, vorausgesetzt, daß der Ventilteller gut geführt ist. Sie bieten aber wegen des verschlungenen Weges für die Flüssigkeit auch im offenen Zustand einen ziemlichen Widerstand dar, die Durchgangsventile einen größeren als die Eckventile. Bei Dampfleitungen bilden außerdem die Durchgangsventile eine Gelegenheit zur Bildung von Wassersäcken, die namentlich dadurch unangenehm werden, daß sie den freien Querschnitt verringern. — Hähne endlich gestatten das Drosseln und ergeben auch einen geraden Durchgang, sie wären daher die besten Absperrorgane, wenn ihnen nicht praktische Mängel anhaften. Sind sie mit konischen Küken ausgeführt, so brennen sie, zumal bei Dampf, leicht fest, wenn sie nicht sehr viel benutzt werden, und geben selbst bei häufiger Benutzung oft zu Schwierigkeiten Anlaß. Bei zylindrischen Küken halten sie auf die Dauer nicht dicht. Gute Organe sind die Hähne nur dann, wenn sie nicht dichthalten, sondern nur regeln sollen, also leicht gehen dürfen. Wir werden sie als Regelorgane für Heizungen verwendet finden; als Absperrorgane sind sie so gut wie unbrauchbar.

Wo es sich übrigens nicht um Absperren, sondern nur um Regeln handelt, da kommt neben Ventil und Hahn auch noch die Drosselklappe in Frage (Fig. 89). Je nach der Drehung eines außen auf der Achse sitzenden Hebels gibt die Klappe mehr oder weniger Widerstand. —

Wegen einiger Schwierigkeiten, die das Zusammenarbeiten der einzelnen Kessel einer Batterie machen kann, wenn man sie selbsttätig regeln lassen will, sei auf § 118 verwiesen.

93. Kesselraum, Schornstein. Die Kesselanlage findet im Keller des Gebäudes Aufstellung. Als Kesselraum (Heizraum) soll ein Raum in möglichst zentraler Lage gewählt werden, damit die Leitungen nicht zu lang werden. Doch soll der Raum nicht ganz von anderen umgeben und daher ohne Licht und Luft sein, sonst wird die Bedienung und werden namentlich Reparaturen erschwert; auch pflegen Räume ohne Fenster unerträglich heiß zu werden. Wenn man den Heizraum mit eisernen Türen versieht, und auch sonst bei gut schließenden Türen und Fenstern oder in allseitig umbauten Räumen, kann es dahin kommen, daß die zur Verbrennung erforderliche Luft, die doch dem Heizraum entnommen wird, nur nach Entstehung eines wesentlichen Unterdruckes im Heizraum von außen her nachgesaugt werden kann; dieser Unterdruck geht vom Schornsteinzug ab, und so kann ein zu dicht hergestellter Heizraum die Ursache mangelhaften Zuges bilden — ein Fall, der nicht oft eintritt und dann leicht festzustellen ist. Der Heizraum soll um jeden Kessel herum, mindestens um jeden zweiten Kessel herum begehbaren Raum freilassen; auf der Feuerseite muß soviel Raum in der Längsrichtung vorhanden sein, daß ein kleiner Kohlenvorrat Platz hat und daß man doch noch Raum zum Schwingen der Schaufel und zum Handhaben der Schürkratzen hat. Das Freilassen einer vollen Kessellänge noch vor dem Kessel wird das Mindestmaß sein. So muß der Kesselraum etwa das dreifache der Kessellänge lang und die zweifache Kesselbreite breit sein, um überhaupt benutzbar zu sein; er sollte aber, wenn möglich, größer sein.

Die Kesselanlage muß, insbesondere stets bei Niederdruckdampfheizung, tiefer stehen als der tiefste Heizkörper. Das bedingt oft, daß man den oder die Kessel in eine Vertiefung des Kesselraumes stellt. Dann wird man für die Vertiefung nicht viel weniger als die eben für den Kesselraum angegebenen Mindestmaße anzusetzen haben.

Ein Vorratsraum zum Lagern von mindestens einem Eisenbahnwagen zu 10000 kg Koks, die 20 bis 25 cbm einnehmen, ist in passender Lage vorzusehen.

Vom Kesselraum muß der Schornstein über Dach führen. Die tiefe Lage des Kesselraumes ist für die Zugverhältnisse günstig. Es gilt für Zentralheizungskessel das gleiche, wie für eiserne Öfen, nämlich es treten um so eher Schwierigkeiten durch ungenügenden Zug auf, je besser der Kessel die Heizgase ausnutzt.

Man könnte natürlich auch die Schornsteinweite nach der allgemeinen Theorie (S. 44) rechnerisch bestimmen, wäre man nicht bezüglich der Grundlagen zu sehr auf Annahmen angewiesen. Eine oft verwendete Erfahrungsformel, wonach der erforderliche Querschnitt in Quadratmetern sein soll

$$Q^{\text{qm}} = \frac{W^{\text{WE/st}}}{40000 \cdot \sqrt{H^{\text{m}}}},$$

wird der Tatsache gerecht, daß der Querschnitt zunehmen muß proportional der zu fördernden Rauchgasmenge und daher der vom Kessel zu liefernden Wärmemenge W, andererseits aber umgekehrt proportional mit der Wurzel aus der Schornsteinhöhe H abnehmen darf, weil die erzielbare Geschwindigkeit w wegen $w = \sqrt{2gH}$ mit der Wurzel aus der Höhe zunimmt.

Baut man eine Zentralheizung in ein altes Haus ein, so ist meist nicht ein Schornstein der erforderlichen Weite vorhanden; man benutzt dann nebeneinanderliegende kleine. Doch muß man die Zunge zwischen ihnen von der oberen Mündung an so weit entfernen, wie es eben möglich ist, sonst reißt ein Schornstein alle Rauchgase an sich und im anderen fängt kalte Luft an abwärts zu zirkulieren; der Zug bleibt dann ungegenügend. Aufwärtssteigende Kanäle arbeiten nicht ohne weiteres parallel, weil derjenige, der zufällig zunächst etwas mehr Rauchgas an sich riß, nun wärmer wird als die anderen, und dann noch mehr an sich reißt. Abwärtsgehende Kanäle sind in dieser Hinsicht günstiger — eine allgemeine Regel, die auch für Kesselzüge Geltung hat.

Der Weg vom Kessel zum Schornstein soll möglichst kurz und gerade sein.

94. Heizkörper. Durch die Rohrleitung wird der Dampf oder das warme Wasser in die Heizkörper geleitet. Auch die Heizkörper sind für Dampf- und Wasserheizung im wesentlichen dieselben. Die üblichen Heizkörperformen sind Radiatoren, Rohrschlangen und Rohrregister, Zylinderöfen, Rippenrohre, Rippenelemente und Plattenheizkörper mit oder ohne Rippen.

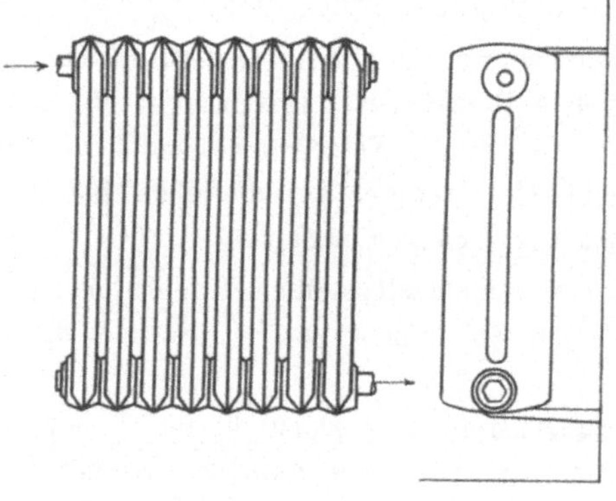

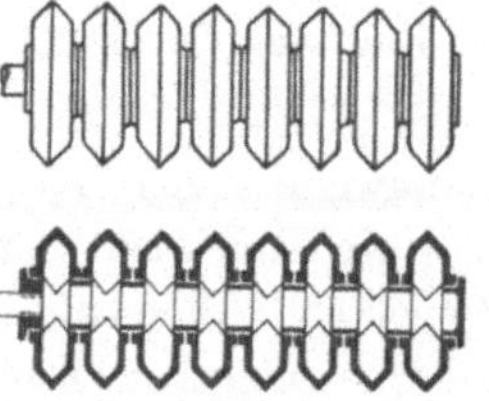

Fig. 90. Radiator.

Radiatoren (Fig. 90) sind für bessere Zwecke die beliebtesten Heizkörper, weil sie mit ihren glatten senkrechten Flächen gefällig im Aussehen und sauber sind. Ob Zierradiatoren mit gothischen oder Blumenornamente, die vielleicht noch durch Goldfarbe hervorgehoben werden, in beiden Hinsichten eine Verbesserung darstellen, ist zu bezweifeln. Die Radiatoren werden aus einzelnen Gliedern durch Zusammenschrauben mittels konischer Gewindenippel oder durch Zusammenpressen über einfach konische Nippel hergestellt. Die Glieder haben verschiedene Höhe; man wähle sie nicht höher als nötig, da der obere Teil der Heizkörper der wärmste ist und eine tiefe Lage der heizenden Flächen gut ist, um Fußkälte zu vermeiden. Allerdings werden die aus niedrigen Gliedern zusammengebauten Radiatoren, auf die Flächeneinheit bezogen, wesentlich teurer, dafür andererseits etwas leistungsfähiger. Die Glieder sind meist zweisäulig, wie in Fig. 90 dargestellt, doch werden sie auch dreisäulig und für besondere Zwecke einsäulig ausgeführt. Die Glieder werden aus Gußeisen gegossen, möglichst dünnwandig wegen der Material- und Transportkosten. Man hat neuerdings auch Radiatorglieder aus Stahlblech gepreßt; ihr Gewicht ist sehr viel geringer als das gußeiserner Radiatoren, auch nehmen sie weniger Raum ein, doch liegen noch nicht genügende Erfahrungen vor, ob Stahlradiatoren nicht trotz der Verzinkung bei Dampfheizung zu schnell dem Rost verfallen.

Rohrregister (Fig. 91 und 92) bestehen aus schmiedeisernen Rohren, die beiderseits in meist gußeiserne Kästen eingewalzt sind; sie werden liegend und stehend verwendet. Rohrschlangen (Fig. 93) werden aus Eisenrohren und Umkehrstücken (Retourbögen) nach Bedarf zusammengesetzt. Beide sind nicht ganz so sauber wie Radiatoren, immerhin

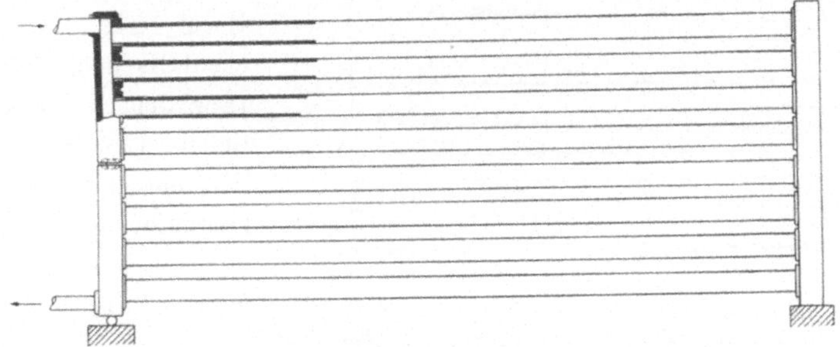

Fig. 91. Rohrregister.

besser als die Rippenkörper; auch was das Aussehen anbelangt, halten sie die Mitte zwischen Radiatoren und den unschönen Rippenkörpern. Ein besonderer Vorzug beider Heizkörperformen ist es, daß man sie wagerecht sehr weit hinziehen kann, so daß sich die Heizfläche über einen großen Teil der Wand verteilt. Auch treten sie weniger an der Wand vor als irgend eine andere Heizkörperform. Zieht man sie also lang unter den Fenstern hin (Fig. 92 und 93), so vermeidet man Luftströmungen am besten, indem man der Bedingung gerecht wird, die Heizung an die Stelle

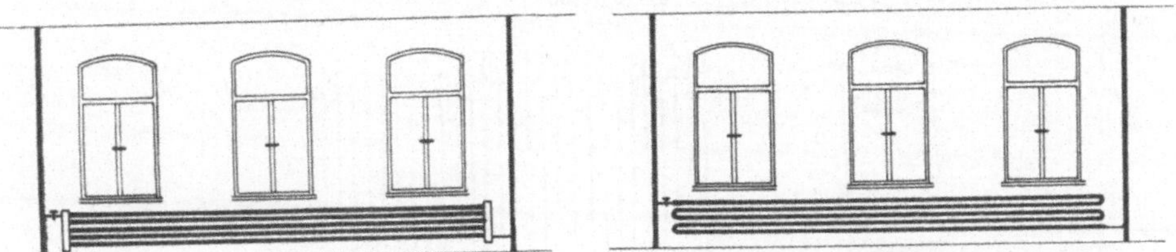

Fig. 92. Einbau eines Rohrregisters. Fig 93. Einbau einer Rohrschlange.

der größten Wärmeverluste zu verlegen. Man braucht am wenigsten von dem kostbaren Platz in der Nähe der Fenster zu opfern, aus dem doppelten Grunde, weil die weit verteilte Heizfläche wenig durch Wärmestrahlung belästigt, so daß man dicht an sie herangehen kann, während sie zugleich selbst kaum vor der Wand hervortritt. Rohrheizkörper sind daher vorzüglich. Doch sind sie teuer, und der höhere Preis wird nur zum kleinen Teil durch eine gegenüber Radiatoren etwas höhere Wärmeabgabe ausgeglichen.

Gußeiserne Rippenheizkörper werden in verschiedenen Formen hergestellt, deren einige Fig. 94 bis 96 zeigen.

Rippenrohre haben S-Form, so daß man die einzelnen Teile unmittelbar aufeinanderschrauben kann (Fig. 94), seltener sind sie geradlinig unter Verwendung von Umkehrstücken für die Verbindung. Rippenelemente in Kastenform mit herumlaufenden Rippen (Fig. 95) oder in Doppel-T-Form (Fig. 96) werden ebenfalls nach Bedarf zu Heizkörpern der erforderlichen Größe vereinigt. Plattenheizkörper sind kastenförmig, jedoch nur an der Vorderwand mit meist schräg verlaufenden Rippen oder mit Stacheln besetzt, auch wohl mit glatten Wandungen. Die Entwickelung der Heizfläche durch Rippen steigert die Heizfläche wesentlich, ohne sehr das Gewicht zu vermehren, und wenn auch die Wärmeabgabe der Rippen eine geringere ist als die der direkten Heizfläche, so ist doch die mit einem Kilogramm Eisen, also mit etwa gleichem Kostenaufwand erzielbare Wärmeabgabe bei einer Rippenheizfläche größer als bei einer glatten. Dem steht als Nachteil das häßliche Aussehen und die schwierige Reinigung der Rippenflächen gegenüber.

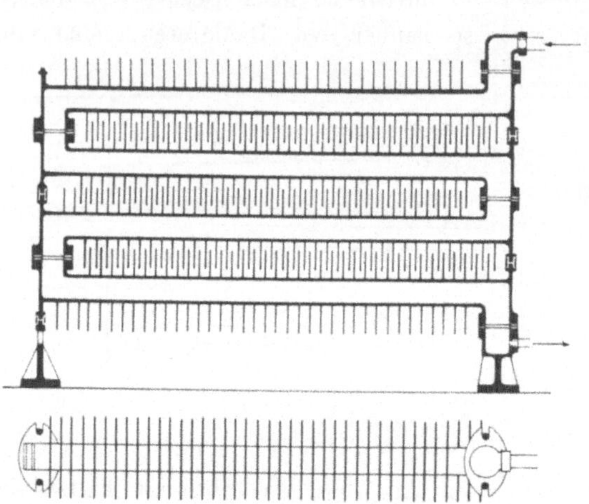

Fig. 94. Heizkörper aus Rippen-S-Rohren.

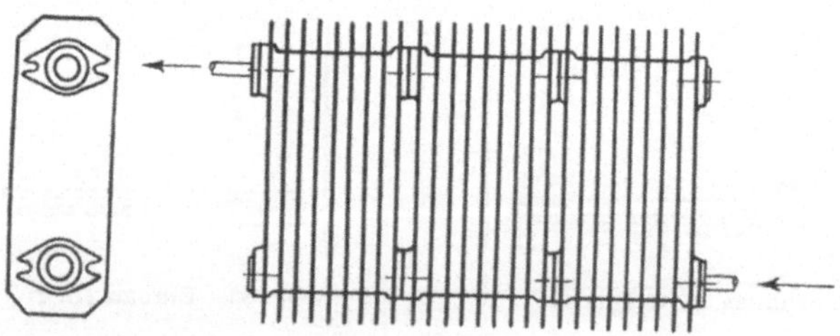

Fig. 95. Kastenheizkörper mit Rippen.

Außer dem was über Vor- und Nachteile der einzelnen Heizkörperformen schon gesagt ist, bleibt über ihre Verwendbarkeit für verschiedene Heizungsarten noch folgendes zu bemerken.

Für Warmwasserheizung sind diese verschiedenen Formen sämtlich brauchbar; das Wasser durchläuft in kontinuierlichem Strom den Heizkörper; da ist es für die Heizwirkung gleichgültig, ob der Heizkörper die

Gestalt eines Rohres hat, oder ob dem Wasser ein beliebig gestalteter etwa kastenförmiger Raum zur Verfügung steht. Nur für die Berechnung der Rohrleitung wäre zu bedenken, daß ein Rohr dem Wasser einen Widerstand entsprechend der Rohrweite und -länge darbietet, während eine kastenartige Erweiterung das Wasser zur Ruhe kommen läßt und dadurch eine neue Beschleunigung bedingt, was einem Widerstand von der Größe Eins entspricht.

Für Dampfheizung sind die gleichen Heizkörper im Gebrauch, aber von ihnen sind einige nur für Niederdruckdampf, andere nur für Hochdruckdampf brauchbar. Für Hochdruckdampf sind nur diejenigen Heizkörperformen brauchbar, die dem hohen Druck widerstehen; denn wenn man auch den Druck vor dem Eintritt in den Heizkörper zu vermindern pflegt, so muß man doch gewärtig sein, daß auch einmal der volle Druck in ihn gelangen kann. Deshalb eignen sich die kastenförmigen Heizkörper nicht für Hochdruckdampf, wie auch deshalb nicht, weil bei ihnen die Regelung weniger sicher wäre. — Bei der Niederdruckdampfheizung muß, wie wir noch des genaueren sehen werden, der Dampf die Luft gleichmäßig nach unten hin verdrängen. Das kann er in wagerechten Rohren gar nicht, und in senkrechten nicht bei schlangenförmiger Anordnung tun, bei der er stellenweise wieder aufwärts gehen müßte. Bei der Niederdruckdampfheizung mit Luftumwälzung (§ 112) soll in einer Hälfte des Heizkörpers eine Aufwärtsbewegung eines Gemisches von Dampf und Luft, in der anderen eine Abwärtsbewegung stattfinden, das Gemisch soll eine Art Kreislauf vollführen; das bedingt, daß geschlossene Kreisbahnen zur Verfügung stehen und schließt eine Schlangenanordnung aus. Die rohrartigen Heizkörper sind also nicht für Niederdruckdampf zu verwenden, enge Rohre auch aus dem weiteren Grunde nicht, weil ein erheblicher Druck nötig wäre, um den Dampf in sie hineinzupressen, wenn er das andere Ende erreichen sollte (§ 35), welcher Druck eben bei Niederdruckdampf nicht zur Verfügung steht. Daher verwendet man Rippenrohre in S-Form und Rohrschlangen mehr für Hochdruckdampfheizung, während für die Niederdruckdampfheizung hauptsächlich Radiatoren und Plattenheizkörper in Gebrauch sind.

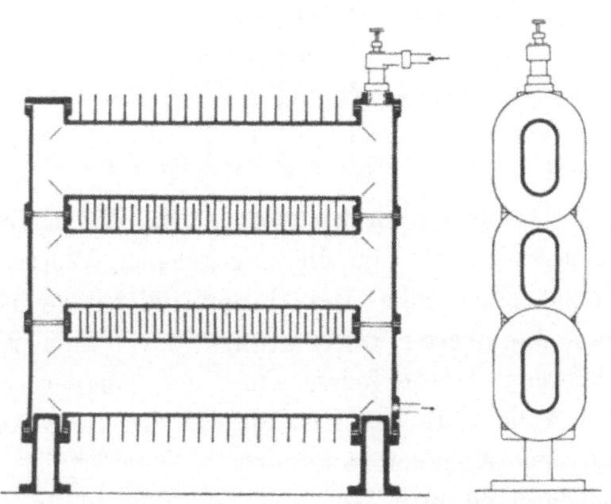

Fig. 96. Heizkörper aus Rippen-Doppel-T-Stücken.

Für Preis und Leistung der wichtigsten Heizkörperarten gibt folgende Tabelle einigen Anhalt.

	Gewicht von 1 qm Heizfläche	Preis von 1 qm Heizfläche montiert	Wärmeabgabe pro Quadratmeter und °C Temperaturunterschied: Warmwasser	ND Dampf	1 qm Heizfläche kann abgeben: Warmwasser $\Delta t = \frac{90+60}{2} - 20^0$	ND Dampf $\Delta t = 100 - 20^0$	Installation von 1000 WE kostet: Warmwasser	ND Dampf
	kg	M.	WE	WE	WE	WE	M.	M.
Glatte Radiatoren:								
500 mm hoch . .	38	20	7	8	385	640	52	31
1000 mm hoch . .	38	16					$41^1/_2$	25
Schmiedeisen-Rohrschlangen:								
38 mm l. W. . .	32	27	8,5	11	470	880	57	31
51 mm l. W. . .	29	29					62	33
Gußeiserne Rippenrohrkörper	13	7,50	4	4	220	320	34	23,50

Dazu ist zu bemerken: Die Wärmeabgabe pro Quadratmeter Heizfläche schwankt um die angegebenen Werte herum je nach der Höhe der Heizkörper; hohe Heizkörper liefern verhältnismäßig weniger Wärme, denn die oberen Teile werden von schon vorgewärmter Luft bestrichen. Außerdem ist in jedem Falle der Temperaturunterschied zwischen Innen- und Außenseite des Heizkörpers für die Wärmeabgabe maßgebend; es ist bei den Angaben an normale Verhältnisse gedacht, das heißt an die Außentemperatur 20° und bei Wasser an die mittlere Innentemperatur von 75°, entsprechend 90° im Vorlauf und 60° im Rücklauf.

95. Aufstellung der Heizkörper. Die Aufstellung der Heizkörper einer Zentralheizung erfolgt entweder in den Fensternischen oder an einer Innenwand. Die Aufstellung unter dem Fenster entspricht der Forderung, die erforderliche Wärme solle dem Raume da zugeführt werden, wo die größten Wärmeverluste auftreten. Nur bei Barackenbauten mit Doppelfenstern ist gelegentlich nicht das Fenster die Stelle größter Wärmeverluste. Am Fenster nimmt der Heizkörper auch den wenigsten Platz fort. Endlich sorgen im Fenster stehende Heizkörper für Abfangen des kalten Luftstromes, der ohne dies am Fenster entsteht. Er entsteht zum Teil dadurch, daß am kalten Fenster abgekühlte Raumluft zu Boden sinkt, um in der entgegengesetzten Hälfte des Raumes wieder aufzusteigen, zum Teil dadurch, daß überall in der unteren Hälfte eines warmen, nicht etwa besonders gelüfteten Raumes ein Unterdruck herrscht, der Luft durch Fensterritzen hereinsaugt (§ 156). Diese kalten Luftströme mischen sich mit der am Heizkörper angewärmten Luft und werden dadurch unschädlich gemacht — eine Wirkung die nicht immer vollkommen erreicht wird.

Der beste Platz für Heizkörper ist also die Fensternische. Gegen diese Aufstellungsart spricht nur die Tatsache, daß die Rohrleitungen länger werden, weil ja die Heizkörper an den äußeren Umfang des Gebäudegrundrisses zu stehen kommen, während sie sonst in der Mitte des Gebäudes konzentriert wären.

Die Heizkörper haben Füße und werden auf den Fußboden gestellt, oder man setzt sie auf kleine Konsolen. Letzteres ist besser, weil man unter den Heizkörpern aufwischen kann.

96. Heizkörperverkleidungen. Häufig werden Heizkörper, insbesondere Rippenkörper, mit Verkleidungen versehen, des gefälligeren Aussehens wegen oder wohl auch um die Wärmestrahlung zu vermeiden, die bei Dampfheizung nicht ganz gering ist.

In solchen Verkleidungen soll die Luft des Raumes am Heizkörper vorbei zirkulieren, unten eintreten und oben austreten. Dazu müssen also Öffnungen vorhanden sein, und zwar oben und unten, und an beiden Stellen von solcher Größe, daß eine genügende Luftmenge zum Heizkörper tritt; sonst erwärmt sich die Luft an den untersten Teilen des Heizkörpers soweit, daß die oberen Teile kaum Wärme abzugeben in der Lage sind, so daß dadurch die Wirksamkeit des Heizkörpers beeinträchtigt wird. Darauf wird häufig nicht genügend Rücksicht genommen; bei kaminartig aus Mauerwerk hergestellten Verkleidungen fehlen Öffnungen wohl gänzlich. Die Fensterbänke über Heizkörpern sollten aus demselben Grunde durchbrochen sein.

Wenn man, wie es wohl geschieht, die Verkleidung eines Heizkörpers bis an die Decke gehen läßt, so daß erst dicht unter der Decke der Austritt stattfindet, so wird durch solche Verkleidung allerdings ein starker Auftrieb hervorgerufen und der kräftige Luftumlauf kann zur Folge haben, daß die Wirksamkeit des verkleideten Heizkörpers sogar größer ist als die eines unverkleideten; wir erinnern an die Tatsache, daß die Wärmeabgabe von Flächen durch hohe Geschwindigkeit der Luft günstig beeinflußt wird (S. 102). Daß die Wärme auf diese Weise an die Decke kommt, wo man sie nicht haben will, ist nicht sehr wesentlich, da ja kühlere Luft von unten weggenommen wird, so daß die warme sicher veranlaßt wird, zu Boden zu sinken. Man verwendet die Anordnung, weil sich die Ein- und Austrittsöffnungen ganz am Fußboden und ganz an der Decke am wenigsten bemerkbar machen. Sie bildet eine Übergangsform zur Luftheizung.

Als besondere Art der Verkleidung sei noch die erwähnt, die man in tiefgelegenen Kellerräumen anwendet, in denen man, weil der Kessel tiefer als der Heizkörper stehen muß, den Heizkörper nicht auf den Fußboden setzen kann, sondern ihn erhöht auf eine Konsole stellen muß. Das hätte zur Folge, daß der Raum fußkalt würde; denn ein Luftumlauf fände nur noch im oberen Teil des Raumes statt, während der untere Teil ruhende kalte Luft enthielte. Ein Verkleidungsblech um den Heizkörper herum, dessen untere Öffnung dicht über dem Fußboden ist, zieht auch die unteren Teile des Raumes in den Luftumlauf hinein, so kommt die warme Luft der Decke allmählich bis an den Fußboden, und die unteren Luftschichten sind jedenfalls weniger kalt als sie ohne die Verkleidung wären.

Über Heizkörpern, die an der Wand stehen, pflegt die Wand einen schwärzlichen Anflug zu bekommen. Ihn zu vermeiden, bringt man ein Ablenkungsblech an, das den aufsteigenden Luftstrom von der Wand fernhält. Eine Konsole erfüllt den gleichen Zweck und ist gefälliger.

Wie man die Heizkörper auch zur Lüftung ausnutzen kann, werden wir in § 144 sehen.

97. Regel- und Absperrorgane. Die Heizkörper werden mit Regelorganen ausgerüstet, die es gestatten sollen, die Heizung des einzelnen Raumes nach Geschmack des Insassen mehr oder weniger kräftig zu machen. Das ist doppelt zu verstehen: zunächst ist es wünschenswert, daß bei großer Kälte die ganz geöffneten Regeleinrichtungen in jedem Raum gerade die Höchsttemperatur geben, die für ihn angenommen ist, in Wohnräumen etwa 20°, in Operationsräumen von Krankenhäusern 30°, in anderen entsprechend. Trotz sorgfältiger Berechnung ist es unvermeidlich, daß nach Inbetriebsetzung der eine Raum etwas zu warm wird im Vergleich zu anderen, die zurückbleiben, weil bei ihnen der Wärmebedarf oder die Rohrleitung zu gering berechnet worden war. Solche Ungleichmäßigkeiten zu beseitigen, bedarf man einer Einrichtung die es gestattet, den Höchstquerschnitt, der dem Dampf oder Wasser zur Verfügung steht, nach Belieben einzustellen (Erste Einstellung).

Außerdem will man in der Lage sein, von dem gedachten Höchstwert herab die Beheizung eines Raumes nach Bedarf zu verringern, indem man den freien Querschnitt des Regelorgans durch Drehen eines Handgriffes verkleinert (Regelung nach Bedarf).

Man hat diese Aufgabe früher so zu lösen gesucht, daß man etwa an einem Hahn, dessen Griff normalerweise eine Drehung von 180° vom offenen bis zum geschlossenen Zustand machte, einen Anschlagsstift anbrachte, der, je nachdem wo er eingeschraubt war, dem Öffnen des Hahnes schon bei 130 oder gar bei 90° Halt gebot, so daß also die größte Öffnung entsprechend kleiner war. Solch ein Hahn war aber unvollkommen, denn es kam wohl dahin, daß bei reichlich gewähltem Ventil nur eine sehr kleine Bewegung des Kükens gestattet werden durfte; dann konnte man das Küken wohl ganz zu- oder ganz aufmachen, aber Zwischenstellungen auch nur mit einiger Sicherheit zu treffen, war unmöglich, weil eben das ganze Bewegungsbereich des Handgriffes ein zu kleiner war. Auch verliert die Beschriftung mit „Auf“ und „Zu“ ihren Sinn, wenn die Drehung des Griffes gar nicht mehr bis zur Stellung „Auf“ möglich ist. Man sollte deshalb solche Hähne und entsprechende Ventile nicht mehr benutzen; doch findet man sie noch häufig als billigen Ersatz für bessere, aber teurere Ware verwendet.

Eine andere Art, die gleiche Aufgabe zu lösen, war die, daß man in jeden Abzweig ein Regelorgan — Ventil oder Hahn oder dergleichen — gewöhnlicher Bauart setzte, das der Regelung nach Bedarf dienen sollte, und außerdem an eine andere Stelle ein Regelorgan, das der ersten Einstellung zu dienen bestimmt war. Letztere wurden nach Inbetriebsetzung der Anlage so weit abgedrosselt, wie nötig war, um dem betreffenden Abzweig die erforderliche Wärmemenge zukommen zu lassen; dann wurde sie durch Abziehen des Steckschlüssels oder des Handrades unzugänglich gemacht. — Diese Art schien besser zu sein als die erstgenannte, war es aber kaum. Denn durch das erstmalige Einstellen wurde der Anfangswiderstand des Abzweiges so vergrößert, daß das örtliche Regelorgan nur noch einen kleinen Teil des Gesamtwiderstandes ausmachte. Das hat nun aber zur Folge, daß die Regelung nach Bedarf schlecht wird. Wollen wir den Heizkörper absperren, so findet zunächst fast keine Änderung der Flüssigkeitsmenge statt, und erst zuletzt geht sie plötzlich herunter. Die Bewegung des Handgriffes ist zwar größer als bei der vorher aufgeführten Art der Ersteinstellung, aber ein großer Teil der Bewegung ist unwirksam. Die Folge ist die gleiche wie vorher: man kann den Heizkörper wohl an- und abstellen, aber Zwischenwerte schlecht treffen. Die Ersteinstellung und die Regelung nach Bedarf müssen also im gleichen Querschnitt erfolgen, eine Bedingung, wegen deren genauerer Begründung wir auf die Ausführungen der §§ 40 und 42 verweisen können.

Die beiden genannten Arten der Regelung werden noch immer gelegentlich angewendet. Sie sind aber nach unseren Darlegungen schlecht und sollten vermieden werden.

Ein richtig gebautes Regelorgan soll in allen Fällen die größte Öffnung geben, wenn der Handgriff auf „Auf“ steht; unter Festhalten dieser Handgriffstellung soll sich aber die größte Öffnung nach Bedarf einregeln lassen; das Regulierorgan soll geschlossen sein, wenn der Handgriff auf „Zu“ steht, und die Verstellung von „Auf“ bis „Zu“ soll immer die gleiche genügend große Bewegung des Handgriffes, etwa eine Drehung um 180° oder besser um fast 360°, erfordern; die Zwischenstellungen zwischen beiden Grenzstellungen sollen in allen Fällen angeben, daß ein Viertel, die Hälfte usw. der jeweilig größten Öffnung frei ist, gleichgültig wie man diese größte Öffnung gerade eingestellt hat.

Diesen Bedingungen genügen zahlreiche Konstruktionen, für deren Bauart der Hahn Fig. 97 und das Ventil Fig. 98 Beispiele sind. Der Hahn ist ein Eckhahn, das heißt Ein- und Austritt bilden einen rechten Winkel miteinander; das Ventil ist ein Durchgangsventil, das heißt Ein- und Austritt liegen in einer Geraden; im ersteren Fall macht die Rohrleitung an der Einbaustelle einen rechten Winkel, im anderen

Fall geht sie gerade aus. Es gibt aber auch Eckventile und andererseits Durchgangshähne.

Bei dem Hahn Fig. 97 wird durch Drehung des Kükens um 180° die Absperrung bewirkt. Dreht man die übrigen schwarz gezeichneten Teile, hält jedoch das Küken fest, so wird durch das Gewinde die axiale Lage des Kükens verändert, und man wird erkennen, daß ein Heben des Kükens den Querschnitt vergrößert, ein Senken des Kükens ihn verkleinert, ohne daß jemals etwas daran geändert wird, daß nach 90° Drehung des Handknebels halbe Öffnung, nach 180° Drehung volle Öffnung erreicht ist. Daß sich das Küken auch bei Drehung des Knebels etwas senkt, weil das Gewinde auch hierbei ins Spiel kommt, ist belanglos.

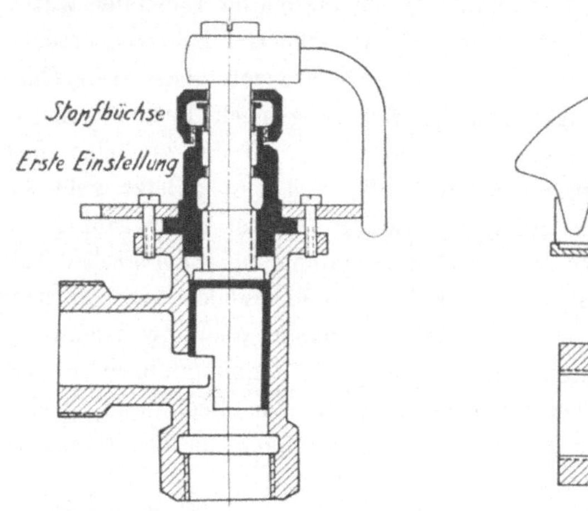

Fig. 97. Eck-Regulierhahn.

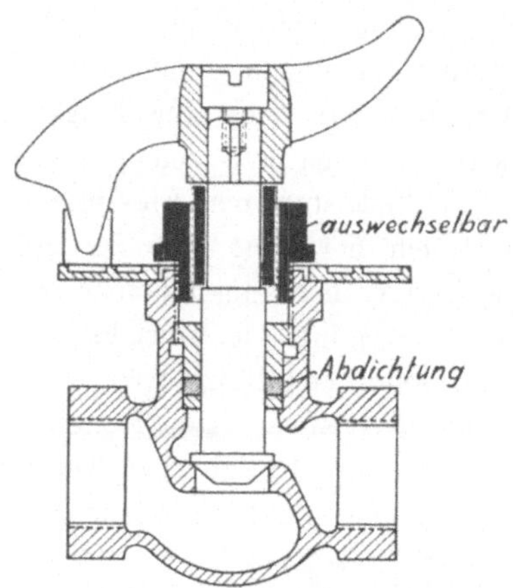

Fig. 98. Durchgangs-Regulatorventil.

An dem Ventil Fig. 98 hebt sich, wenn man den Handgriff dreht, der Teller von seinem Sitz und die Öffnung für Dampf oder Wasser wird freigegeben. Nun kann man aber die beiden schwarz gezeichneten Teile, die mit Gewinde aufeinander laufen und durch eben dieses Gewinde das Abheben des Kükens vom Sitz bewirken, auswechseln gegen entsprechende Teile, bei denen das Gewinde eine andere Steigung hat. Diese Auswechselung kann nach Entfernen des Knebels während des Betriebes geschehen, da die Dichtung gegen Dampf oder Wasser unterhalb der auszuwechselnden Teile liegt. Die einer bestimmten Drehung des Handgriffes entsprechende und auch die größte Durchtrittsöffnung ist um so größer, je größer die Ganghöhe des eingesetzten Gewindes ist. Der Handgriff hat stets seine volle Bewegungsfreiheit, diesmal um fast 360°. Die gerade eingestellte Öffnung ist immer ein bestimmter Bruchteil der jeweils größten, je nach der Stellung des Handgriffes

Die Möglichkeit der erstmaligen Einregelung der ganzen Anlage durch Verändern des jedem Heizkörper zukommenden Höchstquerschnittes ist eine Vorbedingung dafür, bei Warmwasserheizung eine generelle Regelung zu erreichen, bei Niederdruckdampfheizung das Durchschlagen der Heizkörper, das heißt das Übertreten von Dampf in die Kondensleitung, zu verhüten. Wir werden also bei Besprechung dieser beiden Dinge (§ 118 und 107) auch nochmals auf den Wert der Ventil- und Hahnkonstruktionen zurückkommen. Hier sei nur noch bemerkt, daß Hähne gelegentlich festbrennen, besonders bei Dampfheizung; Ventile tun das nicht so leicht. Dagegen haben Ventile eine ungünstige, weil gewundene Führung der Flüssigkeit und stellen daher selbst im geöffneten Zustande und auch bei reichlichem Querschnitt einen nicht unbeträchtlichen Widerstand dar, während Hähne mit ihrem geraden Durchgang kaum einen Widerstand bilden.

Die Möglichkeit der erstmaligen Einregelung der einzelnen Heizkörper sollte nur dem sachkundigen Personal gegeben sein. Nachträgliche Änderungen von seiten der Rauminsassen sollten unmöglich sein. In der Hinsicht ist offenbar das Ventil Fig. 98 dem Hahn Fig. 97 überlegen. Ganz Unkundige werden sich zwar an keinen von beiden trauen. Aber am gefährlichsten sind die Halbkundigen, die zwar die Konstruktion des Hahnes, nicht aber die Rückwirkung einer anderweiten Einstellung auf die ganze Anlage übersehen.

Meist wird eine Absperrung nur am Eintritt in den Heizkörper angebracht; vorzuschreiben, daß auch am Ausgang ein Ventil angebracht werden solle, damit man nach Absperren von Zu- und Abfluß den Heizkörper losnehmen könne, ist zwecklos, da meist die Regulierhähne doch nicht dicht halten — mindestens bei Wasserheizung. Man mache lieber bei größeren Anlagen die einzelnen Stränge absperrbar und versehe sie auch mit Entleerungseinrichtung.

98. Rohrleitung. Die Rohrleitungen der Warmwasser- und Niederdruckdampfheizung werden aus sogenanntem Verbandsrohr hergestellt. Das ist schmiedeisernes Rohr ähnlich den Gasrohren, nur daß es bestimmten Bedingungen bezüglich des Druckes, mit dem es geprüft wird, und bezüglich des Biegens im warmen und kalten Zustande entsprechen muß. Die Bedingungen für diese Prüfungen rühren vom Verband deutscher Zentralheizungs-Industrieller, daher der Name des Rohres. Das Rohr wird meist in Stücken von 5 m Länge, jederseits mit Gewinde und einerseits mit Muffe versehen, geliefert.

Die Verbindung aneinanderstoßender Rohrenden geschieht bei den kleineren Rohrweiten, das heißt bis zu etwa 60 mm Weite aufwärts, mit Muffen. Für größere Rohrweiten immer und auch für kleinere in gewissen Fällen verwendet man Flanschenverbindungen. Die Verbindung mit Flanschen läßt sich bis zu den höchsten Drucken anwenden, während Muffenverbindungen nur für mäßige Drucke, also jedenfalls nicht für Hochdruckdampfleitungen geeignet sind, weil sie, wenn einmal undicht, nicht gut nachzudichten sind. In ihrem Anwendungsbereich allerdings sind Muffenverbindungen in solchem Maße zuverlässiger als Flanschenverbindungen, daß es als Regel gilt, man dürfe Muffenrohre unter dem Putz unzugänglich verlegen, während Flanschenrohr zugänglich bleiben muß, um die Flanschen bei Bedarf nachziehen zu können. Was die Grenze zwischen der Anwendung beider Verbindungsarten anbelangt, die, wie erwähnt, im allgemeinen etwas über 50 mm lichter Weite liegt, so sei auch auf die Preistafel Fig. 99 verwiesen, die zeigt, daß bis zu 50 mm die Muffen-, darüber die Flanschenverbindung billiger ist.

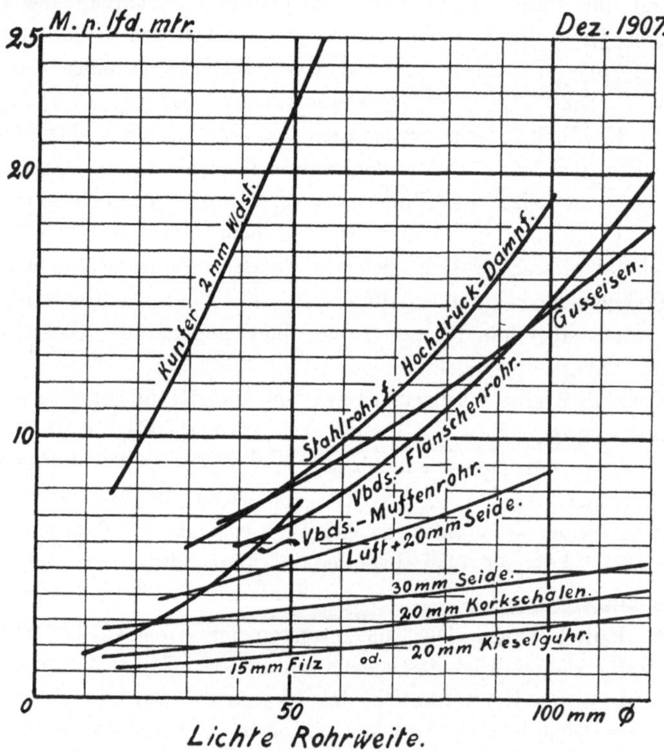

Fig. 99. Preise von Rohrleitungen und Wärmeschutzmitteln.
In den Preisen sind die meist in Prozenten des Rohrpreises angegebenen Zuschläge für Formstücke und für Montage enthalten.

Verbandsrohr läßt sich nach Bedarf biegen; es wird dazu rotwarm gemacht, nachdem man es, wenigstens soweit größere Rohrweiten in Frage kommen, mit trockenem Sand gefüllt hat, um Einschnürungen an der Biegestelle zu vermeiden. Pfropfen an den Rohrenden verhindern, daß der Sand herausfällt. Alle Richtungsänderungen des Rohres sollen möglichst durch Biegen aus dem Vollen gemacht werden, mit einem Biegungsradius nicht kleiner als der fünffache Rohrdurchmesser.

Um schärfere Biegungen zu erzielen, wo sie nötig werden, sowie um Verbindungen und Abzweigungen zu machen, bedient man sich gewisser im Handel vorrätiger Formstücke, die bei Muffenrohren den Namen Fittings führen. Die Fittings werden im allgemeinen aus schmiedbarem Guß hergestellt, das heißt aus einem Gußeisen, dem man nach dem Gießen einen Teil des Kohlenstoffgehaltes entzogen hat durch Prozesse, die man mit Tempern bezeichnet. Das Gußeisen verliert dadurch seine Sprödigkeit und erhält annähernd die Eigenschaften des Schmiedeisens. Schmiedeiserne Fittings sind billiger, aber weniger zuverlässig. Die Formstücke für Flanschenrohr bestehen aus Gußeisen oder für höhere Drucke, so für Hochdruckdampfleitungen, aus Stahlguß.

Gußeiserne Leitungen kommen für Heizungszwecke selten zur Anwendung. Werden sie doch wegen ihrer Neigung zu springen auch für Dampfleitungen anderer Art, selbst bei geringem Druck, immer weniger verwendet. Dazu läßt die Preistafel Fig. 99 erkennen, daß Gußeisen in kleinen Weiten teurer ist als Schmiedeisenrohr. Leitungen über 100 mm lichter Weite gehören aber bei Heizungen schon zu den Seltenheiten.

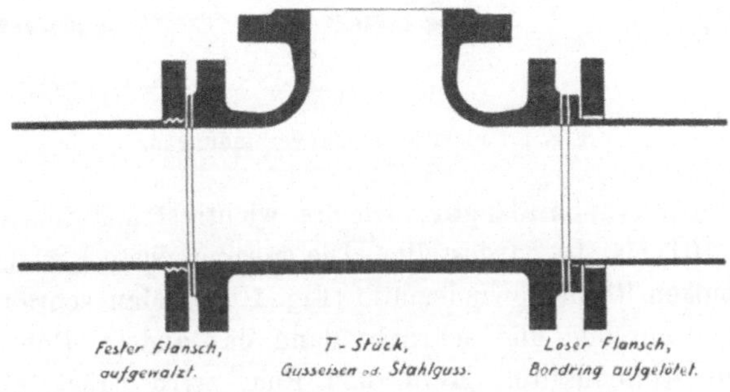

Fig. 100. Verbindung von Flanschenrohren.

Man verwendet Kupferleitungen manchmal trotz ihres hohen Preises (Fig. 99) für die Kondensleitungen der Niederdruck- und der Hochdruckdampfheizung. In diesen befindet sich Luft und Feuchtigkeit, und sie sind daher, aus Schmiedeeisen hergestellt, dem Rosten ausgesetzt. Die Kupferleitungen werden durch Flansche oder durch Überwurfmuttern verbunden, die Formstücke bestehen aus Rotguß oder Messing. Für größere Rohrweiten kann man Kupferleitungen durch die billigeren Gußeisenleitungen ersetzen, die auch ziemlich widerstandsfähig gegen Rost sind.

99. Flanschenverbandsrohr. Flanschenverbindungen für Verbandsrohr stellt Fig. 100 dar. Die Flansche sind Scheiben, die durch Schraubenbolzen zusammengezogen werden. Feste Flansche werden oft durch Aufwalzen des Rohres befestigt: die Flanschen müssen genau auf das Rohr passen; sie werden übergestreift und nun wird mittels eines besonderen Apparates das Rohr von innen her so aufgeweitet, daß es sich in Rillen in der Bohrung des Flansches einpreßt; die Stirnfläche wird geglättet und zwischen die Stirnflächen der beiden Rohre eine Dichtungsscheibe gegeben, die meist aus vollen Platten passend ausgeschnitten wird. Beiderseits pressen die Rohre gegen diese Scheibe. Lose Flansche haben eine genügend große Bohrung, um leicht über das Rohr zu gehen. Nachdem sie übergeschoben sind wird eine Bordscheibe — das ist eine dem festen Flansch ähnliche, aber kleinere Scheibe — auf dem Rohr aufgelötet. Auch hier wird eine Dichtungsscheibe zwischen die Stirnflächen gelegt. Übrigens ist die Befestigungsart in jedem Fall gleichgültig, man kann auch die Bordscheibe durch Aufwalzen und den festen Flansch durch Auflöten befestigen.

Die Verbindung mit losen Flanschen ist begreiflicherweise etwas teurer, bietet aber den Vorteil, daß die Bolzenlöcher in den zusammengehörigen Flanschen immer in Übereinstimmung gebracht werden können, während feste Flanschen selbst bei sorgfältigem Aufwalzen gelegentlich zeitraubendes Nachraumen nötig machen.

Gewöhnlich. Rechts- und Linksgewindenmuffe. Mit Langgewinde.

Fig. 101 bis 103. Muffenverbindungen.

100. Muffenverbandsrohr. Die drei wichtigsten Muffenverbindungen sind in Fig. 101 bis 103 dargestellt. Die gewöhnlichste Verbindung ist die mit der einfachen Rechtsgewindemuffe (Fig. 101). Man schraubt die Muffe auf das eine Rohrende und schraubt dann das andere Rohrende in die freigebliebene Muffenhälfte. Muffe und Rohr wird dabei mit einer besonderen Zange, der Rohrzange, angefaßt. Das Gewinde ist auf den Rohrenden nur soweit geschnitten, daß bei scharfem Anziehen die Muffe beiderseits bis an das Ende des Gewindes reicht, so daß dort eine metallische Abdichtung der Muffen gegen das Rohr stattfindet. Beigeben von etwas Hanffaser und der bekannte rote Mennigkitt unterstützen die Dichtung. Das Gewinde ist durch die ganze Muffe durchgeschnitten, daher erscheint zwischen den Rohrenden das Muttergewinde mit (scheinbar) entgegengesetzter Steigung.

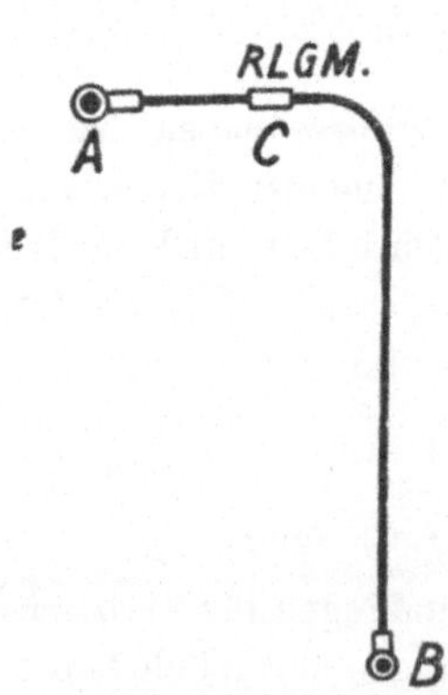

Fig. 104.

Die Rechts- und Linksgewindemuffe (Fig. 102) hat einerseits rechts-, andererseits linksgängiges Gewinde, so daß man durch Drehen der Muffe beide Rohrenden gegeneinander ziehen kann. Diese Muffe ist naturgemäß etwas teurer als die einfache; man muß sie verwenden, wenn es nicht möglich ist, das Rohr zu drehen. In Fig. 104 sind die beiden Rohre A und B, deren Achse senkrecht zur Papierebene liegt, durch ein Rohr zu verbinden. Man könnte dies Winkelrohr, bestände es aus einem

Stück, wohl in das eine. dann aber nicht mehr in das andere Rohr hineinschrauben. Die Möglichkeit des Zusammenbaues ist die, daß man die Rohrstücke AC und BC jedes für sich in die betreffende Rohrleitung hineinschraubt und die Verbindung bei C eben mit Rechts- und Linksgewinde schließt. Rechtsgewinde wäre nicht anwendbar. Das Rohrstück BC ist lang genug, um so viel nachzugeben wie die Länge der Muffe ausmacht.

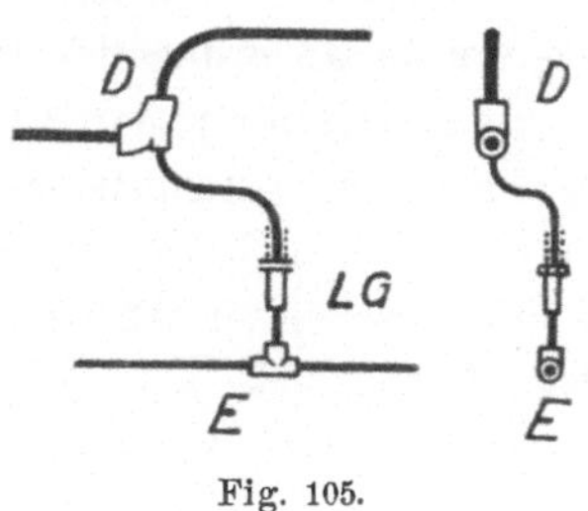

Fig. 105.

Ist die Verbindung der beiden Rohre kurz, so daß man auf diese Nachgiebigkeit nicht rechnen kann, und in manchen anderen Fällen muß man die Verbindung mit Langgewinde machen. Man bedarf dazu (Fig. 103) einer Rechtsgewindemuffe und eines zum Dichten davorgesetzten Gegenringes (Konterring). Auf das eine der beiden Rohrenden ist Gewinde so lang geschnitten, daß man den Gegenring und noch die ganze Muffe auf dieses Rohrende zurückschrauben kann, dann kann man die beiden Rohrenden ohne jede axiale Verschiebung voneinander entfernen oder auch drehen. In Fig. 105 ist die Verbindung zwischen den beiden Rohrleitungen D und E nicht gut anders als mit Langgewinde herzustellen. Das bedarf wohl keiner näheren Ausführung. Die Dichtung bei der Langgewindeverbindung erfolgt an dem einen Rohr wieder durch Auslaufen des Gewindes, am anderen soll der Gegenring dichten. Die Muffe wird dazu an der Stirnseite gerade gestochen und der Konterring soll an seiner Stirnfläche gedreht sein. Im Gewinde indessen ist kein rein metallischer Abschluß zu erzielen, das Langgewinde neigt daher eher zum Leckwerden, auch wenn Hanf und Mennigkitt verwendet worden sind. Insofern ist die Langgewindedichtuug schlechter als die beiden anderen, sie ist auch etwas teurer, aber oft unvermeidlich. Man soll übrigens mit Langgewindeverbindungen auch nicht zu sparsam umgehen, da sie allein den bequemen Ausbau eines einzelnen Rohrstückes ermöglichen. In Fig. 106 ist der obere Heizkörper an den Vor- und Rücklauf wie üblich angeschlossen. Unten soll ein neuer Heizkörper nachträglich eingefügt werden. Sind nun bei m_1 und bei m_2 einfache Rechtsgewindemuffen vorhanden, so kann man das Rohrstück $m_1 m_2$ nicht aus der Leitung entfernen;

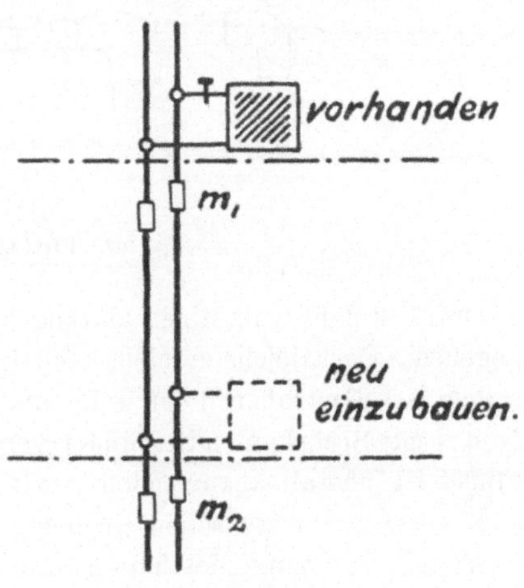

Fig. 106.

man muß erst benachbarte Rohrstücke fortnehmen. Auch Rechts- und Linksgewindemuffe würde nicht viel helfen, wenn die Rohrleitung axial nicht nachgeben kann. Ist dagegen bei m_1 oder bei m_2 Langgewinde vorhanden, so löst man dieses, kann nun das freie Rohrende drehen und das Rohr herausnehmen. Man soll also Langgewinde an passender Stelle da anordnen, wo späterer Einbau von Heizkörpern oder überhaupt wo spätere Veränderung der Rohrführung in Frage kommt.

Eine Reihe anderer Fittings ist in Fig. 107 dargestellt. Die Fittings bestehen aus getempertem Gußeisen. Das T-Stück gestattet von einer durchgehenden Rohrleitung eine andere abzuzweigen. Beim verjüngten T-Stück ist dieser Abzweig schwächer als das durchgehende Rohr. Bei dem Fassonstück Fig. 107 *g* ist umgekehrt das durchgehende Rohr verschwächt. Eine Verschwächung des Rohres erreicht man auch durch die Übergangsmuffe (Fig. 107 *e* und *f*), die zentrisch oder exzentrisch ist; letztere läßt bei Kondensleitungen das Wasser glatt durchlaufen. Das

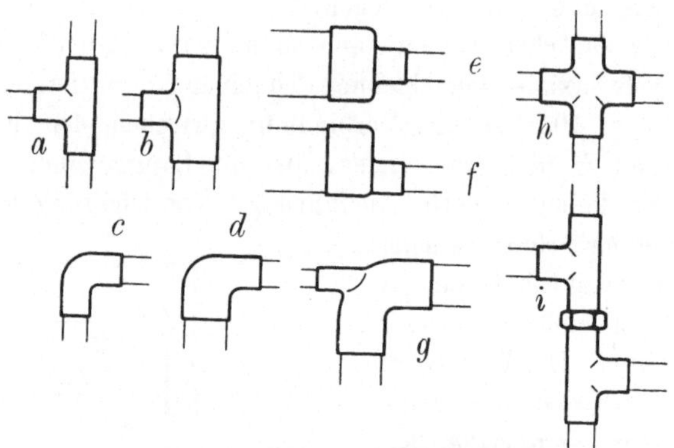

Fig. 107. Fittings für Muffenrohr.

Kreuzstück läßt von einer durchgehenden Leitung jederseits einen Zweig abgehen. Das Gleiche erreicht auch der Doppel-Abzweig mit zwei T-Stücken; sollen dieselben aber dicht aufeinander folgen, so muß man sie durch einen Nippel mit Sechskant miteinander verbinden (Fig. 107 *i*). Dieser Sechskantnippel ist überall anzuwenden, wo zwei Fittings so eng aufeinander folgen, daß man das dazwischen liegende Rohrstück zum Einschrauben nicht mehr mit der Zange festhalten kann.

Fig. 107 *c* und *d* zeigen ein einfaches und ein verjüngtes Kniestück, beide angewendet, wo für einen aus dem Vollen hergestellten Bogen kein Raum ist. Manche andere Formstücke kommen gelegentlich zur Verwendung.

101. Wärmeschutz. Die Rohrleitungen sollen im allgemeinen nicht Wärme abgeben, sondern möglichst alle Wärme den Heizkörpern zuführen. Wärmeverluste der Rohrleitung haben nicht nur den Nachteil, daß der Kohlenverbrauch entsprechend höher ist; das ist gar nicht immer der Fall, denn meist bleibt ja auch die in den Rohrleitungen verlorene Wärme im

Gebäude und kommt ihm zugute, so daß an den Heizkörpern entsprechend weniger Wärme nötig ist. Wesentlicher ist vielmehr der Nachteil, daß Räume durch diese Verluste erwärmt werden, in denen man die Wärme gar nicht zu haben wünscht. Liegen wärmeabgebende Rohrleitungen im Keller, so wird der Keller zum Aufbewahren von Küchenvorräten unbrauchbar. In der Übergangsjahreszeit wird ein Raum von hindurchgehenden Rohrleitungen überheizt, selbst wenn sein Heizkörper ganz abgestellt ist.

Wärmeverluste werden vermindert durch Umgeben der warmen Teile mit Wärmeschutzmasse (Isolation). Als solche kommen insbesondere Kork, Kieselguhr und Seide in verschiedenen Formen zur Verwendung, nämlich in Form von mörtelartigem Pulver, das mit Wasser angerührt und um das Rohr gebracht, auf diesem festtrocknet, ferner in Form von Schalen, die paarweise um das Rohr herum gewissermaßen gemauert werden, mit einem Mörtel als Bindemittel, endlich in Form von Zöpfen, die man um das Rohr herumwickelt. In jedem Falle pflegt eine außen herumgelegte Bandage von widerstandsfähigem aufgeklebten Gewebe den nötigen äußeren Halt zu geben.

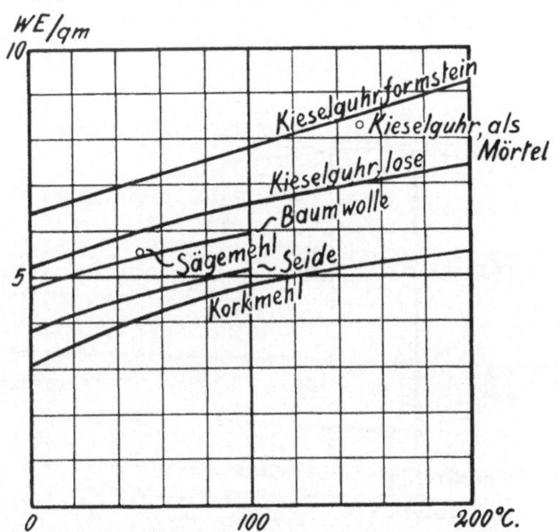

Fig. 108. Leitfähigkeit von Wärmeschutzmitteln, abhängig von der Temperatur. Stündlicher Wärmedurchgang durch 1 qm, bezogen auf 1° Temperaturgefälle pro Zentimeter Dicke.

Über den Wert von Wärmeschutzmitteln gibt Fig. 108 einigen Anhalt,[1]) einige Preisangaben fanden wir schon in Fig. 99 verzeichnet. Danach nimmt die Leitfähigkeit aller Wärmeschutzmittel mit der Temperatur nicht unerheblich zu, das heißt also beispielsweise, die Wärmeverluste einer Dampfleitung werden nicht nur entsprechend dem größeren Temperaturüberschuß größer sein als die einer Warmwasserleitung, sondern die Verluste nehmen in schnellerem Maße zu als proportional dem Temperaturunterschied zwischen innen und außen. Wenn irgendwo, so gilt bei Auswahl des Wärmeschutzmittels der Satz, das beste sei eben gut genug. Durch Aufbringen der Isolation wird die wärmeabgebende Oberfläche vergrößert. Ist daher das Isolationsmittel ein mäßiger Wärmeleiter, so kann es sein, daß das Aufbringen der Isolation die Wärme-

[1]) Nusselt, Forschungsarbeiten, Heft 63; Z. d. V. d. Ing. 1908, S. 906.

abgabe kaum herabsetzt. Die schlechtesten Wärmeleiter Kork und Seide sind nicht für hohe Temperaturen brauchbar, sie verkohlen.

102. Allgemeine Anordnung der Rohrleitung. Bei der Anordnung der Rohrleitungen einer Warmwasserheizung oder einer Niederdruckdampfheizung bestehen grundsätzliche Unterschiede, so daß die beiden Heizungsarten getrennt zu behandeln sind. Anlaß zu diesen Unterschieden ist, daß man bei der Warmwasserheizung überall darauf zu achten hat, daß die Schwerkraft als treibende Kraft des Umlaufes wirksam sein kann; insbesondere dürfen nicht Ansammlungen von Luft, sogenannte Luftsäcke, den Zusammenhang des umlaufenden Wassers und dadurch den Umlauf selbst unterbrechen. Bei der Niederdruckdampfheizung indessen sind die für Verlegung der Rohrleitung maßgebenden Rücksichten, daß überall das vom Dampf etwa mitgeführte Kondenswasser richtig abgeführt wird, ferner

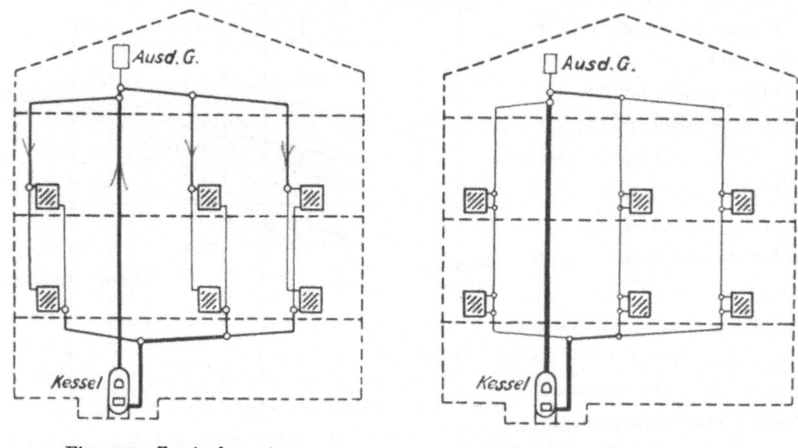

Fig. 109. Zweirohrsystem. Fig. 109a. Einrohrsystem.
Gewöhnliche Rohrführung der Warmwasserheizung.

daß Luft beim Anstellen eines Heizkörpers aus ihm entweichen, beim Abstellen in ihn zurücktreten kann, die sogenannte Be- und Entlüftung, sowie endlich das Vermeiden von Wassersäcken.

103. Rohrführung bei Warmwasserheizung. Das gebräuchlichste Schema für die Rohrführung bei einer Warmwasserheizung zeigt Fig. 109. Vom Kessel führt ein starkes Steigrohr direkt zum Dachgeschoß. In diesem findet die Verteilung durch Verteilungsrohre statt. Das Wasser fällt dann durch senkrechte, an passenden Stellen angeordnete Leitungen den Heizkörpern zu; es wird durch entsprechende Leitungen den Heizkörpern wieder entnommen und gelangt in Sammelleitungen, die an der Decke des Kellers verlegt sind; das abgekühlte Wasser wird dann von unten in den Kessel eingeführt, um den Kreislauf wieder zu beginnen. Man bezeichnet wohl alle Leitungen, die Wasser vom Kessel zu den Heizkörpern führen, als Vorlaufleitungen, im Gegensatz zu den Rücklaufleitungen, die

Wasser von den Heizkörpern zu dem Kessel zurücknehmen. Oben auf das Steigrohr ist ein Ausdehnungsgefäß gesetzt. Sein Zweck ist, bei Erwärmung des Wasserinhaltes der Leitungen den Zuwachs an Volumen aufzunehmen, um ihn bei Abkühlung des Inhaltes wieder herzugeben.

Beim Verlegen aller Leitungen muß man darauf achten, daß vom Wasser mitgeführte Luft nicht irgendwo einen Luftsack bildet und den Wasserumlauf hemmt, sondern daß Luftblasen, die natürlich immer aufwärts steigen, bis ins Ausdehnungsgefäß gelangen können. Insbesondere sind deshalb Verteilungs- und Sammelleitung nicht ganz wagerecht, sondern mit etwas Gefälle verlegt. Das Gefälle pflegt etwa 3 mm auf den laufenden Meter zu betragen, ist also viel schwächer als in den Figuren der Deutlichkeit halber gezeichnet.

Das in Fig. 109 a dargestellte Schema einer Warmwasserheizung ist in der allgemeinen Rohrführung mit dem eben genannten identisch. Ein Unterschied besteht in dem Anschluß der Heizkörper an die Hauptleitung. Diese ist nämlich nicht nach dem Zweirohrsystem erfolgt, sondern nach dem Einrohrsystem.

Beim Zweirohrsystem mündete der Vorlauf in die verschiedenen Heizkörper ein und vollständig getrennt davon entnahm der Rücklauf aus ihnen das ausgekühlte Wasser. Statt dessen ist bei dem Einrohrsystem Vor- und Rücklauf zwischen den Heizkörpern vereinigt; der Rücklauf des oberen Heizkörpers ist zugleich der Vorlauf des darunterstehenden. Dabei läuft neben jedem Heizkörper das Hauptrohr durch, und der Heizkörper ist nur im Nebenschluß an das Rohr angelegt.

Man könnte meinen, daß bei solcher Anordnung das Wasser sich nicht die Mühe nehmen würde, durch den Heizkörper zu gehen, sondern daß es den geraden Weg durch das Kurzschlußrohr nehmen wird. Dem ist indessen nicht so, denn durch die Abkühlung des Wassers in dem Heizkörper wird in ihm ein Abtrieb erzeugt, durch den eine gewisse Menge warmes Wasser, je nach den Abmessungen des Heizkörpers und nach seinen Widerständen, in ihn hineingezogen wird. Bei passender Anordnung kann die Beheizung nach dem Einrohrsystem ebenso energisch sein, wie im anderen Falle. Das Kurzschlußrohr ist erforderlich, um die einzelnen Heizkörper abstellbar zu machen; ohne das Kurzschlußrohr ließen sich nur alle Heizkörper eines Stranges zugleich abstellen.

Für die gewöhnlichen Warmwasserheizungen, die einfach mit Auftrieb arbeiten, hat sich bei uns seit Jahren das Zweirohrsystem fast allein eingebürgert, während in anderen Ländern das Einrohrsystem bevorzugt wird. Bei beiderseits sachgemäßer Ausführung wird man beide Systeme als etwa gleichwertig ansprechen dürfen. Für die später zu besprechenden Schnellstromheizungen, bei denen der Wasserumlauf künstlich beschleunigt wird, hat sich in neuerer Zeit auch bei uns das Einrohrsystem eingebürgert. Wir wollen die Abwägung der Vor- und Nachteile beider Systeme gegeneinander einem späteren Abschnitt vorbehalten (§ 123).

In Fig. 110 steht das Ausdehnungsgefäß etwas anders. Wesentlicher ist, daß hier die Sammelleitung statt an der Kellerdecke, am Fußboden des Kellers liegt. Das geschah, um aus dem tiefstehendem Heizkörper, der einen Kellerraum zu beheizen hat, noch das Wasser abführen zu können. Um übrigens für diesen Heizkörper, der fast in gleicher Höhe mit dem Kessel steht, den Wasserumlauf zu sichern, wurde er in den Rücklauf der höher stehenden Heizkörper eingeschaltet. Man sichert ihm so die Wasserzufuhr, da ihm die wirksame Druckhöhe der anderen Heizkörper zugute kommt, verzichtet aber darauf, ihn regeln und abstellen zu können. Man könnte ihn allerdings durch Anschluß nach dem Einrohrsystem regelbar machen. Was die Entlüftung anlangt, so ist es in Fig. 110 als ein kleiner, nicht wesentlicher Vorteil gegenüber Fig. 109 zu bezeichnen, daß die Luft sich in den wagerechten Rohrteilen

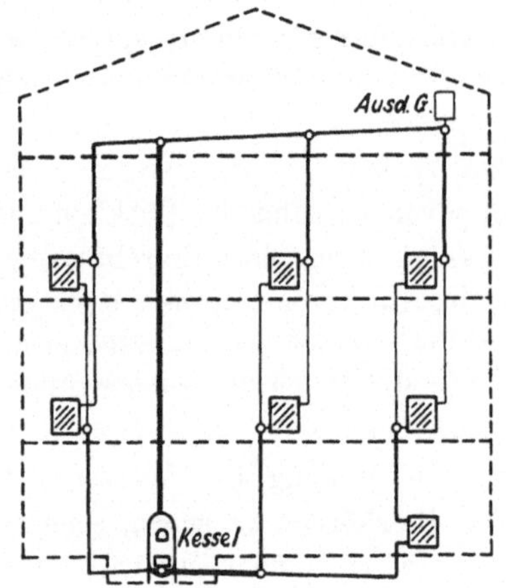

Fig. 110. Warmwasserheizung mit tiefstehendem Heizkörper.

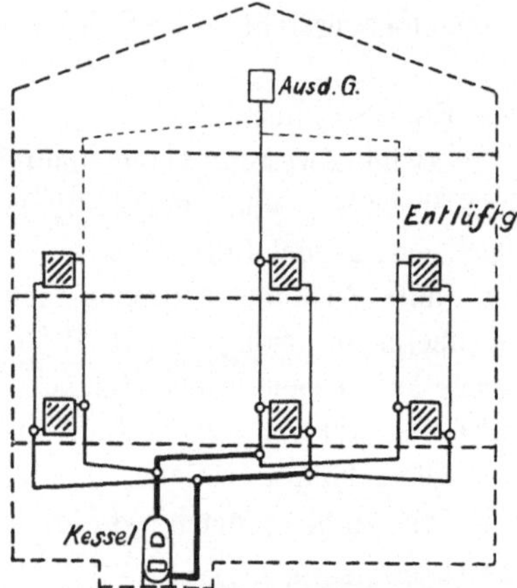

Fig. 111. Warmwasserheizung mit unterer Verteilung.

fast überall mit dem Wasser zu bewegen hat. Bei Fig. 109 mußte sie durchweg gegen das Wasser laufen.

Bei Fig. 111 ist Verteilungs- und Sammelleitung an der Decke des Kellers angebracht. Man wählt diese untere Verteilung, wenn man den Dachraum von Rohrleitungen freihalten muß; gelegentlich wird sie auch angewendet, weil die Rohrleitung kürzer, daher schwächer und aus beiden Gründen billiger ausfällt. Empfehlenswert ist die Anordnung nicht; Warmwasserheizungen mit unterer Verteilung versagen leicht bei mildem Wetter, insbesondere kommt beim Anheizen der Wasserumlauf verhältnismäßig schwer in Gang. Für das Ingangkommen ist nämlich der unmittelbar vom Kessel ausgehende senkrechte Steigestrang der Fig. 109 und 110, in dem gleich das warme Wasser einen starken Auftrieb erzeugt, von Vorteil. — Was die Entlüftung anlangt, so ist in Fig. 111 durch passende Wahl der Rohrneigung dafür gesorgt, daß möglichst alle Luft den Weg zu der mittleren Steigleitung finden und dann ins Ausdehnungsgefäß geht. Immerhin wird sich allmählich in dem obersten Heizkörper der anderen Steigeleitungen Luft ansammeln. Die Heizkörper erhalten einen einfachen Hahn; wenn ein Heizkörper nicht mehr warm wird, so ist Luft in ihm. Man öffnet den Hahn so lange, bis Wasser kommt. Statt dieser Hähne kann man auch selbsttätige Entlüfter verwenden, doch soll das nicht empfohlen werden. Oder man kann die höchsten Punkte der betreffenden Steigeleitungen durch ein schwaches Rohr, in der Figur punktiert, mit dem Ausdehnungsgefäß in Verbindung bringen; die Anbringung der Entlüftungsleitungen ist ohne Zweifel besser als die Anwendung von Lufthähnen, aber andererseits ist die Bedienung von Lufthähnen so selten nötig, dabei so einfach, daß man die Mehrkosten auch sparen kann.

Grundsätzlich verschieden von den bisherigen ist die in Fig. 112 dargestellte Verteilungsweise, bei der nicht die übereinander stehenden Heizkörper durch senkrechte Stränge, sondern die Heizkörper eines Stockwerkes durch wagerechte Stränge vereinigt werden. Die Heizkörper sind an die wagerechten Stränge nach dem Einrohrsystem angeschlossen. Bei uns ist diese Art der Verteilung nicht üblich; in England hat sie sich bewährt. Architektonisch ist sie insofern bequem, als sich häufig wagerechte Leitungen bequem an der Kellerdecke oder am Fußboden des betreffenden Geschosses unterbringen lassen, während senkrechte Leitungen mehr auffallen.

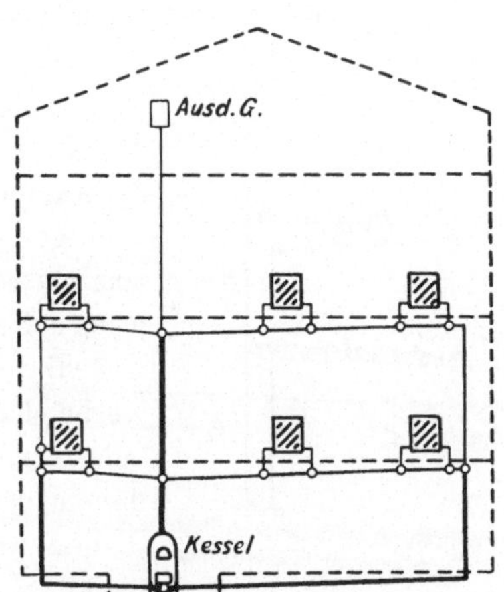

Fig. 112. Warmwasserheizung mit wagerechter Verteilung.

104. Störungen der Warmwasserheizung. Die Warmwasserheizung in ihrer großen Einfachheit ist kaum Störungen unterworfen. Doch haben manche Heizungen, insbesondere mit unterer Verteilung, die Eigenschaft, daß die Zirkulation erst bei verhältnismäßig hoher Wassertemperatur einsetzt. Eine gute Warmwasserheizung beginnt mit 35^0 umzulaufen. Besonders schwer zu erfüllen ist solche Forderung bei Heizungen mit großer Horizontal- und geringer Vertikalausdehnung, so bei gemeinsamer Beheizung mehrerer Gewächshäuser und bei Beheizung einer einzelnen Etage. Große Rohrweiten und sorgfältigste Rohrführung sind hier erforderlich.

Wenn der eine oder andere Heizkörper durch einen Luftsack vom Umlauf ausgeschlossen wird oder doch zu wenig Wasser erhält, so wird das leicht zu erkennen sein. Wo ein Luftsack häufiger auftritt, muß, wenn nicht eine bessere Abhilfe möglich ist, ein Hahn zum Ablassen der Luft angebracht werden.

Über die Ursachen ungenügender Heizwirkung im allgemeinen werden wir noch in § 124 im Zusammenhang berichten.

105. Entwässerungseinrichtungen. Wenn wir uns weiterhin der Rohrführung der Niederdruckdampfheizung zuwenden, so sind zunächst noch die folgenden Bauteile zu besprechen.

In jeder Dampfleitung scheidet sich, sie sei so gut isoliert wie sie wolle, dennoch etwas Wasser ab, das am Boden der Leitung dahinfließt. Es muß an passenden Stellen, meist an den tiefsten Punkten der Leitung, durch eine Entwässerungsleitung entfernt werden. Man schaltet nun in die Entwässerungsleitungen Einrichtungen ein, die dem Wasser den Durchtritt gestatten, die aber Dampf nicht durchlassen, so daß Dampfverluste vermieden werden. Solche Einrichtungen sind die Wasserschleife und der Wasserableiter. Der Kondenstopf dient dem gleichen Zweck nur bei hohem Dampfdruck und wird deshalb an anderer Stelle besprochen (§ 174).

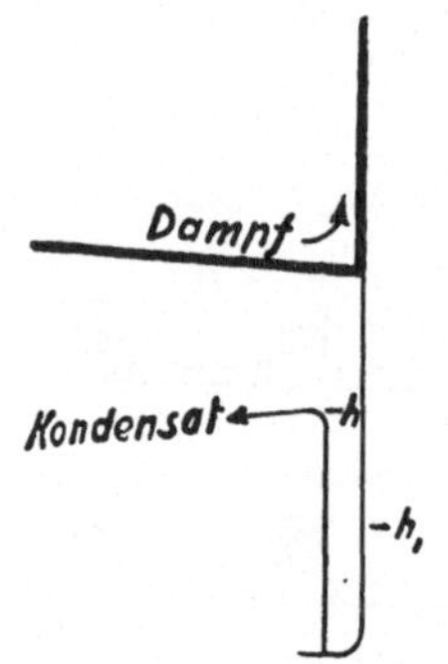

Fig. 113. Wasserschleife.

Die Dampfleitung der Fig. 113 muß an der Stelle, wo sie einen Knick nach aufwärts macht, entwässert werden; das kann durch eine Schleife, wie gezeichnet, geschehen. Die Schleife ist ein aus Gasrohr zusammengesetztes, in die Entwässerungsleitung eingebautes stehendes U, dessen einer Schenkel mit der zu entwässernden Dampfleitung verbunden, dessen anderer Schenkel offen oder mit derjenigen Leitung verbunden ist, in die hinein man das Wasser entleeren will. Dieses U-Rohr wird bei der Montage halb mit Wasser gefüllt. Herrscht dann im Betriebe ein Druck in der Dampfleitung, so stellt sich das Wasser in beiden Schenkeln verschieden, etwa auf die Höhen h und h_1 ein, deren Unterschied dem Dampfdruck entspricht. Das aus der Dampfleitung kommende Wasser hebt den Spiegel in beiden Schenkeln — der Unterschied muß der gleiche bleiben —, bis bei h Wasser überläuft und ins Freie tritt. Jeder bei h_1 hinzutretende Wassertropfen hat dann ein Abfließen von ebensoviel Wasser bei h zur Folge; Dampf aber kann nicht durchtreten, solange nicht sein Druck größer ist als der Höhe der Schleife entspricht. Bei Niederdruckdampf von 0,1 at Überdruck muß die Schleife 1 m oder sicherheitshalber etwa 1,3 m hoch sein. Für größere Drucke aber wird die Schleife zu hoch und ist deshalb nicht verwendbar. Wo man sie verwenden kann, ist sie das einfachste, dabei unfehlbare Mittel, um Dampfverluste zu vermeiden. In die Biegung pflegt man ein T-Stück zu legen, dessen einen Schenkel man durch einen Eisenpfropfen schließt; er dient zum Entfernen von Schmutz.

Wasserableiter gibt es in verschiedenster Form. Eine der beliebtesten ist der meist halbmondförmige Federrohrableiter (Fig. 114). Sein wirksamer Teil ist ein gebogenes ganz verschlossenes, mit Äther oder Quecksilber gefülltes Stahlrohr, das auf ein kleines Ventil wirkt, dieses öffnend und schließend. Im kalten Zustand ist das Ventil offen und läßt Wasser ein- und durchtreten. Kommt aber Dampf in das Gehäuse des Ableiters, so wird das gebogene Federrohr warm; ist es mit Quecksilber gefüllt, so sucht dieses sich auszudehnen; ist es mit Äther gefüllt, so sucht dieses

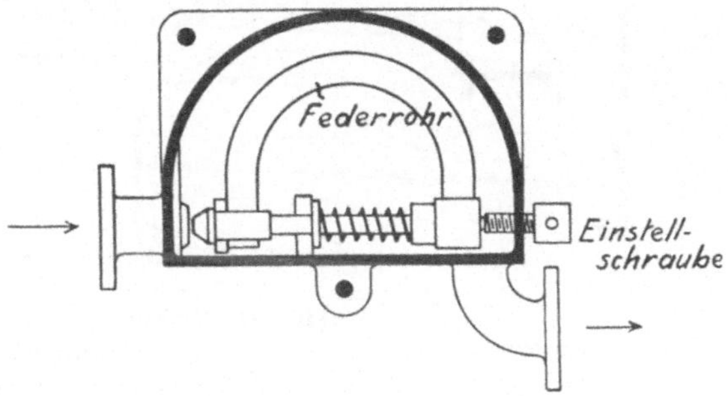

Fig. 114. Wasserableiter.

zu verdampfen. In jedem Fall entsteht ein Druck im Innern des Stahlrohres. Nun strecken sich solche gebogenen Rohrfedern unter der Wirkung inneren Druckes, eine Tatsache, die beispielsweise auch bei Manometern zur Messung des Druckes dient (Fig. 3). Die Streckung schließt das Ventil, das sich erst wieder öffnet, wenn die Temperatur gefallen ist. So wird auch hier Wasser, nicht aber Dampf durchgelassen.

In sicher dichtem Abschluß, in Dauerhaftigkeit und billigem Preis ist die Schleife das weitaus bessere. Der Federrohrableiter ist aber für höhere Drucke verwendbar, ferner durch geringen Raumbedarf und dadurch ausgezeichnet, daß er neben Wasser auch Luft durchtreten läßt; nur Dampf hält er zurück. Die Schleife aber hält Dampf und Luft zurück und läßt nur Wasser durch. So ist der Federrohrableiter auch zur Entlüftung verwendbar (§ 108).

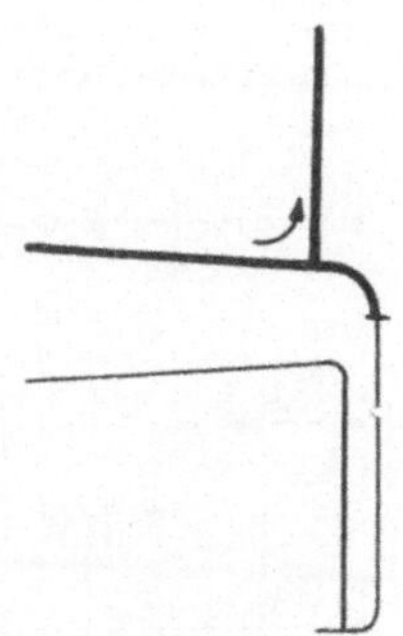

Fig. 115. Wasserschleife.

Um Dampf und Wasser sicherer voneinander zu trennen und den Dampf nicht nur von dem an den Wänden rinnenden, sondern auch von tropfenförmig in ihm verteiltem Wasser zu befreien, findet der Anschluß der Schleife oder des Ableiters zweckmäßig in der durch Fig. 115 angedeuteten Art statt. Das schwerere Wasser nimmt bei der Richtungsänderung des Dampfos den Weg geradeaus und wird so in die Schleife hineingeschleudert. Dem gleichen Zweck dienen die Wasserabscheider, die in vielen Formen verwendet werden. Eine für kleine Rohrweiten angewendete Form gibt Fig. 116 wieder. Der Dampf wird zu plötzlicher

Richtungsänderung gezwungen, schleudert dabei das Wasser an die Wand des Abscheiders, an der es herabrinnt, um unten einem Wasserableiter zuzufließen. Ein besonderer Wasserabscheider ist insbesondere unentbehrlich, wo eine wagerechte Leitung senkrecht abwärts geht (Fig. 117). Ohne ihn würden Wasserschläge in der senkrechten Leitung auftreten.

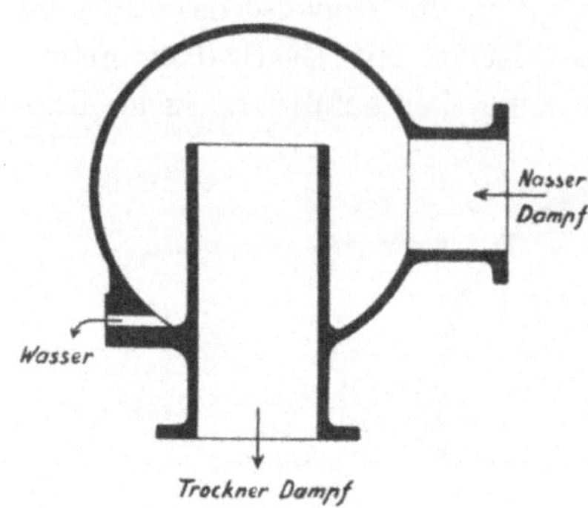

Fig. 116. Wasserabscheider.

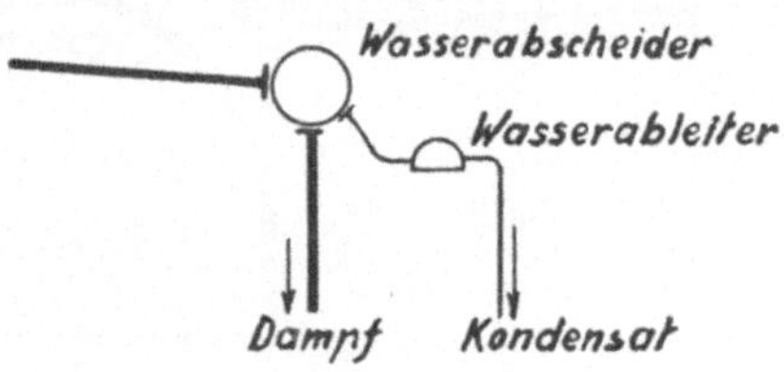

Fig. 117. Einbau von Wasserabscheider und Wasserableiter.

106. Rohrführung der Niederdruckdampfheizung. Für die Niederdruckdampfheizung ist eine Rohranordnung nach Fig. 118 die normale. Der Dampf tritt aus dem Kessel, wird an der Decke des Kellers durch Verteilungsleitungen verteilt und gelangt durch Steigeleitungen, deren Lage sich nach der Stellung der Heizkörper richtet, zu den Heizkörpern. Die Verteilungsleitung hat Gefälle in dem Sinn, daß etwa mitgerissenes Wasser sich in der Richtung des Dampfes bewegt. Jedes Ende einer Verteilungsleitung ist durch eine Schleife entwässert. Aus den Heizkörpern wird die Luft durch den Dampf verdrängt und der Dampf wird in ihnen niedergeschlagen. Luft und Niederschlagswasser gehen durch verhältnismäßig schwache, jedoch nicht unter 13 mm weite Kondensrohre zu der etwa wagerechten Sammelleitung, die das Wasser mit Gefälle dem Kessel wieder zulaufen läßt. Das Gefälle der Verteilungs- und der Sammelleitung pflegt 3 mm auf das laufende Meter zu betragen. In dem Zuführungsrohr zum Kessel steht das Wasser höher als im Kessel selbst, um so viel wie dem Dampfdruck entspricht; die Wasserstände sind in der Figur durch Schraffierung angedeutet. Die Sammelleitungen liegen an der Kellerdecke und sind frei vom Wasser, so daß die Luft durch das oben einfach offene Be- und Entlüftungsrohr in die Atmosphäre entweichen kann.

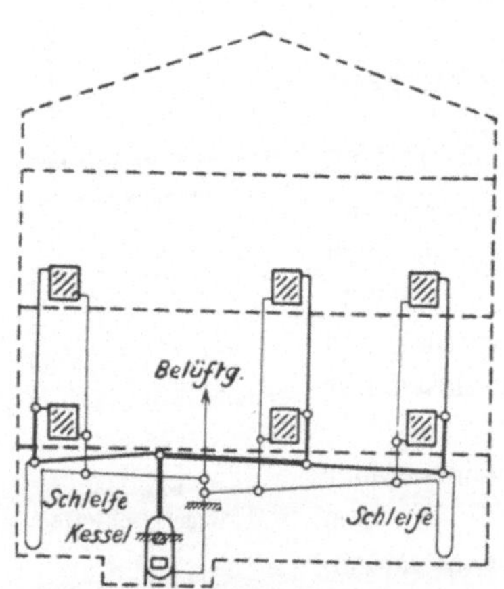

Fig. 118. Gewöhnliche Rohrführung der Niederdruckdampfheizung.

Dampf ist leichter als Luft; er verdrängt also in den Heizkörpern die Luft von oben her, so daß in dem oberen Teil eines jeden Heizkörpers Dampf, in dem unteren Luft vorhanden ist. Der in dem oberen Teil kondensierte Dampf fällt an den Wänden rinnend herab, und auch in der von Luft erfüllten Kondensleitung rinnt das Wasser an den Wänden herab. Wo es sich etwa von den Wandungen senkrechter Rohrleitungen löst, entsteht beim späteren Wiederaufschlagen ein häßlich tickendes Geräusch.

Das Entweichen von Luft ist so zu verstehen, daß im Beharrungszustand keine Luft aus dem Heizkörper entweicht, sondern nur dann, wenn das Dampfventil zum Regeln weiter geöffnet wird. Durch verminderte Drosselwirkung des Ventiles steigt dann der Druck hinter dem Ventil um ein geringes, und dieser vermehrte Dampfdruck im Heizkörper drängt die Luft vor sich her. Die Grenze zwischen Dampf und Luft wird nach unten verlegt. Dadurch wird die Heizfläche vergrößert, und zwar so lange bis die nun größere Heizfläche ausreichend ist, um den mehr einströmenden Dampf zu kondensieren. Dann ist ein neuer Beharrungszustand erreicht.

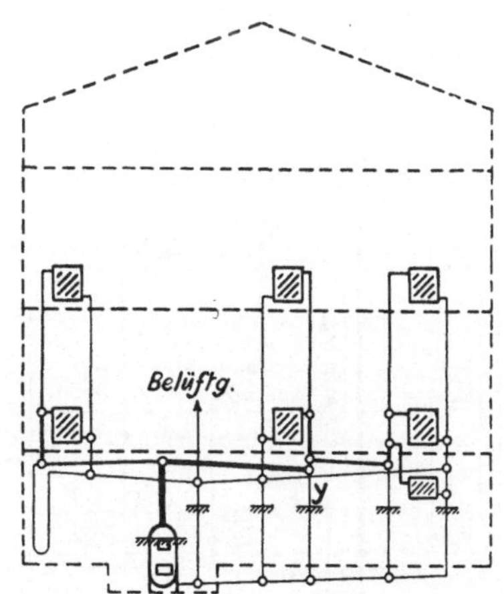

Fig. 119. Niederdruckdampfheizung mit trockener Luftleitung. Die schraffierten Höhen bedeuten den Wasserstand.

In der Kondensleitung herrscht also unter allen Umständen Atmosphärendruck.

Statt die Sammelleitung an die Decke des Kellers zu legen, kann sie auch am Fußboden desselben untergebracht werden. Wie bei der Warmwasserheizung kann das nötig werden, wenn noch im Kellergeschoss Heizkörper aufgestellt werden sollen, die nicht anders entwässert werden können. Ein solch tiefstehender Heizkörper ist in Fig. 119 angedeutet. Die Folge der tiefen Lage der Sammelleitung ist nun aber, daß sie voll Wasser steht; das Wasser steht ja überall bis zu der schraffiert angedeuteten Höhenlage, dem Dampfdruck entsprechend. Infolgedessen kann die Kondensleitung nicht mehr zur Entlüftung dienen, und es wird eine besondere Luftleitung erforderlich, die in irgend einer Höhenlage die von den Heizkörpern herabkommenden Kondensstränge miteinander verbindet. Das kommt also auf eine Trennung der Kondenswasserführung von der Luft, auf eine trockene Luftleitung, hinaus. Die doppelte Leitung macht diese Art der Rohranordnung etwas teurer, deshalb ist sie für die linke Hälfte der Fig. 119, wo kein tiefliegender Heizkörper da ist, nicht angewendet. Die trockene Luftleitung ist mit solchem Gefälle anzulegen, daß etwa doch darin sich ansammelndes Wasser keinen Wassersack bildet, sondern abläuft. Kann man ihr nicht soviel Gefälle geben, so muß man dafür sorgen, daß kein Wasser in sie kommen kann, indem man sie hinter dem Abzweig von den Kondenssträngen ein kurzes Stück in die Höhe führt; dem gleichen Zweck dienen auch besondere Gußeisenteile, sogenannte Lufttaschen.

Man beachte noch, daß die Verteilungsleitung bei y etwas in die Höhe geht, vielleicht um über eine Tür fortzukommen; sie mußte dort entwässert werden. Ferner ist der tiefliegende Heizkörper nicht am Ende der Verteilungsleitung angeschlossen, sondern etwas höher abgezweigt, so daß die Verteilungsleitung sich nicht durch ihn hindurch entwässert. Sie entwässert sich durch ein senkrechtes Rohr.

Ein Vergleich von Fig. 119 mit Fig. 110 wird zeigen, daß die Dampfheizung eine bei weitem nicht ebenso tiefe Lage des Heizkörpers gestattet, wie die Wasserheizung; das ist ein unter Umständen schwerer Nachteil. Man kann auch sagen: bei gegebener Lage des tiefst stehenden Heizkörpers muß bei Dampfheizung der Kessel tiefer stehen; das verursacht höhere Baukosten, zumal bei hohem Grundwasserstand.

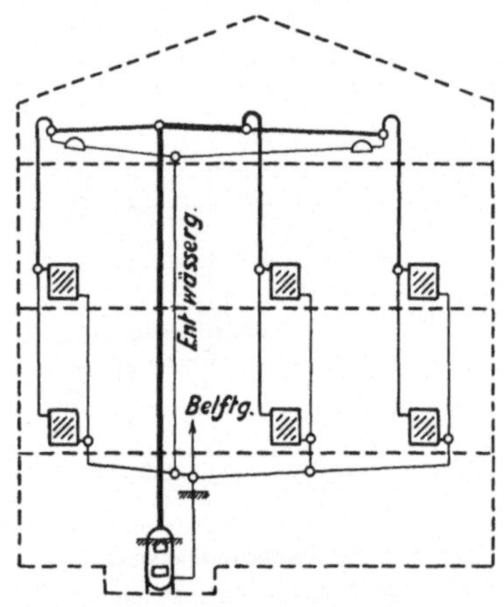

Fig. 120. Niederdruckdampfheizung mit oberer Verteilung.

In Fig. 120 ist gezeigt, daß man eine Niederdruckdampfheizung auch mit oberer Verteilung ausführen kann. Der Anschluß der senkrechten Fallstränge an die Verteilungsleitung geschieht dann unter Zwischenschaltung eines Wasserabscheiders (§ 105) oder so wie gezeichnet, so nämlich, daß die senkrecht abgehenden Dampfstränge erst kurz in die Höhe gehen, damit nicht Wasser aus der Verteilungsleitung in sie gelangt; handelt es sich ja doch häufig um weit gedehnte Verteilungsleitungen, die entsprechend viel Wasser absetzen. Die Enden der Verteilungsleitung, sowie zwischenliegende Stellen, an denen man sie in die Höhe führen muß, oder aber jeder Wasserabscheider müssen entwässert werden. Dazu kann man die halbrunden Wasserableiter verwenden, wenn für eine Schleife der Raum fehlt. Da diese Wasserableiter aber nicht so gut wirken wie eine Schleife und leicht etwas Dampf durchlassen, so empfiehlt es sich, die Entwässerungsleitung nicht an eine der Heizkörperkondensleitungen zu führen, sondern von ihnen getrennt abwärts gehen zu lassen bis an den Wasserspiegel; Geräusche durch kondensierenden Dampf sind sonst leicht die Folge.

Man erkennt, wie die obere Verteilung bei der Niederdruckdampfheizung auf gewisse Schwierigkeiten stößt, die in Verbindung mit dem höheren Preise dazu führen, daß man fast immer die untere Verteilung vorzieht. Ein Vorteil der oberen Verteilung, die dagegen bei Warmwasserheizung die Regel bildet, ist es. daß der Keller mehr von Rohren frei bleibt. Der Vorteil liegt nicht nur im schönen Aussehen, sondern darin, daß ohne Dampfleitungen der Keller kühler bleibt; das ist für Weinkeller und für manche andere Zwecke wichtig.

Fig. 121 endlich ist insofern nur eine anderweite Zusammenstellung der schon besprochenen Formen, als sie obere Verteilung, dabei aber Kondensleitung am Kellerfußboden und deshalb trockene Luftleitung zeigt. In zwei Punkten zeigt Fig. 121 auch noch Neues: Der Anschluß der Heizkörper ist nicht durch eine gerade Stichleitung, sondern durch sogenannte Schwanenhälse bewirkt. Das ist immer empfehlenswert, besonders aber bei oberer Verteilung. Das im Fallstrang gebildete Kondenswasser wird jetzt nicht, wie in Fig. 120, durch die Heizkörper hindurchgehen, es wird durch eine besondere Entwässerungsleitung entfernt. Je mehr man aber immer Kondenswasser und Dampf voneinander getrennt hält, desto sicherer vermeidet man Schlagen. Die zweite Neuerung liegt in der Art der Belüftung. Diese geschieht nicht unmittelbar, sondern unter Zwischenschaltung einer Wasserschleife, die jederseits in Gefäße endet. Eines dieser Gefäße sollte so groß sein, daß es beim Anstellen aller Heizkörper den Luftinhalt, der aus den Heizkörpern entweicht, aufnimmt; das andere ebenso große, etwas höher stehende Gefäß nimmt das aus dem ersten verdrängte Wasser auf. Da das Wasser in das höher stehende Gefäß gedrückt werden muß, so wird ein geringer Druck in der Kondensleitung auftreten, den der Dampfdruck zu überwinden hat; die Gefäße sind flach, um den Druck nicht zu groß werden zu lassen. Man bezeichnet die Anordnung als ein geschlossenes System; bei ihm tritt nicht immer neue, sondern immer wieder dieselbe Luft in die Kondensleitung zurück, und man hoffte, daß die Kondensleitung weniger rosten würde, weil der Sauerstoffgehalt der begrenzten Luftmenge bald erschöpft sein würde. Doch ist man von dieser Anordnung zurückgekommen und verwendet meist wieder offene Systeme.

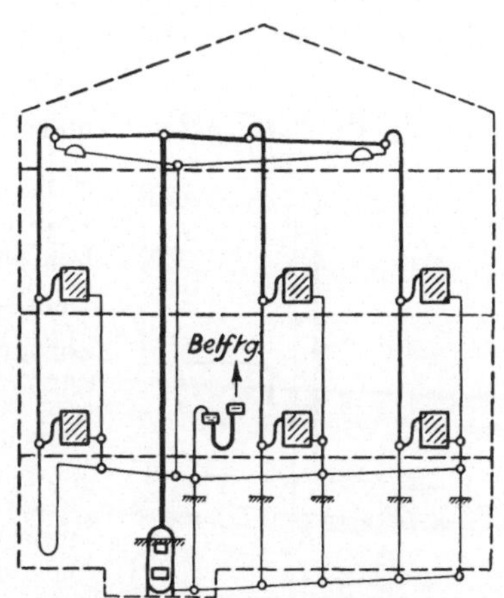

Fig. 121. Niederdruckdampfheizung, geschlossene Anordnung.

107. Störungen der Niederdruckdampfheizung. Die Niederdruckdampfheizung mit ihren komplizierteren physikalischen Vorgängen ist Störungen mehr unterworfen als die Warmwasserheizung. In den weitaus meisten Fällen rühren Störungen in der Erwärmung eines Heizkörpers davon her, daß dessen Be- und Entlüftung ungenügend ist.

Die Belüftung — so wollen wir immer einfach sagen — kann durch Wasser gehindert werden, wenn sich irgendwo in dem wagerechten Teil der Kondensleitung ein Wassersack bildet. Das bedeutete einen groben Fehler in der Montage und wäre nur dadurch zu beseitigen, daß man die Leitungen mit genügendem Gefälle neu verlegte.

Wenn, etwa bei Fig. 120, der Wasserspiegel in der zum Kessel zurückführenden Leitung durch Steigen des Dampfdruckes ebenfalls steigt. so muß schließlich die Verbindung der wagerechten Kondensleitung mit dem Luftaustritt geschlossen werden. Damit das nicht geschieht, sollen die Sicherheitseinrichtungen gegen zu hohen Dampfdruck — Standrohr, Signalpfeife — schon bei einem geringeren Druck in Wirksamkeit treten.

Häufiger wird die Belüftung eines Heizkörpers durch Dampf gestört, der durch einen anderen Heizkörper hindurch in die gemeinsame Kondensleitung gelangt ist. Gibt man in Fig. 122 dem Heizkörper *A* mehr Dampf, so rückt die Grenze zwischen Dampf und Luft abwärts. Sie erreicht schließlich die Kondensleitung, die sich nun mit Dampf erfüllt. Der Dampf verbreitet sich in der Kondensleitung ziemlich weit hin, weil ja die Leitung wenig Abkühlungsfläche hat und nicht viel kondensiert. In den engen Kondensleitungen wird nun die Luft des Heizkörpers *B* und noch mehr die des Heizkörpers *C* nicht entweichen können. Dann werden aber die betreffenden Heizkörper gestört werden; der schwache Dampfdruck ist nicht imstande, die Luft wesentlich zu komprimieren. Wo er sie nicht leicht vor sich herschiebt, da kann er nicht eintreten.

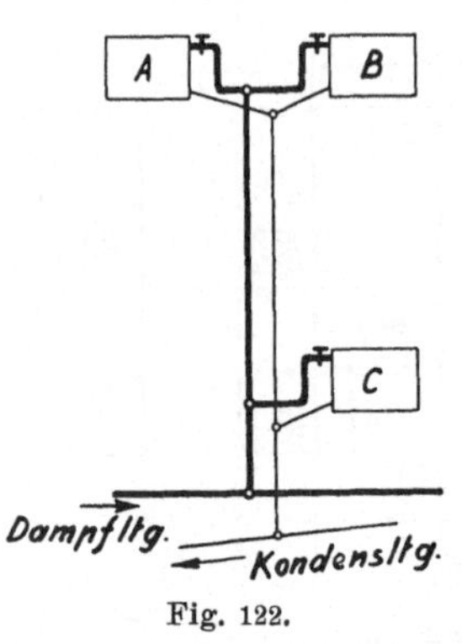

Fig. 122.

Die Folge dieses sogenannten Durchschlagens des Heizkörpers *A* ist, daß der Heizkörper *B* oder *C* nicht warm wird, wenn man sein Ventil öffnet, eben weil die Luft nicht entweicht. War umgekehrt ein solcher von der Entlüftung abgetrennter Heizkörper vorher mit Dampf erfüllt und man stellt ihn ab, so wird er nicht kalt, denn er kann nicht Luft nachsaugen aus der Kondensleitung, sondern, saugt Dampf an; der tritt rückwärts in ihn ein und erwärmt ihn, auch wenn sein Ventil ganz geschlossen ist.

Wie dem auch im einzelnen sei, jedenfalls wird durch das Durchschlagen eines Heizkörpers die Regelbarkeit der anderen hinfällig. Man muß also dafür sorgen, daß kein Heizkörper durchschlagen kann.

108. Verhütung des Durchschlagens. Um das Durchschlagen zu verhüten, genügt schon die Ausstattung der Heizkörper mit guten Regulierventilen, das heißt solchen, die neben der Einstellbarkeit von Auf bis Zu noch eine zweite Einstellbarkeit haben, um die größte Öffnung verschieden zu bemessen. Die größte Öffnung soll dann beim erstmaligen Einregeln der Anlage so bemessen werden, daß bei ganz offenem Ventil nicht mehr Dampf in den Heizkörper eintritt als er sicher niederschlägt. Nach beendeter Montage wird die Heizung auf den höchsten zulässigen Druck gebracht und alle Heizkörperventile werden geöffnet. Es wird sich dann meist zeigen, daß einzelne Heizkörper bis untenhin warm werden, ja daß ihre Kondensleitung so heiß ist, daß man sie nicht anfassen kann; diese Heizkörper sind durchgeschlagen. Andere Heizkörper sind kalt. Sieht man zu, für welche Heizkörper die Kondensleitung gemeinsam ist, so findet man — mit mehr oder weniger großer Sicherheit —, wie immer ein durchgeschlagener Heizkörper die Belüftung der benachbarten gestört hat. Sein Ventil wird so eingestellt, daß der Heizkörper auch dann nicht durchschlägt, wenn es ganz geöffnet ist.

In anderen Fällen verhütet man das Durchschlagen eines Heizkörpers, indem man in der Kondensleitung hinter den Heizkörpern Vorrichtungen einschaltet, die nur Wasser und Luft, nicht aber Dampf durchgehen lassen. Solche Vorrichtungen sind die Wasserableiter, von denen uns eine Form bereits bekannt ist (Fig. 114). Außer anderen, auf ähnlichem Prinzip beruhenden Konstruktionen verwendet man auch die Kondenswasserstauer.

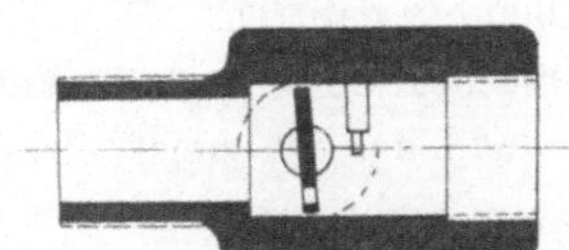
Fig. 123. Kondenswasserstauer (Dampfstauer).

Kondenswasserstauer, auch wohl Dampfstauer genannt, sind einfache Vorrichtungen, deren Wirksamkeit meist nur darauf beruht, daß sie in den Kondensleitungen an einer Stelle nur einen sehr feinen Durchtritt frei lassen. Fig. 123 zeigt einen der einfachsten Dampfstauer. Durch die feine in der drehbaren Klappe vorhandene Öffnung muß zu jeder Zeit das von dem Heizkörper kondensierte Wasser abfließen. Die abfließende Wassermenge hängt also davon ab, wie stark der Heizkörper angestellt ist. Um abfließen zu können, muß sich das Wasser vor der feinen Öffnung etwas anstauen, bei schwachem Betrieb wird es nur durch den untersten Teil der Öffnung abfließen, bei stärkerem die Öffnung halb erfüllen, und schließlich wird es, wenn die Wassermenge dazu hinreicht, die Öffnung ganz ausfüllen. Tritt das ein, bevor der Heizkörper ganz von Dampf erfüllt ist, so ist damit das Durchschlagen des Heizkörpers durch Wasserabschluß gehindert. Die Entlüftung hat durch die obere Hälfte der feinen Öffnung so lange vor sich gehen können, wie es nötig war. Dadurch, daß sie schließlich abgesperrt wird, wird gerade das Durchschlagen verhütet. Sollte die Öffnung etwas zu groß bemessen sein, so wird der Dampf bis an den Stauer gelangen und durch die obersten Teile der Öffnung in die Kondensleitung austreten. Die austretende Dampfmenge kann aber nur klein sein, da der Dampf ein verhältnismäßig zu großes Volumen im Vergleich zu Wasser hat, um in größeren Mengen auszutreten.

Die Dampfstauer sind billiger als die Wasserableiter, wirken aber nicht so sicher wie jene. Die feine Öffnung, auf der ihre Wirksamkeit fast immer beruht, verstopft sich leicht; dann entlüftet sich der Heizkörper nicht. Bei dem in Fig. 123 dargestellten Stauer ist allerdings dafür gesorgt, daß man die Klappe mit der feinen Öffnung von außen her leicht um 90° drehen kann, wobei sich die Öffnung an einem Dorn reinigt; man bringt die Klappe dann gleich wieder in ihre alte Lage zurück.

Als das empfehlenswertere wird es im allgemeinen angesehen, nicht den Abschluß hinter dem Heizkörper zu machen, sondern durch Einbau guter Regulierventile und sorgfältiges Einstellen derselben das Durchschlagen zu verhindern. Zu diesem Urteil führt insbesondere folgende Erwägung: Ein Dampfheizkörper sei durchgeschlagen, das heißt also, der Querschnitt des Dampfventiles sei zu groß. Wird dann ein Wasserableiter eingebaut, so ist das Durchschlagen zwar beseitigt. Wenn nun der Heizkörper etwas abgestellt werden soll und dazu das Ventil etwas geschlossen wird, so wird der einströmende Dampf immer noch genügen, um den ganzen Heizkörper zu füllen. Das Bewegen des Ventiles hat also auf die Wärmeabgabe zunächst gar keinen Einfluss. Erst später, bei weiterem Schließen des Ventiles, geht auch die Wärmeabgabe, und nun entsprechend plötzlich, herab. Man sieht also, die Regelung hat unter dem Einbau des Ableiters gelitten. Man hat gewissermaßen den Fehler begangen, nicht die Ursache, die zu große Ventilöffnung, sondern die Wirkung zu beseitigen — und das ist meist nicht das richtige.

Nicht verschwiegen soll andererseits sein, daß auch die Einstellung des Regelventiles nicht immer ganz befriedigt. Läßt ein Ventil gerade die richtige Dampfmenge zum Heizkörper, solange alle Heizkörper des Stranges anstehen, so wird der Heizkörper durchschlagen, sobald die benachbarten Heizkörper abgestellt werden, weil dann der Druckverlust in der Leitung sich vermindert, also höherer Druck zum Heizkörper kommt. Das tritt nur dann nicht ein, wenn die Regel des § 41 befolgt ist, wonach die einigen Heizkörpern gemeinsamen Leitungen mit geringem Druckverlust zu berechnen, also weit zu halten sind. Selbst bei Beachtung dieser Regel wird beim gleichzeitigen Abstellen mehrerer Heizkörper der Kesseldruck ansteigen, und das kann doch noch zum Durchschlagen führen.

Man sieht, wie schwer bei der Niederdruckdampfheizung allseits befriedigende Verhältnisse zu erzielen sind, oder vielmehr, sie sind überhaupt nicht zu erzielen.

109. Geräusche bei der Niederdruckdampfheizung. Bei der Niederdruckdampfheizung läßt sich gelegentlich ein tickendes, tropfendes Geräusch hören, gelegentlich auch ein leichtes Rieseln oder Rauschen. Es ist äußerst schwer, im einzelnen Fall zu sagen, was die Ursache solcher Geräusche ist, wenn man auch im allgemeinen angeben kann, daß sie davon herrühren, daß Wassertropfen sich von der Wand der Kondensleitung, an der sie herabrinnen sollten, lösen, frei herabfallen und dann irgendwo aufschlagen. Solche Geräusche pflanzen sich ziemlich weit fort, die Rohrleitung selbst überträgt sie; daher ist es schwer zu finden, an welcher Stelle sie ihre Ursache haben; daher gelingt auch ihre Beseitigung meist nicht.

Beim Durchströmen des Dampfes durch das Regulierventil des Heizkörpers stellt sich leicht ein zischendes Geräusch ein; beruht ja doch die Drosselwirkung des Ventils darauf, daß der Dampf in dem kleinen Ventilquerschnitt eine größere Geschwindigkeit annehmen muß; ein Geräusch aber ist unvermeidlich, wo Dampf mit großer Geschwindigkeit an Metallflächen vorbeistreicht. Die Abhilfe gegen diese Erscheinungen, die früher sehr störend waren, hat man darin gefunden, daß man mit dem Überdruck des Dampfes mehr und mehr herabgegangen ist; man muß dann allerdings weitere Rohrleitungen verwenden. Bei genügend kleinem Überdruck bleibt der Ventilquerschnitt groß genug und die Dampfgeschwindigkeit klein genug, um zischendes Geräusch einigermaßen zu vermeiden. Der Überdruck pflegt nur bei größeren Anlagen über 0,1 at zu betragen.

Am häßlichsten endlich sind Wasserschläge, die oft sehr stark und immer dann auftreten, wenn Dampf mit kälterem Wasser zusammenkommt, etwa wenn Dampf in die Kondensleitung tritt infolge Durchschlagens eines Heizkörpers, eines Wasserableiters oder einer Schleife. Dieses Knattern wird auch durch die Rohrleitungen weithin übertragen und daher ist die Beseitigung oft schwierig. Nach dem Abstellen mehrerer Heizkörper gleichzeitig tritt fast immer Knattern auf.

Im ganzen läßt sich sagen, daß man nach dem heutigen Stande Geräusche bei einer Niederdruckdampfheizung nicht mit Sicherheit vermeiden kann.

110. Warmwasser- gegen Niederdruckdampfheizung. Warmwasser- und Niederdruckdampfheizung behaupten sich beide auf dem Markt. Daraus folgt, daß sich für beide etwas sagen läßt. Die beiderseitigen Vor- und Nachteile lassen sich etwa wie folgt darlegen.

Ein unbestreitbarer Vorzug der Warmwasserheizung ist ihre milde Wärmeabgabe, insbesondere in der Übergangsjahreszeit, weil die Regelung der Wärmeabgabe im wesentlichen durch die Oberflächentemperatur erfolgt, während die Niederdruckdampfheizung die Regelung durch Veränderung der beheizten Oberfläche vornimmt (§ 106). Ebenso feststehend ist es, daß die unbedingte Geräuschlosigkeit der Warmwasserheizung für bessere Zwecke hoch anzuschlagen ist. Diese beiden Eigenschaften kennzeichnen sie als die beste Heizungsart, insbesondere für Wohnhäuser.

Dem steht als Vorteil der Dampfheizung zunächst ein geringerer Beschaffungspreis gegenüber. Die Wärmeabgabe der Dampfheizfläche ist nicht unwesentlich höher als die einer Wasserheizfläche (§ 94 und 54); die Kondensleitungen, die nur die geringe Menge Kondenswasser führen und sonst mit stagnierender Luft gefüllt sind, sind enger als die Rücklaufleitungen der Warmwasserheizungen. Beides zusammen bewirkt, daß die Anlagekosten beider Systeme sich im Durchschnitt etwa wie 4 zu 5 verhalten.

Immerhin ist der geringere Preis nicht der einzige Vorzug der Dampfheizung. Wertvoll ist ihre Eigenschaft, beim Regeln mit Hilfe des Handgriffes sehr schnell zu folgen, weil das im Heizkörper befindliche geringe Dampfgewicht im Augenblick kondensiert ist; Wasserheizkörper wärmen noch einige Zeit nach, bis ihr Wasserinhalt kalt ist. Das ist z. B. bei Schulen lästig, bei denen man vor Beginn des Unterrichtes ein kräftiges Hochheizen haben will, aber sobald die Kinder mit ihrer Wärmeabgabe da sind, soll die Heizung sofort nachlassen; ähnlich liegen die Verhältnisse in Theatern und an anderen Orten. Wertvoll ist auch die Eigenart der Dampfheizung, nicht einzufrieren, wenn einzelne Räume im Winter unbenutzt bleiben, so bei unvermieteten Wohnungen. Schwierigkeiten macht dann allerdings das Anstellen der Dampfheizkörper bei starkem Frost: der in die Heizkörper tretende Dampf gefriert und verstopft die Leitungen. Unvorsichtig verlegte Kondensleitungen können überhaupt einfrieren, wenn auch nicht leicht zerfrieren. Als wertvoll wird man an der Niederdruckdampfheizung auch die Tatsache ansprechen dürfen, daß die Rohrleitungen und namentlich die Heizkörper keinen wesentlichen Innendruck erleiden, während bei der Warmwasserheizung jeder Teil des Systems unter einem Druck steht, der seiner Tiefenlage unter dem Ausdehnungsgefäß entspricht, also bei einem 20 m hohen Gebäude in den unteren Geschossen 2 at beträgt. Das ist für die schwachwandigen Gußeisen-Radiatoren nicht ganz unbedenklich; ein Bruch aber hätte Austreten heißen Wassers zur Folge. Natürlich werden Brüche kaum eintreten, da das ganze Rohrnetz der Warmwasserheizung nach Fertigstellung mit etwa 4 at abgedrückt wird.

Manche anderen gelegentlich genannten Unterschiede zwischen beiden Arten der Heizung sind in das Reich der Fabel zu verweisen. Wird behauptet, die Dampfheizung sei im Kohlenverbrauch die sparsamere, so können wir in dieser Hinsicht auf die Ausführungen des § 63 verweisen, nach denen der Kohlenverbrauch in erster Reihe von der Bauart des Gebäudes abhängt, die Heizung selbst aber nur in geringem Maße für ihn verantwortlich zu machen ist. Wird behauptet, die Dampfheizung erzeuge trockenere Luft als die Warmwasserheizung, so geht die Unrichtigkeit solcher Anschauung aus den theoretischen Darlegungen unseres ersten Kapitels, insbesondere aus § 22 hervor, wonach jede Heizung die Luft gleich stark austrocknet, was die relative Feuchtigkeit anlangt; kommt ja doch weder Dampf noch Luft in den beheizten Raum. In beiden Beziehungen kann man höchstens, je nach der besonderen guten oder schlechten Ausführung einer einzelnen Anlage oder je nachdem eine Anfeuchtung vorhanden ist oder nicht, Unterschiede finden. Was man aber bei der Dampfheizung als Trockenheit empfindet, dürfte die Wirkung von Zersetzungsprodukten des Staubes auf die Schleimhäute sein, die allerdings bei der Niederdruckdampfheizung wegen ihrer höheren Oberflächentemperatur reichlicher gebildet werden, die sich aber durch Sauberkeit sehr vermindern lassen.

Wenn man der Warmwasserheizung eine Überlegenheit hinsichtlich der generellen, der Dampfheizung eine solche hinsichtlich der örtlichen Regelung nachsagt, so wird ein späterer Abschnitt zeigen (§ 117 ff.), daß dieser Unterschied zwar für die üblichen Ausführungen richtig, aber doch vermeidbar ist; er liegt also nicht eigentlich im System begründet.

b) Neuere Heizungsarten.

111. Ziele. Wenn wir sahen, daß zwar im ganzen die Warmwasserheizung die größeren Annehmlichkeiten bietet, so ist doch andererseits an der Niederdruckdampfheizung eine Reihe von Vorzügen nicht abzuleugnen; der niedrigeren Oberflächentemperatur und der sicheren Geräuschlosigkeit einerseits steht insbesondere der billigere Preis, daneben aber auch der kleinere Druck im Rohrnetz und die Möglichkeit sehr plötzlicher Regelung gegenüber.

Es hat nicht an Bestrebungen gefehlt, die Vorzüge beider Systeme miteinander zu verbinden. Von der Seite der Dampfheizung ist das geschehen durch Einführung der Luftumwälzung und der Vakuumheizung; von seiten der Wasserheizung sind die Schnellumlaufheizungen häufig als dem gleichen Zweck, nämlich der Vereinigung beiderseitiger Vorzüge dienend, hingestellt worden. In Wahrheit liegen ihre Vorteile wohl auf anderem Gebiet, insbesondere auf dem der überaus bequemen und freien Rohrführung.

112. Dampfheizungen mit niederer Dampftemperatur. Um bei der Dampfheizung die Oberflächentemperatur herabzusetzen und dadurch eine milde Wärmeabgabe und womöglich auch eine sicherere Regelung herbeizuführen, bietet sich das Mittel dar, den Druck des Dampfes herabzusetzen. Das kann entweder geschehen, indem man in dem Heizkörper ein richtiges Vakuum erzeugt. Temperatur und Druck des Dampfes gehen ja stets miteinander einher. Das andere Mittel bietet sich darin, den Dampf mit Luft zu mischen, so daß der gesamte im Heizkörper vorhandene Druck der atmosphärische bleibt, sich aber zusammensetzt aus dem Teildruck der Luft und dem Teildruck des Dampfes (§ 16); der Teildruck des Dampfes und demnach die Temperatur des Gemisches wird demnach niedriger werden. Von diesem Gesichtspunkt betrachtet, wonach es für das Niederschlagen des Dampfes immer auf den Dampfdruck ankommt, gleichgültig ob Luft anwesend ist oder nicht — und das ist die physikalisch richtige Betrachtungsweise —, beruhen die beiden jetzt zu besprechenden Heizungsarten auf einem und demselben Grundsatz.

Eine Vakuumdampfheizung zeigt Fig. 124 schematisch. Ein Niederdruckdampfkessel erzeugt Dampf von der üblichen Spannung, das heißt wenig über atmosphärischer Spannung. Dieser Druck herrscht in der Dampfleitung bis heran an die Ventile, die am Heizkörper als Regulierventile angebracht sind. In den Heizkörpern herrscht geringere als atmosphärische Spannung, weil in der Kondensleitung, die übrigens wie bei der Niederdruckdampfheizung verlegt ist, eine Pumpe Unterdruck erzeugt, das heißt Luft und Wasser herausschafft. Sie hebt das Wasser in die Standrohreinrichtung des Niederdruckdampfkessels.

Der besondere Teil der Anlage ist die Pumpe; sie muß eine sogenannte nasse Luftpumpe sein, wenn man nicht eine Luftpumpe und noch eine besondere Wasserpumpe anwenden wollte, was aber überflüssig ist. Man wird übersehen, daß Wasser und Luft von der Pumpe gefördert werden muß. Denn beim Beginn des Betriebes ist in den Heizkörpern Luft vorhanden, und nur wenn wir sie entfernen, entsteht ein Vakuum. Es wäre nicht etwa möglich, den Betrieb so zu denken, daß der Dampf die Luft verdrängt, sich dann selbst niederschlägt und dadurch ein Vakuum bildet. Einerseits würde ja Luft durch die Kondensleitung zurücktreten, wenn

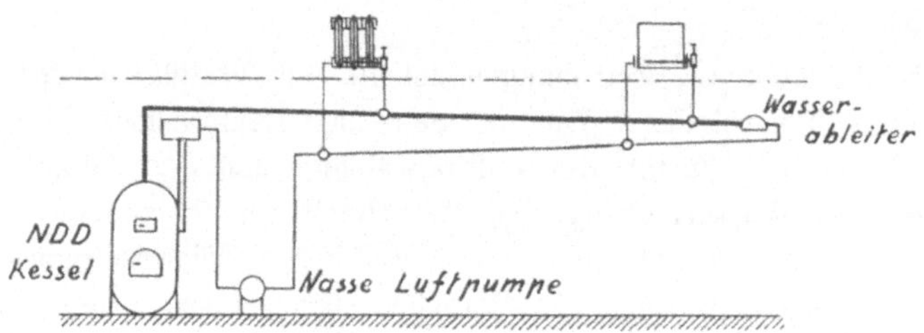

Fig. 124. Vakuum-Dampfheizung.

man nicht etwa für eine besondere Rückschlageinrichtung gesorgt hätte; auch würde ein dennoch entstandenes Vakuum durch Luft bald zerstört werden, die durch vorhandene Undichtigkeiten eindringt. Nur eine Luftpumpe wird das Vakuum erzeugen und es aufrecht erhalten können, indem sie fortdauernd so viel Luft aus der Leitung und den Heizkörpern herauspumpt, wie durch Undichtheiten eindringt. Das ist natürlich um so mehr, je besser das Vakuum ist. Außerdem muß die Pumpe auch das kondensierte Wasser fördern, denn das Wasser läuft zwar in der unter Vakuum stehenden Kondensleitung ebenso abwärts wie sonst, würde aber niemals freiwillig aus dem unter Vakuum stehenden Raum in den Atmosphärendruck austreten.

Als Luftpumpe eignet sich jede beliebige Kolbenpumpe, sofern nur der schädliche Raum von Natur oder durch Ausfüllen mit Wasser genügend klein ist; wenn man Dampf zur Verfügung hat, lassen sich die zum Kesselspeisen viel verwendeten Dampf-Duplexpumpen verwenden, sonst muß man eine elektrisch angetriebene Pumpe verwenden. Die Pumpe muß so groß sein, daß sich das Wasser nicht vor ihr staut und in dem Rohr einen geschlossenen Spiegel bildet; wäre das der Fall, so würde niemals die Luft durch den Spiegel hindurch ausgepumpt werden können.

Die Dampfeinlaßventile können gewöhnliche Regulierventile sein. Sie können aber auch automatisch wirken, indem sie von der Innentemperatur des Heizkörpers beeinflußt werden und daher auf eine bestimmte Innentemperatur einregeln.

Die Vakuumheizung hat einen grundsätzlichen Fehler insofern, als Temperatur und Druck in einem bestimmten, durch die Spannungskurve des Dampfes gegebenen Verhältnis zueinander stehen, daher muß, weil doch überall in Kondensrohr und Heizkörpern annähernd ein und derselbe Druck herrschen muß, auch in allen Heizkörpern die gleiche Temperatur herrschen. Infolgedessen ist eine Regelung der Temperatur einzelner Heizkörper nicht möglich, oder doch nur in dem Maße möglich, wie es durch das Vorhandensein von Luft gegeben ist, die niemals ganz aus den Heizkörpern entfernt wird. Wollte man verschiedenen Heizkörpern verschiedene Temperaturen erteilen, so müßte man dafür sorgen, daß in ihnen verschiedener Druck herrschen kann, trotz des für alle gleichen Druckes in der Kondensleitung. Das könnte durch Einfügung einer Drosseleinrichtung, also eines Ventiles oder Hahnes, in die Kondensleitung geschehen. Jedenfalls ist aber klar, daß eine örtliche Regelung bei dem System, wie es in Fig. 124 dargestellt ist, nicht möglich ist. Keine Regeleinrichtung v o r dem Heizkörper kann sie erreichen. Um so vollkommener wird die generelle Regelung sein. Je nachdem die Pumpe schneller oder langsamer läuft, wird sich das Vakuum verbessern und verschlechtern, und es steht nichts dem im Wege, daß man es etwa von 0,1 at absolut bis auf Atmosphärenspannung variiert, entsprechend Dampftemperaturen zwischen 45 und 100 Grad.

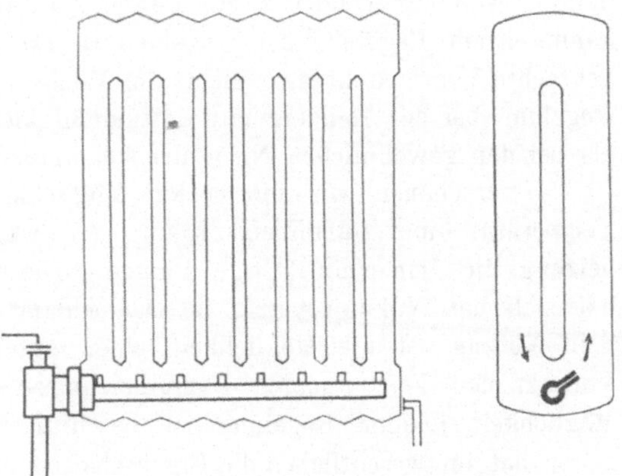

Fig. 125. Radiator mit Luftumwälzung.

Die Vakuumheizung hat sich in Deutschland bisher nicht einführen können, wird indessen in England und namentlich in Amerika vielfach verwendet und dort für befriedigend gehalten.

Bei der Heizung mit Luftumwälzung soll nicht der Gesamtdruck im Heizkörper, sondern nur der Teildruck des Dampfes herabgesetzt werden. Der Dampf wird von unten in den Heizkörper eingeführt. Dazu ist ein Rohr durch die unteren Verbindungsnippel des Radiators geführt, aus dem der Dampf durch schräg angeordnete Düsen austritt (Fig. 125).

Er saugt, so sagt man, die in der einen Heizkörperhälfte vorhandene Luft an, mischt sich mit ihr, und man nimmt an, daß in den Gliedern der anderen Heizkörperhälfte das Gemisch von Dampf und Luft aufsteigt, während es in der linken Hälfte abwärts geht. Daher rührt der Name Luftumwälzungsheizung.

Es wird wohl gesagt, die niedrige Temperatur im Heizkörper werde durch Mischen kalter Luft und warmen Dampfes in wechselnder Menge erreicht. Diese Darstellungsweise ist mindestens ungenau. Denn da Luft in dem Heizkörper immer nur umläuft, nie erneuert wird, so hat sie vor der Mischung mit dem Dampf bereits die Temperatur des Heizkörpers; nach der Mischung wird das Gemisch nur wenig unter 100° haben. Durch die Oberfläche des Heizkörpers hindurch wird ihm Wärme entzogen, und dadurch die Temperatur des ursprünglich nicht ganz gesättigten Gemisches herabgesetzt, bis dasselbe gesättigt ist, daß heißt bis die Temperatur dem Teildruck des Dampfes entspricht. Die weitere Wärmeentziehung hat dann nicht ein Sinken der Temperatur, sondern Ausscheidung von Wasser zur Folge. Der Verlauf im einzelnen wäre nur kompliziert darzustellen. Doch wird man erkennen, daß an gewissen Stellen des Heizkörpers höhere Temperaturen auftreten als an anderen; vorteilhaft ist es, daß die höchsten Temperaturen unten am Heizkörper auftreten.

Bei der Umwälzungsheizung herrscht in allen Heizkörpern der gleiche Druck, nämlich der atmosphärische. Trotzdem können sie sich auf verschiedener Temperatur befinden, also verschiedene Wärmemengen liefern, weil der Teildruck des Dampfes in ihnen ein verschiedener sein kann. Einer Regelung der einzelnen Heizkörper durch das an ihnen angebrachte Ventil steht also nichts im Wege. Dagegen wird die generelle Regelung bei der Heizung mit Luftumlauf nicht besser zu erreichen sein, als bei der gewöhnlichen Niederdruckdampfheizung.

Überschauen wir die beiden Möglichkeiten zur Herabsetzung der Temperatur eines Dampfheizkörpers, so haben wir bei der Vakuumdampfheizung die immerhin lästige Pumpe. Dieser Unannehmlichkeit wegen hat sich das Vakuumsystem in Deutschland bisher nicht eingebürgert. Sein Vorzug ist die Möglichkeit einer guten generellen Regelung, ein Vorzug, den kein anderes Dampfheizungssystem ebenso erreicht. Die Möglichkeit lokaler Regelung ist beschränkt. Die Umlaufheizung hingegen hat im wesentlichen die Eigenschaften der Niederdruckdampfheizung und nur den Vorteil niederer Oberflächentemperatur. Je nachdem man mehr Wert legt auf die generelle oder die lokale Regelung, wird man sich gegebenenfalls für das eine oder andere dieser Heizungssysteme entscheiden.

113. Schnellumlaufheizungen. Bei den Schnellumlaufheizungen wird der Umlauf des Wassers einer Warmwasserheizung nicht oder doch nicht allein durch den natürlichen Auftrieb bewirkt, sondern durch eine künstliche Umtriebkraft. Diese Umtriebkraft kann eine Pumpe, sie kann aber auch eine injektorartige Einrichtung oder ähnliches sein. In jedem Fall erreicht man durch diese zusätzliche Kraft, daß das zur Überwindung der Leitungswiderstände verfügbare wirksame Druckgefälle größer ist als bei der einfachen Warmwasserheizung, die man zur Unterscheidung wohl als Schwerkraftheizung bezeichnet. Doch werden wir sehen, daß bei einigen Schnellumlaufheizungen ebenfalls die Schwerkraft das Wirksame ist, nur daß der Auftrieb künstlich verstärkt wird. Die vergrößerte Triebkraft gestattet es, die Rohre enger zu halten; in den engeren Rohren nimmt dann das Wasser eine größere Geschwindigkeit an als in der Schwerkraftheizung. Das hat einen doppelten Vorteil. Erstens sind die engen Rohrleitungen billiger, und so werden die Anlagekosten einer Schnellumlaufheizung unter Umständen geringer ausfallen können als die einer Warmwasserheizung; das ist der Fall, wenn die Ersparnis an Rohrleitungen größer ist als die Mehrausgabe für diejenigen Teile, die den Umtrieb verstärken, das sind eben die Pumpen oder ähnlichen Einrichtungen. Der zweite Vorteil ist der, daß sich in den Rohrleitungen wegen der größeren Wassergeschwindigkeit weniger leicht Luftsäcke bilden, und daß Luftsäcke, die sich einmal gebildet haben, durch das schnell fließende Wasser mitgenommen werden auch gegen den natürlichen Auftrieb, also auch in der Richtung nach abwärts. Man kann sich also bei den Schnellumlaufheizungen in der Rohrführuug freier bewegen und braucht nicht ängstlich auf das nötige Gefälle zu achten. Will man die Leitung zu einem Heizkörper führen, der von den speisenden Steigleitungen durch eine Tür getrennt ist, so daß man an der Tür vorbei muß, so kann man das Rohr dem Türrahmen anschmiegen, auf dessen einer Seite man aufwärts, auf dessen anderer Seite man abwärts geht. Durch solchen aufwärts gekrümmten Bogen würde die gewöhnliche Warmwasserheizung nicht in der Lage sein, Wasser zu treiben, ein sich bildender Luftsack würde bald den Umlauf hemmen.

Eine Schwierigkeit bei der Umwälzungsheizung scheint das erste Einregeln der Anlage zu bilden. Bei der gewöhnlichen Niederdruckdampfheizung geschieht die erste Einregelung der Ventile so, daß die untersten Teile der Heizkörper mit Luft gefüllt und ziemlich kühl bleiben; bei der Umwälzungsheizung ist dies Kennzeichen der richtigen Einstellung wenig deutlich, da der Heizkörper auch unten warm wird.

Was die Betriebskosten einer Schnellumlaufheizung anlangt, so ist zu bemerken, daß der Aufwand für den Umtrieb nicht verloren ist. Die aufgewendete Arbeit dient nur dazu, die Reibung des Wassers in der Rohrleitung zu überwinden. Die ganze von der Pumpe dem Wasser mitgeteilte Energie wird durch Reibung in Wärme verwandelt; diese Wärme muß eine entsprechende Erwärmung des umlaufenden Wassers zur Folge haben. Nachweisbar ist das allerdings nicht, weil praktisch die Verhältnisse immer so liegen, daß die Wärmeerzeugung durch Reibung gegenüber dem Wärmeinhalt des Wassers und auch gegenüber den Wärmeverlusten durch Ausstrahlung der Leitung verschwindet; man wird also nicht darauf rechnen können, daß das Wasser am Heizkörper wärmer ankommt, als es den Kessel verlassen hat. Vielmehr wird es sich durch die unvermeidlichen Wärmeverluste etwas abgekühlt haben, nur nicht ganz so stark, wie es ohne die Reibung der Fall gewesen wäre.

Gegen die einfache Überlegung, daß die ganze aufgewendete Arbeit in Form von Wärme für Heizzwecke nutzbar wird, ist manches eingewendet worden. Man hat gesagt, daß diese Wärmeerzeugung ja am verkehrten Platz stattfinde, nicht im Heizkörper, wo man sie brauche, sondern in der Rohrleitung, von der aus sie nicht ins Wasser, sondern nach außen gehen könne. Doch hat man gerade dagegen die Rohrleitung gut isoliert, und den Einwand, daß die Wärmeerzeugung an falscher Stelle stattfindet, könnte man gegen die ganze Zentralheizung geltend machen, die die Wärme nicht im Heizkörper erzeugt, wo man sie braucht, sondern im Kessel. Die Verluste werden geringer sein, wenn man die Wärme auf halbem Wege erzeugt, so daß sie nur einen Teil der Leitung zu durchlaufen hat, als wenn sie vom Kessel zum Heizkörper die ganze Leitung durchlaufen muß. Natürlich ist dieser Unterschied so klein, daß man ihn nicht etwa als Vorteil der Umlaufheizung ansprechen dürfte.

Wenn die Schnellumlaufheizung die auf den Umlauf verwendete Energie ohne Rest zur Heizung ausnutzt, so ist damit nicht gesagt, daß sie ökonomisch sein muß. Man hat zu bedenken, daß Energie in Form von Arbeit viel teurer und wertvoller ist, als Energie in Form von Wärme. Fassen wir beispielsweise elektrischen Antrieb der Pumpe ins Auge, so wird die aufgewendete Elektrizität auf dem Umwege über die Wasserreibung in Wärme verwandelt und zum Heizen nutzbar gemacht; das hieße also, ein wenn auch nur kleiner Teil der Heizung wäre elektrische Heizung. Nun ist aber (§ 79) die Heizung von Räumen mittels Elektrizität teuer und auch theoretisch verfehlt. So kann denn also die Anwendung elektrischen Antriebes nur dann in Frage kommen, wenn die aufzuwendende elektrische Energie gering oder billig ist. Wir werden sehen, daß unter mittleren Bedingungen der Aufwand an elektrischer Triebkraft nur wenige Prozente derjenigen Kosten erfordert, die man für Kohle ausgibt (S. 211).

114. Reck- und Brückner-Heizung. Als Beispiele für solche Schnellumlaufheizungen, die den Wasserumlauf durch Einblasen von Dampf verstärken, sei die Reck-Heizung aufgeführt. Fig. 126 gibt das Schema derselben. Der Dampf einer Niederdruckdampfheizung kommt durch eine aufwärts gerichtete Schleife hindurch, die den Rücktritt von Wasser verhindern soll, in den Mischer. Er bläst hier durch ein Sieb hindurch in das Wasser der Warmwasserheizung ein, deren Umlauf beschleunigt werden soll, in solcher Menge, daß er von dem Wasser nicht ganz kondensiert werden kann; denn über etwa 100° hinaus kann sich das Wasser nicht erwärmen. Infolgedessen werden Dampfblasen mit dem Wasser gemischt bleiben und nach oben steigend durch das Motorrohr nach dem Ausdehnungsgefäß gehen, das so wie bei jeder Warmwasserheizung auch bei dieser vorhanden ist; doch ist es bei der Reck-Heizung geschlossen. In dem Motorrohr befindet sich eine Mischung von Dampf und Wasser, die spezifisch bedeutend leichter ist als Wasser und dadurch wird das wirksame Druckgefälle vergrößert. Das Motorrohr bildet einen Teil des Warmwassersystems: die Verminderung des spezifischen Gewichtes seines Inhaltes gegenüber dem des übrigen Rohrnetzes liefert eine wirksame Druckhöhe, die nach bekannten Regeln aus dem Unterschied der spezifischen Gewichte und der Höhe des Motorrohres zu berechnen wäre, übrigens durch Erfahrungszahlen festliegt. In dem Ausdehnungsgefäß setzt das Wasser die Dampfblasen ab und geht von ihnen befreit zum Vorlauf, von dem aus es den Heizkörpern zufließt. Der Dampf hingegen fällt durch ein anderes Rohr in den Kondensator, in dem er durch die Wandungen eines Röhrenbündels seine Wärme auf das Rücklaufwasser überträgt, bevor dasselbe in den Mischer geht. Der Dampf schlägt sich nieder; das Kondenswasser fällt weiterhin dem Kessel wieder zu, der ein gewöhnlicher Niederdruckdampfkessel sein kann. Die Kondensleitung ist wie bei jeder Niederdruckdampfheizung entlüftet. Da der im Mischer kondensierte Dampf dem Dampfkessel entzogen wird, während umgekehrt die Wasserheizung allmählig immer mehr Wasser erhalten würde, so ist das zum Dampfkessel zurückführende Rohr im Ausdehnungsgefäß als Überlauf ausgebildet, durch den der Überschuß der Wasserheizung dem Dampfkessel wieder zugute kommt.

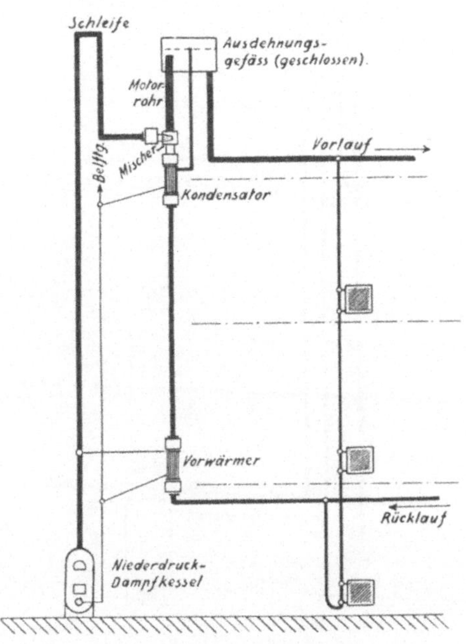

Fig. 126. Reck-Heizung.

Die Wärme des in das Mischgefäß eingeführten überschüssigen Dampfes geht nicht verloren, sondern wird in dem Kondensator nutzbar gemacht. Unbequem ist aber folgendes. Die insgesamt erforderliche Dampfmenge ist zu jeder Zeit gegeben durch den Wärmebedarf der Anlage, wechselt also mit der Außentemperatur und dem An- und Abstellen von Heizkörpern; bei sehr tiefer Außentemperatur ist sie sehr groß. Sollte diese wechselnde Dampfmenge den Weg durch Mischer, Motorrohr und Ausdehnungsgefäß zum Kondensator nehmen, so würde ein wechselnder

Umtrieb die Folge sein. Der Umtrieb wäre überhaupt wenig regelbar, weil er immer durch den Wärmebedarf festgelegt ist. Man vermeidet diesen zwangläufigen Zusammenhang beider Größen, indem man einen Teil der Wärme direkt zur Erwärmung zuführt, unter Umgehung des Motorrohres. Diesem Zweck dient der Vorwärmer, der in den Rücklauf eingeschaltet ist. Diese Möglichkeit zur Regelung von Wärmezufuhr und Umtrieb, unabhängig voneinander, ist, wo nicht nötig, doch erwünscht. Vorwärmer und Kondensator bestehen aus einem Röhrensystem; um die Röhren spült der Dampf herum, durch die Röhren läuft das Wasser des Rücklaufes; die in Kap. VIII zu besprechenden Wasserwärmer sind hier anwendbar.

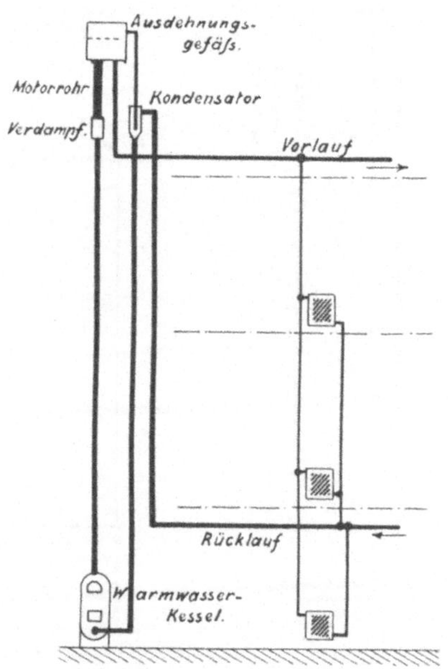

Fig. 127. Brückner-Heizung.

Der Sinn der ganzen Einrichtung kann etwa kurz angedeutet werden, indem man sagt: es wird gerade diejenige Dampfmenge der Dampfleitung entnommen, die zur Erwärmung des Wassers erforderlich ist. Sie wird aber in das Wasser eingeführt an einer Stelle, wo es schon vorgewärmt ist und also nicht mehr allen Dampf aufnehmen kann. Daher ist dort der Dampf überschüssig. Der überschüssige Dampf wird wieder vom Wasser getrennt, nachdem er den Auftrieb verstärkt hat, und dann dazu verwendet, die erwähnte Vorwärmung zu erzielen.

In etwas anderer Weise ist die Aufgabe der Beschleunigung des Wassers durch den Auftrieb von Dampfblasen bei der Brückner-Heizung (Fig. 127) gelöst. Bei ihr wird das Wasser in einem Warmwasserkessel erwärmt, und zwar über 100° hinaus, es siedet nicht, weil es in dem Kessel unter einem von der Höhenlage des Ausdehnungsgefäßes abhängigen Druck steht. Das aufsteigende Wasser wird erst da beginnen Dampfblasen abzusetzen, wo in einer höheren Ebene der Druck entsprechend geringer ist. Durch Einschaltung einer einfachen Erweiterung in die Rohrleitung wird die Bildung der Dampfblasen erleichtert und von diesem Verdampfer führt das Motorrohr zum Ausdehnungsgefäß. Das Ausdehnungsgefäß ist wieder geschlossen. Das Wasser geht von dem Ausdehnungsgefäß in den Vorlauf, der Dampf trennt sich von ihm und gelangt in einen Kondensator, der diesmal nicht als Oberflächen-, sondern als Einspritz-Kondensator gebaut ist; die Dampfblasen mischen sich mit dem kühleren Wasser des Rücklaufes. Das in dieser Weise vorgewärmte Rücklaufwasser geht in den Warmwasserkessel, um von neuem auf über 100° erwärmt zu werden.

Daß für die Reck-Heizung das Einrohrsystem, für die Brückner-Heizung das Zweirohrsystem als Verteilungsart gezeichnet ist, ist unwesentlich. Die Frage des Heizkörperanschlusses ist nicht durch das gewählte System des Umtriebes begründet. Bemerkt sei noch, daß man die treibenden Teile der beiden Heizungsarten wohl mit dem Namen Zirkulator belegt.

So verschieden die Reck- und die Brückner-Heizung auf den ersten Blick aussehen, so überaus ähnlich ist doch ihr Prinzip. Das Rücklaufwasser wird durch denjenigen Dampf vorgewärmt, der eben im Auftriebsrohr die wirksame Druckhöhe erzeugt hat. Eine weitere Erwärmung wird dann so übertrieben, daß der überschüssige Dampf zunächst den Auftrieb erzeugt, um dann zur Vorwärmung des demnächst herbeiströmenden Wassers zu dienen. Der Unterschied zwischen beiden Heizungsarten ist neben konstruktiven Abweichungen wesentlich der, daß die Reck-Heizung die Zuführung der überschüssigen Wärme in Dampfform und in solcher Höhe macht, daß von hier an Dampfblasen sich halten können. Die Brückner-Heizung hingegen führt die überschüssige Wärme — die dann beim nächsten Kreislauf des Wassers vorzuwärmen hat — unten zu, wo Sieden noch nicht eintritt, und das über 100° erwärmte Wasser siedet beim Aufsteigen. Wollte man Dampf von entsprechend höherer Spannung anwenden, so könnte man auch die Brückner-Heizung indirekt mit Dampf betreiben.

Die im Aufbau sehr einfache Brückner-Heizung würde für kleine Anlagen mit direkter Feuerung, die etwas komplizirtere Reck-Heizung mehr für Antrieb von vorhandenen größeren Dampfheizungszentralen aus anzuwenden sein. Es scheinen sich beide in einer Reihe von Fällen bewährt zu haben.

Die beiden geschilderten Wasserheizungen, bei denen der Schnellumlauf durch Dampfblasen erzielt wird, leiden an dem Übelstand, daß das abgehende Wasser eine Temperatur von etwa 100° hat. Erst wenn diese erreicht ist, wird der eingeblasene Dampf der Reck-Heizung nicht mehr vom Wasser aufgenommen, erst dann wird bei der Brückner-Heizung die Bildung von Dampfblasen möglich sein. Damit ist nun einer der Hauptvorteile der Warmwasserheizung gegenüber der Niederdruckdampfheizung verloren gegangen, nämlich die milde Oberflächentemperatur. Das Wasser läuft den Heizkörpern mit etwa 100° zu, und zwar in jedem Fall, auch bei geringem Wärmebedarf. Durch Drosseln des Einlaßventiles an einem der Heizkörper wird der Wasserdurchfluß in dem betreffenden Heizkörper verlangsamt und also das Wasser in ihm mehr ausgekühlt. Dadurch wird die mittlere Oberflächentemperatur des Heizkörpers herabgesetzt. So ist eine lokale Regelung der Wärmeabgabe der einzelnen

Heizkörper möglich wie bei der Warmwasserheizung. Durch Verminderung der Wärmezufuhr zum Zirkulator wird das Mischungsverhältnis zwischen Dampf und Wasser im Steigrohr und damit die wirksame Druckhöhe des Umtriebes verändert. Durch Drosseln eines in die Hauptverteilungsleitung eingebauten Ventiles könnte man auch den Widerstand des ganzen Systems verändern. Auf beide Arten wird sich der Wasserumlauf regeln lassen; daher ist, da beide Maßnahmen auf alle Heizkörper gleichmäßig wirken, eine gewisse generelle Regelung möglich, die immerhin nicht so energisch sein wird wie die Temperaturänderung des Vorlaufwassers bei der einfachen Warmwasserheizung. Hygienisch indessen kommt nicht die mittlere, sondern die höchste Temperatur in Frage, und diese ist bei den genannten Schnellumlaufheizungen nicht besser als bei der gewöhnlichen Niederdruckdampfheizung.

Man kann also kaum davon sprechen, daß diese Schnellumlaufheizungen die Vorteile der Niederdruckdampf- und der Warmwasserheizung in sich vereinigen. Ihr unbestrittener Vorteil bleibt nur die bequeme Rohrführung, die Beherrschung einer größeren Grundfläche und die Möglichkeit, tiefgelegene Heizkörper sicher zu erwärmen. Ja es steht nichts dem im Wege, den Dampfkessel einer Reck-Heizung in einem der Geschosse aufzustellen, statt im Keller.

115. Prinzip der Wassermischung. Man hat sich bemüht, auch den Schnellumlaufheizungen den Vorteil zu sichern, daß die Beheizung nach der Außentemperatur mit Wasser verschiedener Temperatur erfolgt. Das kann man erreichen, indem man nicht das Schnellumlaufwasser selbst zum Heizen benutzt, sondern es zur Erwärmung des Wassers einer gewöhnlichen Warmwasserheizung verwendet. Dazu hat man Wasserwärmer angewendet, in deren Rohren das Wasser der Warmwasserheizung durch Schnellumlaufwasser erwärmt wurde, das die Rohre umspülte. Durch solche Einrichtungen wird die Anlage umständlich. Die Wärme wird zunächst bei der Reck-Heizung vom Dampf auf das Schnellumlaufwasser und von diesem abermals auf die Warmwasserheizung übertragen. Sind auch, wie wir wissen, mit diesen Umsetzungen keine eigentlichen Wärmeverluste verbunden, so wird doch durch die zahlreichen Apparate die Anlage unübersichtlich und meist auch teuer.

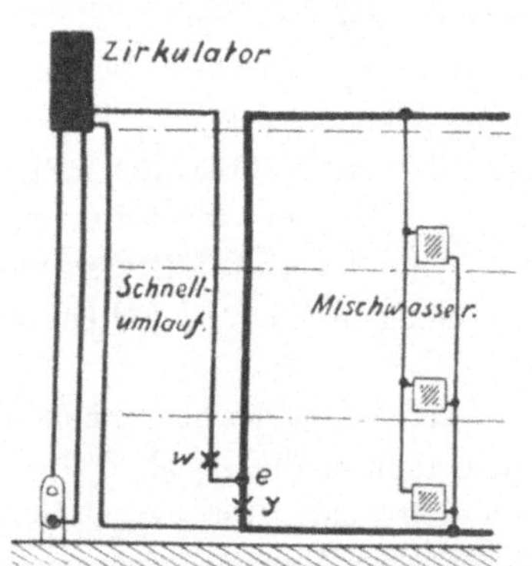

Fig. 128. Mischwasserheizung.

Etwas einfacher läßt sich die gleiche Aufgabe, eine milde Oberflächentemperatur bei der Schnellumlaufheizung zu erzielen, dadurch lösen, daß man eine Warmwasserheizung gewöhnlicher Art mit ihr so verbindet, wie Fig. 128 angibt. Die Warmwasserheizung ist dabei an das Schnellumlaufsystem etwa so angeschlossen, wie der Heizkörper an eine Warmwasserheizung nach dem Einrohrsystem. Der Schnellumlauf-Kreislauf wird auf dem Wege wey geschlossen und kann irgendwelcher Art sein. Der rechte Teil der Figur ist ein Warmwassersystem gewöhnlicher Bauart, jedoch ohne Kessel. Beide haben das Rohrstück y, das Mischrohr, gemeinsam. Das Schnellumlaufwasser wird also das Mischrohr durchlaufen. dies erhält daher warmes Wasser. Da es aber zugleich einen Teil des Warmwasserkreislaufes bildet, so wird in diesem das Gleichgewicht gestört, und das Wasser wird sich in ihm im Sinne des Uhrzeigers in Bewegung setzen. Sobald es das zu tun einmal angefangen hat, wird nun das ganze Steigrohr mit warmem Wasser gefüllt werden und daher Auftrieb erzeugen.

Zunächst möge sich das Schnellstromwasser bei e teilen, ein Teil gehe durch das Mischrohr und zum Zirkulator zurück, ein anderer Teil gehe in den eigentlichen Heizkreislauf, dessen Vorlauftemperatur daher zunächst 100° ist. und dann wieder zum Zirkulator. Wenn wir nun das Ventil w drosseln, so wird dadurch das Schnellumlaufwasser in seiner Menge beschränkt; die gleiche Wirkung hätte auch eine Dämpfung des Feuers im Kessel Dadurch wird nur die durch das Mischrohr direkt von e nach y gehende Wassermenge beeinflußt, die in den Mischwasserkreislauf und zu den Heizkörpern gehende bleibt unverändert, weil der Umlauf in jenem Kreislauf fast nur durch den eigenen Auftrieb hervorgerufen wurde. Drosseln wir das Ventil w mehr und mehr, so können wir es schließlich dahin bringen, daß gar kein Wasser durch das Mischrohr geht; alles Schnellumlaufwasser geht zu den Heizkörpern.

Und was geschieht, wenn wir das Ventil w noch weiter drosseln? Offenbar findet dann eine Bewegungsumkehr statt, und es geht Wasser im Mischrohr aufwärts von y nach e. Dieses kältere Rücklaufwasser mischt sich mit dem 100° warmen Schnellumlaufwasser bei e, und damit haben wir den Zweck unserer Einrichtung erreicht: im Vorlauf des Mischwasserkreislaufes haben wir dadurch eine je nach der Mischung geringere Temperatur als 100°. Fortab wird durch Bedienen des Ventiles w oder durch Bedienen des Feuers eine Regelung der Vorlauftemperatur im Mischwasserkreislauf zu erreichen sein, der nun die Eigenschaften der gewöhnlichen Warmwasserheizung annimmt. Andererseits kann man durch Abschließen des bei y angebrachten Ventiles die ganze Anlage als einfache Schnellumlaufheizung betreiben.

Das besprochene Prinzip der Mischung des Schnellumlauf- und des Rücklaufwassers läßt die verschiedenartigste Anwendung zu. So kann man von einer Schnellumlaufzentrale aus mehrere Warmwasserstromkreise nach diesem Prinzip antreiben. Das stellt etwa Fig. 129 dar, wo von der Zentrale aus Leitungen nach den verschiedenen Punkten des Gebäudes oder nach verschiedenen Gebäuden gehen, die zu beheizen sind. An Hauptvor- und -rücklauf sind die Warmwasserstromkreise I und

II und beliebig viele weitere genau so mittels eines Mischrohres angeschlossen wie soeben besprochen; die Mischrohre sind möglichst nach unten gezogen, um den Auftrieb zu vergrößern. Durch die Ventile *w w* ... kann jeder Warmwasserstromkreis für sich geregelt werden, während ihrer aller Vorlauftemperatur durch Verändern der wirksamen Druckhöhe der Schnellumlaufeinrichtung oder durch Bedienen des Ventiles *W* verändert wird. Bei solcher Erweiterung geht die Schnellumlaufheizung schließlich in eine Fernheizung über. —

Außer der Reck- und der Brückner-Heizung sind eine große Anzahl von Vorschlägen in den letzten Jahren bekannt geworden, wie man den Umlauf einer Warmwasserheizung noch auf anderer Weise verstärken kann. Außer dem Einblasen irgendwie oder irgendwo erzeugten Dampfes hat man auch das Einblasen von Luft empfohlen, die in Blasen dem Wasser beigemischt den Auftrieb ebenso erzeugt wie die Dampfblasen der be-

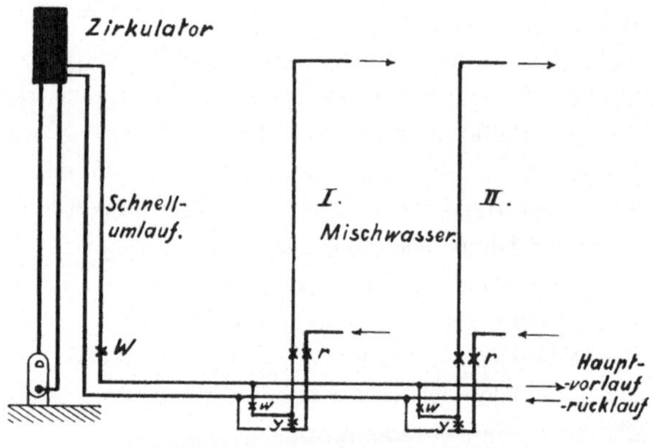

Fig. 129. Mischwasserheizung.

sprochenen Systeme. Doch wird solche Einrichtung dadurch umständlicher, daß ja die Luft nicht wie der Dampf zugleich zur Wärmezufuhr dient, man bedarf einer besonderen Wärmequelle. Dafür hat man völlige Unabhängigkeit der Wassertemperatur von der Umlaufgeschwindigkeit, und ist mit der Vorlauftemperatur nicht entfernt an 100° gebunden.

116. Druckwasserheizung. Diesen letzteren Vorteil erreicht man im höchsten Maße, wenn man die Verstärkung des Umtriebes durch eine der im Maschinenbau üblichen Wasserhebeeinrichtungen bewirkt, entweder durch Kolben- oder Kreiselpumpen, oder aber durch ein Pulsometer. In allen Fällen ist die Erwärmung des Wassers unabhängig von dem Umtrieb, es ist also die Möglichkeit vorhanden, bei konstant gehaltenem Umtrieb die Vorlauftemperaturen zu verändern oder auch die Umtriebgeschwindigkeit unter Innehaltung irgendwelcher Vorlauftemperatur beliebig zu regeln. Ja während die gewöhnliche Warmwasserheizung erst mit 35 bis 40° Vorlauftemperatur umzulaufen beginnt, oft auch erst mit höherer, so kann man die Druckwasserheizung mit jeder noch niedrigen Temperatur beheizen lassen.

Die Verstärkung des Wasserumlaufes durch Pumpen kommt auch für kleine Anlagen in Frage, wo Elektrizität billig zur Verfügung steht, namentlich also wo man sie selbst erzeugt, oder auch in städtischen Schulen, wo der Strom aus dem gleichfalls städtischen Elektrizitätswerk entnommen werden kann, und wo er überdies nur in den Tagesstunden entnommen wird und keine Mehrbelastung des Elektrizitätswerkes in den kritischen Abendstunden bedingt. Aber selbst wo man die Elektrizität dem städtischen Netz entnimmt und etwa Preise wie 40 Pfennig für die Kilowattstunde bezahlen muß, ist dennoch elektrischer Antrieb der beste, wegen der Geringfügigkeit des Gesamtaufwandes für die Umtriebsenergie im Verhältnis zu den sonstigen Kosten und wegen der bequemen Wartung der Elektromotoren. Ein Antrieb der Pumpen auf andere Weise als durch Elektromotor, etwa durch Gasmaschine, bedingt bei kleineren Anlagen — wir denken an Wohnhäuser, Schulen oder dergleichen — mehr und namentlich sachkundigere Bedienung als man meist anzuwenden gewillt ist.

Allerdings wird man die Regel aufstellen dürfen, es solle im Interesse der Einfachheit und Zuverlässigkeit des Betriebes nur da zur Anwendung des maschinellen Betriebes geschritten werden, wo ohne ihn nicht auszukommen ist. Für die Beheizung einzelner Gebäude von kleinen und mittleren Abmessungen sollte man bei der zuverlässigen gewöhnlichen Warmwasserheizung bleiben. Das Feld für die Anwendung der Druckwasserheizung, die sich erst in den letzten beiden Jahren bei uns einzubürgern beginnt, sind größere und größte Anlagen.

Das folgende bezieht sich zunächst nur auf kleinere Anlagen. Die Gesichtspunkte für die Ausnutzung des Abdampfes in einer Druckwasserheizung und die Gesichtspunkte für Anwendung der Druckwasserheizung zur Fernheizung werden in Kap. IX und X besprochen werden.

Zur Verstärkung des Umtriebes wird an einer beliebigen Stelle des Kreislaufes eine Pumpe in das Rohrnetz eingeschaltet, meist in der Nähe der Wärmequelle. Fig. 130 und 131 stellt das schematisch dar. Es wird sich empfehlen, sie in den kälteren Rücklauf zu setzen, da die Förderung heißen Wassers die Bedienung der Pumpe erschwert. Der Antrieb der Pumpe durch Elektromotor und der ganze Einbau der Pumpe in den Kreislauf ist so einfach, daß kaum etwas darüber zu sagen ist.

Als Pumpen für die Zwecke der Druckwasserheizung kommen in Frage Kreiselpumpen, die ein umlaufendes Rad enthalten, das durch Schleuderwirkung das Wasser fördert — oder Kolbenpumpen, bei denen ein in einem Zylinder hin und her gehender Kolben Wasser durch Saugventile in den Zylinder saugt und beim Rückgang durch Druckventile hindurch vorwärts drückt. Der Antrieb der Pumpe kann durch Dampf geschehen; Kreiselpumpen müßte man wegen der hohen Umlaufzahl, die sie verlangen, dann wohl durch Dampfturbinen antreiben, Kolbenpumpen könnte man in Form der für Kesselspeisung üblichen schwungradlosen Duplexpumpen verwenden, die sehr ruhig und zuverlässig arbeiten; daß beide, zumal bei Auspuffbetrieb, viel Dampf verbrauchen, schadet nichts, wenn man den Abdampf zur Wärmeerzeugung ausnutzt (Kap. X). Der Antrieb kann aber auch durch Elektromotor geschehen, zumal für Kreiselpumpen; meist verwendet man dann Nebenschlußmotoren, die bei allen Belastungen sehr annähernd die gleiche Umlaufzahl innehalten; Abdampfausnutzung tritt dann auch ein, wenn die stromliefernde Hauptmaschine solche hat.

Die Auswahl der in eine Druckwasserheizung einzubauenden Pumpe geschieht in der Weise, daß man einen beliebigen Druck annimmt, den die Pumpe zusätzlich zu dem durch den Auftrieb des Wassers etwa erzeugten Druckgefälle liefern soll. Wählen wir 1 bis 2 m WS als von der Pumpe zu erzeugen, so

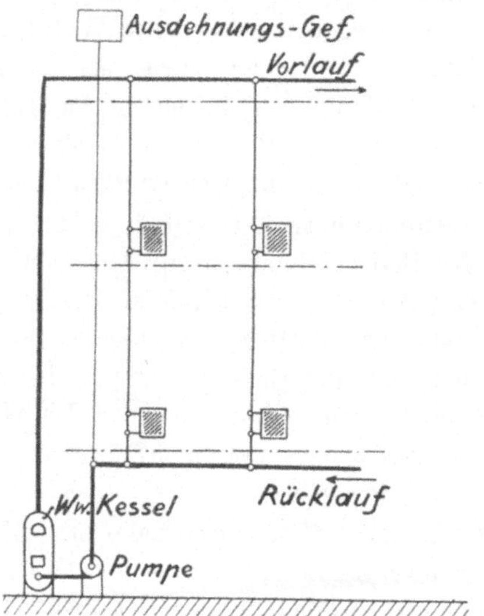

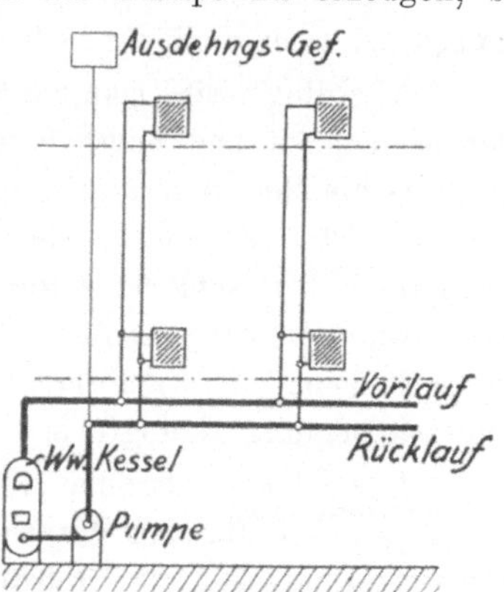

Fig. 130. Fig. 131.
Druckwasserheizung mit oberer und unterer Verteilung.

ist das bereits ein beträchtlicher Wert, in Anbetracht der Tatsache, daß der Auftrieb selten mehr als 0,1 bis 0,2 m WS liefert. Bei Fernheizungen freilich wird man den Druck der Pumpe je nach der Entfernung bis zu 10 oder 20 m WS und selbst noch höher wählen. Wir wollen hier im Beispiel 1,6 m WS als Druck der Pumpe annehmen. Andererseits ist die von der Pumpe zu fördernde Wassermenge durch den Wärmebedarf festgelegt. Hätten wir etwa 50 cbm/st zu bewältigen, so würde das bei 30° Temperaturunterschied zwischen Vor- und Rücklauf bereits einem Wärmebedarf von $50000 \text{ kg} \times 30^0 = 1500000$ WE/st, also keiner kleinen Anlage entsprechen. Es ist nun die Pumpe an das Rohrnetz oder das Rohrnetz an die Pumpe anzupassen, indem man das Rohrnetz so bemißt, daß es gerade 50 cbm/st Wasser aufnimmt, wenn der wirksame Druck von 1,6 m WS vorhanden ist.

Sind Pumpe und Rohrnetz in dieser Weise aneinander angepaßt, so werden gerade die erwarteten Verhältnisse eintreten, wenn alle Heizkörper angestellt sind; denn für diesen Fall wird die Berechnung durchgeführt. Wenn aber einzelne Heizkörper oder bei einer Fernheizung gar ganze Gebäude abgestellt werden, so hat das zur Folge, daß der Widerstand des Rohrnetzes als Ganzes ein höherer wird und daß daher das Rohrnetz bei 1,6 m WS Umtrieb nicht mehr 50 cbm/st aufnimmt, oder daß zum Hindurchtreiben von 50 cbm/st ein höherer Druck als 1,6 m WS nötig ist. Es ist die Frage, wie sich die Verhältnisse gestalten, wenn Heizkörper abgeschaltet werden. Kolben- und Kreiselpumpen verhalten sich dann wesentlich voneinander verschieden, und es würde sich auch fragen, das Verhalten welcher von beiden das günstigere ist. Wir werden erkennen, daß die Kreiselpumpe die für Druckwasserheizungen vorteilhaftere ist, daß aber, wo bei größeren Anlagen mehrere Pumpen zusammen arbeiten sollen, zweckmäßig Kolben- und Kreiselpumpe miteinander vereinigt werden; das ist betriebstechnisch angenehmer und sicherer als die Verwendung mehrerer Kreiselpumpen.

So lange alle Heizkörper angestellt sind, ist ein wesentlicher Unterschied zwischen beiden Pumpenarten nicht festzustellen. Insbesondere der Arbeitsbedarf beider ist grundsätzlich der gleiche. In unserem Beispiel hätten wir 50000 kg/st = 13,9 kg/sek gegen 1,6 m WS zu drücken, das entspricht einer Leistung von $13{,}9 \cdot 1{,}6 = 22{,}2$ mkg/sek, oder, da 75 mkg/sek gleich 1 PS ist, so hätten wir theoretisch eine Leistung von rund $^1/_3$ PS aufzuwenden. In Wahrheit wird man den Wirkungsgrad so kleiner Pumpen nicht höher als mit 33 bis 50 $^0/_0$ einschließlich der Verluste im Elektromotor annehmen können, und muß daher auf eine Antriebsleistung von 1 bis $^2/_3$ PS oder von $^3/_4$ bis $^1/_2$ KW zu rechnen haben Hier sind also beide Pumpenarten einander gleichwertig.

Da übrigens die Kilowattstunde im Durchschnitt etwa mit 20 Pfennig zu bezahlen sein wird, so würde man für die Anlage der in Rede stehenden Größe etwa 10 bis 15 Pfg/st für elektromotorischen Antrieb zu rechnen haben. Die Anlage sollte 1500000 WE/st liefern, würde also etwa 375 kg/st Kohlen verbrauchen, da man auf eine Wärmelieferung des Kilogramms von 4000 WE rechnen kann. 100 kg Kohlen kosten etwa 2,50 M., also betrügen die stündlichen Kohlenkosten fast 10 M. Danach würden die Kosten des Umtriebs zurücktreten gegenüber den Kohlenkosten. Doch bleibt zu beachten, daß die Rechnung für den Höchstwärmebedarf gilt. Bei mildem Wetter geht der Kohlenbedarf herab, der Strombedarf bleibt der gleiche und macht daher relativ mehr aus. Wo freilich die Umtriebenergie unter Ausnutzung des Abdampfes erzeugt wird, können die Kosten des Umtriebes sehr klein werden.

Wenn nun Heizkörper abgeschaltet werden, so wird man schon erkannt haben, daß es darauf ankommt, bei welchen Werten der Druck und die Wassermenge an der Vereinigung von Pumpe und Rohrnetz sich gegeneinander ausgleichen; in dem neuen Beharrungszustand wird wieder der von der Pumpe gelieferte Druck gleich demjenigen sein müssen, der imstande ist, die von der Pumpe gelieferte Wassermenge bei der veränderten Einstellung durch das Rohrnetz hindurchzutreiben. Es kommt also darauf an, wie die Beziehung zwischen Druck und Wasserlieferung bei der Pumpe, andererseits die Beziehung zwischen Druck und Wasseraufnahme beim Rohrnetz verläuft. Man nennt diese Beziehungen die Charakteristik oder, weil sie oft in graphischer Form dargestellt wird, auch wohl die Kennlinie der Pumpe beziehungsweise des Rohrnetzes. Für die Pumpe setzen wir konstante Umlaufzahl, also die Verwendung von Nebenschlußmotor- oder Riemenantrieb, voraus.

Die Kennlinie des Rohrnetzes ist leicht zu finden. In Fig. 132 haben wir wagerecht die Wassermenge und senkrecht die Drucke aufgetragen, die zum Hindurchtreiben durch das Rohrnetz nötig sind. Sind alle Heizkörper angestellt, so muß Punkt A ein Punkt der gesuchten Kennlinie sein, weil wir das Rohrnetz so berechnet haben, daß bei 1,6 m WS Druck 50 cbm/st aufgenommen werden. Da aber in allen Teilen des Rohrnetzes die Druckverluste proportional dem Quadrat der Wassergeschwindigkeit sind, also auch proportional der hindurchgehenden Wassermenge, so muß die Kennlinie des Rohrnetzes eine Parabel durch A hindurch mit dem Scheitel in O sein. Sind nun Heizkörper abgestellt, so wird doch in jedem Fall der Druckverlust im Rohrnetz vom Quadrat der Wassermenge abhängen, die Kennlinie also wieder eine Parabel sein. Doch wird diesmal bei gleichem Druck eine geringere Wassermenge hindurchgehen (Punkt B) oder zum Hindurchtreiben der gleichen Wassermenge ein höherer Druck erforderlich sein (Punkt C). Je nachdem, wie viel Heizkörper abgestellt sind, wird der Verlauf der Parabel ein verschiedener sein, jedenfalls wird er links von der durch A gehenden liegen. Wir haben eine beliebige herausgegriffen und mit dem Vermerk „Einige Heizkörper abgestellt“ versehen.

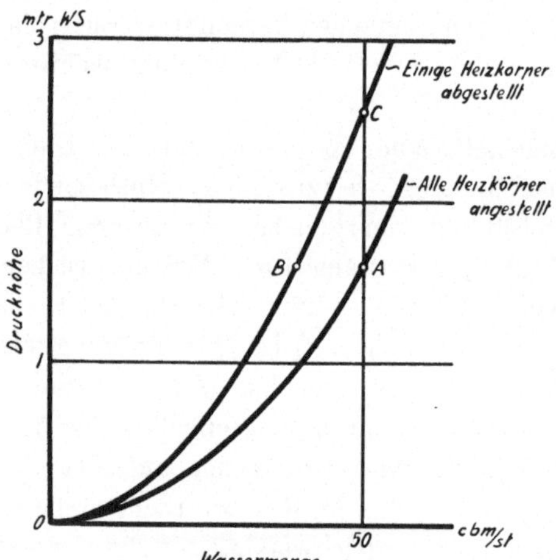

Fig. 132. Kennlinien des Rohrnetzes.

Wie verläuft nun die Kennlinie der Kreiselpumpe einerseits, der Kolbenpumpe andererseits?

Zunächst für die Kreiselpumpe können wir auf die Rechnung Bezug nehmen, die wir in § 29 machten, um die Beziehung zwischen Fördermenge und Zugstärke bei einem Schornstein zu finden. Wie jener bei konstanter Temperatur, so erzeugt die Kreiselpumpe bei konstanter Umlaufzahl stets den gleichen Gesamtdruck, von dem freilich nur ein Teil meßbar in die Erscheinung tritt — in den Grenzen, wo man die Pumpe benutzt, der größere Teil. Die gesamte Kennlinie pflegt etwa den Charakter der Kurve $E\,A_1\,F$ der Fig. 133 zu haben, eine annähernde Parabel. Für abgesperrte Pumpe — Wassermenge Null — hat der Druck einen hohen Wert, Punkt F; für ganz frei und ohne Widerstand ausgießende Pumpe — Druck Null — hat die Wasserlieferung ihren Höchstwert, Punkt E. In letzterem Fall ist der Arbeitsbedarf sehr groß, weil die große Wassermenge zwar nicht auf Druck gebracht, aber doch beschleunigt werden muß, der Wirkungsgrad ist also schlecht. Man benutzt deshalb nur etwa

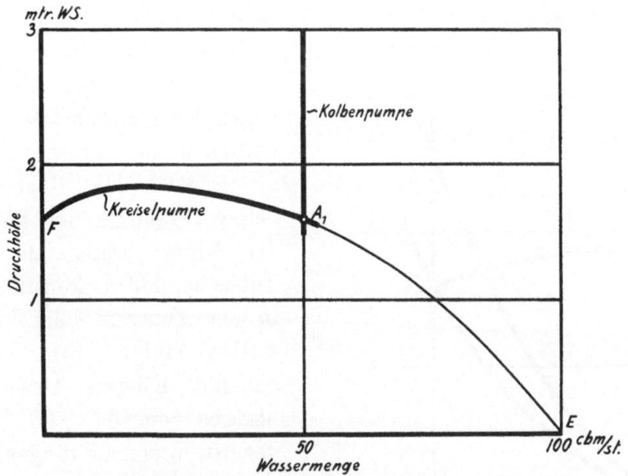

Fig. 133. Kennlinien der Pumpen.

die Strecke $F\,A_1$; für den normalen Bereich ist der Druck etwa konstant für jede Wassermenge.

Wie verläuft dem gegenüber die Kennlinie der Kolbenpumpe, wenn sie mit konstanter Umlaufzahl betrieben wird? Die Antwort ist einfach. Die Wassermenge ist bei der Kolbenpumpe durch die Abmessungen des Zylinders und durch den Hub der Maschine festgelegt; bei jedem Hub wird die von dem Kolben verdrängte Wassermenge gefördert, und bei konstanter Umlaufzahl ist die Fördermenge immer dieselbe, unabhängig vom Druck. Die Kennlinie der Kolbenpumpe ist also eine senkrechte Gerade (Fig. 133).

Die eine Kennlinie verläuft also wagerecht, die andere senkrecht; beide aber müssen durch den Punkt A_1, entsprechend 50 cbm/st Wasserförderung bei 1,6 m WS Druck, gehen, sonst hätten wir die Pumpe nicht ausgewählt oder doch nicht mit der Tourenzahl laufen lassen.

Um nun zu sehen, wie sich die beiden Pumpenarten beim Abstellen eines Teiles der Heizungsanlage verhalten, haben wir die Kennlinien des

Rohrnetzes im ganz angestellten und im teilweise abgestellten Zustand (Fig. 132) zur Deckung zu bringen mit den Kennlinien der in Frage kommenden Pumpen (Fig. 133). Das ist in dieser Fig. 134 geschehen. Die Punkte A müssen in A_2 aufeinander fallen, weil wir in eingangs besprochener Weise die Pumpe an das ganz angestellte Rohrnetz angepaßt haben. Wir sehen aber, daß beide Pumpenarten ganz verschiedene Verhältnisse ergeben, wenn wir einige Heizkörper abstellen. Bei der Kreiselpumpe bleibt der Druck in der Zentrale auf etwa gleicher Höhe, die Wassermenge geht herunter, wir kommen nach Punkt B_2; bei der Kolbenpumpe wird die Wassermenge unverändert bleiben, der Druck in der Zentrale steigt an, wir kommen nach Punkt C_2.

Fördert die Kolbenpumpe, wenn man Heizkörper abstellt, die gleiche Wassermenge gegen höheren Druck, so steigt natürlich auch ihr Arbeitsverbrauch; fördert die Kreiselpumpe eine kleinere Wassermenge gegen den gleichen Druck, so sinkt natürlich ihr Arbeitsverbrauch.

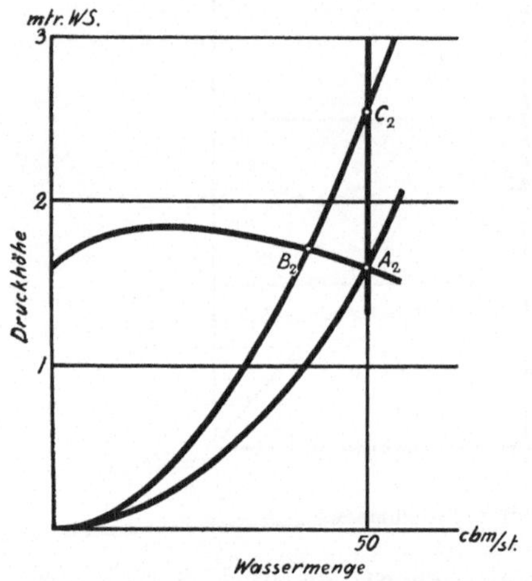

Fig. 134. Verhalten der Druckwasserheizung beim Abstellen von Heizkörpern.

Sowohl das Sinken des Arbeitsverbrauches ist wertvoll an der Kreiselpumpe, als auch die Tatsache, daß sie konstanten Druck in der Zentrale hält. Beim Abstellen einiger Heizkörper wird ohnehin höherer Druck an die übrigen kommen, weil der Druckverlust in den Leitungen abnimmt. Steigt überdies noch der Druck in der Zentrale, so wird die Erscheinung verschärft.

Nun braucht man allerdings nicht Kolbenpumpen mit konstant bleibender Umlaufzahl zu verwenden. Für die Zwecke der Druckwasserheizung könnte man einen Hauptstrommotor statt des Nebenschlußmotors oder eine mit Dampf angetriebene Duplexpumpen verwenden, die beide bei einem Steigen des Gegendruckes langsamer laufen würden. Aber immerhin ist die Vorbedingung dafür, daß sie langsamer laufen, ein vorheriges Ansteigen des Gegendruckes und ein Ansteigen der Leistung. Immerhin bleibt die Regel: wechselt der Widerstand der Rohrleitung oder was dem entspricht, wechselt die Wasserentnahme, so wird bei Kolbenpumpen der Druck ansteigen, bei Kreiselpumpen kaum. Nur durch eine äußere Regelung, sei es von Hand, sei es selbsttätig, wäre die Kolbenpumpe so in ihrer Umlaufzahl zu beeinflussen, daß der Druck in der Zentrale konstant bleibt. Es ist ein Vorteil der Kreiselpumpen, daß sie dasselbe ohne künstliche Nachhilfe erreichen. Wenigstens ist das ein Vorteil bei kleineren Anlagen, wo nicht ständige Bedienung in der Zentrale sein soll.

Wir sind nach diesen Ergebnissen imstande, die Zweckmäßigkeit einer nach Fig. 135 angeordneten Heizungsanlage zu beurteilen. Hier ist die Druckwasserheizung so ausgeführt, daß die Pumpe nicht unmittelbar in den Vorlauf hineindrückt, sondern unter Zwischenschaltung eines Druckgefäßes, das offen ist wie das Ausdehnungsgefäß und etwas höher steht als jenes. Die Pumpe läßt das Wasser frei in das Druckgefäß laufen, der Unterschied der Wasserstände im Druck- und im Ausdehnungsgefäß bildet den Umtrieb. Überschüssig von der Pumpe gefördertes Wasser läuft durch einen Überlauf des Druckgefäßes ins Ausdehnungsgefäß. Die Bemessung aller Teile geschieht so, daß das Wasser im Druckgefäß gerade bis an den Überlauf steht, wenn alle Heizkörper angestellt sind; beim Abstellen von Heizkörpern kann die Druckhöhe nicht ansteigen, der Wasserüberschuß wird durch den Überlauf gehen. — Man erreicht durch die Anordnung des Druckgefäßes also Konstanz der Druckhöhen, daher Konstanz der Wasserförderung und des Arbeitsbedarfes der Pumpe. Das ist ein Vorteil bei Anwendung einer Kolbenpumpe, bei der ohnedies Druck und Arbeitsbedarf ansteigen würden. Bei Anwendung von Kreiselpumpen aber bedeutet die Anordnung eine Verschlechterung, da ohne sie eine Verminderung der Wassermenge und des Arbeitsbedarfes eintreten würde. Nur für Kolbenpumpen ist die Unterbrechung der Vorlaufleitung in einem Druckgefäß vorteilhaft, zumal man durch die Unterbrechung auch erreicht, daß sich das beim Aufsetzen der Ventile entstehende Geräusch nicht in das Gebäude fortpflanzt; dasselbe geht nämlich hauptsächlich in der Strömrichtung des Wassers.

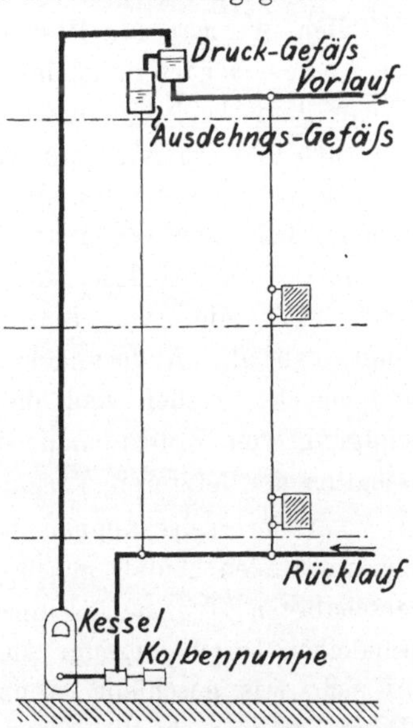

Fig. 135. Druckwasserheizung mit Druckgefäß.

In jeder Hinsicht also sind Kreiselpumpen den Kolbenpumpen vorzuziehen. Ihre unangenehme Eigenschaft beim Fördern warmen Wassers gelegentlich zu versagen, in dem sich unter dem Einfluß der Zentrifugalkraft in der Nähe der Achse ein dampferfüllter Raum in ihnen bildet, kann nicht ins Gewicht fallen, wenn man dafür sorgt, daß auch das ihnen zulaufende Wasser noch unter genügendem Überdruck steht. Das wird der Fall sein, wenn man das Ausdehnungsgefäß am Rücklauf vor der Pumpe anschließt, wie alle unsere Figuren es zeigten. Die Anschlußstelle des Ausdehnungsgefäßes an den Kreislauf des Wassers ist nämlich diejenige Stelle, die bei allen Gangarten der Pumpe unter unverändertem Druck steht, nämlich unter dem durch die Höhenlage des Ausdehnungsgefäßes bedingten statischen Druck. Von dieser Anschlußstelle an bis zur Pumpe hin saugt die Pumpe, von der Pumpe an bis wieder zur Anschlußstelle des Ausdehnungsgefäßes drückt sie das Wasser vorwärts. Die Anbringung des Ausdehnungsgefäßes in der angegebenen Art vermeidet also Eintreten von größeren Saugspannungen, die zum Sieden des warmen Wassers und daher zum Überlaufen des Ausdehnungsgefäßes führen könnten, wenn der gebildete Dampf das Wasser verdrängt.

Es erscheint nicht unzweckmäßig, gelegentlich Dampfduplexpumpen und elektrisch angetriebene Kreiselpumpen als gegenseitige Reserve aufzustellen, wo man für Reserve sorgen muß. Denn ohne Zweifel bedeutet die Verschiedenartigkeit des Antriebes eine Vergrößerung der Sicherheit. Wenn dann beide Pumpenarten gleichzeitig und parallel auf das Rohrnetz arbeiten, so wird die Kreiselpumpe ihrer Charakteristik gemäß stets für Aufrechthaltung des ihr eigentümlichen Druckes sorgen. Die Duplexpumpe aber, nun gegen konstanten Druck arbeitend, wird eine konstante Umlaufzahl beibehalten und also eine konstante Wassermenge fördern, auch wenn die Wasserentnahme des Rohrnetzes sich ändert. Daraus folgt, daß alle Änderungen der Wasserentnahme von der Kreiselpumpe mitgemacht werden und die Kolbenpumpe unberührt lassen. Die Vereinigung von Kolbenpumpe und Kreiselpumpe hat also die guten Eigenschaften der letzteren Maschinenart.

Andererseits können mehrere Kreiselpumpen beim Parallelarbeiten zu Anständen Anlaß geben, die Ähnlichkeit mit dem Verhalten parallel geschalteten Dynamomaschinen haben. Da jede Pumpe einen ihr eigentümlichen Druck erzeugt unabhängig von der Wasserentnahme, so fragt es sich, was geschieht, wenn dieser nicht bei beiden Pumpen gleich ist. Dann könnte wohl die Pumpe höheren Druckes die ganze Wasserlieferung übernehmen, ja vielleicht noch Wasser durch die andere Pumpe zurückdrücken; ihre Sicherung wird dann durchbrennen. Ein befriedigendes Parallelarbeiten wird also davon abhängig sein, ob es gelingt, den Förderdruck beider Pumpen richtig gegeneinander einzuregeln. Dazu wäre eine genügend feine Tourenregelung das Mittel. Ein anderes Mittel bestände darin, daß man zum Antrieb Motoren mit nicht bei allen Leistungen konstanter Umlaufzahl benutzt. Jeder Nebenschlußmotor läßt bei zunehmender Belastung etwas in der Umlaufzahl nach; es ist zweckmäßig, Motoren zu wählen, die genügend stark nachlassen. Besonders schwierig werden im Parallelarbeiten Pumpen mit verschiedenartigem Verlauf der Charakteristik sein; die Charakteristik ist in hohem Maße von der Schaufelung in ihrer Form abhängig.. Bei Ergänzungen sorge man also für Beschaffung gleichartiger Typen. Wo sich übrigens Schwierigkeiten im Einregeln zeigen, da wird man ihrer Herr werden, wenn man die Pumpen nicht einfach in die gemeinsame Sammelleitung ausgießen läßt, sondern einen Widerstand in den Anschluß legt. Ein einfacher Drosselflansch genügt, meist wird aber ein Ventil vorhanden sein, das man drosseln kann. Der Widerstand hindert dann jede der Pumpen, die volle Wasserlieferung zu übernehmen, weil der Druckabfall in ihm mit dem Quadrat der Wassermenge zunimmt. Er macht es ihnen möglich, gegen verschiedene Gegendrücke zu arbeiten. Doch bedingt das Einbauen eines Drosselflansches einen Mehraufwand an Arbeit, weil man die Kreiselpumpen schneller laufen lassen muß, sollen sie doch noch die richtige Wassermenge fördern. Übrigens wird man gut tun, Rückschlagklappen in die einzelnen Pumpenausgüsse einzubauen, um wenigstens das erwähnte Zurücktreten von Wasser zu verhindern.

Eine Gefahr bei elektrisch betriebenen Kreiselpumpen liegt auch im folgenden. Läuft ein Nebenschluß-Elektromotor warm, so nimmt seine Feldwickelung an Widerstand zu, die Erregung nimmt also ab, und dann läuft er schneller. Nun aber fördert er mehr Wasser als bisher, braucht dazu mehr Energie, und der verstärkte Ankerstrom fördert die Erwärmung. So steigert sich die Temperatur des Motors mehr und mehr, bis etwas durchbrennt. Auch das kann namentlich bei parallel arbeitenden Kreiselpumpen vorkommen. Man muß also zum Antrieb der Pumpen reichlich starke Motore verwenden.

Zum Schluß sei übrigens bemerkt, daß die vielen aufgezählten Störungen an Kreiselpumpen nicht etwa die Regel bilden. Die Schwierigkeiten sind durchaus überwindbar.[1])

c) Regelung der Zentralheizung.

117. Anforderungen an die Regelung. Ohne Zweifel ist die Regelung der wunde Punkt der Zentralheizung. Stets treten Klagen auf, daß entweder der eine Raum überheizt wird, während der andere kalt bleibt, oder auch wohl, daß alle gleichmäßig bald überheizt, bald zu wenig geheizt werden, je nach der herrschenden Außentemperatur. Es wird sich lohnen, die Bedingungen für eine brauchbare Regelung zu erörtern.

Man unterscheidet, wie mehrfach erwähnt, zwischen der örtlichen und der generellen Regelung. Die örtliche Regelung soll es ermöglichen, daß der einzelne Heizkörper mehr oder weniger Wärme liefert, je nach dem Bedürfnis der Insassen des betreffenden Raumes. Die generelle Regelung soll eine Einstellung der gesamten Beheizung von der Zentrale aus je nach der Außentemperatur möglich machen. Die Forderungen, die wir an die beiden Regelungsarten stellen können, sind etwa die folgenden.

---

[1]) Die Darlegungen des § 116 über Druckwasserheizung sind in ähnlicher Form von mir bereits im Gesundheits-Ingenieur 1908, No. 52 veröffentlicht. Insbesondere die Frage nach der zweckmäßigsten Pumpenart und nach der besten Lage des Ausdehnungsgefäßes in großen Druckwasserheizungen wird man dort ausführlicher erörtert finden. Man vergleiche auch § 180.

Die örtliche Regelung erfolgt durch Verstellen von Hähnen oder Ventilen, die sich an den Heizkörpern befinden. Dabei macht man noch einen Unterschied zwischen der erstmaligen Einstellung und der Einstellung nach Bedarf. Die erstmalige Einstellung soll die bei der Unvollkommenheit unserer Rechnungsmethoden eintretenden Fehler ausgleichen; infolge dieser Unvollkommenheiten kann die Verteilung der Wärme auf die Räume dauernd dem Bedarf nicht entsprechen, indem dauernd ein Raum im Vergleich zu der Mehrzahl überheizt wird, ein anderer im Vergleich zu der Mehrzahl der Räume zu kalt bleibt, während doch eigentlich jeder Heizkörper in ganz angestelltem Zustande seinem Raum die erforderliche Temperatur erteilen sollte. Diese dauernd eintretenden Mehr- oder Minderlieferungen sollen durch eine einmalige Einregelung dauernd fortgebracht werden. Die Einstellung nach Bedarf aber soll einspringen, wenn vorübergehend ein geringerer Bedarf vorliegt, vielleicht im Schlafzimmer über Nacht, vielleicht bei Festlichkeiten infolge starker Wärmeerzeugung durch Beleuchtung und Menschen.

Die erstmalige Einstellung erfordert nur wenig Besprechung. Wir wissen aus § 42, daß sie nur durch Veränderung desjenigen Querschnittes erfolgen darf, dem auch die Regelung nach Bedarf zufällt — sonst wird die Regelung nach Bedarf eine unvollkommene. Wir wissen weiter aus § 97, welche Formen der Regelorgane die erstmalige Einstellung in solcher Weise zulassen, daß die Skala am Knebel für die Einstellung nach Bedarf noch richtig bleibt. Und damit ist alles Wissenswerte über die erstmalige Einstellung gesagt: es ist eben nur zu fordern, daß sie die Einregelung nach Bedarf nicht unmöglich mache.

Hinsichtlich der Einstellung nach Bedarf wird man wünschen, daß die Wärmeabgabe des Heizkörpers proportional der Hahnstellung sei. Wenn also bei offenem Hahn der Heizkörper seine größte Wärmemenge liefert, so soll er dann die Hälfte dieser größten Wärmelieferung geben, wenn der Handgriff in der Mitte zwischen „Auf“ und „Zu“ steht; mindestens aber soll die Wärmeabgabe dann schon wesentlich herabgesetzt sein. Eine weitere Forderung, die man an die örtliche Regelung stellen kann, ist die der Unabhängigkeit der einzelnen Heizkörper voneinander. Stellen wir einen Heizkörper ab, oder vermindern wir auch nur seine Wärmeabgabe, so soll die hier weniger abgegebene Wärmemenge nicht anderen Heizkörpern zukommen, deren Wärmeabgabe erhöhend; es hätte sonst das Verstellen eines Hahnes zur Folge, daß alle übrigen Heizkörper von Hand nachgestellt werden müßten. Wegen der beiden Forderungen der Unabhängigkeit der Heizkörper voneinander und der Proportionalität der örtlichen Regelung können wir auf das in § 40 Gesagte verweisen, doch werden die dort erhaltenen allgemeinen Ergebnisse noch für die besonderen Verhältnisse zu erweitern sein.

Hinsichtlich der generellen Regelung kann man die Forderung aufstellen, daß eine Einstellung der Beheizung nach der Außentemperatur möglich sei. Es soll durch Verstellen einer dazu vorgesehenen Einrichtung, die wir (§ 86) die Haupteinstellung nannten, möglich sein, je nach der gerade herrschenden Außentemperatur die gesamte Wärmeerzeugung auf den erforderlichen Betrag einzuregeln. Ein besonderer Apparat soll die eingestellte Wärmemenge möglichst festhalten.

Der Zugregler, dem die generelle Regelung in dieser Weise obliegt, bewirkt sie durch Anpassen der Wassertemperatur beziehungsweise des Dampfdruckes an die Außentemperatur. Man wird von diesem Regler verlangen, daß er eine einmal eingestellte Temperatur oder einen einmal eingestellten Druck aufrecht erhält; die Höhe der Temperatur oder des Druckes soll also nur von der Einstellung der erwähnten Stellvorrichtung bedingt werden. Es soll gleichgültig sein, ob zu einer gewissen Zeit alle Heizkörper angestellt sind oder ob mehrere oder selbst alle Heizkörper außer Betrieb sind. Diese Bedingung der Unabhängigkeit des Zugreglers von der Heizkörpereinstellung deckt sich teilweise, jedoch nicht ganz mit der anderen Bedingung, wonach die Heizkörper untereinander unabhängig sein sollen.

Weiter wird man die Bedingung gleichmäßiger Verteilung der Wärmemenge unter allen Umständen machen wollen. Wenn die Heizkörper durch Handhabung der Ventile so eingestellt sind, daß jeder von ihnen an einem Tage mit 0^{0} Außentemperatur seinem Raum gerade die erforderliche Wärmemenge hergibt, so soll an einem Tage, wo -10^{0} Außentemperatur herrscht und wo deshalb eine größere insgesamt zu erzeugende Wärmemenge generell eingestellt wird, diese größere Wärmemenge sich in solcher Weise auf die verschiedenen Räume verteilen, daß jeder derselben wieder gerade richtig beheizt ist. Eine Bedienung der örtlichen Ventile soll nicht erforderlich sein.

Es wird im folgenden der Reihe nach zu besprechen sein, wieweit diese Bedingungen erfüllt und wodurch sie erstrebt werden können.

118. Generelle Regelung durch den Zugregler. Wir wollen zunächst die Frage zu beantworten suchen, ob der Zugregler imstande ist, nachdem man die an ihm befindliche Haupteinstellung nach der Außentemperatur eingestellt hat, nun die dieser Außentemperatur entsprechende Vorlauftemperatur beziehungsweise den nötigen Dampfdruck stets aufrecht zu erhalten.

Zur Übersicht über die Verhältnisse mag uns Fig. 136 dienen. In ihr ist wagerecht die Wassertemperatur aufgetragen, wenn es sich um eine Warmwasserheizung, beziehungsweise der Dampfdruck, wenn es sich um eine Dampfheizung handelt. Es möge dahingestellt bleiben, ob Vorlauf- oder Rücklauf- oder etwa mittlere Wassertemperatur gemeint sei, da die folgenden Betrachtungen doch nicht numerische Ergebnisse liefern sollen, sondern nur einen Anhalt für den Verlauf der Vorgänge geben können. Senkrecht ist die von der Heizung gelieferte Wärmemenge aufgetragen. Im Beharrungszustand muß stets die von der Feuerung erzeugte gleich der von den Heizkörpern abgegebenen Wärmemenge sein. Da nun die von der Feuerung erzeugte Wärmemenge nur von der zugeführten Menge Verbrennungsluft, also solange wir nicht von Hand eine Verstellung irgendwelcher anderen Teile vornehmen, nur von der Stellung des Zugreglers, insbesondere der durch ihn betätigten Zugklappe, abhängt, so können wir auch die Öffnung jener Zugklappe als senkrecht aufgetragen ansehen. Es kann dahingestellt bleiben, ob die Stellung der Zugklappe und erzeugte Wärmemenge einander genau proportional sind, da wir ja eben keine numerischen Ermittelungen machen wollen. Jedenfalls wird die erzeugte Wärmemenge um so kleiner sein, je kleiner die von der Zugklappe freigelegte Öffnung ist, und beide werden zusammen zu Null werden. Es schadet auch nichts, daß die Beziehung zwischen Stellung der Zugklappe und erzeugter Wärmemenge nicht immer die gleiche ist, weil es ja noch auf die Höhe der von der Luft zu durchstreichenden Kohlenschicht, auf die Stärke des Schornsteinzuges und anderes ankommt. In jedem einzelnen Augenblick werden doch beide Größen miteinander einhergehen.

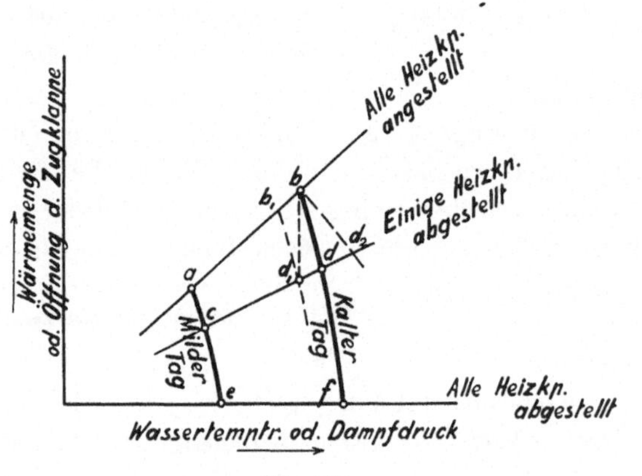

Fig. 136.

Für den Zusammenhang zwischen Abszissen und Ordinaten in unserem Bilde haben wir nun jederzeit zwei Bedingungen. Erstens wird mit der Wassertemperatur beziehungsweise mit dem Dampfdruck die Wärmeabgabe der Heizkörper steigen; das wird durch einen Kurvenzug angedeutet, der im Bilde nach rechts zu ansteigt. Gilt etwa der Kurvenzug $a\,b$ für den Fall, daß alle Heizkörper angestellt sind, so wird $c\,d$ dann gelten, wenn einige Heizkörper abgestellt sind, denn dann ist für jede bestimmte Wassertemperatur die Wärmeabgabe eine geringere. Sind alle Heizkörper abgestellt, so würde die Wärmeabgabe Null sein, gleichgültig, wie hoch die Wassertemperatur oder der Dampfdruck ist, Kurve $e\,f$. Die andere Bedingung für den Zusammenhang zwischen Abszissen und Ordinaten ergibt sich aus dem Verhalten des Zugreglers: solange wir nichts von Hand an der Feuerung ändern, wird die Zugklappe um so weiter geschlossen werden, je höher die Temperatur oder je höher der Druck ansteigt; der Regler legt also einen Zusammenhang zwischen Wärmemenge und Druck oder Temperatur fest, der durch die rechts abfallende Kurve $b\,d\,f$ gegeben ist. Gilt diese Kurve für einen kalten Tag, so wird an einem milderen Tag der Unterschied bestehen, daß wir die Stellvorrichtung in solchem Sinne anders eingestellt haben, daß nun schon bei einer geringeren Wassertemperatur der Abschluß der Zugklappe erfolgt, etwa bei *e*; an milden Tagen wird gemäß der anderen Einstellung der Haupteinstellung das Verhalten des Zugreglers durch *a c e* dargestellt werden.

Die Kurven *a b*, *c d* und *e f* bringen also das Verhalten der Heizung zum Ausdruck; welche Kurve gilt, hängt von der Einstellung der örtlichen Regelorgane ab — wie viel Heizkörper angestellt sind und wie stark. Die Kurven *b d f* und *a c e* bringen das Verhalten des Zugreglers zum Ausdruck; welche dieser Kurven gilt, hängt von der Haupteinstellung ab. Sind beispielsweise an einem kalten Tage alle Heizkörper angestellt, so muß der Zugregler die Zugklappe auf Punkt *b* einregeln; sind an einem milden Tage einige Heizkörper abgestellt, so hat der Zugregler etwa auf Punkt *c* einzuregeln; dann tritt Beharrungszustand ein, und erzeugte und abgegebene Wärme werden einander gleich.

Nun erkennt man: werden an einem kalten Tage einige Heizkörper abgestellt, nachdem vorher alle angestellt waren, so kommen wir von *b* nicht nach d_1, sondern nach *d*. Die Wassertemperatur beziehungsweise der Dampfdruck steigt also, und das hat eine erhöhte Wärmeabgabe der nicht abgestellten Heizkörper zur Folge — um so viel erhöht, wie *d* höher liegt als d_1. Im Verhalten des Zugreglers liegt es also, daß die einzelnen Heizkörper nicht unabhängig voneinander werden, sondern daß eine Rückwirkung eintritt, auch wenn die Vorschrift erfüllt ist, wonach die einigen Heizkörpern gemeinsamen Leitungen wenig Widerstand haben sollen (§ 41). Andererseits liegt darin die Tatsache begründet, daß die Skala an der Haupteinstellung des Zugreglers, die in Grade Außentemperatur geteilt zu sein pflegt und deren jeder Teil einer anderen Kurve der Gattung *b d f*, *a c e* entspricht, nicht allgemein richtig sein kann. Hatte man, so lange alle Heizkörper angestellt waren, auf *b d f* einstellen müssen, so wäre nach Abstellen einiger Heizkörper b_1 d_1 die richtige Einstellung; die Skala an der Haupteinstellung kann nur dann richtig sein, wenn alle Heizkörper angestellt sind.

In Fig. 136 ist die Rückwirkung des Zugreglers beim Abstellen von Heizkörpern nur gering: *d* liegt nur wenig höher als d_1. Das kann aber auch anders sein. Es kommt nämlich auf den Verlauf der Kurve *b d f* an, der ein steiler oder ein flacher sein kann. Ein steiler Verlauf, wie er durch die Kurve $b d_1$ gegeben wäre, deutet an, es sei nur eine geringe Temperatur- oder Druckänderung nötig, um die Zugklappe von ganz offener Stellung zum völligen Abschluß zu bringen. Der flache Verlauf nach d_2 zu hätte besagt, daß eine größere Temperatur- oder Druckänderung nötig ist, um den Abschluß herbeizuführen. Die hieran zu knüpfenden Folgerungen sind Jedem geläufig, der mit der Regelung von Maschinen Bescheid weiß, für die ganz entsprechende Verhältnisse vorliegen. Es scheint nämlich zunächst zweckmäßig, die „Kennlinie" des Zugreglers — so wollen wir Kurven der Gattung *b d f* nennen — möglichst steil verlaufen zu lassen; dann wird die Rückwirkung bei Änderungen der Wärmeentnahme klein werden. Das wäre wohl gut, ein zu steiler Verlauf hat aber andere Übelstände im Gefolge. Da nämlich das Feuer nicht augenblicklich jeder Verstellung der Zugklappe folgt, sondern eine gewisse Trägheit besitzt, so wird, nachdem wir uns erst in b befanden und nun einige Heizkörper abgestellt wurden, ein Ansteigen der Temperatur oder des Druckes stattfinden noch über das Maß hinaus, das nach dem Verlauf der Kennlinie dem neuen Wärmebedarf entsprechen würde. Ist nun die Kennlinie zu steil, so wird die Zugklappe gleich ganz abschließen und nicht auf Punkt d_1 einstellen wie sie sollte. Die Luftzufuhr ist nun abgesperrt und das Feuer erlahmt, die Temperatur (der Druck) gehen von ihrem zu hohen Wert herab, und die Zugklappe öffnet sich. Aber wieder gelingt es ihr nicht bei d_1 Halt zu machen; das durch den völligen Luftabschluß zu weit gedämpfte Feuer kann nicht so schnell wieder in Glut kommen, um nicht die Temperatur zu weit sinken zu lassen: die Zugklappe öffnet sich wieder ganz. Und so findet im Wechselspiel völliges Öffnen und völliges Schließen statt, ohne daß ein Beharrungszustand erreicht wird. In der Ausdrucksweise der Regelungstheorie sagt man, die Regelung sei zu sehr der Astasie genähert; wir sagen einfach: der Verlauf der Kennlinie sei ein zu steiler. Das wechselweise eintretende Öffnen und Schließen, das man namentlich an den Regelungen von Dampfheizungen oft bemerken kann, ist jedenfalls ein Schönheitsfehler; vermutlich hat es auch Wärmeverluste im Gefolge, da während der Zeit, wo die Zugklappe geschlossen ist, reichliche Bildung von Kohlenoxyd eintreten dürfte. Man sollte also solche Verhältnisse vermeiden.

Welches Mittel der Abhilfe steht uns zu Gebote, wo ein stoßweises Arbeiten auftritt? Wir folgern so: um abzuhelfen, müssen wir erreichen, daß eine größere Veränderung der Temperatur oder des Druckes nötig ist, um eine gewisse Veränderung der Luftzufuhr und daher der Wärmeerzeugung zu erreichen. Wir müssen also die durch eine gewisse Temperatur- oder Druckänderung erzeugte Veränderung des Luftzuflußquerschnittes verringern. Das geschieht am einfachsten durch Abdecken eines Teiles des von der Zugklappe freizugebenden Umfanges. Es wäre zweckmäßig, hierfür eine besondere Einstellung vorzusehen. Das wäre konstruktiv leicht zu erreichen, doch ist es nicht üblich, da man meist viel zu wenig Aufmerksamkeit auf die Regelung der Heizung verwendet.

Es könnte vorkommen, daß trotz aller Versuche, Abhilfe durch solche Maßnahme zu schaffen, der Regler seine Untugend stoßweisen Arbeitens beibehält. Das würde nicht gegen unsere Darlegungen sprechen, denn zu steiler Verlauf der Kennlinie ist nur einer der Gründe, der zu mangelhaftem Arbeiten des Reglers führen kann. Die anderen alle darzulegen, hieße eine Theorie der Regelungsvorgänge überhaupt geben, wie sie nicht nur für Heizungen, sondern für viele Vorgänge, insbesondere für Maschinen, Gültigkeit hat. Das ist nicht die Absicht, vielmehr sollte nur gezeigt werden, daß die Regelungsvorgänge bei der Heizung mehr Aufmerksamkeit verdienen als ihnen meist zuteil wird. Auf eine Ursache schlechten Arbeitens des Zugreglers soll aber noch hingewiesen werden — eigentlich auf die nächstliegende. Klemmungen im Regelgestänge hindern natürlich die Wirksamkeit des Reglers. Wird der Wärmebedarf vermindert, so hängt der Regler noch fest, die Temperatur oder der Druck steigt also weiter als nötig, bis endlich der Regler sich losreißt, nun aber zu weit regelt. Temperatur beziehungsweise Druck sinken nun zu weit, weil der Regler wieder nicht folgt, bis er sich endlich wieder losreißt. Man sieht, die Vorgänge mit abwechselndem Öffnen und Schließen sind ganz ähnlich wie bei zu steilem Verlauf der Kennlinie, obwohl doch die Ursache der Erscheinung und daher die Mittel zur Abhilfe ganz andere sind. —

Man darf auf die Tatsache, daß die Aufrechterhaltung genau konstanter Verhältnisse durch den Zugregler nicht möglich ist, nicht zuviel Gewicht legen. Eine einwandfreie generelle Regelung aller Räume nur von der Zentrale aus wird niemals erreichbar sein, und zwar nicht nur wegen der Eigenschaften der Heizungsanlage, sondern aus dem einfachen Grunde, weil der Wärmebedarf der verschiedenen Räume gar nicht immer einander proportional bleibt. Windanfall auf eine Seite des Gebäudes bewirkt einen erhöhten Wärmebedarf auf dieser Seite, starke Besetzung einzelner Räume vermindert den Wärmebedarf. Dazu kommt das verschiedene Bedürfnis der Menschen nach verschiedener Temperierung und nach verschieden starker Lüftung durch Fensteröffnen. So wird eine Bedienung der örtlichen Regelung nie zu entbehren sein. Aber trotzdem ist die Möglichkeit, die Beheizung der Räume von der Zentrale aus schon roh vorzuregeln, äußerst wertvoll. Nur sollte man nicht von mathematisch genauer Regelung und ähnlichem sprechen. Eine genaue generelle Regelung ist weder erforderlich, noch denkbar.

Einige Worte wären noch über die Frage zu sagen, wie man die Regelung durch den Zugregler vornehmen soll, wo mehrere Kessel parallel betrieben werden und in die gleiche Verteilungsleitung hinein warmes Wasser oder Dampf liefern sollen (Kesselbatterien, § 92). Zunächst wird man stets jedem einzelnen Kessel einen Rauchschieber oder eine Drosselklappe im Fuchs geben, die geschlossen wird, wenn der Kessel außer Betrieb ist, und zum rohen Regeln dient. Die selbsttätige Zugregelung aber kann man auf verschiedene Art machen. Entweder man kann allen Kesseln einen gemeinsamen Zugregler geben, der von der allen Kesseln gemeinsamen Leitung aus betätigt wird, also bei Wasserheizung auf die gemeinsame Mischungstemperatur, bei Dampfheizung auf den gemeinsamen Druck reagiert; er hätte einen Hauptluftkanal zu bedienen, von dem aus sich die Einzelwege ohne besondere Absperrvorrichtung, jedenfalls ohne selbsttätige, abzweigen. Eine andere Möglichkeit wäre die Anordnung eines besonderen Zugreglers für jeden Kessel, der auf einen für jeden Kessel gesonderten Zuluftkanal wirkt. Diese Regler würden bei Dampfheizung durch den gemeinsamen Druck der Kessel beeinflußt werden — die Kessel müssen ja notwendig gleichen Druck erzeugen. Bei Wasserheizung indessen ist es möglich, entweder die — möglicherweise verschiedene — Vorlauftemperatur der einzelnen Kessel oder die bei allen meist gleiche Rücklauftemperatur maßgebend zu machen; schaltet man die Zugregler in Verbindungen zwischen Vorlauf und Rücklauf, so ist das fast so, als wenn der Vorlauf maßgebend wäre.

Man wird nun neben der Forderung bestimmter Temperatur des Vorlaufwassers oder bestimmten Dampfdruckes noch die Forderung aufstellen können, die gesamte Wärmeerzeugung solle möglichst gleichmäßig, das heißt im Verhältnis der Heizflächen, auf die verschiedenen Kessel verteilt werden. Bei ungleichmäßigem Brand kann es kommen, daß am Ende der Nacht ein Kessel erloschen ist, weil wegen zu starker Luftzufuhr der Kohlenvorrat nicht reichte, während der andere Kessel mangels Luftzufuhr erlosch, beides deshalb, weil die Zugregelung nur auf die Gesamtleistung einwirkte.

Beeinflussung des Reglers einer Warmwasserheizung durch die Temperatur des gemischten Vorlaufwassers, also durch die des Hauptvorlaufrohres, würde zur Folge haben, da zu starkes Feuer in einem Kessel nur sehr wenig Einfluß auf die gesamte Mischungstemperatur hat, daß dieses Feuer nicht genügend schnell gedämpft wird; so könnte ein Kessel gar zum Kochen kommen, während in einem anderen das Feuer vielleicht erloschen ist, weil ja die Mischungstemperatur durch das Zusammenwirken dieser beiden Vorgänge unverändert bleibt. Beeinflussung des gemeinsamen Zuluftkanals wirkt offenbar ebenso. Das Richtige ist also für Wasserheizungen allein die Anordnung einzelner Regler und deren Beeinflussung durch die Vorlauftemperatur des einzelnen Kessels; die Einschaltung des Zugreglers in ein zwischen Vorlauf des einzelnen Kessels und Rücklauf gelegtes Umlaufrohr wirkt wie die Beeinflussung durch den Vorlauf selbst. Erkennen wir diese Anordnungen als die besten, so braucht darum nicht jede andere Anordnung gleich schlimme Folgen zu haben.

Bei Dampfheizung ist im allgemeinen der Druck in allen Kesseln notwendig der gleiche. Es scheint also keinen Zweck zu haben, wenn man einzelne Regler aufstellt, da sie doch alle durch den gemeinsamen Dampfdruck betätigt werden würden und immer alle in derselben Stellung stehen müßten. Andererseits scheint es, wenn man schon Einzelregler anwenden will, gleichgültig zu sein, ob man sie an den einzelnen Kessel oder ob man sie an das gemeinsame Hauptdampfrohr anschließen will. In der Tat hat man bei der Niederdruckdampfheizung kein Mittel, die Leistung gleichmäßig auf die Kessel zu verteilen, als die Bedienung des Rauchschiebers der einzelnen Kessel, der bei dem einen, zu starkem Brand neigenden Kessel, ein für allemal mehr geschlossen gehalten wird, als bei einem anderen — und etwa noch das folgende, unseres Wissens kaum angewendete. Wenn man die einzelnen Kessel durch verhältnismäßig enge Verbindungen mit dem gemeinsamen Sammelrohr verbindet, so wird wohl in letzterem, nicht aber in den einzelnen Kesseln der gleiche Druck herrschen; in jedem der Kessel wird sich ein um so viel höherer Druck gegenüber dem im Sammelrohr vorhandenen einstellen, wie erforderlich ist, um die Dampferzeugung des betreffenden Kessels durch das enge Verbindungsrohr zu treiben — ein Mehrdruck, der sich auch nach den allgemeinen Gesetzen über die Bewegung von Flüssigkeiten (§ 27) ungefähr ausrechnen ließe. Der Druck in jedem Kessel steigt also mit seiner Dampferzeugung; und versieht man nun jeden Kessel mit einem Zugregler, der von dem Druck im Kessel betätigt werden muß, so wird die Regelung auch auf gleichmäßige Verteilung der Leistung auf die Kessel einwirken. Eine in die Dampfstutzen der Kessel eingebaute durchlochte Drosselscheibe mag also — bei genügender Höhe des Standrohres — Übelständen abhelfen. Hervorgehoben sei noch besonders, daß diese Erzeugung eines höheren Druckes keinen Mehraufwand an Brennstoff im Gefolge hat.

Immerhin sieht man, daß der Parallelbetrieb mehrerer Kessel für die Regelung Schwierigkeiten bietet, die man dann oft kurzer Hand behebt, indem man über Nacht die Zugregler abstellt.

119. Örtliche Regelung. Wir wollen nun weiterhin annehmen, daß der Dampfdruck beziehungsweise die Vorlauftemperatur, die, wie wir sahen, vom Zugregler nicht ganz konstant gehalten werden können, doch nur in engen Grenzen schwanken, so daß wir praktisch von konstanter Betriebsspannung der Dampfheizung, von konstanter Vorlauftemperatur der Wasserheizung sprechen können. Außerdem wollen wir annehmen, daß die Rohrleitung so bemessen ist, wie es die allgemeinen Bedingungen für eine gute Regelung vorschreiben, daß also die Widerstände auf die Einzelleitungen und höchstens noch auf die sehr vielen Heizkörpern gemeinsamen Hauptleitungen entfallen (§ 41), sowie ferner, daß die Widerstände der Einzelleitungen zur Hälfte im Regelorgan liegen (§ 42). Wird nach diesen vielfachen Vorschriften die Regelung nun befriedigend ausfallen können?

Verhältnismäßig einfach liegen die Dinge bei der Niederdruckdampfheizung. Wir haben es hier nur mit einem Dampfzuführungsrohr zu tun. Die vom Heizkörper abgegebene Wärmemenge ist proportional dem in ihn eintretenden Dampfgewicht. Wenn im Grenzfall, nach Erfüllung aller der eben aufgezählten Bedingungen, der ganze Kesseldruck im Regelorgan aufgezehrt wird, so haben wir vor dem Regelorgan konstante Spannung, nämlich den Kesseldruck, und hinter dem Regelorgan ebenfalls konstante Spannung, nämlich Atmosphärendruck. Wir betreiben also den Heizkörper auch mit konstantem Druckgefälle. Die eintretende Dampfmenge und damit die Heizwirkung des Heizkörpers wird also der freigelegten Öffnung proportional sein. Diesen Fall bezeichneten wir schon in § 40 als den günstigsten. Von diesen idealen Verhältnissen werden sich die tatsächlichen so weit entfernen, wie die Ausführung des Systems von den Annahmen abweicht, die wir zugrunde gelegt haben.

Viel umständlicher liegen die Verhältnisse bei der Warmwasserheizung. Bei ihr haben wir nämlich für die Regelung nicht nur die Vorlauftemperatur zu beachten, sondern müssen daran denken, daß die Rücklauftemperatur bei konstant gehaltener Vorlauftemperatur die verschiedensten Werte haben kann. Wir wollen den Unterschied zwischen Vor- und Rücklauftemperatur als die Auskühlung des Heizwassers bezeichnen. Es ist möglich, die Anfangsauskühlung verschieden groß zu wählen, das heißt, für ganz angestellte Heizkörper können wir der Rücklauftemperatur verschiedene Werte beilegen, mit denen wir für die Höchstleistung einerseits die Heizkörper, andererseits die Rohrleitungen berechnen. Je größer man die Anfangsauskühlung annimmt, desto größer fallen die Heizkörper, desto enger die Rohrleitungen aus.

Nun wird sich unter dem Einfluß einer örtlichen Regelung mittels des Regelorgans die Auskühlung vergrößern; das ist bei konstant gehaltener Vorlauftemperatur die Voraussetzung für Herabgehen der Heizwirkung. Dadurch wird außer der Heizwirkung auch der Abtrieb des Heizkörpers verändert, und die Regelung wird nicht mehr so vor sich gehen wie bei konstantem Umtrieb. Und noch eines bliebe zu erwägen: durch Verändern der Hahnstellung verändern wir unmittelbar die durch den Heizkörper gehende Wassermenge. Es fragt sich aber, wie dadurch die Heizwirkung des Heizkörpers verändert wird. Einfache Proportionalität zwischen beiden wie bei der Niederdruckdampfheizung wird man offenbar nicht ohne weiteres annehmen können; für die Wärmeabgabe ist stets die durch den Heizkörper gehende Wassermenge und die Auskühlung maßgebend; das macht die Verhältnisse verwickelter. Wir stellen deshalb, etwas weiter ausholend, folgende Erwägungen an.

120. Allgemeine Theorie der Regelung der Warmwasserheizung.[1]) Von einem Heizkörper der Fläche F qm sei als Erfahrungswert die Wärmeabgabe K pro Quadratmeter und Grad Celsius Temperaturüberschusses über seine Umgebung bekannt. Dann ist der Wert $\mathfrak{H} = F \cdot K$ die Wärmeabgabe des Heizkörpers für jeden Grad, um den sein Inhalt durchschnittlich höher temperiert ist als die Umgebung. Die Zahl von $\mathfrak{H}$ WE/^{0}C ist ein Maß für die Heizkörpergröße unter Berücksichtigung nicht nur seiner Fläche, sondern auch der Heizkraft der Flächeneinheit, die ja für Schmiedeeisenschlangen, Radiatoren und Rippenelemente verschieden ist (§ 94). Bezeichnen wir mit t_m die mittlere Temperatur des Wassers im Heizkörper, mit t_z die Zimmertemperatur, so ist die vom Heizkörper abgegebene Wärmemenge gegeben durch den Ausdruck $\mathfrak{H} \cdot (t_m - t_z)$ WE/st.

---

[1]) Die Entwickelungen von § 120 und 121 finden sich eingehender: Gesundheits-Ingenieur 1909, No. 6 ff.

Bezeichnen wir mit Q die den Heizkörper stündlich durchlaufende Wassermenge in Kilogramm, und mit t_1 und t_2 die Zu- und Ablauftemperatur des Wassers zum Heizkörper, also mit $t_1 - t_2$ die Auskühlung, so ist die vom Wasser abgegebene Wärmemenge $Q \cdot (t_1 - t_2)$ WE/st.

Die vom Heizkörper abgegebene Wärmemenge entstammt dem Heizwasser, also muß sein

$$Q \cdot (t_1 - t_2) = \mathfrak{H} \cdot (t_m - t_z) \quad \ldots\ldots \quad (15)$$

Davon, daß t_z wegen der Erwärmung der Luft am Heizkörper in verschiedenen Höhenlagen verschieden ist, wollen wir absehen; die folgenden Ausführungen beziehen sich dann auf niedrige Heizkörper, und gelten für solche mit einer gewissen Höhenerstreckung nur näherungsweise.

Den Wert von t_m pflegt man einfach zu $\frac{t_1 + t_2}{2}$ anzunehmen. Diese Annahme ist einigermaßen genau, wenn die Auskühlung klein ist. Wenn aber die Regeleinrichtung des Heizkörpers mehr oder weniger geschlossen ist, um die Wärmeabgabe zu vermindern und wenn dabei die Ablauftemperatur t_2 so weit heruntergeht, daß sie sich der Zimmertemperatur t_z nähert, so wird in den zuerst vom Wasser durchlaufenen Teilen des Heizkörpers die Temperaturabnahme des Wassers eine geschwindere sein als späterhin. Die mittlere Heizkörpertemperatur t_m wird dann erheblich kleiner sein als $\frac{t_1 + t_2}{2}$; um wieviel, das wollen wir später ermitteln.

Schreiben wir Gleichung (15) in der Form

$$\frac{t_m - t_z}{t_1 - t_z} = \frac{Q}{\mathfrak{H}} \cdot \frac{t_1 - t_2}{t_1 - t_z} \quad \ldots\ldots\ldots \quad (16)$$

so haben die drei Glieder dieses Ausdruckes einen bestimmten Sinn für die Wirkungsweise des Heizkörpers. Gleichung (16) sagt aus, es sei die Wärmeabgabe gleich dem Produkt aus spezifischer Wassermenge und Auskühlung, hierbei Wärmeabgabe und Auskühlung angegeben in Bruchteilen ihres höchstmöglichen Wertes.

Zunächst $\frac{Q}{\mathfrak{H}}$ können wir als ein Maß für die den Heizkörper durchlaufende Wassermenge ansehen; denn zwei Heizkörper verschiedener Größe werden dann unter gleichen Verhältnissen arbeiten, wenn man dem größeren eine verhältnismäßig größere Wassermenge zuführt, wenn also $\frac{Q}{\mathfrak{H}}$ für beide denselben Wert hat. Daß beide Heizkörper dann unter gleichen Verhältnissen arbeiten, bringt gewissermaßen Gleichung (16), zum Ausdruck und erhellt aus allem folgenden. Wir wollen $\frac{Q}{\mathfrak{H}}$ als die spezifische Wassermenge bezeichnen, die den Heizkörper durchläuft.

Was sodann $\frac{t_m - t_z}{t_1 - t_z}$ anlangt, so ist, wie wir sahen, $\mathfrak{H} \cdot (t_m - t_z)$ die Wärmeabgabe des Heizkörpers. Am größten wird sie, wenn wir so viel

Wasser durch den Heizkörper gehen lassen, daß die Ablauftemperatur gleich der Zulauftemperatur ist; dann ist natürlich auch t_m ebenso groß: das wäre der Fall, wenn unendlich viel Wasser den Heizkörper durchläuft. Seine Wärmeabgabe ist dann $\mathfrak{H} \cdot (t_1 - t_z)$. Das ist die größte Wärmemenge, die er unter den gegebenen Verhältnissen — nach seiner Größe und nach der Höhe der Vorlauf- und der Zimmertemperatur — überhaupt liefern kann. Der Bruch $\frac{t_m - t_z}{t_1 - t_z}$ stellt das Verhältnis der augenblicklichen zur höchstmöglichen Wärmeabgabe dar, oder die augenblickliche in Bruchteilen der höchstmöglichen.

Im letzten Glied endlich ist $t_1 - t_2$ die Auskühlung des Wassers; sie kann höchstens den Wert $t_1 - t_z$ annehmen, und täte es, wenn sehr wenig Wasser durch den Heizkörper geht, wenn die Wassermenge Null wird. Bei sehr großer Wassermenge hingegen, wenn $t_2 = t_1$ wird, wird die Auskühlung Null. $\frac{t_1 - t_2}{t_1 - t_z}$ aber ist die Auskühlung in Bruchteilen der höchstmöglichen. Wir nennen $\frac{t_1 - t_2}{t_1 - t_z}$ das Auskühlungs*verhältnis*.

Praktisch kommt die Auskühlung nicht an Null und die Wärmeabgabe nicht an $\mathfrak{H} \cdot (t_1 - t_z)$ heran, weil die den Heizkörper durchlaufende spezifische Wassermenge niemals unendlich groß wird; vielmehr wird jeder Heizkörper auf eine Mindestauskühlung berechnet, zum Beispiel berechnet man ihn für die Ablauftemperatur $t_2 = 70^0$, während die Zulauftemperatur $t_1 = 90^0$ und die Zimmertemperatur $t_z = 20^0$ festliegen. Dann ist sein Anfangsauskühlungsverhältnis $\frac{90 - 70}{90 - 20} = 0{,}286$; man legt diesen Wert fest, indem man dem Heizkörper einen bestimmten Anfangswiderstand gibt. Beim Regeln mittels des Hahnes vergrößert man den Widerstand und damit die Auskühlung des Wassers — wovon später.

Die Auskühlung ist beim Zweirohrsystem annähernd ein Maß für den Abtrieb, den der Heizkörper in seinem Stromkreis erzeugt. Denn der Abtrieb, der über eine Standhöhe H infolge eines Temperaturunterschiedes $t_1 - t_2$ zwischen zwei Rohrsträngen wirkt, ist bis zu Wassertemperaturen von etwa 30^0 herab sehr annähernd durch den Ausdruck $0{,}0006 \cdot H \cdot (t_1 - t_2)$ gegeben (S. 38), ist also der Auskühlung selbst proportional; eine Annäherung liegt neben der Annahme von 0,0006 für die Ausdehnung des Wassers (§ 6) insbesondere auch darin, daß man H einfach von Heizkörpermitte zu Kesselmitte rechnet; diese Annahme ist gerechtfertigt, wo die Rohrlänge gegenüber der Höhe des Heizkörpers überwiegt. Der jeweilige Abtrieb kann dann durch den Bruch $\frac{t_1 - t_2}{t_1 - t_z}$ in Bruchteilen des höchstmöglichen dargestellt werden.

Wir können Gleichung (16) noch ändern, indem wir beide Seiten von Eins abziehen. Es ist

$$1 - \frac{t_m - t_z}{t_1 - t_z} = 1 - \frac{Q}{\mathfrak{H}} \cdot \frac{t_1 - t_2}{t_1 - t_z}$$

oder

$$\frac{t_1 - t_m}{t_1 - t_z} = 1 - \frac{Q}{\mathfrak{H}} \cdot \frac{t_1 - t_2}{t_1 - t_z} \quad \ldots \ldots \quad (17)$$

Die linke Seite hat hier die Bedeutung, daß sie beim Einrohrsystem die Größe des Abtriebes in Bruchteilen des höchstmöglichen darstellt. Im durchgehenden Rohrstrang herrscht die Temperatur t_1, im Heizkörper ist sie im Mittel t_m. Nun ist der Abtrieb gegeben durch den Ausdruck $0{,}0006 \cdot H \cdot (t_1 - t_m)$, vorausgesetzt, daß die Anordnung des Heizkörpers eine solche ist, wie beim Einrohrsystem üblich, und wie sie durch Fig. 137 dargestellt ist. Der Auftrieb $t_1 - t_m$ erreicht den höchsten Wert, wenn sehr wenig Wasser durch den Heizkörper geht und daher t_m sehr niedrig wird. Für die Wassermenge Null würde $t_m = t_2$. Dann ist also $t_1 - t_2$ der größte Wert, den der Abtrieb annehmen kann und $\frac{t_1 - t_m}{t_1 - t_z}$ stellt den Abtrieb in Bruchteilen des höchstmöglichen dar. — Bei einer Anordnung des Einrohrsystems nach Fig. 138 wirkt in dem abwärts gezogenen Rohr ein Abtrieb entsprechend dem Temperaturunterschied $t_1 - t_2$, und der Abtrieb ist für diesen Teil durch den Wert $\frac{t_1 - t_2}{t_1 - t_z}$ in Bruchteilen des höchstmöglichen gegeben. Die Verhältnisse nähern sich dann denen beim Zweirohrsystem. Im allgemeinen wird man sagen können, daß der Abtrieb beim Zweirohrsystem von der gesamten, beim Einrohrsystem aber von der mittleren Auskühlung abhängt, daß er also nach etwas verschiedenen Gesetzen veränderlich ist.

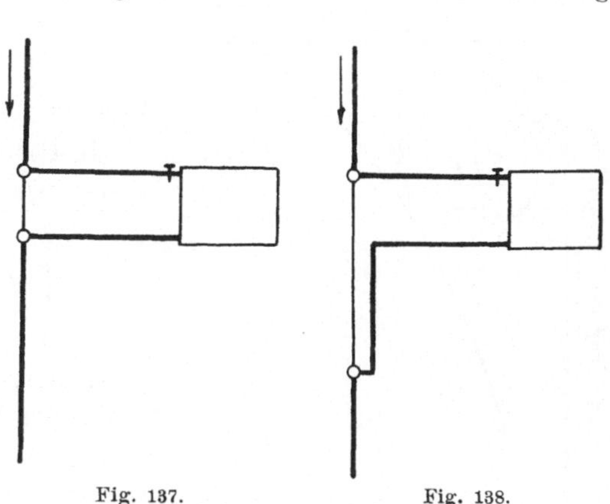

Fig. 137. Fig. 138.
Formen des Einrohrsystems.

Von den in den Formeln vorkommenden Größen werden t_1 und t_z für den einzelnen Heizkörper jederzeit durch die allgemeinen Verhältnisse der Heizung vorgeschrieben sein. Den Wert $Q/\mathfrak{H}$ verändern wir willkürlich durch Regeln des Hahnes. Je nach dieser Regelung werden sich die Werte von t_2 und t_m, die in den bisherigen Gleichungen unbekannt sind, verschieden einstellen; sie müssen sich daher durch $Q/\mathfrak{H}$ ausdrücken lassen. Das soll wie folgt geschehen.

In einem Heizkörper nimmt die Wassertemperatur von oben nach unten nach einem Gesetz ab, das durch Fig. 139 veranschaulicht wird; die Höhe des Heizkörpers ist von oben ab als Ordinate und die zugehörige Wassertemperatur als Abszisse aufgetragen. Die durchgehende Wassermenge Q ist für alle Teile des Heizkörpers die gleiche. In einem Teil des Heizkörpers von der Größe $d\,\mathfrak{H}$ herrsche die Wassertemperatur t und nehme in diesem Teil um $d\,t$ ab, dann wird die Differential-Gleichung

$$d\,\mathfrak{H} \cdot (t - t_z) = -Q \cdot d\,t$$

die Wärmeabgabe in diesem Teilchen des Heizkörpers darstellen. Wir könnten sie durch Differentiation von Gleichung (15) erhalten. Das negative Vorzeichen rechts rührt davon, daß für zunehmende Heizfläche die Wassertemperatur abnimmt, das heißt zu positivem $d\,\mathfrak{H}$ gehört ein negatives $d\,t$. Darnach ist also $d\,\mathfrak{H} = -Q \cdot \dfrac{d\,t}{t - t_z}$ und hieraus folgt durch Integrieren

$$\mathfrak{H} = -Q \cdot ln\,(t - t_z).$$

Die Temperaturabnahme in dem Heizkörper wird also durch eine logarithmische Linie dargestellt, die so liegt, daß sich die Wassertemperatur der Zimmertemperatur mit wachsender Heizkörpergröße asymptotisch nähert. Die Kurve Fig. 139 ist bereits so gezeichnet.

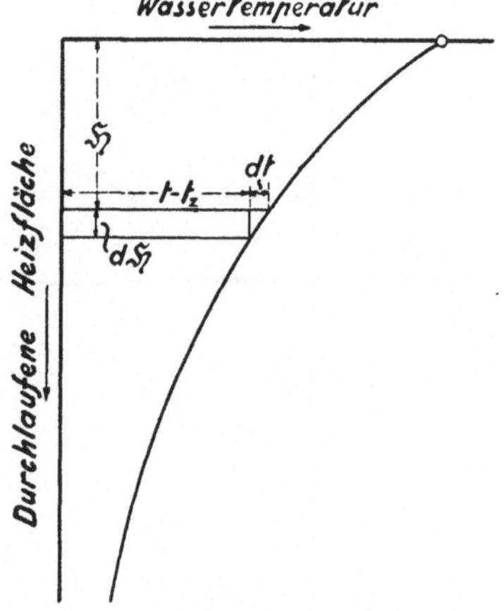

Fig. 139.

In Form eines bestimmten Integrales können wir auch schreiben

$$\int\limits_0^{\mathfrak{H}} d\,\mathfrak{H} = -Q \int\limits_{t_1}^{t_2} \frac{d\,t}{t - t_z},$$

indem beim Eintritt des Wassers in den Heizkörper zu $\mathfrak{H} = 0$ die Vorlauftemperatur t_1 und zu der gesamten Heizfläche $\mathfrak{H}$ die Rücklauftemperatur t_2 gehört. Dies integriert, ergibt sich

$$\mathfrak{H} = Q \cdot ln \cdot \frac{t_1 - t_2}{t_2 - t_z} \quad \text{oder} \quad \frac{t_2 - t_z}{t_1 - t_z} = \frac{1}{e^{\mathfrak{H}/Q}},$$

worin $e = 2{,}718\,..$ die Basis der natürlichen Logarithmen ist. Beide Seiten von Eins abgezogen, entsteht

$$\frac{t_1 - t_2}{t_1 - t_z} = 1 - \frac{1}{e^{\mathfrak{H}/Q}} \quad \ldots\ldots\ldots \quad (18)$$

Das bezeichneten wir aber vorhin als das Auskühlungsverhältnis, auch stellte es den Abtrieb beim Zweirohrsystem dar. Aus Gleichung (16) folgt nun: Wärmeabgabe

$$\frac{t_m - t_z}{t_1 - t_z} = \frac{Q}{\mathfrak{H}} \cdot \left(1 - \frac{1}{e^{\mathfrak{H}/Q}}\right) \quad \ldots\ldots\ldots \quad (19)$$

und aus Gleichung (17) folgt: Abtrieb beim Einrohrsystem

$$\frac{t_1 - t_m}{t_1 - t_z} = 1 - \frac{Q}{\mathfrak{H}} \cdot \left(1 - \frac{1}{e^{\mathfrak{H}/Q}}\right) \quad \ldots \ldots \quad (20)$$

Der Verlauf dieser Größen läßt sich in Kurven darstellen, wie in Fig. 140 geschehen. Als Abszissen sind die spezifischen Wassermengen aufgetragen. Die Wassermenge $\frac{Q}{\mathfrak{H}} = 1$ durchläuft einen Heizkörper dann, wenn 1 kg Wasser durch ihn hindurchgeht für jede Wärmeeinheit, die der Heizkörper bei 1^0 Temperaturunterschied abzugeben imstande ist. Als Ordinaten sind die Auskühlung, die Wärmeabgabe und der Abtrieb des Einrohrsystems aufgetragen, und zwar sämtlich in Bruchteilen des höchstmöglichen. Die Ordinaten zählen daher von Null bis Eins.

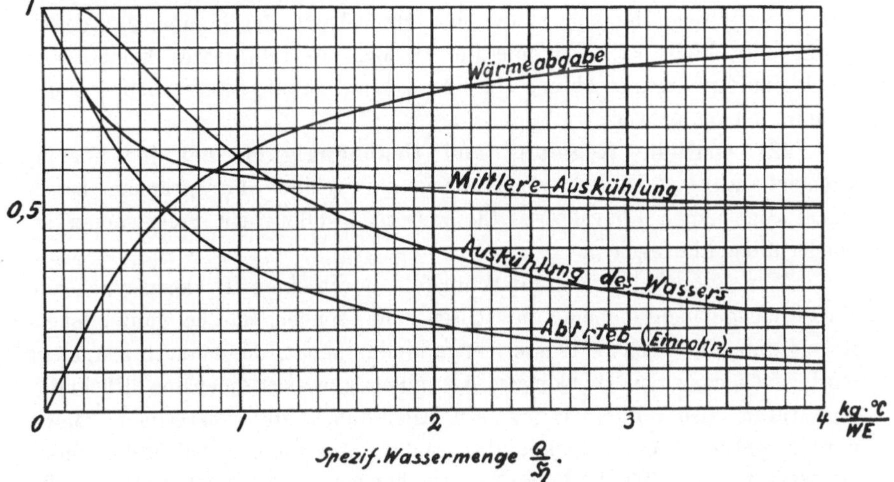

Fig. 140. Verhalten des Heizkörpers beim Durchgehen verschiedener Wassermengen.

Die Wärmeabgabe nähert sich für sehr große Wassermengen asymptotisch dem Höchstwert Eins. Bei Verminderung der Wassermenge sinkt sie zunächst nur langsam, und nimmt erst dann schnell ab, wenn die Wassermenge sehr klein wird. Das Umgekehrte gilt von der Auskühlung. Sie nähert sich für wachsende Wassermengen asymptotisch dem Wert Null, dem sie nahe bleibt, bis zu ziemlich kleinen Wassermengen herab, und erst bei ganz kleinen Wassermengen steigt sie schnell auf Eins herauf. Der Einrohrabtrieb verhält sich naturgemäß ähnlich wie die Auskühlung.

Wenn wir die Gleichungen (20) und (18) durcheinander dividieren, so erhalten wir

$$\frac{t_1 - t_m}{t_1 - t_2} = \frac{1 - \frac{Q}{\mathfrak{H}} \cdot \left(1 - \frac{1}{e^{\mathfrak{H}/Q}}\right)}{1 - \frac{1}{e^{\mathfrak{H}/Q}}} = \frac{e^{\mathfrak{H}/Q}}{e^{\mathfrak{H}/Q} - 1} - \frac{Q}{\mathfrak{H}} \quad \ldots \quad (21)$$

Diese Gleichung gibt an, in welchem Verhältnis die mittlere Heizkörpertemperatur t_m den Temperaturunterschied zwischen Vor- und Rücklauf $t_1 - t_2$ teilt. Man pflegt, wie schon erwähnt, bei Berechnungen in der Praxis einfach $t_m = \frac{t_1 + t_2}{2}$ einzuführen, also $\frac{t_1 - t_m}{t_1 - t_2} = \frac{1}{2} = 0{,}5$ zu setzen. Man setzt die mittlere Auskühlung gleich der halben Gesamtauskühlung. Um zu erkennen, wie weit die genaueren Werte der Gleichung (21) von diesem Wert abweichen, sind sie in Fig. 140 unter der Bezeichnung Mittlere Auskühlung eingetragen. Wir sehen, daß für große Wassermengen die wahren Werte der mittleren Auskühlung sich dem Werte 0,5 asymptotisch nähern, für kleine Wassermengen aber erheblich größer und schließlich Eins werden. Für Besprechung der Regelung von Heizkörpern werden wir den genaueren Wert einführen müssen, da bei fast abgestelltem Heizkörper die den Heizkörper durchlaufende Wassermenge nur klein ist. Für die Berechnung des Rohrnetzes kommt nur die kleine Anfangsauskühlung in Frage, und dann genügt auch die einfachere Rechnungsweise.

121. Örtliche Regelung und Unabhängigkeit bei der Warmwasserheizung. Die Entwickelungen des vorigen Paragraphen haben einen allgemeinen Charakter. Im weiteren wollen wir Folgerungen an Sonderfällen klarlegen.

Wir sagten schon, daß tatsächlich die durch einen Heizkörper gehende Wassermenge nicht beliebig anwachsen kann, sondern daß bei ganz offenem Regelorgan eine höchste Wassermenge hindurchgeht, die dadurch festgelegt wird, daß man den Heizkörper mit einer gewissen höchsten Rücklauftemperatur, also mit einer gewissen Mindestauskühlung berechnet. Meist wird die höchste Vorlauftemperatur zu 90° angenommen bei 20° Zimmertemperatur. Als Rücklauftemperaturen kommen dann meist 70° oder 60° in Frage; wir wollen auch noch 80° und 50° in Betracht ziehen. In der Bezeichnungsweise des vorigen Paragraphen berechnet sich dann die Mindestauskühlung, und also nach Fig. 140 die Höchstwassermenge und die Höchstwärmeabgabe wie folgt:

	Rücklauftemperatur t_2	Auskühlungsverhältnis	Spez. Wassermenge $Q/\mathfrak{H}$	Wärmeabgabe
Vorlauftemperatur $t_1 = 90^0$; Zimmertemperatur $t_z = 20^0$.	80	$^{10}/_{70} = 0{,}143$	6,47	0,926
	70	$^{20}/_{70} = 0{,}286$	3,00	0,851
	60	$^{30}/_{70} = 0{,}429$	1,80	0,768
	50	$^{40}/_{70} = 0{,}571$	1,175	0,672

Die Fig. 140 stellte die Beziehung zwischen Wassermenge und Wärmeabgabe dar, wenn die Wassermenge beliebig weit gesteigert werden kann: in Wahrheit wird nur das Stück der Kurve benutzt, das aufwärts bis zu den spezifischen Wassermengen $\frac{Q}{\mathfrak{H}} = 1{,}175$ beziehungsweise 1,80 oder 3,00 oder 6,47 reicht, es wird nur das linke Stück der verschiedenen Kurven bis herauf an diese Wassermengen ausgenutzt. Zeichnen wir dieses Stück jedesmal in solcher Form heraus, daß wir die größte den Heizkörper hiernach durchfließende Wassermenge als 1 bezeichnen und ebenso die unter diesen Verhältnissen von ihm abgegebene Wärmemenge als 1, und zeichnen unter entsprechender Reduktion von Abszissen und Ordinaten das Bild auf quadratische Form um, so erhalten wir Fig. 141. Es zeigt sich, daß die Beziehung zwischen der den Heizkörper durchlaufenden Wassermenge und der von ihm abgegebenen Wärmemenge verschieden ausfällt je nach der angenommenen Mindestauskühlung, das heißt je nach der angenommenen höchsten Rücklauftemperatur $t_{2\,\mathrm{max}}$. Je höher

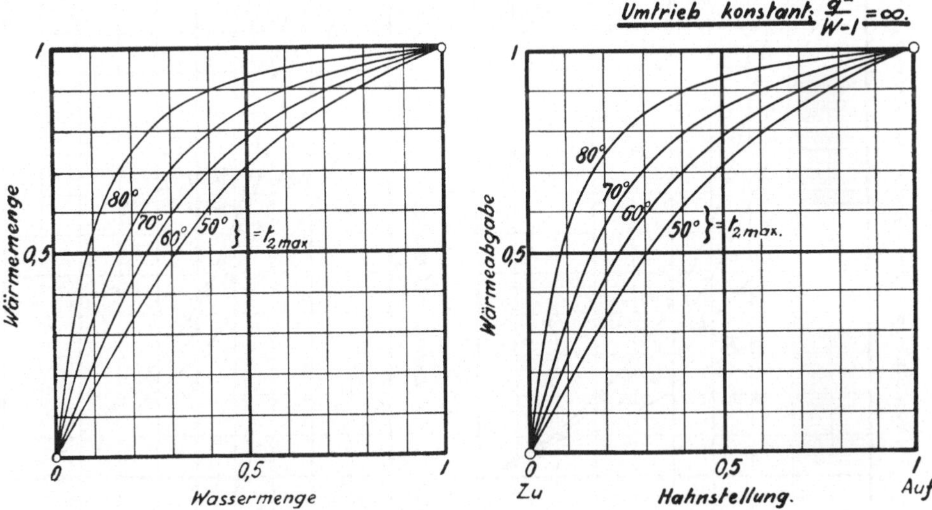

Fig. 141. Verminderung der Wärmeabgabe beim Vermindern des Wasserdurchgangs, für verschiedene Anfangsauskühlungen. $t_1 = 90°$, $t_2 = 20°$.

Fig. 142. Abhängigkeit der Wärmeabgabe von der Hahnstellung unter den günstigsten Bedingungen, für verschiedene Anfangsauskühlungen. $t_1 = 90°$, $t_2 = 20°$.

diese Rücklauftemperatur angenommen worden war, in einen desto steileren Teil der Fig. 140 kommen wir hinein. Es folgt daraus, daß die Wärmeabgabe durch die Veränderung der Wassermenge um so sicherer beeinflußt wird, je größer wir die Anfangsauskühlung bei der Berechnung der Rohrweiten angenommen hatten.

Wir erinnern uns nun noch, daß unter Voraussetzung konstanten Umtriebes, und unter der weiteren Voraussetzung, daß schon in geöffnetem Zustand der Widerstand des Hahnes einen wesentlichen Bruchteil des gesamten Widerstandes des Abzweiges ausmacht, der Wasserdurchgang proportional der Hahnstellung ausfällt (S. 80). Wir können also unter diesen Voraussetzungen, die die günstigsten für die Regelung sind, Fig. 141 einfach wiederholen, indem wir Wassermenge und Hahnstellung als durch den gleichen Bruchteil der Einheit ausgedrückt einführen und miteinander vertauschen. Fig. 142 gibt dann die Beziehung zwischen Hahnstellung und Wärmeabgabe.

Im allgemeinen werden die günstigsten Verhältnisse bei der Regelung nicht eintreten, denn einerseits wird beim Verstellen des Regelorgans der Umtrieb nicht konstant bleiben sondern anwachsen, andererseits wird im allgemeinen der Hahn nicht den einzigen Widerstand des Abzweiges dar-

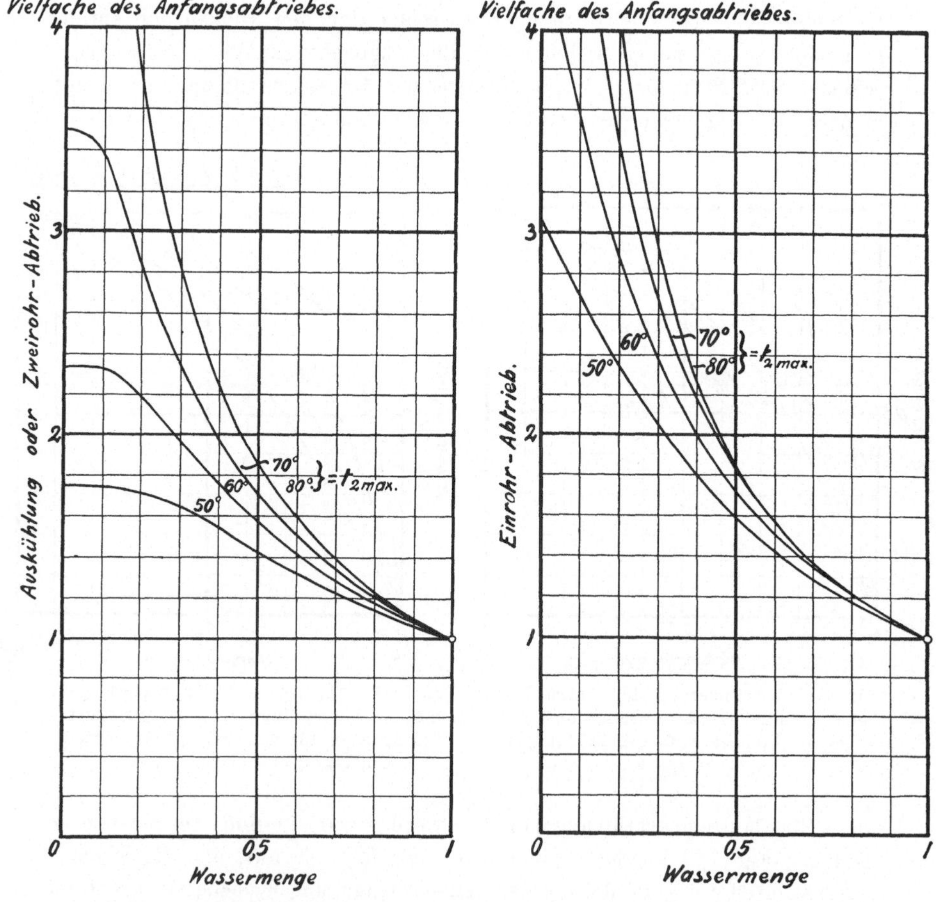

Fig. 143. Zweirohrsystem. Fig. 144. Einrohrsystem.

Anstieg des Abtriebes beim Vermindern des Wasserdurchgangs, für verschiedene Anfangsauskühlungen. $t_1 = 90^0$, $t_z = 20^0$.

stellen, sondern ein Teil wird in der sonstigen Abzweigleitung liegen. Beides wirkt dahin, daß die Kurven beim Abschließen des Hahnes zunächst flacher verlaufen als die in Fig. 142 gezeichneten.

Die Verhältnisse, die eintreten können, sind sehr mannigfaltig; wir wollen nur noch die beiden Fälle herausgreifen, wo zwar das Regelorgan auch noch den wesentlichen Widerstand des Abzweiges bildet, wo aber der Umtrieb nicht konstant bleibt, sondern sich entweder nach dem für das Einrohrsystem gültigen Gesetz oder nach dem für das Zweirohrsystem gültigen Gesetz, Fig. 140, verändert. Auch von diesen Kurven dürfen wir nur denjenigen Teil benutzen, der bis zu den spezifischen Wassermengen 1,175; 1,80 usw. reicht, und wir zeichnen diesen Teil so um, daß der Abtrieb bei der größten Wassermenge 1 gesetzt wird. Dazu sind wieder Abszissen und Ordinaten zu reduzieren. Wir erhalten die Fig. 143 und 144. Nun erinnern wir uns noch, daß die einen Strang durchlaufende Wassermenge proportional der Wurzel aus dem verfügbaren Druckgefälle ist, und können Fig. 142 umzeichnen. Wir tragen zu einer jeden Hahnstellung nicht den nach Fig. 142 ihr zugehörigen Wert der Wärmeabgabe auf, sondern denjenigen, der zu einer mit der Wurzel aus

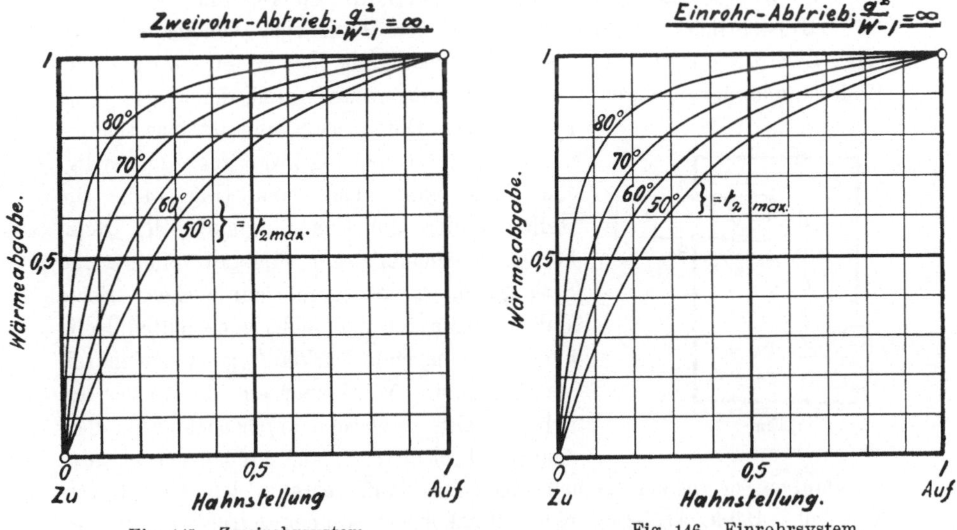

Fig. 145. Zweirohrsystem. Fig. 146. Einrohrsystem.

Abhängigkeit der Wärmeabgabe von der Hahnstellung, für verschiedene Anfangsauskühlungen. $t_1 = 90^0$, $t_2 = 20^0$.

dem zugehörigen Abtrieb vervielfachten Hahnstellung (oder Wassermenge) gehört. Wassermenge und Hahnstellung sind wieder ohne weiteres miteinander zu vertauschen, und wir erhalten die Fig. 145 für das Zweirohrsystem und 146 für das Einrohrsystem.

Der Vergleich mit Fig. 142 ergibt, daß die Regelungsverhältnisse in beiden Fällen nicht unwesentlich gegen die bei konstantem Umtrieb eintretenden verschlechtert sind; zwischen Einrohr- und Zweirohrsystem bestehen keine wesentlichen Unterschiede.

Man sieht, daß alle Umstände dahin wirken, die Wärmeabgabe zuerst nur langsam sinken zu lassen; das tritt ein, selbst wenn der Hahn den wesentlichen Widerstand im Abzweig bildet. Die Regelverhältnisse werden recht ungünstige werden, wenn man die Leitung mit zu geringer

Anfangsauskühlung bemißt, und gleichzeitig nicht das Regelorgan den Hauptwiderstand des Abzweiges sein läßt.

Es wäre müßig, zu verfolgen, wie ungünstige Verhältnisse bei falscher Bemessung der einzelnen Teile auftreten können. Es genügt, die Bedingungen zur Erzielung guter Regelungsverhältnisse nochmals wie folgt zusammenzustellen: Bei der Berechnung der Warmwasserheizung ist die Rücklauftemperatur möglichst niedrig anzunehmen; bei 90° Vorlauf- und 20° Zimmertemperatur ist 60° Rücklauftemperatur der höchste zulässige Wert. Bei Berechnung der Einzelleitungen ist die Hälfte des Widerstandes von vornherein in das Regelorgan zu legen, die Rohrleitung also entsprechend weit zu halten. Letzterer Forderung steht auch bei der Warmwasserheizung nicht die Rücksicht auf Geräusche entgegen, die bei der Niederdruckdampfheizung vielleicht auftreten könnten.

Hinsichtlich der Unabhängigkeit der Heizkörper voneinander gilt beim Zweirohrsystem die allgemeine Bedingung des § 41, wonach die Widerstände der wenigen Heizkörpern gemeinsamen Leitungen gering zu halten sind. Diese Bedingung ist indessen bei der Warmwasserheizung zwar auch notwendig, aber nicht ganz ausreichend (Fig. 147). Sie stellt nämlich die Unabhängigkeit der Heizkörper voneinander nur für ganz offenes und ganz geschlossenes Regelorgan sicher. Beide Mal hat man für den nicht abgestellten Heizkörper die normale Rücklauftemperatur in seinem Rücklauf. Wird aber ein Heizkörper auf halb gestellt, so werden die benachbarten doch dadurch Einfluß erleiden, daß dessen kälteres Rücklaufwasser in den gemeinsamen Rücklauf gelangt, den Abtrieb verstärkend. Beim Abstellen eines Heizkörpers können durch richtige Bemessung der Rohrleitungen die benachbarten vor jedem Einfluß geschützt werden, bei Halbstellung ist eine Beeinflussung der benachbarten Heizkörper unvermeidlich.

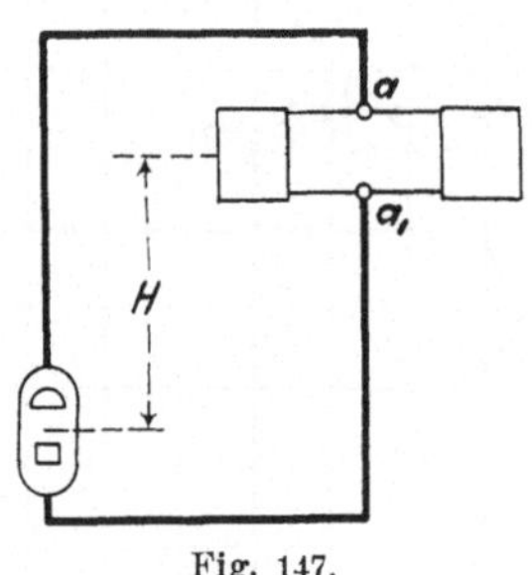

Fig. 147.

Im ganzen erkennen wir, daß hinsichtlich der örtlichen Regelung die Warmwasserheizung der Niederdruckdampfheizung nicht ganz ebenbürtig ist, während sie ihr in der generellen Regelung überlegen ist. In der Praxis pflegt dieser Unterschied zwischen beiden Heizungsarten stärker hervorzutreten als nötig ist, weil bei der Bemessung der Leitungen auf Erzielung guter Regelungsverhältnisse zu wenig Rücksicht genommen wird.

Über die Bedingungen der Unabhängigkeit beim Einrohrsystem berichten wir, wenn wir dieses System im Zusammenhang abhandeln (§ 123).

122. Selbsttätige Temperaturregler. Nachdem wir also festgestellt haben, daß eine generelle Regelung weder bei der Warmwasserheizung, noch bei der Niederdruckdampfheizung in wirklich guter Weise zu erreichen ist, bleibt für die Regelung der Temperatur in den einzelnen Räumen neben dem einfachsten Mittel, der Regelung durch Menschenhand, die selten genügend sachgemäß ausgeführt wird, noch das andere, in den Räumen selbst Einrichtungen anzubringen, die je nach der Temperatur des Raumes den Dampf- oder Wasserzufluß zu dem Heizkörper einzustellen und für Aufrechterhaltung einer bestimmten Temperatur in dem Raum Sorge zu tragen haben.

Zu dem Zweck wird an einer Stelle im Zimmer, der von dem Heizkörper genügend entfernt ist, damit ihn nicht die direkte Wärmestrahlung des Heizkörpers trifft, ein Apparat aufgestellt, in dem irgend ein Teil unter dem Einfluß der Wärme sich ausdehnt. Diese Ausdehnung wird durch eine Übertragung dazu nutzbar gemacht, an dem Heizkörper die Einstellung des Ventiles zu regeln. Solche selbsttätigen Temperaturregler sind in den letzten Jahren in mehreren Formen auf den Markt gekommen, doch ist ihre Anwendung noch zu neu, als daß ein abschließendes Urteil über ihre dauernde Brauchbarkeit zu fällen bereits möglich wäre.

Bei einer Konstruktion eines Temperaturreglers (G. A. Schultze, Charlottenburg) ist ein Ölbehälter als Hohlzylinder ausgebildet, um seine Aufnahmefähigkeit für Temperaturänderungen durch Vergrößerung der Oberfläche zu vergrößern. Steigt die Zimmertemperatur und damit die des Öles, so wird der im Öl entstehende Druck auf eine Membran übertragen und schließt das Ventil des Heizkörpers; im entgegengesetzten Fall öffnet sich das Ventil. — Bei einer anderen Ausführung (Gesellschaft für selbsttätige Temperaturregelung, Berlin) wird das Regelorgan auch durch eine Membran, jedoch nicht unter Verwendung von Öl, sondern von Druckluft betätigt. Die Druckluft wird in einem besonderem Kompressor, der dem ganzen Gebäude und allen Heizkörpern zu dienen hat, verdichtet. Die Membran wird durch eine Steuerung entweder mit der Druckluft oder mit der Außenluft in Verbindung gebracht, das Regelorgan dadurch geöffnet oder geschlossen; und zwar geschieht die Steuerung durch eine Blattfeder, die, aus zwei verschiedenen Metallen bestehend, sich infolge der verschiedenen Wärmedehnung der Metalle je nach der Raumtemperatur verschieden krümmt und dadurch verschiedene Kanäle freigibt. Ein grundsätzlicher Unterschied zwischen den beiden beschriebenen Formen wäre der, daß der erste Apparat die Kraft zum Bewegen des Ventiles selbst erzeugt — er ist insofern direkt wirkend —, während beim zweiten die Kraft anderweit erzeugt wird und den Temperaturänderungen des Raumes nur die Steuerung zufällt — er wirkt indirekt. Zur gegenseitigen Einschätzung beider Konstruktionen liegen uns unparteiische Erfahrungen nicht vor. Die zweite Anordnung hat den Vorteil unbegrenzter Kraftäußerung, die erste den Vorteil, daß man einzelne Räume damit ausrüsten kann, sowie den sicher geräuschlosen Arbeitens. Der hohe Preis beider Apparate darf nicht abschrecken; er wird leicht durch Vermeidung überheizter Räume wieder eingebracht werden.

Auf diese Weise wird also die Einstellung des Ventiles, sei es für Wasser oder sei es für Dampf, selbsttätig je nach der Raumtemperatur bewirkt. Doch wird es gut sein, darauf aufmerksam zu machen, daß auch diese Apparate nicht in der Lage sind, die Temperatur im Raume konstant zu halten. Es gilt für sie im wesentlichen dasselbe, was wir für die selbsttätigen Zugregler ausführten. Vorbedingung für die verschiedenartige Einstellung des Regelventiles ist es, daß der wirksame Teil des Apparates auf verschiedene Temperaturen gebracht wurde; zu jeder Einstellung des Heizkörperventiles gehört eine bestimmte Raumtemperatur. Daraus erhellt, daß je nach der Außentemperatur und je nach dem Dampfdruck oder der Wassertemperatur die Raumtemperatur auf verschiedener Höhe von dem Apparat gehalten wird. Dieser Zusammenhang ist wieder in der ganzen Wirkungsweise des Apparates begründet, so daß es unmöglich ist, ihn zu umgehen; hält man die Temperaturänderungen durch passende Anordnung in zu engen Grenzen, so muß ein periodisches Arbeiten eintreten wie beim Zugregler (§ 118). Eine Einregelung des Reglers selbst durch Menschenhand je nach den äußeren Umständen wird niemals entbehrt werden können; das widerspräche den Prinzipien jeder Regelung und ist daher grundsätzlich unmöglich. Deshalb sollte die Möglichkeit zu einer Einstellung vorgesehen werden.

Mit diesen theoretischen Bemerkungen soll nicht gesagt sein, daß nicht solche Apparate brauchbar sein können und daß die Einstellung des Stellwerkes des Temperaturreglers bequemer sein kann als die Einstellung des Ventiles am Heizkörper selbst.

d) Verschiedenes.

123. Einrohrsystem. Bei der Warmwasserheizung kann der Anschluß der Heizkörper an die Leitungen in doppelter Weise geschehen. Wir haben bisher, wo nicht das Gegenteil gesagt war, angenommen, der Anschluß geschehe in der bei uns üblichen Weise nach dem Zweirohrsystem (§ 103). Jeder Heizkörper erhält einen eigenen Vorlauf, der ihm Wasser von Vorlauftemperatur zuführt. Jeder Heizkörper erhält auch einen eigenen Rücklauf, in dem das Rücklaufwasser der verschiedenen Heizkörper zusammenfließt; die verschiedenen Einzelrückläufe sollen dabei Wasser von gleicher Temperatur in den Hauptrücklauf ausgießen, da man im allgemeinen alle Heizkörper auf gleiche Auskühlung berechnen wird.

Fig. 148 gibt die Rohrverbindung des Einrohrsystems. Jeder Heizkörper gießt sein Wasser in denselben Strang wieder aus, dem er es entnommen hatte und der auch an dem Heizkörper vorbei nicht unterbrochen wurde; vielmehr ist ein Kurzschlußrohr dem Heizkörper parallel geschaltet, um beim Abstellen eines Heizkörpers den anderen mit Wasser zu versorgen. Zwischen den Heizkörpern ist nur ein Rohr vorhanden, das den Rücklauf des oberen und zugleich den Vorlauf des unteren Heizkörpers bildet; wir wollen es als Übergang bezeichnen.

Die Temperaturverhältnisse beim Einrohrsystem können verschiedene sein, wie durch die Diagramme Fig. 148 a und b erläutert wird. Es ist an eine Druckwasserheizung gedacht, da wir sehen werden, daß man die Anwendung des Einrohrsystemes zweckmäßig auf diese beschränkt; weiter ist der Einfachheit halber der Fall angenommen, daß (Fig. 148) die beiden Heizkörper gleich viel Wärme abzugeben haben. Die Darstellung ist so, daß wagerecht die Wassertemperaturen aufgetragen sind, die in den verschiedenen bei Fig. 148 bis 148 b korrespondierenden Höhenlagen herrschen, während die Strichstärke die Wassermenge verbildlicht. Zwischen dem (wagerechten) Hauptvorlauf und Hauptrücklauf möge ein

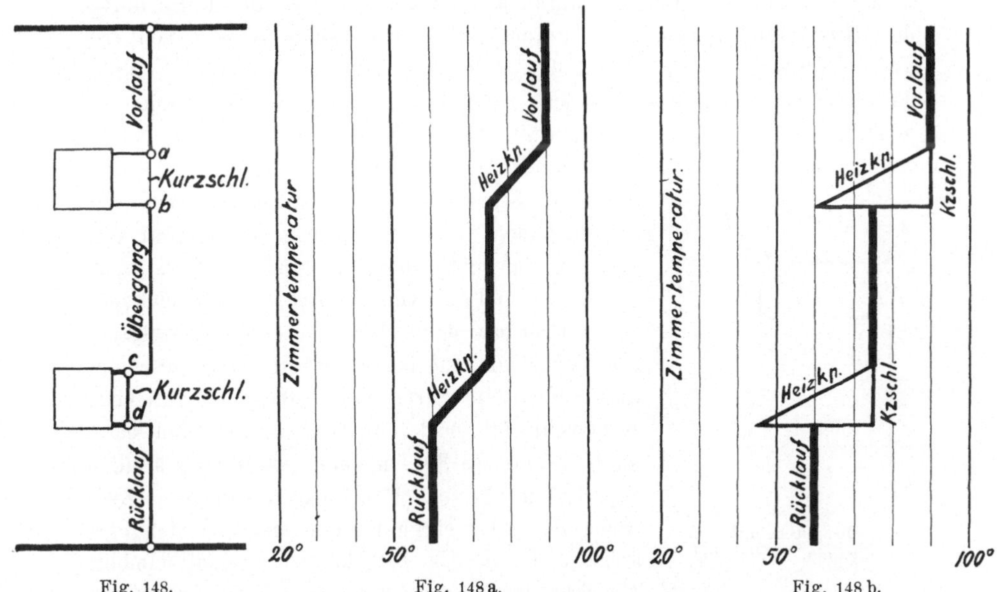

Fig. 148. Fig. 148 a. Fig. 148 b.

Rohrführung beim Einrohrsystem, sowie Temperatur- und Wasserverteilung für zwei bestimmte Fälle der Rohrweitenbemessung.

konstanter Druckunterschied herrschen, der das Wasser durch unseren Strang treibt.

Aus diesen Annahmen folgt sogleich, daß im Übergang auf alle Fälle das Wasser die mittlere Temperatur zwischen Vor- und Rücklauf haben müsse, außerdem muß der Übergang natürlich immer die volle Wassermenge führen. Es fragt sich aber, wie sich die Wassermenge auf Heizkörper und Kurzschlüsse verteilt. In Fig. 148 a geht alles Wasser durch den Heizkörper, keines durch den Kurzschluß. Damit dieser Fall eintritt, sind die Leitungen so zu bemessen, daß das ganze, für den Strang verfügbare Druckgefälle im Vorlauf, Übergang und Rücklauf aufgezehrt wird, so daß für den Kurzschluß nichts übrig bleibt. Die Heizkörperanschlüsse aber sind so zu bemessen, daß der Abtrieb des Heizkörpers selbst gerade in ihnen aufgezehrt wird. Zwischen den Zweigstellen *a* und *b* beziehungsweise c und d herrscht kein Druckunterschied. Man sieht, die durch Fig. 148a dargestellten Verhältnisse sind durch passende Bemessung der Anschlüsse jedenfalls erreichbar, wenn gleich die Heizkörperanschlüsse stark ausfallen werden, da der bei der kleinen Standhöhe nur geringe Abtrieb des Heizkörpers die ganze Wassermenge zu bewältigen hat. Man wird die Heizkörperanschlüsse kurz halten müssen, etwa unter Verwendung einer Rohranordnung nach Fig. 149. — Eine andere Möglichkeit der Bemessung des Einrohrsystems zeigt Fig. 148b. Diesmal hat der obere Heizkörper die Auskühlung wie beim Zweirohrsystem erhalten; das Wasser verläßt ihn mit 60°. Da im Übergang 75° vorhanden sein müssen, so muß die Hälfte des Wassers durch den Heizkörper und die Hälfte durch den Kurzschluß gehen. Der untere Heizkörper erhält Wasser von 75° als Vorlaufwasser. Er ist mit der gleichen Auskühlung von 30° — statt dessen hätte man vielleicht gleiche relative Auskühlung wählen können — ausgestattet, also muß auch bei ihm die Hälfte des Wassers durch den Heizkörper, die Hälfte durch den Kurzschluß gehen. Über die Bemessung der einzelnen Teile des Stranges ist diesmal auszusagen, daß man den Widerstand der Heizkörperanschlüsse und der Kurzschlüsse so gegeneinander abzuwägen hat, daß sich das Wasser im gewünschten Verhältnis auf beide verteilt. Das geschieht am einfachsten durch Verwendung der gleichen Rohrweite für beide, die Rohrlängen sind dann zu berechnen (§ 39) und eine Anordnung ähnlich Fig. 149 macht jede Rohrlänge ausführbar. Zwischen den Abzweigpunkten a und b beziehungsweise c und d, Fig. 148, können diesmal beliebige Druckunterschiede herrschen, da auch der Kurzschluß Wasser führen soll. Nachdem man den Gesamtwiderstand der Heizkörper nebst ihren Kurzschlüssen festgelegt hat, bleiben Vorlauf, Übergang und Rücklauf so zu bemessen, daß der ganze Strang das vorhandene Druckgefälle aufzehrt.

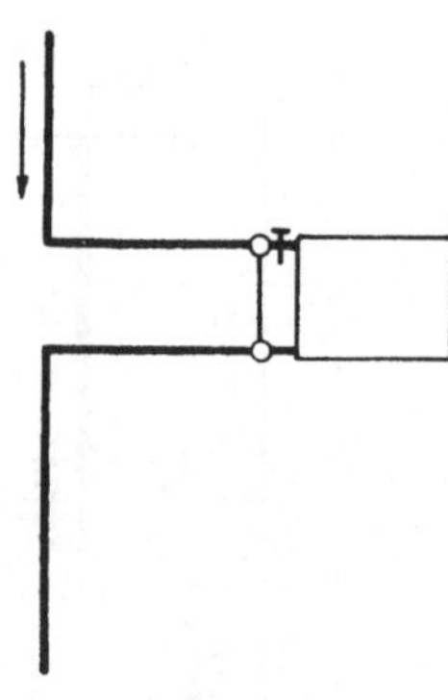

Fig. 149.
Einrohrsystem mit eingezogenem Kurzschluß.

Eine weitere Erwägung bezieht sich auf die Unabhängigkeit der Heizkörper. Denken wir uns in Fig. 148 den oberen Heizkörper abgestellt, so wird der untere Wasser von 90° Vorlauftemperatur erhalten statt bisher solches von 75°. Um das auszugleichen, kann man den Kurz schluß des oberen so bemessen, daß durch Abstellen des Heizkörpers der Wasserdurchgang durch den Strang genügend vermindert wird, um die höhere Temperatur auszugleichen. Diese Bedingung legt dann nicht nur die verhältnismäßige Größe zwischen Kurzschluß und Heizkörper, sondern auch die absolute Größe beider Teile fest. Anders liegen die Verhältnisse beim unteren Heizkörper; stellen wir ihn ab, so wird an der Vorlauftemperatur des oberen nichts geändert, seine Wärmeabgabe bleibt also unbeeinflußt, wenn auch der Wasserdurchgang der gleiche bleibt. Durch Abstellen des unteren Heizkörpers muß also der Widerstand des ganzen Stranges möglichst wenig beeinflußt werden, das heißt der untere Heizkörperanschluß und sein Kurzschluß müssen möglichst geringen Widerstand haben. Unterer und oberer Heizkörper sind daher verschiedenartig zu behandeln. Daraus ergibt sich eine Schwierigkeit, sobald mehr als zwei Heizkörper hintereinander geschaltet sind, da dann der mittlere nicht beide Bedingungen wird erfüllen können. Es wird dann bei einer vermittelnden Bemessung des Kurzschlusses sein Bewenden haben müssen. Wir erkennen, daß die Unabhängigkeit von mehr als zwei hintereinandergeschalteten Heizkörpern theoretisch nicht zu erreichen ist. Man darf diesen theoretischen Nachteil nicht zu streng bewerten, ist ja doch auch beim Zweirohrsystem die Unabhängigkeit nie gewahrt, da man niemals die gemeinsamen Rohre ohne Druckverlust ausführt. Praktisch werden beide Systeme die Unabhängigkeit nicht erreichen.

Vergleichen wir die beiden Möglichkeiten der Bemessung des Einrohrsystems miteinander und mit dem Zweirohrsystem, so finden wir folgendes: Fig. 148 a ergibt gegenüber 148 b weitere Heizkörperanschlüsse, aber engere Rohre für Vorlauf, Übergang und Rücklauf. Da die Heizkörperanschlüsse sehr weit ausfallen werden, die anderen Rohre sehr eng, so wird die Rohrleitung wenig elegant aussehen. Bei Fig. 148 b haben wir die Bemessung der Heizkörperanschlüsse der absoluten Größe wie auch im Verhältnis zum Vorlauf, Übergang und Rücklauf vollständig in der Hand und können gefällige Verhältnisse schaffen; gegenüber dem Zweirohrsystem wird das Fortfallen einer Leitung jedenfalls angenehm empfunden werden. Wichtiger als diese Äußerlichkeit ist aber der Umstand, daß Fig. 148 a wegen der geringeren Auskühlung schlechtere örtliche Regelung ergeben wird, schlechter als Fig. 148 b und schlechter als das Zweirohrsystem. Vom Standpunkt der Regelung aus wie vom Standpunkt der Schönheit wäre also die Anordnung 148 a, wo alles Wasser durch die Heizkörper geht, zu verwerfen. — Gegen Fig. 148 b ist einzuwenden, daß sie größere Heizfläche bedingt als Fig. 148 a und als das Zweirohrsystem, während diese beiden die gleiche gesamte Heizfläche verlangen. Beim Zweirohrsystem nämlich haben beide Heizkörper die mittlere Temperatur 75^0, beide fallen (für gleiche Wärmeleistung) gleich groß aus. Das Einrohrsystem nach Fig. 148 a hat die mittlere Temperatur 82,5^0 im oberen und 67,5^0 im unteren Heizkörper, so daß wir insgesamt auch mit der mittleren Temperatur von 75^0 rechnen können, doch wird der obere Heizkörper kleiner, der untere größer; die Summe wird aber dieselbe sein. Bei Fig. 148 b endlich hat der obere Heizkörper die mittlere Temperatur 75^0, wird also so groß wie die Heizkörper des Zweirohrsystems; der untere hat nur 60^0 mittlere Temperatur, und wird daher gröser; insgesamt braucht das Einrohrsystem nach Fig. 148 b mehr Heizfläche als Fig. 148 a und als das Zweirohrsystem; der Mehrverbrauch im Beispiel berechnet sich leicht zu 16 % der gesamten Heizfläche. Fig. 148 b ist also hinsichtlich der örtlichen Regelung dem Zweirohrsystem ebenbürtig, fällt aber in den Heizkörpern teurer aus.

Nun darf man auf diesen Mehrpreis nicht allzuviel Gewicht legen. Große mit niedriger Temperatur betriebene Heizkörper sind hygienisch das wünschenswerte; der Mehrpreis bezieht sich nur auf die Heizkörper, die doch nur einen Bruchteil der gesamten Anlagekosten, im allgemeinen etwa 30 % ausmachen. Vor allen Dingen aber kann der Mehrpreis unter Umständen durch Ersparnisse an Rohrleitungen eingebracht werden. Schon das Fortfallen der zweiten Leitung durch die Geschosse hindurch darf nicht übersehen werden. Immerhin ist das Einrohrsystem in mancher Hinsicht nicht gleichwertig dem anderen; namentlich sind die Bedingungen für seine richtige Bemessung undurchsichtigere als bei jenem. So wird man zu ihm nur greifen, wenn besondere Gründe dazu vorliegen, wie etwa die folgenden.

Wesentliche Ersparnisse an der Rohrleitung sind jedenfalls zu erwarten, wenn man bei Anwendung des Einrohrsystemes die Leitungen als Schnellstromleitungen ausführen kann, während man bei Verwendung des Zweirohranschlusses nur den Umlauf durch Schwerkraft zur Verfügung hat. Dieser Fall tritt ein bei Druckwasserheizungen, deren Pumpe mit großem Druckgefälle arbeitet, namentlich also bei Druckwasserfernheizungen (§ 180), bei denen man den Pumpendruck zu 1 bis 4 at annehmen wird. In diesem Fall nämlich haben wir zu bedenken, daß es vorkommen kann, daß alle Heizkörper bis auf einen oder wenige abgestellt werden. Es ist nicht wahrscheinlich, daß das bei der ganzen Heizungsanlage eintritt, es genügt aber auch schon, daß es in einem Gebäude eintritt, vielleicht wenn nur deshalb nicht das ganze Gebäude abgestellt wird, weil ein Raum beheizt werden soll. Das hätte beim Zweirohrsystem zur Folge, daß die zu diesem Gebäude führenden Hauptleitungen keinen Spannungsabfall mehr haben und daher der volle Druckunterschied der Zentrale auf die wenigen angestellten Heizkörper kommt. Die Beseitigung des verstärkten Wasserumlaufes in diesen durch örtliche Regelung ist schwierig, denn Heizkörper mit kleiner Auskühlung regeln sich schlecht (§ 121). Auch wären Geräusche und Abnutzungen in den Regelorganen zu befürchten, in denen sich nun große Druckunterschiede ausgleichen. Günstiger liegen die Dinge beim Einrohrsystem, weil bei ihm des Kurzschlusses wegen große Druckunterschiede zu beiden Seiten der Ventile garnicht auftreten können. Auch hört bei ihm mit Abstellen aller Heizkörper der Wasserumlauf in den betreffenden Strängen nicht auf. Ein reines Zweirohrsystem scheint also für Druckwasserfernheizungen nicht angängig zu sein, und man hat nur die Wahl, an welche Stelle man einen parallel geschalteten Kurzschluß legen will. Entweder tut man es an jedem einzelnen Heizkörper und betreibt die Stränge im Schnellumlauf. Man hat aber auch wohl die Gebäude nach Art des Einrohrsystems an die Hauptleitung angeschlossen; dann wirkt innerhalb der Gebäude nur die Schwerkraft, und der Anschluß der Heizkörper geschieht nach dem Zweirohrsystem. Letztere Anordnung ergibt kleinere Heizkörper, aber einen erheblichen Mehraufwand an Rohrmaterial. Daß übrigens ein reines Zweirohr-Schnellumlaufsystem hinsichtlich des Arbeitsbedarfes der Pumpen nach Abstellen von Heizkörpern am besten dastehen würde, ist ersichtlich.

Das Ergebnis der Betrachtung ist, daß das Einrohrsystem an sich dem Zweirohrsystem nicht ganz ebenbürtig ist hinsichtlich der Heizkörpergröße und der Regelungsverhältnisse. Seine Verwendung sollte sich also auf die Fälle beschränken, wo das Zweirohrsystem Bedenken gegen sich hat — auf Schnellumlaufheizung. —

Auch bei der Niederdruckdampfheizung hat man, in Amerika namentlich, ein Einrohrsystem verwendet. Der Anschluß geschieht dann wie beim Wasser-Einrohrsystem; Dampf- und Kondensleitung sind eins. Die Belüftung der Heizkörper muß besonders bewirkt werden. Diese Anordnung ist zweifellos minderwertig.

124. Ursachen ungenügender Heizwirkung. Es kann vorkommen, daß eine Warmwasserheizung nach ihrer Fertigstellung dem Wärmebedürfnis einzelner Räume nicht genügt. Das kann seine Ursache haben entweder in zu geringer Größe des betreffenden Heizkörpers oder in zu geringer Weite der Zu- und Ableitung. Welcher von beiden Fehlern vorliegt, ist zu erkennen durch Messen der Rücklauftemperatur. Diese wird zu hoch ausfallen, wenn der Heizkörper zu klein ist im Verhältnis zur Weite der Zuleitungen; sie wird kleiner ausfallen als berechnet, wenn der Heizkörper zu groß ist im Verhältnis zur Weite der Leitungen. Durch Beobachten der Rücklauftemperatur läßt sich feststellen, welcher von beiden Fehlern vorliegt. Man kann dazu ein Thermometer mit der Kugel an die Wandung des Rohres anlegen und das Ganze gut mit Watte oder anderen schlechten Wärmeleitern umwickeln. Die wahre Wassertemperatur ist um 2 bis 4^0 höher als das Thermometer auf diese Weise anzeigt; solche Messung genügt aber auch. Besser wäre es, die Thermometerkugel in den Rücklauf einzuführen; das ist nur möglich, wenn ein T-Stück in der Leitung dazu vorgesehen ist.

Ganz ähnlich wird an der Niederdruckdampfheizung bei ungenügender Heizwirkung einzelner Heizkörper die Ursache eine zweifach verschiedene sein können, und entsprechend verschieden wird die Abhilfe sein müssen. Bei enger oder falsch angelegter Zuleitung wird der Heizkörper nicht ganz warm, trotz ganz offenen Regelorganes. Bei zu geringer Heizfläche heizt der Körper nicht ausreichend, trotzdem er ganz warm wird; das ist bei der Dampfheizung leichter zu erkennen als bei der Wasserheizung. Außerdem kann bei der Dampfheizung Durchschlagen einzelner Heizkörper die Ursache sein, weshalb die benachbarten keinen Dampf erhalten (§ 107).

Außer in Rohrleitungen und Heizkörpern kann die ungenügende Heizwirkung auch durch die Kesselanlage begründet sein, und hier wiederum im einzelnen die verschiedenartigsten Ursachen haben. Der Kessel kann zu klein, aber im ganzen wohl dimensioniert sein; er wird dann befriedigenden Wirkungsgrad haben, jedoch schon bei mäßiger Kälte an die Grenze seiner Leistungsfähigkeit kommen — Druck oder Temperatur werden abfallen. Es kann aber auch sein, daß die Heizfläche, nach deren Größe die Kessel meist beschafft werden, wohl die richtige zu sein scheint, daß aber das Verhältnis der Rost- zur Heizfläche nicht das richtige ist. Bei zu kleiner Rostfläche wird nicht die erforderliche Kohlenmenge zu verbrennen sein, weil selbst bei genügendem Zug nicht die nötige Luftmenge durch den zu kleinen Rost angesaugt werden könnte. Nun kommt aber dazu, daß an der verhältnismäßig zu großen Heizfläche die Rauchgase sehr abgekühlt werden, und daß daher der Zug schwach ausfällt; um so weniger wird dann die erforderliche Kohlenmenge verbrennen können. Man ist hier leicht geneigt, als Ursache des Versagens den Schornstein anzusprechen, der nicht genüge; die Schuld trifft aber den Kessel, der die Abgase zu weit auskühlt. Man findet das durch Messen der Abgastemperatur im Fuchs, die selbst bei angestrengtem Betriebe, wenn also der Druck oder die Temperatur im Kessel nicht mehr zu halten ist, noch zu niedrig ist; sie darf dann ruhig 300° sein. Zu diesem Fehler — übergroßer Auskühlung der Abgase — neigen insbesondere Gliederkessel von geringer Gliederanzahl, während solche mit zahlreichen Gliedern in den entgegengesetzten Fehler verfallen, die Gase mangelhaft auszukühlen und daher große Abgasverluste und schlechteren Wirkungsgrad zu geben; da nämlich, bei Konstruktionen ähnlich der Fig. 74, S. 149, das Vorder- und Hinterglied im Vergleich zu den übrigen eine große Heizfläche, aber kaum eine Rostfläche hat, so wird bei kurzen Kesseln ein Mangel an Rostfläche eintreten und umgekehrt.

Man sieht, an wie verschiedenen Gründen das Versagen einer Heizungsanlage liegen kann; wir zählten nur die wichtigsten auf. Deshalb erfordert die Feststellung der Gründe eines Versagens viel Umsicht und Erfahrung, und sollte nicht von Laien in dieser Hinsicht in Angriff genommen werden.

125. Gang der Berechnung. Für den Entwurf einer Zentralheizungsanlage ist zunächst die Ausführung der Transmissionsberechnung für die zu beheizenden Räume erforderlich. Durch Zusammenzählen des Bedarfes aller einzelnen Räume erhält man den Gesamtbedarf des Gebäudes an Wärme; er ist für die Größe der Kesselanlage maßgebend. Die Auswahl der erforderlichen Kesselgröße geschieht nach den Listen der Fabrikanten, in denen die Leistungsfähigkeit der Type in Wärmeeinheiten pro Stunde angegeben zu sein pflegt. Wir wissen, daß es empfehlenswert ist, den Kessel reichlich zu wählen, da Überanstrengung des Kessels seinen Wirkungsgrad herabdrückt. Die Angaben der Kataloge pflegen hoch gegriffen zu sein.

Die Frage, ob eine Wasser- oder Dampfheizung erwünscht ist, wird im voraus entschieden sein. Für die Leistungsfähigkeit von Dampfheizkörpern liegen Erfahrungswerte vor, mit deren Hilfe sich die Größe der in jedem Raum erforderlichen Heizfläche finden läßt. Bei Wasserheizung steht man zunächst noch vor der Entscheidung, mit welcher Vor- und Rücklauftemperatur man die Heizung berechnen will. Wir wissen (§ 121), daß ein großer Temperaturunterschied zwischen Vor- und Rücklauf im Interesse guter Regelung der einzelnen Heizkörper liegt und daß die Annahme einer nicht zu hohen Vorlauftemperatur als hygienisch wünschenswert gilt. Danach sind also die Vorlauftemperatur sowohl wie die Rücklauftemperatur so niedrig wie möglich anzunehmen; doch fällt mit ihrer Erniedrigung auch die Wärmeabgabe des Quadratmeters Heizfläche geringer aus und die erforderliche Heizfläche wird größer. Am häufigsten wird wohl mit 90° Vorlauftemperatur gerechnet; die Rücklauftemperatur kann dann 60° sein.

Nun sind, wieder nach den Listen der Fabrikanten, die Heizkörper auszusuchen. Es ist zuzusehen, ob die erforderliche Heizfläche in der Fensternische untergebracht werden kann, ob die Anwendung nur eines Heizkörpers geraten ist oder ob bei großen Räumen besser zwei aufzustellen sind; letzteres ist immer vorzuziehen, wird aber natürlich teurer. Die Heizkörper sind in der gewählten Stellung in die Grundrisse einzuzeichnen.

Es handelt sich nun darum, den Kessel mit allen Heizkörpern durch Rohrleitungen zu verbinden. Der Rohrplan ist so aufzustellen, daß die Kosten der Rohrleitung möglichst gering ausfallen; das wird im allgemeinen darauf hinauskommen, daß man die gesamte Leitungslänge möglichst kurz zu halten hat, namentlich aber die stärkeren Leitungen. Beim Entwurf des Rohrplanes spielen Gefühl und Erfahrung eine große Rolle.

Die nach dem Rohrplan sich ergebenden Leitungslängen der einzelnen Leitungen werden in eine Tabelle eingetragen und die durch die betreffende Leitung zu transportierende Wärme, die sich durch Zusammenzählen des Wärmebedarfes der zugehörigen Heizkörper ergibt, wird dabei vermerkt. Die durch die einzelnen Abschnitte gehenden Dampf- oder Wassermengen lassen sich dann finden; für die Wassermengen ist natürlich derselbe Temperaturunterschied zwischen Vor- und Rücklauf anzunehmen, der bei der Berechnung der Heizkörper angenommen worden war. Bei der Dampfheizung wird der Kesseldruck dann, je nach der Größe der Anlage, meist zwischen 0,08 und 0,15 at Überdruck gewählt; bei der Wasserheizung ergibt sich die Grösse des in jedem einzelnen Heizkörper verfügbaren Abtriebes aus dem Höhenunterschied des Heizkörpers gegen den Kessel und wieder aus der Temperaturdifferenz zwischen Vor- und Rücklauf. Die Leitungen sind nun so zu bemessen, daß die in den einzelnen Teilstrecken verfügbaren Druckgefälle gerade von den Widerständen aufgezehrt werden; für diese Rechnung brachten wir in § 28 einige einfache Beispiele.

Wir erinnern uns bei der Rechnung, daß der Widerstand möglichst in die Hauptleitungen oder aber in die Einzelleitungen zu verlegen ist, während die mehreren Heizkörpern gemeinsamen Leitungen mit kleinem Widerstand zu berechnen sind.

Die berechneten Rohrweiten werden in den Bauplan eingetragen, und zwar sind im allgemeinen die Verteilungs- und Sammelleitungen im Grundriß von Keller- und Dachgeschoß zu erkennen, während die Steige- und Fallstränge, jeder Strang für sich und alle Stränge einfach nebeneinander gesetzt, in einen Strangplan eingezeichnet werden. Besondere Einrichtungen, wie Ausdehnungsgefäß, Wasserschleifen und ähnliches, sind dabei anzudeuten.

126. Unterlagen für die Berechnung. Es liegt im Interesse der Bauleitung, insbesondere da, wo mehrere Firmen zu Angeboten herangezogen werden, diejenigen frei anzunehmenden Werte vorzuschreiben, von deren Annahme einerseits der Preis, andererseits die Leistungsfähigkeit der Anlage wesentlich abhängen; sonst fallen die Projekte und Kostenanschläge zu wenig vergleichbar aus. Es sind das insbesondere die Unterlagen für die Transmissionsberechnung (§ 58) — wenn man nicht lieber die Ergebnisse jener Berechnung geben will —, ferner Vor- und Rücklauftemperatur, Stellung der Heizkörper. Die vollständigen Baupläne sind natürlich auch erforderlich.

VII. Lüftung und Luftheizung.

127. Zweck der Lüftungseinrichtungen; Luftwechsel; Vermeidung unerwünschter Luftbewegungen. Der Zweck von Lüftungsanlagen ist die Erneuerung der Raumluft in solchem Maße, daß die durch Menschen und Beleuchtungskörper hervorgerufene Luftverschlechterung den als zulässig angesehenen Betrag nicht überschreitet. Die Luftverschlechterung kann in einer Veränderung der normalen Luftzusammensetzung oder auch in zuweit gehender Steigerung der Raumtemperatur bestehen; beides wird durch Menschen wie durch Lampen hervorgerufen. Wieviel man von beiden zulassen will, kann man vom Standpunkt der einfachen äußeren Annehmlichkeit oder vom Standpunkt der Hygiene aus feststellen; der letztere Gesichtspunkt ist namentlich in Schulen und Krankenhäusern der maßgebende.

Man beschränkt den Höchstgehalt an schädlichen Bestandteilen oder die Höchsttemperatur, die die Raumluft im Beharrungszustand annimmt, indem man für allmähliche Auswechselung der Raumluft sorgt; man führt die erforderliche Menge verschlechterter Luft ab und dafür eine entsprechende Menge frischer Luft ein. Von Nutzen kann der Luftwechsel nur sein, wenn die zugeführte Luft ihrerseits in der Qualität einwandfrei ist. Weder sollte sie durch Staub verunreinigt sein, noch durch falschen Feuchtigkeitsgehalt und falsche Temperatur als unangenehm oder gar als schädlich bemerkbar werden. Das bedingt besondere Anlagen zum Reinigen, Anfeuchten und Temperieren — Wärmen oder Kühlen.

In vielen Fällen freilich wäre eine besondere Lüftungsanlage — als welche man übrigens schon jeden einfachen Abzugsschlot ansehen kann — unnötig, indem die durch Ritzen und Spalten stattfindende natürliche Lüftung an sich ausreichend wäre. In feinen Gasthöfen pflegen die Räumlichkeiten groß genug, die Besetzung mit Menschen schwach genug, dabei die Beleuchtung elektrisch zu sein, alles Umstände, die, so könnte man meinen, eine besondere Lüftung entbehrlich machen. Aber die natürliche Luftbewegung geht nicht immer die gewünschten Wege und daher kommen Küchen-, Klosett- und andere Gerüche an Stellen, wo sie nicht erwünscht sind, oder beim Öffnen der Tür kommt kalter Zug ins Innere und belästigt die Insassen. Hier ist es Aufgabe der Lüftungseinrichtung, abwehrend zu wirken und dafür zu sorgen, daß solche unerwünschten spontanen Luftbewegungen nicht oder im umgekehrten Sinne erfolgen. Da die Luft immer vom Ort höheren zu dem niederen Druckes geht, so ist es also Aufgabe solcher Lüftungsanlage, die Druckverhältnisse der Luft im Gebäude zu regeln.

Wie hiernach die Anforderungen an eine Lüftung, namentlich hinsichtlich der Größenverhältnisse, von Fall zu Fall festzulegen, durch welche Mittel andererseits diese Anforderungen in jedem Einzelfall zu befriedigen sind, das ist nun zu besprechen. Dabei denken wir zunächst an eine reine Lüftungsanlage; darunter verstehen wir eine solche, die nur der Lufterneuerung und gegebenenfalls noch der Wärmeabfuhr dient. Wo auch die im Winter nötige Wärmezufuhr durch Luft bewirkt wird, da wird die Lüftung zur Luftheizung und ist später zu besprechen.

a) Auswechseln der Raumluft.

1. *Theoretisches.*

128. Normaler Zustand der Luft. Luft besteht aus Sauerstoff, chemisch mit O bezeichnet, und Stickstoff N; dazu kommen kleine Mengen Kohlensäure CO_2. Überall im Freien bestehen 100 Raumteile trocken gedachter Luft aus 21 Raumteilen O und 79 Raumteilen N. Dem Gewichte nach sind 100 Gewichtsteile Luft zusammengesetzt aus 23 Gewichtsteilen O und 77 Gewichtsteilen N. Der Kohlensäuregehalt ist dem gegenüber verschwindend, er beträgt nur 0,04 Raumteile CO_2 in 100 Raumteilen Luft, also 0,4 $^0/_{00}$; dem Gewicht nach macht die Kohlensäure, die fast genau anderthalbmal so schwer ist wie Luft, 0,6 $^0/_{00}$ aus. Diese in runden Zahlen angegebene Zusammensetzung ist, wie die Erfahrung lehrt, sehr genau dieselbe im Sommer oder Winter, im Tal oder Gebirge.

Zu den so zusammengesetzten 100 Raumteilen Luft treten noch wechselnde Mengen Wasserdampf, die man, wie früher besprochen, in Prozenten des größtmöglichen Gehaltes an Wasserdampf angibt (§ 21).

129. Veränderung der Luft durch Insassen. Sobald Menschen im Raume sind, verändern sie die Raumluft unvorteilhaft. Bei starker Besetzung kann die Luft daher unangenehm und ungesund werden.

Der Mensch gibt die eingeatmete Luft mit viel größerem Kohlensäuregehalt an die Umgebung zurück: die ausgeatmete Luft enthält etwa 4 % Kohlensäure, statt 0,04 % bei der eingeatmeten. Dementsprechend hat sich der Sauerstoffgehalt auf 17 % vermindert. Der Gesamtmenge nach beträgt die Kohlensäureausscheidung bei Erwachsenen 0,07 bis 0,03 kg in der Stunde; das sind, da das spezifische Gewicht von Kohlensäure fast genau 2 kg/cbm $\left(\frac{0}{760}\right)$ ist, 0,035 bis 0,015 cbm/st $\left(\frac{0}{760}\right)$. Der höchste Wert ist für kräftig arbeitende Männer, der niedrigste für Frauen in der Ruhe gültig.

Außerdem ist die ausgeatmete Luft mit Feuchtigkeit gesättigt, während die eingeatmete im allgemeinen ungesättigt war. Die Produktion von Feuchtigkeit beträgt stündlich etwa 40 bis 80 g.

Kohlensäure und Wasserdampf sind Produkte von Oxydationsvorgängen im menschlichen Körper, auf denen die Lebenstätigkeit mit beruht. Durch diese Umsetzungen wird sowohl die Körperwärme hergegeben, als auch die Möglichkeit der Arbeitsleistung gewährt. Um es kraß auszudrücken: der Mensch ist eine mit den Nahrungsmitteln statt mit Kohle geheizte Maschine. In der Tat wissen wir von der Besprechung der Verbrennungsvorgänge (§ 47), daß die Abgase einer Kohlenfeuerung eine ganz ähnliche Zusammensetzung haben wie die Ausatmungsprodukte.

130. Maß der Luftverschlechterung, Kohlensäuremaßstab. Durch die Ausatmung der Insassen nimmt daher der Kohlensäuregehalt der Raumluft zu; er steigt, wo kein Luftwechsel vorhanden ist, von ursprünglich 0,4 ‰ auf 0,7 ‰, auf 1 ja 1,5 ‰ und weiter, je nach Anzahl der Insassen, Größe des Raumes und Zeitdauer der Benutzung. Man pflegt Luft mit mehr als etwa 1 ‰ Kohlensäuregehalt als schlecht anzusehen. Nicht als wenn dieser Kohlensäuregehalt an sich schon schädlich wäre; wenigstens ist eine ungünstige Wirkung so kleiner Kohlensäuremengen auf den Organismus nicht erwiesen. Die eigentliche Luftverschlechtung rührt vielmehr von Ausdünstungen und anderweitigen Abscheidungen des menschlichen Körpers her, welche, wie bekannt, in engbesetzten Räumen einen unangenehmen Geruch herbeiführen, und erfahrungsgemäß ist der dauernde Aufenthalt in solchen Räumen auch für die Gesundheit nicht zuträglich. Ob das daher rührt, daß die menschlichen Ausdünstungen einen spezifisch giftigen Bestandteil enthalten, den man wohl als Anthropotoxin, „Menschengift", bezeichnete, oder nur daher, daß man in unangenehmer Luft weniger tief atmet als in guter, oder woher sonst, scheint nicht sichergestellt und ist übrigens eine Frage, die mehr den Hygieniker angeht und die daher hier unerledigt bleiben soll. Die Tatsache der Luftverschlechterung aber nach den beiden Richtungen der Annehmlichkeit und der Gesundheit genügt, um das Bedürfnis nach Abhilfe durch Schaffung von Lüftungseinrichtungen zu rechtfertigen.

Für die Luftverschlechterung nun bildet der Gehalt an der, selbst unschädlichen, Kohlensäure einen bequemen Maßstab. Denn es ist naheliegend, daß die Zunahme der Luftverschlechterung mit der prozentualen Zunahme der Kohlensäure Hand in Hand geht. Man beurteilt daher mit Pettenkofer die Luftqualität nach dem Kohlensäuremaßstab.

Pettenkofer stellte fest, daß nach seinem subjektiven Gefühl, insbesondere nach den Angaben seines Geruchorgans, die Luft dann für Krankenhäuser nicht mehr genügend erschien, wenn der Kohlensäuregehalt über 0,07 % = 0,7 ‰ stieg, und stellte daher vom hygienischen Standpunkt aus die Forderung auf, die Luft solle nie mehr als 0,7 ‰ Kohlensäure enthalten dürfen.

Der Erfüllung der Pettenkoferschen Forderung stellt sich meist der Kostenpunkt entgegen, denn sie führt auf sehr große Luftmengen als durch die Lüftung zuzuführen. An Kosten der Lüftung sind außer den Betriebskosten eines luftbewegenden Ventilators insbesondere die Kosten für die Anwärmung der Luft anzusetzen. Man begnügt sich daher meist damit, ein Anwachsen des Kohlensäuregehalts auf 1 ‰ zuzulassen, ja oft sogar auf 1,5 ‰ und mehr. Daß die zuzuführenden Luftmengen um so kleiner werden, je höher man den Kohlensäuregehalt zuläßt, ist leicht einzusehen und wird auch noch sogleich berechnet werden; die Forderung von 1 ‰ ergibt nur halb so große Luftmengen wie die Pettenkoferschen 0,7 ‰, auf deren Innehaltung man nur für Krankenhäuser zu bestehen pflegt.

131. Veränderung der Luft durch Beleuchtungskörper. Auch Flammen verändern die Zusammensetzung der Luft; auch sie produzieren bei der Verbrennung Kohlensäure und Wasserdampf. Außerdem erzeugen aber die Flammen oft oder immer andere Stoffe, so häufig das Leuchtgas schweflige Säure (SO_2), die giftig ist und insbesondere den Pflanzen schadet. Die Luft wird also auch durch Beleuchtungsflammen verschlechtert, sei es nun wieder, daß man die Verschlechterung auf den Kohlensäuregehalt oder auf andere spezifisch schädliche Stoffe, oder auf Erregung unangenehmen Gefühles zurückführt.

Diese Verschlechterung pflegt man auch nach dem Pettenkoferschen Kohlensäuremaßstab zu messen und auch hier die gleichen Grenzen von 0,7 ‰, 1 ‰ usw. als obere Grenze für den Kohlensäuregehalt anzunehmen, je nach der Benutzungsweise des Raumes. An sich ist die Annahme der gleichen Grenze nicht notwendig, wenn der Kohlensäuregehalt nicht selbst schädlich ist, sondern wenn er nur ein Maß für die Verschlechterung durch andere Stoffe darstellt; es ist dann nicht gesagt, daß bei Erreichung eines bestimmten Kohlensäuregehaltes auch die Schädlichkeit der Luft die gleiche ist, wenn Flammen, wie wenn Menschen die Ursache der Luftveränderung sind. Aber die Einführung der gleichen

Grenzen ist üblich und hat sich als brauchbar erwiesen. Übrigens hat mit Einführung der elektrischen Beleuchtung die Frage, ob die Verschlechterung durch Insassen und Flammen nach der gleichen Skala zu messen sei, an Wichtigkeit verloren.

Über die Kohlensäureerzeugung der verschiedenen Beleuchtungsarten machen wir in anderem Zusammenhange Angaben (§ 138). Man wird in Fällen, wo Lüftung nötig ist, stets mit Vorliebe die Beleuchtungsarten zur Anwendung bringen, die gar keine Luftverschlechterung hervorbringen, das sind die elektrischen Beleuchtungsarten. Denn dadurch schränkt man den erforderlichen Luftwechsel mit seinen großen Ausgaben ein.

132. Notwendiger Luftwechsel wegen Luftverschlechterung. Kennt man die Kohlensäureerzeugung eines Menschen oder einer Flamme oder bei gegebener Anzahl von Insassen und Flammen eines Raumes die gesamte Kohlensäureerzeugung in demselben, so ist es leicht, unter Zugrundelegung einer der genannten Zahlen für die zulässige Luftverschlechterung den erforderlichen Luftbedarf zu berechnen.

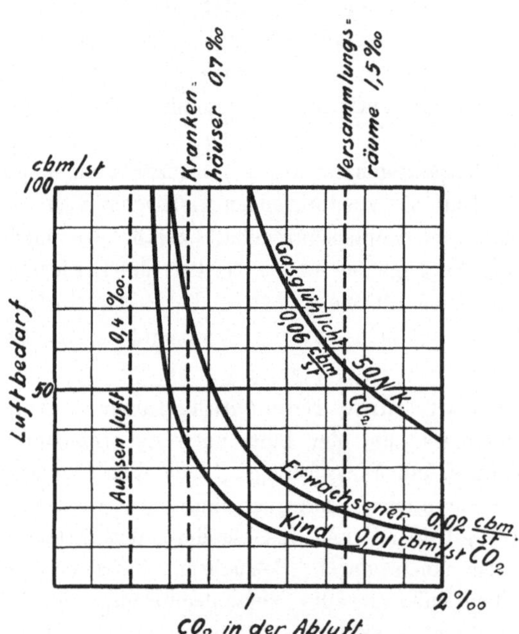

Fig. 150. Abhängigkeit des Luftbedarfes von der geforderten Luftbeschaffenheit.

Der Mensch produziert stündlich 20 l = 0,02 cbm Kohlensäure, die Luftverschlechterung solle nicht über 1 ‰ steigen. Die in den betreffenden Raum eintretende Luft hat 0,4 ‰ CO_2, die austretende 1,0 ‰ CO_2; somit entführt die ausgewechselte Luft 0,6 ‰ CO_2 oder jedes Kubikmeter Luft entführt 0,6 l Kohlensäure. Um also die 20 l stündlich fortzuschaffen, sind $\frac{20}{0,6} \sim 33$ cbm Luft stündlich auszuwechseln, für jeden Insassen des Raumes.

Hätten wir nur 0,7 ‰ höchsten Kohlensäuregehalt zulassen wollen, so werden 0,7 — 0,4 = 0,3 ‰ oder 0,3 l CO_2 mit jedem Kubikmeter Luft fortgeführt, woraus sich der erforderliche Luftwechsel zu $\frac{20}{0,3} \sim 67$ cbm ergibt.

Solche Rechnungen führen zu den Werten für den erforderlichen Luftwechsel, die in Fig. 150 dargestellt sind. Die Kurven sind Hyperbeln; bei immer größer werdendem Luftwechsel nähert sich der ansteigende Ast der Hyperbeln der Geraden 0,4 ‰, die den Gehalt der Atmosphäre darstellt. Wir erkennen, daß wir in Versammlungsräumen, in denen wir vielleicht 1,5 ‰ CO_2 zulassen wollen, für den Erwachsenen 18 cbm Luft stündlich, für das Kind 9 cbm Luft stündlich und für einen großen Gasglühlichtbrenner 55 cbm stündlich zuführen müssen, daß der Luftbedarf aber bei höheren Ansprüchen sehr schnell ansteigt: im Krankenhaus wären auf den Erwachsenenen bis zu 70 cbm/st zu rechnen.

133. Notwendiger Luftwechsel wegen Wärme. Neben der Beseitigung schädlicher Verunreinigungen der Luft hat die Lüftungsanlage noch den Zweck, übermäßige Wärmeerzeugung, die auch wieder von Menschen oder von Beleuchtungskörpern herrühren kann, unschädlich zu machen.

Die stündliche Wärmeabgabe eines Menschen wechselt mit dem Geschlecht, dem Alter, der Körpergröße und der Tätigkeit des Individuums. Man pflegt sie zu 100 WE/st anzunehmen, bei Schulkindern je nach dem Alter mit 50 bis 75 WE/st. Diese Zahlen gelten für 20° Raumtemperatur, und würden bei anderen Temperaturen entsprechend dem jeweiligen Unterschied zwischen Körpertemperatur (37°) und Raumtemperatur verschieden ausfallen, wenn nicht Wechsel der Bekleidung eintritt. Die dauernde Verminderung der Wärmeabgabe des Körpers bei höheren Raumtemperaturen ist nach den Ansichten der Hygieniker sehr schädlich und jedenfalls sehr lästig.

Die stündliche Wärmeerzeugung durch Beleuchtungskörper ist natürlich außer von der Stärke der Lichtquellen noch von der Art der Beleuchtung abhängig. Kennt man den Verbrauch an Brennstoff, so kann man daraus die Wärmeerzeugung berechnen. Es erzeugt etwa

1 cbm Leuchtgas	5000	WE
1 kg Petroleum	11000	„
1 KW·st Elektrizität	865	„

Da man den Brennstoffverbrauch meist nicht kennt, so rechnet man wohl mit folgenden Durchschnittszahlen, wonach erzeugt:

1 Gasglühlichtflamme	500	WE/st
1 elektrische Glühlampe	75	„
1 Petroleumlampe	500	„

Die hiernach sich ergebende Wärmezufuhr ist nur insoweit durch die Belüftung der Räume abzuführen, als sie nicht durch die Wände hindurch abgeleitet wird. Wieviel das in jedem Fall ist, ergibt eine Transmissionsberechnung (§ 58). Sobald die Lüftung auch im Sommer benutzt werden soll, wo kein Temperaturunterschied zwischen innen und außen besteht, ergibt eine Rechnung folgender Art die Größe des erforderlichen Luftwechsels.

Die Temperatur in einem Raum solle nicht über 22° C steigen; die Zuluft solle nicht kälter als mit 16° eingeführt werden, um Zug zu vermeiden. Dann geht jedes Kubikmeter eingeführter Luft mit 16° in den Raum und mit 22° heraus, erwärmt sich also um 6°, und entführt demnach $6 \cdot 0{,}31 = 1{,}86$ WE (§ 2). Erzeugt der Insasse also 100 WE/st, so sind $\frac{100}{1{,}86} = 54$ cbm/st $\left(\begin{smallmatrix}0\\760\end{smallmatrix}\right)$ Luft auf den Insassen zuzuführen.

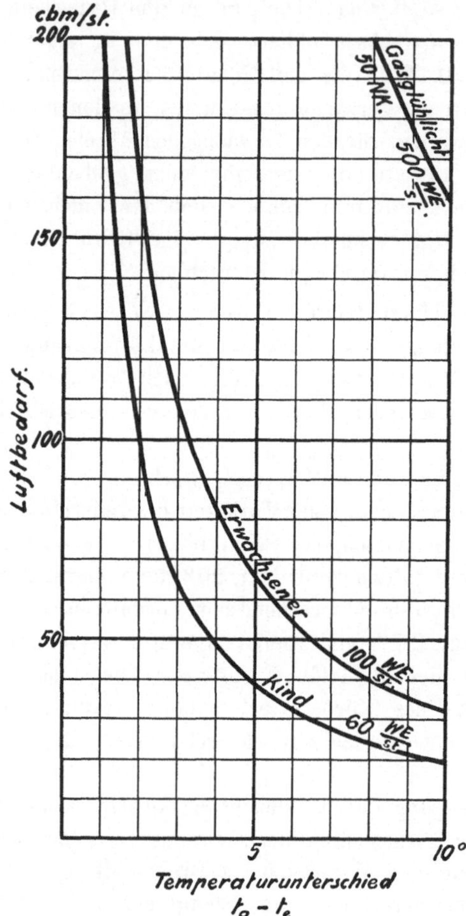

Fig. 151.
Abhängigkeit des Luftbedarfes vom zulässigen Temperaturunterschied zwischen Zu- und Abluft.

Ähnliche Berechnungen führen zu den Ergebnissen, die in Fig. 151 dargestellt sind, die aber natürlich nur gelten, wenn die ganze Wärmeabfuhr durch die Lüftung zu geschehen hat. Man sieht, wie der Luftbedarf stark anwächst, wenn nur kleine Temperaturunterschiede zwischen ein- und austretender Luft zugelassen werden — was doch wegen der Vermeidung kalter Luftströmungen wünschenswert ist.

134. Tatsächlich notwendiger Luftwechsel. In denjenigen Fällen, wo die Besetzung des zu lüftenden Raumes und seine Beleuchtung bekannt ist, ist man also in der Lage, einerseits den wegen Luftverschlechterung, andererseits den wegen Wärmeerzeugung erforderlichen Luftwechsel zu berechnen. Es ist dann der größere von beiden Werten maßgebend.

Es ist bald die eine, bald die andere der beiden Bedingungen, die den größeren und daher maßgebenden Wert für die zuzuführende Luftmenge ergibt. Denn die wegen Luftverschlechterung nötige Menge hängt von der Annahme des zulässigen Kohlensäuregehaltes ab, die wegen Wärmeabführung nötige Menge von dem zulässigen Temperaturunterschied zwischen ein- und austretender Luft.

Daher wird in einem Krankenhaus, in dem nur 0,7‰ CO_2 zugelassen werden sollen, häufig die Luftverschlechterung der maßgebende Faktor sein. Wo man auf Wärmeabführung durch die Umfassungswände rechnen kann, etwa bei einem nur winters zu benutzenden Gesellschaftssaal, wird es meist ebenso sein, außer wenn man sehr hohen Kohlensäuregehalt als zulässig ansieht. In den meisten Fällen aber wird eher die Abführung der von den Insassen und Lampen erzeugten Wärme maßgebend sein müssen. Ist es ja doch bekannt, daß — auch im Winter — in Theater und Ballsaal und selbst bei privaten Gesellschaften viel häufiger die Hitze lästig wird als die Luftverschlechterung, insbesondere deshalb, weil man sich an stark stickige Luft schnell gewöhnt und sie erst bei erneutem Eintreten in den Raum wieder empfindet, während Hitze dauernd lästig bleibt.

135. Einschränkung der Bedingungen. Die Berechnung des aus der Wärmeproduktion folgenden Luftbedarfes gibt oft recht große Ziffern, so daß der Ausführung der Lüftung der Kostenaufwand entgegensteht. Man begnügt sich dann mit kleineren Luftmengen, in der Annahme, daß nur bei einer Außentemperatur bis zu + 10° C herauf — oder ähnlich — die Lüftung die Wärmeabfuhr solle leisten können, die dann aber der durch die Wände hindurch auftretenden Wärmeverluste entsprechend kleiner ist als die Wärmeproduktion. Bei höheren Außentemperaturen als 10° C rechnet man damit, daß die Fenster ohne Schaden geöffnet werden können.

Andererseits bedingt die Lieferung der vollen, durch den Kohlensäuregehalt vorgeschriebenen Luftmenge einen sehr großen Wärmeaufwand, sobald die Außentemperatur im Winter sehr tief sinkt — etwa unter — 10° C herab. Man muß ja dann das ganze Luftquantum von seiner niederen Temperatur, mit der es eingenommen wird, auf die Zuführungstemperatur von 16 oder 18° C erwärmen, und obenein der ganzen, im kalten Zustande nur wenig Wasser haltenden Luft die nötige Feuchtigkeit zuführen, was auch bedeutenden Wärmeaufwand bedingt (§ 22). Um sich hier in der Größe der erforderlichen Heizflächen beschränken zu können und auch um an Betriebskosten zu sparen, wird meist angenommen, es solle zulässig sein, bei Außentemperaturen unter — 10° die Lüftung entsprechend einzuschränken.

Ohne Zweifel ist es zweckmäßig, die Bedingungen für die Bemessung der Lüftungsanlage in dieser Weise zu mildern und dadurch die Anlage- und zugleich die späteren Betriebskosten auf ein erträgliches Maß herabzudrücken. Nur zu leicht ist sonst, wie die Erfahrung lehrt, die Folge, daß wegen allzu hoher Betriebskosten die Lüftung später gar nicht benutzt wird, so daß das meist nicht unbedeutende Anlagekapital brach liegt. Freilich überschätzt man leicht die Betriebskosten, wie wir in § 166 darlegen werden.

Wie sich die Verhältnisse für einen Raum bei verschiedenen Außentemperaturen stellen, das veranschaulicht Fig. 152. Der Raum sei mit

24 Insassen zu besetzen und mit elektrischem Bogenlicht zu beleuchten. Wegen Luftverschlechterung sind dann 24 · 20 = 480 cbm $\left(\frac{0}{760}\right)$ Luft stündlich zuzuführen, gleichgültig, wie hoch die Außentemperatur ist. Der Wärmeerzeugung der Insassen mit 24 · 100 = 2400 WE/st oder, einschließlich Beleuchtung, etwa 2500 WE/st stehe ein für 40° Temperaturunterschied berechneter Transmissionsverlust von 3000 WE/st gegenüber, so daß also bei sehr kaltem Wetter sogar noch geheizt werden muß. Bei kaltem Wetter ist also jedenfalls die Luftverschlechterung für die erforderliche Luftmenge maßgebend. Bei milderer Temperatur sinkt aber der Wärmeverlust durch Transmission, und zwar hält bei — 13° die Abfuhr durch Transmission der Zufuhr durch die Insassen das Gleichgewicht. Weiterhin wird der Lüftungsbedarf wegen Wärme größer, je höher die Außentemperatur steigt. Maßgebend wird er erst, wenn er bei außen — 1,5° größer wird als der Bedarf wegen Luftverschlechterung. Die ansteigende Gerade ist für 6° Temperaturunterschied zwischen aus- und eintretender Luft gemeint. Da aber die Raumtemperatur nicht über 22° steigen soll, so wird der Temperaturunterschied von 6° garnicht mehr aufrecht erhalten werden können, wenn die Außentemperatur über 16° steigt — es sei denn, man wendete künstliche Kühlung an. Von 16° an steigt also der Luftbedarf des Raumes besonders rasch, und bei 22° außen würde der Luftbedarf unendlich groß werden.

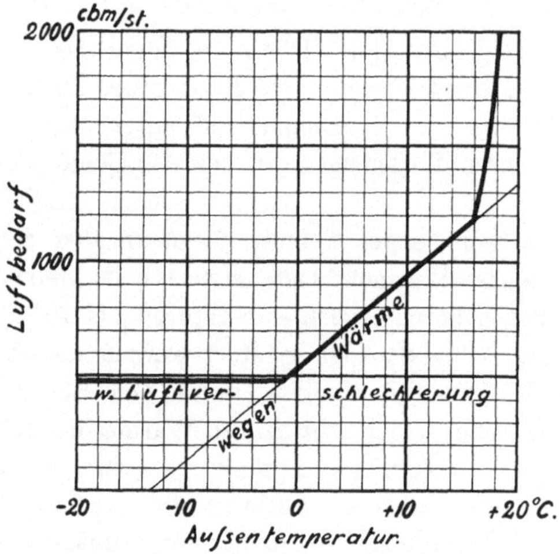

Fig. 152. Abhängigkeit des Luftbedarfes eines bestimmten Raumes von der Außentemperatur. Innentemperatur normal 20°, maximal 22°.

136. Luftmenge nach dem Rauminhalt; Luftwechselziffer; Höchstmaß derselben. In manchen Fällen kann man eine bestimmte Anzahl von Besuchern nicht leicht angeben, auch ist dieselbe wohl gar nicht so groß, daß man deswegen eine weitgehende Lufterneuerung für nötig halten würde. Das ist etwa in den Treppenhäusern und Fluren öffentlicher Gebäude, in den Warteräumen auf Gericht und Polizei, in Museen und in anderen dem allgemeinen Verkehr zugänglichen Orten so. Eine Lüftung ist hier aber doch angezeigt wegen der Verunreinigung der Luft durch die Feuchtigkeit und den Staub, auch wohl durch besonders starke menschliche Ausdünstungen, die mit solchem öffentlichen Verkehr verbunden zu sein pflegen.

Man nimmt dann die einzuführende Luftmenge als Vielfaches des Rauminhaltes des zu belüftenden Raumes an und bezeichnet die Zahl, welche angibt, das Wievielfache des Rauminhaltes stündlich eingeführt wird oder wie oft die Raumluft stündlich erneuert wird, als die Luftwechselziffer. Man rechnet dabei wohl für:

Treppenhäuser das $^1/_2$ bis 3 fache
Küchen und Aborte das 3 bis 5 fache
verschiedene Räume das 1 bis 2 fache des Rauminhaltes.

Wenn also ein Treppenhaus 800 cbm Inhalt hat, so wäre es etwa mit der $1^1/_2$ fachen Luftmenge, das heißt mit 1200 cbm frischer Luft stündlich zu versorgen.

Wo man die Luftmenge, wie früher angegeben, nach Zahl der Insassen und Lampen bemißt, hat man nachzuprüfen, das Wievielfache des Rauminhaltes die errechnete Luftmenge ist. Je mehr man nämlich die Luftzufuhr im Verhältnis zum Rauminhalt steigert, desto schwieriger ist es, die Luft so in den Raum einzuführen, daß nicht Strömungen der Raumluft sich den Insassen als Zug unangenehm bemerkbar machen; die mit einer gewissen Geschwindigkeit in den Raum eintretende Luft setzt nämlich, ihre Geschwindigkeit zum Teil abgebend, die Raumluft in Bewegung, stößt sich auch selbst an der der Eintrittsöffnung gegenüberliegenden Wand und wird abwärts geworfen, die Köpfe der Insassen treffend. Das ist namentlich deshalb unangenehm, weil sie kühler ist als die Raumluft. Daß die Schwierigkeit, dies zu vermeiden, besonders dann groß ist, wenn man eine bestimmte Luftmenge in einen verhältnismäßig kleinen Raum einführen will, liegt auf der Hand; sie wird also einigermaßen von dem Verhältnis Luftmenge zu Rauminhalt, also von der Luftwechselziffer abhängen.

Die Mittel zur Vermeidung der besprochenen Zugwirkungen versagen nun erfahrungsmäßig, wenn mehr als fünffacher Luftwechsel nötig ist; schon wenn man über $3^1/_2$ bis 4 fachen Luftwechsel geht, treten Schwierigkeiten auf. Ist also durch die vorgeschriebene Zahl der Insassen die nötige Luftmenge festgelegt, ergibt sich dabei aber ein mehr als 5 facher Luftwechsel, so wird Vergrößerung des Raumes, insbesondere der Raumhöhe, nötig werden.

Wo beispielsweise 20 cbm Frischluft für den Kopf nötig sind, wo also bei einer Zuführungstemperatur von 16^0 ein Luftvolumen von $20 \cdot \frac{273 + 16}{273} = 21{,}2$ cbm in den Raum wirklich einzuführen sind, da wird allermindestens ein Rauminhalt von $\frac{21{,}2}{5} = 4{,}2$ cbm für jeden Insassen nötig sein.

Hätten aber dieselben Verhältnisse in München vorgelegen, wo wir nur mit 710 mm Barometerstand (statt eben mit 760 mm) rechnen dürfen, so hätten wir $21{,}2 \cdot \frac{760}{710} = 22{,}7$ cbm wirklich einzuführen und rechnen einen Mindestraumgehalt von 4,5 cbm für den Kopf heraus.

137. Berücksichtigung von Temperatur und Barometerstand. Wir haben in dem letzten Beispiel die Rechnung in einer Weise gemacht, die der Begründung bedarf. Wir haben nämlich angenommen, daß bei einem Luftbedarf eines Insassen von 20 cbm diese Zahl als reduziertes Volumen (§ 8) zu verstehen ist, daß also das tatsächlich einzuführende Volumen größer ist als 20 cbm, entsprechend der Temperatur, die stets über 0^0 sein wird, und entsprechend dem niedrigeren Barometerstand, mit dem man an hochgelegenen Orten zu rechnen hat. Für die Berechnung des Luftwechsels hingegen ist einfach der Quotient aus der tatsächlichen Luftzufuhr, nicht auf den Normalzustand reduziert, und dem Rauminhalt maßgebend. Wie man sieht, ergeben sich bei dieser korrekten Berechnungsweise, die nicht immer angewendet wird, Unterschiede von über 10 % gegen die einfachere, nach der man in dem Beispiel einen Rauminhalt von $\frac{20}{5} = 4$ cbm als genügend für jeden Insassen ansehen würde. Insbesondere der erforderliche Rauminhalt wird damit abhängig von der Einführungstemperatur — das ist unwesentlich, weil sie stets annähernd dieselbe ist — und von dem Barometerstand, also der Höhenlage des Ortes.

Daß es richtig ist, so zu rechnen, ist leicht einzusehen. Ein Mensch von bestimmter Konstitution erzeugt ein bestimmtes Gewicht von Kohlensäure oder, was dasselbe ist (§ 9), ein bestimmtes reduziertes Volumen, das wir zu etwa 0,02 cbm stündlich angaben. Dieses reduzierte Volumen CO_2 ist abzuführen und soll in der abgeführten Luft nicht mehr als, sagen wir, 1 ‰ ausmachen. Daraus folgt, daß es sich um Abführung, also auch Zuführung eines bestimmten reduzierten Volumens handelt. Ganz Entsprechendes gilt von der Wärmeabführung: Die durch die ausgewechselte Luft abgeführte Wärmemenge ist $V \cdot c \cdot (t_2 - t_1)$, worin jedoch c die spezifische Wärme eines Kubikmeters im Normalzustand ist, weshalb also V als reduziertes Volumen in Ansatz zu bringen ist. — Daß andererseits bei Annahme einer bestimmten Luftwechselziffer an die Zuführung eines bestimmten tatsächlichen Volumens, nicht reduziert, gedacht ist, geht aus der Absicht hervor, daß man die Raumluft stündlich so und so oft erneuern will, wozu doch eben das Einführen des betreffenden tatsächlichen Volumens hinreichend ist; auch hängen die entstehenden Luftwirbelungen von der Luftgeschwindigkeit und diese vom tatsächlichen Volumen ab.

Erkennt man diese Unterscheidung als richtig an, so folgt daraus für die Bemessung der Lüftungskanäle an Orten verschiedener Meereshöhe, daß man für gleichartige Räume an dem höher gelegenen Orte die Zuführungskanäle weiter halten muß als am tiefgelegenen — die Weite umgekehrt proportional dem Barometerstand —, sobald man die Luftmenge nach der Kopfzahl angenommen hat; daß dagegen die Kanäle gleich werden für alle die Räumlichkeiten, deren Luftbedarf man als Vielfaches des Rauminhaltes annahm.

Um die Rechnungsweise noch durch ein weiteres Beispiel zu erläutern, möge ein Schulzimmer von 220 cbm Inhalt mit 50 Kindern zu besetzen sein, auf deren jedes vorschriftsmäßig 15 cbm gerechnet werden sollen; Barometerstand 730 mm QuS; Zuführungstemperatur 18°. Es sind einzuführen $50 \cdot 15 \cdot \frac{760}{730} \cdot \frac{273+18}{273} = 830$ cbm; Luftwechsel $\frac{830}{220} = 3{,}8$ fach, was ausführbar ist.

Ein Museumsraum von 500 cbm Inhalt soll $1^1/_2$ fachen Luftwechsel erhalten. Es sind also 750 cbm Luft einzuführen.

138. Verschiedene Beleuchtungsarten. Außer den Insassen hat, wie wir gesehen haben, auch die Beleuchtung einen wesentlichen Einfluß auf die Größe des erforderlichen Luftwechsels. Es wird gut sein, die verschiedenen Beleuchtungsarten nach den Anforderungen, die sie in dieser Hinsicht stellen, vergleichsweise zusammenzustellen. Dazu kann die folgende Tabelle dienen:

Vergleich von Lichtquellen.

Auszug nach Wedding, Journal für Gas- und Wasserversorgung 1905, S. 106.

Beleuchtungsart, Lichtstärke in Hefnerkerzen	Erzeugt insgesamt stündlich			Erzeugt pro 1 HK stündlich			Stündliche Brennstoff-Kosten	
	Wärme	Kohlensäure	Wasserdampf	Wärme	Kohlensäure	Wasserdampf	insges.	pro HK
	WE	ltr ($^0_{760}$)	g	WE	ltr ($^0_{760}$)	g	Pf.	Pf.
Petroleum 13 HK .	480	70	60	36	5,4	$4^1/_2$	1,1	0,083
Spiritusglühlicht 43 HK	700	120	180	16	2,8	4	3,8	0,088
Gasglühlicht 52 HK	570	59	110	11	1,1	2	1,4	0,027
Kohlefadenglühlicht 35 HK	90	0	0	2,6	0	0	4,2	0,12
Bogenlicht 400 HK	380	11	0	0,95	0,027	0	18	0,044

139. Eintreten des Beharrungszustandes. Die bisherigen Angaben für den Luftbedarf galten für den Beharrungszustand; sie sind zutreffend, sobald die Luftverschlechterung, gemessen am Kohlensäuregehalt, erst einmal ihren Höchstwert erreicht hat und nun sich auf diesem gleichmäßig erhält; denn die Berechnung beruht ja auf der Annahme, daß die in bestimmter Zeit abgeführte Kohlensäuremenge gleich der in der gleichen Zeit produzierten sei.

Wird ein Raum in Benutzung genommen, der vorher gut gelüftet war, so wird sich die Luft nur allmählich in ihm verschlechtern — um so langsamer offenbar, je größer der Raum ist. Dauert nun die Benutzung nur kurze Zeit, so wird der Kohlensäuregehalt vielleicht erheblich hinter dem Höchstwert zurückbleiben. Dann hätten wir die Lüftung also stärker betrieben als nötig, da doch eben jener Höchstwert am Ende der Benutzungsdauer zulässig war, und es fragt sich, wieviel kann man daraufhin die Lüftungsanlage kleiner wählen als die einfache Rechnung es verlangt.

Es möge in einem Raume von dem Inhalte V cbm, der also das reduzierte Luftvolumen V_0 cbm $\binom{0}{760}$ enthält, die Kohlensäuremenge K cbm $\binom{0}{760}$ produziert werden. Die Lüftung führe L cbm oder L_0 cbm $\binom{0}{760}$ ab. Weiter bezeichne k den Kohlensäure**überschuß**, das heißt k gebe an, wie viel mehr Kohlensäure der betreffende Raum enthält als die umgebende Atmosphäre; k werde in Bruchteilen der Einheit angegeben, so daß also ein Überschuß von $1^0/_{00}$ mit $k = 0{,}001$ bezeichnet wird. t bezeichne die Zeit in Stunden Die Luftwechselziffer ist $l = \frac{L}{V} = \frac{L_0}{V_0}$.

Für den Beharrungszustand hat dann k seinen Höchstwert $k_{\max}$; im Beharrungszustand gehen L_0 cbm $\binom{0}{760}$ mit dem Kohlensäuregehalt $k_{\max}$ ab, also verlassen $L_0 \cdot k_{\max}$ cbm $\binom{0}{760}$ Kohlensäure den Raum. Dem muß im Beharrungszustand die produzierte Menge entsprechen, es ist also $K = L_0 \cdot k_{\max}$ oder

$$k_{\max} = \frac{K}{L_0} \quad \text{. . . . .} \quad (22)$$

Bevor der Beharrungszustand erreicht ist, betrachten wir ein kurzes Zeitteilchen dt, in dem der prozentuale Kohlensäuregehalt des Raumes gerade k ist und um den kleinen Betrag dk ansteigt. Erzeugt wird in dem Raume in der Zeit dt die Kohlensäuremenge $K \cdot dt$; ein Teil davon wird durch die Lüftung abgeführt, nämlich $k \cdot L_0 \cdot dt$; ein anderer Teil verbleibt in dem Raum, dessen Kohlensäuregehalt um $V_0 \cdot dk$ kg zunimmt. Also ist $k \cdot L_0 \cdot dt + V_0 \cdot dk = K \cdot dt$ oder

$$\frac{V_0}{L_0} \cdot dk = \frac{K}{L_0} \cdot dt - k \cdot dt.$$

Nun ist $\frac{K}{L_0} = k_{\max}$ und $\frac{L_0}{V_0} = l$, woraus $\frac{dk}{k_{\max} - k} = l \cdot dt$ folgt. Integriert kommt

$$-\ln C(k_{\max} - k) = l \cdot t; \quad C(k_{\max} - k) = \frac{1}{e^{lt}}.$$

War anfangs reine Luft im Raum, so ist für $t = 0$, auch $k = 0$; daher folgt die Integrationskonstante aus $C \cdot (k_{\max} - 0) = e^0 = 1$; nämlich $C = \frac{1}{k_{\max}}$. Daher $\frac{k_{\max} - k}{k_{\max}} = \frac{1}{e^{lt}}$. e ist die Basis des natürlichen Logarithmensystems, $e = 2{,}718$, daher endlich

$$\frac{k}{k_{\max}} = 1 - \frac{1}{2{,}718^{lt}} \quad \text{. . . . .} \quad (23)$$

Der Kohlensäuregehalt nähert sich also mehr und mehr dem maximalen, erreicht den Wert $k_{\max}$ aber nie ganz, bleibt vielmehr stets um so viel unter ihm, wie der Bruch $\frac{1}{2{,}718^{lt}}$ von der Eins der Gleichung (23) abzieht. Dieser Bruch wird um so kleiner sein, je größer der Luftwechsel l und die Zeit t ist. Beispielsweise für zweifachen Luftwechsel, also $l = 2$, und nach Verlauf einer Stunde nach Beginn der Benutzung, also für $t = 1$, ist $l \cdot t = 2$ und daher $\frac{1}{2.718^2} = 0{,}1355$, woraus $\frac{k}{k_{\max}} = 0{,}864$ folgt. Das heißt, daß bei zweifachem Luftwechsel nach einer Stunde der Kohlensäureüberschuß erst 86,4 % des im Beharrungszustande eintretenden beträgt. Bei vierfachem Luftwechsel wird schon nach einer halben Stunde $l \cdot t = 2$, also schon in dieser kürzeren Zeit der Kohlensäureüberschuß auf 86,4 % des Höchstmöglichen gestiegen sein.

Die Ergebnisse solcher Rechnungen gibt Fig. 153 graphisch wieder: für 1 bis 5fachen Luftwechsel ist bis zur Zeitdauer von 2 Stunden das Ansteigen des Kohlensäureüberschusses dargestellt. Der höchstmögliche Kohlensäureüberschuß ist durch die wagerechte Gerade „Eins" gegeben.

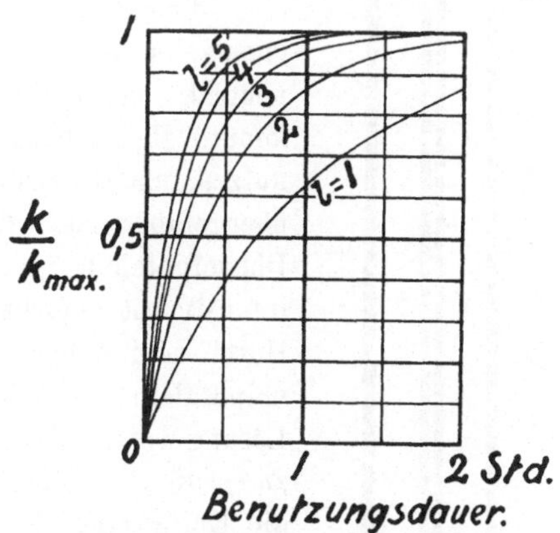

Fig. 153. Zunahme des Kohlensäureüberschusses.

Wir erkennen aus dem Bild, daß, wenn auch der Höchstwert erst nach unendlich langer Zeit ganz erreicht wird, doch praktisch die Unterschiede von ihm bald belanglos sind, sobald der Luftwechsel groß ist. Anders bei schwachem Luftwechsel, das heißt also in Fällen, wo der Inhalt des Raumes im Verhältnis zu der Kohlensäureerzeugung groß ist. Hier kann man bei kurzer Benutzungsdauer die Lüftungsmenge um einen gewissen Prozentsatz ermäßigen nach Maßgabe der Fig. 153; das ist ja auch einleuchtend: es wird eben der große Luftvorrat des Raumes selbst nutzbar gemacht.

140. Luftprüfungen. Um zu prüfen, ob der Luftwechsel von Räumen ausreichend ist, pflegt man in ihnen Messungen des Kohlensäuregehaltes der Luft vorzunehmen. Das geschieht mittels des Wolpertschen Luftprüfers oder nach der Pettenkoferschen Methode. Beide wollen wir kurz beschreiben; wegen Einzelheiten für den Fall der praktischen Ausführung soll auf andere Quellen[1]) verwiesen werden. Bemerkt sei im voraus, daß die Ausführung von Luftuntersuchungen wegen der geringen Quantität der in der Luft befindlichen Kohlensäure schwierig ist und wegen der großen aufzuwendenden Sorgfalt viel Zeit beansprucht.

[1]) Insbesondere: Wolpert, Ventilation und Heizung, Band III.

Der Wolpertsche Luftprüfer (Fig. 154) besteht aus einem zylindrischen, einerseits offenen, andererseits geschlossenen Glaszylinder mit Skala. In dem Rohr bewegt sich, luftdicht schließend, ein Kolben, dessen Kolbenstange kapillar durchbohrt ist. Indem man den Kolben zunächst bis auf den Boden hinabstößt und dann in den zu untersuchenden Raum hinauszieht, kann man den Zylinder mit der zu prüfenden Luft füllen.

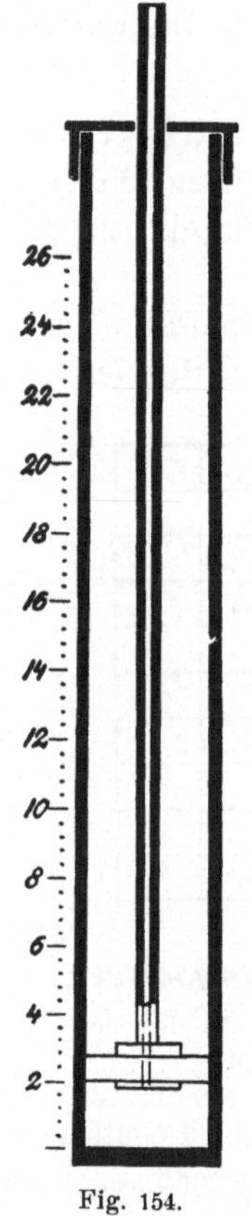

Fig. 154. Luftprüfer von Wolpert.

Zum Untersuchen der Luft auf Kohlensäure dient eine Sodalösung von bekannter Konzentration. Schüttelt man Sodalösung mit kohlensäurehaltiger Luft, so wird die Soda (kohlensaures Natron) durch Absorption der Kohlensäure in doppelkohlensaures Natron verwandelt. Hatte man eine abgemessene Menge Sodalösung eingeführt, so wird zur vollständigen Umwandlung der Sodalösung in doppelkohlensaures Natron um so weniger Luft erforderlich sein, je kohlensäurereicher die Luft ist.

Sodalösung reagiert alkalisch, färbt also Lackmuspapier blau. Doppelkohlensaures Natron reagiert neutral, verändert also Lackmuspapier nicht. Man könnte die Färbung des bekannten Lackmuspapieres benutzen, um festzustellen, wann alle Soda in Bikarbonat übergeführt ist. Empfindlicher für diesen Zweck ist Phenolphtalein. Dieser Stoff ist in alkalischer Lösung intensiv rot gefärbt, in neutraler Lösung ist er farblos. Hatte man daher vor dem Einfüllen eine Spur Phenolphtalein zur Sodalösung getan, so war die eingefüllte Lösung rot. Wandelt man sie durch Schütteln mit der zu prüfenden Luft in Bikarbonatlösung um, so zeigt die Entfärbung der Lösung an, wann die letzte Spur Soda in Bikarbonat übergeführt worden ist.

Die Handhabung des Apparates ist nach diesen Darlegungen verständlich. Man füllt eine bekannte Menge gefärbter Sodalösung von bekannter Konzentration in den Zylinder, führt den Kolben ein und drückt ihn zunächst bis auf die Flüssigkeit herab, so daß alle Luft ausgetrieben wird. In dem Raum, dessen Luft zu untersuchen ist, zieht man den Kolben zunächst ein Stück heraus und schüttelt energisch. Entfärbt sich die Sodalösung noch nicht, so zieht man ein weiteres Stückchen heraus und schüttelt wieder. So fährt man fort bis die Entfärbung eintritt. Die in dem bis dahin eingesaugten Luftquantum befindliche Kohlensäure genügte dann gerade, um die eingeführte Sodamenge in Bikarbonat zu verwandeln. Die Kohlensäuremenge selbst folgt dann aus einfachen chemischen Gesetzen.

Die Rezepte für die Lösung sollen hier nicht gegeben werden. Um sie im Notfalle selbst zu berechnen, genügt die Angabe, daß 105,8 g wasserfreie oder 285,4 g krystallisierte Soda zur Umwandlung in Bikarbonat 43,9 g Kohlensäure bedarf (Verbindungsgewichte). Bei 0^0 und 760 mm Barometerstand ist 1 g Kohlensäure = 505 ccm, oder 1 mg CO_2 = 0,505 ccm.

So einfach das Arbeiten mit dem Luftprüfer erscheint, so schwierig ist es doch, mit ihm auch nur einigermaßen zuverlässige Resultate zu erhalten. Die Schwierigkeit besteht darin, daß die Sodalösung sich nach dem Ansetzen leicht verändert, indem sie Kohlensäure aus der Luft aufnimmt. Schon das Ansetzen selbst bietet Schwierigkeiten, indem krystallisierte Soda selten vollkommen krystallisiert, sondern zum Teil verwittert ist, während kalzinierte nicht vollkommen kalziniert, sondern etwas wasserhaltig zu sein pflegt. In beiden Fällen ist man dann unsicher, wie stark die angesetzte Lösung wirklich ist. Außerdem erfordert das mehrfach ausgeübte Luftansaugen und Schütteln einen ziemlichen Zeitaufwand, wenn man im Interesse der Genauigkeit des Versuches stufenweise langsam vorwärts schreitet. Die Zeit vom Ansaugen der ersten bis zum Ansaugen der letzten Luftprobe eines Versuches beträgt dann leicht 10 bis 15 Minuten. Will man beispielsweise feststellen, wie die Luft in einer Schulklasse am Schluß der Schulstunde ist, so ist die lange Dauer der Probenahme lästig, weil man nicht die ganze Probe auf einmal am Schluß der Stunde entnommen hatte. Man müßte so verfahren, daß man eine große Glasflasche mittels eines Blasebalges schnell mit der zu untersuchenden Luft füllt und diesen Vorrat mittels des Wolpertschen Apparates untersucht Im Interesse der Genauigkeit der Versuche sollte man nicht immer ein und dieselbe Sodamenge in den Apparat einführen, sondern nach dem voraussichtlichen Kohlensäuregehalt der Luft immer so viel, daß der Kolben ziemlich ganz ausgezogen werden kann. Die Messung der Sodamenge und der Luftmenge wird relativ um so genauer, je größere Mengen man zu messen hat.

Die andere Methode der Luftprüfung ist die Pettenkofersche Flaschenmethode. Mit ihrer Hilfe machte Pettenkofer seine grundlegenden Untersuchungen über die Brauchbarkeit des Kohlensäuremaßstabes. Eine Flasche von 5 bis 10 Liter Inhalt wird genau ausgemessen und dann, sorgfältig getrocknet, mittels eines Blasebalges mit der zu untersuchenden Luft angefüllt. In diese Flasche werden etwa 100 ccm Barytwasser eingefüllt; dieses absorbiert die in der Flasche vorhandene Kohlensäure unter Bildung von unlöslichem Bariumbikarbonat, das sich als Niederschlag absetzt. Um die vollständige Absorption der Kohlensäure zu sichern, muß man die Flasche längere Zeit schütteln oder rollen.

Barytwasser reagiert alkalisch, ein Zusatz von Phenolphtalein färbt also die Lösung rot. Die Bestimmung der Kohlensäure geschieht nun in der Weise, daß man feststellt, wieviel weniger alkalisch das Barytwasser nach der Absorption von Kohlensäure ist als es vorher war. Zu dieser Feststellung fügt man einmal zu einer Probe des frischen

Barytwassers und dann späterhin zu einer Probe des aus der Flasche entnommenen Barytwassers, aus dem man das Bariumkarbonat hatte absetzen lassen, so lange Oxalsäurelösung bekannter Konzentration hinzu, bis durch deren saure Reaktion die alkalische Reaktion des Barytwassers aufgehoben ist, das heißt also, bis die durch Zusetzen eines Tropfens Phenolphtalein entstandene rote Färbung gerade wieder verschwunden ist (Titrieren). Dieser Farbumschlag ist sehr deutlich. Zum Entfärben der alkalischen Lösung wird um so weniger Oxalsäure erforderlich sein, je mehr das Barytwasser schon vorher durch Kohlensäure neutralisiert worden war. Der Unterschied an erforderlicher Oxalsäure bei frischem und bei mit Luft geschütteltem Barytwasser ist ein Maßstab für die in der Flasche insgesamt enthaltene Kohlensäuremenge.

Auch hier wollen wir die Rezepte im einzelnen nicht geben. Zu ihrer Berechnung genügt im Notfalle die Angabe, daß 1 g krystallisierte Oxalsäure beim Neutralisieren gleichwertig ist mit 0,27 g Kohlensäure (Verbindungsgewichte!)

Die Pettenkofersche Methode dauert länger als die Wolpertsche. Die Absorption des Barytwassers ist träge, das Absetzen des Karbonates dauert einige Stunden, das Titrieren freilich ist schnell gemacht. Trotzdem möchte ich behaupten, daß die Pettenkofersche der Wolpertschen Methode nicht nur hinsichtlich der Genauigkeit überlegen ist. Denn auch die Wolpertsche Methode nimmt viel Zeit in Anspruch, wenn man den Kolben in kleinen Stufen herauszieht. Während dieser Zeit ist man dauernd beschäftigt. Die Pettenkofersche Methode hingegen dauert zwar im ganzen länger, aber die einzelnen Manipulationen sind einfach und zwischendurch kann man sich anderweitig beschäftigen. Wenn man sich insbesondere auf die Beständigkeit der Sodalösung nicht verlassen will, sondern deren Konzentration von Fall zu Fall durch Titrieren mit Oxalsäure feststellt, dann verschwindet selbst der Vorteil des einfacheren Apparates. In der Genauigkeit der Ergebnisse ist die Pettenkofersche Methode ohne Zweifel der anderen überlegen.

Hervorgehoben sei zum Schluß noch, daß beide Methoden nicht Kohlensäure speziell, sondern Säure im allgemeinen messen. Wo andere Säuren in der Luft sind, werden sie unbrauchbar; die Feststellung der Kohlensäure allein ist dann fast unmöglich. In Krankenhäusern insbesondere sind einige der zur Desinfektion dienenden Mittel nicht neutral, und beeinflussen daher, wenn verstaubt oder verdunstet in der Luft befindlich, das Ergebnis der Messung nach dem einen oder dem anderen Sinne, je nachdem sie sauer oder alkalisch reagieren. Die Verbrennungsprodukte von Leuchtgas pflegen schweflige Säure SO_2 zu enthalten, die man auch als Kohlensäure mißt.

2. Bauliche Einrichtungen.

141. Einfachste Lüftungseinrichtungen. Kippflügel. Die einfachsten Einrichtungen, Luftwechsel in Räumen herbeizuführen, bestehen, abgesehen von den Fensterflügeln selbst, in Kippflügeln, die in einem der oberen Teile von Fenstern angeordnet werden; sie gestatten die ungeteilte Scheibe schräg zu stellen, oder sie sind jalousieartig gestaltet, so daß die zahlreichen schmalen Streifen einzeln sich schräg stellen. Über ihre Konstruktion ist wenig mehr zu sagen, als daß sie solide sein soll; möglichst soll eine gute Regelung der Schrägstellung, bei selbsttätiger Sperrung in jeder Lage, gesichert sein. Dieser Bedingung entsprechen diejenigen Kippflügel, bei denen eine Rolle durch Schnurtrieb gedreht wird. Die Rolle ist etwas schräg gestellt und läuft auf einem führenden Kreisbogen. Infolge der Schrägstellung bewegt sich die Rolle auf dem Kreisbogen langsam hin oder her, je nachdem man sie in dieser oder jener Richtung antreibt.

Gelegentlich findet man die Kippflügel durch kleine rotierende Rädchen ersetzt, die in der oberen Abteilung des Fensters durch die Kraft der austretenden Luft in Drehung versetzt werden. Es bedarf nur der Erwähnung, daß solches Rädchen durch seine Drehung die Luftbewegung nicht fördert sondern hemmt. Durch die kreisrunde Öffnung, die es ausfüllt, würde mehr Luft entweichen, wenn das Rad nicht vorhanden wäre. Das wird nur deshalb hier ausdrücklich festgestellt, weil man gelegentlich die gegenteilige Auffassung vertreten hört, das Rad wirke als Ventilator. Es ist zwecklos, und hat höchstens den Nutzen, die Insassen eines Raumes von dem Vorhandensein eines Luftwechsels zu überzeugen.

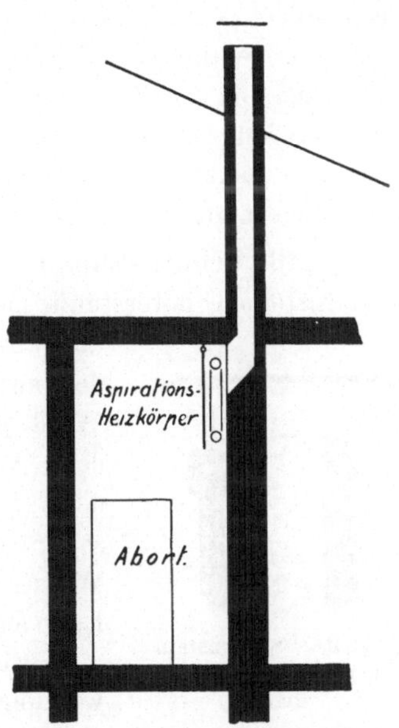

Fig. 155. Einbau eines Aspirations-Heizkörpers in Abluftkanäle.

142. Abluftkanäle. In vielen Fällen, wo man auf größere Lüftungseinrichtungen verzichtet, ordnet man doch Abluftkanäle an, die über Dach führen und infolge des Auftriebes der in ihnen enthaltenen, dem Zimmer entstammenden wärmeren Luft saugend wirken. Man ordnet solche Kanäle immer an bei Küchen und Aborten, überhaupt wo üble Gerüche auftreten. In Speisezimmern mit Zentralheizung sind sie auch erwünscht, doch muß man vorsichtig in der Grundrißanordnung des Gebäudes sein, damit nicht gerade wegen des Abluftschlotes Küchendüfte eingesaugt werden.

Zur Verstärkung ihrer Wirksamkeit versieht man die Kanäle mit Lockflammen oder Locköfen. Als solche bezeichnet man Einrichtungen zur Anwärmung des Kanales in seinem unteren Teile, entweder Gasflammen oder Heizkörper einer Zentralheizung; die letzteren kann man etwa nach Fig. 155 aufstellen, weniger gut, weil unzugänglich, stehen sie im Kanal.

Wo man Lockheizkörper im Anschluß an eine Zentralheizung verwendet, versagt die Lüftung im Sommer; überhaupt ist ihre Wirksamkeit um so größer, je weniger sie nötig ist, nämlich je kälter es ist. Hat man also eine Warmwasserbereitung im Hause, so benutze man lieber deren stets gleichmäßige Wärme zum Versorgen der Locköfen. Gasflammen erfüllen denselben Zweck, können aber gelegentlich, wenn nämlich die Flamme unbemerkt erlischt, zu Explosionen oder Vergiftungen Anlaß geben.

Kleine elektrisch betriebene Ventilatoren sind das zuverlässigste Mittel zu gleichem Zweck; insbesondere wirken sie Sommer und Winter gleichmäßig. Ihre Anschaffung ist teuer, ihr Summen manchmal lästig; man findet sie vielfach in Gaststuben einfacherer Wirtshäuser. Wenn man den Ventilatoren die Kosten des Stromverbrauches vorwirft, so ist zu bemerken, daß auch die durch Lockheizkörper hergegebene und verlorene Wärme Geld kostet — nur empfindet man diese Kosten nicht einzeln. Überdies bleibt ein Lockheizkörper leicht auch dann angestellt, wenn es gar nicht nötig wäre, während sich der Ventilator bemerkbar macht.

143. Schornsteinaufsätze. Die Wirkung von Abluftschloten und Schornsteinen unterstützt man wohl durch Anbringung von Saugköpfen auf ihrer Mündung. Diese sollen verhindern, daß der auf die Mündung treffende Wind jemals in sie eintretend den Austritt der Luft hindert, nach Möglichkeit soll er sogar die Luftbewegung des Windes für das Absaugen der Luft nutzbar machen.

Fig. 156. Schornstein oder Abluftschlot mit Platte.

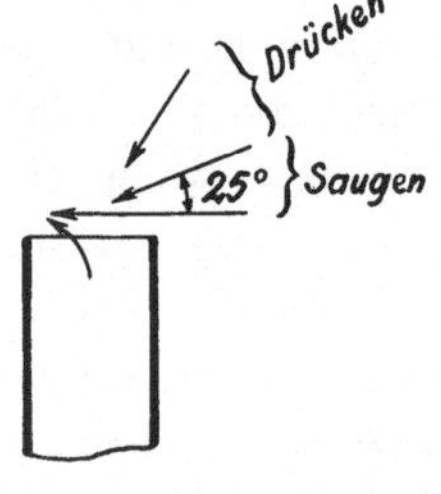

Fig. 157.

Eine Störung der Saugwirkung von Luftschloten kann eintreten, wenn beispielsweise der Wind über ein spitzes Dach laufend an der anderen Seite desselben herabfällt und die Kanalmündung trifft. Es ist daher eine bekannte Regel, daß Kanalmündungen über die Höhe benachbarter Firste heraufgezogen werden sollten. Trotzdem treten wohl noch Störungen auf, vielleicht weil die Luft auch in größerem Abstand vom Dach eine schräg abwärts gehende Richtung hat, oder neben Hügeln, über deren Höhe man die Kanalmündungen natürlich nicht hinausführen kann.

Das einfachste Mittel, Störungen an den Mündungen zu vermindern, ist eine in einigem Abstand über der Mündung angebrachte Platte (Fig. 156). Ihre Größe muß genügen, um zu veranlassen, daß Luft nur in wesentlich wagerechter Richtung die Mündung bestreichen kann: sie übt dann eine saugende Wirkung auf die Mündung aus. Nur die von oben auf die Mündung treffenden Strömungen soll die Platte abhalten. Wenn nämlich über eine Mündung (Fig. 157) Luft senkrecht zur Kanalachse, also wagerecht, streicht, so saugt sie — erfahrungsgemäß — Luft, die fast in Richtung der Kanalachse auftrifft, bläst natürlich in den Kanal hinein und hindert das Austreten der Gase; also muß es dazwischen eine Neigung geben, bei der gar keine Wirkung auf die Mündung vorhanden ist. Es wäre nun Aufgabe der Platte Fig. 156, nur die annähernd wagerechten Strömungen zuzulassen, steilere aber abzufangen. Die indifferente Richtung, die der mittlere Pfeil darstellt, liegt um etwa 25° gegen die Wagerechte geneigt.

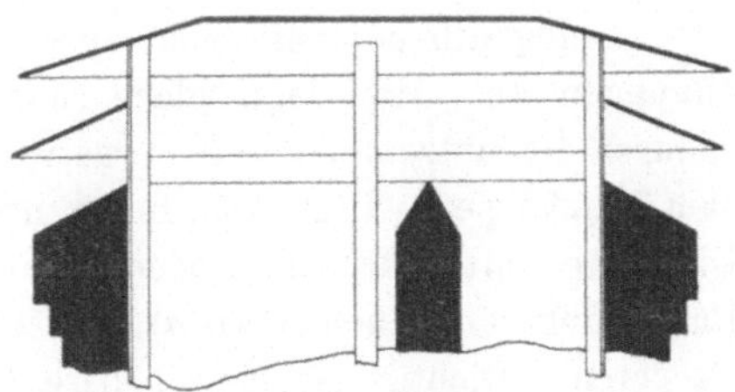

Fig. 158. Saugkopf.

Ähnliche Wirkung wird in verstärktem Maße durch Saugköpfe nach Fig. 158 erreicht, die die Ablenkung des Windes bei großen Abmessungen sicherer erreichen als die einfache Platte.

Unter den mannigfachen Formen, die man sonst für Saugköpfe angewendet findet, sind die in Fig. 159 bis 162 gezeichneten als die besten zu bezeichnen, nach eingehenden Versuchen von Rietschel.[1]) Am leichtesten zu übersehen ist die Wirkung des Kreuzsaugers, der denn auch der wirksamste ist, leider wenig schön aussieht. Die Sauger von Wolpert und Grove sind gefälliger, doch etwas weniger wirksam. Alle diese stehen fest. Der John-Sauger ist drehbar, eine Fahne bringt ihn

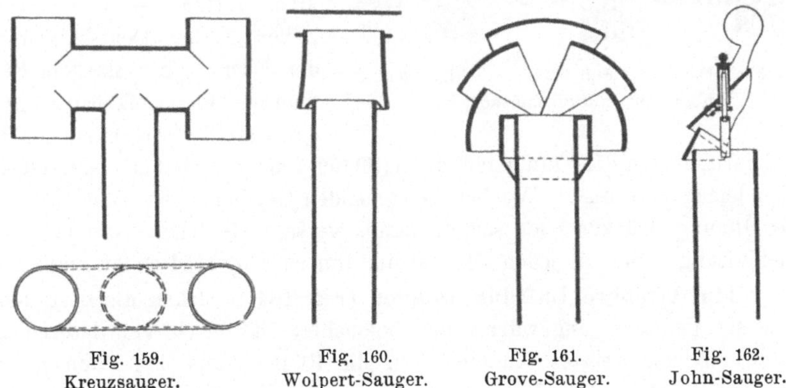

Fig. 159. Kreuzsauger. Fig. 160. Wolpert-Sauger. Fig. 161. Grove-Sauger. Fig. 162. John-Sauger.

in die vom Wind abgewendete Richtung. Er ist sehr wirksam, stört aber leicht durch den mit der Drehung verbundenen Lärm, rostet wohl auch fest.

Als Mittel, um störende Wirkungen des Windes hintanzuhalten, und übrigens auch zum Abfangen von Regen, sind alle diese und manche andere Formen sehr brauchbar; als Triebkraft können sie natürlich nur wirken, solange überhaupt nennenswerter Wind vorhanden ist.

[1]) Gesundheits-Ingenieur 1906, S. 473.

144. Lüftungsheizkörper. Eigentlich ist ein Abluftkanal allein zur Lüftung ungenügend; denn der Abluftkanal kann nur dann Luft abführen, wenn eine gleiche Menge Luft dafür in den Raum eintreten kann. Das geschieht nun freilich durch die in jedem Raum vorhandenen Undichtigkeiten in Tür und Fenster, verursacht aber dadurch Zug und wohl auch Fußkälte.

Gelegentlich bringt man aber auch an jedem Raum besondere Zuluftöffnungen an. Man legt solche Eintrittsöffnungen hinter Heizkörper, um dadurch die eintretende Luft etwas vorzuwärmen. Wesentlich ist ihre Lage zum Heizkörper. Eine Anordnung nach Fig. 163 ist jedenfalls verkehrt: Die kalte Luft würde zu Boden fallend den Heizkörper vermeiden und den Raum fußkalt machen (Pfeil *a*), und nur Raumluft (Pfeil *b*) den Heizkörper passieren. Richtig ist eine höhere Lage der Öffnung, so daß die herabfallende kalte Luft den Heizkörper bestreicht (Fig. 163a); das angedeutete Blech kann das sichern. Noch besser ist die Anordnung einer Verkleidung nach Fig. 163b, die natürlich gleich an den Heizkörper angegossen sein kann und die die Luft durch den Heizkörper hindurchzwängt.

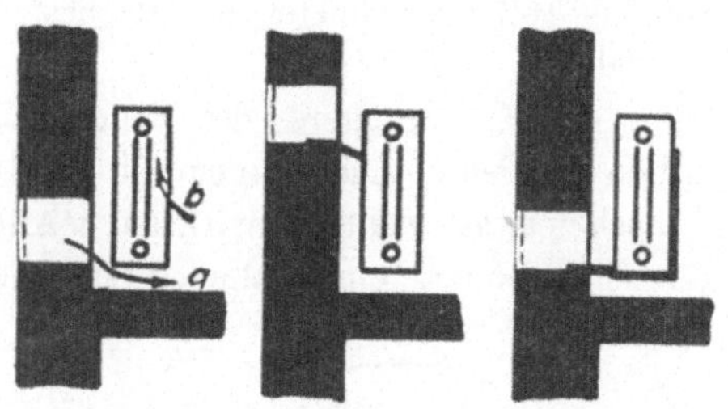

Fig. 163. Fig. 163a. Fig. 163b.
Einbau von Lüftungsheizkörpern.

Durch eine solche einfache Lüftungseinrichtung kann man leidliche Ergebnisse erzielen in Gegenden, wo starker Frost nicht auftritt, so in den westlichen Teilen Deutschlands in der Ebene. Bei starkem Frost frieren die Heizkörper wohl entzwei; das Abstellen der Regulierschieber in den Öffnungen, die natürlich immer vorhanden sein müssen, wird leicht versäumt. Wo bei freistehenden Gebäuden der Wind sehr auf die Öffnung drücken oder saugen kann, versagt sie leicht, wie jede Auftrieblüftung. Sie ist jedenfalls nur im Innern von Städten zu empfehlen.

145. Größere Lüftungsanlagen (Fig. 164) drücken die Luft, nachdem sie gefiltert, angewärmt und befeuchtet ist, durch Ventilatoren und durch ein verzweigtes Kanalnetz in die Räume; aus den Räumen wird die Luft durch mehr oder weniger verzweigte Kanäle, in die gelegentlich nochmals Ventilatoren eingebaut sind, über Dach geworfen. Meist sind die Zuluft-Einrichtungen im Keller, die Abluftkanäle im Dachgeschoß des Gebäudes untergebracht; nach Bedarf kann das natürlich auch anders geschehen.

146. Luftentnahme; Filter. Die zur Lüftung eines Gebäudes nötige Luft wird an einer möglichst geschützten Stelle entnommen. Die Entnahmestelle wird wohl mit Gebüsch umpflanzt, um Staub von ihr fernzuhalten. Auch hat man versucht, die Luft aus Springbrunnen oder Wasserfällen in der Art zu entnehmen, daß sie durch einen Wasserschleier hindurchtritt und hoffte dadurch auf eine Reinigung der Luft. Doch scheinen die Erfolge in dieser Hinsicht den Erwartungen nicht entsprochen zu haben. Eine besondere Filterung kann in Städten doch nicht entbehrt werden.

Man hat auch zwei Entnahmestellen angeordnet, die wechselweise in Benutzung genommen werden sollen, und zwar hat man entweder eine Entnahmestelle zu ebener Erde und eine in Gestalt eines über Dach gehenden Schlotes angeordnet, um in Städten nach Bedarf den Straßenstaub zu vermeiden, andererseits nicht der auf dem Dach brütenden Hitze ausgesetzt zu sein. Ferner hat man zwei Entnahmestellen an verschiedenen Seiten des Hauses angeordnet dergestalt, daß immer durch diejenige die Luft eingenommen werden soll, welche auf der Windseite liegt, weil der Wind gewissermaßen in diese Öffnung hineinfährt, während er auf der

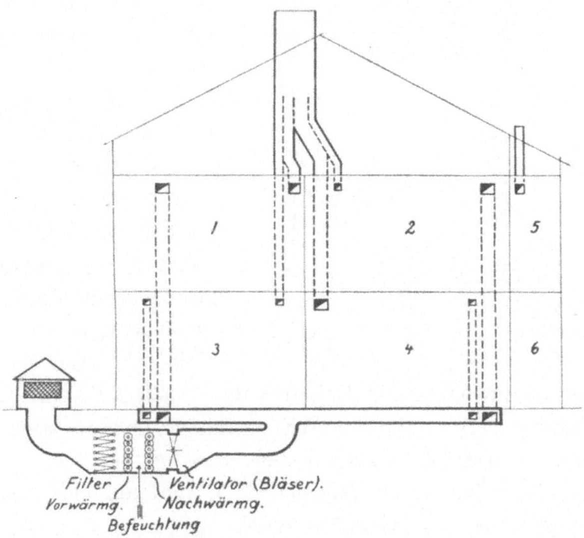

Fig. 164. Lüftungsanlage.

anderen Seite saugend und den Lufteintritt hindernd wirken würde. Bei genügend kräftigen Ventilatoren ist diese Vorsicht unnötig.

Die Eintrittsöffnung wird gegen grobe Verunreinigungen und Einfliegen von Vögeln mit einem weitmaschigen Drahtnetz versehen.

Die Luft wird meist durch Filter geleitet, um Staub aus ihr zu entfernen.

Die Filter für Lüftungsanlagen bestehen aus einem rauhen Gewebe, meist sogenanntem Barchent, durch welches die Luft hindurchgehen muß. Es liegt auf der Hand, daß die reinigende Wirkung um so größer ist, je engmaschiger das Gewebe ist, während andererseits natürlich mit der Engmaschigkeit der Druckverlust wächst, der zum Hindurchblasen einer vorgeschriebenen Luftmenge erforderlich ist. Um den Druckverlust in zulässigen Grenzen zu halten, muß man eine genügend große Filteroberfläche verwenden, so daß durch das Quadratmeter Filteroberfläche nur eine geringe Luftmenge geht. Das zu erreichen, dient die Entwickelung des Filters in Zickzackform, wie Fig. 165 darstellt. Die Entwickelung geht oft viel weiter als gezeichnet. Je größer man die Oberfläche des Filters bemißt, desto kleiner wird der Druckverlust in ihm, für den man im allgemeinen $^1/_2$ bis 3 mm Wassersäule anzusetzen pflegt. Jede Ersparnis an den Einrichtungskosten eines Filters hat infolge Erhöhung der Betriebskosten eine dauernde Ausgabe zur Folge. Außerdem wird naturgemäß eine kleinere Filterfläche, durch welche infolgedessen eine größere Luftmenge, auf das Quadratmeter bezogen, sekundlich hindurchgeht, schneller verschmutzen als eine größere, so daß auch die Reinigung häufiger nötig ist.

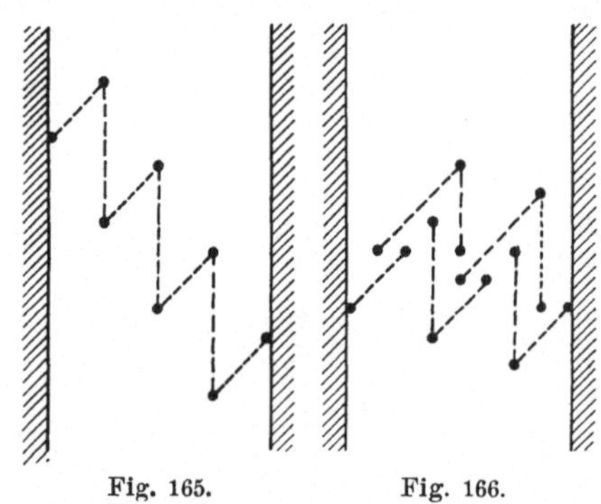

Fig. 165. Durchgangsfilter.

Fig. 166. Streiffilter.

Wenn das Filter seine reinigende Wirkung übt, so setzt sich der Staub in seine Poren und verstopft dieselben, so daß der Widerstand des Filters wächst. So fand Rietschel, daß ein gewisses Filter, durch das dauernd 100 cbm Luft stündlich pro Quadratmeter hindurchgesandt wurde, in neuem Zustand 1,23 mm WS Widerstand bot. Das ist schon mehr als man meist aufzuwenden gewillt sein wird. Nach 250 stündigem Betriebe war der Widerstand bis 2,26 mm WS gestiegen und er stieg endlich bis auf 4,13 mm; nach erfolgter Reinigung sank er auf 1,98 mm WS, also nicht auf den Wert im neuen Zustand, was wohl auf eine Verfilzung der Fasern beim Waschen zurückzuführen ist.

Diese Ergebnisse sind nicht eben ermutigend für die Anwendung von Filtern. Man hat den mit solchen Durchgangsfiltern verknüpften großen Widerstand zu vermeiden gesucht, indem man an ihre Stelle Streiffilter setzte. Fig. 166 zeigt ein Streiffilter einfachster Bauart. Die Luft soll nicht durch die Tücher hindurchgehen, sondern nur in einigen Zickzackwegen an den Tüchern entlang streichen. Dabei soll der schwerere Staub an die Tücher abgeschleudert werden. Ohne Zweifel kann die reinigende Wirkung der Streiffilter nicht so gut sein, wie die von Durchgangsfiltern; ihr Vorteil ist, daß ihr Widerstand sich bei der Verunreinigung nicht erhöht. Dafür wird aber mit zunehmender Verschmutzung des Filters die Reinigung der Luft eine unvollkommene werden, denn wenn die Rauhigkeiten und Unebenheiten des Filters mit Staub zugesetzt sind, wird neuer Staub keine Gelegenheit finden, sich festzusetzen.

Für die Reinigung müssen die Tücher bequem abnehmbar sein; sie sind im allgemeinen mit Messingringen so versehen, daß man sie mit

Schnüren auf Rahmen aufspannen kann. Neuerdings hat man auch versucht, das Abnehmen der Tücher zu umgehen, indem man die Reinigung mittels des Vakuumreinigers besorgte und den Staub absaugte. Für irgendwie größere Anlagen wird dieses das empfehlenswertere sein; eine kleine Vakuumpumpe, elektrisch angetrieben, wird sich leicht beschaffen lassen.

Koksfilter bestehen aus Koks, der zwischen 2 Rosten von Eisen oder zwischen 2 Eisendrahtgeweben enthalten ist. Gelegentlich läßt man über den Koks noch Feuchtigkeit rieseln. Sie haben sich bei uns wenig eingeführt und ihre reinigende Wirkung soll verhältnismäßig gering sein, dafür allerdings auch der Durchgangswiderstand kleiner als bei Tuchfiltern.

Im ganzen wird man von Filtern sagen können, daß bei bestimmtem Filterquerschnitt ihre reinigende Wirkung mit dem Widerstand einhergeht, den sie der Luft darbietet. Das Streben nach Verringerung des Widerstandes durch andere Mittel als durch Entwicklung der Oberfläche führt dahin, die Filterwirkung zu verschlechtern. In dem Maße wie es gelingt, billige Antriebskraft zu schaffen durch Verbindung elektrischer Krafterzeugung mit der Heizanlage, wird man dazu übergehen können, Ventilatoren mit größerem Druck zu verwenden und wird daher nicht mehr so ängstlich auf geringen Widerstand der Filter zu sehen brauchen.

Es fehlt nicht an Stimmen, die wegen oft mangelhafter Wartung und deshalb auch mangelhafter Wirkung der Filter von ihrer Anwendung überhaupt abraten, wenigstens wo die Luft nicht besonders staubig ist.

147. Ventilatoren. Wo der durch den Temperaturunterschied zwischen der Kanalluft und der Außenluft hervorgerufene Auftrieb nicht für die Bewegung der Luft ausreicht, da wird in die Anlage an einer passenden Stelle ein Ventilator eingeschaltet.

Die Wirkung des Ventilators entspricht ungefähr denjenigen Umtrieb erzeugenden Teilen, die man in die Schnellumlaufheizung zur Vergrößerung des Wasserumlaufes einschaltet. In ähnlicher Weise erreicht man dadurch, daß man mittels eines Ventilators das zur Verfügung stehende Druckgefälle erhöht, eine Verminderung der Kanalweite überall, wo eine bestimmte Luftmenge durch die betreffenden Kanäle gefördert werden muß. Außerdem aber ist das Einschalten eines Ventilators noch insbesondere deshalb wichtig, weil Lüftungsanlagen Störungen durch Windanfall ausgesetzt sind. Unter der Wirkung des auf eine Seite des Hauses stehenden Windes entsteht in den dem Winde zugekehrten Räumen ein wenn auch leichter Überdruck gegenüber den Räumen auf der anderen Seite. Dieser Überdruck kann immerhin so groß werden, daß er die Wirksamkeit einer nur mit Auftrieb arbeitenden Lüftungsanlage ernstlich in Frage stellt. Je größer nun das in der Lüftungsanlage wirksame Druckgefälle ist. desto geringer — verhältnismäßig — wird der Einfluß des Windes sein. Im Interesse eines gleichmäßigen Betriebes ist es daher, das Druckgefälle eines Ventilators nicht zu gering zu wählen. Im Interesse billigen

Betriebes andererseits ist es, ohne oder doch mit einem möglichst schwachen Ventilator zu arbeiten, da es mehr Arbeitsaufwand und mehr Geld kostet, eine bestimmte Luftmenge mit großer Geschwindigkeit durch einen engen Kanal zu treiben als sie freiwillig durch einen weiteren Kanal gehen zu lassen.

Die in Lüftungsanlagen verwendeten Ventilatoren sind entweder Schraubenventilatoren oder Zentrifugalventilatoren. Jede von beiden bezeichnet man als Sauger oder als Bläser, je nachdem sie in die Abluft- oder in die Zuluftkanäle eingeschaltet sind. Für den Luftwechsel allein ist es gleichgültig, welche von beiden Aufstellungsarten man wählt. Für die Druckverhältnisse in den Räumen hingegen ist es nicht gleichgültig, wie wir sehen werden.

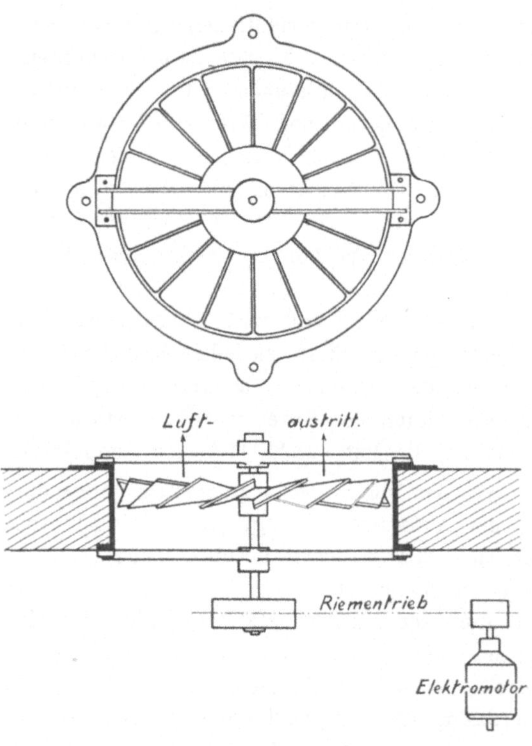

Fig. 167. Schrauben-Ventilator.

Einen Schraubenventilator stellt Fig. 167 dar. In die runde, in einer Wand ausgesparte und mit Eisenarmierung versehene Öffnung wird ein Flügelrad gesetzt, dessen schrägstehende Flügel die Luft je nach der Drehrichtung des Ventilators im einen oder im anderen Sinne bewegen. Die Lagerung der Welle geschieht auf Stützen, die quer durch die Öffnung gehen. Bei manchen Ventilatorkonstruktionen sind die Naben zu klein gehalten. Das hat zur Folge, daß in der Mitte ein Rückstrom der Luft stattfindet. An dem äußeren Teil des Flügelrades wird die Geschwindigkeit des Rades ausreichen, um den hinter dem Ventilator herrschenden Gegendruck zu überwinden. Die der Achse zunächst gelegenen Teile des Flügelrades bewegen sich langsamer und werden daher nicht dazu imstande sein; infolgedessen tritt durch sie unter Umständen Luft von den Räumen hinter dem Ventilator zurück vor den Ventilator. Da solche zurücktretende Luft unnütz gefördert wurde, so wird offenbar durch diese Erscheinung eine Vermehrung der zum Antrieb des Ventilators nötigen Arbeit hervorgerufen werden. Man sollte also, wo solches Zurücktreten nahe der Achse zu bemerken ist, durch eine Blechverkleidung Abhilfe schaffen.

Einen Zentrifugalventilator zeigt Fig. 168. In einem aus Blech oder bei kleinen für Lüftungsanlagen kaum in Frage kommenden Modellen aus Gußeisen hergestellten Gehäuse bewegt sich ein Schaufelrad, bestehend aus mehreren, auf die Achse aufgesetzten Scheiben, zwischen denen Schaufeln befestigt sind, die bei der Umdrehung des Rades die zwischen ihnen befindliche Luft nach außen schleudern und dafür von innen frische Luft ansaugen. Der Lufteintritt findet also nahe der Achse statt, der Luftaustritt nach außen zu, und zwar meist tangential. Der Ventilator wird meist in den Raum gestellt, aus dem er die Luft saugen soll, und sein Ausblas wird an die Trennungswand dieses Raumes mit dem Raume höheren Druckes angeschlossen.

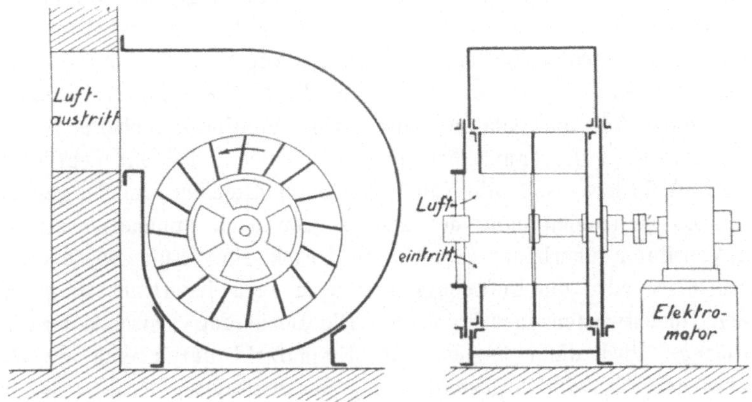

Fig. 168. Zentrifugal-Ventilator.

Für den Antrieb der Ventilatoren kommt heutzutage kaum etwas anderes als der Elektromotor in Frage. Beim Schraubenventilator pflegt derselbe seitlich aufgestellt zu werden und durch eine Riemenübertragung auf die Ventilatorachse zu wirken. Das geschieht, weil der Motor bei direkter Kupplung selbst im Zuge stände, was mitgerissenen Staubes wegen seinem Kollektor nicht zuträglich wäre; selbst bei guter Einkapselung wäre doch die Schwierigkeit der Bedienung für die Riemenübertragung ausschlaggebend, sowie die Tatsache, daß die Schraubenventilatoren nur mit einer mäßigen Umlaufszahl laufen dürfen, wenn sie nicht brummen sollen; der Elektromotor aber hat meist eine für sie zu hohe Umlaufzahl. — Bei Zentrifugalventilatoren kann man auf höhere Umlaufzahlen gehen, ohne daß Brummen eintritt; andererseits kann man bei ihnen, wie Fig. 168 zeigt, die Aufstellung des Motors auch bei direkter Kupplung so bewirken, daß sie nicht im Zuge stehen. Deshalb sollte bei ihnen der Raum- und Kraftersparnis wegen direkte Kupplung des Ventilators mit einem nicht zu schnell laufenden Elektromotor vorgezogen werden.

148. Betriebseigenschaften der Ventilatoren. Ein Ventilator kann mit verschiedener Tourenzahl laufen, die man auf die Minute bezogen anzugeben pflegt. Ein Ventilator kann die Luft gegen verschiedene Überdrücke zu fördern haben, das heißt die Druckunterschiede vor und hinter ihm können verschiedene sein. Je nach dem Unterschied des Druckes und je nach der Umlaufzahl wird die von einem Ventilator geförderte Luftmenge wechseln. Die Kenntnis der Beziehung zwischen den drei Größen, Umlaufzahl, Gegendruck und Luftmenge, wird für die Auswahl eines Ventilators und gelegentlich auch für seinen Betrieb nicht unnütz sein.

Zunächst für eine bestimmte Umlaufzahl ist die Beziehung zwischen dem Gegendruck, den der Ventilator zu überwinden hat, und der von ihm geförderten Luftmenge eine ganz ähnliche wie wir sie früher für Schornsteine und für mit Auftrieb arbeitende Kanäle abgeleitet hatten (§ 29). Ähnlich wie es bei solchen Kanälen der Fall war, wird auch beim Ventilator die größte Luftmenge dann gefördert, wenn kein Gegendruck zu überwinden ist, sondern wenn die Luft einerseits frei angesaugt, andererseits frei ausgeblasen wird. Der Ventilator arbeitet dann mit freiem Ausblas. Es kann aber auch verkommen, daß ein Ventilator gar keine Luft fördert, weil alle Kanäle zu den belüftenden Räumen geschlossen sind. Es stellt sich dann der größte oder doch annähernd der größte dem Ventilator überhaupt erreichbare Druck ein. Für zwischenliegende Verhältnisse wird die Luftmenge und wird auch der Druck hinter diesen beiden Höchstwerten zurückbleiben. Die Beziehung zwischen Druck und Luftmenge wird dann je nach der Umlaufzahl durch eine der starken Kurven der Fig. 169 dargestellt, deren parabolischen Charakter wir schon von den mit Auftrieb arbeitenden Kanälen und von den Zentrifugalpumpen her kennen.

Für die Auswahl des Ventilators genügt daher nicht die Kenntnis der von ihm zu fördernden Luftmenge, es muß vielmehr auch die Druckhöhe, deren Überwindung oder deren Zufügung zu den vorhandenen Auftriebgefällen verlangt wird, angegeben sein. Der Ventilator ist so zu wählen, daß er z u g l e i c h diese Luftmenge und diesen Druck bewältigen kann.

Man pflegt einen Ventilator verschieden schnell laufen zu lassen, indem man die Umlaufzahl des Elektromotors mittels eines Reglers verstellbar macht. Das Verhalten eines Ventilators bei wechselnder Umlaufzahl wird dann analog sein der Wirkungsweise eines mit Auftrieb arbeitenden Kanales, in dem wechselnde Innentemperaturen auftreten. Je höher die Tourenzahl, desto höher liegt im Schaubild die Kurve der Beziehung zwischen Druck und Luftmenge, wie Fig. 169 das ebenfalls erkennen läßt. Wenn wir also dem Ventilator, für den dieses Schaubild gilt, die Förderung von 0,8 kg/sek gegen 300 mm WS Druckunterschied zumuten wollen, so müssen wir ihn mit 1800 Touren minutlich laufen lassen. Man kann die Leistungsfähigkeit eines Ventilators durch Heraufsetzen der Umlaufzahl erhöhen — die Grenze wird für unsere Zwecke bald erreicht sein durch die Bedingung, der Ventilator solle nicht allzusehr brummen; ein leichtes Summen ist stets vorhanden.

Der gleichen Figur können wir aber noch zweierlei entnehmen, nämlich daß unter den genannten Umständen zum Betrieb des Ventilators eine Leistung von fast 4 PS erforderlich sein wird, und daß er mit einem Wirkungsgrad $\eta = 0{,}68$ arbeiten, daß er also 68 % der in ihn hineingeschickten Arbeit nutzbar machen wird. Beides abzulesen gestatten uns die beiden Kurvenscharen, deren eine punktierte aus Kurven gleichen Leistungsbedarfes, deren andere ausgezogene aus Kurven gleichen Wirkungsgrades besteht.

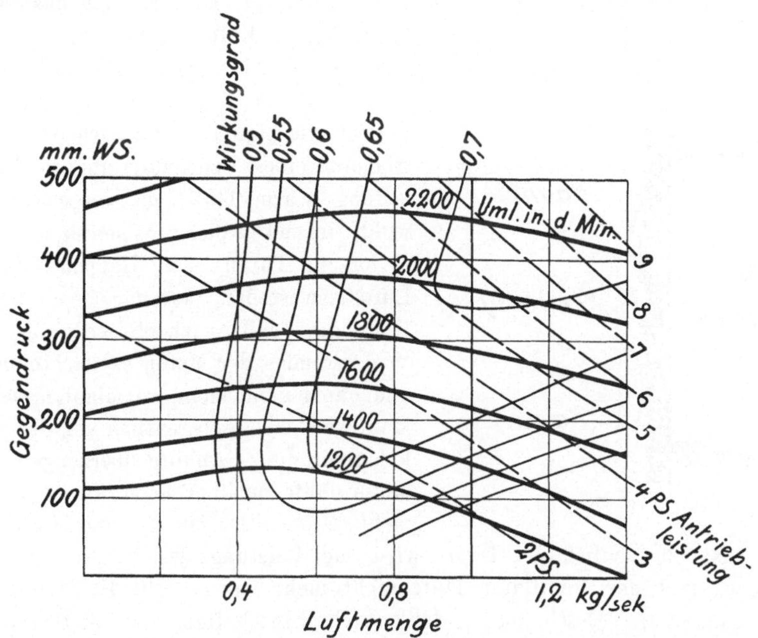

Fig. 169. Verhalten eines Ventilators bei verschiedenen Betriebsverhältnissen.

Die für den Antrieb des Ventilators theoretisch notwendige Antriebsleistung folgt nämlich aus folgender Überlegung. Wenn ein Ventilator eine Luftmenge von 0,8 kg/sek, also bei 760 mm BStd. und 20° C ein Volumen (Fig. 6) von $\frac{0{,}8}{1{,}2} = 0{,}67$ cbm/sek gegen einen Druck von 300 mm WS oder also auch von 300 kg/qm zu fördern hat, so entspricht das einer Leistung, die zur Überwindung des Gegendruckes erforderlich ist, gleich dem Produkt $0{,}67\ \frac{\mathrm{m}^3}{\mathrm{sek}} \cdot 300\ \frac{\mathrm{kg}}{\mathrm{m}^2} = 0{,}67 \cdot 300\ \frac{\mathrm{m}^3 \cdot \mathrm{kg}}{\mathrm{sek} \cdot \mathrm{m}^2} = 200\ \frac{\mathrm{m} \cdot \mathrm{kg}}{\mathrm{sek}}$. Daraus würde folgen, daß zur Überwindung des Gegendruckes etwa 2,7 PS erforderlich ist, mit Rücksicht darauf, daß die Pferdestärke einer Leistung von 75 m·kg/sek entspricht. Da die wahre Antriebsleistung zu 3,9 PS gemessen ist, so ist der Wirkungsgrad $\frac{2,7}{3,9} = 0,68$ — wie eben auch schon Fig. 169 zeigte. In dieser Weise kann man zu jeder verlangten Luftmenge und jedem Überdruck die erforderliche Antriebleistung finden, wenn man umgekehrt den Wirkungsgrad schätzt.

Die Angaben der Fig. 169 entsprechen einem Ventilator, der wegen seines hohen Druckes und der hohen Umlaufzahl für Lüftungszwecke kaum in Betracht käme — kaum für Fabriklüftung könnte er dienen, weil bei so hohen Umlaufzahlen starkes Brummen eintritt. Die Form der Kurven ist aber für Ventilatoren typisch. Wir sehen noch: bei bestimmter Umlaufzahl wird der Leistungsbedarf um so größer, je kleiner der Gegendruck, je größer also die geförderte Luftmenge ist. Es hat das seine Begründung darin, daß die hindurchgehende Luft beschleunigt werden muß, und darauf geht um so mehr verloren, je größer die Luftmenge. Hieraus wieder folgt eine andere für den Betrieb wichtige Tatsache: wo der Elektromotor eines Ventilators infolge Überlastung warm läuft, da versucht man wohl, irgend welche Widerstände, geschlossene Türen oder Klappen, die im Luftstrom stehen, aufzumachen, in der Hoffnung, daß nach Beseitigung des Widerstandes der Motor es leichter habe und daher nicht mehr warmlaufen werde. Man wird sich gelegentlich von der Verkehrtheit dieser Abhilfe überzeugen: der Motor läuft nachher noch wärmer. Die richtige Abhilfe ist es, die Luftwege teilweise zu schließen. Dann wird die Leistung des Motors eine geringere und der Ventilator läuft nicht mehr warm. Die Erklärung für die sonderbare Erscheinung, daß durch Einschalten von Widerständen in den Luftweg die Leistung des Ventilators vermindert statt vermehrt wird, liegt darin, daß mit Vermehrung des Gegendruckes die vom Ventilator geförderte Luftmenge stark abnimmt. —

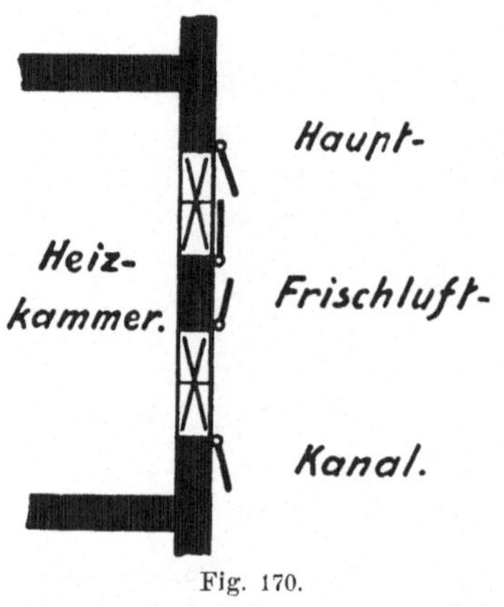

Fig. 170.

Wo ein Ventilator für die Beschaffung der erforderlichen Luftmenge zu groß werden würde, sieht man deren mehrere vor, die parallel von der Luft durchflossen werden. Die Anwendung mehrerer Ventilatoren hat auch den Vorteil, daß sie eine Reserve für einander bilden. Um jedoch jeden einzelnen der Ventilatoren abstellen zu können, ist es erforderlich, vor ihm eine eiserne Türe so anzubringen, daß die Luft nicht durch den stillstehenden Ventilator zurücktreten kann (Fig. 170).

Eine andere Lehre für den Betrieb läßt sich aus Fig. 169 ableiten. Eine Anlage habe mehrere Ventilatoren, einer derselben laufe und fördere bei 1800 Umläufen 0,8 kg/sek gegen 300 mm WS. Die Luftmenge genügt nicht, und wir stellen einen zweiten gleichartigen Ventilator mit ebenfalls 1800 Umläufen an, hoffend, nun werde eine größere Luftmenge gefördert werden. Die Hoffnung wird uns täuschen; wir sehen aus Fig. 169, daß die Ventilatoren bei 1800 Umläufen nicht mehr als 300 mm WS Druck geben können, und wenn der Druck nicht steigt, so werden auch die Kanäle nicht mehr Luft abnehmen als vorher. Die Luftmenge wird sich also nur auf beide Ventilatoren verteilen, jeder wird 0,4 kg/sek gegen 300 mm WS drücken; die Lüftung wird nicht verstärkt, wohl aber, weil nun an zwei Ventilatoren Verluste auftreten, der Arbeitsbedarf von früher 3,9 auf nun $2 \cdot 2{,}7 = 5{,}4$ PS steigen: es wird Kraft vergeudet. Eine Verstärkung der Lüftung wäre nur durch Drucksteigerung, also durch schnelleren Gang des Ventilators möglich gewesen. Anstellen eines zweiten Ventilators ist erst dann zweckmäßig, wenn der in Gang befindliche überlastet ist und man in den abfallenden Ast der Kurven gleicher Umlaufzahl gekommen ist.

Man wird bemerken, daß das Verhalten von Ventilatoren recht genau dem von Kreiselpumpen und das Verhalten einer Lüftungsanlage recht dem einer mit Kreiselpumpen betriebenen Druckwasserheizung entspricht (S. 211 ff.).

149. Anwärmung. Die von außen entnommene Luft muß vor Einführung in die zu lüftenden Räume angewärmt werden. Bei der Luftheizung muß sie nicht nur angewärmt, sondern sogar auf solche Temperatur gebracht werden, daß dem zu beheizenden Raum die erforderliche Wärme zugeführt werden kann. Beides geschieht durch in den Luftweg eingeschaltete Heizkammern (Fig. 171).

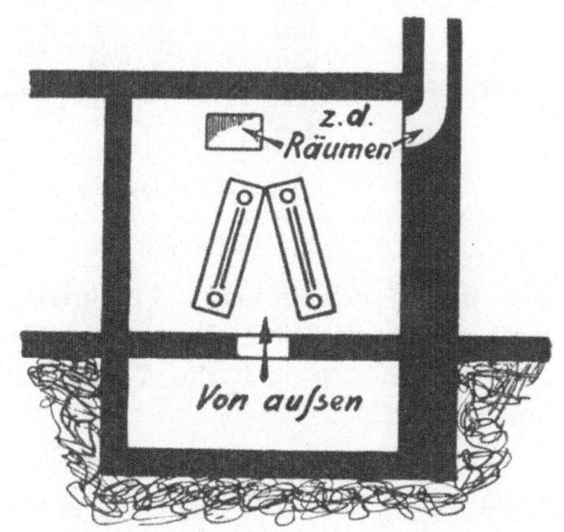

Fig. 171. Heizkammer einer Lüftung.

Wesentlich ist die Möglichkeit einer guten Regelung der Lufttemperatur. Am besten ist die Regelung zu erreichen, indem man einen Teil der Luft auf höhere Temperatur erwärmt und ihn dann nach Bedarf mit kalter Luft mischt; nur ist für gute Durchmischung des warmen und des kalten Luftstromes Sorge zu tragen, da beide sonst leicht getrennte Wege einschlagen. Man verwendet wohl die in Fig. 172 dargestellte Einrichtung, bei der die Heizkammer durch eine wagerechte Wand geteilt ist. Im unteren Teil stehen Heizkörper und wärmen die Luft an; im oberen Teil befinden sich keine Heizkörper und die Luft bleibt kalt. Je nach Stellung der Klappen am Anfang oder Ende dieser beiden Kanäle kann man die unten und oben hindurchgehende Luftmenge verschieden bemessen. Unmittelbar nach Durchlaufen der beiden Kanäle kommen die Luftströme zum Ventilator, der sie innig durchmischt; dafür ist es noch günstig, daß man den kalten Kanal nach oben gelegt hat. Um den darüberliegenden Raum vor Fußkälte zu bewahren, ist die Decke sorgfältig zu isolieren; das muß man auch über den Heizkammern einer Luftheizung tun, damit der darüberliegende Raum nicht überhitzt wird (Fig. 173).

Gelegentlich trennt man die Erwärmungseinrichtung in eine Vorwärmung und eine Nachwärmung und bewirkt zwischen beiden die Anfeuchtung der Luft. Wir besprachen schon, daß das den Zweck hat, den Grad der Anfeuchtung sicher in der Hand zu haben. Wenn man im vorgewärmten Zustande eine bestimmte Lufttemperatur hat und nun Feuchtigkeit im Überschuß zuführt, so wird der Überschuß herausfallen. Bei

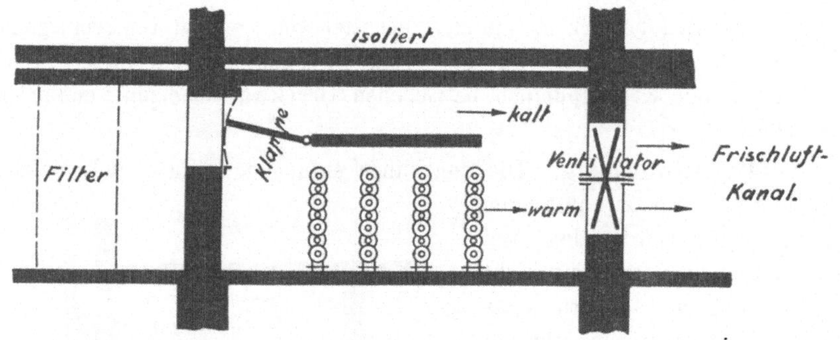

Fig. 172. Heizkammer mit Mischeinrichtung.

weiterer Erwärmung wird die Luft nicht mehr gesättigt, sondern nur auf dem gerade erforderlichen Feuchtigkeitsgehalt sein. Will man insbesondere zum Schluß Luft von 20° Temperatur auf 50 % Feuchtigkeitsgehalt haben, so muß die Vorwärmung die Temperatur auf etwa 8° bringen (§ 22).

Als Heizkörper für die Anwärmung dienen wohl Kaloriferen, große eiserne Öfen, die sich nur dadurch von einem eisernen Stubenofen unterscheiden, daß sie größer sind und des äußeren Aufputzes entbehren. Große Kaloriferen werden auch in von eisernen Öfen abweichender Form ausgeführt, etwa nach Fig. 173.

Viel häufiger geschieht heutzutage die Anwärmung mit Hilfe von Dampf- oder Wasserheizkörpern. Als Hochdruckdampfheizkörper werden meist Rippenrohre (Fig. 172), als Niederdruckdampf- und Wasserheizkörper meist Radiatoren (Fig. 171) verwendet. Da die Heizkörper in der Heizkammer meist tief stehen, so hat man auf ihre Entwässerung bedacht zu sein. Insbesondere in den Heizkörpern der Hochdruckdampfheizung pflegt eine Entlüftung nicht vorhanden zu sein, da ja diese bei der Hochdruckdampfheizung überhaupt nicht üblich ist (§ 176). Man schaltet vielmehr hinter die Hochdruckdampfheizung einen Kondenstopf, der das Wasser ableiten soll. Beim Abstellen eines Heizkörpers entsteht nun Vakuum in ihm, daher wird Wasser aus der Kondensleitung zurückgesaugt. Beim Durchsaugen kalter Luft durch die Heizkammern kann dann der Heizkörper zerspringen, sobald die Temperatur unter 0° sinkt. Man muß also die Heizkörper entweder mit einem Belüftungshahn versehen, der stets sofort geöffnet wird, sobald der Dampf abgestellt ist, oder man muß einen Entwässerungshahn anbringen, aus dem man das zurückgesaugte Wasser rechtzeitig abläßt — was übrigens nicht ohne gleichzeitige Anwesenheit eines Lufthahnes möglich ist.

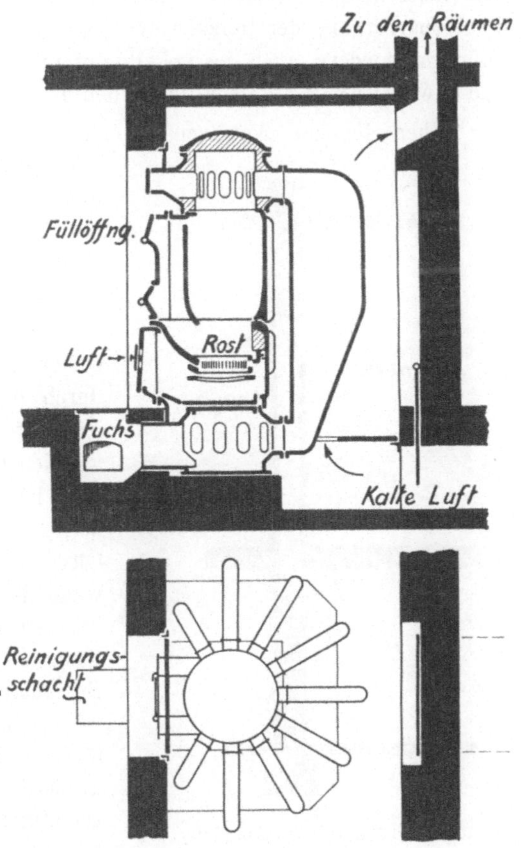

Fig. 173. Kalorifere in der Heizkammer einer Luftheizung.

Gegen die Anwärmung mit Warmwasserheizkörpern hat man vielfach Mißtrauen gehabt, weil man befürchtete, daß das in ihnen befindliche Wasser beim Zutritt weiterer kalter Luft friere und die Heizkörper zerspringen könnten. Die Erfahrung hat indessen gezeigt, daß die Anwendung von Wasser für die Heizkörper unbedenklich ist, nur müssen sie stets angestellt sein, solange bei Frostwetter die Lüftung im Betriebe ist; man darf auch nicht einzelne Heizkörper zum Regeln abstellen, sondern muß statt dessen alle Heizkörper gleichmäßig drosseln. Man hat versucht, eine Sicherheit gegen das Zerfrieren dadurch zu schaffen, daß man in den Rücklauf der Heizkörper einen Apparat einschaltete, der den Zugreglern (Fig. 79) nachgebildet ist und der eine Auslösung betätigt, sobald die Wassertemperatur unter ein gewisses Mindestmaß sinkt. Durch diese Auslösung werden dann automatisch Klappen geschlossen, die den Zutritt kalter Luft absperren. Solche Vorrichtungen sind, wie erwähnt, mehrfach ausgeführt worden. Es ist ratsam, sie zu vermeiden, denn ihre Wirksamkeit ist unsicher, während andererseits durch ihr Vorhandensein das Personal dazu veranlaßt wird, weniger darauf acht zu geben, daß niemals Heizkörper abgestellt sind. Wenn man überdies die Heizkörper satzweise abschaltbar macht, so wäre es erforderlich, daß jeder der Heizkörper solche Sicherheitsvorrichtung hätte. Eine bessere Sicherheitsvorrichtung ist es, die Absperrorgane der Heizkörper so einzurichten, daß sie nicht ganz abschließen, sondern auch im vollständig niedergeschraubten Zustande doch noch etwas warmes Wasser durch den Heizkörper laufen lassen.

Über die zur Anwärmung erforderliche Wärmemenge sowie über die Verteilung derselben auf Vor- und Nachwärmung haben wir schon in § 22 einige Rechnungen ausgeführt.

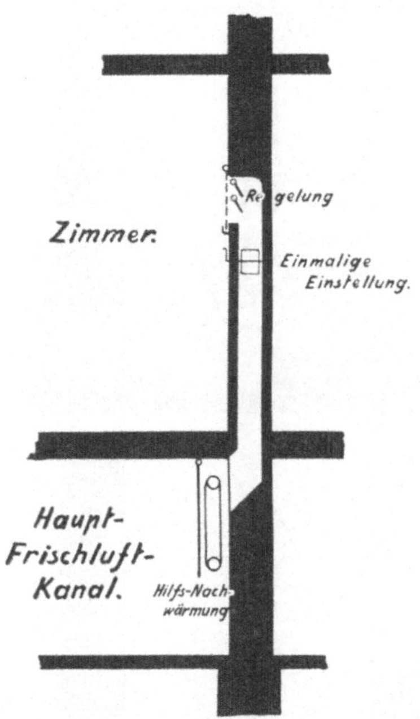

Fig. 174. Zuluftkanal mit Hilfs-Nachwärmung.

Die Frage, ob die Anwärmung vor dem Ventilator oder hinter demselben anzubringen sei, erledigt sich durch den Hinweis darauf, daß der Ventilator im Kalten steht, wenn er vor den Heizkörpern aufgestellt wird. Das hat im Winter Schwierigkeiten der Bedienung und Eindicken des Öles zur Folge. Andererseits wird, wenn der Ventilator hinter den Heizkörpern steht, die Luft im warmen Zustande durch ihn gehen; für die Bedienung ist das bequem, aber er wird ein größeres Luftvolumen zu fördern haben, und damit ist ein größerer Arbeitsaufwand verbunden. Im allgemeinen hält man es für praktischer, den Ventilator hinter den Heizkörpern anzubringen.

150. Hilfsnachwärmung. In weitverzweigten Lüftungsanlagen macht es sich unangenehm geltend, daß die in der gemeinsamen Heizkammer vorgewärmte Luft wegen des Wärmeverlustes in den Zuleitungskanälen zu den entfernteren Räumen kälter gelangt als zu den näher gelegenen Räumen. Man hilft dieser Erscheinung wohl dadurch ab, daß man die Zuluftkanäle der entfernt gelegenen Räume mit einem Hilfsheizkörper versieht, der dauernd angestellt bleibt (Fig. 174). Seine Größe richtet sich nach der Entfernung des Raumes von der Heizkammer, im Grundriß gemessen. Diese zusätzlichen Heizkörper bleiben bei jeder Außentemperatur angestellt, während man die in der Heizkammer befindlichen Heizkörper je nach der Außentemperatur mehr oder weniger anstellt. In dieser Weise ist es einigermaßen möglich, allen Räumen Luft gleicher Temperatur zukommen zu lassen.

Diese Einrichtung ist für eine angenehme Lüftung wesentlich, da die Temperatur der Zuluft nur in engen Grenzen schwanken darf. Bei einer Zulufttemperatur über 18° wird die Wärmeabfuhr ungenügend, bei einer Zulufttemperatur unter 15° empfinden die Insassen des betreffenden Raumes unangenehmen Zug.

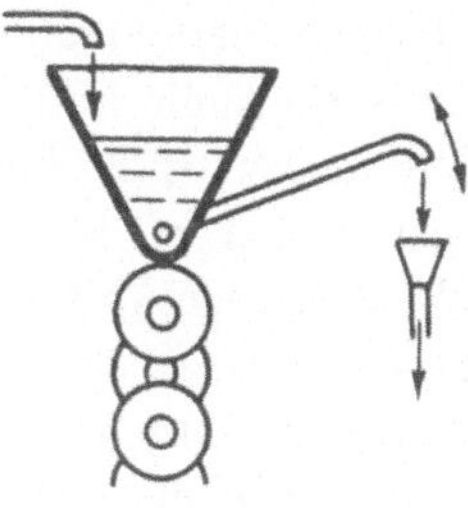

Fig. 175. Verdunstungsgefäß.

151. Befeuchtung. Zur Anfeuchtung ist der Luft Wasserdampf zuzuführen. Man kann, wo die Anwärmung durch Dampfheizkörper oder durch Feuer geschieht, Wasser verdampfen und der Luft beimengen. Wo die Anwärmung durch Warmwasserheizkörper geschieht, ist zum Verdampfen die Temperatur zu niedrig und man ist auf Verdunstung angewiesen. Man stellt wohl auf den Heizkörpern der Nachwärmung Schalen auf, in denen Wasser gehalten wird. Das Wasser verdunstet. Doch ist zu beachten, daß die Heizkörper die zur Verdunstung nötige Wärme hergeben müssen, die, wie wir in § 22 sahen, nicht unbedeutend ist. Die Heizkörper werden nach den Ausführungen jenes Paragraphen, wenn sie die Anfeuchtung mit besorgen sollen, etwa doppelt so groß sein müssen wie ohnedies.

Die Gefäße, in denen man die Verdunstung stattfinden läßt, pflegen dreieckig ausgeführt zu werden, man versieht sie mit einem verstellbaren Überlauf, der in Fig. 175 in Form eines drehbar eingesetzten Rohres ausgebildet ist. Je nach der Stellung dieses Rohres stellt sich der Wasserspiegel höher oder tiefer ein, wenn man mittels der Wasserleitung Wasser etwas im Überschuß zuführt. Je nach der verschiedenen Größe der Wasseroberfläche findet dann ein verschieden kräftiges Verdunsten des Wassers statt.

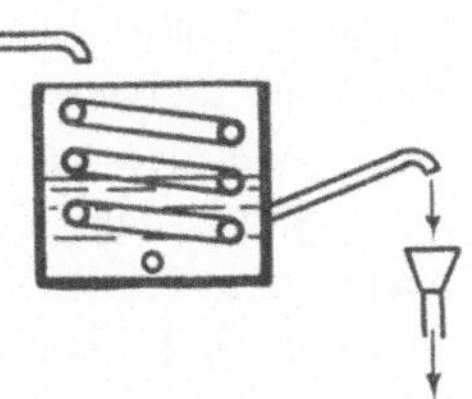

Fig. 176. Verdampfungsgefäß.

Sobald Sieden des Wassers eintritt, ist nicht mehr die Größe der Wasseroberfläche, sondern die zugeführte Wärmemenge für die Menge verdampfenden Wassers maßgebend. Da man nun im Interesse kräftiger Wirksamkeit die Gefäße oft zum Sieden kommen lassen wird, so ist die wechselnde Wasseroberfläche zwecklos und gestattet keine Regelung der Feuchtigkeit mehr. Bei Dampfheizung ist es also richtiger, in das Verdampfungsgefäß, das nun nicht mehr dreieckig zu sein braucht, eine Dampfschlange zu legen und wieder durch einen verstellbaren Überlauf, etwa nach Fig. 176, für verschiedene Standhöhe des Wassers zu sorgen. Dann taucht die Dampfschlange verschieden tief in das Wasser, es gehen wechselnde Wärmemengen in das Wasser über und die Verdampfungsmenge wird sich entsprechend ändern.

Auch die Einspritzung von Dampf in die Luftkammer ist möglich. Man stellt dann einen kleinen Dampfkessel neben der Luftkammer auf, in dem durch eine Dampfschlange Wasser zum Verdampfen gebracht wird. Man darf nicht den Dampf der Dampfheizung selbst in die Luftkammer einblasen lassen, da dieser, der Jahre hindurch immer im Kreislauf in der Heizung herumläuft, auf die Dauer durchaus nicht reiner Wasserdampf ist, sondern die Luft verunreinigen würde. Die Erzeugung von Frischdampf aus immer frisch zugeführtem Leitungswasser ist daher notwendig. Man bringt den erwähnten Dampfkessel durch ein Schwimmerventil mit der Wasserleitung in Verbindung, so daß der Wasserstand in ihm erhalten bleibt. Das Einblasen des Dampfes pflegt wie erwähnt, zwischen Vor- und Nachwärmung vorgenommen zu werden.

Über den wünschenswerten Grad der Anfeuchtung gehen die Ansichten weit auseinander. Sicher ist, daß die Luft drückend wird, wenn der Feuchtigkeitsgehalt sich der Sättigung nähert; auch beschlagen dann im Winter die Scheiben sehr und die Beleuchtung wird verschlechtert. Manche sprechen für einen geringen Feuchtigkeitsgehalt mit Begründungen etwa wie die, in der Wüste sei die sehr trockene Luft angenehm und zuträglich, ebenso die kalte Winterluft, die kaum Feuchtigkeit enthalte. Beide Gründe sind wenig stichhaltig, vielmehr scheint in geschlossenen Räumen ein mittlerer Feuchtigkeitsgehalt — etwa zwischen 40 und 70 % — den meisten Menschen am angenehmsten zu sein. Unbedingt schädlich ist große Trockenheit in Bildergalerien; insbesondere Holzbilder leiden durch Schwinden des Holzes, wenn die Feuchtigkeit unter 50 bis 60 % sinkt.

152. Kanäle. Von den Ventilatoren aus verzweigen sich die Hauptkanäle, die bei größeren Gebäuden meist im Keller dem Zuge der Korridore folgen. Senkrechte Schächte verschiedener Weite führen die Luft den einzelnen Räumen zu.

Während die wagerechten Kanäle durchweg so groß gehalten sein sollen, daß ein Mann durch sie hindurch gehen kann, damit sie leicht rein gehalten werden können, läßt sich diese Bedingung für die senkrechten Kanäle, die zu den einzelnen Räumen führen, nicht erfüllen. Es wird wohl empfohlen, solche Kanäle dann möglichst eng zu halten und lieber durch einen erhöhten Druck die Luft mit großer Geschwindigkeit durch sie hindurchzutreiben, damit Staub sich in ihnen nicht absetzen könne. Doch lehrt der Augenschein, daß es diese sogenannte Selbstreinigung der Kanäle bei großer Luftgeschwindigkeit tatsächlich nicht gibt.

Alle Kanäle sollen im Interesse geringen Widerstandes für die hindurchgehende Luft, die Zuluftkanäle sollen auch im Interesse der Reinlichkeit sehr sauber geputzt und womöglich gestrichen sein. Die Verwendung der Hauptzuluftkanäle für Rohrleitungen oder elektrische Kabel ist meist nicht zu vermeiden, aber wenig empfehlenswert, da sich an diesen Teilen Schmutz ansammelt und da die Beaufsichtigung der Rohre und Kabel ein häufiges Hantieren in den Kanälen erforderlich macht.

Die Zugangstüren zu den Hauptkanälen müssen luftdicht schließen, also aus Eisen hergestellt werden; außerdem müssen Türen, die Räume verschiedenen Druckes verbinden und die häufig geöffnet werden sollen, als Doppeltüren so ausgeführt sein, daß der Zwischenraum mindestens einen Mann aufnehmen kann. Die Türen werden niemals gleichzeitig geöffnet, so daß sie zusammen eine Luftschleuse bilden.

153. Lage der Ausmündungen. Die Lage der Kanalmündungen in den zu lüftenden Räumen, die einerseits die Zuluft hinein-, andererseits die Abluft herausnehmen sollen, ist nicht gleichgültig. Insbesondere die gegenseitige Lage dieser Öffnungen zueinander ist wichtig. Man wird sie so zu wählen haben, daß die hineingedrückte Luft einen geregelten Weg durch den zu lüftenden Raum beschreibt und daß sie nicht etwa von einer Öffnung zur anderen geht, ohne die Raumluft selbst auszu-

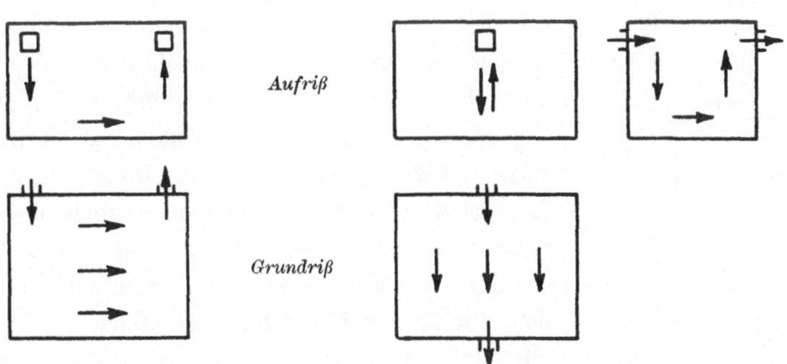

Fig. 177. Fig. 178.
Anordnung der Mündungen von Lüftungskanälen.

wechseln. Ob das geschieht, hängt von der Lage der Öffnung im Grundriß und im Aufriß, von den Temperaturen der Luft und endlich von der Geschwindigkeit ab, mit der die Luft in den Raum eintritt. Im allgemeinen ist es wünschenswert, die Zuluftöffnung so hoch im Raum anzubringen, daß die eintretende Luft nicht einzelne Insassen belästigt und daß die Zuluftöffnung nicht gelegentlich durch Möbel verstellt wird. Meist werden beide Öffnungen an der dem Fenster abgekehrten Wand oder an einer der Seitenwände sich befinden, weil es bequem ist, sie beide in dieselbe Mauer zu legen, die zu dem Zweck so stark ausgeführt wird, daß die Ausführung der Kanäle in ihr möglich ist.

Weiterhin kommt es darauf an, ob bei Lüftungen die eintretende Luft kälter ist als die Raumluft, oder ob sie bei Luftheizungen wärmer ist als jene.

Im ersteren Fall, wenn also die eintretende Luft kälter ist als die Raumluft, kann das in Fig. 177 im Grund- und Aufriß Dargestellte gelten. Wie die Pfeile erkennen lassen, sinkt die eintretende kältere

Luft zum Boden herab und bewegt sich an ihm entlang, während auf der anderen Seite die von den Insassen angewärmte Luft aufwärts steigt und dem Abluftkanal zugeht.

Aber auch eine Anordnung der Öffnungen in einander gegenüberliegenden Wänden nach Fig. 178 ist möglich, vorausgesetzt, daß die Luft nicht beim Eintritt eine zu hohe Geschwindigkeit hat und daß sie wieder kühler ist als die Raumluft. Auch dann wird die eintretende kalte Luft zu Boden sinken und erwärmt in der anderen Raumhälfte aufsteigen. Bei großer Luftgeschwindigkeit aber würde sie voraussichtlich den Raum durcheilen und direkt der Abluftöffnung wieder zufließen. Auch sobald sie wärmer ist als die Raumluft, wird sie sich an der Decke aufhalten und den Raum verlassen, ohne sich mit der schlechten Luft vermischt zu haben, die in der unteren Hälfte des Raumes bleibt.

Das Herniedersinken der kühleren Luft wird als unangenehm von der Decke herabkommender Zug empfunden, wenn die Luft zu kalt war. Sie mischt sich dann nicht im Herniedersinken mit der Raumluft, sondern durchbricht dieselbe wegen der großen Verschiedenheit des spezifischen Gewichtes, und kalte Luftströme treffen einzelne Insassen. Um das zu vermeiden, ist es in jedem Falle nützlich, dem in den Raum eintretenden Luftstrom eine etwas nach oben gerichtete Richtung und dabei eine nicht zu geringe Geschwindigkeit zu geben. Er stößt dann auf die Decke des Raumes und breitet sich flach an ihr aus. Die Luft kann dann nicht so leicht durch die wärmere in geschlossenem Strom hindurchbrechen.

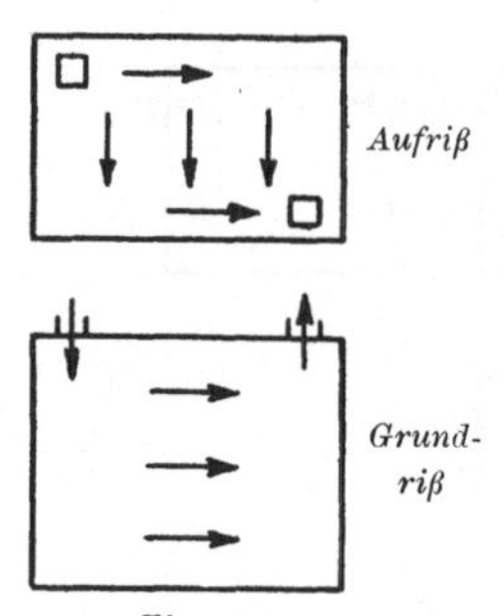

Fig. 179. Anordnung der Mündungen von Luftheizungskanälen.

Über die Frage, ob bei größeren Räumen, wie in Festsälen und Theatern, die Lüftung von oben nach unten oder umgekehrt vorzuziehen sei, soll in § 197 berichtet werden.

Bei Luftheizungen ist die eintretende Luft wärmer als die Raumluft. Sie kühlt sich im Raume ab. Dem entspricht eine Anordnung der Kanalmündungen nach Fig. 179: die Luft wird oben oder doch in der oberen Raumhälfte eingeführt und unten entnommen.

154. Abluftkanäle. Von dem Raum aus führen Abluftkanäle ins Freie über Dach. Es ist zweckmäßig, diese Abluftkanäle etwas unter dem Dach zu einem einzigen großen Kanal zu vereinen, doch müssen sie bis auf den Dachboden getrennt voneinander geführt werden. Letzteres ist nötig, teils um das Übertreten von Luft von einem Raum zum andern zu vermeiden, teils um zu verhindern, daß Geräusche von einem Raum in den andern gelangen.

Verhältnismäßig selten werden die Abluftkanäle noch mit einem besonderen saugenden Ventilator versehen. Noch seltener, nur bei den größten Anlagen kommt es vor, daß die Abluftkanäle zunächst wieder in den Keller hinab geführt werden, um dort durch Hauptsammelkanäle, die den Hauptverteilungskanälen für Frischluft entsprechen, einem gemeinsamen großen Luftschlot zugeführt und durch Sauger über Dach geworfen zu werden. Solche Anordnung kann sich gelegentlich aus architektonischen Gründen notwendig machen, weil zahlreiche kleine Luftschlote das Architekturbild eher stören, als ein großer als Turm wirkender Abluftkanal.

Es werden gelegentlich zwei Austrittsöffnungen für die Luft in jedem Raum angebracht, deren eine unten, deren andere oben Luft entnimmt und die beide in einen und denselben, gelegentlich auch in zwei verschiedene Kanäle münden. Der Gedanke dabei ist der, daß man im Winter kalte Luft aus der unteren Hälfte des Raumes, im Sommer warme aus der oberen Raumhälfte entnehmen will. Diese Einrichtung bewährt sich selten, da die Klappen fast nie richtig bedient werden und meist beide geöffnet sind. Bei Lüftungen wenigstens wird es empfehlenswert sein, nur eine obere Luftöffnung in der vorhin besprochenen Art anzubringen. Nur wo eine Anlage bald als Luftheizung, bald als Lüftung dient, werden beide Öffnungen erforderlich sein.

155. Regeleinrichtungen. In die Zuluft- und in die Abluftöffnungen werden Absperr-Einrichtungen angebracht, die das Öffnen und Schließen und auch das Regeln der betreffenden Öffnung möglich machen. Ihre Einrichtung ist so einfach, daß von ihrer Beschreibung Abstand genommen werden kann.

Außer den durch die Insassen verstellbaren Klappen sollen in jedem Zuluft- und in jedem Abluftkanal Einrichtungen zur erstmaligen Einstellung vorhanden sein. Eine einfache Drosselklappe wird nach Inbetriebsetzung der Anlage so eingestellt, daß jedem Raum die ihm gerade zukommende Luftmenge zugeführt wird. Die Rechnungsmethoden zur Berechnung der Luftwiderstände sind nicht so genau, daß man ohne weiteres auf Innehaltung der nötigen Luftmenge rechnen könnte. Die erstmaligen Einstelleinrichtungen sind nur durch das Personal zu bedienen und dazu nur mit einem Aufsteckschlüssel drehbar, oder aber ihr Handgriff ist so hoch angebracht, daß man ihn nur mit einer Leiter erreicht. Man erkennt die Einrichtungen auf Fig. 174.

Zu bemerken bliebe, daß für Lüftungskanäle ähnliches gilt, wie für Heizungen in § 98 besprochen. Das Vorhandensein der erstmaligen Einstellung macht die Regelung durch die eigentliche Regelklappe so gut wie hinfällig. Dieselbe kann dann im wesentlichen nur zum An- und Abstellen dienen. Für Lüftungen genügt das auch.

b) Vermeidung lästiger Luftbewegungen.

1. Theoretisches.

156. Natürliche Druckverhältnisse. Neutrale Zone. Wir betrachten zunächst die Verteilung des Druckes in einem nicht gelüfteten

Raum; man könnte in Versuchung kommen, schlechtweg zu sagen, in solchem Raum herrsche der gleiche Druck wie im Freien.

Daß dem nicht allgemein so sein kann, sehen wir, sobald wir uns erinnern (§ 24), daß der Druck der Luft — wie jeder Flüssigkeit — von oben nach unten hin zunimmt, daß das Maß der Zunahme von dem spezifischen Gewicht γ der Luft und damit von ihrer Temperatur abhängt, und daß daher diese Zunahme des Luftdruckes innen und außen eine verschieden schnelle ist, sobald ein Temperaturunterschied besteht. Es wird also jedenfalls nicht in jeder Höhe der gleiche Druck innen und außen herrschen können, sondern höchstens in einer bestimmten Höhe, die man als die neutrale Zone zu bezeichnen pflegt.

Sei ein Raum gänzlich und luftdicht abgeschlossen, bis auf eine kleine Öffnung a (Fig. 180), durch die er mit der Außenluft in Verbindung steht; es wird durch a so lange Luft ein- oder ausströmen, bis Druckausgleich stattgefunden hat und nun bei a innen und außen gleicher Druck herrscht. In der Höhe von a wird also die neutrale Zone liegen und in ihr sei der Druck, innen und außen, mit b bezeichnet; wir könnten ihn mit einem Barometer, daß wir in diese Höhe halten, feststellen. Innen herrsche nun eine — wie immer im folgenden angenommen werden soll — höhere Temperatur t_i als außen, wo sie t_a sein möge; infolgedessen, unter Umständen auch noch infolge verschiedenen Feuchtigkeitsgehaltes, sei das spezifische Gewicht der Innenluft kleiner als das der äußeren, $\gamma_i < \gamma_a$, beide gemessen in Kilogramm pro Kubikmeter. In der Höhe h m unter der neutralen Zone herrscht nun innen ein (absoluter) Druck $p_i = b + h \cdot \gamma_i$ kg/qm, außen ein solcher $p_a = b + h \cdot \gamma_a$ kg/qm, also herrscht zwischen innen und außen ein Druckunterschied, auf den allein es uns hier ankommt, von $p_a - p_i = h \cdot (\gamma_a - \gamma_i)$ kg/qm oder mm WS. Andererseits haben wir h' m über der neutralen Zone die Drucke $p_a' = b - h' \cdot \gamma_a$ und $p_i' = b - h' \cdot \gamma_i$, woraus ein Druckunterschied $p_i' - p_a' = h' \cdot (\gamma_a - \gamma_i)$ kg/qm oder mm WS folgt. Die Größe des Druckunterschiedes, der übrigens, wie man sehen wird, mit dem in § 24 abgeleiteten Auftrieb oder Druckgefälle identisch ist, wird graphisch wiedergegeben durch die Länge der in Fig. 180b eingezeichneten Pfeile, deren Spitze die Richtung angibt, in der der Druckunterschied die Luft zu bewegen trachtet. Unterhalb der neutralen Zone wird Eindringen von Luft, oberhalb der neutralen Zone Austreten von Luft erstrebt. Die Endpunkte der Pfeile aber liegen auf einer geneigten Geraden. Wir wollen eine Darstellung nach Fig. 180a das Druckdiagramm des Raumes nennen.

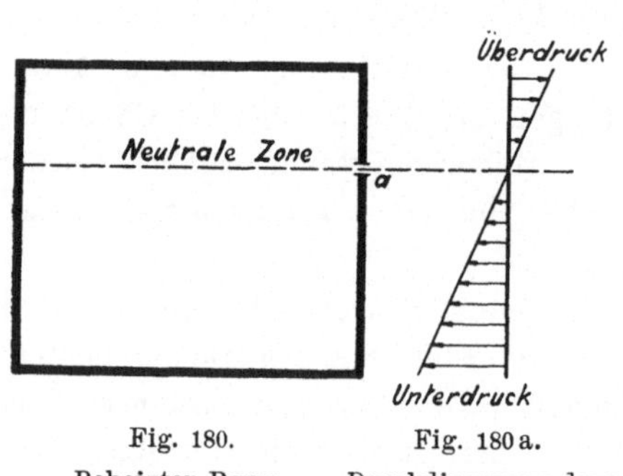

Fig. 180. Beheizter Raum.
Fig. 180a. Druckdiagramm dazu.

Denken wir uns weiterhin einen — wieder übrigens luftdichten — Raum mit zwei gleich großen Öffnungen in verschiedener Höhe versehen (Fig. 181), so läßt sich leicht denken, aus einfachen Symmetrierücksichten, daß sich die neutrale Zone in halbe Höhe zwischen beiden Öffnungen einstellt.[1]) Diesmal wird aber kein Gleichgewicht eintreten, sondern da in Höhe der oberen Öffnung ein innerer Überdruck, in Höhe der unteren Öffnung ein äußerer Überdruck herrscht, entsprechend dem Höhenunterschiede der Öffnungen gegen die neutrale Zone, so wird dauernd Luft unten ein- und oben austreten; ein dauernder Luftwechsel im Raum wird also die Folge sein (Druckdiagramm Fig. 181a; Pfeil *a* und *b*, Fig. 181).

Denken wir eine der beiden Öffnungen, vielleicht die untere, vergrößert, so wird zunächst mehr Luft ein- als austreten; das hat eine geringe Druckerhöhung im ganzen Raum und also zur Folge, daß die neutrale Zone nach unten rückt; sie tut das mehr und mehr, so lange bis wieder im Beharrungszustande ein- und austretende Luftmenge einander gleich sind. Das wird nämlich eintreten, weil ja beim Abwärtsrücken der neutralen Zone das wirksame Druckgefälle für die größere untere Öffnung und damit die Luftgeschwindigkeit in ihr kleiner wird; für die obere Öffnung hingegen wird die Luftgeschwindigkeit immer größer; und so muß endlich einmal der Zustand eintreten, wo die Produkte aus Fläche, Geschwindigkeit und spezifischem Gewicht, das sind die hindurchgehenden Luftgewichte (§ 12), für beide Öffnungen einander gleich sind.

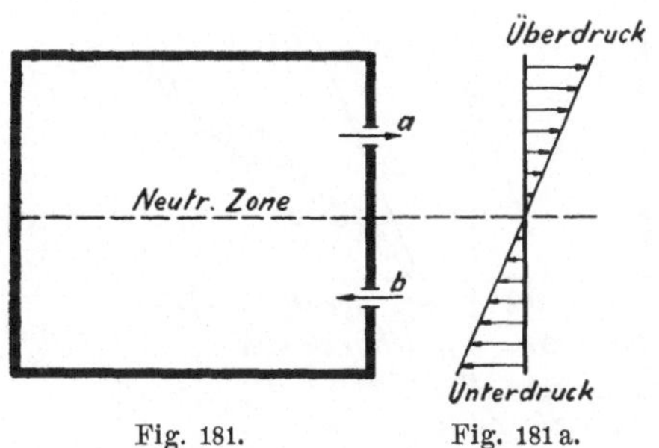

Fig. 181. Beheizter Raum.

Fig. 181a. Druckdiagramm dazu.

Sind noch mehr Öffnungen vorhanden — jedes Bauwerk hat in Form von Schlüssellöchern, Tür- und Fensterritzen, ja in der Porosität des Mauerwerks deren zahlreiche —, so erkennen wir im Anschluß an das Gesagte, daß jede Öffnung das Bestreben hat, die neutrale Zone zu sich heranzuziehen, weil sie eben durch Luftdurchtritt einen Druckausgleich in ihrer Höhenlage erstrebt. Als Durchschnittsergebnis aus dem Zusammenwirken so zahlreicher Öffnungen stellt sich die neutrale Zone in solche Höhe ein, daß das unter ihr eintretende Luftgewicht gleich dem über ihr austretenden ist.

Ein Zahlenbeispiel möge die Verhältnisse erläutern. In Fig. 182 ist ein Raum von 6 m Höhe dargestellt, in dem, wie zu ersehen, eine Temperatur von 20° herrscht bei einer Außentemperatur von 0°. Das wirksame Druckgefälle pro Meter Höhe, entsprechend dem Temperatur-

[1]) Mathematisch genau trifft das nicht zu.

unterschied von + 20° und 0°, ist 0,088 kg/qm oder 0,088 mm WS (Fig. 20 auf S. 36). Wenn sich also die neutrale Zone freiwillig auf die Mitte der Raumhöhe einstellt, so herrscht am Fußboden, 3 m unter der neutralen Zone, ein Unterdruck von 0,264 mm WS und an der Decke, 3 m über der neutralen Zone, ein Überdruck von 0,264 mm WS. In jeder Höhenlage aber ist der Überdruck oder Unterdruck durch den wagerechten Abstand der Drucklinie a von der Nullachse gegeben.

Es ist leicht einzusehen, daß die Neigung der Drucklinie nur von den Temperaturen innen und außen abhängt, daß aber der Nullpunkt, die Höhenlage der neutralen Zone, von den baulichen Verhältnissen des Raumes, von Größe und Lage der Undichtheiten oder Öffnungen oder von der Wirksamkeit eines Ventilators beeinflußt wird. Künstliche Maßnahmen können also die neutrale Zone aus ihrer natürlichen Lage in irgend eine

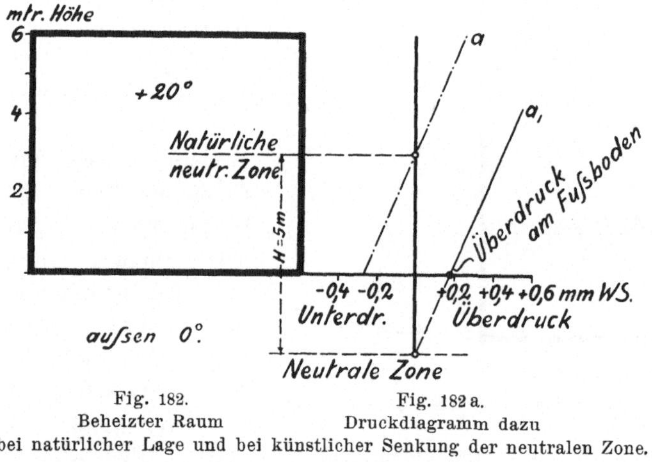

Fig. 182. Beheizter Raum
Fig. 182a. Druckdiagramm dazu
bei natürlicher Lage und bei künstlicher Senkung der neutralen Zone.

andere bringen, zum Beispiel sie unter den Fußboden verlegen. Dann tritt eine Drucklinie a_1 an Stelle der natürlichen Drucklinie a (§ 158).

157. Freiwilliger Luftwechsel. Fensterlüftung. Wenn in einem Raum die Undichtigkeiten, die von Tür- und Fensterritzen und ähnlichem, sowie von der natürlichen Durchlässigkeit jedes Mauerwerks gebildet werdèn, gleichmäßig verteilt sind, was ja die einfachste Annahme ist, so wird sich die neutrale Zone auf die Mitte der Raumhöhe einstellen. In der unteren Hälfte der Raumhöhe findet dann, durch jede Pore hindurch, Eindringen kalter Luft, in der oberen Hälfte der Raumhöhe findet dafür Austritt warmer Luft statt — in dieser Richtung verläuft der Austausch wenigstens, wenn der Raum wärmer ist als die Außenluft.

Diese Erscheinung bezeichnet man als natürlichen oder freiwilligen Luftwechsel des Raumes. Seine Größe hängt begreiflicherweise von dem Grade der Undichtheit des Raumes, namentlich aber auch davon ab, in welcher Höhe die Undichtheiten liegen. Je weiter eine Öffnung von der neutralen Zone entfernt ist, ein desto größeres Druckgefälle steht für sie zur Verfügung, ein desto regerer Luftwechsel findet durch sie hindurch statt.

Daß für einen freiwilligen Luftwechsel nicht das Vorhandensein einer Öffnung genügt, sondern auch ein Druckgefälle vorhanden sein muß, die Luft in Bewegung zu setzen, wird oft übersehen. Das Fensteröffnen hat den Zweck, den freiwilligen Luftwechsel zu vergrößern. Oft werden nun besondere, kleine und namentlich niedrige Flügel angeordnet, um das Öffnen bequemer zu machen, und es wird dabei übersehen, daß solche Flügel wenig Zweck haben — wie denn auch die Erfahrung lehrt, daß durch sie nur wenig frische Luft zutritt. Öffnet man nämlich ein Fenster, so bildet es in solchem Maße die größte dem natürlichen Luftwechsel zur Verfügung stehende Öffnung, daß es sofort die neutrale Zone zu sich heranzieht, dergestalt, daß sie sich auf Mitte Fensterhöhe einstellt. Nur wenn der Fensterflügel eine gewisse Höhe hat, wird unten Ein-, oben Austritt stattfinden. Ein hoher schmaler Flügel wirkt viel besser als ein quadratischer oder gar ein liegend schmaler. Zwei kleine Flügel in verschiedener Höhenlage sind wirksamer als ein viel größerer von geringer Höhenausdehnung.

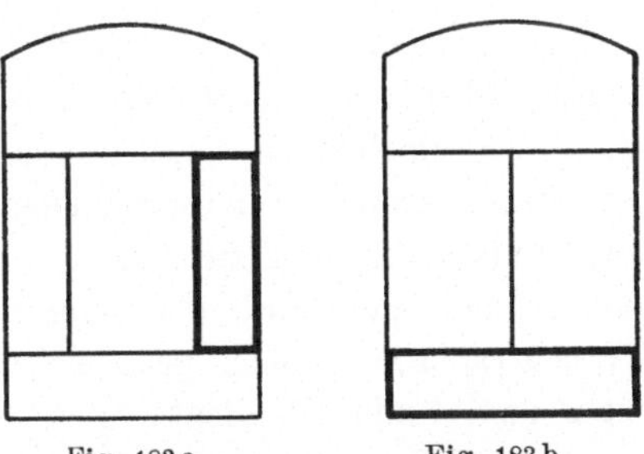

Fig. 183 a. Fig. 183 b.
Lüftungsflügel in Fenstern.
Gute Anordnung. Schlechte Anordnung.

Wenn also die stark gezeichneten Scheiben geöffnet werden können, so ist die Anordnung Fig. 183 a der Anordnung Fig. 183 b vorzuziehen, ja geradezu, die letztere verfehlt ihren Zweck. Nur bei Räumen mit Abluftkanälen kann schon ein niedriger Flügel zum Lüften genügen, indem der Abluftkanal eine zweite Öffnung darstellt.

Die Tatsache, daß auch bei geschlossenen Fenstern ein freiwilliger Luftwechsel vorhanden ist, kann für viele Fälle nur erwünscht sein. In schwachbesetzten Räumen, wie Wohnzimmern besserer Stände, wird er jede anderweite Lüftung im Winter unnötig machen; im Sommer kann man die Fenster öffnen.

Andererseits verursacht der freiwillige Luftwechsel notwendig einen Wärmeverlust und bedingt daher einen Mehraufwand für Heizung, der bei stark undichten, das heißt schlecht gebauten Bauwerken bedeutend sein kann. Der bei normaler Durchlässigkeit durch freiwilligen Luftwechsel entstehende Wärmeverlust ist in den üblichen Wärmedurchgangskoeffizienten, § 58, bereits berücksichtigt. Eine gewisse Durchlässigkeit der Umfassungswände ist Vorbedingung dafür, daß Kachel- oder eiserne Öfen brennen können, die ja ihre Verbrennungsluft dem Raum entnehmen.

Besonders unangenehm wird der freiwillige Luftwechsel dadurch, daß im Winter das Eindringen der kalten Luft in der unteren Raumhälfte erfolgt; überhaupt ist die Tatsache lästig, daß in der unteren Hälfte des Raumes, in der wir uns doch aufhalten, ein Unterdruck gegenüber der Außenluft herrscht.

158. Hoch- und Tieflegung der neutralen Zone. Unter- und Überdruck. Fußkälte. Im natürlichen Zustand herrscht in jedem geheizten Raum ein Unterdruck in der unteren Raumhälfte. Die Folge ist Eintreten eines kalten Luftstromes beim Öffnen einer Tür und Hereinziehen kalter Luft durch Ritzen und Spalten. Das empfindet man als Zug; auch sinkt die kalte Luft zu Boden und macht den Raum fußkalt.

Gegen alle diese Erscheinungen wendet man neben anderen Mitteln mit bestem Erfolge die Erzeugung von Überdruck in dem betreffenden Raume an.

In Fig. 182 war ein Raum von 6 m Höhe bei 20^0 Innnen- und 0^0 Außentemperatur dargestellt. Am Fußboden herrschte ein Unterdruck von $3 \cdot 0{,}088 = 0{,}264$ mm WS, an der Decke der gleiche Überdruck, solange die neutrale Zone ihre natürliche Lage in halber Raumhöhe hatte. — Um aber Eindringen kalten Luftzuges zu vermeiden, soll in jeder Höhe des Raumes Überdruck herrschen. Dazu wird die neutrale Zone 2 m unter den Fußboden verlegt, durch Maßnahmen, die später zu besprechen sind. Der Druckverlauf in diesem neuen Zustande ergibt sich, wenn wir die Drucklinie a_1 parallel zu a ziehen, denn die Neigung der Drucklinie hängt nur von den beiderseitigen Temperaturen ab, und diese sind durch Verlegen der neutralen Zone nicht geändert worden. Wenn die neutrale Zone 2 m unter dem Fußboden liegt, so ist in Fußbodenhöhe ein Überdruck von 0,176 mm WS vorhanden. Man könnte unter Verwendung eines empfindlichen Manometers (S. 11) den Überdruck in Fußbodenhöhe messen und dadurch feststellen, ob die neutrale Zone die gewünschte Lage hat. Man erkennt aber, daß die Beziehung zwischen Lage der neutralen Zone und Druck in Fußbodenhöhe von der inneren und auch von der Außentemperatur abhängt und also eine veränderliche ist. — Die Lage der neutralen Zone unter dem Fußboden ist bildlich zu verstehen. In Wahrheit ist bei einem solchen Raum eine neutrale Zone gar nicht mehr vorhanden.

Vorhandensein von Überdruck und tiefe Lage der neutralen Zone gehen miteinander einher. Solange die neutrale Zone nicht über Fußbodenhöhe liegt, ist in jeder Höhenlage innerer Überdruck vorhanden und es wird keine kalte Luft eintreten können. Da beim Öffnen einer Tür diese große Öffnung die neutrale Zone zu sich heranzieht, so wird man dafür sorgen müssen, daß bei geschlossenen Türen die neutrale Zone tiefer als der Fußboden liege, so daß sie bei offener Tür nur bis an den Fußboden kommt. Es wird dann eine bei nicht zu großer Höhe der Tür nicht allzu bedeutende Luftmenge durch die Tür nach außen blasen, statt die umgekehrte Richtung zu nehmen.

Wenn wir bisher immer von Erhöhung des Druckes und also Tieflegung der neutralen Zone in einem Raum sprachen, so ist klar, daß alles sich einfach umkehrt, sobald der Raum geringeren Druck erhalten soll als die Umgebung. Man hat dafür zu sorgen, daß die neutrale Zone an die Decke zu liegen kommt; oder wo man wünscht, daß sie auch beim Öffnen einer Tür nicht unter Deckenhöhe falle, muß sie von vornherein um ein gewisses Maß über Deckenhöhe liegen. Auf Dichtheit der Wände ist Bedacht zu nehmen, um dadurch die abzusaugende Luftmenge gering zu halten und in diesem Falle auch noch um die Zugerscheinung nahe den Fenstern auf das Mindestmaß zu bringen, die ja an sich bei dieser Art der Lüftung stärker auftreten als ohne Lüftung.

Gleichgültig aber, wo die neutrale Zone liege und in welcher Weise sie in ihre Lage gebracht sei, in jedem Falle gilt die Beziehung, daß in der Höhenlage h m über der tatsächlich vorhandenen neutralen Zone der Überdruck $h \cdot (\gamma_a - \gamma_i)$ mm WS und h m unter ihr der gleiche Unterdruck herrscht — wobei man stets die Werte $\gamma_a - \gamma_i$ als spezifisches Druckgefälle der Fig. 20 auf S. 36 entnehmen kann.

159. Luftmenge zur Aufrechterhaltung der Druckverhältnisse. Zur Verlegung der neutralen Zone um h m nach abwärts ist es erforderlich, daß ein Ventilator, vielleicht auch nur der Auftrieb einer Luftsäule, den eben errechneten Überdruck erstmalig herstellt, ferner aber, daß er ihn dauernd aufrecht hält.

Wären die Umfassungswände des Raumes ganz luftdicht, so hielte sich ein einmal hergestellter Überdruck darin ohne weiteres. Da kein Raum ganz luftdicht ist und aus einem ganz unter Überdruck stehenden Raum an allen Umfassungsflächen Luft entweicht, so ist zur Aufrechthaltung des Überdruckes das dauernde Einblasen von Luft nötig, deren Menge von der Dichtheit des Raumes abhängt.

Es kann also vorkommen, daß man dauernd Luft in einen Raum einführen muß, obgleich eine Luftverschlechterung und Wärmeerzeugung gar nicht in erheblichem Maße stattfindet — nur um der Herstellung des Überdrucks willen. Es ist klar, daß man sich dann bemühen wird, die erforderliche Luftmenge dadurch gering zu halten und an Anlage- wie Betriebskosten dadurch zu sparen, daß man die zu lüftenden Räume so dicht wie nur irgend möglich herstellt.

Wenn ein bestimmter Luftwechsel im Raum vorgeschrieben ist, unter gleichzeitiger Innehaltung einer gewissen Lage der neutralen Zone unter Fußboden oder über Decke, so läßt sich leicht übersehen, wie diesen Forderungen zu entsprechen ist.

Von den beiden Luftbedarfsangaben, die sich aus Luftverschlechterung und Wärmeerzeugung ergeben, ist, wie schon erwähnt, die jeweils größere maßgebend (§ 134). Sie sei L_1 cbm/st.

Will man die neutrale Zone in einem Raum tief legen, so hat man die Zuluftkanäle für diese Luftmenge L_1 zu berechnen, und zwar müssen dieselben imstande sein, L_1 noch gegen den gewünschten Überdruck in den Raum treten zu lassen. Die Kanäle müssen also — gleiche wirksame

Druckhöhe vorausgesetzt — weiter sein als bei natürlicher Lage der neutralen Zone nötig wäre, damit nämlich die Widerstände um so viel geringer ausfallen, wie der erforderte Überdruck an wirksamer Druckhöhe fortnimmt. Die Abluftkanäle brauchen nicht für die Luftmenge L_1 auszureichen, sondern für so viel weniger, wie infolge des Überdruckes durch Undichtheiten entweicht. In ihnen steht außer dem Auftrieb und etwa vorhandenem Ventilator noch der Überdruck zur Verfügung. Beides, verringerte Luftmenge und vergrößertes Druckgefälle, wirkt dahin, daß die Abluftkanäle enger sein können, als sie bei natürlicher Lage der neutralen Zone sein müßten. Die hieraus folgende Art der Berechnung wird in § 168 zahlenmäßig an einem Beispiel erläutert werden.

Will man dagegen die neutrale Zone hoch legen, so bedarf es nicht besonderen Beweises, daß umgekehrt die Abluftkanäle verhältnismäßig weit, die Zuluftkanäle dagegen eng gemacht werden müssen, und daß die Abluftkanäle für die volle, die Zuluftkanäle für eine verringerte Luftmenge ausreichen müssen.

Im Grenzfall kann es dahin kommen, daß bei tiefer Lage der neutralen Zone die Abluftkanäle, bei hoher Lage die Zuluftkanäle ganz fortbleiben können, weil die Undichtheiten ausreichend sind, um sie zu ersetzen. Erstrebenswert ist das nicht, denn über die Größe der zu erwartenden Durchlässigkeit ist man stets im unklaren. Erstrebenswert ist es, bei jeder künstlichen Lüftungsanlage die Wände von Räumen und auch von Kanälen möglichst dicht zu halten, um rechnerisch verfolgbare Verhältnisse zu bekommen. Man pflegt deshalb auch die Kanäle nicht auf die wie angegeben verminderte Luftmenge zu berechnen, sondern auf die volle; man drosselt sie dann nach Bedarf ab.

Es kann endlich selbst dahin kommen, daß trotz Schließens der Abluftkanäle nnd Einblasens der nötigen Luftmenge doch nicht der gewünschte Überdruck eintritt, weil nämlich die Undichtheit zu groß ist. Man muß dann, um den Überdruck zu erzielen, mehr Luft einblasen als ohnedies nötig wäre. Das verursacht höhere Kosten, auch kommt es wohl vor, daß der Ventilator zur Herbeischaffung der nötigen Luftmenge gar nicht reicht. Im Falle solchen Versagens der Lüftungsanlage ist dann nicht der Lüftungsfachmann, sondern der Erbauer des Gebäudes der schuldige Teil.

160. Luftaustausch zwischen Innenräumen. Gegenseitige neutrale Zone. In Fig. 184 sind zwei nebeneinander liegende Räume A und B dargestellt, mit den Innentemperaturen 20^{0} und 10^{0}; die Außentemperatur sei wieder 0^{0}. Es soll verhütet werden, daß Luft von dem kälteren Raum B nach dem wärmeren A durch Undichtigkeiten hindurch übertrete.

Im natürlichen Zustande ist der Verlauf des Über- und Unterdruckes durch die beiden mit a und b bezeichneten Geraden des Druckdiagrammes (Fig. 184 a) gegeben. Die neutrale Zone jedes der Räume liegt in halber

Raumhöhe, die Neigung der Drucklinie ist eine größere bei dem wärmeren Raum A. Sind Undichtheiten vorhanden, so findet ein Luftaustausch zwischen den Räumen in beiden Richtungen statt.

Soll nun Luftübertritt von B nach A verhütet werden, so ist es nötig, daß in jeder Höhenlage der Druck in A größer sei als der in B. Man könnte meinen, dazu müsse die neutrale Zone in A unter den Fußboden gedrückt werden. Das würde zwar den Zweck erfüllen, ist aber nicht nötig; es würde schon genügen, wenn wir die neutrale Zone des Raumes A bis auf 1 m über Fußbodenhöhe herabdrücken, so daß sie den Verlauf hat, der im Druckdiagramm durch die Gerade a_1 wiedergegeben wird, die natürlich zu a parallel sein muß. Dadurch wird nämlich der Schnittpunkt der Linien b und a_1, wie die Figur erkennen läßt, bis auf 1,25 m unter den Fußboden herabgedrückt; erst in dieser Tiefenlage würden beide Räume

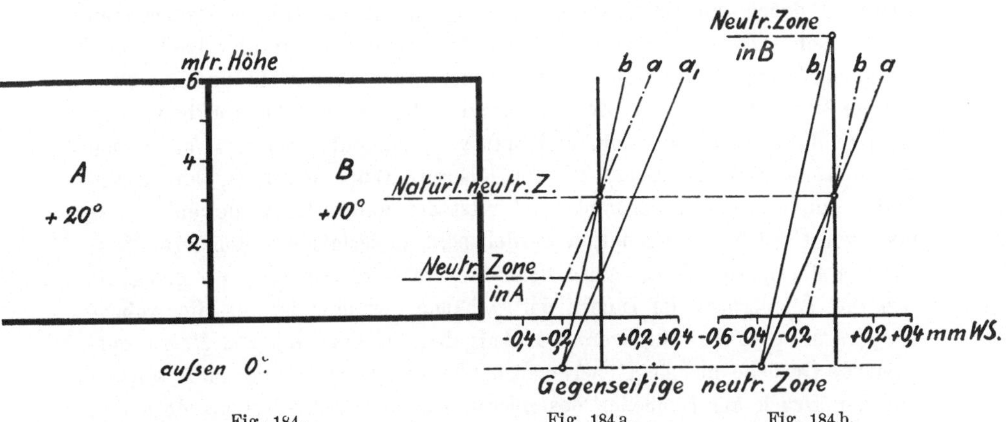

Fig. 184. Fig. 184a. Fig. 184b.

Ermittelung der gegenseitigen neutralen Zone zweier verschieden beheizter Räume.

gleichen Druck haben, oberhalb davon herrscht in A der größere Druck und der nicht erwünschte Luftaustausch ist unmöglich.

Um also dem Luftaustausch zwischen zwei Räumen eine bestimmte Richtung zu geben, ist es nicht nötig, die neutrale Zone eines der Räume unter den Fußboden oder über die Decke zu legen, sondern es genügt, daß nur der Schnittpunkt der beiden Drucklinien unterhalb des Fußbodens sei. Dessen Höhenlage können wir als die gegenseitige neutrale Zone der beiden Räume bezeichnen.

Die gleiche Wirkung, den Luftübergang von B nach A zu hindern, hätten wir auch erreicht, wenn wir die neutrale Zone in B gehoben hätten. Fig. 184b läßt das erkennen, zeigt aber auch, daß es diesmal nötig wäre, die neutrale Zone in B bis 1 m über Deckenhöhe zu heben, wenn die gegenseitige neutrale Zone wieder 1,25 m unter dem Fußboden zu liegen kommen soll.

Man kann also die gegenseitige neutrale Zone tief legen, indem man entweder die neutrale Zone des wärmeren Raumes herabdrückt, oder indem man die des kälteren Raumes in die Höhe zieht. Welches von beiden Mitteln man anwendet, ist für den Luftaustausch zwischen beiden Räumen gleichgültig, nicht aber für den Luftaustausch mit der Außenluft.

Soll umgekehrt verhütet werden, daß Luft von dem wärmeren Raum A nach dem kälteren Raum B übertritt, so muß man die gegenseitige neutrale Zone über die Decke legen; das kann man erreichen entweder und zwar leichter durch Heraufziehen der neutralen Zone in A oder durch Herabdrücken derselben in B.

Es ist also immer leichter, den gewünschten Zustand durch Beeinflussung des wärmeren Raumes zu erreichen; ob das deshalb auch das billigste ist, bleibt offen, weil ja die in den wärmeren Raum einzublasende Luft eine größere Wärmemenge zum Anwärmen verlangt.

Etwas anderes ist es mit Räumen, die übereinander liegen und zwischen denen ein Luftaustausch aus irgendwelchen Gründen vermieden werden soll. Der Luftaustausch kann durch einen Fahrstuhlschacht oder durch ein Treppenhaus hindurch stattfinden, oder auch wohl durch unfreiwillige Undichtheiten der Zwischendecke. Die natürliche Luftbewegung wird in diesem Fall die sein, daß Luft von dem unteren Raum, an dessen Decke Überdruck herrscht, in den oberen Raum übertritt, an dessen Boden ein Unterdruck vorhanden ist. Ist der untere Raum derjenige, der etwa von Gerüchen freigehalten werden soll, so bedarf es besonderer Maßnahmen überhaupt nicht, es sei denn vielleicht im Sommer, wo gelegentlich die Temperatur im Innern der Gebäude geringer ist als die Außentemperatur. Ist es hingegen die Aufgabe, in dem unteren Raum entstehende Gerüche aus dem oberen fernzuhalten, so muß man dafür sorgen, daß der Druck am Fußboden des oberen Raumes größer sei als derjenige an der Decke des unteren. Das geschieht am einfachsten, indem man dafür sorgt, daß in dem unteren Raume die neutrale Zone über der Decke liegt und daß sie gleichzeitig in dem oberen bis unter den Fußboden herabgedrückt wird.

Das wäre etwa in Gastwirtschaften oder Gasthäusern zu erstreben. wenn die Küche im Kellergeschoß und die Gasträume in einem höheren Geschoß liegen.

2. Bauliche Einrichtungen.

161. Übersicht der zu bekämpfenden Erscheinungen und der Mittel zur Abhilfe. Die im folgenden zu besprechenden Einrichtungen zur Verhütung unerwünschter Luftbewegungen können dem Zweck dienen, Gerüche oder Krankheitskeime möglichst auf den Ort ihrer Entstehung zu beschränken und ihr Eindringen in Nebenräume zu verhüten. Es handelt sich dann um Regelung des Luftaustausches zwischen mehreren Räumen.

Die Einrichtungen können aber auch den Zweck haben, die Insassen eines Raumes vor Luftströmungen zu behüten, die insbesondere, wenn sie kälter als die Raumluft sind, als Zug empfunden werden. Die Ursache der **Zugerscheinungen** ist eine doppelte, und zwiefach verschieden danach die Mittel zu ihrer Beseitigung. Zug entsteht, wo durch den in der unteren Raumhälfte herrschenden Unterdruck kalte Luft durch Undichtheiten oder Türen hereingesaugt wird; über die dabei vorliegenden Verhältnisse haben wir eben eingehend gesprochen. Zug entsteht aber auch, wo an einer Außenwand die Raumluft sich abkühlt, und wo diese kalte Luft sich zu Boden senkt, die Köpfe der Insassen treffend. Beide Ursachen sind durchaus nicht identisch; sie können einzeln oder gleichzeitig auftreten. Im letzteren Fall ist jede für sich durch die nun anzugebenden Einrichtungen zu bekämpfen. —

Um den Luftaustausch von Räumen untereinander und mit der Außenluft zu regeln, muß man die neutrale Zone in die entsprechende Lage bringen oder die Druckverhältnisse der Räume in entsprechender Weise gestalten. Beide Möglichkeiten sind insoweit identisch, als wir ja sahen, daß Druckverhältnisse und Lage der neutralen Zone sich immer mit einander ändern: hohe Lage der neutralen Zone bedeutet Unterdruck in dem wärmeren Raume, tiefe Lage Überdruck in demselben.

Ob man sagt, man wolle die Druckverhältnisse oder aber, man wolle die Lage der neutralen Zone beeinflussen, hängt neben einiger Willkür insbesondere von den Mitteln ab, die man zu der gedachten Beeinflussung anwenden will. Die Lage der neutralen Zone hängt unmittelbar von der Verteilung der Undichtheiten und Öffnungen über die Raumhöhe ab (§ 156). Wenn man also durch bauliche Maßnahmen die Undichtheiten passend verteilt — in einzelnen Höhenlagen alles gut abdichtet, in anderen künstlich Öffnungen schafft —, so beeinflußt man die Lage der neutralen Zone und mittelbar die Druckverhältnisse. Wo man aber durch einen Ventilator oder durch den Auftrieb einer warmen Luftsäule — die beide diesmal nicht dem Luftwechsel dienen sollen — drückt oder saugt, da beeinflußt man die Druckverhältnisse und mittelbar die Lage der neutralen Zone. In der Wirkung kommt beides ganz auf dasselbe hinaus.

Damit sind zugleich die beiden Mittel, die man zur Verhütung eines unerwünschten Luftaustausches anwenden kann, genannt.

Außerdem steht uns zur Verhütung eines unerwünschten Luftaustausches das Mittel der Abdichtung zur Verfügung, das nur leider bei den üblichen Baumaterialien teilweise versagt. Wenn wir durch Verlegung der neutralen Zone die Ursache der Luftbewegung beseitigten, so beseitigen wir jetzt die Wirkung, indem wir zwar Druckunterschiede bestehen lassen wie sie sind, aber der durch sie erstrebten Luftbewegung den Weg verlegen. Das bezieht sich nicht nur auf die massiven Wände, sondern auch auf die in ihnen anzubringenden Türen und Fenster.

Endlich wäre anzuführen, daß man auch die unerwünschte Luftbewegung ruhig zustande kommen lassen kann, wenn man nur dafür sorgt, daß ihre unangenehmen Eigenschaften beseitigt werden, insbesondere also: man wärmt kalte Luft, die Zug verursachen würde, an.

Und dieses letztere Mittel hat einen besonderen Vorzug: es versagt auch da nicht, wo die anderen erst genannten Mittel versagen, nämlich bei den innerhalb eines und desselben geschlossenen Raumes durch Abkühlung entstehenden Luftbewegungen. Diese könnte man offenbar nicht durch Beeinflussung des Druckes und nicht durch irgendwelche Abdichtung beseitigen: man muß sie also bestehen lassen, aber unschädlich machen.

Die verschiedenen hier aufgezählten Mittel sind nun in ihren praktisch üblichen Anwendungsformen zu besprechen.

162. Zug an Abkühlungsflächen. Zugfänger. Um den von der Abkühlung einer Wandfläche herrührenden Zug unschädlich zu machen, ordnet man unterhalb dieser Wandfläche Heizkörper an, die die Aufgabe haben, die kalt herabkommende Luftströmung anzuwärmen und dadurch am weiteren Herabfallen zu hindern. Man nennt solche Heizkörper auch wohl Zugfänger.

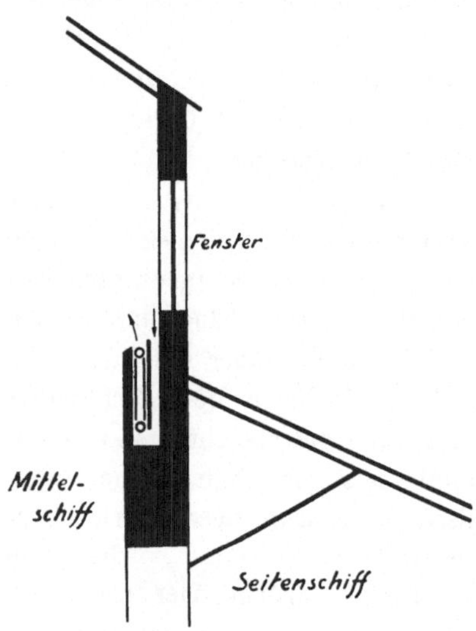

Fig. 185. Zugfänger für ein hochliegendes Kirchenfenster.

Wir wissen, daß es allgemeine Regel bei Anordnung der Heizkörper ist, sie an die Stelle der größten Wärmeverluste zu setzen; am besten wäre es, jeder Stelle der Außenwand gerade so viel Wärme zuzuführen, wie an eben dieser Stelle durch Transmission verloren geht. Ohne diese Vorsichtsmaßregel wird immer die Wärmeübertragung vom Heizkörper nach der Außenwand dadurch stattfinden, daß in der einen Raumhälfte ein warmer Luftstrom aufsteigt, während in der anderen ein kalter herabfällt. Solche Aufstellung der Heizkörper, wie wir sie in § 66 als zweckmäßig erkannten, ist also an sich schon, wo nicht zugverhütend, so doch zugmindernd. An besonders stark abkühlenden Flächen, etwa an großen, einfach verglasten Kirchenfenstern oder an Außenwänden, deren Innenraum besonders vor Zug zu bewahren ist, setzt man besondere Heizkörper hin, die nur der Zugvermeidung dienen und auf deren Heizwirkung man nicht besonders rechnet.

In Fig. 185 läßt die hochgelegene Fensterreihe des Mittelschiffes einer Kirche kalte Luft herabfallen. Eine Heizung der höheren Teile des Mittelschiffes ist offenbar überflüssig und die Heizkörper, die in einer Verstärkung der Wand irgendwie verdeckt aufgestellt werden, dienen lediglich dem Abfangen des Zuges. Die kalte Luft fällt, durch ein Blech geführt, hinter dem Heizkörper herab und steigt durch den Heizkörper wieder empor. Ein warmer Luftschleier trennt den kalten Luftstrom vom Kircheninnern.

Man sollte sich nicht darauf verlassen, daß die kalte Luft ohne weiteres dem Heizkörper zufällt. Es können kalte Luftströme abwärts und dazwischen hindurch warme aufwärts gehen, ohne Mischung; die kalten würden dann als Zug empfunden werden. Wo Heizkörper in den Fensternischen stehen, kann unter Umständen der kalte Luftstrom hinter dem Heizkörper herabsinken, zu Boden fallen ohne den Heizkörper zu treffen und sich am Boden ausbreitend den Raum fußkalt machen. Auch da ist es zweckmäßig, eine besondere Führung der Luft etwa nach Fig. 186 vorzusehen. Die Erwärmung der kalten Luft soll nicht durch Mischung mit warmer, sondern dadurch erfolgen, daß man sie zwangsweise dem Heizkörper zuführt und an ihm erwärmt. Der kalt herabfallende Luftstrom wird dann gewissermaßen durch einen warmen aufsteigenden Luftschleier von dem Raum ferngehalten. Eine sorgfältige Durchbildung der Luftführung ist immer empfehlenswert, sonst geht die kalte Luft leicht ganz andere Wege als man dachte, und der Heizkörper verfehlt seinen Zweck.

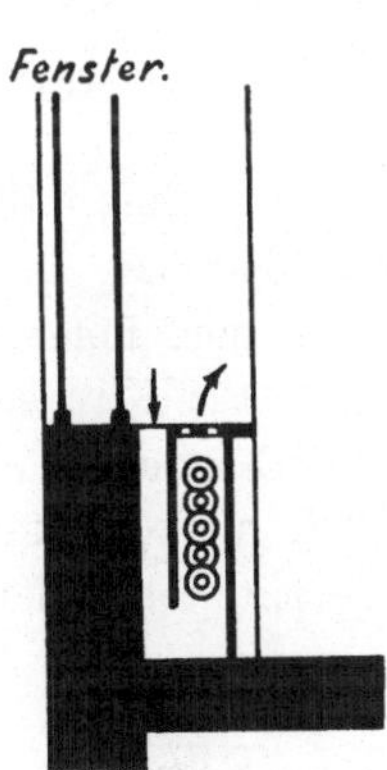

Fig. 186. Zugfänger mit guter Luftführung.

Zur Vermeidung von Zug ist es empfehlenswert, mit der Einmantelung der Heizkörper zum Zwecke guter Luftführung möglichst weit zu gehen. Andererseits ist nicht zu vergessen, daß, wie jede Ummantelung, so auch die nach Fig. 186 die Heizwirkung schwächt, da die oberen Teile des Heizkörpers von bereits stark vorgewärmter Luft bestrichen werden. Intensive Ausnutzung der Heizwirkung und sicheres Abfangen von Zug widersprechen sich also in etwas, und so kann man wohl dazu kommen, einen Teil der gesamten Heizfläche in das Innere des Raumes und nur einen Teil in die Fensternische zu legen.

163. Zug durch Druckunterschiede. Abdichten. Wo Zug nicht durch die Abkühlung an Außenwänden, sondern durch die Tatsache zu befürchten ist, daß in der unteren Hälfte jeden Raumes Unterdruck gegenüber der Außenluft herrscht, da kann man den Unannehmlichkeiten der Zugwirkung entgegenarbeiten durch Vergrößern der ihr entgegenstehenden Widerstände, soweit nicht dichter Abschluß möglich ist. Den dennoch, wenn auch in vermindertem Maße, eintretenden Luftstrom kann man nach Bedarf durch Anwärmen unschädlich machen.

Die in Fensternischen aufgestellten Heizkörper dienen nicht nur zum Abfangen und Erwärmen der wegen Abkühlung am Fenster herabkommenden Raumluft, sondern auch solcher Luft, die durch Fensterritzen hereinbläst. Die Aufstellung der Heizkörper in den Fensternischen wirkt also auch hier bessernd. Das man aber übrigens diese Luftmenge nicht unnütz groß werden läßt, was ja unnützen Wärmeaufwand in diesem Heizkörper zur Folge hätte, ist selbstverständlich. Man wird also, wo man auf sparsame Beheizung sieht, für gute Abdichtung der Fenster Sorge tragen. Wo in künstlich belüfteten oder schwach besetzten Räumen ein Fensteröffnen nicht nötig ist, da wird man die Fenster lieber fest ein-

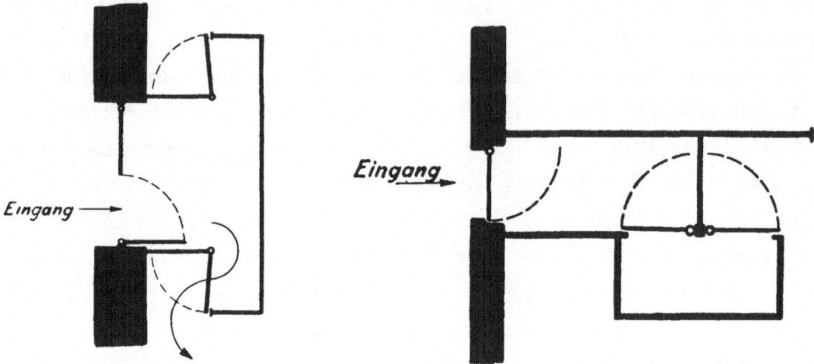

Fig. 187. Kircheneingang. Fig 188. Eingang mit Luftschleuse.

setzen. Das trifft namentlich auf hohe Räume zu, wie Treppenhäuser und Kirchen, in denen wegen der Höhe der Druckunterschied zwischen außen und innen groß wird.

Bei Kirchen findet man oft die in Fig. 187 dargestellte Verkleidung des Einganges. Beim Öffnen einer Tür hat die Luft den durch einen Pfeil angedeuteten, mehrfach sich wendenden Weg zu machen, und die hiermit verbundenen Widerstände setzen die eintretende Luftmenge auf einen Bruchteil dessen herab, was auf geradem Wege eintreten würde — selbst wenn die Türen dauernd offen stehen. Dem gleichen Gedanken entspringt der nach Fig. 188 angeordnete Eingang in ein Restaurant. Ohne Zweifel hat man hier aber auch darauf gerechnet, daß von den drei Türen fast stets wenigstens eine geschlossen sein wird. Es ist eine Luftschleuse vorhanden, um den Übergang von dem Ort höheren Luftdruckes zu dem geringeren zugfrei zu bewerkstelligen. Im Notfall hätte der Luftstrom wesentliche Widerstände zu überwinden. Der tief in den Gastraum einspringende und diesen in zwei Teile zerschneidende Kasten schafft zwar einige gemütliche Ecken, immerhin aber wird man die Anordnung so vieler Türen, zwischen denen verhältnismäßig wenig Raum bleibt, nicht für eine besonders gute Lösung ansehen können.

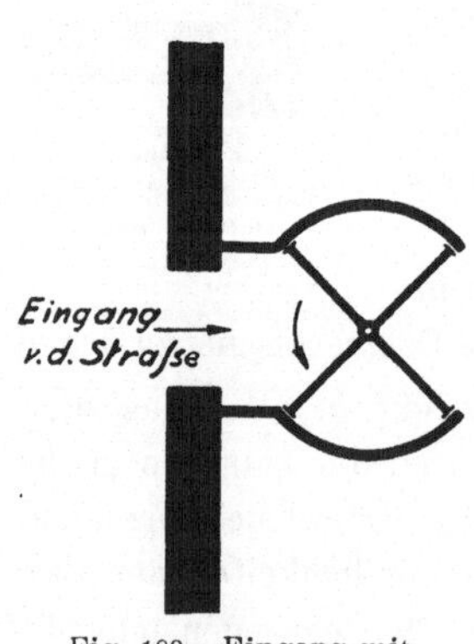

Fig. 189. Eingang mit Drehkreuz.

Eine viel wirksamere Luftschleuse ist der in neuerer Zeit aufgekommene Drehkreuzeingang (Fig. 189). Die Arme des Kreuzes sind durch Gummidichtungen zum sauberen Abdichten am Gehäuse gebracht, das natürlich jederseits über etwas mehr als 90° hin den Anschluß an das Kreuz geben muß. Man hat von den Kreuzen eine Gefährdung des Publikums befürchtet, das bei Feuersgefahr auf beide Seiten drückend den Ausgang nicht finden könnte. Sicher ist es eine gute Lösung, die Kreuze wegnehmbar zu machen, zumal dann auch bei gutem Wetter der Verkehr überhaupt von dem Verkehrshindernis befreit werden kann. Aber allzu großer Ängstlichkeit sei doch auch entgegengehalten, daß ein Eingang nach Fig. 188, wie er unbeanstandet ausgeführt wird, kaum ein geringeres Hindernis bei Feuersgefahr bildet.

An dieser Stelle sind auch die Pendeltüren zu erwähnen, auch Windfangtüren genannt, durch die man Eingänge und Korridore aller Art gegen Durchzug schützt, ohne den Verkehr allzu unangenehm zu belästigen. Ihre Anwendung zeigt Fig. 190, die den Eingang etwa zu einem Theater oder einer Badeanstalt darstellt. Es liegt sehr im Interesse ungehinderten Verkehrs, wenn das erste Pendelpaar nicht zu dicht auf die Eingangstür folgt; es sollte ein gewisser Raum zwischen beiden bleiben, den man bei zweckmäßiger Grundrißanordnung ohne unschöne Vorsprünge wird schaffen können. Die Figur zeigt, wie man etwa die Tiefe des Einganges zu Schalterräumen ausnutzen kann.

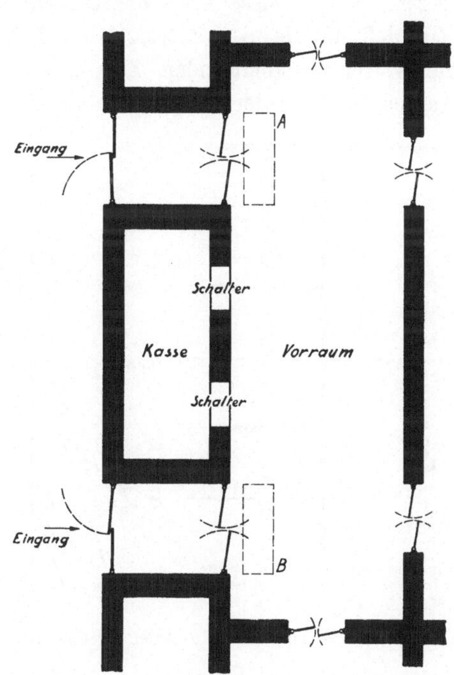

Fig. 190. Schalterraum mit Pendeltüren.

Auch hier rechnet man darauf, daß selten Eingangstor und Pendeltür einer Seite gleichzeitig geöffnet sein werden — dazu eben ist der gehörige Abstand zwischen ihnen wünschenswert — und daß sie daher wie eine Luftschleuse wirken. Doch sollte man auch darauf bedacht sein, daß nicht allzu unangenehme Verhältnisse entstehen, wenn doch einmal der eine der Eingänge ganz offen steht. Dazu sind zunächst die inneren Pendeltüren vorhanden, die zu den einzelnen Teilen des Gebäudes, im allgemeinen wohl zu Treppen, führen. Jedes Treppenhaus bildet ja einen hohen Raum, der wegen seiner großen Höhe in den unteren Teilen starken Unterdruck hat und daher, fehlen die Pendeltüren, den Vorraum der Fig. 190 unter Unterdruck setzt. Beim Öffnen des Einganges muß dann

Zug auftreten. Die inneren Pendeltüren verhindern das, wenn sie nicht auch gerade offen sind.

Wünschenswert ist es freilich, diesen Verhältnissen noch energischer entgegenzuwirken und den Vorraum unter Überdruck zu setzen. Das wäre in genügendem Maße wohl nur unter Anwendung von Ventilatoren möglich, die Luft in den Vorraum einblasen, in solchem Maße, daß der Überdruck auch beim Öffnen der inneren Pendeltüren erhalten bleibt. Das Einführen der Luft findet dann meist vor dem Eingang durch vergitterte Öffnungen statt, die etwa bei *A* und *B* (Fig. 190) im Fußboden liegen. Durch diese Lage der Öffnungen erreicht man den weiteren Vorteil, daß die Reste des trotz aller Maßregeln doch noch durch die Eingangstüren einkommenden Zuges, die ja am Fußboden entlang gehen werden, sich mit dem vorgewärmten Lüftungsstrom mischen und so in ihrer Wirkung geschwächt werden. Der eingeblasene Luftstrom wirkt ebenso zugbrechend, wie es die unter einem Fenster stehenden Heizkörper tun.

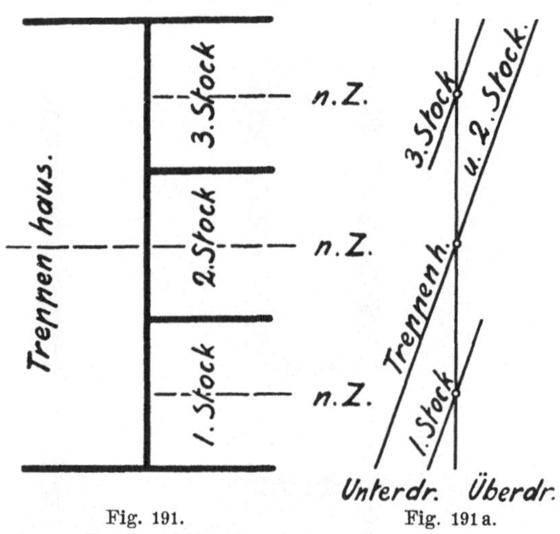

Fig. 191. Fig. 191 a.
Druckverhältnisse in einem Treppenhaus.

Man sieht, wie unter schwierigen Verhältnissen alle verschiedenen zugmindernden und zughindernden Mittel zusammenwirken müssen, um befriedigende Verhältnisse zu erzielen. Und stark benutzte Eingänge, an denen der Verkehr möglichst wenig behindert werden soll, stellen aus naheliegenden Gründen schwierige Verhältnisse dar, zumal wenn sich wie meist Treppenhäuser an sie anschließen. Treppenhäuser erfordern stets besondere Aufmerksamkeit, sollen sie nicht zugig werden, sind doch bei ihnen die Druckverhältnisse gegenüber den anderen Geschossen recht ungünstige. Wenn in Fig. 191 ein durch drei Geschosse gehendes Treppenhaus angedeutet sein soll, so zeigt das danebenstehende, nach Analogie von Fig. 180a gezeichnete Druckdiagramm, wie in jedem der Einzelgeschosse die bekannten Druckverhältnisse — unten Unterdruck, oben Überdruck — auftreten. Für die einzelnen Geschosse erhalten wir die geschoßweise abgesetzte, für das Treppenhaus die in einem Zuge durchgehende Drucklinie, vorausgesetzt, daß alle auf etwa einer Temperatur sind.

Stehen nun die Korridore jedes Geschosses mit dem Treppenhaus in Verbindung, so herrschen Druckunterschiede auch zwischen ihnen und den Räumen des Geschosses, und sobald im Winter Zimmertüren verschiedener Geschosse gleichzeitig geöffnet werden, sind alle Vorbedingungen für das Entstehen von Zug gegeben. Deshalb haben Pendeltüren die Flure von dem Treppenhaus abzuteilen — wie das ja allgemein üblich ist. Aus dem gleichen Grunde ist aber auch die Abtrennung des Vorraumes der Fig. 190 von den Treppenhäusern erforderlich.

164. Tieflegung der neutralen Zone durch Ventilatorbetrieb. Um die neutrale Zone in einem Raum zu heben oder herabzudrücken oder was dasselbe ist, um in einem Raum Unter- oder Überdruck zu erzeugen, kann man sich der Wirksamkeit von Ventilatoren bedienen, mit deren Hilfe man dauernd eine genügende Luftmenge aus dem betreffenden Raum absaugt oder in ihn hineindrückt. Die vom Ventilator zu fördernde Luftmenge ist, sofern man nicht gleichzeitig einen bestimmten Luftwechsel erzielen will, insbesondere von der Dichtheit der Gebäude abhängig und daher kaum im voraus zu bestimmen. Man vergleiche darüber § 159; dort ist auch auseinandergesetzt, wie bei einer großen zentralen Lüftungsanlage durch passende Bemessung der Kanalquerschnitte Unter- und Überdruck unter Wahrung eines außerdem noch erforderlichen Luftwechsels hergestellt werden kann.

Wo nicht ohnehin eine zentrale Lüftungsanlage mit Ventilatorenbetrieb vorhanden ist, da wird der Ventilatorlüftung der Vorwurf zu hoher Kosten gemacht. Man verwendet deshalb auch wohl Heizkörper, die in einem Abluftschlot saugend wirken sollen, namentlich in Aborten und Küchen. In § 142 bei Fig. 155 ist das schon besprochen und auch geraten worden, man solle nach Möglichkeit solche auch im Sommer unter Saugdruck zu haltenden Orte an die Warmwasserversorgung, statt an die Heizung anschließen. Da aber die in die Abluft gehende und den Auftrieb erzeugende Wärme verloren ist, so ist es durchaus nicht zweifelsfrei, daß man bei dieser Art Lüftung billiger fährt als bei Ventilatorbetrieb; das wird sogleich noch eingehender besprochen werden (§ 166).

165. Tieflegung der neutralen Zone durch bauliche Maßnahmen. Statt durch Einblasen von Luft kann man die neutrale Zone auch durch rein bauliche Maßnahmen genügend tief legen, um Zugerscheinungen, wo nicht zu vermeiden, so doch auf ein erträgliches Maß herabzuziehen.

Wir erinnern uns der Bemerkung (§ 156), wonach jede in der Wand eines Raumes befindliche Öffnung die neutrale Zone in ihre Höhenlage zu ziehen strebt; wo mehrere Öffnungen vorhanden sind, wird die Lage der neutralen Zone als Resultante aus den Einflüssen der verschiedenen Öffnungen sich einstellen. Will man also die neutrale Zone tief zu liegen haben, so muß man ganz allgemein dafür sorgen, daß in den oberen Teilen des betreffenden Raumes die Umfassungen möglichst dicht sind, während in dem unteren Teil eine Öffnung ins Freie hinaus anzubringen ist, von solcher Größe, daß sie gegenüber den nicht gewollten Undichtheiten des oberen Teiles das Übergewicht behält. Wir wollen sie eine Ausgleichöffnung nennen, weil sie nur dem Druckausgleich, nicht der Luftzufuhr dient. Durch diese Öffnung wird, wenn in den oberen Teilen vollständige Abdichtung erreicht ist, im Beharrungszustande gar keine Luft ein- oder austreten — sie dient nur zur Regelung der Druckverhältnisse. Trotzdem wird man stets einen Heizkörper in die Öffnung setzen, um dennoch auftretende Luftströme anzuwärmen, die ja niemals ausbleiben werden, weil niemals die oberen Teile des Raumes dicht sind.

Befriedigende Dichtheit ist zu erreichen, wenn man das Mauerwerk aus vielleicht gar glasierten Klinkern in Zementmörtel herstellt und die Fenster nicht zum Öffnen macht, sondern fest in eiserne oder hölzerne Rahmen setzt. Das Öffnen der Fenster behindert ohnehin den Lüftungsbetrieb. Wo man also Lüftung einführt und sicher ist, daß sie später auch ordnungsmäßig betrieben werden wird, da kann man häufig und zweckmäßig die Fenster so herstellen. Das ist bei Sälen und bei Kirchen möglich, die wegen der Höhe des Raumes besonders zur Zugbildung neigen.

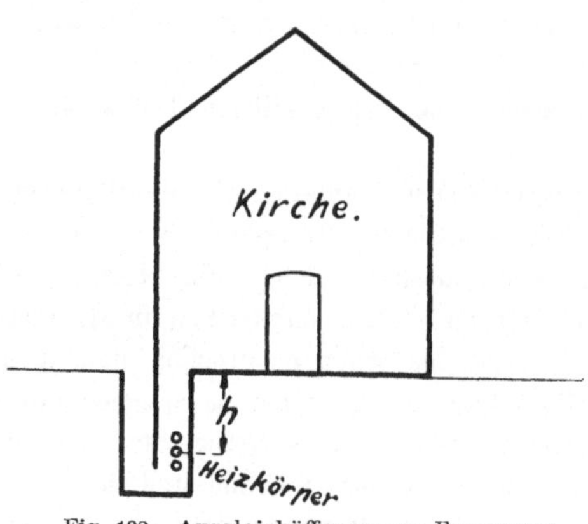

Fig. 192. Ausgleichöffnung zur Erzeugung von Überdruck.

Steht aber doch einmal ein Heizkörper in jener bisher etwa in Fußbodenhöhe gedachten Ausgleichöffnung, so kann man auch noch weiter gehen und nun die Öffnung tiefer als den Fußboden legen. Man erhält eine Anordnung nach Fig. 192, wie sie etwa für Kirchen und Treppenhäuser anwendbar ist, um Zug zu vermeiden. Als Lage der ins Freie führenden Öffnung hat man offenbar immer die Grenzstelle zwischen warmer und kalter — Innen- und Außen- — Luft anzusehen, und so liegt in Fig. 192 trotz des nach außen wieder ansteigenden Kanales die wirksame Öffnung um den Abstand h unter dem Fußboden; im Innern des Raumes wird also am Fußboden ein Überdruck herrschen, solange die Tür geschlossen bleibt und sofern die oberen Wandungen genügend dicht sind. Sobald die Tür des Raumes geöffnet wird, wird nicht ein kalter Strom durch sie eindringen, sondern ein am Heizkörper erwärmter Luftstrom wird durch die Ausgleichöffnung ein- und die entsprechende Luftmenge durch die Tür austreten.

Man kann die Wirksamkeit der Anordnung nach Fig. 192 auch so auffassen, daß der Auftrieb der warmen Luftsäule von der Höhe h einen Überdruck im Innern erstrebe. Dabei darf man annehmen, daß über die Höhe h hin nicht nur die Innentemperatur der Kirche, sondern eine höhere, vom Heizkörper zu erzeugende Temperatur herrsche; die Beheizung der Kirche findet dann gewissermaßen zu einem kleinen Teil durch eine Art Luftheizung statt. Die ganze Anordnung aber kann man als ein Gegenstück zu der für Aborte und Küchen üblichen ansehen, bei der Aspirationsheizkörper Unterdruck erzeugen sollen. Hier wird in entsprechender Weise Überdruck hergestellt.

c) Verschiedenes.

166. Kosten der Lüftung. Fenster- und künstliche Lüftung. Es ist eine Erfahrungssache, daß Lüftungsanlagen, wenn sie noch so gut angelegt sind, trotzdem häufig im späteren Betriebe nicht befriedigen. Meist liegt das daran, daß ihnen von seiten des Aufsichtführenden nicht die nötige Aufmerksamkeit zuteil wird. In vielen Fällen unterbleibt auch später der Betrieb der Lüftungsanlagen mittels Ventilators vollständig, und zwar nicht selten aus dem Grunde, weil man der Ansicht ist, der Betrieb werde sehr teuer. Man zieht deshalb, beispielsweise in Krankenhäusern, die Lüftung durch Öffnung der Fenster vor, in der Annahme, man spare dadurch Betriebskosten. Diese Annahme ist aber oft falsch.

Die Kosten für die Lüftung der Räume setzen sich zusammen aus der Verzinsung und Amortisation des Anlagekapitals, sowie andererseits aus den für den Betrieb laufend aufzuwendenden Kosten. Was die Anlagekosten anlangt, so muß natürlich ein Gebäude mit Lüftungsanlagen und Ventilator mehr kosten als ein solches ohne diese Einrichtungen; immerhin sind die Einrichtungskosten einer Lüftungsanlage verhältnismäßig gering, besteht dieselbe ja doch im wesentlichen aus den Kanälen, das sind also Aussparungen im Mauerwerk. Die Kosten des Ventilators und irgendwelcher Regeleinrichtungen sind allerdings als Mehrkosten der Pulsionslüftung in Rechnung zu setzen. Hinsichtlich der Anlagekosten, die man für die Anwärmeheizflächen aufzuwenden hat, ist das aber nicht der Fall. Denn wenn man an Stelle der künstlichen die Fensterlüftung setzt, so muß gleichwohl die Luft erwärmt werden, nur geschieht das in den Räumen selbst, statt in einer besonderen, im Kellergeschoß liegenden Vorwärmekammer. Man müßte also die Heizkörpergröße in den Räumen um ebenso viel vermehren, wie sie bei Anwendung der Fensterlüftung mehr zu heizen haben; es hätte das etwa zu geschehen, indem man der für den Beharrungszustand berechneten Heizkörpergröße einen Zuschlag für das jedesmalige Hochheizen nach der durch Fensteröffnen bewirkten Auskühlung gibt. Wenn man diese besonderen Zuschläge zu unterlassen pflegt, so hat das zur Folge, daß die geschaffene Anlage weniger leistungsfähig entweder hinsichtlich der Lüftung oder hinsichtlich der Heizung — je nach der Führung des Betriebes — ist, als eine solche mit Anwendung künstlichen Luftumtriebes. Das bleibt eine Tatsache, auch wenn es im Einzelfalle schwer nachweisbar ist. Denn die geringere Leistungsfähigkeit einer solchen Anlage kommt nur zur Geltung an kalten Tagen, an denen die Heizung nur knapp zur Deckung des Wärmebedarfes ausreicht. An solchen Tagen muß man dann von jeder Lüftung absehen. während man bei Vorhandensein besonderer Lüftungsheizkörper — oder bei Ausführung des gedachten Zuschlages — noch, wenn auch in etwas beschränktem Umfang, lüften kann, so stark nämlich, daß die sehr kalte Außenluft noch genügend angewärmt wird.

Ganz ähnliches gilt, nur noch krasser, für die Betriebskosten. Unter den Betriebskosten sind natürlich Personalkosten für die Wartung des Ventilators als voll in Rechnung zu stellen. Auch die Kosten für den Antrieb des Ventilators wird man im allgemeinen als Unkosten in Rechnung zu stellen haben. Beide Posten pflegen indessen zurückzutreten hinter dem Wärmebedarf der Anwärmheizfläche. Für die Erwärmung einer vorgeschriebenen einzuführenden Luftmenge ist eine berechenbare Wärmemenge erforderlich. Daraus folgt ein gewisser Dampfverbrauch der Wärmeheizflächen, und da man für die Erzeugung des Dampfes in der Zentrale Erfahrungsdaten hat, so erhält man, mit einer Durchschnittstemperatur des Winters rechnend, in Mark und Pfennigen eine gewisse Summe, die angeblich die Kosten der Lüftung darstellen. Dieser Betrag überwiegt nun, wie gesagt, bei weitem die Kosten der Personalien und des Antriebes. Es ist indessen falsch, diese Posten als Aufwendung nur für den Fall der künstlichen Lüftung in Rechnung zu stellen. Erspart werden die Kosten der Anwärmung nur, wenn man auf jede Lüftung überhaupt verzichtet. Setzt man an die Stelle der künstlichen Lüftung die Fensterlüftung, so wird der Wärmeverbrauch der Heizkammer in die Heizkörper der einzelnen Räume verlegt und eine Ersparnis an Brennstoff findet nicht statt. Auch das ist schwer im Einzelfall nachzuweisen, jedoch zweifellos Tatsache; der Mehrverbrauch an Dampf wird dadurch bedingt, daß man in allen Räumen, entsprechend dem durch die eingeführte Luft hervorgerufenen größeren Wärmebedarf, das Regelorgan entsprechend weiter öffnet. Diese Mehrentnahme findet zu jeder Jahreszeit, bei milder oder kalter Witterung statt und beträgt bei gleicher eingeführter Luftmenge genau so viel, wie in der Luftkammer mehr verbraucht worden wäre. Der Aufwand an Wärme hängt nur von der eingeführten Luftmenge und nicht von der Art ihrer Einführung ab.

Je nach dem Maß der Fensterlüftung können die Unkosten der Lüftung größer oder kleiner werden, als die einer künstlichen Lüftung geworden wären. Schränkt man die Fensterlüftung ein, so erzielt man Ersparnisse auf Kosten der doch eigentlich als notwendig erkannten Lufterneuerung. Werden dagegen die Fenster zu lange geöffnet, so ist die Fensterlüftung die teuerere, ohne daß durch diese Mehrkosten ein Vorteil erreicht wurde, da die Mehrlüftung über das erforderliche Maß hinausgeht. Das letztere ist oft der Fall, und so wird man damit rechnen müssen, daß die Fensterlüftung im Betriebe teurer ist als die künstliche.

Ein Wort wäre noch zu sagen über die Unkosten, die für den Betrieb des Ventilators entstehen. Die übliche Antriebsart ist der Antrieb durch Elektromotor. Wir wollen überlegen, was aus der dem Elektromotor zugeführten elektrischen Energie wird. Nach dem Satz von der

Erhaltung der Energie kann der Energieaufwand nicht ganz verloren sein. Ein Teil der in den Elektromotor eingeführten Energie geht in dem Elektromotor verloren, das heißt, er setzt sich in Wärme um; jeder Elektromotor wird im Betriebe warm. Da nun aber der Elektromotor meist in der Heizkammer steht, so kommt die in ihm verlorene Energie als Wärme der Luft zugute. Von der im Elektromotor nutzbar werdenden Energie, die auf den Ventilator übertragen wird, geht ein Teil in dem Ventilator verloren, dessen Wirkungsgrad erheblich unter Eins zu sein pflegt. Auch dieser Verlust setzt sich in Wärme um, die sich ohne weiteres der durch den Ventilator geförderten Luft mitteilt. Man kann sich mit Hilfe von feinen Thermometern leicht davon überzeugen, daß die aus einem Ventilator austretende Luft wärmer ist als die eintretende.

Was wird endlich aus der vom Ventilator nutzbar gemachten Energie, die nach § 148 durch das Produkt aus geförderter Luftmenge und erzeugter Pressung gegeben ist? Diese Energie dient dazu, die Luft durch die Kanäle zu drücken und die Widerstände der Kanäle zu überwinden; sie wird verzehrt bei Überwindung der in den Kanälen herrschenden Reibungswiderstände; sie wird, wie meist die durch Reibung verlorene Arbeit, in Wärme umgesetzt. Auch diese Energie also kommt der bewegten Luft, dieselbe erwärmend, zu gute. Und wenn wir endlich noch über den Bruchteil sprechen wollen, der nicht zur Überwindung der Reibungshöhe, sondern zum Hergeben der Geschwindigkeitshöhe verwendet worden ist und der noch in Form von kinetischer Energie in den zu lüftenden Raum hineingelangt, so wird es auch mit diesem letzten Teil nicht anders stehen. Der Luftstrom wird in dem zu lüftenden Raum zur Ruhe kommen, seine Geschwindigkeit wird Wirbelungen auslösen, die allmählich durch Reibung der Luftteilchen aneinander aufhören. Auch dieser Teil wird also durch Reibung vernichtet und daher in Wärme umgesetzt.

Das Ergebnis der ganzen Betrachtung ist, daß die aufgewendete elektrische Energie restlos für die Erwärmung des Raumes nutzbar wird. Sie ist nicht verloren. Trotzdem wird es richtig sein, wie wir im vorigen Paragraphen vorschlugen, die Kosten der Elektrizität als Unkosten der Lüftung in Rechnung zu setzen; denn die Beheizung eines Raumes mittels Elektrizität (§ 79) ist ungleich teurer als diejenige mittels Dampf oder warmem Wasser; damit rechtfertigt sich diese Rechnungsweise. Nur in Fällen, wo durch eigene Erzeugung der Elektrizität unter Ausnutzung des Abdampfes der elektrischen Maschinen der elektrische Strom sehr billig ist, wird man nicht die vollen Kosten des elektrischen Stromes, sondern korrekterweise den Unterschied zwischen den Kosten der elektrischen und der einfachen Wärmeenergie in Rechnung zu setzen haben.

Die vorstehenden Betrachtungen haben weniger den Zweck, zur Berechnung der Kosten im einzelnen Falle verwendet zu werden, als vielmehr grundsätzlich die Verhältnisse klar zu legen.

Soweit die vom Ventilator erzeugte Pressung zur Erzeugung eines Überdruckes im belüfteten Raum dient, geht die entsprechende Energiemenge wirklich verloren.

167. Unterlagen für die Berechnung von Lüftungseinrichtungen. Als Unterlagen für den Entwurf einer Lüftungseinrichtung sind die folgenden Angaben nötig, die also im allgemeinen vom bauleitenden Architekten der projektierenden Firma zu geben sind.

In erster Linie ist die jedem Raum zuzuführende Luftmenge festzusetzen, sei es in Vielfachen des Rauminhaltes oder durch Angabe der Besetzungsziffern und der auf den Kopf zu rechnenden Luftmengen. Die Festsetzung dieser Luftmengen erfolgt zweckmäßig durch die Bauleitung, unter Berücksichtigung von Luftverschlechterung und Wärmeerzeugung. Wird sie auf Grund der entsprechenden Angaben den projektierenden Firmen überlassen, so sind zu weit auseinandergehende Entwürfe die Folge.

Es ist im allgemeinen bedenklich, den Räumen je nach ihrer verschiedenen Bestimmung verschiedene Luftmengen zuzuweisen, insbesondere einzelne Räume, in denen ein schwacher Verkehr erwartet wird, mit nur sehr schwacher Lüftung zu versehen, oder sie gar von der Lüftung auszuschließen. Denn nicht selten findet nachher eine Verwendung der Räume in ganz anderer Weise statt, als beim Entwurf vorauszusehen war. Die Folgen sind dann unzuträgliche Lüftungsverhältnisse in nicht gelüfteten, aber wider Erwarten doch stark benutzten Räumen. Fast möchte man sagen, es empfehle sich, alle Räume für die verhältnismäßig gleichen Luftmengen einzurichten, insbesondere also die Kanalweite dafür ausreichend zu bemessen, dann aber nach Bedarf die erstmalige Einstellung (§ 155) der Kanäle vorzunehmen. Räume, die ganz von der Lüftung ausgeschlossen werden sollen, erhalten gleichwohl ihre Zu- und Abluftkanäle, werden aber durch eine lose eingesetzte Steinschicht zugesetzt. Bei anderweiter Benutzung der Räume ist es dann möglich, durch Verstellung der Organe für erstmalige Regelung die Räume stärker zu lüften oder durch Entfernen der vorgesetzten Steine später an die Lüftung anzuschließen. Man bedenke, daß nachträglich alle Einrichtungen getroffen, verändert oder vergrößert werden können, nur nicht die zu den einzelnen Räumen führenden, in der Wand ausgesparten Kanäle.

Weiterhin hat die Festsetzung der Temperaturverhältnisse zu erfolgen. Zum Entwurf der Lüftungseinrichtungen ist es nötig, zu wissen, mit welcher niedrigsten Temperatur die Luft eingeführt werden darf, und auf welche Höchsttemperatur die Raumluft steigen darf. Diese Angaben sind nötig, weil von der ersten bei Bemessung der Zuluft-, von letzterer bei Bemessung der Abluftkanäle Gebrauch zu machen ist. Hängt ja doch von diesen Temperaturen das den Kanal durchlaufende Luftvolumen und vor allen Dingen der in ihnen verfügbare Auftrieb ab.

Fernerhin sind eine höchste und eine tiefste Temperatur der Außenluft festzusetzen, zwischen denen die Lüftung in vollem Umfang aufrecht zu halten ist, während sie bei milderem und bei kälterem Wetter eingeschränkt werden darf. Die Höchsttemperatur, die oft auf $+10^0$ festgesetzt wird, muß man kennen, um den in den Kanälen mindestens vorhandenen Auftrieb zu berechnen, der natürlich bei höherer Temperatur immer kleiner wird; wo Ventilatoren vorhanden sind, ist diese Angabe freilich nicht sehr von Einfluß. Wichtig in jedem Fall ist aber die Festsetzung der Mindesttemperatur; sie bedingt die zur Anwärmung der Luft nötige Wärmemenge und also die Größe der Anwärmheizfläche.

Meist begnügt man sich mit diesen Angaben und schreibt nur noch im allgemeinen vor, welche Räume Unter-, welche Überdruck zu erhalten haben. Wo aber auf die richtige Druckverteilung im Interesse der Vermeidung von Zug und Geruch Wert gelegt wird, müßte noch für die einzelnen Räume ein gewisser am Fußboden erzielbarer Überdruck oder ein gewisser an der Decke erzielbarer Unterdruck angegeben werden, unter Beifügung der Bedingung, daß diese Drucke zugleich mit dem vorgeschriebenen Luftwechsel erreicht werden müssen. Die Erfüllung der letzteren Bedingung kann freilich nur verlangt werden, wenn der Raum nicht allzu undicht ist, wenn also der Abluftkanal bei Räumen mit Überdruck — der Zuluftkanal bei Räumen mit Unterdruck — noch nicht ganz geschlossen zu werden braucht, um die gewünschte Wirkung zu erzielen (§ 159).

Eine Angabe, die wesentlich ist, weil sie den Preis und andererseits die Zuverlässigkeit der Anlage stark beeinflußt, ist der vom Ventilator zu erzeugende Druck, genauer gesagt, der Druckunterschied vor und hinter dem Ventilator. Je höher er gewählt wird, desto besser ist die Aufrechterhaltung der gewünschten Verhältnisse bei wechselnden Windverhältnissen gesichert — desto teurer wird aber auch der Ventilator. Die projektierende Firma wird also dazu neigen, Vorschläge zu machen, die ihr Projekt billig erscheinen lassen; das geschieht noch dazu auf Kosten der erforderlichen Kanalquerschnitte, also auf Kosten der Maurerarbeiten, und gibt nicht einmal notwendig das insgesamt billigste Projekt. Es empfiehlt sich also vorzuschreiben, die Ventilatoren müßten die erforderliche Luftmenge gegen einen gewissen geringsten Druckunterschied vor und hinter ihnen zu fördern in der Lage sein — und zwar dauernd, ohne daß der Elektromotor warm läuft. Bei Zentrifugalventilatoren kann man auf 10 bis 12 mm WS, bei Schraubenventilatoren nur auf 2 bis 4 mm WS kommen; bei höheren Umlaufzahlen tritt Brummen ein.

Endlich wäre noch der zu erreichende Feuchtigkeitsgrad der Luft festzusetzen.

168. Gang der Berechnung. Die Berechnung einer Lüftungsanlage geschieht auf Grund solcher Annahmen nach folgendem Gedankengange. Man ermittelt zunächst den Luftbedarf jedes einzelnen Raumes. Durch Zusammenzählen aller Einzelbedarfe erhält man den Gesamtbedarf des ganzen Gebäudes, für den alle Zentralteile, Filter, Anwärmeeinrichtungen, Befeuchtung, Ventilatoren eingerichtet sein müssen. Nach Aufstellen des vorläufigen Projektes für die Verlegung der Hauptkanäle erhält man leicht die Luftmengen, die durch die einzelnen Teile der Hauptkanäle zu gehen haben. Die Größe des Filters bestimmt sich aus der Luftmenge und einem Höchstdruckverlust, den man im Filter zulassen will, die Größe der Heizkörper aus der Luftmenge und der höchsten Temperaturdifferenz, um die die Luftmenge zu erwärmen ist. Das ist unter Umständen nur ein Teil der gesamten Erwärmung, dann nämlich, wenn man in größeren Anlagen einen Teil der Erwärmung in Hilfsnachwärmungen verlegt, die in der Mündung der einzelnen Kanäle stehen. Die Größe der Befeuchtungseinrichtung bestimmt sich wiederum aus der zu befeuchtenden Luftmenge und dem Feuchtigkeitsgrad, den man der Luft zuführen will; wird der Feuchtigkeitsgrad meist zu 50 % angenommen, so bestimmt sich daraus die stündlich zu verdampfende Wassermenge. Die Ventilatoren sind nach Listen auszuwählen; ihre Größe bestimmt sich wieder aus der Luftmenge und andererseits aus dem von ihnen zu erzeugenden Druckunterschied, der, wie wir sahen, vorgeschrieben sein sollte. An allen Stellen hat man sorgfältig zu beachten, ob für den betreffenden Vorgang das Volumen oder aber das Gewicht der Luft maßgebend ist, für welches letztere wir bekanntlich auch das auf 0^0 und 760 mm BSt reduzierte Volumen einführen können. Das Volumen der Luft ist insbesondere an den verschiedenen Stellen je nach der gerade herrschenden Temperatur als verschieden einzuführen, auch ist das Volumen wie das Gewicht der umlaufenden Luftmenge ein verschiedenes vor und hinter der Anfeuchtung (§ 22).

Von der durch den Ventilator zur Verfügung gestellten Druckhöhe geht nun ohne weiteres dasjenige ab, was Filter und Luftkammer an Widerstand verbraucht. Der Rest steht zur Verfügung, um die Luft durch die Steigekanäle zu treiben. Oft sind die Hauptverteilungskanäle so weit bemessen, daß in ihnen ein nennenswerter Druckverlust nicht auftritt. Dann steht für alle Steigekanäle der gleiche wirksame Überdruck zur Verfügung, der noch um den in dem Steigekanal wirksamen Auftrieb zu vermehren ist und der nun die für jeden Raum vorgeschriebene Luftmenge in diesen hinein zu drücken hat. Die Länge der Kanäle ergibt sich aus dem Aufriß des Gebäudes; sie ist für alle Räume eines Stockwerkes einigermaßen die gleiche. Der erforderliche Kanalquerschnitt folgt damit ohne weiteres aus den Schaubildern, die wir auf Tafel III gegeben haben. Ähnlich sind die Abluftkanäle zu berechnen. In ihnen ist oft nur der Auftrieb wirksam, kein Ventilator, so daß einfach die Kanalweite so zu bemessen ist, daß der Auftrieb von den Widerständen im Kanal aufgebraucht wird.

Hierbei war nun freilich stets angenommen, daß nicht ein an der Kanalmündung vorhandener Über- oder Unterdruck dem Ein- oder Austritt der Luft entgegen oder förderlich sei. Das heißt, es war angenommen, die Kanalmündung liege in Höhe der neutralen Zone. Das deutet die punktierte Darstellung Fig. 193 an. Man sieht nun aber leicht, wie zu rechnen ist, wenn die Kanäle nach der ausgezogenen Darstellung verlaufen, also um H m über der neutralen Zone münden. Der Lufteintritt hat dann gegen einen Überdruck von $H \cdot (\gamma_a - \gamma_i)$ zu geschehen. Gerade soviel an wirksamer Druckhöhe gewinnt man aber durch Auftrieb in dem Kanalstück von der neutralen Zone bis zur Kanalmündung, vorausgesetzt, daß die Luft im Kanal die gleiche Temperatur habe, wie im Raum — was annähernd der Fall ist. Man wird also den Auftrieb so in Ansatz bringen können, als wirke er bis zur neutralen Zone. Dadurch, daß man als Höhe, über die hin der Auftrieb wirksam ist, die eine oder die andere annimmt, sorgt man dafür, daß sich die neutrale Zone später in eben die Lage einstellt, bis wohin man den Auftrieb als wirksam angenommen hatte. Umgekehrt hat man als Höhe, über die hin der Auftrieb im Abluftkanal wirksam ist, nicht die Kanalhöhe, sondern eine um H_1 (Fig. 193) größere einzuführen, die bei der neutralen Zone beginnt. Die Widerstände in den Kanälen sind indessen in richtiger Größe,

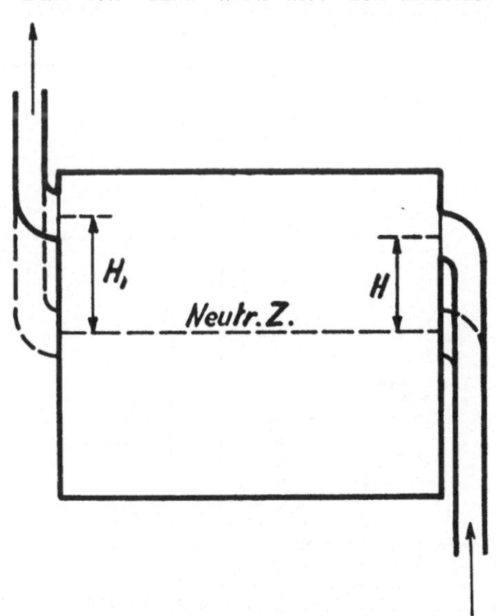

Fig. 193.

das heißt als über die tatsächlich vorhandene Kanallänge hin wirkend, einzuführen. In dieser Weise kann man der neutralen Zone jede beliebige Höhenlage, also auch eine solche unter dem Fußboden oder über der Decke des Raumes, zuweisen, indem man einfach den Auftrieb als bis an die neutrale Zone, die Widerstände aber als über die wahre Kanallänge hin wirkend ansetzt. Daß man der neutralen Zone bei Berechnung der Zu- und der Abluftkanäle die gleiche Lage zuweisen muß, versteht sich von selbst.

Wo in Abluftkanälen ein Aspirationsheizkörper steht, da kann die Temperatur der Kanalluft wesentlich von der der Raumluft abweichen; dann trifft die Berechnungsweise nicht mehr zu, sondern ist durch eine genauere zu ersetzen, wenn es lohnend erscheint.

Die Rechnungsweise möge an Fig. 194 an einem Beispiele erläutert werden, das schon in § 28 unter No. 4 besprochen wurde. Bei dem dort angegebenen Raum soll die neutrale Zone diesmal 1 m unter dem Fußboden liegen. Dann ist der Auftrieb diesmal nur $6{,}5 \cdot 0{,}035 = 0{,}23$ mm WS. Davon werden im wagerechten Kanal, wie früher berechnet, 0,084 mm aufgezehrt; also bleiben $0{,}23 - 0{,}084 = 0{,}15$ mm für den senkrechten Kanal. Das sind $\frac{0{,}15}{1{,}213} = 0{,}124$ m LS. Für Beschleunigung und einmalige Widerstände war $n + \zeta = 3{,}5$ angesetzt, so muß $3{,}5 \cdot \frac{w^2}{2g} \sim 0{,}124$ m LS sein; $w = 0{,}83$ m/sek. Also ist die Kanalweite $0{,}53 \cdot 0{,}66$ m nach Fig. 29 erforderlich.

d) Luftheizung.

169. Anwendungsgebiet. Die vorangehenden Erörterungen beziehen sich im wesentlichen auf die Lüftung, wenngleich auch einige die Luftheizung betreffende Fragen gestreift wurden. Die Luftheizung ist eingerichtet wie eine Lüftungsanlage, mit dem Unterschiede nur, daß die eingeführte Luft nicht mit einer Temperatur von 16 bis 18° in den Raum tritt, sondern daß sie auf 40 bis 50° erwärmt wird, und infolgedessen dem Raum nicht Wärme entzieht, wie es bei der Lüftung meist der Zweck ist, sondern ihm Wärme zuführt. Die Anwärmeeinrichtungen sind entsprechend größer zu halten, da sie der Heizung und dem Luftwechsel gleichzeitig dienen. Als Anwärmeeinrichtungen werden mit Feuer geheizte Kaloriferen oder aber die Heizkörper einer Hochdruck- oder Niederdruckdampfheizung, seltener auch einer Warmwasserheizung verwendet. Man spricht danach von Feuerluftheizung, Dampfluftheizung, Wasserluftheizung.

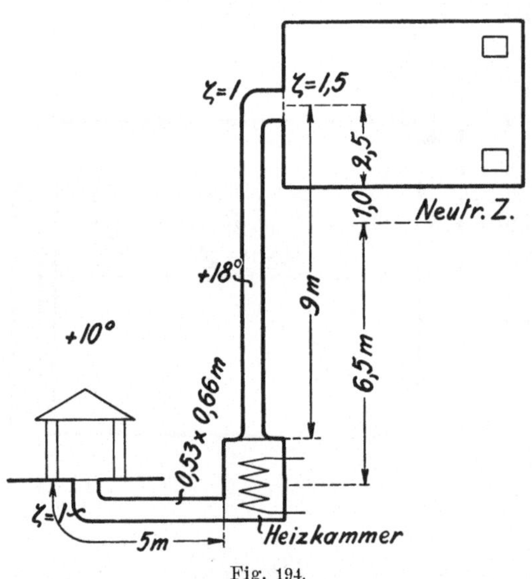

Fig. 194.

Die Ausführung der Luftheizung geschah früher meist als reine Auftriebluftheizung; die höhere Temperatur der Luft in den Kanälen bewirkte, daß auch der Auftrieb stärker war als bei Lüftungsanlagen, und daß daher der Betrieb der Luftheizung sicherer war als derjenige einer Lüftungsanlage ohne künstlichen Umtrieb. Immerhin ist auch bei der Luftheizung der Auftrieb nicht immer stark genug, um widrigen Winden das Gleichgewicht halten zu können. Die Luft ging vorzugsweise in die dem Winde abgekehrten Räume und vernachlässigte diejenigen, auf denen der Wind stand und die durch den Wind unter leichten Überdruck gesetzt wurden. Die Luftheizung war also vom Windanfall abhängig. Dieser Fehler der älteren Luftheizungen läßt sich heute beseitigen durch Verwendung von Ventilatoren, deren Triebkraft heute in elektrischer Form überall leicht zu beschaffen ist. Der in dieser Hinsicht gegen die älteren Luftheizungen gemachte Vorwurf, der seinerzeit sicher berechtigt war, ist also heute bei richtiger Anordnung hinfällig.

Auch heute noch ist indessen der Luftheizung ein anderer Vorwurf zu machen, der ihre Anwendung auf verhältnismäßig wenige Fälle beschränkt. Die Luftheizung bedingt einen Luftwechsel der Räume; wenn dieser Luftwechsei mit dem für Lüftungszwecke erforderlichen übereinstimmt, läßt sich gegen ihn nichts einwenden; wenn aber der für Lüftungszwecke erforderliche Luftwechsel ein anderer als der für die Heizung erforderliche ist, so treten unerwünschte Zustände ein. Muß man um der Heizung willen mehr Luft zuführen als die Lüftung erfordert, so gibt man durch die Mehrzufuhr von Luft, die mit Zimmertemperatur ins Freie entweicht, Gelegenheit zu Wärmeverlusten. Ist indessen die für Heizungszwecke erforderliche Luftmenge geringer als die zur Lüftung notwendige, so läßt sich der Raum nicht genügend lüften, will man ihn nicht gleichzeitig überheizen.

Diese Schwierigkeit besteht, solange man nicht frei über die Temperatur der dem Raum zuzuführenden Luft verfügen kann; sie fällt fort, sobald man diese Temperatur verändern kann. Für die Beheizung einzelner, dann meist großer Räume durch Luftheizung liegen daher keine Schwierigkeiten vor; man gibt jedem solchen Raum seinen besonderen Heizkörper. Wo indessen mehrere Räume von einem Luftheizofen aus mit warmer Luft versorgt werden sollen, ist und bleibt die Tatsache, daß Luft- und Wärmebedarf der einzelnen Räume durchaus nicht immer proportional bleibt, eine Schwierigkeit. Je stärker ein Raum mit Menschen besetzt ist, desto größer wird sein Luftbedarf für Lüftungszwecke, desto kleiner wird aber gleichzeitig wegen der Wärmeabgabe der Insassen sein Luftbedarf für Heizzwecke; beim Anheizen vor der Benutzung liegt gar kein Luftbedarf vor. Müssen die verschiedenen Räume also Luft von gleicher Temperatur erhalten, so kann man die ihnen zuzuführende Luftmenge nicht mehr für jeden der Räume beliebig wählen; die richtige Beheizung der Räume muß dann der richtigen Belüftung natürlich vorgehen.

Läßt schon dieser Gedankengang die Luftheizung als zur Beheizung einzelner großer Räume, nicht aber zur Beheizung zahlreicher Einzelzimmer geeignet erscheinen, so kommt noch hinzu, daß man gerade bei einzelnen großen Räumen ein weiteres Mittel in der Hand hat, die Luftzufuhr zum Raume unabhängig vom Wärmebedarf zu machen. Man braucht nämlich als Heizluft nicht nur Frischluft zu verwenden, die von außen entnommen in den Raum eingeführt und wieder ins Freie entlassen wird, sondern man kann die Heizluft ganz oder teilweise durch rücklaufende Kanäle dem Raume selbst entnehmen und mittels eines Ventilators durch die Heizkammer hindurch wieder in den Raum drücken. Die Frischluftheizung wird dadurch zur Umlaufluftheizung, ganz oder teilweise, je nachdem man nur Raumluft anwärmt oder zu Lüftungszwecken einen Frischluftzusatz macht: beim Anheizen betreibt man sie als Umlaufluftheizung, nachher als Misch- oder Frischluftheizung. Auch dieses Mittel, Wärmebedarf und Lüftungsbedarf voneinander unabhängig zu machen versagt bei zahlreichen Einzelräumen, da eine gewaltige Menge von Kanälen und Stellklappen erforderlich würde, wollte man jedem einzelnen der Räume nach Bedarf Frischluft oder Raumluft in beliebiger Mischung zuführen können; nur für einzelne große Räume ist das durchführbar.

Die Anwendung der Luftheizung kommt daher in erster Reihe für große Räumlichkeiten in Frage. Kirchen werden mit Luftheizung versehen, ebenso Treppenhäuser, Festsäle, Theaterräume und ähnliche Baulichkeiten. In zahlreichen Fällen spricht zugunsten der Luftheizung ihr geringer Preis; sie erfordert an Beschaffungskosten nur den Ofen und einige Stelleinrichtungen und Gitter. Die Herstellung der Kanäle durch den Maurer kann kaum als Kostenaufwand gerechnet werden. Für Kirchen ärmerer Gemeinden fällt der geringe Preis der Luftheizung sehr ins Gewicht. Auch das Fehlen jeglicher Heizkörper im Innern des Raumes ist oft erwünscht und wird, wieder gerade bei Kirchen, als ihr Vorteil angesehen.

In Amerika seit langem und bei uns in neuerer Zeit wird die Luftheizung von Einfamilienhäusern als Umlaufheizung in der Weise angeordnet, daß eine im Keller stehende Kalorifere (S. 277) Luft etwa aus der Diele ansaugt und durch Blechrohre in die zu beheizenden Räume treibt. Die stets vorhandenen Undichtheiten lassen die Luft von jenen Räumen zur Diele zurückgehen. Vor jeder anderen Zentralheizung hat auch diese Luftheizung den Vorzug geringen Preises voraus; andererseits wird sie natürlich hinsichtlich Regelbarkeit und namentlich Sauberkeit — die Blechrohre verstauben — nicht mit den besseren Heizungsarten in Vergleich gestellt werden dürfen. Für einfachere Zwecke mag diese amerikanische Luftheizung immerhin verwendet werden. Auch der für sie angeführte Vorzug, sie gebe den zu beheizenden Räumen einen leichten Überdruck und vermindere das Einblasen kalter Luft in die Fenster, wird in gewissem Maße vorhanden sein. In Amerika ist diese Art der Beheizung sehr üblich und wird dort gelobt.

VIII. Hochdruckdampfheizung.

170. Anwendungsgebiet. Dampf von höherer Spannung als in der Niederdruckdampfheizung verwendet dient zum Beheizen von Räumen nur dann, wenn an die Beheizung geringere Ansprüche gestellt werden und wenn solch hochgespannter Dampf zu anderen Zwecken ohnehin vorhanden ist oder gebraucht wird. Insbesondere werden Fabriken und Werkstätten aller Art mit Hochdruckdampf-Heizkörpern beheizt, ebenso Eisenbahnwagen und Schiffe, weil in allen diesen Fällen ohnehin Hochdruckdampf für den Maschinenbetrieb vorhanden ist.

Die wichtigste Verwendung des Hochdruckdampfes ist die Verteilung der Wärme bei den sogenannten gemischten Heizsystemen, unter denen die Dampfluftheizung, die Dampfwarmwasserheizung und die Hochdruck-Niederdruckdampfheizung die wichtigsten sind. In allen diesen Fällen dient der Hochdruckdampf zur Verteilung der Wärme, während die eigentliche Beheizung der Räume durch eine Luftheizung, durch eine Warmwasserheizung oder durch eine Niederdruckdampfheizung geschieht; diese sekundären Heizungen werden dann nicht direkt durch Feuer, sondern mittelbar eben durch Hochdruckdampf mit Wärme versorgt.

Die Vorteile der Anwendung des Hochdruckdampfes zur Verteilung ist insbesondere die vielfältig mögliche Übertragbarkeit auf die genannten anderen Wärmeträger, so daß man von einer Zentrale aus verschiedenartige Heizsysteme versorgen kann. Außerdem ist in manchen Fällen auch hier wieder der hochgespannte Dampf zu anderen Zwecken erforderlich, zum Waschen, Kochen, Desinfizieren oder zum Maschinenbetrieb. Endlich gestattet die Verwendung des Hochdruckdampfes die Überwindung sehr großer wagerechter Entfernungen, und gibt daher die Möglichkeit, mehrere Gebäude oder gar ganze Stadtviertel von einer Zentrale aus mit Wärme zu versorgen. Sie bietet eine Möglichkeit der Fernheizung. Von diesem letzteren Gesichtspunkte aus wird sie erst im folgenden Kapitel zu besprechen sein.

171. Anforderungen an Hochdruckdampfkessel. Die Kessel zur Erzeugung des hochgespannten Dampfes für Heizungszwecke sind im wesentlichen dieselben wie die für Maschinenbetriebe verwendeten. Es kann nicht unsere Aufgabe sein, diese Kesselformen erschöpfend zu behandeln. Wir beschränken uns auf einige wichtige Gesichtspunkte.

Die für unsere Zwecke in Frage kommenden Eigenschaften der verschiedenen Kessel sind in erster Linie die Größe des Kessels, die man durch Angabe der Rostfläche und durch Angabe der Heizfläche ausdrückt, sowie der von dem Kessel zu erzeugende Druck. Außer diesen meist durch die äußeren Verhältnisse vorgeschriebenen Angaben kommt es für die Auswahl des Kesselsystems darauf an, welchen Raum insbesondere im Grundriß der Kessel von vorgeschriebener Leistung für sich beansprucht; für den Betrieb wichtig ist der Wasserinhalt des Kessels und die verdampfende Wasseroberfläche. Endlich wäre zu erwägen, ob man die Beschickung des Rostes mit Kohlen von Hand oder mechanisch bewirken will.

Die Größe des Kessels beurteilt man nach der Größe seines Rostes und seiner Heizfläche. Wir wiederholen mehrfach Gesagtes, wenn wir daran erinnern, daß es von der Rostfläche abhängt, wieviel Kohle stündlich verbrannt werden kann und wieviel Wärme demnach durch die Verbrennung frei wird. Von der Heizfläche hängt wesentlich die Ausnutzung der freigewordenen Wärme ab, da der Heizfläche die Übertragung der Wärme auf den Kesselinhalt obliegt. Je größer die Heizfläche bei gegebener Rostgröße, desto besser werden die Heizgase ausgenutzt; doch ist der Ausnutzung eine Grenze gezogen, indem die Endtemperatur der Rauchgase zur Erzeugung des Schornsteinzuges genügen muß; auch ist die Wirksamkeit der vom Verbrennungsraum weit entfernten Heizflächenteile nur eine geringe, bezogen auf den Quadratmeter, weil der Temperaturunterschied zwischen innen und außen immer kleiner wird.

Bei der Bestellung eines Kessels pflegt man die Größe der Heizfläche vorzuschreiben und sich außerdem einen gewissen Wirkungsgrad (§ 91) des Kessels bei normaler Beanspruchung der Heizfläche gewährleisten zu lassen. Wirkungsgrade von 70 bis 75 $^0/_0$ sind als sehr gute zu bezeichnen. Außerdem wird meist eine Höchstleistung des Kessels bei angestrengtem Betriebe, diese aber im allgemeinen ohne Gewährleistung seines Wirkungsgrades, festgesetzt.

Der für die Kesselanlage zu wählende Druck hängt nicht von dem Kessel allein, sondern von den Verhältnissen der ganzen Anlage ab. Da der Wärmeinhalt des Dampfes bei allen Drucken fast der gleiche ist, so hat für reine Beheizung die Annahme eines hohen Druckes keinen Vorteil, ja den Nachteil etwas höherer Temperatur (Fig. 12), Wo es sich hingegen um Fortleitung auf einige Entfernung handelt, da bietet höherer Druck den doppelten Vorteil, daß erstens ein kleineres Dampfvolumen zu übertragen ist, überdies aber hierzu noch ein höherer Spannungsabfall zulässig ist; beides wirkt zusammen auf Verminderung des Rohrdurchmessers und damit der Wärmeverluste (§ 36). Mit steigendem Druck wachsen natürlich die Beschaffungskosten des Kessels entsprechend der größeren erforderlichen Blechstärke.

Was die Rauminanspruchnahme anlangt, so ist dieselbe bei verschiedenen Kesselsystemen verschieden; sie wächst auch, wenn man im Interesse guten Wirkungsgrades eine verhältnismäßig geringe Beanspruchung der Kesselheizfläche vorschreibt. Mit Rücksicht darauf, daß auch der Raum Geld, insbesondere Verzinsung kostet, kann es also unter Umständen ratsam sein, die Ansprüche hinsichtlich des Wirkungsgrades nicht zu weit zu treiben.

Die Ansprüche der verschiedenen Kesselformen hinsichtlich des gesamten Raumbedarfes sind nicht so sehr verschieden, wie die hinsichtlich des Grundrißbedarfes. Einige Kesselformen bauen sich mehr in die Höhe, andere mehr in die Breite. Je nach Umständen wird man auf das eine oder das andere Wert legen, im allgemeinen wohl auf einen geringen Bedarf an Grundfläche.

Der Wasserinhalt des Kessels ist eine betriebstechnisch wichtige Größe. Zwar hängt das Verhalten des Kessels im Beharrungszustande garnicht von dem Wasserinhalt ab, der weder auf den Wirkungsgrad noch auf die höchst zu erzeugende Dampfmenge nennenswerten Einfluß übt. Bei jeder Unregelmäßigkeit des Betriebes indessen ist ein großer Wasserinhalt des Kessels wertvoll; dafür bietet freilich ein geringer Wasserinhalt die Möglichkeit schneller Inbetriebsetzung des Kessels.

Beide Tatsachen erklären sich daraus, daß ein großer Wasserinhalt zugleich einen großen Wärmespeicher bedeutet, viel mehr als ein großer Dampfraum es täte. Unregelmäßigkeiten des Betriebes können zur Folge haben, daß die durch Verbrennung zur Verfügung gestellte Wärmemenge zeitweise eine etwas andere ist als zur Erzeugung der gerade erforderten Dampfmenge nötig. Sie sei etwas kleiner, dann hat der Dampfdruck im Kessel das Bestreben zu sinken. Das hat wegen des eindeutigen Zusammenhanges zwischen Druck und Temperatur bei der Verdampfung von Wasser ein Herabgehen der Temperatur des gesamten Wasserinhaltes zur notwendigen Voraussetzung. Die Temperatur des Wasserinhaltes aber kann nur in dem Maße sinken, wie die entsprechende Wärmemenge zum Verdampfen eines Teiles des Wasserinhaltes Verwendung findet. Nun läßt jedes Kubikmeter Wasserinhalt im Gewicht von rund 1000 kg 1000 Wärmeeinheiten frei werden, wenn seine Temperatur um 1^0 sinkt. Zum Verwandeln von 1 kg Wasser von Siedetemperatur in Dampf ist die latente Wärme in Höhe von rund 550 WE aufzuwenden. Also werden fast 2 kg Dampf erzeugt werden für jeden Grad Temperaturverminderung des Wasserinhaltes und für jeden Kubikmeter Wasserinhalt des Kessels. Der Wasserinhalt kommt also der Feuerung zu Hilfe, so lange sie etwas zu schwach ist. Umgekehrt verhütet er ein zu schroffes Heraufgehen des Dampfdruckes, wenn die Dampfentnahme augenblicklich zu gering ist, um alle Wärme zu verarbeiten. Man erkennt, daß bei veränderlicher Dampfentnahme die Schwankungen der Temperatur und daher des Druckes im Kessel geringer ausfallen, je größer der Wasserinhalt ist. Ein großer Wasserinhalt gewährleistet also einen gleichmäßigen Betrieb; das Beharrungsvermögen des Kessels wird wirksam. Bei Heizungen ist eine plötzliche verstärkte Dampfentnahme, die sich nicht immer in der Zentrale vorhersehen läßt, beim Anstellen größerer Gebäudeteile und namentlich beim Anstellen längerer Dampfleitungen zu erwarten. Ein großer Wasserinhalt ist dann von Vorteil.

Zwar lassen sich Kessel mit großem Wasserinhalt weniger schnell in Betrieb setzen als solche mit kleinem, weil der ganze Wasserinhalt erst auf die erforderliche Temperatur erwärmt werden muß. Das bedingt zugleich bei häufigem Anheizen einen Aufwand an Brennstoff für die nicht nutzbare Anheizdauer. Für Heizungsanlagen kommt aber das Anheizen nur wenig in Frage. Meist werden die Kessel nur einmal jährlich beim Beginn der Heizperiode oder bei Eintritt stärkeren Frostes angeheizt und bleiben dauernd im Betrieb. Plötzliches Ingangsetzen ist wenigstens bei unserem Klima kaum jemals erforderlich, da die Temperaturschwankungen nur allmähliche sind; auch bilden die Umfassungswände der Gebäude einen Wärmespeicher. Etwas anders liegen die Verhältnisse in Klimaten, wo sehr schroffe Temperaturwechsel vorkommen, wie in Teilen von Amerika.

Eine große Verdampfungsoberfläche ist ein Vorzug eines Kessels. Die vom Kessel erzeugte Dampfmenge entsteht in Form von Blasen an den Stellen der Wärmezufuhr, also an den Wandungen der Heizfläche. Die Blasen steigen empor und müssen die Oberfläche des Wassers durchdringen. Sie reißen dabei Wasser in Tropfenform mit, und dadurch wird der Dampf feucht. Die Menge mitgerissenen Wassers hängt nun offenbar von der Geschwindigkeit ab, mit der der Dampf durch die Oberfläche hindurchtritt, sie wird um so größer sein, je kleiner die Verdampfungsoberfläche im Verhältnis zu der zu erzeugenden Dampfmenge ist. Nun ist feuchter Dampf unerwünscht. Zwar kann man ihm nicht nachsagen, daß er unökonomischer heize, denn der geringeren Heizwirkung eines Kilogrammes steht ja auch ein geringerer Wärmeaufwand für die Erzeugung gegenüber. Aber die Feuchtigkeit wird nutzlos aus dem Kessel entnommen, sie belastet die Leitung, die Wasserableiter, die Speisevorrichtungen und leistet nichts. — In Maschinenbetrieben ist feuchter Dampf unerwünscht, weil er, selbst auf gleichen Wärmeinhalt umgerechnet, für die Arbeitserzeugung minderwertig ist.

Was die mit dem Kessel verbundene Feuerung anlangt, die unabhängig von dem Kesselsystem in verschiedenartigster Weise ausgebildet werden kann, so unterscheidet man zunächst zwischen Vor- und Innenfeuerung. Bei der Vorfeuerung findet die Verbrennung auf dem Rost in einem aus feuerfesten Schamottsteinen hergestellten besonderen Verbrennungsraum statt, und nur die heißen Rauchgase werden dem Kessel zugeführt und durchstreichen wärmeabgebend dessen Züge. Im Feuerraum selbst findet eine Wärmeabgabe nur insoweit statt, als ja die Umfassungsmauern desselben nicht undurchlässig für Wärme sind. Bei der Innenfeuerung liegt der Rost im Inneren des Kessels und die Begrenzungsflächen des Feuerraumes sind Teile der Heizfläche, die weiterhin von den Kesselzügen gebildet wird. Hier findet also gleich im Verbrennungsraume eine Wärmeabfuhr statt, die sogar wegen des hohen Temperaturunterschiedes und wegen des Einflusses der Strahlung recht bedeutend zu sein pflegt.

Ob man Vor- oder Innenfeuerung anwendet, hängt von dem zu verwendenden Brennstoff ab. Die im Feuerraum herrschende Temperatur ist offenbar bei Innenfeuerung geringer als bei Vorfeuerung. Arme Brennstoffe, wie Braunkohle, die ohnehin schon geringe Verbrennungstemperaturen geben, werden in einer Innenfeuerung zu geringe Temperaturen liefern, so daß die rauchfreie Verbrennung, ja vielleicht die Fortdauer des Verbrennungsvorganges überhaupt, in Frage gestellt würde (§ 49). Vorfeuerung hält bei Verbrennung armer Brennstoffe die Wärme zunächst zusammen und sichert eine ausreichende Temperatur. Umgekehrt wächst die Temperatur leicht zu hoch an, wenn reiche Brennstoffe, wie bessere Steinkohlenarten, in einer Vorfeuerung verbrannt werden. Die Schamottewände des Feuerraumes leiden unter der zwecklos hohen Temperatur und häufige Reparaturen sind die Folge.

Die Beschickung der Feuerung mit Brennstoff kann von Hand, durch Aufwerfen der Kohle auf den Rost mittels Schaufeln, erfolgen oder auf mechanischem Wege durch mannigfache Einrichtungen, die die Kohle in den Feuerraum kontinuierlich einführen. Nach dem heutigen Stande der Technik ist die mechanische Beschickung für größere Anlagen unbedingt zu empfehlen. Nicht als ob man dadurch in die Lage käme, weniger intelligente Heizer zu verwenden. Es ist als ein schwerer Fehler vom Standpunkt der Sparsamkeit aus zu bezeichnen, wenn zum Heizen, sei es von Hand, sei es mechanisch, anderes als das beste Personal herangezogen wird. Die Ersparnisse, die ein verständiger Heizer durch aufmerksame Bedienung der Feuerung erzielen kann, sind viel größer als der Mehrlohn gegenüber einem ungelernten Arbeiter ausmacht. Zur Bedienung der mechanischen Feuerungen ist ebensoviel oder mehr Aufmerksamkeit und Verständnis erforderlich wie zum Bedienen des gewöhnlichen Planrostes. Wo man die Kohle nicht nur mechanisch in den Verbrennungsraum bringt, sondern sie auch auf mechanischem Wege den einzelnen Kesseln zuführt, so daß also den Heizern jede körperliche Arbeit abgenommen wird und nur die Aufsicht und Regelung bleibt, da kann man freilich Ersparnisse erzielen, indem ein Heizer mehrere Kessel zu bedienen in der Lage ist. Doch lohnen sich solche Einrichtungen gegenwärtig nur bei sehr großen Anlagen und bei sehr hohen Lohnsätzen.

Wenn für unsere Zwecke hauptsächlich die Einführung der Kohle in den Verbrennungsraum in Frage kommt, während das Herbeischaffen der Kohle und ihr Einfüllen in einen Fülltrichter durch Menschenhand besorgt wird, so kann man auf Ersparnis an Löhnen kaum rechnen; wohl aber erzielt man durch diese Einrichtungen eine wirtschaftlichere und eine besser rauchfreie Verbrennung als durch die Beschickung des Rostes von Hand. Das kommt daher, weil die gleichmäßige Beschickung an die Stelle der periodischen tritt. Dadurch entfällt die beim Aufschütten großer Kohlenmengen auf einmal eintretende Entwickelung von Schwelgasen, die zu ihrer Verbrennung großer Luftmengen und hoher Temperaturen bedürfen (§ 49), zwei Bedingungen, die sich insofern widersprechen, als durch die Einführung der größeren Luftmenge die Temperatur im Feuerraum gerade herabgesetzt wird, wie sie auch schon durch das vorhergehende Öffnen der Feuertür herabgesetzt worden war.

Die Heizkessel unterliegen wie alle nicht mit Standrohren versehene Kessel der behördlichen Genehmigung und nach erfolgter Aufstellung der behördlichen Abnahme und dauernden Überwachung. Auf die einzelnen Bestimmungen in dieser Hinsicht brauchen wir an dieser Stelle nicht einzugehen. Man findet sie beispielsweise im Taschenbuch der Hütte zusammengestellt.

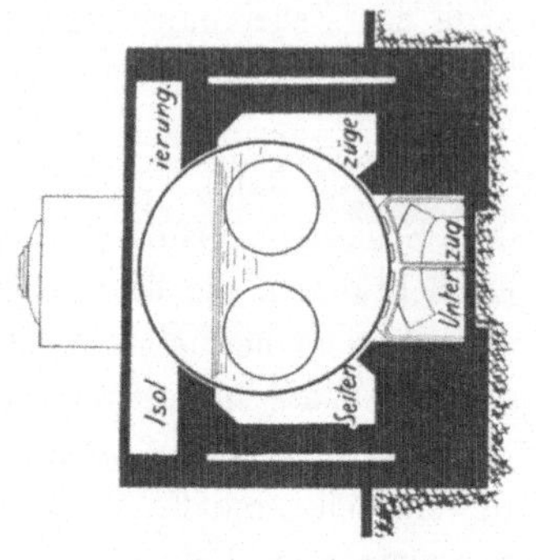

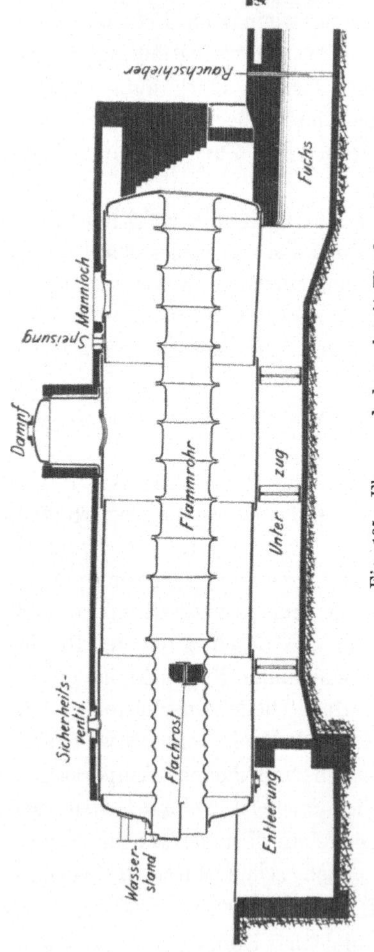

Fig. 195. Flammrohrkessel mit Flachrostfeuerung.

172. Dampfkesselformen. Es wird hiernach möglich sein, einige Kesselformen, die nur Beispiele für die überhaupt in Frage kommenden sein sollen, in ihrer Verwendbarkeit von Fall zu Fall zu beurteilen.

Der Flammrohrkessel Fig. 195 besteht aus einem zylindrischen Mantel, der jederseits durch gewölbte Böden abgeschlossen ist. Das Kesselinnere wird von zwei in die Böden eingesetzten Flammrohren durchsetzt. Die Roste liegen im Innern der Flammrohre; die Rauchgase gehen durch die Flammrohre hin, durch zwei gemauerte Seitenzüge nach vorn zurück, endlich durch einen Unterzug nochmals nach hinten und zum Fuchs. Seltener werden die Flammrohrkessel mit einem oder aber mit drei Flammrohren ausgeführt, für ärmere Brennstoffe führt man sie auch wohl statt mit Innen- mit Vorfeuerung aus, die dann in Form eines gemauerten Verbrennungsraumes vor die Front des Kessels gesetzt wird (Fig. 199). Doch geht damit einer der Hauptvorzüge des Kessels, nämlich die vorzügliche Wärmeausnutzung etwas verloren. Diese beruht nämlich beim Flammrohrkessel darauf, daß die Teile, in denen die heißesten Rauchgase sich befinden, fast allseits von Wasser umgeben sind, so daß Wärmeverluste nicht möglich sind. Die Seitenzüge können zwar nach außen Wärme verlieren, in ihnen herrschen aber schon viel niedrigere Temperaturen. Die Rauchgase, die bei der Verbrennung über 1000° haben, pflegen mit nicht mehr als 500° aus den Flammrohren zu treten, und diese Temperatur nimmt in den gemauerten

Zügen noch auf 200 bis 300° C ab; so treten sie in den Fuchs. Die Zahlenangaben sind natürlich überschlägliche und von der Betriebsführung abhängig.

Der Flammrohrkessel ist wie jeder Kessel als ein statisches Bauwerk zu betrachten; er selbst und die Ummauerung müssen so aufgestellt werden, daß ihre beträchtlichen Gewichte entsprechend aufgenommen werden, auch so, daß die Wärmedehnungen möglichst wenig Risse verursachen und daß die Wärmeabgabe nach außen möglichst vermindert wird. Die Ausführung des Mauerwerks zeigt die Fig. 195, sie läßt auch Luftschichten an den Seiten des Kessels und eine Schlackenisolierung am Oberteil erkennen. Das Mauerwerk wird in Lehm aufgeführt, weil Kalkmörtel selbst mäßiger Hitze nicht widersteht. Die dem Feuer am meisten ausgesetzten inneren Begrenzungen werden aus Schamottsteinen in Schamottmörtel aufgeführt. Für die äußere Verkleidung nimmt man gern glasierte Steine, nicht der Schönheit, sondern der Luftundurchlässigkeit wegen (S. 89), man wählt wohl auch ein etwas größeres Steinformat für sie, um zu gleichem Zweck schwächere Fugen zu erhalten.

Der Flammrohrkessel nimmt eine große Wassermenge auf und hat eine große Verdampfungsoberfläche, er ist also in jeder Hinsicht vorzüglich. Seine Nachteile sind, daß er bei höheren Drucken teuer wird, weil die großen Durchmesser große Blechstärken verlangen, und ferner seine große Baulänge. Diese bedingt eine große Grundrißausdehnung, außerdem gibt aber auch das lange Flammrohr leicht zu Betriebsschwierigkeiten Anlaß, wenn es wärmer wird und sich daher stärker ausdehnt als der Kesselmantel. Trotz elastischer Ausführung der Flammrohre, die in Fig. 195 durch Verwendung von Stufenrohren und Wellrohren erstrebt wird, werden die Vernietungen an den Stirnwänden doch leicht leck.

Das führt zur Verwendung von Doppelkesseln, die die vorteilhafte Innenfeuerung mit einer geringeren Baulänge zu vereinigen streben. Bei ihnen ist die Kessellänge gewissermaßen in zwei Teile geteilt und der hintere Teil auf den vorderen gesetzt. Der Unterkessel wird wieder als Flammrohrkessel ausgebildet, in dessen Flammrohren die Verbrennung stattfindet, der Oberkessel kann auch mit Flammrohren versehen sein (Fig. 196), oder er hat Rauchröhren (Fig. 197), das sind zahlreiche engere Rohre von 50 bis 100 mm Durchmesser, die von den Rauchgasen durchstrichen werden. Der Weg der Rauchgase ist in beiden Figuren durch Ziffern kenntlich gemacht.

Bei den Doppelkesseln wird in dem gemauerten Verbindungsstück zwischen Unter- und Oberkessel naturgemäß noch eine höhere Temperatur herrschen; das hat geringere Dauerhaftigkeit des Mauerwerks zur Folge, auch wenn es ein Schamottfutter erhält; das bedingt aber auch größere Wärmeverluste nach außen. Doch ist der Wirkungsgrad auch dieser Kessel befriedigend, weil sie eine sehr weitgehende Entwicklung der Züge haben. Doch ist daran zu erinnern, daß mit einer Vergrößerung der Heizfläche die weiter vom Feuer abliegenden Teile der Heizfläche von um so kälteren Gasen bestrichen und daher um so weniger wirken werden. Daher hält mit der Vergrößerung der Heizfläche die Vermehrung der Dampferzeugung nicht gleichen Schritt. Die mit einem Quadratmeter Heizfläche erzielbare Dampfmenge nimmt, auf den ganzen Kessel bezogen, ab; während man für einfache Flammrohrkessel mit 23 bis 28 kg Dampferzeugung pro Quadratmeter Heizfläche zu rechnen pflegt, darf man bei einem Doppel-Flammrohrkessel nur auf 16 bis 20 kg pro

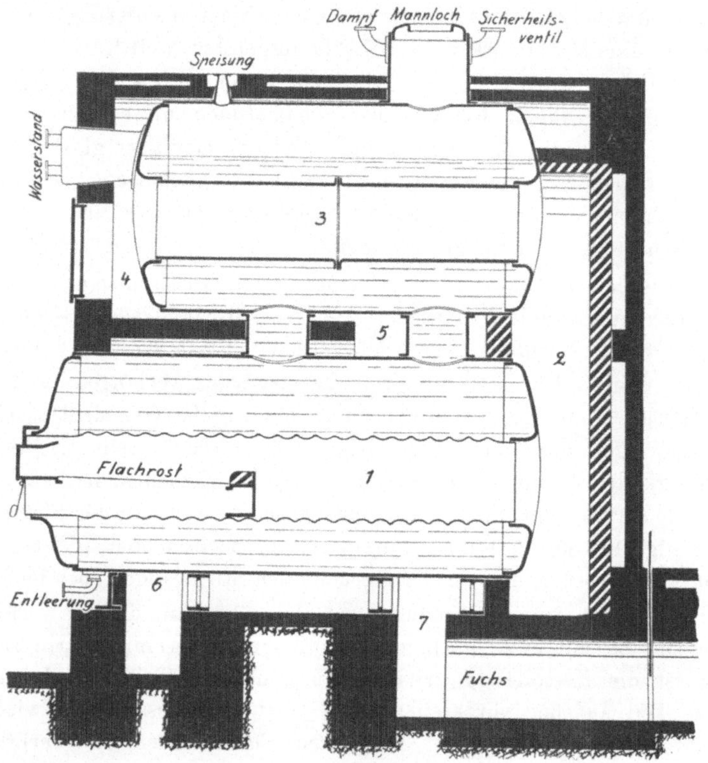

Fig. 196. Flammrohr-Doppelkessel, ein Dampfraum, Flachrostfeuerung.

Quadratmeter der gesamten Heizfläche rechnen. Es spricht sich das auch darin aus, daß Versuche mit getrennter Speisung des Ober- und des Unterkessels, die beide etwa gleiche Heizflächen hatten, ergaben, daß der Oberkessel nur etwa $^1/_4$ soviel Dampf erzeugte wie der Unterkessel. Der Wirkungsgrad kommt in beiden Kesseltypen auf 75 $^0/_0$ bei normaler Beanspruchung.

Ein wesentlicherer Unterschied zwischen den beiden Figuren als die verschiedenartige Ausführung des Oberkessels ist übrigens in folgendem zu erblicken. Der Kessel Fig. 196 hat nur einen Dampfraum im

Oberkessel, der Rauchröhrenkessel Fig. 197 hat indessen zwei Dampfräume, die durch ein Rohr miteinander verbunden sind. Der Dampf wird aus dem Oberkessel entnommen. Die Speisung geschieht nur in den Oberkessel hinein, und aus diesem läuft, sobald sein höchster Wasserstand überschritten wird, Wasser in den Unterkessel hinab. Bei anderen Ausführungsformen werden auch wohl beide Kessel getrennt gespeist, auch wohl der Dampf getrennt entnommen. Man übersieht, daß der Kessel mit zwei Dampfräumen eine größere Verdampfungsoberfläche hat, der Kessel mit einem Dampfraum aber größeren Wasserinhalt. Ersterer ist also überlegen in der Lieferung trockenen Dampfes, letzterer in der Nach-

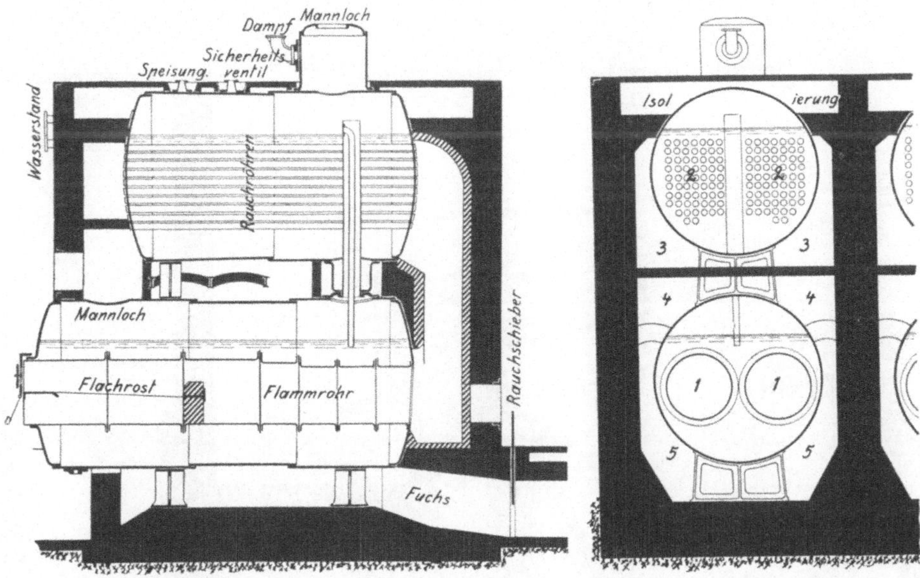

Fig. 197. Flammrohr-Rauchröhren-Doppelkessel, zwei Dampfräume, Flachrostfeuerung.

giebigkeit bei Betriebsschwankungen. Im allgemeinen dürfte der doppelte Dampfraum vorzuziehen sein, da der Wasserinhalt auch so schon nicht gering ausfällt.

Eine ganz andere Kesselform ist der Wasserrohrkessel Fig. 198. Er besteht aus einem Oberkessel, in dem der Dampf abgeschieden wird, und den darunter liegenden Wasserröhren, die geneigt liegen, so daß, wenn sich Dampfblasen bilden, der Auftrieb eine energische Bewegung zur linken Wasserkammer und in den Oberkessel hinein einleitet; entsprechend fließt durch die rechts sichtbare Rohranordnung und durch die rechte Wasserkammer Wasser aus dem Oberkessel den Wasserröhren zu. Die Wasserröhren sind in die beiden rechteckig-flachen Wasserkammern eingewalzt. Deckel in der äußeren Wand der Wasserkammern gestatten die Reinigung der Röhren, wenn der Kessel entleert ist. Die Feuerung ist jedenfalls eine Vorfeuerung. Sie kann einen Planrost haben, in Fig. 198 indessen ist sie als Kettenrost ausgebildet; wir kommen gleich auf ihn zu sprechen. Die Rauchgase werden durch Schamottplatten, die in passender Weise zwischen die Wasserröhren gelegt sind, in mehrfachen Windungen um diese und den Oberkessel herumgeführt und gehen endlich zum Fuchs. Zur Regelung dient in diesem Fall nicht ein Rauchschieber, sondern eine Rauchklappe. Das ist besser, weil die Rauchschieber Nebenluft einzulassen pflegen.

Die Wasserrohrkessel werden billiger als Flammrohrkessel, weil alle Rohrdurchmesser kleiner sind, und daher die Wandstärken, außer bei

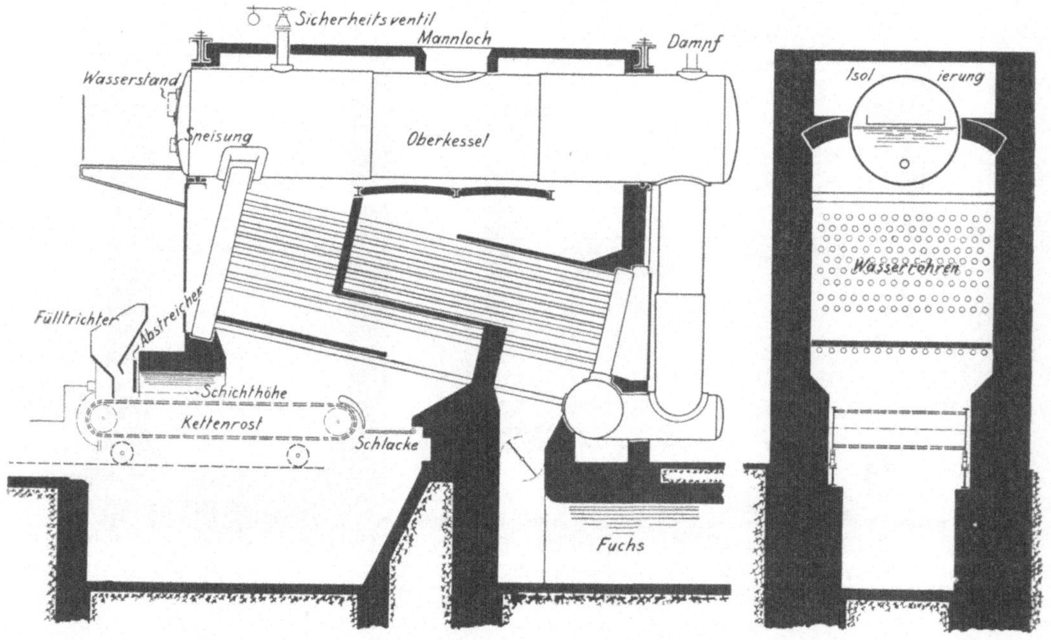

Fig. 198. Wasserrohrkessel mit Kettenrostfeuerung.

den ebenen Wasserkammerwänden, klein ausfallen. Die geringere Wandstärke aber wirkt auf geringeren Preis hin. Wasserrohrkessel sind zur Erzielung sehr hoher Drucke geeignet, wie sie für maschinentechnische Zwecke, nicht aber für heiztechnische verlangt werden. Ihr Wasserinhalt und ihre Verdampfungsfläche sind klein. Alles das macht sie für unsere Zwecke weniger geeignet. Auch ihr Wirkungsgrad ist, weil sie notwendig Vorfeuerung haben, leicht etwas geringer als der von Flammrohrkesseln, gleiche Beanspruchung der Heizfläche vorausgesetzt; oder aber, zur Erzielung gleich guten Wirkungsgrades muß man mit mäßigen Beanspruchungen der Heizfläche rechnen. Man kann bei einer Verdampfung von 16 kg pro Quadratmeter Heizfläche auf Wirkungsgrade bis zu 70 %

rechnen. Eine gute Eigenschaft der Wasserrohrkessel, neben geringem Preis und geringem Raumbedarf, ist die, daß sie wegen ihres geringen Wasserinhaltes schnell anzuheizen sind. Es kann also wohl in Frage kommen, in größeren Anlagen den einen oder anderen Kessel als Wasserrohrkessel auszuführen, um plötzlichem Wärmebedarf besser gewachsen zu sein.

173. Feuerung der Kessel. Die Feuerung der Kessel Fig. 195 bis 197 ist mit einem Flachrost versehen, dessen genauere Beschreibung wohl überflüssig ist. Der Flachrost ist nicht geeignet für sehr feinkörnige oder staubartige Brennstoffe oder für solche, die beim Verbrennen staubförmig werden (§ 46). Von solchen Brennstoffen würde eine beträchtliche Menge durch den Rost hindurchfallen. Für solchen Brennstoff muß man daher den Treppenrost verwenden, bei dem die einzelnen Roststäbe eine Art Treppe bilden, an denen der Brennstoff hinabgleitet, während die Luft im wagerechten Sinne in den Brennstoff eintritt (Fig. 199).

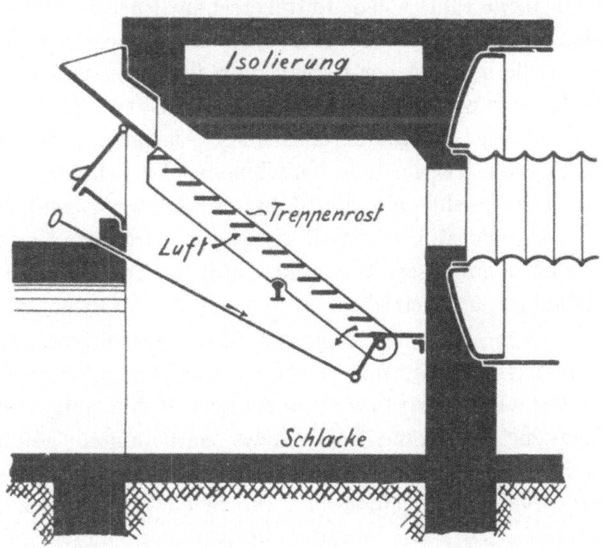

Fig. 199. Treppenrost-Vorfeuerung für einen Flammrohrkessel.

Wir haben an anderem Orte (§ 49) hervorgehoben, daß die Verhütung des Rauches dadurch möglich ist, daß die aus Steinkohlen zunächst sich entwickelnden Schwelgase noch durch eine so hohe Temperatur hindurch geführt werden, wie zu ihrer vollkommenen und rußfreien Verbrennung erforderlich ist, wobei noch vorausgesetzt ist, daß gleichzeitig auch die Luftmenge zugeführt wird, deren die plötzlich sich entwickelnden Gase zur vollkommenen Verbrennung bedürfen. Der geübte Heizer bedient daher den Flachrost so, daß er vor dem frischen Beschicken des Rostes die in starker Glut befindlichen verkokten Kohlen nach hinten schiebt und den frischen Brennstoff vorn auf den Rost gibt; außerdem hat er nach beendeter Beschickung zunächst die Aschfalltüre und den Rauchschieber weiter zu öffnen als im normalen Betriebe. Zur Vermeidung unnötiger Essenverluste muß der Heizer dann nach erfolgter Verkokung der Kohlen die Luftmenge wieder mäßigen; zu dem gleichen Zwecke muß er auch durch gleichmäßige Verteilung des Brennstoffes auf dem Rost dafür sorgen, daß überall die gleiche, eben genügende Luftmenge zur Kohle tritt und daß nicht an stark belegten Stellen zu wenig, an schwach belegten Stellen zu viel Luft durch die Kohle hindurch gesaugt wird. Insbesondere muß der Heizer streng darauf achten, daß nirgends, auch nicht in den Ecken, Teile des Rostes ganz von Kohlen entblößt sind, so daß durch sie nutzlos Luft angesaugt wird. Der Heizer beschickt die beiden Flammrohre abwechselnd, um die Dampferzeugung gleichmäßiger zu gestalten.

So gelingt es geübten Heizern, mit dem gewöhnlichen Planrost eine leidlich rauchfreie Verbrennung bei durchweg nur geringem Luftüberschuß zu erzielen, zumal wenn ein selbsttätiger Rauchgas-Analysator die Möglichkeit gewährt, den Luftüberschuß jederzeit zu erkennen. Bequemer sind gute Verhältnisse aber offenbar zu erreichen, wenn die periodischen Schwankungen in der Beschickung fortfallen und wenn die Kohle dauernd eingeführt wird. Eine selbsttätige Beschickung kann durch das Abwärtssinken der Kohle, also unter Ausnutzung der Schwerkraft erfolgen, oder unter Verwendung maschineller Einrichtungen. Wünschenswert ist es, wenn nicht nur die Kohle selbsttätig zugeführt, sondern auch die Schlacke selbsttätig vom Rost entfernt wird; das Entfernen derselben durch Abstoßen mit eisernen Krücken bedeutet immer eine Störung in der Gleichmäßigkeit des Betriebes.

Von den selbsttätigen Beschickungseinrichtungen ist der Kettenrost wohl am verbreitetsten. Auf ein aus kurzen Gußeisengliedern bestehendes endloses Band wird vorn andauernd Kohle aufgeschüttet und durch die langsame Bewegung des Bandes nach hinten geführt. Der Brennstoff verkokt und die Gase müssen durch die hinten liegenden heißen Gegenden des Feuerraumes hindurch. Die Schlacke wird am Ende selbsttätig abgestreift. In eine weitere Besprechung dieser in Fig. 198 mit dargestellten Einrichtung wollen wir nicht eintreten, da der Kettenrost eigentlich nur für Wasserrohrkessel verwendbar ist; in Flammrohren ist kein Platz, ihn unterzubringen, wenn man nicht Vorfeuerung anbringen will. Er kommt also für Heizzwecke leider wenig in Frage.

Auch für Flammrohrkessel hat man mechanische Beschickung zu erreichen gesucht, ohne daß doch noch unseres Wissens irgend eine Konstruktion betriebstechnisch mit dem Kettenrost vergleichbar wäre. Man hat eine Art mechanisch bewegter Schaufel zum Werfen der Kohle auf den Rost verwendet. Bei dieser Katapultfeuerung fällt, wenn die Schaufel zurückgeht, Kohle aus einem Fülltrichter herab in den freigewordenen Raum. Die Schaufel schnellt dann, durch Federkraft getrieben, nach vorn und wirft die Kohle auf den Rost. Die Schwierigkeit ist die gleichmäßige Verteilung auf dem Rost, auch haben diese Feuerungen durchweg etwas rohes an sich. Eine andere, wie es scheint nicht aussichtslose Art der mechanischen Beschickung von Flammrohrkesseln ist durch die erst kürzlich in Aufnahme kommende Unterschubfeuerung versucht worden (Fig. 200).

Der in das Flammrohr eingebaute Rost ist eigenartig gestaltet, er besteht aus zwei nach den Seiten abfallenden, zur Luftzufuhr durchbrochenen Teilen, zwischen und unter denen eine Schneckenförderrinne angebracht ist. In dieser oben offenen Rinne dreht sich langsam ein Schneckenrad. Die Rinne und das Schneckenrad verjüngen sich nach hinten zu. Durch die Bewegung der Schnecke wird die Kohle von vorn nach hinten geschoben. Wegen der Verjüngung des ihr zur Verfügung stehenden Raumes werden aber allmählich Teile der Kohle durch den Schlitz nach oben auf den Rost gedrückt, quellen aus der auf dem Rost vorhandenen Kohle hervor und fallen zur Seite auf die dort glühende Kohle. So findet bei richtiger Bemessung der einzelnen Teile eine gleichmäßige Beschickung des Rostes statt; allerdings darf nur Kohle passender Körnung angewendet werden. Eine selbsttätige Entfernung der Schlacke findet weder bei der Katapult- noch bei der Unterschubfeuerung statt.

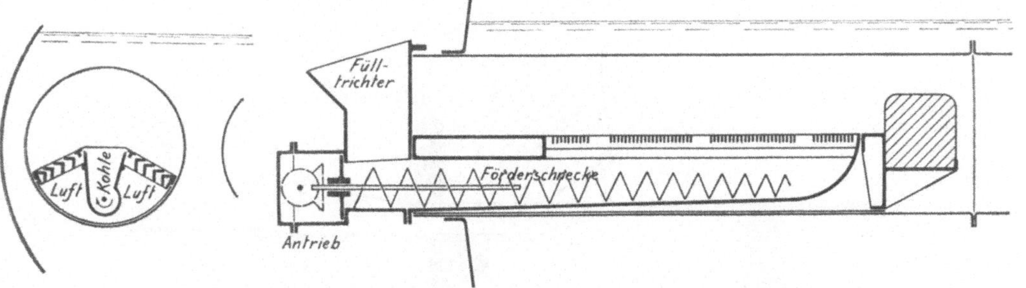

Fig. 200. Unterschub-Feuerung für Flammrohrkessel.

Endlich hat man auch die kontinuierliche Beschickung von Flammrohrkesseln möglich zu machen gesucht in der durch Fig. 201 dargestellten Weise. Ein einziges Flammrohr ist im Vorderteil durch Einfügung konischer Schüsse so sehr erweitert, daß die Höhenerstreckung für den Einbau eines Schrägrostes ausreicht. Ein in das Flammrohr eingezogener Quersieder ist über dem Schrägrost angebracht und eine Schamottwand zwingt die Feuergase über diesen Quersieder herüberzugehen. Die Beschickung erfolgt von oben durch einen Trichter, der Brennstoff rutscht durch seine Schwerkraft nach unten, die Neigung des Rostes ist gleich dem Böschungswinkel des Brennstoffes gewählt, so daß er in überall gleicher Schichtstärke darauf liegt. Unten bildet sich eine Schlackenhalde und hindert den Eintritt von Nebenluft um das Unterende des Rostes herum. Die frische Kohle liegt auf der oberen, die durchgebrannte auf der unteren Hälfte des Rostes, die heißen Verbrennungsgase der durchgebrannten Kohle streichen also rückkehrend über die frische Kohle, deren Schwelgase verbrennend (rückkehrende Flamme). Die Anwendung nur eines Flammrohres in dem Kessel, zu der die Anwendung des Schrägrostes wegen der vorderen Erweiterung des Flammrohres zwingt, vermindert den Wasserraum und meist auch die Heizfläche einer bestimmten Kesselgröße.

Als eine einwandsfreie Lösung der Frage, wie Flammrohrkessel zu beschicken seien, ist also auch diese Anordnung nicht anzusehen. Diese Frage ist als ungelöst zu bezeichnen, dürfte aber gegenwärtig die wichtigste im Dampfkesselbau sein.

174. Hochdruckdampfleitungen. Die Rohrleitungen für hochgespannten Dampf werden heute durchweg aus Schmiedeisenrohren hergestellt, die entweder von einer Längsschweißnaht oder mit einer Spiralschweißnaht versehen sind, oder die auch nahtlos sind. Gußeisenrohre sind für alle Leitungen, die Temperaturschwankungen unterliegen, mit Recht verdrängt worden. Die plötzlich in Gußeisen auftretenden Risse bildeten eine dauernde Gefahr und erst die Verwendung des Schmiedeeisens (Flußeisen oder -stahl)

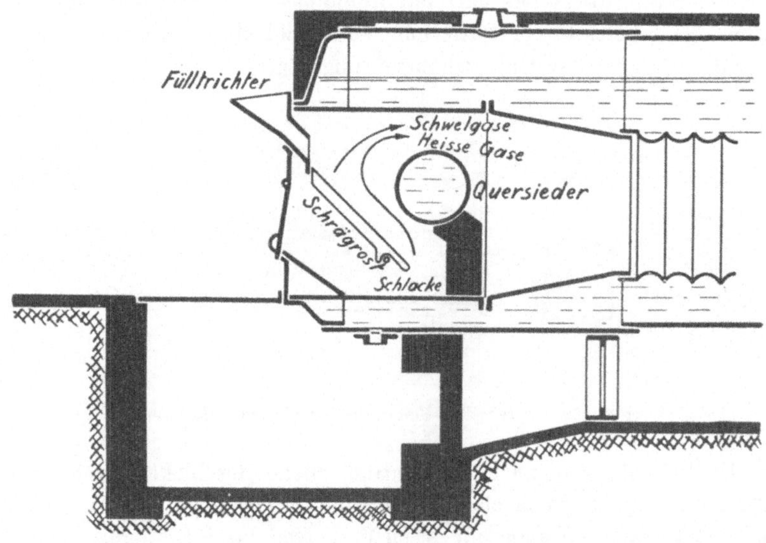

Fig. 201. Schrägrost-Feuerung mit rückkehrender Flamme, Bauart Tenbrink-Kuhn.

gestattete hohe Dampfspannungen. Nur für Formstücke — Krümmer, T-Stücke, verjüngte Verbindungsstücke und ähnliche — verwendet man Gußeisen, wenn es sich nicht um nicht allzu hohe Spannungen bis zu etwa 8 at hinauf handelt. Für die höchsten Spannungen wird für die Formstücke ausschließlich Stahlguß verwendet.

Die Verbindung der Rohre miteinander geschieht durch Flansche, in die entweder das Rohr fest eingewalzt wird oder durch die es nur lose hindurchgesteckt wird. Im letzteren Falle wird ein Bordring von kleinerem Durchmesser als der Flansch auf das Rohr aufgelötet. Diese Rohrverbindungen kennen wir schon aus Fig. 100, nur sind sie für Hochdruckdampf entsprechend sorgfältiger auszuführen. Nicht selten tritt auch an Stelle des Bordringes ein Umbördeln des Rohres selbst in solcher Weise, daß das scheibenartig umgebördelte Rohrende die Stelle des Bordringes versieht.

Als Dichtungsmaterial für Hochdruckdampfleitungen werden die verschiedensten Dichtungsplatten verwendet. Bewährt ist die unter dem Namen „Klingerit“ bekannte Platte, auch Kupfer und Asbest werden in verschiedenster Form und Zusammenstellung verwendet.

Die Isolierung von Dampfleitungen gegen Wärmeverluste geschieht am besten dadurch, daß man die Leitung zunächst in einigem Abstand mit Blech umgibt, so daß zwischen dem Rohr selbst und diesem Blech eine oder wohl auch zwei ruhende Luftschichten entstehen. Auf die Oberfläche dieser Bleche werden dann Seidenzöpfe gewickelt, die aus Seidenabfällen in Form langer Schnüre hergestellt werden. Nur für Dampf von sehr hoher Temperatur, für überhitzten Dampf, wie er bei Heizanlagen verhältnismäßig selten vorkommt, haben sich Seidenzöpfe, weil sie verkohlen, nicht bewährt. Die Seidenzöpfe werden noch, um die äußere Glätte zu geben, mit einem Kieselguhr-Überzug versehen. Zum Zusammenhalten des Ganzen wird eine Lage Nesseltuch herumgewickelt. Ein am besten doppelter Ölfarben-Anstrich gibt das äußerliche Ansehen. Unter den mannigfachen anderen Wärmeschutzmitteln sind insbesondere noch Korkschalen zu erwähnen, die in auf die Rohre passenden Stücken im Handel zu haben sind; sie werden hergestellt aus Korkabfällen mit Gips als Bindemittel. Diese um die Leitung herumgelegten Schalen werden mit Gips aufgekittet, durch einen Gips- oder Kieselgur-Aufstrich wird für äußere Glätte gesorgt. Dann wird das Ganze wieder mit Nesseltuch umwickelt und mit Ölfarbe bestrichen. Durch solche Wärmeschutzmittel vermindert man die Wärmeabgabe auf $^1/_4$ bis $^1/_5$ dessen, was die nackten Rohre abgeben würden.

Preise von Rohren und Wärmeschutzmitteln gaben wir in Fig. 99.

Die Hochdruckdampfleitungen erfordern große Sorgfalt und Aufmerksamkeit beim Entwurf und bei der Verlegung, insbesondere in der Hinsicht, daß einerseits keine Ansammlung von Wasser zu Wasserschlägen führen kann, andererseits, daß die Rohre sich unter dem Einfluß der ziemlich großen Temperatur-Unterschiede frei ausdehnen können. Behufs Entwässerung werden die Rohre mit Gefälle in solcher Richtung verlegt, daß das mit dem Dampf ankommende oder von ihm in der Rohrleitung durch Abkühlungsverluste abgesetzte Wasser in der Richtung des Dampfes mitgenommen wird. Wo man dann genötigt ist, aus der abfallenden Richtung in eine ansteigende überzugehen, muß eine Entwässerung vorgesehen werden.

Für die Entwässerung bei Hochdruckdampfleitungen ist die Wasserschleife (§ 105) nicht zu verwenden, weil sie eine zu große Länge haben müßte, die in der Höhe des Gebäudes nicht zur Verfügung steht. Der halbrunde Wasserableiter, Fig. 114, gibt für Hochdruckdampf nicht immer einen genügend dichten Abschluß. Doch wird er zur Entwässerung kleinerer Leitungen verwendet.

Der übliche Wasserableiter für Hochdruckdampf ist der Kondenstopf, dessen einfachste Ausführungsform Fig. 202 darstellt. Das Wasser geht in einen eisernen Topf hinein, in dem sich ein kupferner, oben offener Schwimmer befindet. In dem Maße, wie sich das Wasser unter dem Schwimmer ansammelt, hebt sich der Schwimmer und schließt das Ventil und daher den Weg für den Dampf. Das Wasser wird schließlich über den Rand des Schwimmers nach innen laufen und allmählich den Schwimmer so weit belasten, daß er herabsinkt. Das im Schwimmerinnern befindliche Wasser wird nun durch den Druck des Dampfes selbst durch das Ventil hindurch und durch den rechten Flansch ins Freie gedrückt, entweder in die Kanalisation oder in einen Behälter, aus dem es als Speisewasser wieder entnommen wird. Der Schwimmer geht wieder aufwärts und verschließt das Ventil, sobald genügend viel Wasser fortgedrückt ist. Der Topf arbeitet also absatzweise.

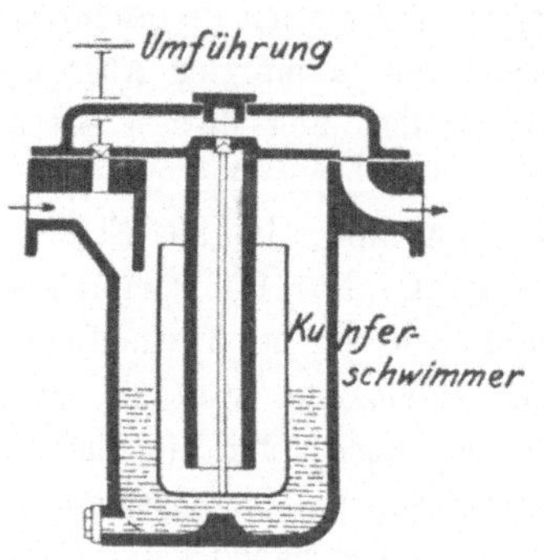

Fig. 202. Kondenstopf.

Beim Anstellen der Rohrleitungen werden zur Anwärmung der Eisenteile große Dampfmengen niedergeschlagen und sind abzuführen. Dieser großen, plötzlich auftretenden Wassermenge sind die eingebauten Kondenstöpfe meist nicht gewachsen, deshalb versieht man sie mit einer Umführung, wie Fig. 202 es erkennen läßt. Durch Öffnen des Umführungsventiles wird das Wasser unmittelbar abgeführt. Besser ist die Anwendung einer besonderen, durch Ventil absperrbaren Umführungsleitung nach Fig. 204. Zwei weitere Ventile gestatten es auch, den Kondenstopf ab-

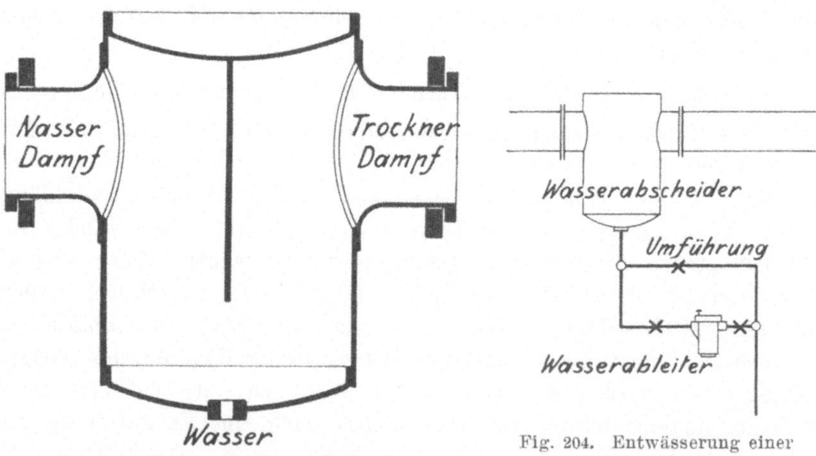

Fig. 203. Hochdruck-Wasserabscheider.

Fig. 204. Entwässerung einer Hochdruckleitung.

zusperren, wenn es nötig ist, ihn nachzusehen. Auch dann tritt die Umgehungsleitung in Tätigkeit. An die Stelle der Rohrleitung, wo das Wasser entnommen werden soll, setzt man gern noch einen Wasserabscheider, der, meist durch Schleuderwirkung, die Wassertröpfchen vom Dampf trennt. Ihre Einrichtung kennen wir aus § 105. Fig. 203 zeigt eine aus Blech herzustellende und für hohen Druck geeignete Form.

Kondenstöpfe beanspruchen — im Gegensatz zu den aus § 105 bekannten Entwässerungseinrichtungen, der Schleife und dem Federableiter — einen gewissen Druck zum Hindurchpressen des Wassers; sie lassen außerdem — im Gegensatz zum Federableiter — keine Luft durch. Deshalb sind sie für Niederdruckdampfheizungen selten verwendbar.

Die **Wärmeausdehnung** eiserner Rohre beträgt etwa $^1/_{800}$ ihrer Länge bei 100° Temperaturänderung. Haben wir also bei gesättigtem Dampf mit Temperaturunterschieden von 150° und mehr zu rechnen, so ergibt sich für eine 20 m lange Rohrleitung eine Ausdehnung um 38 mm. Daß solche Ausdehnung nicht unbeachtet bleiben darf, ist klar.

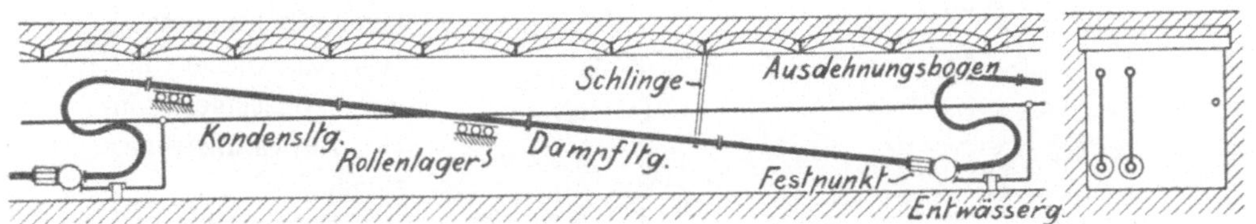

Fig. 205. Hochdruckdampfleitungen im Rohrkanal einer Fernheizung.

Man trägt ihr Rechnung, indem man jedes geradlinige Stück eines Rohrstranges nur an einer Stelle fest lagert. Dies geschieht durch kräftige Verankerung der Leitung an genügend kräftigem Mauerwerk. Wo sonst eine Unterstützung der Rohrleitung erforderlich ist, muß sie dem Rohr die für Längenänderungen nötige Beweglichkeit lassen. Man legt daher das Rohr auf Kugel- oder Rollenlager, die ihrerseits auf einer Konsole ruhen, oder man hängt sie in einer Schleife von solcher Länge auf, daß die Tatsache bedeutungslos wird, daß das Ende der Schleife sich auf einem kleinen Kreisbogen bewegt. Fig. 205 läßt diese Anordnungen, sowie auch das folgende erkennen.

An dem dem Festpunkt abgekehrten Ende der Rohrleitung muß die horizontale Bewegung der Leitung ausgeglichen werden. Zum Ausgleich der Längenbewegungen verwendet man Bogenstücke von genügender Nachgiebigkeit. Fig. 206 zeigt eine Form, die häufig aus Kupferrohr, neuerdings aber meist aus Stahlrohr gebogen wird; mit Kupferrohr hat man die Erfahrung gemacht, daß es bald brüchig wird. Der Querschnitt des Rohres ist im Bogen wohl oval, um die Biegsamkeit zu vergrößern; an den Flanschen muß er natürlich wieder in die kreisrunde Form übergeführt werden. Solche Ausdehnungsbogen haben je nach ihrer Größe eine Nachgiebigkeit, die zum Aufnehmen des Schubes einer Leitung bestimmter Länge genügt. Sie werden so in die Leitung eingebaut, daß sie im kalten Zustand auseinander gebogen sind, soweit es zulässig ist; bei der höchsten Temperatur sind sie zusammengebogen, soweit es geht, und bei mittlerer Temperatur wären sie spannungslos. Man erreicht auf diese Weise den doppelten Hub, als wenn man die Bogen spannungslos einbauen wollte. Eine andere Form des Bogens zeigte bereits Fig. 205.

An Stelle der Bogen verwendet man neuerdings Metallschläuche, etwa in der Anordnung Fig. 207. Die Metallschläuche haben eine große Nachgiebigkeit bei großer Widerstandsfähigkeit gegen Druck- und Formänderung.

Eine andere Form des Metallschlauches ist das Spiralrohr. Die Wandungen dieses Rohres sind nicht glatt, sondern durch ein mechanisches Verfahren in Spiralen gelegt. Diese Rohre nehmen, glatt in das Dampfrohr eingebaut, einen gewissen horizontalen Schub auf durch die Nachgiebigkeit ihrer Wandung selbst. Man hat dadurch den Vorteil, daß der Dampf keine Richtungsänderung zu machen hat, und vermeidet daher Bewegungswiderstände.

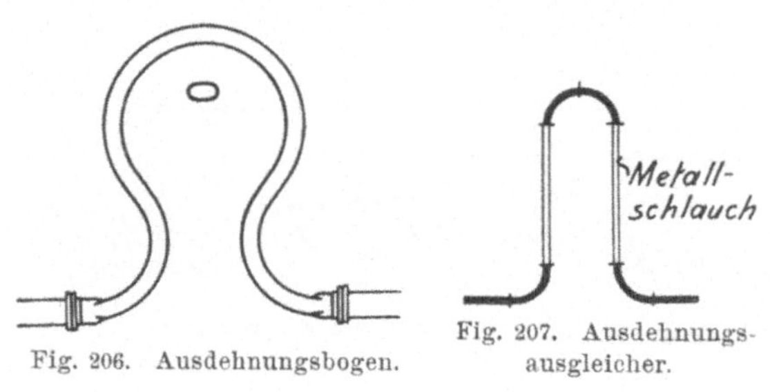

Fig. 206. Ausdehnungsbogen.

Fig. 207. Ausdehnungsausgleicher.

Für richtige Unterstützung der Ausdehnungsstücke ist natürlich zu sorgen.

Der Längenausgleich durch Stopfbüchsenrohre ist nicht zu empfehlen.

175. Minderventile. Die Verwendung des Hochdruckdampfes geschieht oft mit niedrigerer Spannung, als sie im Kessel erzeugt wird. Dann ist eine Herabminderung des Dampfdruckes durch Minderventile (Reduzierventile) erforderlich, für den Fall, daß bei schwächerem Dampfbedarf nicht der volle Druckverlust in der Rohrleitung auftritt, auf den man gerechnet hatte.

Ein Minderventil zeigt Fig. 208. Der hochgespannte Dampf tritt rechts ein, der geminderte Dampf links aus. Die Wasserfüllung in dem Reglerzylinder wirkt auf einen Kolben, dessen Abdichtung durch eine Ledermanschette erfolgt. Auf die Wasserfüllung drückt der Druck des geminderten Dampfes. Steigt dessen Druck, so hebt sich der Kolben und schließt dadurch mittels des Hebelwerkes ein Ventil, von dem man nur das Gehäuse sieht; dadurch wird die Dampfzufuhr zu dem Rohr verminderten Druckes verringert. Ist umgekehrt der Druck hinter dem Ventil zu gering, so fällt der Regelkolben herab und das sich öffnende Ventil läßt mehr Dampf hinzutreten. In dieser Weise wird der Druck hinter dem Ventil einigermaßen gleichmäßig gehalten. Ganz gleichmäßig kann er von dem Druckregler ebensowenig gehalten werden, wie wir früher sahen, daß ein Zugregler imstande ist, konstante Temperatur des Vorlaufwassers einer Warmwasserheizung zu erreichen. Vorbedingung dafür, daß der Druckregler arbeitet, sind ja Druckänderungen, und jeder Stellung des reduzierenden Ventiles und des Kolbens wird ein bestimmter Dampfdruck zugeordnet sein. Vorausgesetzt also selbst, daß die Frischdampfspannung unverändert bleibt, wird danach die verminderte Dampfspannung je nach dem Dampfverbrauch sich etwas ändern. Sie wird sich aber weiterhin ändern, wenn bei wechselndem Dampfverbrauch nun auch der Druck vor dem Ventil schwankt. Dann werden sich je nach dem Druckunterschiede vor und hinter dem Drosselventil verschiedene Quer-

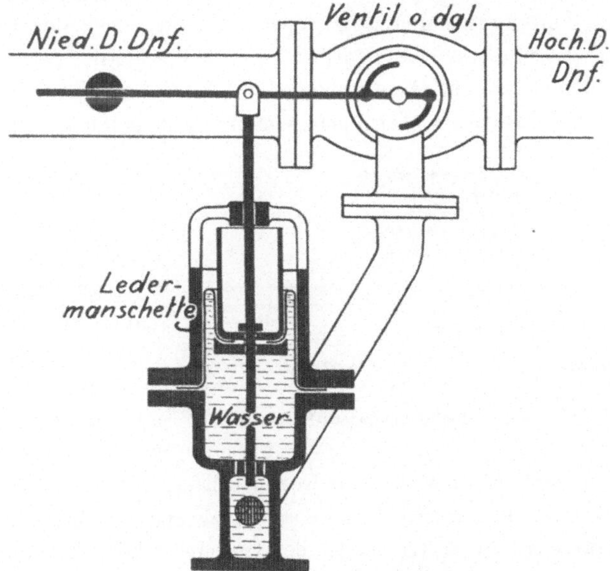

Fig. 208. Dampfdruck-Minderventil.

schnitte einstellen müssen bei gleichem Dampfverbrauch. Wir wollen auf diese Verhältnisse hier nur kurz hinweisen und nur daran erinnern, was wir anderwärts sagten (§ 118), daß es nämlich theoretisch unmöglich ist, durch mechanische Regelung wirklich konstante Verhältnisse zu erzielen.

Die Minderventile werden in vielen recht mannigfaltigen Bauarten hergestellt.

176. Heizung durch Hochdruckdampf. Wo der Hochdruckdampf selbst zum Heizen benutzt werden soll, wird sein Druck meist auf 1 bis 2 at herabgemindert. Mit diesem Druck tritt er dann in die Heizkörper. Da man indessen nie sicher sein kann, ob nicht infolge Versagens der Minderventile auch gelegentlich der volle Dampfdruck in die Heizkörper eintreten könnte, so sind nur Heizkörperformen für die Hochdruckdampfheizung verwendbar, die auch hohem Druck widerstehen. Man verwendet daher nur rohrartige Heizkörper. Da gewöhnliche Hochdruckdampfheizung nur für untergeordnete Zwecke verwendet wird, so sind Rippenrohre das übliche. Wo etwas mehr Wert gelegt wird auf gefälliges Aussehen, verwendet man Schlangen aus Schmiedeeisenrohr, die indessen bei gleicher Heizwirkung um etwa ein Drittel teurer sind (S. 170).

Bei der Hochdruckdampfheizung ist es nicht nötig, in gleicher Weise wie bei der Niederdruckdampfheizung auf Entlüftung der Heizkörper sorgfältig Bedacht zu nehmen. Denn der hochgespannte Dampf ist in der Lage, die Luft im Heizkörper zu komprimieren und sich trotz ihrer Anwesenheit Platz zu verschaffen. Dadurch wird nun die Anordnung der Hochdruckdampfheizung sehr einfach. Von der Hauptleitung (Fig. 209) zweigt eine Leitung zu den Heizkörpern ab, in denen der Dampf nach Durchlaufen eines einfachen Ventiles — Regulierventile der für Niederdruckdampf verwendeten Anordnung sind nicht üblich — eintritt. An das Ende des Heizkörpers pflegt man ebenfalls ein einfaches Absperrventil zu setzen, daraut folgt unmittelbar oder in einigem Abstand ein Kondenstopf, um Dampfverluste zu vermeiden, und schließlich wird das Kondenswasser entweder in die Kanalisation oder in eine Sammelleitung und weiter in einen Behälter gedrückt, von dem aus es wieder zur Kesselspeisung verwendet werden kann.

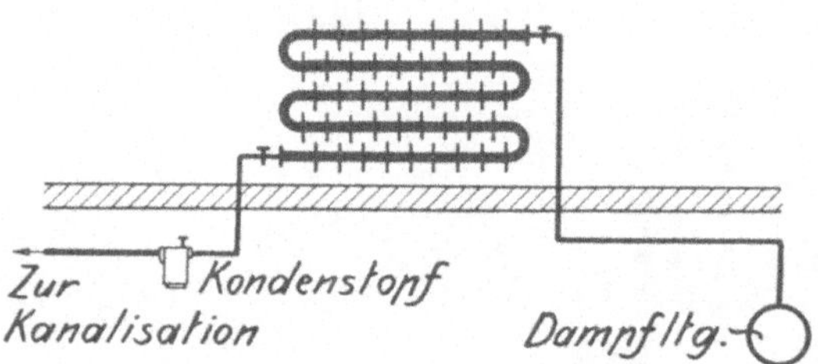

Fig. 209. Einbau eines Hochdruckdampf-Heizkörpers.

Die Verwendung zweier Ventile am Heizkörper geschieht im Interesse besserer Regelung, die trotzdem bei der Hochdruckdampfheizung nur eine unvollkommene ist. Durch Schließen des unteren Ventiles staut man in dem Heizkörper Wasser an. Dieses Wasser hält einen Teil der Heizfläche vom Dampf frei und vermindert dadurch die Heizwirkung des Körpers. Außerdem bleibt natürlich zum Regeln die Verstellung des Dampfzulaßventiles möglich, doch hat ein starkes Drosseln dieses Ventiles zur Folge, daß der hindurchtretende Dampf ein zischendes Geräusch verursacht. Trotz der doppelten Möglichkeit der Regelung bleibt dieselbe dennoch eine unvollkommene, weil wegen der großen Druckunterschiede selbst bei geringem Öffnen der beiden Ventile der Dampf alles Wasser herauszudrücken und den Heizkörper ganz zu erfüllen pflegt.

Für Hochdruckheizkörper ist zwar nicht so sehr auf Entlüftung, wohl aber auf Belüftung des Heizkörpers zu achten. Wenn nach dem Abstellen des Heizkörpers die aus dem Heizkörper etwa verdrängte Luft — theoretisch läßt der Kondenstopf allerdings keine Luft hindurchtreten — nicht wieder zurücktreten kann, so bildet sich ein Vakuum, und dieses saugt das in der Kondensleitung stehende Wasser in den Heizkörper zurück. Der Heizkörper füllt sich also ganz oder in den unteren Teilen mit Wasser. Das führt, wenn die Heizkörper lange abgestellt bleiben, im Winter zum Zerfrieren der Heizkörper. In dieser Weise zerfrieren hauptsächlich die Hochdruckdampfheizkörper der Luftanwärmung von Lüftungsanlagen (S. 277). Zur Belüftung ordnet man wohl einen einfachen Hahn am Oberteil des Heizkörpers an, der nach Abstellen des Heizkörpers geöffnet wird. Zur selbsttätigen Be- und Entlüftung könnte außer manchen anderen Einrichtungen auch ein an das Oberende des Heizkörpers angeschlossener halbmondförmiger Wasserableiter (Fig. 114) dienen.

Man kann bei der Hochdruckdampfheizung auch Heizkörper betreiben, die tiefer stehen als der Dampfkessel, was bei der Niederdruckdampfheizung nicht möglich ist. Das ist ohne weiteres und einwandsfrei möglich, wenn man das Kondenswasser in eine tiefgelegene Grube fließen läßt und es von da durch Pumpenkraft in den Kessel zurückdrückt. Aber auch ganz selbsttätiger Betrieb der Hochdruckdampfheizung ist möglich bei Verwendung von selbsttätigen Rückspeiseeinrichtungen. Bei einer Anordnung nach Fig. 210 drückt der Dampf selbst das Kondensat in einen Rückspeisebehälter, der in genügender Höhe über dem Kessel steht, von dem es durch seine Schwerkraft dem Kessel zuläuft. Zu dem Zweck wird der geschlossene Behälter der Rückspeisung durch eine Schwimmersteuerung abwechselnd mit der Atmosphäre und mit dem Kesselinnern verbunden. Solange er mit der Atmosphäre in Verbindung steht, kann Kondensat in ihn gedrückt werden. Bei genügendem Wasserstand steuert der Schwimmer um, sperrt den Ausweg zur Atmosphäre und läßt den Kesseldruck herzu. Der Behälterinhalt läuft nun durch ein Rückschlagventil dem Kessel zu, bis nach genügender Entleerung des Behälters wieder die Umsteuerung erfolgt.

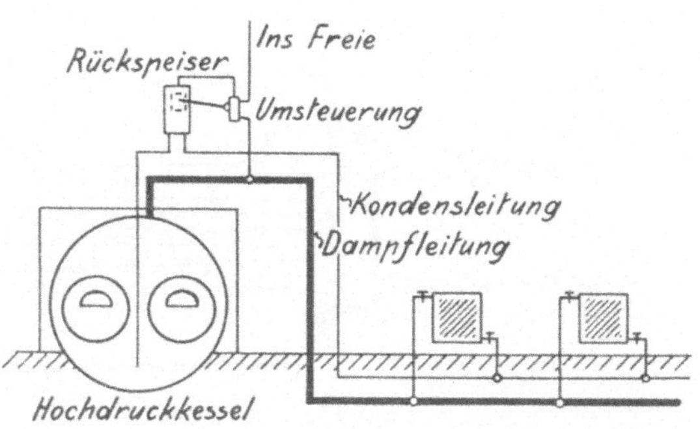

Fig. 210. Hochdruckdampfheizung mit Rückspeisung.

Solche Rückspeisungen arbeiten sehr zufriedenstellend. Doch darf man nicht denken, durch ihre Anwendung den Dampfverbrauch einer Pumpe zu umgehen; der Apparat ist nur eine Art kolbenloser Pumpe, die zudem ohne jede Expansion arbeitet und deren Dampfverbrauch nicht gering ist. Der verbrauchte Dampf geht beim Öffnen des Ausblases in die Atmosphäre.

Übrigens leiden Heizungen, bei denen das Kondensat in einen hochstehenden Behälter zu drücken ist, daran, daß Wasser von rückwärts in den einen oder anderen Heizkörper zurücktritt, in solche Heizkörper nämlich, bei denen der Dampfdruck zu gering ist, um die entgegenstehende Wassersäule zu überwinden; diese werden dann nicht warm.

177. Zusammengesetzte Systeme. Nicht sehr oft wird der Hochdruckdampf selbst zum Heizen der Gebäude benutzt. In vielen Fällen aber wird, wo Hochdruckdampf ohnehin erzeugt werden muß, derselbe zum mittelbaren Betrieb einer Luftheizung, einer Warmwasserheizung oder einer Niederdruckdampfheizung angewendet.

Wo man die übrigens irgendwie ausgeführte Luftheizung, mit oder ohne Ventilatorbetrieb, statt mit eisernen Öfen mit Dampf-Heizkörpern beheizt, hat man die Dampfluftheizung, deren Besprechung mit ihrer bloßen Namhaftmachung auch beendigt ist.

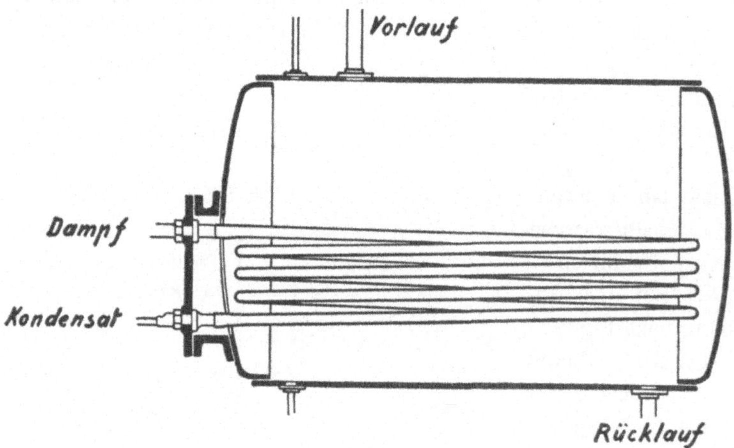

Fig. 211. Wasserwärmer mit Schlangen.

Wo man in einer Dampfwarmwasserheizung den Hochdruckdampf zum Betrieb einer Warmwasserheizung verwenden will, hat man seine Wärme auf Wasser zu übertragen. In anderen Fällen benutzt man Hochdruckdampf zur Anwärmung von Wasser für Koch- oder Badezwecke, zur Warmwasserbereitung. Die Apparate, die die Übertragung der Wärme von Hochdruckdampf auf Wasser bewirken, heißen Warmwassererzeuger oder Wasserwärmer. Sie werden auch mit einem im Englischen unbekannten Wort „Boiler" genannt.

Die beiden wichtigsten Formen der Wasserwärmer sind in Fig. 211 und 212 dargestellt. In der ersteren Figur befinden sich Kupferschlangen im Innern eines wassererfüllten Behälters, aus dem das warme Wasser oben entnommen wird, indem das kalte Wasser unten zufließt. Nicht selten ordnet man hierbei 2 Kupferschlangen an, die parallel geschaltet vom Dampf erfüllt werden. Die Oberfläche der einen dieser Schlangen ist doppelt so groß wie die der anderen. Durch Einschalten der einen oder der anderen oder beider Schlangen hat man Heizflächen von dem

Verhältnis 1 zu 2 zu 3 zur Verfügung, je nach der gewünschten Wärmemenge. Der in Fig. 212 dargestellte Wasserwärmer besteht aus einem Bündel von Rohren aus Messing oder ähnlichem Material, die in flachen Böden befestigt sind. Oft geht der Dampf um die Rohre herum, das zu erwärmende Wasser durch die Rohre; in Fig. 212 ist es umgekehrt. Der Apparat wird liegend oder stehend verwendet. Die Schlangenwärmer haben bei gleicher Heizfläche meist wesentlich größeren Wasserinhalt als Gegenstromwärmer. Ein großer Wasserinhalt wirkt bei ungleichmäßigem Betrieb ausgleichend, hindert aber gelegentlich prompte Regelung.

Wo solche Dampfwarmwasserkessel zur Warmwasserbereitung dienen sollen, wo also fortdauernd frisches Leitungswasser in sie hineinkommt, setzt sich Kesselstein in ihnen an und man muß dann für bequemes Reinigen der Rohre Sorge tragen. Man kann dazu die kupfernen Dampfschlangen im ganzen herausnehmbar machen, was indessen nicht leicht

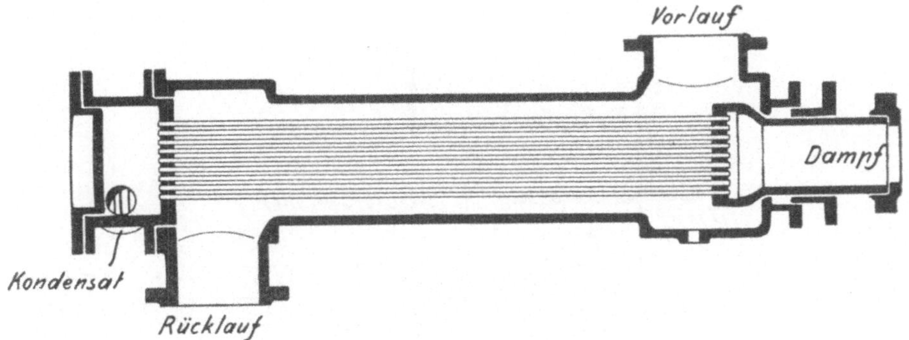

Fig. 212. Gegenstrom-Röhren-Wasserwärmer.

ohne Abnahme von Rohrleitungen zu ermöglichen ist. Die Rohrerwärmer werden, wenn sie zur Warmwasserbereitung dienen, nicht mit eingewalzten Rohren, die wegen der wechselnden Temperatur ohnehin zum Leckwerden neigen, sondern so eingerichtet, daß jedes einzelne der Rohre herausnehmbar ist und nur durch Stopfbüchsen an dem Deckel abgedichtet ist. Um das Reinigen zu ermöglichen, sind natürlich Reservekessel und Absperreinrichtungen vorzusehen, wenn Betriebsunterbrechungen nicht statthaft sind.

Die Regelung der Wärmeabgabe von Dampf auf Wasser geschieht meist durch selbsttätige Einrichtungen. Zu dem Zweck wird in den Kreislauf des warmen Wassers eine der Einrichtungen eingeschaltet, die bei der gewöhnlichen Warmwasserheizung die Zugregelung übernehmen (§ 86). Der aktive Teil dieser Einrichtung wird statt mit einem Luftzuführungsdeckel diesmal mit einem Ventil verbunden, das entweder auf den Dampfzutritt zum Wasserwärmer oder auf den Kondenswasser-Ablauf einwirkt. In beiden Fällen wird durch Schließen des Ventiles unter dem Einfluß zu hoher Wassertemperatur eine Verminderung der Wärmeabgabe auf das Wasser erreicht. Fig. 213 zeigt die Einrichtung einer Dampf-Warmwasser-Unterzentrale.

Um von einer Hochdruckdampf-Zentrale aus eine Hochdruck-Niederdruckdampfheizung betreiben zu können, kann man entweder den hochgespannten Dampf selbst durch Minderventile auf die gewünschte niedrige Spannung bringen und ihn dann in das Niederdruck-Rohrnetz treten lassen, oder man erzeugt Niederdruckdampf in einem Hochdruckdampf-Niederdruckdampfkessel. Die Niederdruckdampfheizung selbst ist in jedem Falle genau wie eine mit Feuer betriebene Niederdruckdampfheizung eingerichtet.

Bei Verwendung von Minderventilen tritt der herabgeminderte Dampf in das Niederdruck-Dampfnetz und sammelt sich, aus deren Kondensleitungen kommend, in einem Sammelbehälter, von dem aus er wieder in

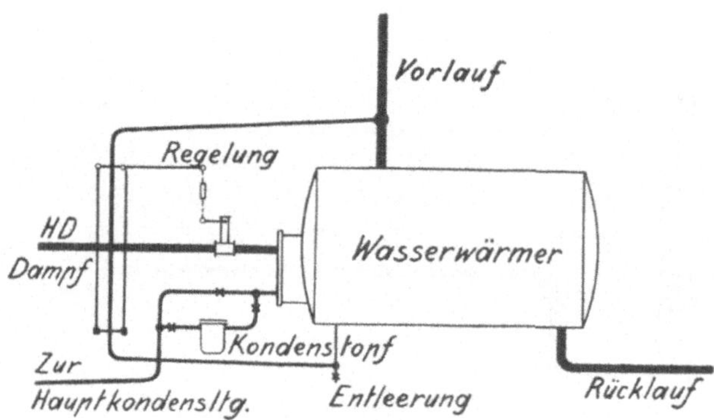

Fig. 213. Dampf-Warmwasser-Zentrale.

den Hochdruckdampfkessel hinein gespeist wird. Da die Minderventile den Dampf nicht mit Sicherheit auf den für Niederdruckdampfheizungen erforderlichen sehr geringen Druck von 0,05 bis 0,01 at herabmindern, so stellt man zweckmäßig zwei solcher Ventile hintereinander. Ein Sicherheitsventil ist überdies erforderlich.

Hochdruckdampf-Niederdruckdampfkessel haben im wesentlichen dieselben Einrichtungen, wie wir sie für Wasserwärmer eben kennen lernten. Der einzige Unterschied der Niederdruckdampferzeuger von diesen Warmwassererzeugern ist der, daß sie nicht ganz mit Wasser gefüllt sind, sondern das der Oberteil des Kessels einen Dampfraum bildet. Die Regelung der Dampferzeugung in diesem Niederdruckdampfkessel geschieht, ganz wie die Regelung des Warmwasserbereiters, durch Anstauen des Kondenswassers im Innern der Hochdruckrohre, durch ein Ventil, daß unter dem Einflusse des Druckes des Niederdrucksystems steht.

Im allgemeinen ist die Verwendung des Hochdruckdampfes selbst im herabgeminderten Zustande das richtige. Das einzige, was die viel umständlichere Verwendung besonderer Dampferzeuger gelegentlich rechtfertigt, ist das Fortfallen einer Pumpe. Eine Pumpe zu ersparen, ist deshalb gelegentlich möglich, weil man das Kondensat aus dem Dampferzeuger, da es noch unter dem Druck des hochgespannten Dampfes steht, durch den Kondenstopf hindurch ziemlich weit fortdrücken kann; das aus dem Niederdrucksystem kommende Kondensat könnte höchstens durch sein natürliches Gefälle größere Strecken überwinden. Die Verwendung besonderer Dampferzeuger kann also in Frage kommen, wenn das Kesselhaus nicht tiefer, sondern in gleicher Höhe oder höher steht, wie der Keller des zu beheizenden Gebäudes.

IX. Fernheizung.

178. Übersicht. Wo es sich um die Beheizung einer größeren Gebäudegruppe von einer Zentrale aus handelt, spricht man von einer Fernheizung. Von welcher Entfernung an man das Wort gebrauchen will, ist gleichgültig. Man hat Entfernungen von 1000 m und mehr überwunden. Wo insbesondere die von einer Zentrale aus mit Wärme versorgten Häuser nicht einer einheitlichen Anstalt zugehören, sondern wo sie nur zufällig einen gemeinsamen Stadtteil miteinander bilden, vielleicht die Wärme käuflich beziehen, belegt man die Heizung auch wohl mit dem Namen Distriktheizung, und wenn es sich um einen geschlossenen Häuserblock handelt, kann man sie als Blockheizung bezeichnen.

Die Vorteile weitgehender Zentralisierung der Wärmeerzeugung in einer Fernheizung sind insbesondere die Vermeidung jeder Feuersgefahr in den Häusern, in denen sonst selbständige Feuerungen unterhalten werden müßten, in die nun aber nur ein nicht feuergefährlicher Wärmeträger, Dampf oder Wasser, hineinkommt. Wo es sich um die Beheizung von Museen oder Schlössern mit unersetzlichen Kunstschätzen, um Theater mit ihren großen Menschenansammlungen handelt, ist der Gesichtspunkt der größtmöglichen Feuersicherheit derjenige, der, ganz abgesehen von allen Erwägungen wirtschaftlicher Natur, allein schon zur Einführung der Fernheizung führen kann.

Im übrigen wird bei Anlage jeder Fernheizung, gleichgültig welchen Systems, zu bedenken sein, daß zwar die Wärmeerzeugung an sich um so ökonomischer wird, je größer der Betrieb ist. Zwar ist der Wirkungsgrad gewöhnlicher Zentralheizungskessel bereits sehr gut; aber es bleibt dem weiter zentralisierten Betriebe der Vorteil, billigeren Brennstoff verfeuern zu können. Auch nehmen mit zunehmender Größe der Zentrale die Verluste in ihr selbst durch Ausstrahlung der Kesselmauerung ab. Endlich wächst mit möglichst weitgehender Zentralisierung die Möglichkeit, das Personal zu beaufsichtigen und dadurch, sowie durch Verminderung der Laufzeiten, wesentlich an Personal zu sparen. Diesen für möglichst weitgehende Zentralisierung sprechenden Gesichtspunkten ist aber entgegenzustellen, daß jede Fortleitung der Wärme von der Zentrale nach entfernt liegenden Gebäuden mit Wärmeverlusten verbunden ist, über deren Größe man noch recht im Unklaren ist, die aber jedenfalls bei Überwindung allzu großer Entfernungen so groß werden, daß dadurch die Wirtschaftlichkeit der Anlage in Frage gestellt wird. Dazu kommt, daß, je größer der von einer Zentrale aus beheizte Umkreis ist, desto teurer die Rohrleitungen werden, die die Wärme von einem Gebäude zum andern überführen sollen. Dabei sind nicht nur die Kosten der Rohrleitung selbst zu veranschlagen, vielmehr fallen die Kosten für Herstellung der Rohrkanäle zwischen den Gebäuden ins Gewicht, die man bei uns aus Gründen der Betriebssicherheit nicht anders als begehbar glaubt ausführen zu dürfen. Die Kanäle verschlingen gewaltige Beträge für ihre Herstellung, und die Verzinsung derselben ist als Verlust neben dem direkten Wärmeverlust dem Gewinn gegenüberzustellen, den man durch die Zentralisierung hat durch Ersparnis an Brennstoff und an Bedienung.

Solche Erwägungen sprechen gegen allzu weitgehende Zentralisierung und sprechen da, wo es sich um Beheizung sehr ausgedehnter Gebäudegruppen handelt, unter Umständen für Anordnung von Einzelzentralen für je einige Gebäude. Wieweit man mit der Verteilung oder mit der Zentralisierung gehen soll, läßt sich nicht durch exakte Berechnung bestimmen, sondern ist dem Takte des entwerfenden Ingenieurs überlassen.

Ein maßgebender Gesichtspunkt beim Entwurf einer Fernheizung ist die Betriebssicherheit. Durch Versagen der Zentrale oder durch ein Unglück, das dem Rohrnetz nahe der Zentrale zustößt, kann die Beheizung der ganzen Anlage in Frage gestellt werden. Dieser Gefahr begegnet man durch Einstellung von Reserveteilen in der Ausrüstung der Zentrale und in der Leitung. Als ganz besonders vorzügliches Mittel, um die Beheizung eines großen Komplexes auf alle Fälle zu sichern, wollen wir gleich hier die Einrichtung zweier Zentralen nennen, die im normalen Betriebe jede einen Teil der Anlage beheizt, während bei jedem Unglücksfall, der einer der beiden zustößt, die andere den Betrieb notdürftig aufrecht erhalten kann. Passende Verbindungsstränge zwischen den beiden Einzelnetzen sind zu diesem Zweck vorzusehen. Auch eine Unterbrechung des Betriebes durch einen Rohrbruch an irgend einer Stelle kann man auf diese Weise unschädlich machen, ohne daß es, wie man erkennen wird, irgendwelcher Reserveleitungen bedarf.

Wirtschaftliche Vorteile lassen sich durch Fernbeheizung größerer Gebäudegruppen dann erzielen, wenn es möglich ist, die Fernheizung ganz oder teilweise mit Abdampf von Maschinen zu betreiben, indem man entweder den Abdampf ohnehin erforderlicher Maschinen zur Heizung verwendet, oder aber indem man, wo Maschinen eigentlich nicht erforderlich wären, solche doch aufstellt und nun mit Hilfe der in dieser Weise freiwerdenden Elektrizität ein beliebiges Gebiet, das nach dem heutigen Stande der Technik auch fern liegen kann, mit billigem Strom versorgt. Über die Erwägungen, die hinsichtlich der Verwendung von Abdampf anzustellen sind, berichten wir im nächsten Kapitel. Es wird sich an dieser Stelle nur um das Abwägen der verschiedenen Methoden gegeneinander handeln, die zur Überwindung der Entfernung zwischen den zu beheizenden Gebäuden zur Verfügung stehen, also um die Fernheizung als solche.

Die Fortleitung der Wärme kann bei der Fernheizung entweder durch Fortleitung von Hochdruckdampf oder durch Fortleitung des Abdampfes von Maschinen oder endlich durch Fortleitung von warmem Wasser bewirkt werden; im letzten Fall kann das Wasser entweder in feuerbeheizten Kesseln erwärmt oder aber durch Umsetzung der Wärme von Hochdruckdampf oder von Abdampf gewonnen werden. Die Fortleitung hochgespannten Dampfes in die einzelnen Gebäude ist diejenige Art der Fernheizung, die bis jetzt in Deutschland ohne Zweifel die herrschende ist; die größte Anzahl der bestehenden Anlagen arbeitet nach diesem System. Sollte, wie es fast scheint, die Verteilung durch warmes Wasser die Oberhand gewinnen, so werden wir trotzdem seine Besprechung nicht umgehen können.

179. Verteilung durch Hochdruckdampf. Die Erzeugung hochgespannten Dampfes erfolgt in einer Zentrale in Hochdruckdampfkesseln. Der Dampf wird in die verschiedenen Gebäude geleitet. Im Keller derselben wird seine Wärme entweder auf warmes Wasser übertragen, um eine Warmwasserheizung zu betreiben, oder sein Druck wird herabgemindert, um eine Niederdruckdampfheizung zu betreiben. Große Gebäude werden, weil man mit einem Warmwasser- oder mit einem Niederdruckdampfsystem nur mäßige wagerechte Entfernungen rationell überwinden kann, mit mehreren Unterzentralen versehen, deren jede einen Flügel des Gebäudes beheizt, und deren jeder Hochdruckdampf zugeführt wird. Um die Verteilung der Wärme in den Gebäuden bequem regeln zu können, pflegt man zunächst in jedem Gebäude den hochgespannten Dampf zu einem Ventilstock zu leiten, von dem aus die verschiedenen Leitungen, durch Ventile absperrbar, abzweigen. Eine übersichtliche Bezeichnung mit Schildern ist zweckmäßig.

Die Hochdruckdampfleitungen werden unter Beachtung der Gesichtspunkte, die wir hinsichtlich der Entwässerung und der Wärmeausdehnung anführten, in Kanäle verlegt. Den Querschnitt durch einen Kanal zeigte Fig. 205. Der Kanal ist etwa 2 m hoch, damit ein Mann bequem darin gehen kann, seine Breite hängt von der Anzahl der darin zu verlegenden Rohrleitungen ab. Seine Decke wird meist von auf die Seitenwände aufgelagerten Trägern gebildet, zwischen denen Gewölbe gespannt sind. Die Kosten solchen Kanales sind freilich erheblich. Einschließlich Ausheben der Baugrube kostet der laufende Meter bis gegen 100 M. Selten begnügt man sich mit einfach ins Gelände verlegten, durch abnehmbare Betonplatten bedeckten kleinen Kanälen nach Fig. 214. Wo man den Kanälen Zickzackform gibt, kann man die Ausgleichung der Wärmedehnung besonders einfach und ohne besondere Ausdehnungsbögen ausführen, doch wachsen dadurch die Baukosten der Kanäle. Fig. 215 zeigt den Grundriß des Kanalnetzes eines Fernheizwerkes, das in Beelitz (unweit Berlin) die zahlreichen Gebäude einer Lungenheilstätte und einer Altersversorgungsanstalt von einem Punkt aus beheizt. Es bedarf nur des kurzen Hinweises darauf,

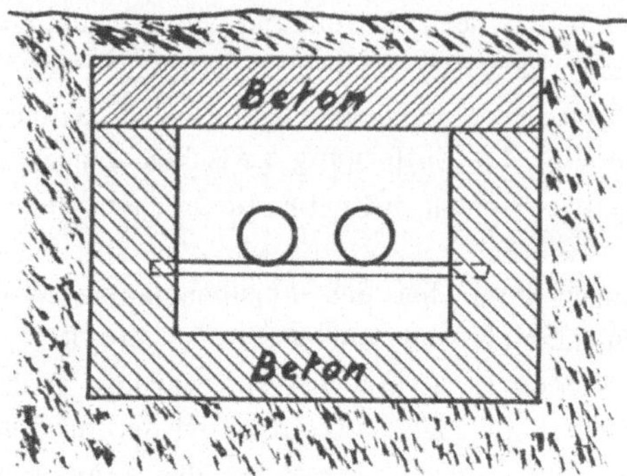

Fig. 214. Leitungen in nicht begehbarem Kanal.

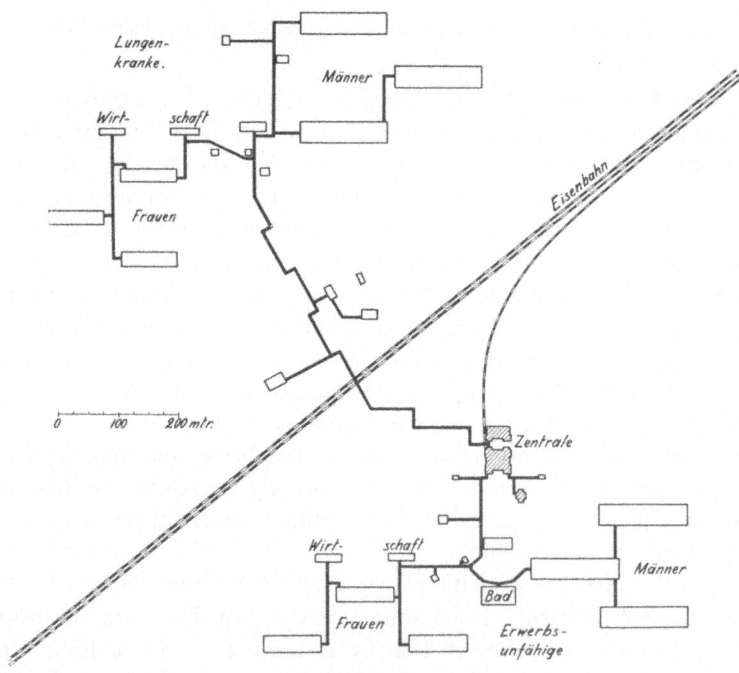

Fig. 215. Lageplan des Fernheizwerkes Beelitz.

wie die Zentrale einigermaßen in die Mitte des Ganzen, jedoch nicht zu nahe der Abteilung für Lungenkranke, andererseits des Bahnanschlusses wegen an die Bahn gelegt ist.

Wo solche Kanäle eine größere Entfernung als etwa 50 m zwischen zwei Gebäuden zu überwinden haben, da wird zweckmäßig zwischen den Gebäuden ein kleiner Pavillon mit einem Notausgang angelegt, damit im Falle eines Rohrbruches das gerade im Kanal befindliche Personal genügend schnell entkommen kann. Die Außentür dieses Pavillons mag abgeschlossen sein, seine Verbindungstüre mit dem Kanal muß aus Eisen unverschließbar hergestellt sein, damit sie im entscheidenden Augenblick nicht verschlossen ist.

Die Dampfleitungen werden fast immer doppelt angelegt, derart, daß man entweder zwei Rohre gleichen Durchmessers verwendet oder aber zwei Rohre, deren Querschnittsfläche sich wie 1 zu 2 verhält, so daß man durch Verwendung eines oder des anderen oder beider Rohre Querschnitte im Verhältnis 1 zu 2 zu 3 zur Verfügung hat. Meist verwendet man Rohre gleichen Querschnittes, deren jedes für die Dampffortleitung ausreicht. An den Enden ist jede dieser Rohrleitungen absperrbar für den Fall von Reparaturen. Wo einzelne Anschluß- oder Verbindungsstücke an den Enden der Leitungen, beispielsweise Ventilstöcke, nur einfach ausgeführt werden, ist ein Reservestück vorrätig zu halten, damit es im Falle eines Bruches sofort zur Hand ist.

Diese Vorsichtsmaßregeln sind für den Fall eines Rohrbruches allgemein üblich. Doch ist zu bemerken, daß unseres Wissens an den bestehenden Dampffernheizwerken Rohrbrüche nicht vorgekommen sind, so daß man in Fällen, wo eine Betriebsunterbrechung auf nicht allzulange Zeit zulässig erscheint, vielleicht von der zweiten Leitung würde absehen können. Insbesondere kommt es, seitdem biegsame Metallschläuche genügender Widerstandsfähigkeit im Handel zu haben sind, in Frage, ob nicht mit ihrer Hilfe in kurzer Zeit der provisorische Ersatz eines schadhaft gewordenen Rohrstückes möglich ist.

Statt durch eine Doppelleitung kann man Reserve schaffen auch durch Ausführung einer Ringleitung. Welche von beiden Ausführungen billiger wird, hängt von der Grundrißanordnung der einzelnen Gebäude zueinander ab. Im Ringe angeordnete Gebäude werden am billigsten durch eine Ringleitung, in Reihe angeordnete Gebäude am billigsten durch eine Doppelleitung mit Dampf versorgt werden.

Hinsichtlich der Betriebssicherheit ist die Ringleitung der Doppelleitung immerhin überlegen. Zwar werden kaum jemals beide Leitungen von selbst, etwa durch Rohrbruch, gleichzeitig unbrauchbar werden. Aber ein baulicher Unfall, auf sie herabstürzende Gebäude- oder Maschinenteile können unter Umständen beide Leitungen gleichzeitig beschädigen. Solche Unfälle können bei der Ringleitung höchstens eine Stelle treffen, wodurch die beiden Hälften noch jede für sich brauchbar sind.

Es ist selbstverständlich, daß durch möglichst zahlreich eingebaute Ventile für Absperrbarkeit eines gebrochenen Rohrteiles gesorgt werden muß. Im Betriebe ist durch häufiges Probieren der Absperreinrichtungen dafür zu sorgen, daß sie im Notfalle auch gangbar sind. Für die selten betätigten und niemals zum Drosseln verwendeten Absperreinrichtungen sind Schieber zu empfehlen.

Da jedes unter Dampf stehende Rohr Wärmeverluste hat, so sollten alle Anordnungen so entworfen sein, daß stets möglichst wenige Rohrleitungen — eine möglichst geringe Rohroberfläche — unter Dampf zu stehen braucht.

Die Verbindung der Rohre miteinander geschieht, sowie der aller Hochdruckleitungen mit losen oder festen Flanschen. Man hat in letzter Zeit vorgeschlagen, an Stelle derselben die Schweißung der einzelnen Rohrenden miteinander zu setzen, wodurch die Zahl der Dichtungsstellen sehr herabgesetzt werden würde. Diese Verminderung der Dichtungsstellen wäre im Interesse der Betriebssicherheit wünschenswert, doch ist über die autogene Schweißung gerade für diesen Zweck noch nicht die genügende Erfahrung vorhanden.

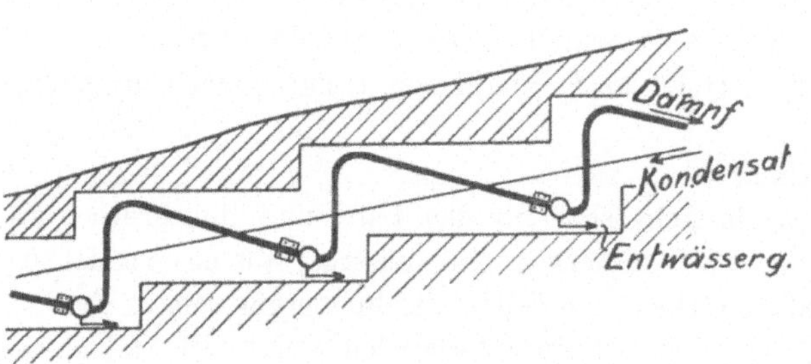

Fig. 216. Dampffernleitung in steigendem Gelände.

Das aus den einzelnen Gebäuden kommende Kondenswasser wird in der Unterzentrale jedes dieser Gebäude in einem Behälter gesammelt und von dort nach dem Kesselhaus zurückgeleitet, um dort wieder in die Kessel hineingespeist zu werden. Die Rückleitung des Kondenswassers geschieht fast immer in kupfernen Rohren trotz des hohen Preises derselben, weil die abwechselnd mit Wasser und Luft erfüllten Rohre rosten, wenn sie aus Eisen bestehen.

Wo das Kesselhaus tiefer liegt als alle Gebäude, da kann man das Kondenswasser durch sein eigenes Gefälle zurücklaufen lassen. Wo natürliches Gefälle zum Kesselhause hin nicht vorhanden ist, muß man Pumpen zum Zurückführen verwenden. Um Pumpen zu vermeiden, ist es empfehlenswert, wo immer es möglich ist, das Kesselhaus an die tiefste Stelle des Geländes zu legen; in den meisten Fällen wird das auch mit Rücksicht auf die Kohlenzufuhr das richtige sein.

Liegt das Kesselhaus am tiefsten Punkt, fallen also alle Kanäle in der Richtung zu ihm hin ab, so bieten die Rohrleitungen in dem Kanal etwa das Bild der Fig. 216. Die Dampfleitungen müssen Gefälle in der Richtung des Dampfweges haben, also entgegen dem Gefälle des Rohrkanales. Daraus ergibt sich eine sägeförmige Anordnung. An den tiefsten Punkten werden Wasserabscheider und Kondenstöpfe nötig. Die Kondensleitung folgt einfach dem Gefälle des Kanales. Die Entwässerung der

Dampfleitung wird zweckmäßig nicht direkt mit der Kondensleitung in Verbindung gebracht, weil von den Kondenstöpfen hindurchgetretener Dampf beim Kondensieren zu Geräuschen durch Wasserschläge führt. Man pflegt das Kondenswasser durch die Töpfe nach der Unterzentrale eines Gebäudes zu drücken, von wo es dann durch das natürliche Gefälle abfließt.

180. Verteilung durch Druckwasser. Das Wasser wird in Warmwasserkesseln erwärmt und durch Pumpen in die verschiedenen Gebäude gedrückt, durch Verteilungsleitungen hindurch, die, wie bei der Hochdruckdampfheizung, in begehbare, die Gebäude miteinander verbindende Kanäle gelegt werden. In den Gebäuden zweigen sich von diesen Hauptrohrleitungen Äste ab, die weiterhin in Zweige und schließlich in die zu den Heizkörpern führenden Einzelleitungen übergehen. Das gesamte aus den Heizkörpern kommende Rücklaufwasser wird durch Rücklaufleitungen gesammelt, die überall parallel den Vorlaufleitungen zu liegen pflegen. Es geht zur Zentrale zurück und wird von neuem erwärmt und von neuem vorwärts gepumpt.

Die Erwärmung des Wassers in der Zentrale kann entweder durch direkt gefeuerte Warmwasserkessel geschehen, die durchaus eingerichtet sind wie die großen für Maschinenbetrieb dienenden Dampfkessel. Flammrohrkessel oder Doppelkessel werden den Zweck erfüllen. Oft zieht man die Erwärmung des Wassers in Dampfwasserwärmern vor, in die entweder der in den Dampfkesseln erzeugte Frischdampf oder der von Maschinen ausgenutzte Abdampf geleitet wird. Wo eine Ausnutzung von Abdampf nicht stattfinden soll, wird die Verwendung direkt geheizter Warmwasserkessel das gegebene sein. Wo Abdampf verwendet wird, jedoch nicht für die Deckung des ganzen Wärmebedarfes ausreicht, hat man die Wahl, ob man den überschießenden Wärmebedarf ebenfalls durch mittelbare Beheizung des Wassers decken will oder ob man für diesen Teil direkt gefeuerte Kessel vorzieht. Es ist das eine Geschmacks- und meist auch eine Kostenfrage. Die Anlage wird einheitlicher, wenn man im Kesselhaus nur Dampfkessel hat. Auch kann man vielleicht durch diese Vereinheitlichung an Reservekesseln sparen. Andererseits wird durch solche Anordnung die erforderliche Heizfläche im ganzen zweimal nötig, einmal zur Übertragung der Wärme von Feuer auf Dampf, das zweite Mal zu ihrer Übertragung von Dampf auf Wasser. Sind auch Wärmeverluste mit dieser mehrfachen Übertragung nicht verbunden — man dächte denn etwa an die bei der höheren Temperatur des Dampfkessels vielleicht auftretenden höheren Abgasverluste —, so ist doch das Anlagekapital für die mehrfachen Heizflächen in Rechnung zu stellen.

Was die Ausführung der Fernleitungen und der Kanäle anlangt, so ist darüber im wesentlichen auf das bei der Dampfheizung bereits Gesagte zu verweisen. Nur ist, da für die Warmwasserheizung ohnehin zwei Leitungen, ein Vor- und ein Rücklauf, erforderlich sind, durch die Ausführung zweier Leitungen noch keine Reserve gegeben. Eine dritte

Leitung, die für Vor- wie auch für Rücklauf als Reserve dienen könnte, wenn sie mit beiden Leitungen durch passende Verbindungsstutzen absperrbar verbunden ist, ist nicht zu empfehlen; die Verbindung der Leitungen untereinander in solcher Weise, daß sich nicht wegen der wechselnden Wärmedehnung der Einzelleitungen Anstände ergeben, dürfte schwierig sein; die Reserveleitung würde eine Ursache zu Störungen, statt eine Abhilfe dagegen sein. Man müßte also zur Anlegung zweier Hin- und zweier Rückleitungen — im ganzen vier — oder einer Ringleitung schreiten, die in diesem Falle einen Doppelring ergeben würde.

Man hat indessen bei uns in Deutschland geglaubt, von der Anlage von Reserveleitungen bei Druckwasserfernheizungen überhaupt absehen zu können, hat also nur zwei Leitungen, eine hin, eine zurück, angelegt.

Für die Rohrführung in den Gebäuden sind mannigfache Möglichkeiten vorhanden. Das nächstliegende ist eine einfache allmähliche Verästelung einerseits der Vorlauf-, andererseits der Rücklaufleitungen zu

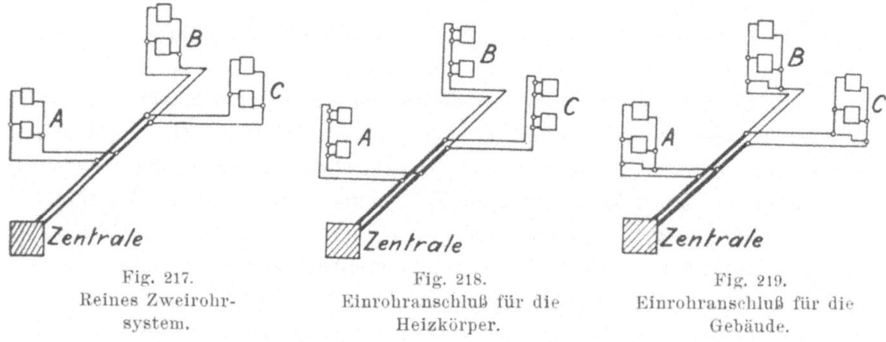

Fig. 217. Reines Zweirohrsystem.

Fig. 218. Einrohranschluß für die Heizkörper.

Fig. 219. Einrohranschluß für die Gebäude.

Rohrführung bei Druckwasserfernheizungen.

den verschiedenen Heizkörpern hin; dann ist in den Verästelungen bis an die Heizkörper heran der Pumpendruck wirksam; die Heizkörper selbst können nach dem Zwei- oder Einrohrsystem angeschlossen sein, in den Gebäudeleitungen aber hat man eine Schnellumlaufheizung vor sich (Fig. 217 und 218). Oder man kann es in irgend einer Weise dahin bringen, daß in den Gebäudeleitungen nur der Auftrieb wirksam ist, etwa indem man die Gebäude A, B und C im ganzen nach Art des Einrohrsystems anschließt (Fig. 219) oder durch Anwendung des Prinzips der Wassermischung, das wir schon in Fig. 129, S. 208, in seiner Anwendung auf die Fernheizung kennen lernten.

Gegen die Anwendung des reinen Zweirohrsystems spricht die Erwägung, daß beim Abstellen vieler Heizkörper eines Gebäudes die nicht abgestellten einen sehr großen Umtriebdruck erhalten; dadurch wächst die durch sie gehende Wassermenge, und wenn auch die dadurch hervorgerufene Vermehrung ihrer Wärmeabgabe nicht sehr groß ist, so ist sie doch wegen der verminderten Anfangsauskühlung schwer zu beseitigen

(Fig. 141). Die Ausführung der Gebäudeanschlüsse mit reinem Auftrieb hat den Vorteil, daß man sich bei ihrer Bemessung ganz an die bewährte Berechnungsweise der alten Warmwasserheizung halten kann, während für die Berechnung von Schnellumlaufheizungen bisher nur spärliche Erfahrungen vorliegen. Aber andererseits werden die Leitungen in den Gebäuden billiger, wenn sie für den verstärkten Umtrieb berechnet werden können. So wird denn im allgemeinen die Ausführung nach Fig. 218 — Verteilungsleitungen für Schnellumlauf, Anschluß der Heizkörper nach dem Einrohrsystem — das empfehlenswerteste sein, ein Ergebnis, zu dem wir schon im § 123 kamen.

Die Warmwasserfernheizung erhält ein Ausdehnungsgefäß so wie jede gewöhnliche Warmwasserheizung eines erhält; es ist nur ein Ausdehnungsgefäß für das ganze System erforderlich, dessen Inhalt dann nach Kubikmetern zählen kann. Die Höhenlage des Ausdehnungsgefäßes ist durch die Lage des höchsten Heizkörpers gegeben; die Sohle des Ausdehnungsgefäßes muß sich noch über ihm befinden. Auch die Lage des Ausdehnungsgefäßes im Grundriß ist nicht gleichgültig. Solange allerdings das Wasser im Rohrnetz in Ruhe ist, solange also die Pumpen nicht im Gange sind, wird die Grundrißlage des Gefäßes gleichgültig sein. Sobald aber die Pumpe ihre Tätigkeit beginnt, wirkt sie saugend auf den Rücklauf und drückend auf den Vorlauf (Fig. 220). Sie erzeugt nämlich, je nach dem Druck, für den sie eingerichtet ist, einen bestimmten Druckunterschied vor und hinter sich; die absolute Höhe des Wasserdruckes indessen wird durch die Lage des Ausdehnungsgefäßes festgelegt. Derjenige Punkt B des Rohrnetzes, an dem das Ausdehnungsgefäß angeschlossen ist, hat denselben Wasserdruck, gleichgültig ob die Pumpe läuft oder steht. Von diesem Punkt an bis zur Pumpe, also auf der Strecke BCP, saugt die Pumpe. Von der Pumpe bis zurück zu jener Abzweigung des Ausdehnungsgefäßes, also auf der Strecke PAB, drückt die Pumpe. Ist die Pumpe im Betriebe, so gehen daher auf der erst erwähnten Strecke BCP die dynamischen Pumpendrücke von dem durch das Wassergewicht erzeugten statischen des Ruhezustandes ab, auf der letzterwähnten kommen sie zu jenem hinzu. Im Betrieb herrschen im ganzen Rohrnetz um so höhere Drucke, je weiter man den Anschluß B des Ausdehnungsgefäßes in der Umlaufrichtung des Wassers nach C zu verschiebt. Die höchsten Drucke werden dann eintreten, wenn man das Ausdehnungsgefäß in der Zentrale an den Rücklauf zur Pumpe anschließt, die geringsten beim Anschließen in der Zentrale an den Vorlauf.

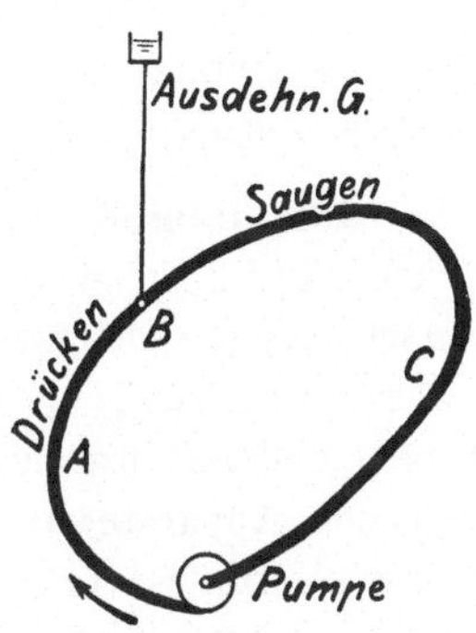

Fig. 220.

Nun ist einerseits das Auftreten allzuhoher Drücke in Rohren und namentlich in den teilweise gußeisernen Heizkörpern im Interesse der Betriebssicherheit nicht erwünscht. Andererseits ist es nicht nur nicht erwünscht, sondern sogar gefährlich, wenn an irgend einer Stelle des Rohrnetzes der Druck des Wassers allzuweit sinkt. Es handelt sich um warmes Wasser von Temperaturen bis nahe an 100° heran, welche Temperatur der Dampfspannung von einer Atmosphäre entspricht. Sobald also durch die Saugwirkung der Pumpe der Wasserdruck unter den Atmosphärendruck vermindert wird, tritt infolge des Dampfdruckes ein Abreißen der Wassersäule ein; die getrennten Wassersäulen werden dann beim Aufhören der Pumpenwirkung wieder aufeinanderschlagen und solch Wasserschlag muß das Rohr gefährden. Es ist also dafür zu sorgen, daß eine zu weit gehende Saugwirkung der Pumpe nicht stattfindet. Eine Gefahr bei stark saugender Wirkung der Pumpe liegt insbesondere darin, daß ein unbedachter Betriebsleiter zur Forcierung des Betriebes die Wassertemperatur erhöhen und gleichzeitig den Pumpengang beschleunigen könnte — was dann beides in dem gleichen gefährlichen Sinne wirkt.

Ein Beispiel dafür, wie die verschiedene Grundriß- und Höhenlage des Ausdehnungsgefäßes die Druckverhältnisse beeinflußt, gibt ein Aufsatz des Verfassers, Gesundheits-Ingenieur 1908, S. 854.

181. Dampf- oder Wasserverteilung? Während bei der Hochdruckdampf-Fernheizung die Wärme in Dampfform fortgeleitet und in den verschiedenen Gebäuden auf Wasser übertragen wird, wird bei der Druckwasserfernheizung die Wärme bereits in der Zentrale auf Wasser übertragen und mit warmem Wasser als Wärmeträger fortgeleitet. Hinsichtlich der Apparate besteht also kein wesentlicher Unterschied zwischen beiden Heizungsarten, da nur die Reihenfolge der Vorgänge eine verschiedene ist. Praktisch ergeben sich aber aus dieser anderen Anordnung einige Vorteile, die nun zu besprechen sind.

Gegenüber der Hochdruckverteilung bietet die Wärmeverteilung durch warmes Wasser den Vorteil, daß in den Gebäuden keine irgendwie gearteten beweglichen Teile nötig sind. Durch die Stellung der Ventile kann man nach Bedarf den Wasserzufluß zu den einzelnen Gebäuden verändern, ohne daß doch durch Vernachlässigung dieser Verstellung Unglück entstehen könnte. Demgegenüber ist bei der Hochdruckdampfheizung eine fortdauernde Beaufsichtigung der Minderventile erforderlich; es ist weiterhin eine Beaufsichtigung der selbsttätigen Regeleinrichtungen erforderlich, die bei den Warmwassererzeugern für gleichmäßige Wassertemperatur sorgen sollen; diese Einrichtungen sind nicht genügend zuverlässig, um dauernd ohne Aufsicht gelassen zu werden. Unter diesen Umständen erreicht man mit der Fernwarmwasserheizung eine Zentralisierung der Bedienung im höheren Maße als mit der Dampfheizung. Das ganze Personal kann in der Zentrale untergebracht werden, und nur auf telephonischen Ruf aus den einzelnen Gebäuden ist die Verstellung eines Ventiles zur generellen Regelung des betreffenden Gebäudes oder Gebäudeflügels erforderlich.

Bei der Druckwasserverteilung ist die generelle Regelung der gesamten Anlage von der Zentrale aus durch Änderung der Vorlauftemperatur und, wenn es nötig erscheint, durch Veränderung der Umlaufgeschwindigkeit möglich. Eine generelle Regelung läßt sich bei der Hochdruckdampfheizung nur in den einzelnen Gebäuden vornehmen.

Die Druckwasserfernleitungen passen sich an das Gelände leichter an als die Dampfleitungen. Bei der Dampfverteilung ist man fast daran gebunden, die Zentrale an den tiefsten Punkten zu setzen, damit das Kondenswasser aus den Gebäuden selbsttätig zu ihr zurückfließt. Ist das nicht möglich, sind also entweder einzelne Gebäude tiefer als die Zentrale gelegen oder befindet sich zwischen ihnen und der Zentrale eine Geländeerhebung, so ist die Rückschaffung des Kondenswassers in die Zentrale nur durch Aufstellung von Pumpen in den verschiedenen Gebäuden möglich, deren Bedienung an jenem Ort nicht bequem ist. Auch die Entwässerung der Dampfleitung bei Geländeerhebungen bereitet Schwierigkeiten. Bei Druckwasserfernheizungen fallen diese Schwierigkeiten fort; wie auch die Leitung auf- und abwärts gehen möge, das Wasser wird zwangläufig durch sie hindurchgepreßt werden. Höchstens wäre an einer höchsten Stelle ein Entlüftungshahn vorzusehen, sicherheitshalber.

Bei der Warmwasserverteilung ist auf geringere Wärmeverluste gegenüber der Dampfverteilung zu rechnen. Dampf bedingt in den Leitungen eine Temperatur von jedenfalls über 100°, bis zu 150° hinauf, und zwar während der ganzen Heizperiode. Das warme Wasser hat höchstens 100°, bleibt aber bei mildem Wetter wesentlich dahinter zurück und wird im Durchschnitt der Heizperiode nur auf etwa 50° kommen. Dazu kommt die aus § 54 bekannte Tatsache, daß Dampf seine Wärme leichter hergibt als Wasser, sowie die aus Fig. 108 ersichtliche Zunahme der Leitfähigkeit von Wärmeschutzmitteln mit steigender Temperatur. Alles zusammengenommen würde man bei Druckwasserverteilung auf kaum mehr als ein Drittel der Wärmeverluste der Hochdruckdampfverteilung zu rechnen haben, wenn nicht zwei Leitungen dauernd warm sein müßten, bei Dampf aber nur eine; freilich ist der Rücklauf noch weniger warm. Immerhin wird man, unter übrigens gleichen Umständen, auf nicht unwesentliche Wärmeersparnis bei Anwendung der Druckwasserheizung rechnen können.

Der wesentlichste Vorteil der Druckwasserheizung vor der Warmwasserheizung ist endlich die Möglichkeit der Ausnutzung von Abdampf, der bei der Hochdruckdampf-Fernheizung garnicht, bei der Vakuum-Fernheizung (§ 182) allerdings auch gegeben ist. Was durch die Ausnutzung des Abdampfes erreicht werden kann und unter welchen Umständen es erreicht werden kann, bespricht Kap. X. An dieser Stelle genügt also der Hinweis auf die Möglichkeit der Abdampf-Ausnutzung.

Die betriebstechnischen Vorteile der Warmwasserfernheizung könnten illusorisch gemacht werden durch verhältnismäßig höhere Anlagekosten.

Über diese Frage sind die Erörterungen noch nicht abgeschlossen, doch scheint es, als ob hinsichtlich der Anlagekosten ein wesentlicher Unterschied zwischen beiden Systemen nicht besteht. Die erforderlichen Apparate sind, wie wir sahen, in beiden Fällen ungefähr die gleichen. Die Leitungen sind bei der Warmwasserheizung zwar zahlreicher, können aber leichter gehalten sein als bei Dampf, der geringeren Spannung wegen. Auch bedürfen sie einer geringeren Anzahl von Ausdehnungsbögen, weil die Temperaturänderungen geringer sind, und die Entwässerungseinrichtungen, sowie die teuren kupfernen Kondensleitungen fallen fort. Alles in allem genommen sind die Kosten beider Arten der Übertragung etwa die gleichen, ja es scheint fast, als ob die Warmwasserverteilung etwas billiger werden könnte. Eine wesentliche Ersparnis entsteht, wenn man sich entschließen kann, die begehbaren Kanäle, deren Kosten gegen 100 M. für den laufenden Meter betragen, bei der Warmwasserfernheizung durch nur aufdeckbare zu ersetzen — eine Vereinfachung, die bei der Warmwasserverteilung wenigstens in Frage kommt, zu der aber nicht gerade geraten werden soll.

182. Vakuum-Fernheizung. Auch die Vakuumheizung (§ 112) läßt sich als Fernheizung ausbilden. Dampf von etwa Atmosphärenspannung, der je nach Verhältnissen ganz oder teilweise Abdampf von Maschinen sein kann, verläßt die Zentrale und wird durch Fernleitungen den einzelnen Gebäuden zugeführt. Dabei wird das für die Fortleitung des Dampfes erzeugte Druckgefälle dadurch erreicht, daß man in den Rohrnetzen der Gebäude Vakuum aufrecht erhält: es steht also der Druckunterschied von Atmosphärenspannung bis herab zu diesem Vakuum für die Überführung zur Verfügung. In den Gebäuden verteilt sich der Dampf wie bei der gewöhnlichen Vakuumheizung, das Kondenswasser sammelt sich und fließt durch Hauptkondensrohre der Zentrale wieder zu. In der Zentrale befindet sich eine Pumpe, die das Wasser aus dem Vakuum in die Atmosphäre heraushebt, worauf eine weitere Pumpe es in den Kessel zurückdrückt; beide Pumpen ließen sich nötigenfalls auch vereinen. Außerdem sorgt, ebenfalls in der Zentrale, eine Luftpumpe für Erzeugung und Aufrechterhaltung des Vakuums in dem ganzen System; sie entfernt die durch Undichtheiten eintretende Luft. Das Ganze unterscheidet sich nur äußerlich von der für Einzelhäuser angewendeten Vakuumheizung.

Gegenüber den anderen Formen der Fernheizung hat die Vakuumheizung den Vorteil, daß sie mit Unterdruck arbeitet, so daß man einesteils sehr billige Rohre, aus schwachem Eisenblech hergestellt, verwenden kann, daß man weiterhin eine Reserveleitung unbedingt entbehren kann, da keine Möglichkeit eines Rohrbruches vorliegt; Undichtigkeiten werden stets allmählich auftreten. Aus dem gleichen Grunde kann man begehbare Kanäle eher entbehren, als bei einer der beiden anderen Formen; doch sind die begehbaren Kanäle durchaus nicht nur der Gefahr wegen, sondern auch zur bequemen Ausführung laufender Überwachung und für den Verkehr zwischen den einzelnen Gebäuden wünschenswert. Die Rohrleitung muß, da nur etwa eine halbe Atmosphäre Spannungsunterschied zur Verfügung steht, und da bei dem geringen Druck des Dampfes ein großes Dampfvolumen zu befördern ist, verhältnismäßig großen Durchmesser haben, wodurch die Wärmeverluste wachsen werden; immerhin ist ja die Temperatur geringer als bei Hochdruckdampfverteilung. Die generelle Regelung und die lokale sind möglich nach Maßgabe dessen, was wir über die Vakuumheizung im allgemeinen sagten. Gegenüber der Hochdruckdampfheizung hat auch die Vakuum-Fernheizung den Vorteil, daß man Abdampf ausnutzen kann.

Bei uns ist die Vakuum-Fernheizung noch weniger angewendet worden als die Vakuumheizung, doch ist sie sicher der Beachtung wert.

X. Abdampfheizung.[1])

183. Abwärme. Eine Abdampfheizung verwendet den Dampf, der in einer Dampfmaschine oder Dampfturbine Arbeit getan hat, der aber stets noch beträchtliche Wärmemengen enthält, zum Heizen — sei es zum Beheizen von Gebäuden, sei es zum Beheizen von Kocheinrichtungen oder etwa auch zum Anwärmen von Wasser in einer Warmwasserbereitung.

Man sollte besser und allgemeiner nicht von einer Abdampfheizung, sondern von einer Abwärmeheizung sprechen. Denn wenn es auch der häufigste Fall ist, daß die Abwärme in Form von Maschinenabdampf zur Verfügung steht, so ist es doch nicht der einzige. Die folgenden Betrachtungen, insbesondere soweit sie wirtschaftlicher Natur sind, lassen sich sinngemäß auf Fälle übertragen, wo Abwärme in anderer Form geliefert wird. Die Gasmaschine liefert durch Erwärmung ihres Kühlwassers ebenfalls beträchtliche Wärmemengen und stellt sie, als sonst nutzlos verloren, für Heizzwecke zur Verfügung. In Holzbearbeitungsfabriken ist Wärme in Form von Holzabfällen verfügbar; von deren Menge hängt es ab, wieviel Wärme man zu ganz besonders billigem Preis erzeugen kann, während der Überschuß teurer wird. Insbesondere die wirtschaftlichen Betrachtungen sind hierbei vielfach dieselben wie bei der Ausnutzung von Maschinenabdampf, auf die als auf den häufigsten Fall wir im folgenden allein Bezug nehmen wollen.

184. Betrieb mit Auspuff. Am üblichsten ist es, bei Ausnutzung des Abdampfes die Maschine gegen Atmosphärendruck, das heißt also im Auspuffbetrieb laufen zu lassen. Die Heizung kann dann eine Niederdruckdampf- oder eine Warmwasserheizung sein.

Das Schema einer Abdampf-Niederdruckdampfheizung gibt Fig. 221. Besonderes bietet nur die Art und Weise, wie dafür gesorgt wird, daß Maschine und Heizung immer anstandslos zusammen arbeiten. Denn nicht

[1]) Der Inhalt dieses Kapitels ist in fast gleicher Form im Gesundheits-Ingenieur 1908, No. 52 und 1909, No. 1 von mir bereits veröffentlicht.

immer wird die Maschine gerade ebenso viel Dampf abgeben, wie die Heizung verbraucht. Die Dampfabgabe der Maschine richtet sich nach ihrer Belastung in Pferdestärken, also bei einer Lichtmaschine danach, wieviel Licht eben gebraucht wird. Der Dampfverbrauch der Heizung richtet sich nach der Außentemperatur und ist vom Lichtbedarf ganz unabhängig. Reicht nun der Maschinenabdampf zur Heizung nicht aus, so muß Frischdampf hinzugefügt werden; kann die Heizung den Maschinenabdampf nicht aufzehren, so muß der Überschuß ins Freie entweichen können.

In Fig. 221 sehen wir daher den Kessel, der Dampf von mehreren Atmosphären Druck erzeugt. Der Dampf geht zur Maschine. Aus der Maschine tritt der Abdampf mit Atmosphärenspannung, genauer gesagt, mit einem solchen Überdruck, wie ihn eine Niederdruckdampfheizung nötig hat, meist 0,05 bis 0,15 at. Der Abdampf hat freien Durchtritt zur Heizung. Bei Dampfmangel tritt durch das Druckminderventil Frisch-

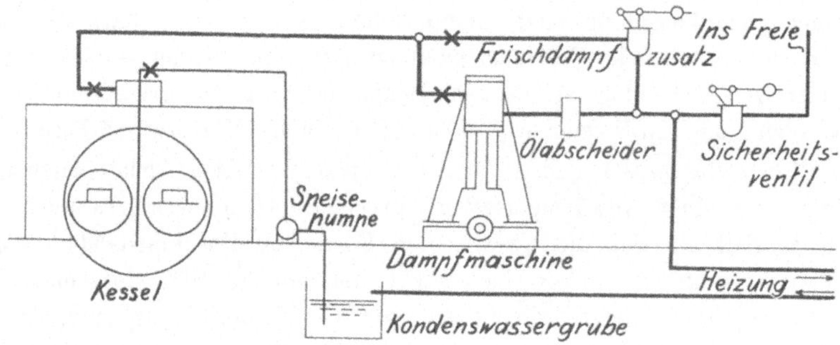

Fig. 221. Abdampfausnutzung in einer Niederdruckdampfheizung.

dampf hinzu; das Minderventil ist genau so eingerichtet, wie wir es von der Hochdruckdampfheizung her kennen (§ 175). Bei Dampfüberfluß öffnet sich ein Sicherheitsventil ins Freie. Die Wirkung der genannten beiden Ventile ist eine selbsttätige. Liefert die Maschine zu wenig Dampf, so wird ein Sinken des Auspuffdruckes stattfinden, und dadurch wird, wie immer beim Minderventil, der Zutritt des Frischdampfes eingeleitet; auch nach Abstellen der Maschine arbeitet die Heizung nur mit Frischdampf als einfache Hochdruck-Niederdruckdampfheizung (§ 177). Umgekehrt wird der Auspuffdruck steigen, wenn die Heizung nicht allen Dampf aufbraucht. Das führt zunächst zum Abstellen des Frischdampfes und bei weiterem Steigen zum Öffnen des Auslasses ins Freie. Das Auslaßventil wirkt wie ein einfaches Sicherheitsventil. Dabei kann man es durch Einregeln der beiden Ventile dahin bringen, daß die gesamten Schwankungen so gering bleiben, wie es der Gang der Maschine und wie es die Heizung verlangt.

Statt einer Niederdruckdampfheizung kann man eine Warmwasserheizung unter Ausnutzung des Abdampfes betreiben. Man braucht nur den Abdampf — nach Bedarf unter Zusatz von Frischdampf — in einen Wassererwärmer zu leiten, wie wir sie für Hochdruckdampf kennen. Nicht jeder Wasserwärmer eignet sich freilich für Dampf von geringer Spannung. Wir wissen, daß zum Eintreiben von Dampf in enge und lange Schlangen ein gewisser Druck nötig ist, wenn der Dampf bis ans Ende der Schlange gelangen soll: die große Wärmeentziehung bedingt einen starken Druckverlust der Rohrleitung (§ 35). Schlangenerwärmer müssen also die Oberfläche in Form kurzer weiter Schlangen haben, Gegenstromapparate müssen weite und kurze Rohre haben. Ein besonderes Augenmerk ist bei Ausnutzung von Maschinenabdampf auf gute Reinigungsfähigkeit des Wassererwärmers zu richten, und zwar muß er innen und außen zu reinigen sein — einerseits von Öl, wovon trotz Einbau eines Entölers etwas im Dampf zu bleiben pflegt, und andererseits von Kesselstein, der sich insbesondere ansetzt, wenn der Wasserwärmer zur Wasserbereitung dient, so daß also immer neues Wasser in ihn ein-

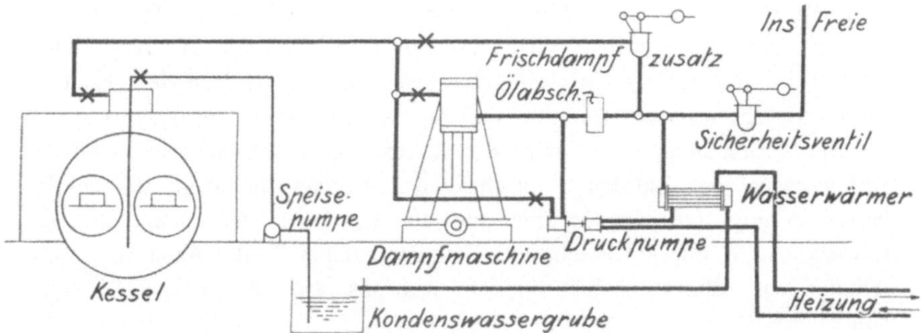

Fig. 222. Abdampf-Warmwasserheizung für Auspuffbetrieb.

tritt. Im allgemeinen werden die Rohre eines Gegenstromapparates deswegen ausziehbar gemacht werden müssen.

Im übrigen unterscheidet sich eine Abdampf-Warmwasserheizung in nichts von einer anderen. Sie kann entweder eine reine Auftriebheizung sein oder eine Druckwasserheizung mit Pumpenumtrieb. Für Druckwasserheizung liegen die Verhältnisse besonders günstig, weil man den Abdampf der umtreibenden Pumpen selbst wieder ausnutzen kann. Der Umtrieb erfolgt dann ohne alle Betriebskosten. Eine solche Abdampf-Warmwasserheizung mit Pumpenbetrieb zeigt Fig. 222. Der Weg des Dampfes zur Maschine, das Zusetzen von Frischdampf und das Abblasen eines etwa auftretenden Dampfüberschusses erfolgt wie in Fig. 221. Der Dampf geht in einen Wasserwärmer und das gebildete Kondenswasser läuft zurück zur Zisterne. Das Heizwasser geht durch den Wasserwärmer, bewegt durch eine Umtriebpumpe. Für sie ist eine Dampfpumpe ohne Schwungrad gezeichnet, deren Dampfzylinder aus der Hauptdampfleitung gespeist wird und seinen Dampf in die Abdampfleitung entläßt. Wünscht man an Stelle der Dampfkolbenpumpe eine Kreiselpumpe zu haben, die wir ja als vorteilhafter kennen, so kann man eine Dampfturbine als Antrieb nehmen. Es kommt aber auch fast auf das Gleiche hinaus, wenn wir einen Elektromotor nehmen, dessen Strom der Hauptmaschine entstammt, weil ja deren Abdampf auch ausgenutzt wird.

185. Betrieb der Maschinen mit Kondensation. Wir haben zunächst einige maschinentechnische Tatsachen kurz in Erinnerung zu bringen.

Man hat ganz allgemein die Wahl zwischen dem Betrieb einer Dampfmaschine oder Dampfturbine mit Kondensation und dem mit Auspuff. Bei beiden Betriebsarten wird Dampf von hoher Spannung der Maschine zugeführt, er expandiert in der Maschine Arbeit leistend, und verläßt die Maschine dann mit einem Druck, der eben von der Betriebsart abhängig ist. Bei Auspuffbetrieb ist der Druck, mit dem der Dampf die Maschine verläßt, gegen den er also aus der Maschine herausgedrückt werden muß, gleich dem Atmosphärendruck; er ist sogar etwas höher, weil zu dem atmosphärischen Druck noch die Widerstände in der Auspuffleitung kommen. Beim Kondensationsbetrieb hingegen bläst der Dampf in den Kondensator, in dem Vakuum gehalten wird, das heißt in dem der absolute Druck kleiner ist als der der Atmosphäre. Das Vakuum wird in dem Kondensator aufrecht erhalten dadurch, daß man Dampf- und Luftdruck aus ihm beseitigt. Der Dampfdruck wird durch Abkühlen des Kondensators mittels Kühlwassers, der Luftdruck durch eine Luftpumpe beseitigt, die bei Inbetriebsetzung den Kondensator und die Maschine leer pumpt und die weiterhin alle durch Undichtheiten eindringenden Luftmengen herauszuschaffen hat. Meist arbeitet die Kondensationsmaschine mit einem Vakuum von 80 bis 90 $^0/_0$, der absolute Druck ist in ihnen nur noch 20 bis 10 $^0/_0$ des Atmosphärendruckes; er wäre dann beim normalen Barometerstand zwischen 15 und $7^1/_2$ cm QuS gelegen, das Vakuum wäre 62 bis 70 cm QuS.

Der Übergang vom Auspuffbetrieb zum Kondensatorbetrieb ist ein kontinuierlicher. Man kann bei einer Kondensationsmaschine allmählich den Gegendruck des Kondensators vermehren und kann sie daher statt mit 90 oder 80 $^0/_0$, auch mit 30, 20, 10 $^0/_0$ Vakuum laufen lassen. Man kann es schließlich dahin bringen, daß der Druck im Kondensator auf Atmosphärendruck kommt; die Maschine arbeitet dann, obwohl der Dampf noch niedergeschlagen wird, wie mit Auspuff. Denn wesentlich für den Kondensationsbetrieb ist die Verminderung des Gegendruckes; dagegen ist es für den Maschinenbetrieb offenbar gleichgültig, ob der Dampf nach dem Verlassen der Maschine frei über das Dach bläst oder doch noch kondensiert wird.

Bei Abdampfausnutzung in einer Warmwasserheizung stellt der Wasserwärmer den Kondensator der Maschine dar; er gleicht ihm auch in der Ausführung völlig; er ist ein Oberflächenkondensator.

Die Verschlechterung des Vakuums und der allmähliche Übergang zum Auspuffbetrieb tritt ein, wenn man entweder sehr wenig Kühlwasser zum Kondensator treten läßt, so daß es ziemlich warm wird; so handelt man, wenn man das Wasser einer Warmwasserversorgung auf die gewünschten Temperaturen bringen will; das Gleiche tritt aber auch ein, wenn man zum Kühlen nicht kaltes Wasser verwendet, sondern warmes; so handelt man, wenn man als Kühlwasser das doch immer noch warme Rücklaufwasser einer Warmwasserheizung benutzt, damit es sich durch Niederschlagen des Dampfes auf die Vorlauftemperatur erwärme. Beide Male wird das Vakuum nicht weiter getrieben werden können — auch trotz eifrigen Auspumpens der Luft — als bis der absolute Druck im Kondensator der Ablauftemperatur des kühlenden Wassers nach der Spannungskurve von Wasserdampf entspricht. Wenn bei Warmwasserbereitung das Wasser den Wärmer mit 60° verläßt, so kann man den absoluten Gegendruck der Maschine bis etwa 0,2 at herabziehen, wenn man für Auspumpen der Luft sorgt. Wenn bei Warmwasserheizung das Wasser auf 90° erwärmt werden soll, so wird man überhaupt nicht mehr auf wesentliches Vakuum rechnen können.

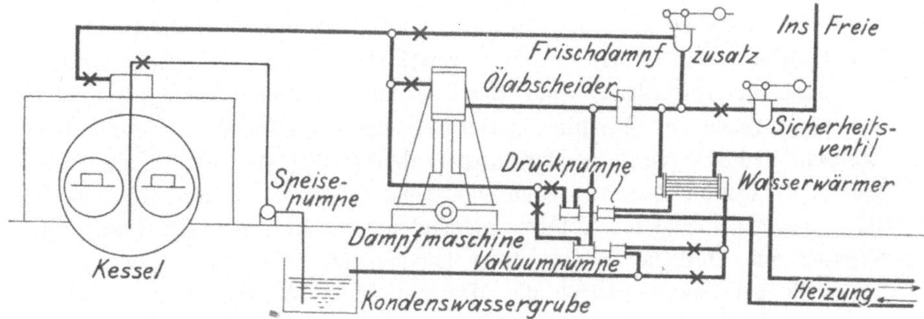

Fig. 223. Abdampf-Warmwasserheizung für Kondensationsbetrieb.

Die Grenze, bis wohin das Vakuum verbessert werden kann, ist immer dadurch gegeben, daß ein Sieden der bereits niedergeschlagenen Kondenswasserteilchen und daher eine Verminderung des Vakuums eintritt, sobald der absolute Druck im Kondensator unter denjenigen Wert sinken will, der der Temperatur der Wandungen, und zwar im wärmsten Teil entspricht. Unter diesen Wert kann das Vakuum also nicht sinken.

Es kann für Abdampfheizungen wohl in Frage kommen, wenigstens zeitweilig mit Vakuum im Wasserwärmer zu arbeiten. Im Sommer namentlich kann das wünschenswert sein, wir werden bald sehen weshalb. Zunächst jedoch sind die Einrichtungen zu besprechen.

Diese sind freilich einfach genug. In der schematischen Darstellung (Fig. 223) ist kein weiterer Unterschied zwischen der Anlage für Vakuum und der für Auspuff zu erkennen, als daß in die vom Wasserwärmer zur Kondenswassergrube führende Kondensleitung eine nasse Luftpumpe eingebaut ist, das heißt eine Pumpe, die Wasser und Luft zugleich fördert. Statt dessen kann man auch zwei Pumpen, für Luft und für Wasser getrennt, einbauen. Das Herausschaffen von Luft ist ja offenbar nötig, um das Vakuum zu erzeugen und aufrecht zu erhalten; wir besprachen das schon. Das Kondenswasser muß aber auch in die Kondenswassergrube gedrückt werden, weil es nicht aus dem Vakuum in die Atmosphäre herausläuft — es sei denn die Grube liege sehr tief unter dem Wasserwärmer. Die Verhältnisse liegen wie bei der Vakuumheizung (§ 112).

Eines soll noch erwähnt werden. Bei dem Betriebe mit Auspuff waren Maschine und Heizung ganz unabhängig voneinander. Ein Fehlbetrag an Dampf wurde als Frischdampf zugesetzt, ein Überschuß in die Atmosphäre entlassen. Beim Kondensationsbetrieb ist nur das erstere möglich, das letztere aber nicht. Die Dampfmaschine darf jetzt nicht mehr Dampf, oder sagen wir lieber gleich nicht mehr Wärme abgeben, als der Wasserwärmer aufbrauchen kann.

Im Winter war der Heizbetrieb genügend stark, um selbst dann allen Dampf aufzubrauchen, wenn die Maschine mit Auspuff lief. Gegen das Frühjahr hin wird der Heizbetrieb schwächer, so daß man an die Grenze kommt, wo der Auspuffbetrieb mit seinem großen Dampfverbrauch der Maschine Dampfverluste durch Ausblasen in die Atmosphäre bringt. Es erscheint vorteilhaft, zum Betriebe mit Vakuum überzugehen; der Dampfverbrauch der Maschine, deren Leistung ja natürlich vorgeschrieben ist, geht dadurch herab, so daß wieder aller Dampf von der Heizung aufgebraucht werden kann. Gegen den Sommer hin wird der Heizbetrieb noch schwächer und beschränkt sich bald auf die Versorgung mit warmem Wasser und ähnliche Dinge. Jetzt kommt unter Umständen der Punkt, wo auch bei Vakuumbetrieb die Maschine mehr Wärme abgibt, als die Heizung verbraucht. Wo kaltes Wasser eines Flusses billig zu haben ist, wird eine Hilfskondensation einspringen müssen: in einem Kondensator irgend welcher Bauart, am einfachsten einem Oberflächen-Kondensator ähnlich den Wasserwärmern, wird Flußwasser angewärmt und wieder in den Fluß entlassen. Dazu ist die Beschaffung jenes Hilfskondensators und einer Pumpe für die Wasserbewegung nötig. Es fragt sich, ob ihre Beschaffung lohnt, oder ob es besser ist, während der kurzen Zeit des Jahres, wo die Verhältnisse so liegen, doch wieder ohne Vakuum zu arbeiten und den überschüssigen Dampf — es ist jetzt freilich mehr überschüssig als bei Vakuumbetrieb — ins Freie blasen zu lassen. Sind die Betriebskosten, die durch den Mehrverbrauch an Kohlen entstehen, höher anzuschlagen als die Kosten für die Einrichtung der Hilfskondensation?

Solange Flußwasser billig zur Verfügung steht, wird die Entscheidung leicht zugunsten der Hilfskondensation ausfallen, da deren Einrichtungskosten geringe sind. Wo aber Wassermangel herrscht, kann es Not machen, wie man bei Vakuumbetrieb die Abwärme der Maschine im Sommer los werden soll, die bei Auspuffbetrieb leicht ins Freie entweicht. Um den Vakuumbetrieb aufrecht zu erhalten, müßte man eine Rückkühl-Einrichtung beschaffen, durch deren Vermittelung die aus dem Maschinenbetrieb überschüssige Wärme in die Atmosphäre entlassen wird. Beliebige Heizkörper, so aufgestellt, daß ihre Wärmeabgabe nicht stört, erfüllen den Zweck, und man wird in der Tat solche geschlossenen Heizflächen dann anbringen, wenn man sie in die Leitung der Warmwasserbereitung legen will, deren Wasser nicht verunreinigt werden darf. Üblicher ist zur Rückkühlung ein Kühlturm, in dem Wasser frei im Luftstrom herabrieselt, ähnlich den Gradierwerken.

Solche Anlage mit Rückkühlung der Hilfskondensation in einem Kühlturm zeigt Fig. 224. Der Abdampf geht nur teilweise in den schon in Fig. 223 vorhandenen Wasserwärmer, in dem die nasse Luftpumpe Vakuum erzeugt, Luft und Wasser auspumpend. Der überschüssige Abdampf geht in den Hilfskondensator, der ebenso wie der Wasserwärmer ausgebildet ist. Vielleicht kann man sogar einen der im Sommer unbenutzten Heizungs-Wasserwärmer benutzen. Im Hilfskondensator hält dieselbe nasse Luftpumpe das Vakuum aufrecht. Sein Kühlwasser aber

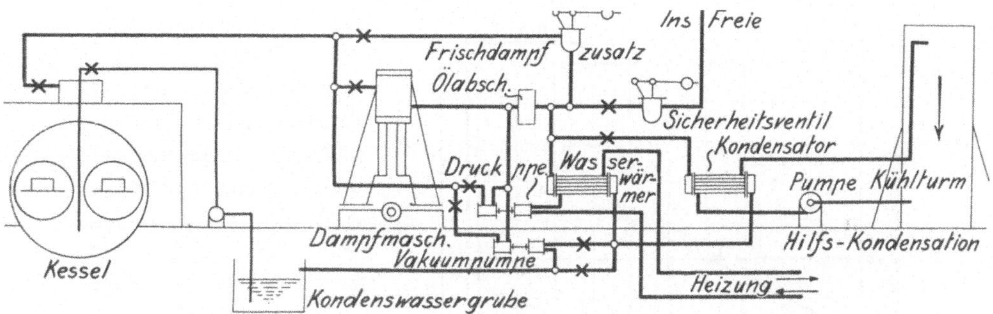

Fig. 224. Abdampf-Warmwasserheizung mit Hilfskondensation und Rückkühlung.

wird durch eine Umlaufpumpe auf einen Kühlturm gehoben, in dem es frei herabfällt, von Luft durchstrichen, und teilweise verdunstend seine Wärme abgibt. Es geht zum Hilfskondensator zurück, um dort von neuem erwärmt zu werden und um von neuem seinen Kreislauf zu beginnen.

Durch den Einbau der Hilfskondensation kann man also jederzeit mit Vakuum arbeiten und hat bei sparsamem Dampfverbrauch der Maschine stets eine Ausnutzung des Abdampfes, soweit man eben für ihn Verwendung hat. Es ist so der vollkommenste Betrieb ohne Zweifel, vom rein technischen Standpunkt aus. Doch kann man mit Recht die Frage aufwerfen, ob denn der durch die Einrichtung der Hilfskondensation erzielbare Gewinn so groß ist, daß es den Aufwand lohnt. Denn die Voraussetzung für die jetzige Betrachtung war die, daß nur im Sommer eine Zeit kommt, wo die Hilfskondensation von Nutzen ist. Wir denken an die zahlreichen Anstalten, wie Irren- und Krankenhäuser, große Schul- und Gerichtsgebäude und ähnliche, die in erster Linie beheizt werden sollen und in denen man nun eine eigene Lichtanlage macht, um den großen Lichtbedarf des Winters billig zu decken, während im Sommer der Abdampf schwer unterzubringen ist. Wir denken also an eine Anlage, wo der Heizbetrieb die Hauptsache ist und nicht, wie wohl in Fabriken, der Maschinenbetrieb.

Mit dem Aufwerfen jener Frage kommen wir ins Wirtschaftliche hinein, das nun in der Tat bei jeder Abdampf-Ausnutzung den Ausschlag gibt. Es ist nicht möglich, solche Fragen allgemein zu beantworten, da alles von den gegenseitigen Größenverhältnissen und der gegenseitigen Benutzungsdauer von Heizung und Maschine abhängt. Von Fall zu Fall sind die zweckmäßigsten Maßnahmen zu erwägen. Einige Fingerzeige aber wird das folgende liefern. Wir wollen zunächst einiges über die Ausnutzung der Wärme in Maschinen besprechen, um dann einige Fälle aufzuzählen, in denen eine Ausnutzung des Abdampfes ohne weiteres das vorteilhafte sein dürfte.

186. Dampfverbrauch von Kolbenmaschinen und Dampfturbinen; Ölabscheidung. Der Betrieb mit Auspuff erfordert mehr Dampf als der mit Kondensation. Von dieser Voraussetzung gingen schon die letzten Betrachtungen aus. Sie ist richtig für Dampfturbinen wie für Kolbenmaschinen, freilich in verschiedenem Maße, wie das Fig. 225 zur Darstellung bringt. Die Kurven geben den Dampfverbrauch der beiden Maschinenarten für wechselnde Gegendrucke von Atmosphärendruck bis herab zu bestem Vakuum; für Dampfturbinen treibt man dasselbe bis auf 0,05 at absoluten Druck, was etwa 95 % Vakuum entspricht. Wir besprachen schon, daß der Übergang vom Kondensationsbetrieb zum Auspuffbetrieb ein kontinuierlicher ist.

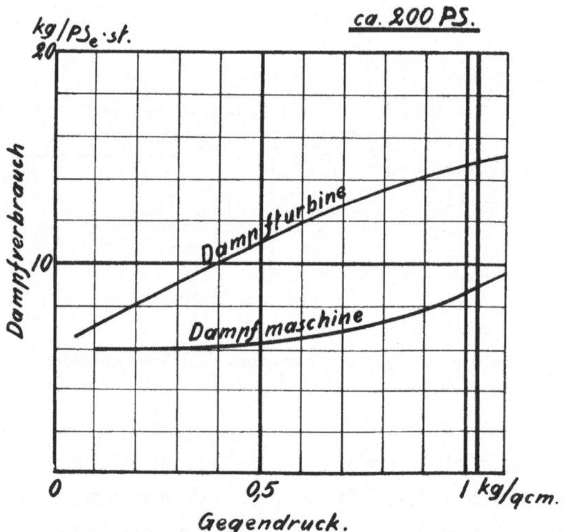

Fig. 225. Änderung des Dampfverbrauches von Kolbendampfmaschinen und von Dampfturbinen bei wechselndem Gegendruck.

Nach den Kurven ist für gutes Vakuum der Dampfverbrauch beider Maschinenarten etwa gleich, während bei Auspuffbetrieb die Kolbenmaschine bis jetzt weit im Vorteil ist. Wir werden der Dampfturbine nicht unrecht tun, wenn wir ihr bei Auspuff einen fast doppelt so großen Dampfverbrauch nachsagen als der Kolbenmaschine. Das ist für die Zwecke der Abdampfausnutzung, wo immer in erster Linie der Auspuffbetrieb in Frage kommt, ein Nachteil der Dampfturbine.

Auch sonst zeigt die Dampfturbine üble Eigenschaften im Vergleich zur Kolbenmaschine. Man erkennt, wie letztere auf besonders gutes Vakuum keinen Anspruch macht; 0,4 bis 0,5 at absoluter Druck liefern noch fast ebensogute Ergebnisse hinsichtlich des Dampfverbrauches, wie das beste Vakuum. Die Dampfturbine hingegen ist besonders empfindlich dafür, daß das Vakuum das allerbeste sei; gerade in den untersten Stufen des absoluten Druckes wird der Dampfverbrauch am stärksten verbessert. Man kann also recht gut eine Kolbenmaschine mit 50 $^0/_0$ Vakuum laufen lassen, um eine für die Heizung brauchbare Temperatur von etwa 80^0 zu behalten; bei der Turbine kann man nur auf Kosten des Dampfverbrauches das Gleiche tun.

Trotzdem wird die Dampfturbine nicht selten auch da in Frage kommen, wo man Abdampf ausnutzen will. Wo der Wärmeverbrauch der Heizung zu allen Zeiten so groß ist, daß die Heizung stets den gesamten Dampf auch einer mit Auspuff laufenden Dampfturbine aufbrauchen kann, da ist die Frage des Dampfverbrauches überhaupt ausgeschaltet. Dann hat aber die Dampfturbine einen für die Abdampfheizung schwerwiegenden Vorteil. Ihr Abdampf ist so gut wie frei von Schmieröl, während der Abdampf der Kolbenmaschine ölhaltig ist. Die Ölabscheider aber arbeiten wohl ohne Ausnahme nicht so, wie man es wünschen möchte. Betriebsstörungen durch Ölansatz in den Wasserwärmern werden also bei Turbinenbetrieb sicher vermieden.

Die Schwierigkeiten der Ölabscheidung sind auch sonst wohl zu beachten. Maschinen mit hohem Dampfdruck oder gar mit Heißdampf erfordern reichlichere Schmierung als solche, deren Dampf sich auf geringerer Temperatur befindet. Man wird also von der Verwendung sehr hochgespannten und überhitzten Dampfes absehen, wenn die Heizung auch die etwas größere Dampfmenge einer Sattdampfmaschine einfacher Bauart aufbraucht; ja man wird gelegentlich Dampfverluste in die Atmosphäre in Kauf nehmen, wenn man dadurch die Schwierigkeiten der Ölabscheidung vermindert.

Die Kurven der Fig. 225 gelten für Maschinen von etwa 200 PS Leistung und bei der Dampfmaschine für etwa 8 at Admissionsdruck, bei der Dampfturbine für höheren. Sie beruhen auf eigenen Versuchen. Doch sollen sie nur den Charakter der Abhängigkeit zeigen, während die absolute Lage der Kurven naturgemäß in weiten Grenzen schwanken kann. Man wird im besonderen Fall die Garantien einfordern.

187. Wärmeausnutzung bei Abdampfverwertung. Uns ist bekannt (Fig. 12), daß 1 kg gesättigten Dampfes je nach seinem Druck etwa 650 WE enthält. Eine einfache Rechnung ergibt, daß nur ein kleiner Teil der im Dampf enthaltenen Wärmemenge in Arbeit umgesetzt wird.

Bekanntlich ist die Pferdestärke definiert als die Leistung, die 75 kg in 1 Sekunde 1 m hoch heben kann:

$$1 \text{ PS} = 75 \text{ mkg/sek},$$

daher $$1\ \mathrm{PS}\cdot\mathrm{st} = 75 \cdot 3600\ \mathrm{mkg} = 270000\ \mathrm{mkg}.$$

Andererseits ist die Wärmeeinheit, wir können wohl auch sagen bekanntlich, gleichwertig mit 424 mkg, dem mechanischen Wärmeäquivalent; es ist

$$1\ \mathrm{WE} = 424\ \mathrm{mkg}.$$

Aus beiden Gleichungen folgt:

$$1\ \mathrm{PS}\cdot\mathrm{st} = \frac{270000}{424} = 637\ \mathrm{WE}.$$

Da nun 1 kg gesättigten Dampfes stets etwa 650 WE enthält — etwas mehr oder weniger, je nach seinem Druck —, so sollte jedes Kilo-

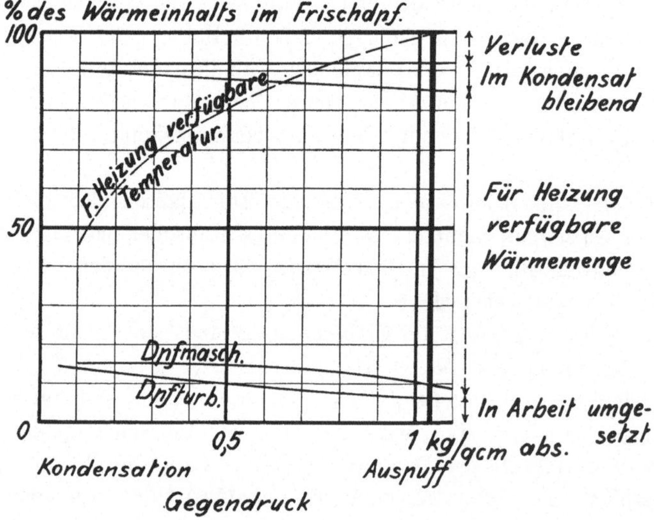

Fig. 226. Ausnutzung der Wärme in Kolbendampfmaschinen und Dampfturbinen bei wechselndem Gegendruck.

gramm Dampf eine Stunde lang eine Pferdestärke liefern können, während wir doch nach Fig. 225 nicht 1 kg, sondern je nach den Verhältnissen 6 bis 15 kg/st Dampf aufwenden müssen. Nur $^1/_6$ bis $^1/_{15}$ der im Dampf steckenden Wärme wird also in Arbeit umgesetzt. Was wird mit dem Rest?

Darüber gibt Fig. 226 Auskunft. Er steht großenteils zur Heizung zur Verfügung und darauf eben beruht die Abdampfheizung.

In Fig. 226 sind als Abszissen die verschiedenen Gegendrucke aufgetragen, gegen die die Maschine läuft, vom besten Vakuum bis zur Atmosphärenspannung. Als Ordinate sind senkrecht 100 $^0/_0$ verzeichnet, die ganze im Dampf ursprünglich steckende Wärmemenge. Nur ein Bruchteil von, wie schon berechnet, 6 bis 15 $^0/_0$ wird durch die Dampfturbine oder Kolbenmaschine in Arbeit umgesetzt. Ein Teil der Wärme, etwa 8 $^0/_0$, pflegt nicht nachweisbar zu sein; man sagt wohl, er sei durch Strahlung und Leitung verloren gegangen. Was noch fehlt, kann man nachweisen. Es verbleibt zum kleinsten Teil in dem Kondensat, das sich aus dem Dampf niederschlägt und in unseren schematischen Darstellungen natürlich nicht ganz kalt der Kondenswassergrube zufließt. Die Hauptmenge des ganzen Wärmeinhaltes aber geht im Wasserwärmer in das Umlaufwasser über und steht zur Heizung zur Verfügung. Sie würde, wenn keine Heizung vorhanden wäre, in das Kühlwasser des Kondensators oder bei der Auspuffmaschine mit dem Auspuffdampf in die Atmosphäre gehen.

Man kann nach Fig. 226 in runder Zahl immer rechnen, daß etwa drei Viertel des ursprünglichen Wärmeinhaltes zur Heizung verfügbar bleibt, während ein Viertel von der Maschine verbraucht wird. Ohne die Abdampf-Ausnutzung würden alle vier Viertel von der Maschine verbraucht werden. Man kann also sagen, durch die Abdampf-Ausnutzung werde der Dampfverbrauch der Maschine — und daher der Kohlenverbrauch — auf ein Viertel des sonst erforderlichen gebracht.

Man hört wohl eine andere Darstellung, die aber falsch ist. Man hört wohl sagen: der Admissionsdampf von vielleicht 8 at Überdruck enthält nach Fig. 12 etwa 659 WE/kg, der Auspuffdampf von Atmosphärenspannung, ebenfalls nach Fig. 12, 637 WE/kg. Da der hochgespannte Dampf fast genau so viel Wärme enthalte wie der auspuffende, so stehe noch fast alle Wärme zur Heizung zur Verfügung, und der Maschinenbetrieb erfolge kostenlos. Das ist nach dem oben Gesagten falsch. Der Fehler wird verursacht durch die Annahme, der Wärmeinhalt des aus der Maschine kommenden Dampfes könne aus den Fig. 12 oder 13 ermittelt werden. Diese beziehen sich auf trocken gesättigten Dampf; der Dampf am Austritt aus der Maschine ist aber sehr feucht und besteht nach unseren Darlegungen zu fast einem Viertel aus bereits kondensiertem Wasser.

Der Nutzen der Abdampf-Ausnutzung ist also groß, aber nicht so groß, wie häufig gesagt wird.

Aus Fig. 226 entnehmen wir noch folgendes: Die zur Heizung verfügbare Wärmemenge ist stets etwa 75 $^0/_0$ der gesamten; sie ist bei bestem Vakuum fast ebenso groß wie bei Auspuffbetrieb. Man kann also ruhig die Maschine mit gutem Vakuum, also sparsamstem Dampfverbrauch, laufen lassen, ohne irgend eine Beeinträchtigung der Heizung hinsichtlich der verfügbaren Wärmemenge.

Dagegen nimmt mit zunehmendem Vakuum — abnehmendem Gegendruck — die Temperatur ab, mit der die Wärmemenge zur Verfügung gestellt wird. Es ist nicht möglich, die Vorlauftemperatur des Heizwassers höher zu treiben als auf die Temperatur, die nach der Spannungskurve des Wasserdampfes dem Vakuum entspricht, mit der der Dampf aus der Maschine kommt, und die als die für Heizung verfügbare Temperatur in Fig. 226 mit eingetragen ist.

Wenn man also die Maschine mit Vakuum laufen läßt, so hat man, trotz der viel größeren Arbeitsausbeute, keine wesentlich geringere Wärmeausbeute für Heizung. Der Betrieb mit Vakuum ist daher, wo man nicht doch noch Frischdampf zusetzen muß, der im Betriebe überlegene, bei Abdampf-Ausnutzung ebenso wie ohne sie. Dagegen erfordert er höheren Aufwand an Beschaffungskosten; der geringeren Vorlauftemperatur wegen wird man größere Heizkörper verwenden müssen. Auch die Heizflächen der Wasserwärmer wird man im allgemeinen größer wählen müssen, da man das Temperaturgefälle zwischen Dampf und Wasser gerne kleiner halten wird, als wenn man beim Auspuffbetrieb Wasser auf nur 90° bringen will unter Benutzung von Dampf von 100°. — Eine besondere Vergrößerung der Heizflächen tritt übrigens nur ein, wenn man den Kondensationsbetrieb auch bei großer Kälte aufrecht erhalten will oder muß, weil die Maschinen zu knapp bemessen sind, um mit Auspuff die geforderte Leistung zu geben. Wählt man die Maschine reichlich oder tritt ihre höchste Beanspruchung nicht gerade bei zugleich größter Kälte auf, so brauchen die Heizflächen nicht besonders vergrößert zu werden.

188. Fälle der unbedingten Wirtschaftlichkeit. Wir haben die äußere Anordnung der Abdampfheizung besprochen und haben dann gesehen, was man unter bestimmten Bedingungen von ihr erwarten darf. Es fragt sich nun, in welchen Fällen eine Abdampfheizung wirtschaftlich berechtigt ist — ein Punkt, den wir schon gestreift haben.

Es kann sich dabei im folgenden nur um die Besprechung des Falles handeln, wo ein Maschinenbetrieb und eine Heizung neu eingerichtet werden sollen und man vor der Frage steht, ob es zweckmäßig ist, beide Betriebe zu einer Abdampfheizung zu vereinen oder ob man besser jeden der Betriebe für sich lassen solle. Am häufigsten wird die Frage, außer bei Fabrikheizungen, auftreten, wo in Krankenhäusern, Schulen, Theatern, Warenhäusern ein eigener elektrischer Lichtbetrieb mit dem Heizbetrieb verbunden werden soll. Und für diesen Fall wollen wir unsere Besprechung zurechtlegen.

Wo hingegen auch noch die Entnahme von elektrischem Strom aus einem städtischen Netz zu erwägen ist oder wo auch noch die Anpassung an eine gegebene Heizungs- oder an eine gegebene Maschinenanlage in Rechnung zu ziehen ist, da werden zu sehr die ganz besonderen Verhältnisse zu berücksichtigen sein, als daß eine Besprechung in irgendwie allgemeiner Form möglich wäre. Trotzdem wird auch für solche Fälle das folgende wenigstens Gesichtspunkte liefern können.

Bei Abdampfausnutzung ist die Anwendung von Vakuum — der Kondensationsbetrieb der Maschine — eine Seltenheit. Man begnügt sich fast immer mit Auspuffmaschinen, um sich die große Komplikation des Betriebes durch die Kondensation zu ersparen und weil die Kondensation in der Tat oft gar nicht Ersparnisse bringt. Es gibt insbesondere zwei Fälle, wo die Ausnutzung des Abdampfes ohne Anwendung von Vakuum ohne weiteres als das wirtschaftlich richtige anzusprechen ist. Wir wollen sie die beiden Fälle der unbedingten Wirtschaftlichkeit nennen.

Der eine Fall ist der, wo die Größe und Beanspruchung der Maschinenanlage gegenüber der Größe und Beanspruchung der Heizung so klein ist, daß unter allen Umständen — zu allen Zeiten des Jahres und des Tages — der Abdampf der Maschine völlig von der Heizung aufgenommen werden kann. Da im Sommer die eigentliche Heizung außer Betrieb ist, so kann der Fall vollständig nur eintreten, wo der Maschinenbetrieb im Sommer ganz ruht oder wo eine Warmwasserversorgung vorhanden ist.

Der zweite Fall ist der, wo schon ohne Berücksichtigung der Abdampfausnutzung die Verhältnisse so liegen, daß ein Auspuffbetrieb dem Kondensationsbetrieb vorzuziehen ist. Der Fall tritt ein, wo wegen Wassermangels eine kostspielige Rückkühlanlage erforderlich würde, während doch die Benutzung der Maschinen nicht so intensiv ist, daß sie imstande sind, durch Dampfersparnisse den Mehraufwand an Anlagekapital einzubringen.

Die beiden Fälle schließen einander nicht aus. In beiden Fällen wird selbstverständlich ein Vorbehalt zu machen sein, nämlich der Maschinenbetrieb dürfe im ganzen nicht so klein sein, daß es gar nicht lohnt, seinetwegen sich im Entwerfen der viel größeren Heizanlange irgendwie beeinflussen zu lassen.

189. Erster Fall. Wir betrachten zunächst den ersten der beiden Fälle. Der Abdampf der Maschine kann stets zur Heizung Verwendung finden, wenn nur während der Periode ein Lichtbedarf vorliegt, wo auch gleichzeitig geheizt wird, so daß also den ganzen Sommer über, wenn kein Abdampf zum Heizen verwendet werden kann, auch keiner erzeugt wird. Der Fall liegt aber auch vor an Stellen, wo man im Sommer den Abdampf zu anderen Zwecken verwenden kann als zum Heizen der Räume, beispielsweise in Gasthöfen oder Krankenhäusern zum Kochen von Speisen oder zum Bereiten von warmem Wasser für die Warmwasserleitung, mit der man heutzutage solche Gebäude auszustatten pflegt. Dabei ist die Bedingung zu stellen, daß die Maschine auch im Sommer und selbst bei Auspuffbetrieb weniger Abdampf erzeugt als für die erwähnten Zwecke verwendet werden kann.

Liegen die Verhältnisse so, dann kann für die Zweckmäßigkeit der Verwendung des Abdampfes betriebstechnisch kein Zweifel bestehen. Denn der Abdampf muß ja auf alle Fälle noch durch Frischdampf ergänzt werden, weil seine Menge eben zu gering ist. Die Kessel müßten unter allen Umständen so viel Dampf erzeugen, wie zur Beheizung erforderlich ist; hinzu tritt bei Abdampfausnutzung nur ein Viertel, sonst aber der volle für die betreffende Maschine erforderliche Dampfverbrauch. Die Betriebsersparnis an Kohlen beträgt etwa drei Viertel der für den Maschinenbetrieb sonst anzusetzenden Kohlenkosten. Es wird in gewissem Maße der Maschinenbetrieb nebenbei von dem für Heizzwecke ohnehin erforderlichen Dampf unterhalten.

Die Ersparnis an Kohlen kann nicht allein den Ausschlag geben; es bleibt festzustellen, ob etwa wesentliche Unterschiede zuungunsten der Abdampfheizung bei den Beschaffungskosten entstehen. Auch hier fällt der Vergleich indessen nicht zuungunsten, sondern zugunsten der Abdampfausnutzung aus — immer vorausgesetzt, daß es sich um eine Neuanlage handelt, und daß nicht bestehende Einrichtungen Verhältnisse ergeben, deren allgemeine Besprechung ganz unmöglich wäre. Wir wollen die einzelnen Teile der Anlage der Reihe nach durchgehen.

Die Kesselanlage müßte bei getrenntem Betriebe so groß angelegt werden, daß sie die Summe aus Heiz- und Maschinendampf erzeugen kann. Denn im Winter kann die größtmögliche Kälte in die Zeit des größten Lichtbedarfes fallen, auf eine gegenseitige Aushilfe darf man nicht rechnen. Nur die Reserve dürfte für beide gemeinsam sein. Bei der Abdampfausnutzung ist die zu liefernde Dampfmenge um etwa drei Viertel des Maschinenverbrauches geringer, wie wir das eingehend besprachen. Dem steht gegenüber, daß man die Spannung der ganzen Anlage der Einheitlichkeit wegen für den Maschinenbetrieb passend annehmen wird, so daß er für die Heizung vielleicht unnütz hoch ist. Doch ist das nicht immer der Fall, da für die in unserem Fall in Frage kommenden Einzylindermaschinen mit Auspuff Dampfspannungen von 5 at und für Verbundmaschinen solche von 8 at oft angewendet werden, wenn es wie hier auf den Dampfverbrauch nicht ankommt. Und 4 bis 8 at sind auch für Heizungen nicht ungebräuchliche Spannungen. Dabei sind Kessel für höheren Druck zwar teurer als solche für niedrigeren, gleiche Dampferzeugung vorausgesetzt, aber doch nicht sehr wesentlich teurer. Im ganzen wird man damit rechnen können, daß die Kesselanlage billiger, jedenfalls aber nicht teurer wird, wenn man die Abdampfausnutzung vorzieht; das ist noch sicherer der Fall, wenn man die Gebäudekosten beachtet, die nur von der Kesselheizfläche, nicht aber vom Druck abhängen.

Was die Maschinenanlage anlangt, so muß man bei getrenntem Betriebe auf geringen Dampfverbrauch der Maschinen sehen. Man nimmt daher Verbund- oder gar Dreifach-Expansionsmaschinen, jedenfalls mit Kondensation. Für Abdampfbetrieb aber kommt es auf den Dampfverbrauch der Maschine nicht an, weil aller Dampf — voraussetzungsgemäß — zu Heizzwecken verwendet werden kann und daher die von der Dampfmaschine nicht zur Verfügung gestellte Dampfmenge besonders hinzugefügt werden muß. Man kann daher bei Abdampfausnutzung die billigste auf dem Markt befindliche Maschine wählen, die den Anforderungen an Betriebssicherheit genügt; die Maschine darf ein sogenannter „Dampffresser“ sein. Sie darf daher mit höherer Umlaufzahl laufen und braucht keine Kondensation zu haben. Das macht nun die Maschine wesentlich billiger. Es liegen mir beispielsweise vergleichende Preise für eine 150 KW-

Maschine vor, die für geringen Dampfverbrauch (7 kg pro $PS_i \cdot st$) 40000 M. einschließlich Einspritzkondensator kostet; kann man aber einen höheren Dampfverbrauch (10 kg pro $PS_i \cdot st$) zulassen, so kostet eine Auspuffmaschine nur 25000 M. Der gewonnene Vorteil aber ist nicht nur einmal, sondern auch noch für die notwendige Reservemaschine in Rechnung zu stellen, also eventuell zweimal. Daß die Ersparnisse noch ganz gewaltig wachsen, sobald man wegen Wassermangel die Kondensation nur unter Zuhilfenahme einer Rückkühlung durchführen könne, werden wir später sehen. Alles in allem bleibt ein großer Vorteil auf seiten der Abdampfanlage.

Im weiteren kommt es darauf an, ob man ohnehin schon — auch ohne Abdampfausnutzung — zur Verwendung der Druckwasserverteilung entschlossen ist. Ist das der Fall, so ist die eigentliche Heizungsanlage in beiden Fällen so die gleiche, daß ein besonderer Vergleich sich erübrigt.

Sonst aber wäre zu erwägen, daß man bei getrenntem Betriebe die Wahl hat zwischen Hochdruckdampf-Verteilung und der Warmwasser-Verteilung unter Verwendung von Pumpen für den Umtrieb. Bei Abdampfheizung indessen kommt nur letztere Verteilung in Betracht, da Fortleitung des Abdampfes auf größere Entfernungen eine Erhöhung des Gegendruckes der Maschine zur Folge hat, die man gerne vermeiden wird. Von Einbeziehung der Vakuumheizung in unsere Betrachtungen soll hier abgesehen werden. — Die Hauptrohrleitungen, die einen beträchtlichen Teil der Anlagekosten ausmachen, müssen also bei Abdampfheizung als Warmwasserleitungen projektiert werden; bei getrenntem Betriebe können sie auch als solche, können aber auch als Hochdruckdampfleitungen projektiert werden. Sind also die Verteilungsleitungen für warmes Wasser teurer als die für Dampf, so wäre man durch Verwendung des Abdampfes an diese höheren Kosten gebunden und hätte den Unterschied der Abdampfheizung zur Last zu legen. Nun sahen wir aber (§ 181), daß die Warmwasserheizung es gestattet, den Fortfall von Reserveleitungen in Erwägung zu ziehen. Dann werden ohnehin die Warmwasserleitungen die billigeren sein können.

Es bleiben noch die Warmwassererzeuger zu besprechen. Sie sind beidemal und auch beidemal in gleicher Größe anzuschaffen; nur stehen sie bei Dampfverteilung in den zu beheizenden Gebäuden, bei Warmwasserverteilung in der Zentrale. Ihre Anschaffungskosten werden zuungunsten der Warmwasserverteilung und damit der Abdampfheizung ausfallen, weil die Niederdruck-Wassererwärmer um einiges teurer sind als solche für höheren Druck. Sie allein dürften aber niemals genügen, um den Unterschied in den übrigen Posten auszugleichen.

Was die Nebenapparate, die kleineren Rohrleitungen, die Meßinstrumente anlangt, so wird die Ausstattung zu verschiedenartig je nach dem Geschmack oder den Erfahrungen des Entwerfenden ausfallen, als daß man in allgemeiner Form sagen könnte, sie würden in diesem oder jenem Fall billiger.

Im ganzen wird sich sagen lassen, daß schwer ein Fall eintritt, wo bei Neuanlagen durch Abdampfverwertung eine Steigerung der Beschaffungskosten gegenüber dem getrennten Betrieb zu erwarten ist. Oft wird das Umgekehrte der Fall sein.

190. Zweiter Fall. Wir gehen zur Besprechung des zweiten der Fälle über, in denen ein Kondensationsbetrieb nicht in Frage kommt.

Es ist kein seltener Fall, daß sich die Einrichtung einer Kondensation überhaupt für den betreffenden Maschinenbetrieb nicht lohnt. Die Kondensationsmaschine mit allem Zubehör ist, zumal wenn Wassermangel herrscht und Rückkühlung nötig macht, so viel teurer als eine einfachere Auspuffmaschine, daß sie nur bei ziemlich langer jährlicher Betriebsdauer durch Dampfersparnisse die Unkosten einbringen kann, die man jährlich für vermehrte Verzinsung und Amortisation und auch wohl für vermehrte Wartung ihr zur Last legen muß. Es ist nicht selten, ganz abgesehen von der Möglichkeit der Abdampfausnutzung, die billigere Maschine die vorteilhaftere trotz des höheren Dampfverbrauches. Oft zu Unrecht wird bei der Bestellung übermäßiges Gewicht auf die Garantie eines geringen Dampfverbrauches gelegt. Es wird leicht übersehen, daß man den höheren Preis nicht nur für die eigentliche Maschine, sondern auch für eine etwa erforderliche Reservemaschine aufwenden muß, während doch später nur eine der beiden Maschinen in Betrieb ist und durch ihre Dampfersparnis die Anschaffungskosten einbringen kann. Es wird ferner leicht übersehen, daß die Dampfersparnis in voller Größe, wie die Garantiezahlen es zu zeigen scheinen, nur dann vorhanden ist, wenn die Maschine mit voller Belastung läuft, auf die die Garantie sich zu beziehen pflegt; die Laufzeit mit kleinen Belastungen ist aber oft viel größer. Nun ist die Dampfersparnis ihrem absoluten Betrage nach naturgemäß kleiner bei kleineren Belastungen; ferner ist der Arbeitsaufwand für den Betrieb der Kondensationseinrichtung, der beim Vorhandensein einer Rückkühlung nicht unerheblich ist und der doch von der Nutzleistung der Maschine in Abzug gebracht werden muß, fast unabhängig von der Belastung der Hauptmaschine. Folglich wird bei sehr kleiner Belastung der Hauptmaschine die Kondensation mehr Arbeit verbrauchen, als der Dampfersparnis der Hauptmaschine entspricht; dann wird der Kondensationsbetrieb nicht Vorteil, sondern Nachteil bringen. Und man sieht nun leicht ein, daß bei mittleren Belastungen die Dampfersparnis durch Kondensation eine verhältnismäßig geringe sein wird.

Wir wollen nun zunächst das im letzten Absatz Besprochene durch ein Beispiel aus der Wirklichkeit belegen, bei dem allerdings die Verhältnisse insofern ungünstig liegen, als wegen Wassermangels Rückkühlung verwendet werden mußte, ferner insofern, als der Lichtbedarf nach abends 8 Uhr und im Sommer überhaupt nur schwach ist. Von den angegebenen Zahlen sind die meisten Versuchen, Betriebsergebnissen und Kostenanschlägen entnommen, einige andere beruhen auf Schätzungen. Letztere werden hoffentlich als zutreffend und unparteiisch angesehen werden. Es handelt sich um die Lichtzentrale der Technischen Hochschule Danzig.

Für die Anlage mit 150 KW normaler Leistung ist eine Dreifachexpansionsmaschine mit 11 at Admissionsdruck und Kondensation verwendet worden. Deren Dampfverbrauch bei verschiedenen Belastungen wurde so festgestellt, wie Fig. 227 es zeigt. Die Maschine kann aber auch als Verbundmaschine mit Auspuff betrieben werden, indem man Hochdruckzylinder und Kondensator abkuppelt; beim Admissionsdruck von 8 at verbraucht sie dann so viel Dampf, wie die andere Kurve Fig. 227 angibt. Bei jeder bestimmten augenblicklichen Belastung erspart man durch die bessere Maschine so viel, wie der Unterschied zwischen beiden Kurven ausmacht. Doch ist noch zu berücksichtigen, was der Betrieb der Kondensation verbraucht. Es sind das etwa 10 KW, die also bei Kondensationsbetrieb von jeder Leistung abzuziehen sind. Die punktierte Gerade in

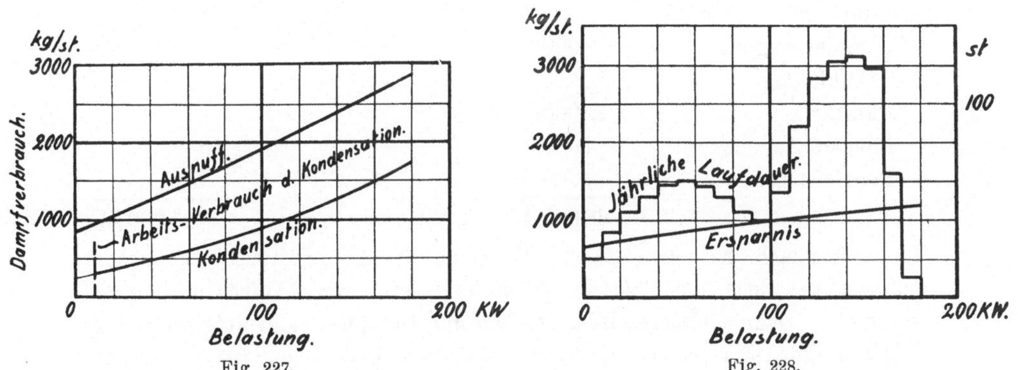

Fig. 227. Fig. 228.

Ermittelung der jährlichen Dampfersparnis bei Kondensationsbetrieb.

Fig. 227 deutet das an. Es ergibt sich also eine stündliche Dampfersparnis für jede Nutzbelastung, wie Fig. 228 es darstellt. — Nun sind in die gleiche Fig. 228 die Stunden eingetragen, die die Maschine nach den Betriebsaufzeichnungen jährlich mit der betreffenden Belastung gelaufen ist. Die Angaben sind hierbei für Belastungsstufen von 10 KW gemacht; finden wir bei 145 KW eine jährliche Betriebsdauer von 122 Stunden dargestellt, so heißt das, während 122 Stunden habe sich die Belastung zwischen 140 und 150 KW, also eben innerhalb einer Stufe von 10 KW, bewegt. In solcher Form läßt sich die Dauer der verschiedenen Belastungsstufen am leichtesten aus etwa gemachten Betriebsaufzeichnungen finden. Bilden wir nun für die verschiedenen Belastungsstufen die Produkte aus stündlicher Ersparnis und Laufzeit und zählen die Produkte zusammen, so stellt die Summe die gesamte jährliche Ersparnis an Dampf dar. Ohne auf die Auswertung näher einzugehen, wollen wir nur angeben, daß sich in dieser Weise eine jährliche Ersparnis von 1,2 Millionen Kilogramm Dampf ergibt. Dem entspricht bei 7facher Verdampfung eine Kohlenersparnis von $\frac{1200000}{7} = 172000$ kg, und bei einem Kohlenpreis von 22 M. pro Tonne eine Ersparnis von jährlich 3800 M. Man sieht, daß die Ersparnis, in Geld ausgedrückt, doch nicht so gewaltig ist, wie man gedacht hätte.

Und nun, wieviel Anlagekapital hat man daraufwenden müssen, um diese Ersparnis zu erreichen? Wir stellen zur Beantwortung dieser Frage die bei der Anlage mit Kondensation tatsächlich erwachsenen Kosten mit denen zusammen, die bei einer einfacheren Maschine schätzungsweise erwachsen wären, wie folgt:

Anlagekosten bei

Kondensationsbetrieb:		Auspuffbetrieb:	
Dreifach-Expansionsmaschine mit Einspritzkondensator 120 Umläufe-Min, 11 at	41000 M.	Verbundmaschine, 8 at .	33000 M.
Dampfkessel für 1800 kg/st Dampferzeugung, 11 at	9000 „	Dampfkessel f. 2800 kg/st Dampferzeugung, 8 at	12000 „
Rückkühlanlage:			
Kühlturm	12000 „		
Pumpen	4000 „		
Rohrleitungen	2000 „		
	68000 M.		45000 M.

Demnach hat man 23000 M. mehr an Anlagekapital aufwenden müssen, um doch nur 3800 M. jährlich zu ersparen. Wirtschaftlich ist das nicht. Denn die Ersparnisse machen nur 16 % des mehr aufgewendeten Kapitals aus und reichen also zur Verzinsung und Amortisation und zur Bildung eines Reparaturfonds nur eben hin; man pflegt soviel für diese Zwecke zusammen anzunehmen.

Nun bleibt aber noch zu beachten, daß diese Anlage, wie eine jede, mit Reserve zu erstellen war. Man hat also zwei Maschinen und zwei Kessel aufzustellen, von denen immer nur einer in Betrieb ist und dadurch den Unterschied in den Anfangskosten abarbeiten kann, während doch die Anfangskosten selbst und damit jedenfalls der Zinsaufwand größer wird als eben angenommen; für Abschreibung und Instandhaltung kann man sich allerdings mit geringeren Quoten begnügen, da die einzelnen Maschinen und Kessel entsprechend weniger abgenutzt werden. Wir stellen gegenüber wie folgt:

Anlagekosten bei

Kondensationsbetrieb:		Auspuffbetrieb:	
2 Dreifach-Expansionsmaschinen	82000 M.	2 Verbundmaschinen .	66000 M.
2 Dampfkessel für je 2800 kg/st, 11 at	18000 „	2 Dampfkessel für je 2800 kg/st, 8 at . .	24000 „
Rückkühlanlage	18000 „		
	118000 M.		90000 M.

Die Rückkühlanlage kann ohne Reserve ausgeführt werden — die Maschinen laufen dann im Notfall mit Auspuff. So gerechnet, haben wir also gar ein um 28000 M. höheres Anlagekapital anzusetzen und die Rechnung wird dementsprechend ungünstiger für die Kondensationsmaschine.

Dabei haben wir noch unbeachtet gelassen die größeren baulichen Aufwendungen für die umfangreichere Kondensationsmaschine, einen wahrscheinlich auftretenden Mehraufwand an Bedienungspersonal für die Hilfsmaschinen, sowie, was weniger ausmacht, an Schmiermaterialien. Andererseits wird freilich das Kesselhaus für Kondensationsbetrieb etwas kleiner ausfallen.

In den Einzelheiten sei dem wie ihm wolle, und man mag in manchen Punkten die angegebenen Verhältnisse nicht als allgemein zutreffend ansehen. Im ganzen wird das Beispiel die vielfach bekannte Tatsache demonstrieren, daß man sich über die Vorteile, die ein sparsamer Dampfverbrauch im Gefolge hat, leicht einer Täuschung hingibt, und daß es in vielen Fällen, ganz abgesehen von der Möglichkeit einer Ausnutzung des Abdampfes, empfehlenswert ist, die einfachste Maschine zu wählen, ohne Rücksicht auf den höheren Dampfverbrauch.

In jedem solchen Fall ist nun offenbar wiederum die Verbindung von Kraft- und Heizbetrieb in Form einer Abdampfheizung das Gegebene. Der Fall ist etwa das Gegenteil des früheren, wo man den Maschinenbetrieb fast kostenlos hatte, indem ein Teil des Heizdampfes nebenbei zum Maschinenbetrieb verwendet wurde. Diesmal hat man umgekehrt den Abdampf der Auspuffmaschine ohnehin zur Verfügung und kann ihn noch zur Heizung ausnutzen, um entsprechend an Heizdampf zu sparen.

191. Jährliche und tägliche Schwankungen; Speicherung. Der erstbesprochene Fall hatte zur Voraussetzung, daß der Maschinenabdampf zu allen Zeiten — wir sagten ausdrücklich, des Tages und des Jahres — zu Heiz- oder zu Kochzwecken Verwendung finden könne. Das ist so zu verstehen. Die Dampfmenge, die von den Maschinen als Abdampf geliefert wird, unterliegt je nach dem Strombedarf außer den jährlichen auch noch täglichen Schwankungen, dergestalt, daß meist in den Abendstunden bei dem größten Lichtbedarf auch die größte Dampferzeugung vorliegt. Der Wärmebedarf unterliegt ebenfalls täglichen, im allgemeinen gleichmäßig wiederkehrenden Schwankungen, meist so, daß für die eigentliche Heizung in den ersten Morgenstunden, für Warmwasserbereitung im Laufe des Vormittags, für Speisenkochen in der Zeit vor dem Mittagessen der größte Bedarf vorliegt. Soll der Abdampf der Maschine zu jeder Zeit voll zu beiden Zwecken ausgenutzt werden können, so ist es erforderlich, daß wie zu jeder Jahreszeit, so auch zu jeder Tageszeit die Dampfabgabe der Maschine kleiner ist als die Dampfaufnahme der Heizung. Ist das der Fall, dann wird ohne weiteres die Verbindung von Maschinen- und Heizbetrieb zu einer Abdampfheizung möglich sein.

In vielen Fällen wird wegen der erwähnten täglichen Schwankungen die Dampflieferung der Maschine in den Abendstunden zu groß sein, während doch die gesamte Tagesabgabe von Maschinendampf hinter dem Dampfverbrauch der Heizung zurückbleibt. In solchem Fall ist zur vollkommenen Ausnutzung des Abdampfes eine Speicherungseinrichtung erforderlich, die den Unterschied der jeweiligen Dampfmengen über den Verlauf des Tages hin auszugleichen hat.

Man kann eine Akkumulatorenbatterie aufstellen von solcher Größe, daß sie in der Lage ist, die Maschine vormittags soweit zu belasten, wie der starke Wärmebedarf der Heizung es erfordert und die dann in den Abendstunden entweder die Lichtlieferung allein übernimmt oder doch die Maschine soweit entlastet, daß ihr ganzer Abdampf von der Heizung verbraucht wird. Durch solche elektrische Speicherung wird also der Maschinenbetrieb auf den Vormittag verlegt und mit dem Heizbetrieb in Einklang gebracht.

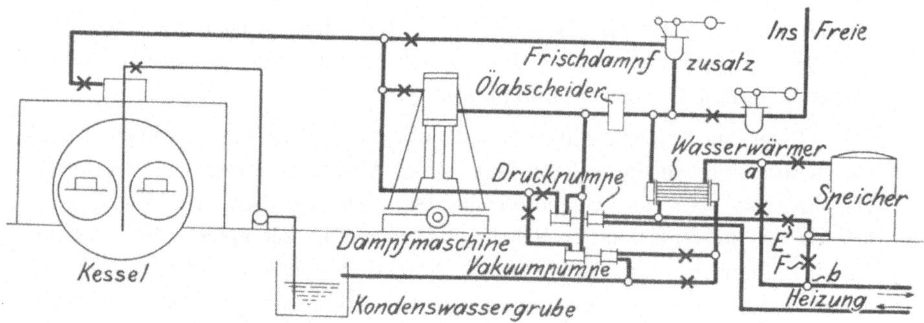

Fig. 229. Abdampf-Warmwasserheizung mit Wärmespeicher.

Statt dessen kann man eine Wärmespeicherung vorsehen, indem man (Fig. 229) einen Warmwasserbehälter von solcher Größe anordnet, daß er in den Abendstunden all den Abdampf durch Erwärmung seines Wasserinhaltes ausnutzen kann, den die Maschine über den augenblicklichen Heizbedarf hinaus erzeugt. Diese Wärmemenge bleibt dann in dem gut isolierten Behälter über Nacht aufgespeichert und steht am anderen Morgen für die Wärmelieferung zur Verfügung. Durch solche Wärmespeicherung wird also der Heizbetrieb in die Abendstunden verlegt und der Dampferzeugung der Dampfmaschine angepaßt.

Man kann auch beide Arten der Speicherung nebeneinander verwenden, wodurch jeder der Speicher entsprechend kleiner ausfällt.

Solche Speicherung hat unter Umständen neben dem Vorteil der Betriebsersparnisse auch noch den Vorteil der Ersparnis der Anschaffungskosten. Unterstützt die elektrische Sammlerbatterie die Dampfmaschine zur Zeit des größten Lichtbedarfes, so kann die Maschine kleiner gewählt werden als wenn sie den Bedarf allein zu decken hätte. Unterstützt der Wärmespeicher die Heizung zur Zeit des größten Wärmebedarfes, so können die Heizkessel um so viel kleiner gewählt werden, wie sie von dem Wärmespeicher unterstützt werden. Auf wesentliche Vorteile in dieser Hinsicht wird man allerdings nicht rechnen dürfen, da der an sich billige Wärmespeicher meist nur kleines Speicherungsvermögen hat im Verhältnis zu dem gesamten Wärmebedarf, während umgekehrt eine Batterie die Maschine zwar sehr energisch unterstützen kann, aber selbst so teuer ist, daß man ebensogut die größere Maschine beschaffen könnte.

Über die Größe der erforderlichen Speicher kann man sich einen Überblick verschaffen, wenn man die Veränderlichkeit der Wärmeabgabe der Dampfmaschine einerseits, die Veränderlichkeit des Wärmebedarfes der Heizung andererseits in dem gleichen Diagramm zur graphischen Darstellung bringt. Der Verlauf beider Kurven wird häufig so sein, wie in

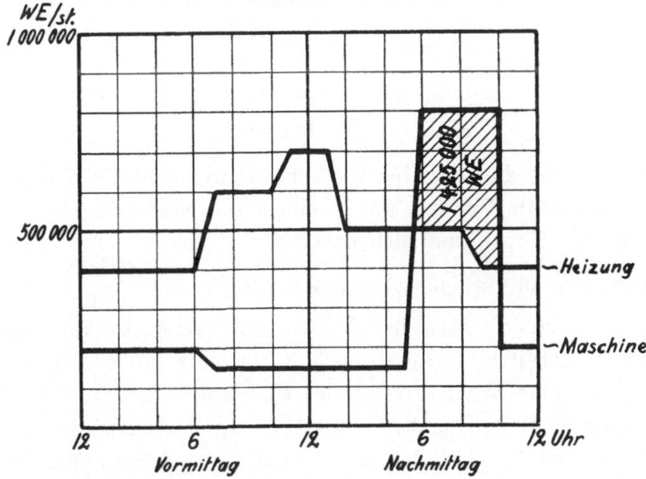

Fig. 230. Beanspruchungs-Diagramm einer Lichtzentrale mit Abdampfausnutzung.

Fig. 230 skizziert. Was das Licht anlangt, so ist der Bedarf nach Mitternacht gering, er sinkt noch weiter über Tag herab. In den Abendstunden aber wird er groß, um gegen Mitternacht wieder zu sinken. Während jener Abendstunden nun liefert der Lichtbetrieb mehr Dampf, als die Heizung verarbeiten kann. Denn der Wärmebedarf ist vormittags groß, wo man die Räume hochheizt, die über Nacht etwas ausgekühlt waren. Er wird vielleicht besonders groß gegen Mittag, wenn Speisen mit Dampf gekocht werden; nachmittags aber sinkt er, weil die Bestrahlung der Mittagssonne und später die Wärmeerzeugung der Beleuchtungskörper die Heizung unterstützen. Über Nacht endlich werden — vielleicht — einige Heizkörper ganz abgestellt. — Die Schwierigkeit macht nun der schraffierte Teil, wo die Dampflieferung den Dampfverbrauch übersteigt. Man könnte den Dampf während dieser Zeit auspuffen lassen, hätte dann aber während dieser Zeit den höheren Dampfverbrauch des Auspuffbetriebes gegenüber der Kondensationsmaschine zuungunsten der ganzen Abdampfausnutzung in Ansatz zu bringen. Auch ist das Ausblasen häufig unzulässig, weil das Geräusch die Nachbarschaft belästigt und weil die herabkommenden heißen Wassertropfen das Dach beschädigen; dann muß man also für Beseitigung des Dampfes sorgen. Das Mittel dazu bietet, wie erwähnt, die Anordnung einer Speicherungseinrichtung.

Wollen wir einen Wärmespeicher anordnen, so ergibt sich dessen Größe wie folgt. In Fig. 230 sind senkrecht die Wärmemengen in dem Maßstab

$$5 \text{ mm} = 100\,000 \text{ WE/st}$$

und wagerecht die Zeiten im Maßstab

$$5 \text{ mm} = 2 \text{ st}$$

aufgetragen. Beide Gleichungen multipliziert, ergibt sich

$$25 \text{ qmm} = 200\,000 \frac{\text{WE}}{\text{st}} \cdot \text{st},$$

$$25 \text{ qmm} = 200\,000 \text{ WE}$$

oder auch

$$1 \text{ Quadrat} = 200\,000 \text{ WE}.$$

Danach stellt die schraffierte Fläche, etwas mehr als sieben Quadrate umfassend, 1425000 WE dar, die in einem Wärmespeicher aufgespeichert werden müssen. Kann man sich dabei zum Speichern eines Temperaturunterschiedes von 50^0 bedienen, so muß der Speicher $\frac{1\,425\,000}{50} = 28\,000$ kg Wasser fassen können. Das sind 28 cbm, ein immerhin ganz ansehnlicher Rauminhalt. Allerdings würde es sich ja um eine große Anlage handeln. Entspricht doch eine Wärmeabgabe der Maschine von max. 800000 WE/st oder 1300 kg/st Dampfabgabe, also 1700 kg/st Dampfverbrauch einer Leistung von etwa 120 KW bei Auspuffbetrieb; und auch eine Heizanlage, die in der Übergangsjahreszeit um 500000 WE/st verbraucht, ist keine der kleineren.

Als speicherbaren Temperaturunterschied kann man jederzeit den Temperaturunterschied des Rücklaufwassers gegen 90 bis 100^0 ansehen, wenn die Schaltung des Speichers ausgeführt wird, wie aus Fig. 229 zu erkennen war und wie Fig. 231 *a* und *b* weiter deutlich machen. Soll Wärme aufgespeichert werden, so wird Ventil *F* geöffnet, *E* geschlossen. Das im Wasserwärmer auf 90^0 oder mehr erwärmte Wasser geht, bei *a* sich teilend, teils in den Vorlauf, teils in den Speicher. Es verdrängt den kälteren Speicherinhalt, der sich bei *b* mit dem Vorlaufwasser mischt, in den Vorlauf und stellt die gewünschte Vorlauftemperatur her. In der Übergangsjahreszeit wird diese ja immer wesentlich unter 90^0 liegen und nur für die Übergangsjahreszeit wird die Speicherung in Frage kommen. Beim Entladen des Speichers tritt die Schaltung nach Fig. 231 *b* in Tätigkeit: das von der Pumpe geförderte Rücklaufwasser teilt sich bei *c*, ein Teil geht zum Speicher, dessen warmen Inhalt von unten her verdrängend. Der durch den Wasserwärmer gedrückte Teil aber wird nicht auf die gewünschte Vorlauftemperatur, sondern weniger weit erwärmt und erst durch Mischen mit dem Speicherinhalt bei a auf die richtige Temperatur gebracht. Für einen bestimmten Fall sind Temperaturen als Beispiel eingetragen.

Wo man die elektrische Speicherung in Frage zieht, da müßte die Einrichtung so getroffen werden, daß die Maschinen nie mit mehr Dampfverbrauch laufen als die Heizung bewältigen kann. In der Vormittagszeit hätte die Maschine die Sammlerbatterie so hoch zu laden, daß dieselbe abends die Maschine genügend unterstützt, um ihre Dampfabgabe (nicht die stündliche!) um jene 1425000 WE oder um 2400 kg herabzudrücken. Da man bei Auspuffbetrieb etwa auf 15 kg/KW·st Dampfverbrauch zu

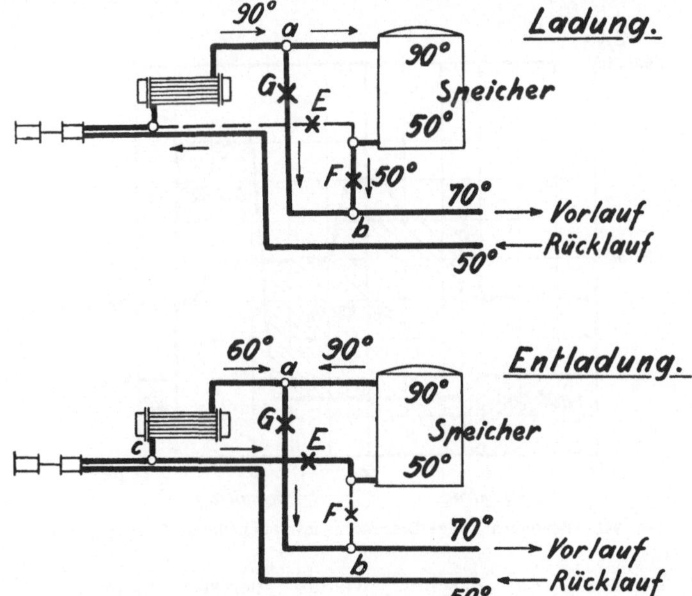

Fig. 231 a und b. Schaltung und Wirkung des Wärmespeichers.

rechnen hat, so müßte die Batterie $\frac{2400}{15} = 160$ KW·st Entladekapazität haben; bei 220 Volt wäre das 700 Amp.·st Kapazität. Überschläglich sind die Beschaffungskosten einer Batterie mit 150 M. für die Entladungs-Kilowattstunde Speicherungsvermögen in Ansatz zu bringen; so würde es sich um eine Batterie zum Preise von 24000 M. handeln — wozu noch die Kosten der Zubehörteile träten.

Die Beschaffung eines gut zu isolierenden Behälters von, wie wir berechneten, 40 cbm Inhalt würde ohne Zweifel billiger werden und so dürfte stets die Wärmespeicherung die billigere werden. Das ist namentlich der Fall, wenn man die Unterhaltungskosten der beiden Speicher in Betracht zieht. Dafür hat freilich die elektrische Speicherung verschiedene

Vorteile. Die Rauminanspruchnahme ist kleiner. Die Speicherungsdauer ist weniger beschränkt; die einmal in elektrischer Form gespeicherte Abwärme kann auch nach acht oder vierzehn Tagen nutzbar gemacht werden; als Wärme gespeichert verliert man mit der Zeit immer mehr davon.

Man könnte die elektrische Speicherung weiter ausdehnen, etwa wie Fig. 232 es zur Darstellung bringt. Man kann danach in den Vormittagsstunden die Maschine so hoch belasten, wie es die Heizung eben zuläßt, ohne daß Dampf abbläst. Man hat in dieser Weise die rechts schraffierte Fläche, gleichwertig mit 4265000 WE, zur Verfügung, die die Heizung über das dem augenblicklichen Strombedarf entsprechend hinaus verarbeiten kann und deren Arbeitswert in der Batterie gespeichert werden muß. Die links schraffierten Flächen geben an, daß man nun zur Zeit der

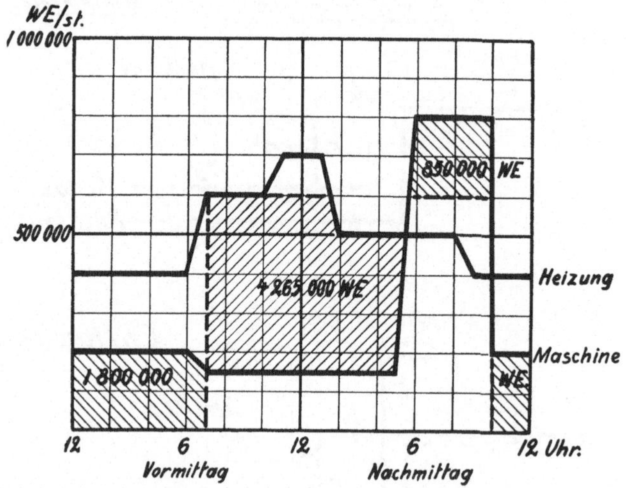

Fig. 232. Beanspruchungs-Diagramm mit nächtlicher Betriebspause.

größten Belastung die Maschine weniger belasten kann, so daß nur wenig Dampf in die Atmosphäre entweicht; 850000 WE stellt die entsprechende Fläche dar. Und weiterhin genügt die aufgespeicherte Energie, um den Nachtbedarf von 10 Uhr abends bis 7 Uhr früh zu decken, der 1800000 WE entspricht. Im ganzen hätte die Batterie das Äquivalent von $850000 + 1800000 = 2650000$ WE zu liefern, während 4265000 WE zum Laden zur Verfügung stehen. Der Unterschied von etwa einem Drittel des Hineingespeisten wird reichlich auf die Umsetzungsverluste zu rechnen sein. Man darf nicht auf höheren Wirkungsgrad der Batterie als 0,7 rechnen. Die Batterie müßte 2650000 WE bei der Entladung ersetzen können; das entspricht 4500 kg Dampf oder 300 KW·st Entladekapazität. Die Batterie würde etwa 45000 M. kosten.

Ob die große Ausgabe lohnt, wird von Fall zu Fall und sehr eingehend zu prüfen sein. Über die durch Fortfallen des Nachtbetriebs eintretenden Ersparnisse täuscht man sich leicht. Denn die neunstündige

Ruhezeit der Fig. 232 kommt dem Maschinenpersonal nicht voll zugute; An- und Abstellen, Anwärmen, Heimweg gehen ihnen verloren, und so wird die angeblich neunstündige Ruhezeit kaum zum Schlafen genügen. Eine Teilung in zwei Schichten mit gegenseitiger Überdeckung — etwa 6 bis 6 und 10 bis 10 Uhr — läßt sich aber nur in sehr großen Betrieben durchführen und bringt nicht allzugroße Ersparnisse gegenüber der einfachen Doppelschicht.

Die Dampfersparnisse allein aber können die Aufstellung einer Batterie kaum gutheißen. Die direkten Erzeugungskosten der Kilowattstunde — wenn die Maschinen einmal vorhanden sind — sind nicht hoch. Die Kilowattstunde wird bei Auspuffbetrieb aus 15 kg Dampf und dieser aus etwa 2,5 kg Kohle erhalten; die Kosten betragen rund 6 Pf. Das sind die direkten Erzeugungskosten desjenigen Teiles, der ohne Abdampfausnutzung erzeugt werden würde, und der eben durch die Aufstellung der Batterie auf eine Zeit verlegt werden soll, wo der Abdampf ausgenutzt werden kann, so daß nur der vierte Teil an Dampf verbraucht wird. Die Akkumulatoren ersparen die übrigen drei Viertel, das sind $4{,}5 \sim 5$ Pf. für die Kilowattstunde. Nun kostet aber eine Batterie rund 150 M. für die Kilowattstunde Entlade-Kapazität. Verlangt man eine Verzinsung und Amortisation der Beschaffungskosten mit nur 10 %, so sind 15 M. jährlich aufzubringen für jede Kilowattstunde Kapazität. Das bedingt einen $\frac{15}{0{,}05} = 300$ fachen Umsatz der Gesamtkapazität im Jahr. Auf den kann man jedenfalls dann nicht rechnen, wenn die von der Batterie aufzunehmende Überschußfläche nur zu gewissen Jahreszeiten auftritt. —

Die vorstehenden Betrachtungen geben kein vollständiges Bild, aber doch einen Einblick in die Überlegungen wirtschaftlicher Natur, die beim Entwurf einer Anlage mit Abdampfverwertung zu machen sind und die im einzelnen von Fall zu Fall unendlich verschieden sind. Man sollte bei solchen Berechnungen nie eine gewisse Großzügigkeit der Anschauung verleugnen, und insbesondere niemals um kleiner in Geld darstellbarer Vorteile willen große Nachteile in den Kauf nehmen, die zwar nicht eine in Mark und Pfennigen darstellbare Größe haben, aber doch durch Erschwerung des Betriebes auch reale Unkosten machen. Ich glaube, es besteht vielfach die Neigung dazu das zu tun; denn meist ist es nötig, die Vorzüglichkeit eines Projektes dadurch nachzuweisen, daß man Geldersparnisse in Aussicht stellt. Dieses Argument hat besonders gegen Laien den durchschlagendsten Erfolg. Wie unsicher sind aber meist die Grundlagen von Berechnungen, die auf zu erwartende Verbrauchsangaben Bezug nehmen, während sich später alles anders stellt.

Daher wird auch folgendes richtig sein: Die Abdampfausnutzung wird fast stets, in Geld ausgedrückt, die vorteilhafteste Betriebsweise sein. Aber die Verkoppelung des Maschinenbetriebes mit dem Heizbetriebe tut immer einem von beiden oder beiden Teilen einen Zwang an, der sich nur lohnt, wo große Ersparnisse zu erwarten sind, oder wo die Verhältnisse so liegen, daß der Zwang nicht allzu groß ausfällt. Letzteres ist insbesondere in den beiden Fällen anzunehmen, die wir als die der unbedingten Wirtschaftlichkeit bezeichneten. Notwendigkeit der Speicherung oder einer Hilfskondensation ist immer schon eine Erschwernis.

Doch soll das keine Warnung vor Anwendung der Abdampfausnutzung überhaupt sein; im Gegenteil, es geschieht in dieser Richtung viel zu wenig. Nur ist die richtige Bewertung der Verhältnisse eine der schwierigsten Aufgaben der gesamten Ingenieurtätigkeit.

XI. Anwendung auf verschiedene Gebäudearten.

192. Wohnhäuser. Die Frage, wie wir Landhäuser behandeln sollen, ist am einfachsten zu beantworten, und wir wenden uns ihr daher zunächst zu. Dabei verstehen wir unter dem Namen Landhaus alle jene kleineren Gebäude, die für den Gebrauch von einer oder höchstens zwei Familien dienen und die je nach ihrer Ausstattung als Villen, Beamten- oder Arbeiterwohnhäuser oder ähnlich zu bezeichnen sind.

Hinsichtlich der Lüftung dieser Gebäudeart kann man sich jedenfalls Beschränkung auferlegen. Die Besetzung der Räume mit Menschen ist immer schwach und so kann man in den Wohnräumen von jeder Lüftung absehen, zumal seit bei den besseren derartigen Häusern, für die besondere Einrichtungen nur in Frage kämen, heute durch die Anwendung elektrischen oder mindestens Gasglühlichtes eine viel einfachere Abhilfe gegen die durch Beleuchtung sich geltend machenden Übelstände möglich ist. Speisezimmer und Abort werden wohl mit Abluftkanälen versehen; bei ersterem ist dazu nur zu raten, wenn die Küche genügend abliegt, sonst werden Küchendüfte hereingesaugt.

Für die Beheizung wird bei einfacheren Gebäuden die Lokal-, bei besseren dagegen mehr und mehr die Zentralheizung am Platze sein. Als Lokalheizung wird der Kachelofen noch immer erfolgreich selbst mit den besten eisernen Öfen konkurrieren. Als Zentralheizung ist Warmwasserheizung anzuwenden ohne Rücksicht auf die Kostenfrage. Die Dampfheizung hat für diese Gebäude keinen besonderen Vorteil vor der Wasserheizung, gibt aber nicht gleich angenehme Wärme, zumal gleich gute Regelung. Ist die Anlegung der Warmwasserheizung zu teuer, so wähle man lieber den noch billigeren Stubenofen, als die Dampfheizung.

Schwieriger liegen die Verhältnisse bei Miethäusern; bei ihnen ist bei der Entscheidung über die Art der Beheizung nicht nur die Höhe der Anlage- und Betriebskosten, sondern auch der Gesichtspunkt in Rücksicht zu ziehen, daß bei zentraler Beheizung des ganzen Hauses von einem Punkte aus die Last der Unterhaltung den Hauswirt trifft, sonst aber den Mieter.

Legt man einfache Öfen an, so werden die Verhältnisse für den Vermieter in doppelter Hinsicht günstig, indem sowohl die Anlagekosten verhältnismäßig gering sind, als auch die Beschaffung des Brennstoffes nicht ihm, sondern dem Mieter zur Last fällt. Dem steht gegenüber, daß gute Wohnungen erheblich mehr Miete tragen, wenn sie mit Zentralheizung versehen sind. Und da man Häuser nicht nur für kurze Jahre baut, so wird man damit rechnen müssen, daß die gegenwärtige Zeitströmung dahin geht, mehr und mehr Zentralheizung anzuwenden, und daß in künftigen Jahren sonst brauchbare Wohnungen schwer vermietbar werden mögen, weil ihnen die mit der zentralen Beheizung unbestreitbar verknüpften Annehmlichkeiten abgehen. Ein Grund, der wesentlich dazu beitragen wird, die Verhältnisse auch fernerhin in der jetzigen Richtung zu entwickeln, ist der Dienstbotenmangel. Es ist den Dienstboten nicht zu verdenken, daß sie Wert darauf legen, von der schweren und unsauberen Arbeit des Ofenheizens befreit zu sein; auch pflegt man bei Zentralheizung das Mädchenzimmer zu heizen, sonst aber nicht.

An sich schiene die Frage nach der besten Form der Beheizung einfach zu lösen; denn da unbestreitbar eine gut angelegte Zentralheizung im Brennstoffverbrauch sparsamer ist als jede Ofenheizung, so ist auf ihrer Seite die wahre Ökonomie, und man sollte meinen, es müsse sich der Mietertrag von Wohnungen mit und ohne Zentralheizung etwa so gegeneinander ins Gleichgewicht setzen, daß dem Vermieter die Ersparnis an Brennstoff verbleibt, der Mieter dafür durch größere Annehmlichkeit entschädigt wird. Wenn erfahrungsgemäß die Sache nicht immer so liegt, vielmehr die Besitzer von Häusern mit Zentralheizung häufig über unerwartet großen Brennstoffverbrauch klagen, der diese Beheizungsart als für sie unvorteilhaft erscheinen läßt, so wird das daran liegen, daß der Entgelt für die Beheizung vom Mieter als Pauschsumme bezahlt wird. Er hat kein Interesse daran sparsam zu heizen, niemals wird er einzelne Räume unbeheizt lassen, häufiges Fensteröffnen sorgt für gute Lüftung auf Kosten der Heizung, bei überheizten Zimmern wird nicht durch Abstellen der Öfen, sondern durch Öffnen von Fenstern und Türen Abhilfe geschafft.

Man müßte also dem Mieter die Kosten der Beheizung nach der Stärke der Benutzung auferlegen. Das ist bei zentraler Beheizung möglich durch Anwendung der Stockwerkwarmwasserheizung, oder durch Anwendung der Niederdruckdampfheizung unter Einfügung von Wärmemessern in den Rücklauf.

Bei der Stockwerkwarmwasserheizung erhält jede Wohnung ihren eigenen Heizkessel, der meist in der Küche stehend etwas versenkt eingebaut werden kann. Immerhin ist seine Höhenlage gegenüber der gewöhnlichen Heizung eine so ungünstige, daß wegen der kleinen Standhöhe die Rohrleitungen weit, und damit die Anlagekosten groß ausfallen, zumal ja auch noch mehrere Kessel statt eines für das ganze Haus dienenden erforderlich sind. Die Unterhaltungskosten aber fallen dem Mieter zu, der sie durch sparsame Benutzung herabdrücken kann. — Niederdruckdampfheizung ist als Stockwerksheizung nicht ausführbar, weil sich die Heizkörper nicht über den Kesselwasserstand legen lassen.

Schaltet man in eine gewöhnliche Niederdruckdampfheizung Wassermesser besonderer Bauart so ein, daß sie den Dampfverbrauch eines jeden Mieters in Form von Kondenswasser messen, so kann man an Stelle einer Pauschsumme die Entrichtung einer Vergütung je nach dem Dampfverbrauch vereinbaren, wodurch der Mieter wiederum die Folgen mangelhafter Sparsamkeit selbst zu tragen hat. Doch bedingt die Einfügung von Wassermessern, die meist im Keller geschehen wird, daß man die Kondensleitungen der einzelnen Stockwerke bis an den Messer heran voneinander getrennt hält. Es entsteht ein bedeutender Mehrverbrauch an Rohrmaterial gegenüber der Heizung ohne Messer. Dieser Umstand und die Beschaffung der Messer selbst steigert die Anlagekosten wesentlich. Nicht jede Form des Wassermessers ist verwendbar, vielmehr müssen die Messer der Art angehören, die man als offene zu bezeichnen pflegt, weil sie auch ohne Gehäuse arbeiten können, und bei denen sich mehrere Kammern abwechselnd füllen und entleeren; nur diese Messer verlangen nicht einen geschlossenen, die Rohrleitung ganz erfüllenden Wasserstrom, der ja in der lufterfüllten Kondensleitung nicht zur Verfügung steht. — Bei der Warmwasserheizung ist es nicht möglich, den Mieter je nach dem Wärmeverbrauch zahlen zu lassen. Denn während bei Dampf nur die Dampfmenge zu messen war — jedes Kilogramm Dampf gibt ja ziemlich unabhängig von den sonstigen Verhältnissen 600 WE. bei der Verflüssigung ab — so müßte man bei der Warmwasserheizung außer der Wassermenge noch die Temperatur in Vor- und Rücklauf jeweils berücksichtigen.

193. Geschäftsräume. Über die Bureauräume staatlicher und anderer Behörden, sowie auch industrieller Firmen ist wenig zu sagen. Ihre Beheizung geschieht meist mit Niederdruckdampf. Was die Lüftung anlangt, so beschränkt man sich im allgemeinen auf die Anordnung einfacher Abluftkanäle, seltener auch von Zuluftkanälen mit Ventilator für diejenigen Räume, die dem Verkehr des Publikums dienen. So lüftet man in einem städtischen Rathaus insbesondere die Räume der Sparkasse, in einem Gerichtsgebäude insbesondere die Warteräume, beides nicht so sehr wegen der großen Anzahl der zu erwartenden Menschen, sondern wegen ihres häufigen Wechsels, der an regnerischen und an staubigen Tagen eine Verunreinigung des Raumes zur Folge hat, zumal wo man nicht auf ein besonders reinliches Publikum rechnen kann. Unter diesen Umständen bestimmt man auch die Größe des Luftwechsels häufig einfach im Vielfachen des Rauminhaltes; meist wählt man das anderthalb- bis zweifache.

194. Schulgebäude. Schwierige Verhältnisse liegen bei der Beheizung und Belüftung von Schulgebäuden vor. Die Bedingungen sind in der Stadt und auf dem Lande, bei den Volks- und bei den höheren Schulen im wesentlichen die gleichen. Nur die zur Verfügung stehenden Mittel pflegen verschieden zu sein.

Während man bei sehr beschränkten Mitteln, namentlich also bei ländlichen Volksschulen, den Kachelofen vorzieht — Füllöfen vermeidet man, weil sie während der Stunde beaufsichtigt werden müßten und wegen der Gefahr, die Kinder könnten mit dem Feuer spielen —, so gelten für die Fälle, wo die Mittel größere sind, folgende Gesichtspunkte.

Die Eigentümlichkeit des Schulbetriebes ist darin zu erblicken, daß er viele Unterbrechungen hat. Nicht nur, daß die Schulräume wie auch Bureauräume, tagsüber nur kurze Zeit benutzt werden. Es kommen noch die Ferien hinzu, wo gerade mitten im Winter für einige Zeit der Betrieb vollständig eingestellt wird.

Von den Zentralheizungsarten verwendete man früher für Schulen mit Vorliebe die Feuerluftheizung. Da die Schulräume eng mit Kindern besetzt sind, so erblickte man in dieser Heizungsart das Mittel, ohne besonderen Aufwand auch gleichzeitig für die notwendige Lufterneuerung zu sorgen. — Die namentlich in den 70er Jahren des vorigen Jahrhunderts ausgeführten Anlagen gaben zu den anderweit besprochenen Schwierigkeiten, zumal Versagen bei Windanfall, Anlaß; Schwierigkeiten, denen man heute durch Anwendung elektrisch betriebener Ventilatoren Herr werden könnte. Doch zieht man heute allgemein die Trennung der Lüftung von der Heizung vor. Für die Heizung ist die Niederdruckdampfheizung bei Schulen gut am Platze; damit soll nicht gesagt sein, daß nicht die Warmwasserheizung auch bei ihnen vorzuziehen ist, wenn die Mittel ihre Anwendung gestatten. Aber die Dampfheizung hat für Schulen in der Tat einige Vorteile, deren sich die Warmwasserheizung nicht rühmen kann. Dem starken Wärmebedarf morgens vor Schulanfang, der die Räume auf die gewünschte Temperatur bringen soll, folgt im Augenblick des Eintrittes der Kinder eine Zeit, wo nicht nur keine Heizung, sondern meist sogar Wärmeabfuhr erforderlich wird. Hier ist es eine angenehme Eigenschaft der Dampfheizkörper, augenblicklich nach Abstellen erkaltet zu sein. — Während der Ferien ist eine Heizung der Räume nicht nötig; unterbleibt sie, so liegt die Gefahr des Zerfrierens der Heizung oder anderer Teile vor. Man muß entweder die Heizung entleeren oder aber schwach so weit heizen, daß kein Wasser einfrieren kann. Beides ist bei Dampfheizungen leichter zu machen, da man nur den geringeren Wasserinhalt abzulassen hat oder andererseits, da man nur den Wasserinhalt des Kessels schwach anzuwärmen braucht, während man bei Warmwasserheizung den größeren Wasserinhalt erwärmen muß.

Eine schwierige Frage bei Schulen ist die nach der zweckmäßigsten Stellung der Heizkörper. Man zieht sonst vor, die Heizkörper in die Fensternischen zu legen; bei Schulen aber hat man zu beachten, daß die Bänke möglichst nahe an das Fenster heranreichen sollen, weil des Lichtes wegen die Plätze nahe dem Fenster die wertvollsten sind. Stellt man also gewöhnliche Radiatoren in die Fensternischen, so werden die Bänke um deren Breite nach innen gerückt werden müssen. Andererseits ist wieder gerade bei Schulen und gerade deshalb, weil einzelne Kinder sehr dicht am Fenster sitzen, die Anordnung der Heizkörper vor den Fenstern zum Abfangen des Zuges wünschenswert.

Mit Rücksicht auf gutes Licht sieht man von Heizkörpern am Fenster manchmal ganz ab. Wenn man sie anwendet, so achte man darauf, Formen von geringer Tiefe anzuwenden; es werden besonders für Schulen die sogenanten einsäuligen Radiatoren ausgeführt, die nur halb so breit ausfallen wie gewöhnliche Radiatoren. Man verwendet auch wohl Rohrschlangen, die man auch mit sehr geringer Tiefe ausführen kann; daß sie aber weniger leicht rein zu halten sind, wird für Schulen als ihr Nachteil empfunden. In jedem Fall pflegt man, eben weil am Fenster der Platz kostbar ist, nur einen Teil der erforderlichen Heizfläche dort unterzubringen und die übrige an die Innenwände zu verlegen.

Vielfach besteht baupolizeilich die Vorschrift, es dürften keine Kinder innerhalb etwa 80 cm Abstand vom Ofen sitzen. Diese früher für Feueröfen erlassene und dann berechtigte Vorschrift wird wohl auch auf Zentralheizkörper angewendet. Das ist natürlich falsch, weil die Bedingungen ganz andere sind. Es führt sonst dazu, Heizkörper an den Fenstern ganz fortzulassen, da man dort einen so breiten Gang nicht anordnen kann.

Ist die Wohnung des Direktors oder des Schuldieners oder beide im Schulhause untergebracht, so ist deren Beheizung von der der Schule zu trennen. Man müßte sonst ihretwegen während der Ferien die ganze Anlage heizen. Die Wohnungen erhalten Kachelöfen oder besondere Zentralheizung.

Über die Lüftung der Schulräume gehen die Ansichten auseinander. Üblich ist es heutzutage, eine Drucklüftung mit Hilfe eines Ventilators, mit Vorwärmung der Luft und nötigenfalls mit Filtern versehen, anzuordnen. Die Erfahrung jedoch, daß die Lüftungsanlage selten gut und häufig überhaupt nicht betrieben werde, weil die Lehrer immer über Zug klagen, hat dazu geführt, daß man auch wohl dem Fortlassen jeder künstlichen Lüftung unter alleiniger Anwendung der Fensterlüftung das Wort redet. Man führt dafür an, daß Schulen insofern günstig daran sind, als von Stunde zu Stunde Pausen eintreten, während deren die Kinder den Klassenraum verlassen, so daß es möglich ist, Durchzug zu machen. Der sichert eine sehr gründliche Lufterneuerung. So sind die Kinder jedenfalls nur gegen Ende der Stunde in schlechter Luft und werden dafür in der Pause entschädigt. Man wird nicht sagen können, daß in dieser Weise Verhältnisse zu erreichen sind, die mit den durch eine gute und gut betriebene Lüftungsanlage erreichbaren gleichwertig sind. Aber jedenfalls hat der Gedankengang den Vorteil für sich, in der Anlage billig zu sein. Will man ihm folgen, so wird man darauf achten müssen, daß die Klassenräume großen Inhalt haben, also hoch ausfallen; sonst geht die Luftverschlechterung gegen Ende der Stunde gar zu weit. Und weiter wird man durch die Grundrißanordnung dafür sorgen müssen, daß auch wirklich Durchzug möglich ist; die übliche Anordnung des Flures auf einer Seite des Gebäudes, so daß die Klassenzimmer an der anderen Seite liegen, gestattet ihn, wenn man die Tür und beiderseits die Fenster öffnet. Daß übrigens das Fortlassen der künstlichen Lüftung im Betriebe nicht notwendig das billigste ist, daß vielmehr eine Fensterlüftung leicht teurer werden kann — wenn man es auch nicht merkt —, das haben wir in § 166 bereits eingehend erörtert.

195. Krankenhäuser. Die Frage, in welchem Umfange Krankenhäuser einer künstlichen Lüftung bedürfen, ist eine umstrittene. Während die einen die komplizierteste Lüftungsanlage unter Einführung großer Luftmengen in alle Räume trotz der erheblichen Kosten für Antrieb der Ventilatoren und für Wärmeverluste nur eben als ausreichend ansehen, wollen andere von einer künstlichen Lüftung der Krankenhäuser überhaupt nichts wissen und sind der Ansicht, man solle sich ganz oder sehr überwiegend auf Fensterlüftung beschränken, die durch die Güte der eingeführten Luft und durch die Schnelligkeit ihrer Erneuerung jeder anderen Lüftung überlegen sei. Insbesondere sei es unzulässig, auf die Fensterlüftung ganz zu verzichten zugunsten der künstlichen, deren ordnungsmäßiges Arbeiten aber in Frage gestellt werde, wenn in einzelnen Räumen die Fenster geöffnet werden.

Man wird gut tun, sich von dem einen wie von dem anderen Extrem gleich fernzuhalten. Dabei wird man häufig einen Unterschied machen zwischen den großen Krankensälen, in denen zahlreiche Betten stehen und den kleineren Räumen, die für einzelne oder wenige Betten bestimmt sind. In ersteren wird man eine künstliche Lüftung nicht entbehren können, weil ein Fensteröffnen immer für den einen oder für den anderen Kranken unzulässig ist. Will man aber gelegentlich ein Fenster öffnen, so geschieht es durch das Krankenpersonal und das kann angehalten sein, dann vorher die Zuluftklappe abzustellen, was leider auch dann oft unterbleibt. Anders für die Einzelräume. Hier wird man die Insassen nicht daran hindern können, die Fenster nach Belieben zu öffnen, um so weniger, als die Insassen dieser Räume häufig zahlende Kranke sind und daher mehr Freiheit für sich in Anspruch nehmen. Auch ist Krankenpersonal in diesen Räumen nicht immer zugegen. Es wird also unvermeidlich sein, daß durch Öffnen der Fenster in diesen Räumen die Luftzufuhr zu den Krankensälen gestört wird, weil der Raum mit offenen Fenstern die Luft an sich reißt. Andererseits ist über die Notwendigkeit, wie lange das Fenster zu öffnen sei, zwischen zwei oder drei Kranken viel eher ein Einverständnis zu erzielen als zwischen zahlreichen Kranken mit ihren widersprechenden Wünschen.

So entschließt man sich denn wohl, die künstliche Lüftung nur auf die großen Säle auszudehnen, und für die Einzelräume auf Fensterlüftung zu rechnen. Kippflügel werden dann in allen Räumen angebracht. Durch solche Beschränkung wird insbesondere auch die Betriebsführung sehr erleichtert. Die Regelungsklappen der wenigen großen Säle können leicht in Stand gehalten und beaufsichtigt werden; die viel zahlreicheren der Einzelräume würden doch leicht der Vergessenheit verfallen.

Eines wird indessen empfehlenswert sein: Sollten in Zukunft die Anschauungen über die Notwendigkeit künstlicher Lüftung sich ändern, so wird es leicht sein, alle Änderungen zu treffen, mit der Ausnahme, daß die Anlegung der Zuluftkanäle später nicht mehr möglich ist. Um also die Möglichkeit einer späteren Erweiterung der künstlichen Lüftung nicht aus der Hand zu geben, legt man wohl die Kanäle für die Einzelräume auch dann an, wenn man sie zurzeit für überflüssig erachtet, vermauert ihre Mündungen jedoch vorläufig.

Abluftkanäle pflegt man in allen Räumen anzubringen, zweckmäßig mit nur unterer Öffnung. Wenn man die Flure mit künstlicher Luftzufuhr versieht, so werden die Einzelräume der Luftzufuhr auch durch Türöffnen teilhaftig, ohne daß die Gefahr besteht, daß die Fenster gleichzeitig geöffnet werden; denn Tür und Fenster gleichzeitig offen zu haben pflegt dem Kranken nicht angenehm zu sein. Aborte, Desinfektionsräume und die sogenannten Teeküchen erhalten eine kräftige Luftabführung durch weite Kanäle, deren Wirksamkeit nötigenfalls noch durch Aspirationsheizkörper zu unterstützen ist. Gasflammen für diesen Zweck sind in Krankenhäusern auszuschließen. Die Aspirationsheizkörper werden nicht an die Heizung, sondern an die Warmwasserbereitung angeschlossen, weil sie auch im Sommer nötig sind, dann sogar in erhöhtem Maße.

Eine schwierige Aufgabe ist auch die Beheizung von Krankenhäusern. Aus naheliegenden Gründen werden bei Krankenhäusern die höchsten hygienischen Anforderungen gestellt, während alle anderen Anforderungen ebenso bestehen wie anderwärts.

Es ist heute üblich, Krankenhäuser nach dem Pavillon-System anzulegen, das heißt moderne Krankenhäuser bestehen nicht aus einem einzigen großen Gebäude, sondern aus einer mehr oder weniger großen Anzahl kleiner Gebäude, deren jedes für eine bestimmte Krankheitsart dienen soll. Insbesondere trennt man voneinander die chirurgische und die medizinische (oder innere) Abteilung; man trennt von ihnen beiden und voneinander alle ansteckenden Krankheiten, Typhus, Diphtherie, Cholera und ähnliches; auch Geisteskranke hält man abgesondert von den übrigen Abteilungen. Man will auf diese Weise die Belästigung oder gar Ansteckung der Kranken untereinander möglichst einschränken.

Hierdurch ergibt sich eine im Verhältnis zu älteren Anlagen ziemlich große Grundrißausdehnung der gesamten Anlage. Dabei haben die zahlreichen Gebäude mit ihrer großen Oberfläche entsprechend große Wärmeverluste. Krankenhäuser sind also die gegebenen Objekte für eine Fernheizung. Die Frage, ob man jedes der Gebäude einzeln oder alle von einem gemeinsamen Kesselhaus aus beheizen will, wird heute meist in dem Sinne entschieden, daß man eine Fernheizung vorzieht.

Außer der Heizungsanlage bedarf jedes Krankenhaus einer Warmwasserbereitungsanlage; der Bedarf an warmem Wasser für Bäder, zum Waschen der Kranken und für andere Zwecke ist so groß, daß es sich empfiehlt, das warme Wasser im großen herzustellen, und es bleibt nur die Frage, ob man es in jedem einzelnen Pavillon oder überhaupt zentral bereiten will.

Es besteht ferner in jeder Krankenanstalt ein Bedarf für Dampf von meist niedriger Spannung an verschiedenen Stellen; im Operationshaus ist Dampf zum Sterilisieren der Instrumente unentbehrlich. Aber auch anderwärts sind Anlagen für die Sterilisation der von den Kranken benutzten Kleidungsstücke, Stechbecken und ähnlichem notwendig. Es ist nämlich allgemein üblich, die Wäsche in den einzelnen Gebäuden einer Vorsterilisation zu unterwerfen, bevor sie in der Waschanstalt endgültig sterilisiert und dann gewaschen wird; auch das bezweckt die Vermeidung von Krankheitsübertragungen zwischen den einzelnen Gebäuden. Endlich besteht für die Schwestern, die über Nacht wachen müssen, das Bedürfnis, sich gelegentlich etwas Warmes zubereiten zu können. Jedes Gebäude wird deshalb mit einer sogenannten Teeküche ausgerüstet. Das Kochen in der Teeküche kann mit Dampf, mit Gas oder auch elektrisch erfolgen; bei einem mit dem Krankenhaus verbundenen eigenen Elektrizitätswerk kann unter Umständen die Elektrizität billig genug sein, um auch zum Kochen verwendet zu werden.

Wenn man die Frage entscheiden soll, ob die Fernheizung eines Krankenhauses unter Verwendung von Hochdruckdampf oder aber unter Verwendung von warmem Wasser als Wärmeträger zu bewirken sei, so wird man die erwähnten Dampfbedürfnisse nicht übersehen; sie sprechen für die Verwendung von Dampf, denn nur mit ihm kann man die zum Sterilisieren nötigen Temperaturen erzeugen, und man kann mit Hilfe von Dampf jederzeit warmes Wasser bereiten, nicht aber umgekehrt. Trotzdem ist man in neuerer Zeit dazu übergegangen, Krankenanstalten mit Warmwasser-Fernheizung zu versehen, weil für diese Wärmeverteilung alle diejenigen Gründe sprachen, die wir (§ 181) dargelegt haben. Es scheint nämlich nicht zweckmäßig zu sein, die gewaltige Heizanlage, die ein in viele Pavillons zersplittertes Krankenhaus erfordert, durch den verhältnismäßig kleinen Bedarf an Dampf bestimmen zu lassen. Man kann vielleicht die Sterilisatoren in den einzelnen Gebäuden und die Teeküchen mit Gas beheizen und wird dann im ganzen besser fortkommen, trotz der an sich teueren Wärmeerzeugung mit Gas. Es ist auch zu beachten, daß der Dampfbedarf zum Teekochen und Sterilisieren das ganze Jahr hindurch besteht, während die Heizung nur in Winter im Betrieb ist. Man wird also ohnehin diesen Dampf einer besonderen, von der Heizleitung getrennten Dampfleitung entnehmen müssen, so daß also das System der Heizungsanlage durch den Dampfbedarf nicht unbedingt präjudiziert wird. Aber die Warmwasserbereitung, die auch das ganze Jahr hindurch in Betrieb ist, kommt für den Anschluß der Sterilisatoren und Teeküchen in Frage, und für sie ist die Erwärmung des Wassers in den einzelnen Gebäuden durch Dampf jedenfalls in Erwägung zu ziehen. Wo Maschinenabdampf in nennenswerter Menge nicht zur Verfügung steht, kann also neben einer Fernwarmwasserheizung die Verwendung des Hochdruckdampfes bis in die einzelnen Gebäude hinein für Erzeugung von warmem Wasser und zur Sterilisation wohl in Frage kommen. Empfohlen soll sie auch dann nicht werden, vielmehr wird sich der glatteste Betrieb mit dem wenigsten Personal dann erzielen lassen, wenn man die Warmwasserbereitung ganz zentral bewirkt unter Verwendung von Pumpen für die Verteilung und wenn man Gas überall da verwendet, wo die Temperatur des warmen Wassers nicht ausreichend ist, eben für die genannten Zwecke. Wo hingegen Abdampf zur Verfügung steht, da wird die Tatsache, daß nur eine zentrale Warmwasserbereitung seine Ausnutzung gestattet, gebieterisch für eine solche sprechen. Das wird meist der Fall sein, wo eine eigene elektrische Zentrale mit dem Krankenhaus verbunden werden kann. Und umgekehrt wird sich die Verbindung der elektrischen Zentrale mit dem Krankenhaus in den meisten Fällen eben deshalb empfehlen, weil der große Bedarf an warmem Wasser eine gute Ausnutzung des Maschinenabdampfes möglich macht.

Wie nun die Entscheidung hinsichtlich der Wärmeverteilung ausfallen möge — auch wo man Hochdruckdampf für die Verteilung vorzieht und auch wo man überhaupt von einer Fernheizung absieht und lieber Kessel in den einzelnen Gebäuden aufstellt —, in jedem Fall wird für die eigentliche Beheizung der Krankenräume nur warmes Wasser in Frage kommen. Radiatoren und Warmwasserschlangen mit ihren glatten, leicht zu reinigenden Oberflächen pflegen als Heizkörper zu dienen. Ihre Regulierventile pflegen ohne Handgriff zu sein, so daß nur das Heizpersonal sie verstellen kann, weil sonst Streitigkeiten zwischen Kranken und Schwestern und dieser untereinander je nach den verschiedenen Wärmebedürfnissen die Regel sind. Ein Fernsprechnetz muß dann freilich den Verkehr der Gebäude mit der Zentrale gestatten; es ist ohnehin zweckmäßig.

196. Treppenhäuser. Treppenhäuser bieten für die Lüftung insofern Schwierigkeiten, als sie, durch mehrere Stockwerke hindurchgehend, einen sehr hohen Raum bilden, in dessen unterer Hälfte ein Unterdruck, und zwar in den untersten Teilen ein recht beträchtlicher Unterdruck herrscht. Dabei stehen die Treppenhäuser — wir denken etwa an öffentliche Gebäude, wie Verwaltungsgebäude, Banken, Hochschulen — durch die Tür ohne weiteres mit der Außenluft in Berührung. Jedes Öffnen der Tür hat also das Eindringen eines kräftigen Stromes kalter Luft im Winter zur Folge. Es entsteht die Aufgabe, durch passende Druckverteilung und passende Anordnung von Druckschleusen dieser Unannehmlichkeit abzuhelfen.

Das einfachste Mittel ist die Anordnung von doppelten Windfangtüren mit durchschlagenden Flügeln. Immerhin ist gelegentliches Öffnen beider Türen gleichzeitig möglich und dann Auftreten von Zug die Folge.

Zuverlässiger ist die Anordnung eines Drehkreuzes, das Zug auf alle Fälle verhindert, aber den Verkehr belästigt.

Beiden Übeln kann man abhelfen, indem man eine geräumige Luftschleuse anordnet und in dieser durch einen Ventilator den genügenden Überdruck erzeugt, um das Eintreten kalter Luft auf alle Fälle zu verhindern. Mit einer solchen Ventilationseinrichtung pflegt man dann die Beheizung des Treppenhauses zu verbinden, die man meist als Luftheizung ausbildet (Dampfluftheizung, Wasserluftheizung).

Eine häufige Grundrißanordnung der Gebäude ist die, daß dem Treppenhause ein niedriger Vorraum vorgelagert ist, über dem Räume sich befinden. Oft enthält dieser Vorraum einige Stufen, die nach Art einer Freitreppe ausgebildet sind. Solchen Vorraum kann man dann am bequemsten als Luftschleuse benutzen, indem man neben oder an den Wangen der Stufen Zuluftöffnungen anbringt und sie durch Kanäle von Ventilatoren aus versorgen läßt, die ihrerseits die Luft wahlweise von außen oder aus dem Treppenhause entnehmen können, so daß man also eine Umlauf- oder eine Frischluftheizung hat. An passender Stelle ist eine Heizkammer mit den nötigen Heizkörpern in dem Kanalzuge angebracht. Es ist lediglich eine Frage des gewählten Überdruckes, also der Stärke des Ventilators, daß man es durch eine solche Einrichtung dahin bringt, wirklich jeden Eintritt frischer Luft von außen nach dem Treppenhaus zu verhindern. Man muß erstreben, daß bei vorübergehend beiderseits geöffneten Türen aus der Luftschleuse nur Luft nach beiden Seiten entweicht, womit der beabsichtigte Zweck erreicht ist. Der Zweck wird um so leichter zu erreichen sein, wenn man die Türen nicht zu groß hält, nötigenfalls in größeren Türen für den täglichen Verkehr kleine Durchgangspforten anordnet.

Man könnte meinen, die Unterdrucksetzung des ganzen Treppenhauses etwa unter Fortlassung der Trennungstüren zwischen ihm und dem Vorraum sei einfacher. Dann übersieht man aber, daß der Arbeitsbedarf des Ventilators mit der Menge der von ihm auf einen bestimmten Druck gebrachten Luft wächst. Der kleine Vorraum hat weniger Undichtheiten als das große Treppenhaus; solange also die Türen geschlossen sind, ist der Arbeitsbedarf des Ventilators entsprechend gering.

Immerhin ist eine Einrichtung von so kräftiger Wirksamkeit teuer, wegen des Arbeitsbedarfes des Ventilators und wegen des möglicherweise eintretenden Verlustes großer Wärmemengen durch die Außentüren hindurch.

Man begnügt sich daher oft mit einer einfacheren Anordnung, indem man nur das Treppenhaus selbst mit einer Umlaufluftheizung versieht. Die Luft wird dem Treppenhaus an einer von den Eingangstüren möglichst entfernten Stelle entnommen, ein Ventilator drückt sie durch die

Heizkammer und durch Kanäle hindurch, die dicht vor den Windfangtüren des Einganges, jedoch im Treppenhaus, münden. Wenn die Luft in denselben Raum abgeliefert wird, dem sie entnommen wurde, so wird von dem Auftreten wesentlicher Druckunterschiede nicht die Rede sein können; die Ventilatoren haben nur geringen Gegendruck zu überwinden und brauchen — bei gleicher Luftlieferung — weniger Antriebskraft als im vorigen Fall. Für die Wirksamkeit der Anordnung rechnet man darauf, daß die kalte Luft, deren Eintreten in das Treppenhaus bei Offenstehen beider Türen nicht verhindert wird, sich gleich mit der kräftig eingeblasenen warmen Luft mischt und daß dadurch die Unannehmlichkeit des Zuges beseitigt wird (§ 163).

197. Hohe Räume, Säle. Bei hohen Räumen treten, wie wir wissen, insbesondere leicht Belästigungen durch Zug auf. Wo bei Versammlungssälen ohnehin ein Luftwechsel erforderlich ist, tut man gut, den Raum unter genügend starken Überdruck zu setzen, um die neutrale Zone unter den Fußboden zu verlegen. Wenn Luft eingeblasen wird, so ist die Regelung des Überdruckes durch eine im Abluftschlot befindliche Stellklappe möglich, deren Schließen den Überdruck erhöht. Es ist empfehlenswert, ein genügend empfindliches Manometer (§ 4) so mit dem Innern des Raumes in Verbindung zu bringen, daß es den Überdruck am Fußboden anzeigt. Die Abluftklappe wird zweckmäßig durch einen Drahtzug von der Stelle aus bedienbar gemacht, wo man den Überdruck abliest. Der Maschinist hat sie stets so weit zu schließen, daß am Fußboden noch ein gewisser Überdruck, sagen wir 1 mm WS, vorhanden ist.

Während diese Einrichtung für Vermeidung von Zug beim Öffnen einer Tür und für die erforderliche Wärmeabfuhr sorgen soll, so sind außerdem Heizkörper zweckmäßig zum Abfangen des an etwa vorhandenen Fenstern herabgehenden kalten Luftstromes.

Das Fortfallen aller Heizkörper kann man bei einzelnen großen Sälen erreichen durch Einrichtung einer Luftheizung. Während der Benutzung der Räume ist im allgemeinen jede Heizung entbehrlich und es ist eher Wärmeabfuhr nötig. Zum Anheizen jedoch ist eine Umlaufeinrichtung anzuordnen, die es gestattet, Raumluft zum Ventilator zurückzuführen und in angewärmtem Zustand dem Raume wieder zuzuführen. Die Klappen für Frischluft und Abluft werden dann geschlossen. In anderen Fällen versieht man solche Säle indessen auch mit Heizkörpern, die ansprechend verkleidet werden — nicht zu eng, da sonst ihre Heizwirkung leidet (§ 96).

Besondere Schwierigkeiten verursacht die Lüftung solcher Säle, die noch erhöhte Galerien haben. Die Temperatursteigerung, die in jedem Raume von unten nach oben hin stattfindet und die überschläglich 1 bis 2° auf den Meter Höhe beträgt, bewirkt, daß es nicht leicht möglich ist, sowohl die Insassen zu ebener Erde als auch die auf der Galerie Sitzenden zufrieden zu stellen. Tritt insbesondere die zur Wärmeabfuhr bestimmte

Frischluft von unten ein, um oben entnommen zu werden, und wird sie für die zu ebener Erde Sitzenden passend temperiert, so werden sich die auf der Galerie Sitzenden bereits über zu hohe Temperatur beklagen, indem sie die von den tiefer Sitzenden bereits erwärmte Luft erhalten. Man hat deshalb für solche Säle neben einer Steigerung der Zuluftmenge, die natürlich auch Abhilfe schafft, jedoch oft schwierig zu bewirken ist ohne Belästigung der zu ebener Erde Sitzenden durch Zug, versucht, die Lüftung solcher Säle von oben nach unten statt in umgekehrter Richtung zu bewirken. Dadurch erreicht man, daß die frisch eintretende Luft zuerst die auf der Galerie Sitzenden erreicht und erst dann die zahlreichen zu ebener Erde Sitzenden. Allerdings ist diese Richtung der Lüftung, da sie die Lagerung der kalten Luft in den oberen Teilen, die der warmen Luft in den unteren Teilen des Raumes zur Folge hat, der natürlichen Lagerung der Luft entgegengesetzt. Sie läßt sich daher nur dann durchführen, wenn der Luftwechsel ein verhältnismäßig starker ist, so daß die Insassen des Raumes sich gewissermaßen in einem gleichmäßig niedergehenden Luftstrom befinden. Wo nur geringere Mengen kühler Luft von oben her eingeführt werden, unter Abführung der warmen Luft in der unteren Raumhälfte, da entstehen leicht Zugerscheinungen in der Weise, daß kalte Luftströme des größeren spezifischen Gewichtes wegen die darunterliegende warme Luft durchbrechen und auf die Köpfe der Insassen fallen. Andererseits liegen gerade bei sehr großen Luftmengen Schwierigkeiten bei der Lüftung von unten nach oben vor. Kühle Luft, die durch einzelne große Öffnungen eintritt, macht sich auf weite Entfernungen hin als Zug bemerkbar; zur Einführung großer Luftmengen von unten her ist also eine weitgehende Verteilung der Lufteinführung erforderlich. In Sitzungssälen mit amphitheatralisch überhöhten Bänken hat man daher wohl unter jedem einzelnen Sitz eine vergitterte Luftzuführung angebracht, um gewissermaßen jedem einzelnen Insassen seinen Bedarf an Frischluft zukommen zu lassen. Trotzdem wird der eintretende Luftstrom leicht an den Füßen kalt empfunden. Ist hingegen die Abluftentnahme unten, so ist eine ebenso weitgehende Verteilung der Abluftöffnung nicht erforderlich, weil selbst bei starker Luftentnahme an einer Stelle Bewegungen der Raumluft nur noch in geringer Entfernung vor der Öffnung zu bemerken sind; auch handelt es sich ja nicht um kühle Luft. Höchstens könnte es sich fragen, ob es durch Entnahme der Abluft an einer Stelle nicht etwa dahin kommen könnte, daß fern der Entnahmestelle eine allzuweit gehende Luftverschlechterung einträte. Doch scheint das nicht der Fall zu sein, weil bei besetztem Raume die Wärmeerzeugung der Insassen selbst für Umlauf der Luft und für innige Durchmischung derselben in allen Teilen des Raumes sorgt.

Nach dieser Darstellung scheint bei hohen Räumen mit Galerien die Lüftung von unten nach oben bei schwachem Luftwechsel, die von oben nach unten bei starkem Luftbedarf vorzuziehen zu sein. Doch sei bemerkt, daß die Frage eine strittige ist und noch ihrer endgültigen Antwort harrt. Oft kann man ohne wesentliche Mehrkosten die Öffnungen in solcher Weise mit Wechselklappen mit den Kanälen verbinden, daß Luftein- und -austritt je von oben oder von unten möglich ist — was dann sicher das Beste ist.

198. Theater.[1]) Theater lassen sich kennzeichnen als hohe Versammlungsräume für zahlreiche Menschen, die zum großen Teil nicht zu ebener Erde, sondern in wechselnder Höhe über dem Fußboden untergebracht sind. Außerdem sind sie besonders dadurch gekennzeichnet, daß der gesamte Theaterraum aus zwei ungleichartigen Teilen besteht, von denen der eine, der Zuschauerraum, stark mit Menschen besetzt ist, während der andere, das Bühnenhaus, im wesentlichen unbesetzt bleibt. Beide Räume werden überdies zeitweise durch den Vorhang voneinander getrennt, zu anderen Zeiten bilden sie einen gemeinsamen Raum.

Die Erfahrung lehrt, daß Zugerscheinungen bei Theatern schwer zu vermeiden sind. Zug tritt auf und macht sich den Insassen des Zuschauerraumes unangenehm bemerkbar, wenn der Vorhang aufgeht oder wenn Türen des Zuschauerraumes geöffnet werden; beim Öffnen von Türen im Bühnenraum macht sich Zug für die Schauspieler fühlbar, ist aber auch durch Schwanken der Kulissen lästig.

Was den Zug beim Heben des Vorhanges angeht, so hat man denselben durch Einblasen möglichst großer Luftmengen in den Zuschauerraum hinein beseitigen zu können geglaubt. Man hoffte durch einen Überdruck Strömungen der Luft von der Bühne zum Zuschauerraum verhindern zu können. Tatsächlich wird sich bei geöffnetem Vorhang ein Druckunterschied zwischen beiden Teilen des Raumes nicht halten können, der Raum ist dann ein einheitlicher. Wir erinnern uns aber, daß innerhalb eines einzigen Raumes Zug durch Temperaturunterschiede in den verschiedenen Teilen des Raumes entstehen kann. Nun bedenken wir, daß der Zuschauerraum mit Wärme erzeugenden Menschen dicht besetzt, dazu im allgemeinen durch die ihn umgebenden Wandelgänge gegen Wärmeverluste geschützt ist, während andererseits das Bühnenhaus keine natürliche Wärmequelle enthält, dazu in seinem oberen Teil, dem Schnürboden, meist weit über das übrige Gebäude hinausragt und große Abkühlungsflächen besitzt. Ein Luftaustausch zwischen beiden Räumen in dem Sinn, daß durch die untere Hälfte der Vorhangöffnung kalte Luft zum Zuschauerraum, in der oberen warme zum Bühnenhaus strömt, ist unvermeidlich, wenn nicht das Bühnenhaus stark beheizt wird. Die Hauptabkühlungsflächen werden im allgemeinen in dem oberen Teil des Bühnenhauses liegen, dort und nicht zu ebener Erde sind daher die hauptsächlichsten Heizflächen unterzubringen. Der Zuschauerraum bedarf während der Vorstellung keiner Heizung, da er gegen jede Wärmeabgabe geschützt liegt.

---

[1]) Vergl. Krell sen., Heiz- und Lüftungseinrichtungen des neuen Theaters in Nürnberg. Gesundheits-Ingenieur 1907.

Hinsichtlich der Lüftung der Theater hat man wieder die Wahl zwischen Einführung der Luft von unten oder von oben her. Der Luftwechsel pflegt im Verhältnis zum Rauminhalt sehr groß zu sein, daher ist Einführung der Luft von unten nur möglich, wenn die Luft sehr sorgfältig temperiert ist. Die Einführung geschieht unter den Sitzen des Parterres, die Mischung der Luft in dem darunter liegenden Kellerraum. Behufs guter Durchmischung der Luft ist man bis zu dreifacher Unterkellerung des Zuschauerraumes gegangen, indem man dem unteren Keller kühle Luft, dem mittleren warme Luft durch Ventilatoren zudrückte und durch besondere Mischtrichter die Luft in den obersten Keller und von da ins Parterre treten ließ; die Mischtrichter dienen sowohl zum Durchmischen der beiden Luftströme als auch zum Regeln der beiderseitigen Luftmengen. Es bedarf nur der Erwähnung, daß solche Einrichtung (Hofoper Wien) nicht billig ausfällt. Die Luftentnahme hat man dann in dem oberen Winkel jedes einzelnen Ranges durch einen Ringkanal von genügender Weite bewirkt, zum Teil auch durch die Decke. — Die Lufteinführung von oben erfordert weniger weitgehende Zerteilung des Lufteinlasses, hat auch den Vorzug, daß hauptsächlich die oberen Ränge die frische Luft erhalten, wie wir das im vorigen Paragraphen besprachen.

Neuerdings wird darauf aufmerksam gemacht, daß die Anordnung von Luftentnahmekanälen in Theatern überhaupt verfehlt ist, weil im Interesse der Vermeidung von Zug beim Öffnen der Türen die neutrale Zone des Raumes etwa in Fußbodenhöhe gehalten werden sollte; sie sollte also künstlich herabgedrückt werden. Nun sind im allgemeinen die Theatergebäude so undicht, daß selbst bei Abschluß aller Abluftkanäle die Verlegung der neutralen Zone an den Fußboden noch Schwierigkeiten macht. Eine besondere Quelle für Undichtigkeiten sind die feuerpolizeilich vorgeschriebenen Öffnungen in der Decke, deren Größe in Bruchteilen der gesamten Grundfläche angegeben zu werden pflegt und nicht unbeträchtlich sein soll. Um die Erreichung von Überdruck zu ermöglichen, sollten diese Klappen gut dicht hergestellt werden, was durch Anwendung von Flüssigkeitsverschlüssen ohne Schwierigkeit und ohne Beeinträchtigung des sicheren Ganges möglich ist. Auch das ganze übrige Gebäude ist sorgfältig dicht herzustellen, so, wie es bei allen hohen Räumen erforderlich ist. Fenster sind nicht zum Öffnen einzurichten, die Decke des Zuschauerraumes erhält eine Asphaltlage und was dergleichen baulicher Maßnahmen mehr sind. Jede Vernachlässigung in baulicher Hinsicht rächt sich später durch Vergrößerung der Betriebskosten und durch trotzdem unbefriedigende Ergebnisse hinsichtlich der Zugvermeidung.

Der Betrieb gestaltet sich dann so, daß Luft in den Zuschauerraum eingeblasen wird, sei es von unten, sei es von oben, und daß sie nur durch die Wände hindurch, insbesondere in Wandelgänge und Nebenräume hinein, entweicht; diese mögen dann mit Abluftkanälen ausgestattet sein. Wo die Einführung der vollen Luftmenge in den Zuschauerraum Zug befürchten läßt, kann ein Teil in das Bühnenhaus eingeführt werden, das in gleich sorgfältiger Weise dicht herzustellen ist; doch müssen dann für beide Teile getrennte Ventilatoranlagen geschaffen werden, da die Verbindung der beiden Teile des Gebäudes durch Luftkanäle feuerpolizeilich unstatthaft zu sein pflegt.

199. Kirchen.[1]) Bei der Beheizung von Kirchen ist man oft vor schwierige Aufgaben deshalb gestellt, weil bei kleinen Gemeinden nur beschränkte Mittel zu Gebote stehen, weil man darauf Rücksicht nehmen muß, daß die Beheizung oft nur einmal wöchentlich erfolgt, so daß eine gleichmäßige Durchheizung des starkwandigen Gebäudes bis zum Eintreten des Beharrungszustandes schwierig ist. In Kirchen der Städte wieder, wo größere Mittel vorhanden sind und wo auch wohl auf recht häufige Benutzung für Trauungen und ähnliches zu rechnen ist, ist die stets vorhandene Rücksicht auf das Aussehen um so dringender. Besondere Schwierigkeiten treten auf, wo alte Kirchen von Denkmalwert unter Schonung der Bauformen zu beheizen sind, und wo die Schonung nicht nur so gemeint ist, daß die alten Bauformen nicht beseitigt werden dürfen, sondern wo sie auch nicht einmal verdeckt oder durch daneben aufgestellte Heizkörper entstellt werden sollen.

In den einfachsten Fällen verwendet man die Heizung durch einen Kachelofen, der möglichst verdeckt in einer Nische aufgestellt wird, oder die Kanalheizung. Bei letzterer wird eine Feuerung vertieft aufgestellt und der Rauchkanal, aus glasierten Tonröhren gebildet, in den Fußboden des Kirchenraumes gelegt, mit einiger Steigung zu dem am anderen Ende des Gebäudes befindlichen Schornstein. Es ist, wegen des zuerst wagerechten Weges der Rauchgase, schwer, das Feuer in Gang zu bringen; deswegen pflegt man am Unterende des Schornsteines einen kleinen Rost anzubringen, um den Schornstein vor Anstecken des Hauptfeuers anzuwärmen (Lockfeuer).

Auch Luftheizungen werden für Kirchen verwendet, indem eine vertieft oder bei ungünstigem Grundwasserstand auch wohl in Höhe des Kirchenfußbodens in einem Nebenraum aufgestellte Kalorifere warme Luft, meist in etwa 3 m Höhe über dem Fußboden, ins Kircheninnere drückt. Die Luft kann dem Kircheninneren oder von außen her entnommen sein; es wird gut sein, beide Möglichkeiten vorzusehen. Die Luftentnahme von außen her bietet die Möglichkeit, übergroße Feuchtigkeit der Wände durch andauerndes Heizen auszutrocknen und bei mehreren kurz aufeinander folgenden Gottesdiensten die Luft zwischendurch zu erneuern. Die Umlaufluftheizung aber ist, wie wir wissen, die sparsamere. Die Kanalmündungen, als schwarze Löcher erscheinend, wirken noch weniger schön als Heizkörper und werden durch in einigem Abstand davor angebrachte Vorhänge verkleidet werden müssen. Bei allen genannten Heizungsarten ist

[1]) Vergl. Uber, Kirchenheizungen, Zentralbl. d. Bvw. 1906.

darauf zu achten, daß nicht gerade die Kanzel zuviel Wärme erhält; ist doch der Geistliche der einzige im Raum, der sich bewegt, und der erhöhte Platz wird ohnehin wärmer sein. Der gegebene Ort für die Haupterwärmung ist die Nähe des Einganges, um eintretende Luft möglichst abzufangen.

Größere Kirchen aber pflegt man mit Zentralheizung zu versehen, und zwar kommen Dampfheizung und Schnellumlauf-Wasserheizung in Frage. An ersterer ist der billigere Preis sowie die geringere Größe der Heizkörper (S. 170) das, was man gerade in Kirchen schätzt; letztere ist durch die große, an kein Gefälle gebundene Freiheit der Rohrführung ausgezeichnet und läßt sie als die für den Einbau in alte Kirchen geeignetste Heizungsart erscheinen, zumal wenn bei Monumentalbauten die Preisfrage nur eine untergeordnete Rolle spielt. Die Notwendigkeit eines, wenn auch nur mäßigen Dauerbetriebes spricht um so mehr gegen eine Wasserheizung, je strengere Kälte und je seltenere Benutzung des Gebäudes zu erwarten ist. Bei schwierigen Grundwasserverhältnissen kann übrigens auch die Schnellumlauf-Wasserheizung die billigere sein, weil ihr Kessel in beliebiger Höhe stehen kann, während der der Dampfheizung tief stehen muß, wenn man nicht besondere Speisepumpen verwenden will. Die Heizflächen können wohl in Form von Heizkörpern aufgestellt sein, zu denen Rohrleitungen führen. Die Heizkörper selbst werden dann möglichst verborgen aufgestellt und überdies verkleidet, etwa hinter Bänke gestellt. Man kann aber auch Heizfläche und Rohrleitung vereinen, indem man glatte oder Rippenrohre in Fußbodenkanäle legt, die mit durchbrochenen Platten abgedeckt werden; die Durchbrechung beschränkt sich zweckmäßig auf die Seiten der Abdeckplatten; die Mitte über den Heizröhren bleibt voll, damit nicht Schmutz von den Füßen auf die Heizröhren fällt und versengt — oder es sind Schmutzfänger anzuordnen.

Die Sakristei und andere oft allein benutzte Räume erhalten am besten eine besondere Ofenheizung, entweder nur eine solche oder neben Zentralheizkörpern.

An Lüftungseinrichtungen ist die Möglichkeit der Lufterneuerung unter gleichzeitigem Heizen sehr erwünscht zum gelegentlichen Austrocknen des Inneren, in dem sich die Feuchtigkeit sonst allmählich anreichert. Wo Militär- und Zivil-Gottesdienst aufeinander folgen soll, ist Erneuerung der Luft nach ersterem fast eine Notwendigkeit. Wichtig ist es aber auch, diejenigen Lüftungseinrichtungen zu treffen, die der Vermeidung lästiger Luftbewegungen dienen und die in dem betreffenden Kapitel (§ 161 ff.) teilweise gerade mit Rücksicht auf die in Kirchen üblichen Maßnahmen besprochen sind. Heizkörper unter großen Fenstern als Zugfänger aufgestellt, nötigenfalls in besonders dazu ausgesparten Nischen, sollten für sich im Ganzen und unabhängig von der eigentlichen Heizung abstellbar sein. Windfänge an den Eingängen sind erforderlich und sollen stark beheizt werden, damit die in das Kircheninnere tretende Luft angewärmt ist; sie spielen etwa die Rolle wie die in § 196 erwähnten, als Luftschleusen dienenden Vorräume zu Treppenhäusern. Eine Unterdrucksetzung des ganzen Gotteshauses durch Ventilatorkraft ist wohl kaum je versucht worden, der Kosten wegen, aber man bestrebt sich, durch Abdichtung der oberen Teile und Anbringung von Ausgleichöffnungen im unteren (§ 165) die neutrale Zone herabzuziehen.

200. Fabriken. Die Beheizung von Fabriken richtet sich in hohem Maße nach den besonderen Verhältnissen. Immerhin wird man im ganzen folgendes sagen können. Zunächst liegt für kleinere Fabriken und Werkstätten natürlich die Möglichkeit der Beheizung durch eiserne Öfen vor, von denen gewisse Formen, wie der in Fig. 72 dargestellten, als Werkstättenofen bezeichnet zu werden pflegen. Für größere Fabriken ist die Beheizung durch Dampf das natürliche und gegebene; wenn und soweit der Abdampf von Maschinen verwendet werden kann, so ist dies das bei weitem sparsamste; aber auch die Beheizung durch Frischdampf, zweckmäßig dann als Hochdruckdampf zu verwenden und mit selbstätiger Rückspeisung zu versehen, wird im Betriebe nicht unwesentlich billiger werden als diejenige mit eisernen Öfen, deren mangelhafte Sparsamkeit wir in § 72 besprochen haben. Wenn in vielen Betrieben die Wände vor den Fenstern entlang mit Werkbänken besetzt sind, so wäre die Anordnung der Heizflächen unter diesen Werkbänken das an sich beste. Man wird dabei fortlaufende Rohre benutzen, die Leitung und Heizfläche zugleich darstellen und deren Weite einfach danach bemessen, daß der laufende Meter Wand eine gewisse Wärmemenge und daher eine gewisse Heizfläche erhalten soll. Oft werden im Interesse billigen Preises (S. 170) Rippenrohre verwendet. Doch ist darauf aufmerksam zu machen, daß diese, wenn unter den Werkbänken verlegt, zu übler Schmutzerei Anlaß geben, besonders weil die Heizrohre gerne von den Leuten zum Essenwärmen benutzt werden, wobei es denn nicht ohne Verschütten abgeht. Besser sind also zweifellos glatte Rohre. Der gleiche Gesichtspunkt der Sauberkeit hat aber auch dazu geführt, die Rohre überhaupt nicht unter die Werkbänke zu legen, sondern oberhalb derselben aufzuhängen. Rein heiztechnisch ist die hohe Lage der Heizkörper, wie wir wissen (§ 66), verfehlt; aus gesundheitstechnischen Gründen mögen sie gleichwohl empfohlen sein.

Eine ganz andere Art der Fabrikheizung ist in den letzten Jahren in Gestalt einer Umlaufluftheizung eingeführt worden, bei der in möglichst zentraler Lage ein großer Heizkörper angeordnet ist, meist bestehend aus einem zylindrischen Blechmantel mit in die Böden eingezogenem Röhrenbündel, ähnlich den Wasserwärmern nach Fig. 212. Das Röhrenbündel wird von Heizdampf umspült; durch die Röhren drückt ein kräftiger Ventilator Luft hindurch, die er dem Raume am Fußboden entnimmt und die weiterhin in ein Netz von schmiedeeisernen Blechröhren geht. Dieses Röhrennetz, an der Decke aufgehängt, verästelt sich über die Grundfläche des zu beheizenden Raumes und hat zahlreiche kleine Ausmündungen, je in zwei bis drei Meter Abstand voneinander, durch die die warme Luft in den Raum tritt und sich bei entsprechender Bemessung der Rohrweiten gleichmäßig verteilt. Die große Luftgeschwindigkeit im Anwärmer sichert eine große Wirksamkeit der Heizfläche; die gesamte Heizfläche wird daher verhältnismäßig gering, und da auch die Blechrohre trotz ihres großen Durchmessers billig sind — es ist nicht einmal erforderlich, daß sie ganz dicht sind —, so fällt die Gesamtanlage kaum wesentlich teurer aus als eine Dampfheizung, kann aber besonders bequem die Abdampfverwertung gestatten.

Hinsichtlich der Lüftung der Fabriken sind die Maßnahmen sehr verschieden, je nach der Art der in ihnen erfolgenden Fabrikation. Während die meisten Fabriken einer besonderen Lüftung überhaupt nicht bedürfen, so muß man bei solchen Fabrikationszweigen für sehr energische Lüftung sorgen, bei denen schädliche Stoffe den Arbeitern gefährlich werden, sei es mechanisch, wie fein verteilter Staub, sei es chemisch, wie giftige Dämpfe. Die Besprechung solcher Anlagen fällt außerhalb des Rahmens dieses Buches; es sei nur erwähnt, daß man die insgesamt auszuwechselnde Luftmenge und damit den Wärmeverlust dadurch gering zu halten sucht, daß man die Luft von jedem einzelnen Entstehungsort der schädlichen Stoffe absaugt; man saugt sie so in größerer Konzentration ab, als wenn man sie erst in dem Raum sich verbreiten ließe.

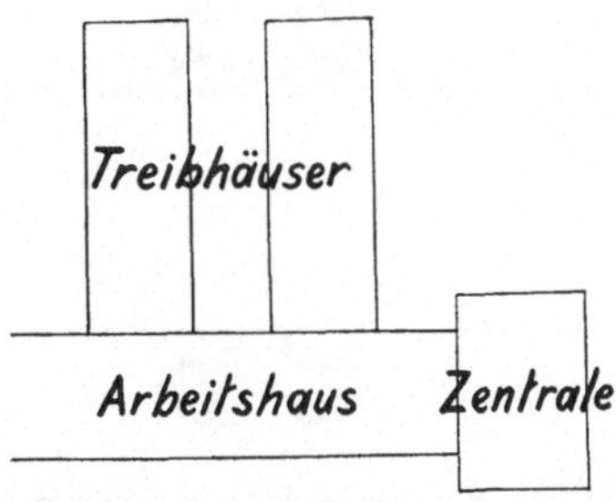

Fig. 233. Anordnung von Gewächshäusern.

201. Gewächshäuser. Die Beheizung der Gewächshäuser geschah in früherer Zeit stets dadurch, daß man einen aus Ziegelsteinen aufgemauerten Ofen an das eine Ende des Hauses setzte und Tonrohre lang durch das Gebäude unter den Blumenbeeten und Brettern hindurch zu dem Schornstein führte, der am anderen Ende des Gebäudes aufgebaut wurde. Man bezeichnet solche Heizung, bei der im wesentlichen der Rauchkanal die Heizfläche abgibt, als Kanalheizung.

In moderner Weise pflegt man die Beheizung von Gewächshäusern mittels der Zentralheizung auszuführen.

Die Anwendung der Zentralheizungen hat in der allgemeinen Anordnung der Häuser eine Umwandlung hervorgerufen und hat dazu geführt, daß man gerne die Häuser in der durch Fig. 233 angedeuteten Weise anordnet. Die einzelnen Gewächshäuser, die den verschiedenen Zwecken nach als Warmhaus, Kalthaus u. a. m. bezeichnet werden, werden im Grundriß parallel zueinander gelegt und münden sämtlich in einen Quergang, der zum Umpflanzen und für andere Arbeiten dient. Das Ende dieses Arbeitsraumes bildet ein Türmchen, das zur Aufnahme des Heizkessels dient. Durch diese Anordnung der Gebäude hat man für die Zentralheizung den Vorteil erreicht, daß man die Leitung ganz innerhalb der Gebäude verlegen kann, was bei der früheren Anordnung einzelner voneinander getrennter Gewächshäuser nicht möglich war, während sich gleichzeitig durch das Vorhandensein des Arbeitsraumes, der durch die in ihm liegende Rohrleitung temperiert wird, auch Annehmlichkeiten für die Arbeit ergeben.

Auch in den Einzelheiten der Bauweise hat die Zentralheizung insofern Änderungen herbeigeführt, als man mit der größeren Bequemlichkeit der Beheizung von der Anwendung von Doppelfenstern für die Oberlichter hat absehen können. Den größeren Wärmeverlust einfacher Fenster gleicht man leicht durch kräftigere Beheizung aus, vermeidet aber dafür den durch Doppelfenster verursachten großen Lichtverlust, der für das Wachstum der Pflanzen nachteilig war. Ebenfalls aus heiztechnischen Rücksichten ist es zu erklären, daß man das Sprossenwerk der Fenster nach wie vor aus Holz herstellt, weil eisernes Fensterwerk große Wärmeverluste herbeiführen und zum Tropfen neigen würde.

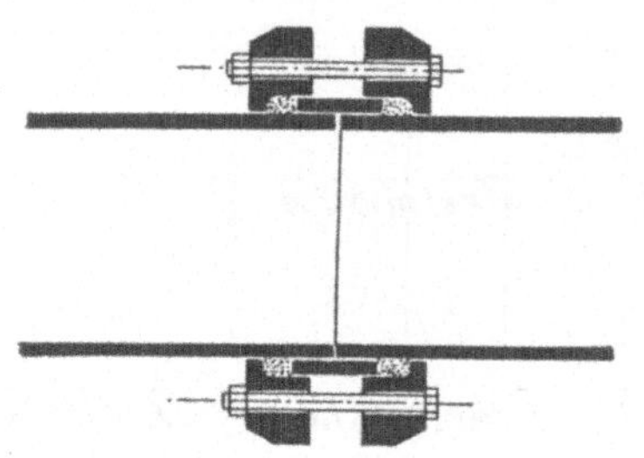

Fig. 234. Rohrverbindung in Treibhäusern.

Die übliche Beheizungsart der Gewächshäuser ist die durch Warmwasserheizung. Die Schwierigkeit dieser Beheizungsart liegt in der geringen Höhenerstreckung und der oft nicht unbedeutenden Grundrißerstreckung der Gebäude. Wie bei der Stockwerkheizung muß man daher für weite Rohrleitungen sorgen und dieser Gesichtspunkt ist in der Tat der wesentliche für den Bau der Gewächshausheizung. Leitungen und Heizflächen pflegen bei der Warmwasserheizung ein und dasselbe zu sein, indem man Rohrleitungen lang durch die Gebäude hinzieht, so daß sie gleich der Wärmeabgabe dienen. Man erreicht dadurch den Vorteil, daß man den Wärmeschutz erspart, und da man außerdem die Weite der Rohrleitungen nach der Bedingung bestimmt, daß ihre Oberfläche für die Wärmeabgabe an die Gebäude ausreichen muß, kommt man zugleich auf sehr weite Rohrleitungen, die der Wasserbewegung wenig Widerstand entgegensetzen.

Man verwendet gußeiserne oder Mannesmannrohre von 70 bis 100 mm lichter Weite. Die Verbindung geschieht durch Überlegen von Muffenverbindungen, wie Fig. 234 eine solche zur Darstellung bringt. Die Rohre bleiben vollständig glatt, die Abdichtung geschieht durch Gummi. Krümmer, Abzweige und andere Formstücke sind besonders für diesen Zweck im Handel zu haben.

Derartige Rohre werden, wie erwähnt, lang durch die Gebäude hingezogen, und zwar pflegt man die Beheizung in eine Oberheizung und eine Unterheizung zu trennen. Die Oberheizung befindet sich unter dem Dach, wobei oft besondere Stränge am First und an der Unterkante des Daches entlang laufen. Die Oberheizung geschieht zum Freihalten des Glasdaches von Schnee und Tau, um dem Licht den Durchgang zu sichern. Man bezeichnet diese Rohre wohl auch als Taurohre. Die Unterheizung, an Heizfläche meist bedeutender, wird unter den Pflanzentischen hin-

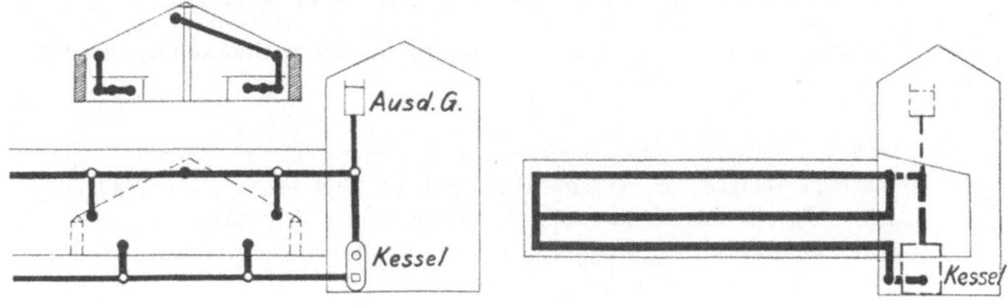

Fig. 235. Treibhausheizung.

gezogen, dadurch das Erdreich von unten erwärmend. Fig. 235 gibt ein Schema der Rohrführung, wie es als normal gelten kann, Fig. 236 gibt die Rohrführung in einem der Häuser perspektivisch.

Für größere Gewächshäuser hat man auch wohl die Anlage einer Dampf-Warmwasserheizung oder einer Reckheizung dann als passend angesehen, wenn die horizontale Ausdehnung für die gewöhnliche Warmwasserheizung zu bedeutend war. Die hohe Oberflächentemperatur der Reckheizung ist für die Gewächshäuser nicht eben bequem. Man kann eine Umsetzung des 100° warmen Wassers in kälteres Wasser etwa durch Mischen mit dem Rücklaufwasser (§ 115) versuchen.

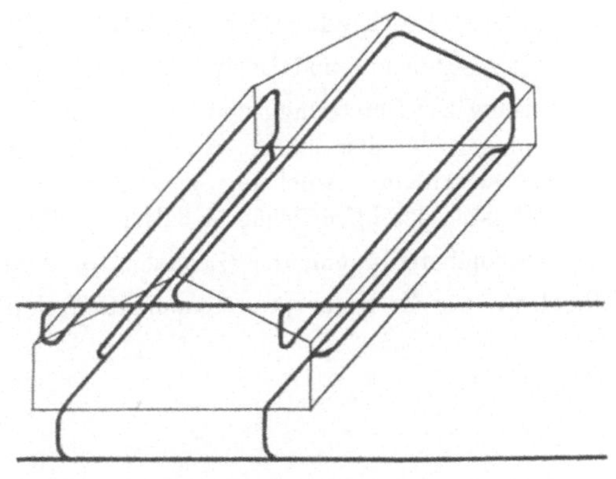

Fig. 236. Perspektivische Darstellung der Rohrführung in Treibhäusern.

Wenn irgendwo, so ist bei Gewächshäusern Sparsamkeit in der Anlage der Heizung schlecht am Platze, da bei einer in der Gesamtgröße nicht ausreichenden Heizung ein einziger starker Frost, bei dem die Heizung ungenügend bleibt, viel Schaden anrichtet. Andererseits ist wegen der Empfindlichkeit vieler Pflanzen bei Temperaturschwankungen besonders auf gute Regelbarkeit der einzelnen Gebäude Wert zu legen; dazu baut man Drosselklappen in die Rohre ein, die bei den großen Rohrweiten preiswerter sind als Hähne oder Ventile.

Verzeichnis einiger Fachliteratur.

(Sehr ausführliche Literaturangaben finden sich in dem zweitgenannten Werk.)

Rietschel, Leitfaden zum Berechnen und Entwerfen von Lüftungs- und Heizungs-Anlagen. 4. Auflage wird Sommer 1909 erscheinen. 2 Bände: Bd. I. Theorie und Kritik; Bd. II. Zahlentafeln und Figuren.

Fischer, Heizung und Lüftung der Räume. (In Bd. IV des Handbuches der Architektur. 3. Auflage 1907, M. 25.)

Wolpert, Theorie und Praxis der Ventilation und Heizung. 4. Auflage, 4 Bände, 1896 bis 1905, M. 58.

Bd. I. Physikalisch-chemische Propädeutik. Bd. II. Die Luft und die Methoden der Hygrometrie. Bd. III. Ventilation. Bd. IV. Heizung.

Abriß in: Baukunde des Architekten. Bd. I, 2; 5. Auflage 1905, M. 14.

Carpenter, Heating and Ventilating Buildings. 4. Auflage, New York 1905, M. 20.

Debesson, Le chauffage des habitations. Paris 1908. 25 fr.

Körting, Heizung und Lüftung (Sammlung Göschen). 2 Bände, M. 1,60.

Anweisung zur Herstellung und Unterhaltung von Zentralheizungs- und Lüftungs anlagen in den unter Staatsverwaltung stehenden Gebäuden Preußens. Nebst Anlage: Anleitung zum Entwerfen und Verdingen. Erlassen vom Minister der öffentlichen Arbeiten. 1901. Im Buchhandel M. 2.

Der Gesundheits-Ingenieur. (Zeitschrift.) Jahrgang M. 20.

Recknagels Kalender für Gesundheits-Techniker (jährlich), M. 4.

Register.

[1]) Zeile 7 von unten lies: 160000 statt 16000.

[1]) Wie nebenstehend.

Leitfaden zum Berechnen und Entwerfen

von

Lüftungs- und Heizungs-Anlagen.

Auf Anregung

Seiner Exzellenz des Herrn Ministers der öffentlichen Arbeiten

verfaßt von

H. Rietschel,

Geh. Regierungs-Rat,
Professor an der Königlichen Technischen Hochschule zu Berlin.

Vierte, vollständig neubearbeitete Auflage.

Zwei Teile.

Erscheint im Frühjahr 1909.

Die Schnellstrom-Warmwasserheizung,

System Brückner (Brückner-Heizung).

Von

J. Einbeck,

Ingenieur.

Preis M. 1,—.

Armierter Beton.

Monatsschrift für Theorie und Praxis des gesamten Betonbaues.

In Verbindung mit Fachleuten herausgegeben

von

Dr.-Ing. E. Probst, Ingenieur in Berlin, und **M. Foerster,** ord. Professor an d. Techn. Hochschule Dresden.

Monatlich erscheint ein Heft von 2 bis 2½ Bogen.

Preis des Jahrgangs M. 10,—.

Den Inhalt dieser Monatsschrift bilden: Rundschauartige Berichte über wichtige Versuche, über neue Ergebnisse der Theorie, über amtliche Vorschriften, Ergebnisse wissenschaftlicher Untersuchungen, Originalberichte über interessante Ausführungen aus der Praxis des In- und Auslandes. In gedrängter, übersichtlicher Form soll alles, was zum weiteren Ausbau der neuen Bauweise beitragen kann, zur Kenntnis der Fachgenossen gebracht werden.

Probehefte stehen jederzeit unberechnet zur Verfügung.